高等学校生物工程专业教材

# 生物统计学与统计软件应用

郝继伟 主 编

中国轻工业出版社

图书在版编目（CIP）数据

生物统计学与统计软件应用 / 郝继伟主编. — 北京：
中国轻工业出版社，2023.12
ISBN 978-7-5184-4464-9

Ⅰ.①生… Ⅱ.①郝… Ⅲ.①生物统计—统计分析—
应用软件 Ⅳ.①Q-332

中国国家版本馆 CIP 数据核字（2023）第 185786 号

责任编辑：江 娟
文字编辑：狄宇航 责任终审：许春英 整体设计：锋尚设计
策划编辑：江 娟 责任校对：吴大朋 责任监印：张京华

出版发行：中国轻工业出版社（北京鲁谷东街 5 号，邮编：100040）
印 刷：三河市万龙印装有限公司
经 销：各地新华书店
版 次：2023 年 12 月第 1 版第 1 次印刷
开 本：787×1092 1/16 印张：22.75
字 数：550 千字
书 号：ISBN 978-7-5184-4464-9 定价：52.00 元
邮购电话：010－85119873
发行电话：010－85119832 010－85119912
网 址：http://www.chlip.com.cn
Email：club@chlip.com.cn
如发现图书残缺请与我社邮购联系调换
221429J1X101ZBW

# 前　　言

本教材共十四章内容，既涵盖了"统计资料的搜集与整理""概率与概率分布""统计推断""$\chi^2$ 检验""非参数检验""方差分析""一元回归与相关分析""多元回归与相关分析""试验设计基础与常用试验设计""正交设计""均匀设计""回归正交设计与旋转设计""协方差分析"等统计理论知识，又有 DPS、SPSS 和 EXCEL 三款统计软件的讲解及综合应用，兼具理论性与实用性。本书既可单独作为课程教材，也可作为辅助教材使用，适用范围广，可满足多专业应用需求。

本教材主要介绍的统计分析软件是 DPS、SPSS 和 EXCEL。DPS 统计软件是目前国内唯一一款试验设计及统计分析功能齐全、具自主知识产权、技术上达到国际先进水平的国产多功能统计分析软件包，并在均匀试验设计、多元统计分析中动态聚类分析方面已处于国际领先地位。DPS 的主要优势在于既有 EXCEL 一样方便的在工作表里处理基础统计分析的功能，又实现了 SPSS 高级统计分析的功能，适合于各级统计用户的需要。SPSS 软件的界面友好，使用简单，功能强大，能处理多变量问题。EXCEL 是美国微软公司开发的 Windows 环境下的电子表格系统，它是目前应用最为广泛的办公室表格处理软件之一，由于其采用电子表格技术，从诞生起便与数据统计之间有着天然的联系。EXCEL 中专为统计设计的各类统计函数以及通过加载宏添加的"数据分析工具"可以使复杂的统计分析过程变得快捷和易实现，特别是如果掌握一些简单统计程序设计知识，则可满足大多数统计数据分析需要。EXCEL 最大优势在于普及面广，几乎每台电脑都有安装。

本教材除可作为高等院校农学、动物科学、生物科学、园林、园艺以及生物技术等专业生物统计学、生物统计与试验设计等课程的教材或辅助教材外，对农业、畜牧、生物技术等专业科技工作者亦有参考价值。

限于编者水平，不当之处在所难免，敬请广大读者批评指正，以便再版时修改。

编　者
2023 年 10 月 6 日

# 目　　录

# 第一章　绪　论

## 第一节　生物统计学概述

### 一、生物统计学概念

统计学（statistics）是一门研究数据的收集、整理、分析、表达和解释的方法科学，目的是探索数据的内在数量规律性，以发现事物的必然性。统计学的研究内容包括统计原理、统计方法和试验设计。将用数理统计的原理和方法来分析和解释生物界数量现象的科学，称为生物统计学（biostatistics），即生物统计学是数理统计在生物学研究中的应用。

人们在从事科学研究时，为了研究对象全体（总体）的特征，总是首先从研究对象全体中抽得一部分有代表性的个体（样本），再通过这部分个体（样本）的特征，来推断研究对象全体（总体）的特征。即由样本推断总体，从而对所研究的总体得出科学的结论。在生物学研究中亦是如此，主要原因是总体往往是未知的或不可能直接观测的，通过调查或试验所得到的只是样本的资料。所以，通过样本推断或估计总体是生物统计学的本质。

同时，由于生物学研究对象多为生物体，因此变异是客观存在的，统计学就是立足于同质研究变异，没有变异就没有统计学。因此，生物统计学所研究的对象一定是有变异的总体，即使在同质的对象中往往也会存在差异。从变异中发现规律，从而揭示事物客观存在的规律性，这是生物统计学的重要任务之一。

例如，现设有研究健康成年男子脉搏分布规律性的一个课题，由于变异性的存在，同为健康成年男子的脉搏会存在一定的差异，因此健康成年男子脉搏构成的总体是一个有变异的总体。在该课题研究过程中，首先从全体健康成年男子中抽取部分有代表性的个体，并测量他们的脉搏，构成一个样本，在研究并掌握了样本的特征后，再通过样本的特征来推断所有健康成年男子脉搏分布的规律。

我们在理解生物统计学概念时，一定要明确生物统计学与试验设计之间的关系。生物统计与试验设计是不可分割的两部分，试验设计需要以统计的原理和方法为基础，而科学的试验设计又为统计方法提供科学的数据资料，两者紧密结合才能推断出较为客观的结论，从而不断推进生物科学研究的发展。

### 二、生物统计学的内容与作用

#### （一）提供试验或调查设计的方法

试验设计（experimental design）有广义与狭义之分。广义的试验设计是指试验研究课题设计，即包含课题名称、试验目的、研究依据、试验内容、预期达到的效果、试验方案、供试单位的选取、重复数的确定、试验单位的分组等在内的整个试验计划的拟定；狭义的试验设计主要是指试验单位（如一株小麦、一只鸡、一个平皿、一个小区）的选取、重复数目的确定及试验单位的分组。生物统计中的试验设计主要指狭义的试验设计。合理的试验设计能控制和降低试验误差，提高试验的精确性，为统计分析获得试验处理效应和试验误差的无偏估计提供必要的数据，同时可减少人力、物力和财力的消耗，降低试验成本。

调查设计这一概念也有广义与狭义之分，广义的调查设计是指整个调查计划的制定，包括调查研究的目的、对象与范围，调查项目及调查表，抽样方法的选取，抽样单位、抽样数量的确定，数据处理方法，调查组织工作，调查报告撰写与要求，经费预算等内容；狭义的调查设计主要包含抽样方法的选取、抽样单位和抽样数目的确定等内容。生物统计中的调查设计主要指狭义的调查设计。合理的调查设计能控制与降低抽样误差，提高调查的精确性，为获得总体参数的可靠估计提供必要的数据。

总之，试验或调查是收集有代表性统计数据资料的主要方法，只有经过科学合理的试验或调查获取的数据资料，才有进一步进行统计分析的必要。

**（二）提供科学的分析数据的方法**

通过试验或调查获取的大量数据资料，初步看起来杂乱无章，很难发现规律性。但经过制表或绘图科学整理后，可以大致了解资料的集中、分散情况。在此基础上，进一步选取科学的方法进行统计分析，可从中归纳出事物的内在规律性，在生产实践中加以应用。

例如，调查某品种小麦的小穗数，可以得到不同栽培地区、不同土壤环境、不同管理工艺的大量原始数据。运用制作频数分布表或绘制直方图等生物统计方法，对这些数据进行加工整理，即可发现数据分布的规律性，从而进一步了解不同地区、不同土壤、不同管理工艺下该品种小麦小穗数的一般情况及其变异特征。

**（三）判断试验结果的可靠性**

生物学研究中试验误差是不可避免的。在试验设计中如何减少试验误差对试验结果的影响，在数据分析中如何避免试验误差对分析结果的影响，是生物统计学一个永恒的主题。其主要目的是获得一个可靠的、有说服力的结论。

例如，某地区引进一小麦新品种，现要研究该新品种的生产性状，从而判断是否在本地区有推广价值。可以选择当地推广面积最大的品种为对照，分别将2品种种植在土壤质地、肥力等条件一致的相同面积的小区上，并设置多次重复，采取相同的管理措施。成熟后分别以小区为单位进行收获计产，最后运用统计分析方法分析比较这些资料，判断2品种之间的差异是由于品种不同造成的，还是由于其他未经控制的偶然因素所引起的，统计分析之后才能得出科学的结论。

**（四）提供由样本推断总体的方法**

科学试验的目的，在于发现总体的规律特征，但一般情况下总体过于庞大不便于对总体直接分析。因此，在研究总体过程中总是先从总体中抽取部分有代表性的个体作为样本，进一步由样本的特征推断总体的特征。在这一推断过程中一定要采用适宜的方法，例如 $u$ 检验、$t$ 检验、方差分析以及回归分析等，这些方法的应用原理均是由统计学的原理与方法决定的。只有在一定的统计原理指导下采用的方法，分析出的结果才是科学的、可靠的。

**（五）提供试验设计的原则**

一个优化的试验设计，可以用较少的人力、物力和时间，最大限度地获得丰富而可靠的资料，尽量降低试验误差，从试验所得的数据中能够无偏地估计处理效应和试验误差的估值，以便从中得出正确的结论。相反，试验设计中计划不周密、原则应用不当，不仅不能得到正确的试验结果，而且还会带来经济、成本等各方面的损失。因此，做任何调查或试验工作，事先必须制订周密的试验计划、灵活应用各种试验原则进行合理的试验设计，这是科研工作中最基础也是最重要的一个环节。

**（六）为学习相关学科提供基础**

生物统计学除在科学试验、数据整理与分析等方面有重要作用外，还是学好相关学科的基础，例如遗传学、生态学、生理学等学科的学习均离不开统计学知识。比如，数量遗传学就是应用生物统计方法研究数量性状遗传与变异规律的一门学科，如果不懂得生物统计，也就无法掌握遗传学。此外，阅读生物科技文献也会碰到统计分析问题，也必须有生物统计的基础知识。因此，生物科学工作者都必须学习和掌握统计方法，才能正确认识客观事物存在的规律，提高工作质量。

总之，生物统计是一种实用性很强的工具，正确使用这一工具可以使生物及农业等科学研究更加有效，使生产效益提高。所以，它是每位从事生物及农业等科学研究的科技工作者必须掌握的基本工具。

# 第二节　统计学发展概况

统计其原意是用于国家管理需要的统计数字，是伴随着人类的统计实践而产生的，但直到人类的统计实践上升到一定的理论层次并经统计学家总结与概括，才构成一门系统的科学。统计学的发展经历了古典记录统计学、近代描述统计学和现代推断统计学 3 个阶段。

## 一、古典记录统计学

古典记录统计学（record statistics）形成于 17 世纪中叶。这一时期最有代表性的人物是法国天文学家、数学家、统计学家拉普拉斯（P. S. Laplace，1749—1827）。他的主要贡献是：①建立了严密的概率数学理论；②研究了最小二乘法，提出了"拉普拉斯定律"；③初步建立了大样本推断的理论基础；④明确了统计学的大数法则。

另一位在概率论与统计学的结合研究上做出贡献的是德国大数学家高斯（C. F. Gauss，1777—1855）。他的主要贡献有：①在研究误差理论时，推导出测量误差的概率分布方程，提出了"误差分布曲线"，即正态分布曲线；②建立并完善了最小二乘法理论。

## 二、近代描述统计学

近代描述统计学（descriptive statistics）形成时期在 19 世纪中叶至 20 世纪上半叶，这个时期也是统计学应用于生物学研究的开始和发展时期。这一时期最具代表性的人物是被后人推崇为生物统计学创始人的英国遗传学家高尔顿（F. Galton，1822—1911），他的主要贡献是：①1889 年发表了回归分析方法在遗传学上应用的论文，提出了回归、相关等重要的统计概念与方法；②引入了中位数、百分位数、四分位数，开辟了生物学研究的新领域。

这一时期另一重要代表人物是物理学家皮尔逊（K. Pearson，1857—1936），他的主要贡献是：①与高尔顿共同创立了《生物统计学报》，对促进生物统计学的发展做出了重要的贡献，在杂志中明确提出了"生物统计"（Biometry）一词；②进一步完善了相关与回归分析的理念问题，给出了简单相关系数和复相关系数的计算公式；③1900年在研究样本误差效应时，提出了 $\chi^2$ 检验，开拓了属性资料统计分析研究的新篇章。

### 三、现代推断统计学

现代推断统计学（inference statistics）形成时期是 20 世纪初叶至 20 世纪中叶。这一时期实现了统计学发展从描述统计学到推断统计学的巨大飞跃。

现代推断统计学主要代表人物之一是戈塞特（W. S. Gosset，1876—1937），主要贡献是于 1908 年用"学生氏"的笔名在《生物统计学报》上发表了《平均数概率误差》一文，创立了小样本检验的理论和方法，即 $t$ 分布和 $t$ 检验法。

另一重要代表人物是英国统计学家费希尔（R. A. Fisher），主要贡献是：①1923 年发展了显著性检验及估计理论，提出了 $F$ 分布和 $F$ 检验，创立了方差分析；②提出了随机区组法、拉丁设计法和正交设计法；③发表了《试验研究工作中的统计方法》，对方差分析及协方差分析理论进一步完善，以及对推动和促进农业科学、生物学和遗传学的研究和发展，起到了一定的奠基作用。

这一时期比较重要的统计学家还有奈曼（J. Neyman）和 E. S. 皮尔逊（E. S. Pearson），他们分别在 1936 年和 1938 年提出了统计假设检验学说，对促进理论研究以及试验研究均具有很大的价值。

近年来，生物统计学发展迅速，从中又分支出群体遗传学、生态统计学、生物分类统计学等学科。随着计算机的普及和网络技术的发展，使运算技术出现了一次革命，尤其是国际上出现了 SAS、SPSS 等大型统计软件以后，生物统计变得日益精确和迅速，从而进一步推动了生命科学研究向纵深发展。

# 第三节　常用统计学术语

## 一、总体与样本

根据研究目的确定的研究对象的全体称为总体（population），其中的一个研究单位称为个体（individual）。例如，研究某地区大学新生的身高，凡是属于该地区的大学新生的身高构成一个总体，而每一个身高测量值则是一个个体。总体可以根据个体数目是否有限分为有限总体与无限总体两种。个体数有限的总体称为有限总体（finite population），个体数无限的总体称为无限总体（infinite population）。

从总体中抽取的一部分个体则构成样本（sample）。样本中所含个体的数目叫作样本容量（sample size），常以 $n$ 表示。根据样本容量的不同，样本又可分为大样本（样本容量 $n \geq 30$）和小样本（样本容量 $n < 30$）。样本是由从总体中抽取出来的个体构成的，因此它一定程度上能反映总体的特征；但样本只是总体的一部分个体，不能反映总体的全部信

息。生物统计学的本质在于由样本的信息推断总体的信息。所以，抽取样本仅是研究总体的一个步骤，而通过样本信息推断总体特征才是真正的目的。

例如，用 100 只小白鼠为试验材料，以传统饲料为对照研究某新饲料的饲喂效果，结果有 70 只增重明显。但试验中所涉及的只是 100 只小白鼠，即个体数目为 100 的一个样本，如果用新饲料饲喂其他小白鼠，是否也会有明显的增重效果，则需要以样本的饲喂效果来估测总体的饲喂效果，即通过样本的信息来推断总体的特征。

## 二、参数与统计数

由总体计算的特征数称为参数（parameter），参数反映的是总体的特征；由样本计算的特征数称为统计数（statistic），统计数据反映的是样本的特征。常用希腊字母表示参数，例如用 $\mu$ 表示总体平均数，用 $\sigma$ 表示总体标准差；常用拉丁字母表示统计数，例如用 $\bar{x}$ 表示样本平均数，用 $S$ 表示样本标准差。

在生物学研究中，往往是通过样本的特征，来估计推断总体的特征，从而对所研究的总体作出合乎逻辑的科学推论。在实际研究过程中，一般是抽取样本后首先计算出样本的统计数，再由样本的统计数推断总体的参数，例如用 $\bar{x}$ 估计 $\mu$，用 $S$ 估计 $\sigma$ 等。

## 三、随机抽样与随机样本

生物统计学的最终目的是研究并了解总体。一方面，是由于总体可能是无限的，即便是有限的但包含的个体数目也相当多，要获得全部观测值需要花费大量人力、物力和时间；另一方面，是由于观测值的获得往往具有破坏性，试验中不可能为了研究总体而将总体破坏掉。

因此，我们在调查或试验中能观测到的不是总体而仅仅是样本。为了能更可靠地通过样本的特征来推断总体的特征，必须要求样本具有一定的含量和代表性，只有从总体中随机抽取的并满足了一定容量的样本才具有代表性，即采用随机抽样的方法。所谓随机抽样（random sampling）是指总体中的每一个个体都有同等的机会被抽取构成样本。经随机抽样得到的样本称为随机样本（random sample）。注意，样本只是总体的一部分，即使是随机样本其特征也不一定是对应总体的真实反映。因此，在通过样本来推断总体的过程中要冒犯一定错误的风险。

## 四、变量与数据

变量又称变数（variable），指相同性质的事物间表现差异性的某项特征，或说明现象的某种属性或指标。例如，反映饲料饲喂效果的小白鼠体重增加量、衡量肥料施用效果的作物产量等均属于变量。统计学中所指的变量通常是随机变量（random variable），即取值不能事先确定的变量，变量通常标记为 $x$。变量的测量值称为观测值（observed value）或数据、资料（data），观测值通常标记为 $x_i$。变量根据所获得观测值的方式及所提供的数值信息的差异可分为定量变量和定性变量。

定量变量（quantitative variable）又称为数值变量（numerical variable），其变量值是定量的，表现为数值的大小，根据取值的不同又可分为连续变量（continuous variable）和离散变量（discrete variable）。连续变量在变量范围内可抽取某一范围的所有值，即是连续的，通常可取小数；离散变量又称非连续变量（discontinuous variable），在变量数列中仅能取固定的值，即是间断的，通常只能取整数。例如，人体的血糖含量在某一范围内可连续取值，属于连续变量；某品种的鸡产蛋数只能取整数，则属于离散变量。

定性变量（qualitative variable）也称分类变量（categorical variable），其变量值是定性的，表现为互不相容的类别或属性，根据取值的不同又可分为无序变量（unordered variable）和定序变量（rank variable）。无序变量又称为无序分类变量，有二分类和多分类之分；定序变量又称为等级变量或有序分类变量，类别间有等级的差异。例如，种子发芽试验的结果分为发芽和不发芽两种，属于二分类无序变量；人的血型有 O 型、A 型、B型和 AB 型无等级差异，属于多分类无序变量；文化程度分为小学、中学、专科、本科、研究生有等级的差异，属于有序变量。

变量的类型不是一成不变的，根据研究目的的不同可以灵活转换。例如，学生某课程的成绩按百分制统计则为定量变量，按优秀、良好、一般、合格、不合格统计则为等级变量，按合格、不合格统计则为无序变量。

## 五、准确性与精确性

统计工作是用样本的统计数来推断总体的参数。我们用统计数接近参数值的程度，来衡量统计数准确性的高低；用样本中各个变数间变异程度的大小，来衡量该样本精确性的高低。准确性（accuracy）也称为准确度，用以说明测定值对真值的符合程度。设某一试验指标或性状的真值为 $\mu$，观测值为 $x$，若 $x$ 与 $\mu$ 相差的绝对值 $|x-\mu|$ 小，则观测值 $x$ 的准确性高；反之则低。精确性（precision）也称为精确度，指调查或试验中同一试验指标或性状的重复观测值彼此接近的程度。若观测值彼此接近，即任意两个观测值 $x_i$、$x_j$ 相差的绝对值 $|x_i-x_j|$ 小，则观测值精确性高；反之则低。准确性、精确性的关系图见图 1-1。

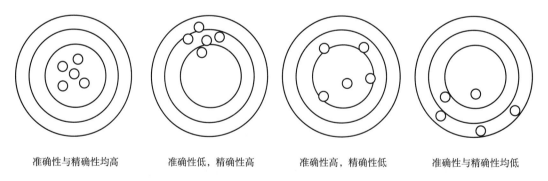

准确性与精确性均高　　准确性低，精确性高　　准确性高，精确性低　　准确性与精确性均低

图 1-1　准确性与精确性关系图

生物统计学是建立在生物学和统计学基础上的学科，如果生物学本身的理论建立在不充分的基础上，即使再准确的计算也毫无意义；反之，正确的理论也会由于不精确的计算而导致错误的结论。可靠的判断方法是通过实践来检验的。因此，在科学研究中，在做出结论之后，也还必须再回到实践中加以验证。

调查（survey）或试验的准确性、精确性合称为正确性。在调查或试验中应严格按照调查或试验计划进行，准确地进行观测记载，力求避免人为差错，特别要注意试验条件的一致性，即除所研究的各个处理外，供试材料、试验条件、管理措施等应尽量控制一致，并通过合理的调查或试验设计努力提高试验的准确性和精确性。由于真值 $\mu$ 常常未知，所以准确性不易度量，但利用统计方法可度量精确性。

## 六、随机误差与系统误差

在生物科学试验中，试验指标除受试验因素影响外，还受到许多其他非试验因素的干扰，从而产生误差（error）。试验中出现的误差分为两类：随机误差（random error）与系统误差（systematic error）。

随机误差也称为抽样误差（sampling error），这是由于许多无法控制的内在和外在的偶然因素所造成的。随机误差带有偶然性质，在试验中，随机误差是不可避免的。随机误差影响试验的精确性，统计上的试验误差（experimental error）指随机误差，随机误差愈小，试验的精确性愈高。

系统误差也称为片面误差（lopsided error），是由处理以外的其他条件明显不一致所产生的带有倾向性的或定向性的偏差，即往往由一些相对固定的因素引起。如，仪器调校的差异、不同操作者的习惯性差异等，系统误差在某种程度上是可以控制的。例如，田间试验中，如果试验地土质不同、土壤含水量不同等，均可引起系统误差。系统误差影响试验的准确性，一般说来，只要试验工作做得精细，系统误差容易克服。

## 七、试验单位与试验指标

试验单位（experimental unit）又称受试对象（study subjects），是指在试验研究中研究人员所要观察的客体，即处理因素作用的对象。在试验中人、动物、微生物、植物等均可作为试验单位。试验单位需保证同质性和代表性，常常是观测数据的基本单位。

试验指标（experimental index）指为衡量试验结果的好坏和处理效应的高低，在试验中具体测定的性状或观测的项目，常用于衡量试验效应的大小。试验指标往往是依据试验目的确定的。例如，在研究作物新品种有无推广价值的试验中，新品种的产量高低以及抗逆性大小等均可作为试验指标。

## 八、试验因素与因素水平

试验因素（experimental factor）指根据研究目的确定的欲施加或欲观察的并能引起受试对象直接或间接效应的因素，简称因素（factor），一般用大写字母表示，如因素 $A$、因素 $B$、因素 $C$ 等。与试验因素相对应的是非试验因素（non-experimental factor），即与试验因素可能同时存在的能使受试对象产生效应的非研究因素。如在研究密度与施肥量对玉米产量影响的试验中，种植密度和施肥量为试验因素，而土壤质地、地势高低等对产量也有一定影响，但它们不是我们所研究的因素，只能称为非试验因素。根据试验因素的多少可把试验分为单因素试验（single factor treatment）和多因素试验（multiple factor treatment）。

因素水平（level of factor）指试验因素所处的某些特定状态或数量等级。在试验设计中，1 个因素选几个水平，就称该因素为几水平因素。因素水平用代表该因素的字母加下标 1，2，…来表示。如试验因素 $A$ 有 $A_1$、$A_2$、$A_3$ 3 个水平，则称因素 $A$ 为 3 水平因素。

## 九、试验处理与试验重复

试验处理（experimental treatment）指事先设计好的实施在试验单位上的一种具体措施或项目，简称为处理（treatment）。在单因素试验中因素的一个水平就是一个处理；在多因素试验中因素的一个水平组合就是一个处理。例如，试验中只有 $A$ 因素 1 个因素，具有 $A_1$、$A_2$、$A_3$ 3 个水平，则该试验有 3 个试验处理，即 $A_1$、$A_2$、$A_3$；若试验中有 $A$ 因素与 $B$ 因素 2 个因素，分别具有 $A_1$、$A_2$、$A_3$ 3 个水平和 $B_1$、$B_2$ 2 个水平，则该试验有 6 个试验处理，即 $A_1B_1$、$A_1B_2$、$A_2B_1$、$A_2B_2$、$A_3B_1$、$A_3B_2$。

在试验中，将一个处理实施在两个或两个以上的试验单位（受试对象）上称为重复（repetition）。处理实施的试验单位数称为处理的重复数。

## 十、效应与互作

引起试验差异的作用称为效应（effect），如不同饲料使动物的体重增加表现出差异，不同品种的玉米产量不同等。效应又可细分为主效应和简单效应，主效应（main effect）指由于因素水平的改变而引起的平均数的改变量，即试验因素相对独立的作用；简单效应（simple effect）指在某因素同一水平上，另一因素不同水平对试验指标的影响，即简单效应是特殊水平组合间的差数。例如，当 $A$ 因素由 $A_1$ 水平变到 $A_2$ 水平时，$A_2$ 水平的平均数减去 $A_1$ 水平的平均数，即为 $A$ 因素的主效应；在 $A_1$ 水平上，$B_2$ 与 $B_1$ 的差即为 $B$ 因素在 $A_1$ 水平上的简单效应。

互作（Interaction），指在多因素试验中，一个因素的作用要受到另一个因素的影响，表现为某一因素在另一因素的不同水平上所产生的效应不同。或者说，某一因素的简单效应随着另一因素水平的变化而变化时，则称该两因素存在交互作用。互作效应可由 $(A_1B_1 + A_2B_2 - A_1B_2 - A_2B_1)/2$ 来估计。具有正效应的互作称为正交互作用；具有负效应的互作称为负交互作用；互作效应为零则称无交互作用。

## 十一、全面试验与部分试验

全面试验（overall experiment）指试验中对所选取试验因素的所有水平组合全部给予试验。例如，试验中有 $A$ 因素（具有 3 个水平）与 $B$ 因素（具有 2 个水平）2 个试验因素，共 6 个水平组合全部进行试验，即称为全面试验。全面试验的优点是能够获得全面的试验信息，各因素及各交互作用对试验指标的影响剖析得较清楚；缺点是当试验因素及水平增加时，试验处理会急剧增加，导致试验次数增加，以至于在实际中难以实施。因此，全面试验只适用于试验因素和水平数目均不太多的试验。

部分试验（fractional experiment）指从全部试验中选取部分有代表性的处理进行试验，如正交设计试验和均匀设计试验等。部分试验既可适用于全面试验无法实施的情况，也可适用于由于试验因素及水平数目较多采用全面试验并非经济有效的情况。

# 第四节　EXCEL 基本操作

EXCEL 是微软公司 Office 办公软件中的一个组件，可以用来制作电子表格、完成许多复杂的数据运算，能够进行数据的分析，具有强大的制作图表的功能。

## 一、EXCEL 工作界面

Microsoft EXCEL 工作界面除了具有与 WORD 相同的标题栏、菜单栏、工具栏等组成部分外，还具有其特有的组成部分，如图 1-2 所示。

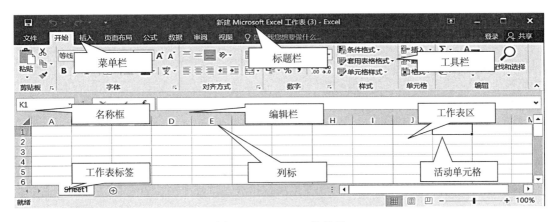

图 1-2 EXCEL 工作界面

**（一）名称框**

名称框位于工具栏的下方，用于显示工作表中光标所在单元格的名称，如图 1-2 中显示光标所在单元格为 K1。

**（二）编辑栏**

编辑栏位于名称框的右侧，用于显示活动单元格的数据、公式和函数，也可在编辑栏中直接输入数据、公式以及函数。

**（三）工作表**

工作表是用来存放数据的表格，可在工作表中对数据进行输入、删除、复制粘贴等基本操作，以及对数据进行编辑整理和开展相关计算。

**（四）工作表标签**

工作表标签用来标识工作簿中不同的工作表。单击工作表标签，即可迅速切换至相应的工作表中，如图 1-2 所示的工作表的标签为 Sheet1。

## 二、EXCEL 常用基本概念

**（一）工作簿和工作表**

Microsoft EXCEL 工作簿是计算和储存数据的文件，每一个工作簿都可以包含多张工作表，在默认情况下，每个工作簿由 3 个工作表组成，默认情况下分别为 Sheet1、Sheet2 和 Sheet3，可以在同一工作簿内或两个工作簿之间根据需要对工作表进行改名、添加、删除、移动或复制等操作。因此，通过工作簿和工作表相关操作，可在单个文件中管理各种类型的相关信息。

使用工作表分析数据时，可以同时在多张工作表上输入并编辑数据，并且可以对来自不同工作表的数据进行汇总计算；在创建图表之后，既可以将其置于原数据所在的工作表上，也可以放置在单独的图表工作表上。工作表的名称显示于工作簿窗口底部的工作表标签上，单击工作表标签即可进入该工作表，当前所在的工作表称为活动工作表，在它的标签上标有单下划线。

EXCEL 2003 版本每个工作表由 256 列和 65536 行组成，行和列相交形成单元格，它是存储数据的基本单位。列标分别用 A～IV 的单个英文字母或 2 个英文字母组合表示，行标分别用 1～65536 的阿拉伯数字表示。EXCEL 2007 及以上版本每个工作表由 16384 列和 1048576 行组成。每个单元格的定位可以通过该单元格所对应的行标及列标来确定，如 A2 就表示 A 列第 2 行的单元格。在活动工作表的单元格中，其中有一单元格含有粗边框线称为活动单元格，在该单元格中可以输入和编辑数据。每进入一个工作表时，A1 自动为活动单元格，在活动单元格的右下角有一小黑方块，这个黑方块称为填充柄，利用此填充柄可以填充相邻单元格区域的内容。

### （二）单元格的区域引用

引用是指调用工作表中的数据用于计算分析，它是通过标识工作表上的单元格或区域来实现的。通过引用，指明在计算时所使用的数据在工作表中的位置，可以使用工作表中不同区域的数据，或者在多个计算公式中使用同一单元格的数值。还可以引用同一工作簿不同工作表、不同工作簿，甚至其他应用程序中的数据。引用不同工作簿中的数据称为外部引用（external reference），引用其他程序中的数据称为远程引用（telereference）。

如果要引用某一单元格的数据，可在计算公式中输入该单元格的标识。例如，要引用在列 B 和行 10 这一单元格的数据，在计算公式中输入 B10，或者用鼠标点击该单元格。如果要引用某个区域的数据，可在计算公式中输入该区域左上角单元格的标识，后面跟一个冒号":"，后面再写上该区域右下角单元格的标识。例如，如果要引用从单元格 C1 到单元格 D20 这一区域，可输入 C1：D20。

## 三、EXCEL 基本操作

### （一）数据输入

建立一个新的 EXCEL 文件之后，便可进行数据的输入操作。EXCEL 中以单元格为单位进行数据的输入操作。一般用上下左右光标键、Tab 键或用鼠标选中某一单元格，然后输入数据。EXCEL 中的数据按类型不同通常可分为 4 类：数值型、字符型、日期型和逻辑型，EXCEL 根据输入数据的格式自动判断数据所属类型。

1. 输入文本

文本包括汉字、英文字母、数字、空格以及其他键盘能输入的符号，可在单元格中输入 32000 个字符，且字符型数据通常不参与计算。输入文本型数据时，只要将单元格选中，直接在其中输入文本，按回车键即可。如果用户输入的文本内容超过单元格的列宽，则该数据就要占用相邻的单元格显示，如果相邻的单元格中有数据，则该单元格中的内容就会截断显示。

2. 输入数值型数据

数值型数据是指包括 0，1，2…，以及正号（＋）、负号（－）、小数点（.）、分号（；）、百分号（％）等在内的数据，这类数据能以整数、小数、分数、百分数以及科学记数形式输入单元格中。

在单元格内输入分数时，应先输入"0"和一个空格，然后再输入相应分数，否则系统会将该数据作为日期处理。例如，某一单元格内输入"0"和一个空格后再输入"1/2"，则在该单元格内输入的是 1/2。输入负数时，可分别用"－"或"（）"来表示。例如，－10可以用"－10"或"（10）"来表示。如果用户输入的数字其有效位超过单元格列宽，在单元格中无法全部显示时，EXCEL 将自动显示出若干个♯号，用户可通过调整列宽以将所有数据显示出来。

3. 输入日期

输入日期时必须按日期特定的格式才能正确输入，EXCEL 中日期的输入格式为 $yyyy/mm/dd$，即先输入年份，再输入月份，最后输入日，如 2022/10/21。如果用户要输入当前日期，按"Ctrl＋;"组合键即可。

4. 输入时间

输入时间时，小时、分、秒之间用冒号分开，如 20:10:25。如果用户要输入当前的时间，按"Ctrl＋Shift＋;"组合键即可。

**（二）公式的应用**

1. 公式的编辑应用

在由公式生成 EXCEL 数据时，需用到算术运算符、比较运算符等多种运算符。算术运算符有加（＋）、减（－）、乘（＊）、除（/）、百分比（％）、指数（ˆ）；比较运算符有等于（＝）、小于（＜）、大于（＞）、小于等于（＜＝）、大于等于（＞＝）、不等于（＜＞）。

编辑公式时要先在编辑栏或相应单元格中输入"＝"，然后再输入相关公式。注意，在"编辑"菜单中有"选择性粘贴"一项，有时在复制、粘贴时，必须选取"数值"选项。例如，在当前工作表中 A1 和 B1 单元格中已输入了数值数据，欲将 A1 与 B1 单元格的数据相加的结果放入 C1 单元格中，可按如下步骤操作：用鼠标选定 C1 单元格，然后输入公式"＝A1＋B1"，回车之后即可完成操作。C1 单元格此时存放的实际上是一个数学公式"A1＋B1"，因此 C1 单元格的数值将随着 A1、B1 单元格的数值的改变而变化。

2. 函数的应用

EXCEL 还提供了丰富的函数，如 SUM（求和）、AVERAGE（求平均值）、CORREL（求相关系数）、STDEV（求标准差）等。函数使用与公式类似，也是以"＝"开头后接相应函数，也可使用粘贴函数输入。附录附表 2 列出了常用的统计函数的应用方法，供学习参考。

3. 公式的隐藏

在 EXCEL 应用中有时需要对单元格中的公式进行隐藏，即只能看到数据结果而看不到公式。方法为右键点击任一单元格，在弹出的选项中选择"设置单元格格式"选项，在弹出的对话框中点击选择"保护"选项卡→勾选"锁定"和"隐藏"选项，确定后返回到工作表中，依次点击"审阅"→"保护工作表"选项，在弹出的"保护工作表"对话框中输入用户设置的密码。

**（三）复制生成数据**

在 EXCEL 中生成的数据具有相同的规律性时，大部分的数据可以由复制生成，在平时操作中常用到的复制形式有普通单元格复制与公式单元格复制。

**1. 普通单元格复制**

普通单元格的复制，一般可以分为选定待复制区域、复制到粘贴板和粘贴三个操作步骤。EXCEL 进行整行或整列选定操作时，可分别单击待选行或列的行标与列标；选定整个表格操作时，可单击位于行标和列标交汇处的"全选按钮"；选定某个具体区域操作时，可通过拖动鼠标选定待复制的区域，待复制区域一旦被选定，该区域变为灰色。用鼠标右击该区域，选择"复制"，将区域内容复制到粘贴板之中，此时即可发现该区域已被虚线包围。用鼠标右击目标区域，选择"粘贴"，则单元格区域的复制即告完成。

**2. 公式单元格的复制**

公式单元格的复制，一般分为值复制和公式复制两种。

（1）值复制　值复制指的是只复制公式的计算结果到目标区域。操作时先拖动鼠标选定待复制区域，用鼠标右击选定区域选择"复制"选项，用鼠标右击目标区域单击"选择性粘贴"子菜单，在出现复制选项后选定"数值"选项，用鼠标单击"确定"按钮，则公式的值复制即告完成。在值复制过程中如果需要进行行列转置，在"选择性粘贴"子菜单中选中"转置"即可。

（2）公式复制　公式复制指的是仅复制公式本身到目标区域，在应用公式复制时首先要区分好单元格的相对引用（relative reference）与绝对引用（absolute reference）两个概念。

EXCEL 的公式中一般都会引用到别的单元格的数值，当公式复制到别的区域时，如果希望公式引用单元格不会随之相对变动，应在公式中使用单元格的绝对引用。若希望当公式复制到别的区域时，公式引用单元格也会随之相对变动，应在公式中使用单元格的相对引用。在公式中如果直接输入单元格的地址，那么默认的是相对引用单元格，如果在单元格的地址之前加入"＄"符号那么意味着绝对引用单元格。

绝对引用和相对引用亦可在同一公式之中混合交叉使用。例如，如果在 C1 单元格中输入的是公式"＝A＄1＋B＄1"，意味着，公式的内容不会随着公式的垂直移动而变动，而是随着公式的水平移动而变动。即公式中"＄"符号后面的单元格坐标不会随着公式的移动而变动，而不带"＄"符号后面的单元格坐标会随着公式的移动而变动。

**（四）EXCEL 数据分析程序的安装**

运用 EXCEL 进行数据处理和统计分析时，必须安装 EXCEL 数据分析程序，即在EXCEL 的"工具"菜单中出现"数据分析"的命令选项，并将所要计算分析的变量按列（行）输入。Microsoft EXCEL 2010 及以上版本安装"分析工具库"参考步骤主要分为以下几步。

（1）右键点击 EXCEL "文件"菜单，选择"自定义功能区"选项，在出现的"EXCEL 选项"对话框中点击"加载项"标签，弹出如图 1-3 所示对话框；在对话框中"管理"下拉列表中选择"EXCEL 加载项"，点击后面的"转到"按钮弹出"加载宏"对话框。

（2）在"加载宏"对话框中，勾选"分析工具库"，点击确定完成安装。安装完成后，点击 EXCEL "数据"菜单，即弹出"数据分析"的命令选项。"数据分析"命令选项中含"方差分析：单因素方差分析""方差分析：可重复双因素分析""方差分析：无重复双因素分析""相关系数""协方差""描述统计""指数平滑""$F$ 检验-双样本方差""直方图""回归"等 19 种分析工具。各种分析工具的功能简介见附录附表 1。

图 1-3 EXCEL 加载项对话框

## 四、EXCEL 数据基本编辑

### (一) 利用 EXCEL 随机抽样

在抽样调查中，为保证抽样的随机性，需要取得随机数字。应用 EXCEL 生成随机数字并进行抽样的方法有数据分析中的"抽样"命令、Rand 函数等多种随机抽样方法。

1. 利用 EXCEL 数据分析工具随机抽样

使用 EXCEL 数据分析工具进行抽样，首先要对各个总体单位进行编号，编号可以按随机原则，也可以按有关标志或无关标志；编号后，将编号输入工作表，应用 EXCEL 数据分析工具库中的"抽样"命令进行随机抽样。

【例 1-1】从表 1-1 100 名健康成年男子血清总胆固醇数据资料中，应用 EXCEL 数据分析工具随机抽取 10 组数据。

| 表 1-1 | | | 100 名健康成年男子血清总胆固醇 | | | | | 单位：mmol/L | |
|---|---|---|---|---|---|---|---|---|---|
| 4.77 | 3.37 | 6.14 | 3.95 | 3.56 | 4.23 | 4.31 | 4.71 | 5.69 | 4.12 |
| 4.56 | 4.37 | 5.39 | 6.30 | 5.21 | 7.22 | 5.54 | 3.93 | 5.21 | 6.51 |
| 5.18 | 5.77 | 4.79 | 5.12 | 5.20 | 5.10 | 4.70 | 4.74 | 3.50 | 4.69 |
| 4.38 | 4.89 | 6.25 | 5.32 | 4.50 | 4.63 | 3.61 | 4.44 | 4.43 | 4.25 |
| 4.03 | 5.85 | 4.09 | 3.35 | 4.08 | 4.49 | 5.30 | 4.97 | 3.18 | 3.97 |
| 5.16 | 5.10 | 5.85 | 4.79 | 5.34 | 4.24 | 4.32 | 4.77 | 6.36 | 6.38 |
| 4.88 | 5.55 | 3.04 | 4.55 | 3.35 | 4.87 | 4.17 | 5.85 | 5.16 | 5.09 |
| 4.52 | 4.38 | 4.31 | 4.58 | 5.72 | 6.55 | 4.76 | 4.61 | 4.17 | 4.03 |
| 4.47 | 3.40 | 3.91 | 2.70 | 4.60 | 4.09 | 5.96 | 5.48 | 4.40 | 4.55 |
| 5.38 | 3.89 | 4.60 | 4.47 | 3.64 | 4.34 | 5.18 | 6.14 | 3.24 | 4.90 |

（1）将表 1-1 数据资料复制到 EXCEL 电子表格中（本例为 A2：J11），在 EXCEL "数据"菜单中，选择"数据分析"选项，单击"抽样"，确定后弹出"抽样"对话框，如图 1-4 所示。

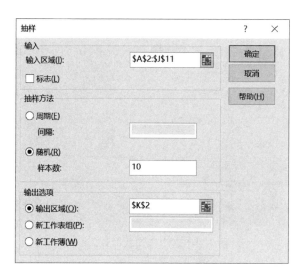

图 1-4　EXCEL 抽样对话框

（2）在"抽样"对话框中，"输入区域"框中输入总体单位编号所在的单元格区域，本例为 A2：J11。若输入区域的第一行或第一列为标志项（横行标题或纵列标题），可勾选"标志"复选框。

（3）在"抽样方法"选项下，有"周期"和"随机"两种抽样模式。

"周期"模式即所谓的等距抽样或机械抽样（systematic sampling），采用这种抽样方法，需将总体单位数除以要抽取的样本单位数，求得抽样的周期间隔。如我们要在 200 个总体单位中抽取 10 个，则在"间隔"框中输入 20；如果在 200 个总体单位中抽取 24 个，则在"间隔"框中输入 8（如果不能整除，则取整数）。

"随机模式"适用于简单随机抽样、分类抽样、整群抽样和阶段抽样。采用简单随机抽样，只需在"样本数"框中输入要抽取的样本单位数即可；若采用分类抽样，必须先将总体单位按某一标志分类编号，然后在每一类中随机抽取若干单位，这种抽样方法实际是分组法与随机抽样的结合；整群抽样也要先将总体单位分类编号，然后按随机原则抽取若干类作为样本，对抽中的类的所有单位全部进行调查。

由于本例中没有分类或分群的标志，所以无法进行分类或整群抽样，只适用于等距抽样和简单随机抽样。本例中选择"随机"抽样模式，即选择了简单随机抽样方法进行抽样，并设定样本数为 10。

（4）指定输出区域（K2），单击确定后，即可输出抽样结果。

2. 利用 EXCEL 函数随机抽样

在 EXCEL 中，RAND 函数可以返回大于等于 0 小于 1 的均匀分布随机数。RAND 函数不带任何参数运行，每次计算时都将返回一个新的数值，可以被用来作为不重复抽样调查的工具。具体方法为，在待抽样数值后通过 RAND 函数产生随机数，将该随机数转换为数值后进行排序，根据排序大小抽取部分数值。

EXCEL 中还可应用 RANDBETWEEN 函数实现总体的重复随机抽样。TOP 与 BOT-TOM 是 RANDBETWEEN 函数的 2 个参数，可随机返回介于 TOP 与 BOTTOM 之间的整数，抽取此整数对应编号的样本，可作为总体的重复随机抽样的结果。

### （二）随机数字及随机样本的生成

利用 EXCEL 中的 RAND 函数可以返回 0 与 1 之间均匀的随机数，除此之外，利用 EXCEL 数据分析工具中的随机数发生器，可以生成用户指定类型分布的随机数，可以用来方便地进行随机数字模拟试验。

【例 1-2】利用随机数发生器生成 3 组正态数据，构成 3 个随机样本。要求每组数据容量为 20、平均值为 5、标准偏差为 0.2。

（1）依次选择"数据"菜单下的"数据分析"→"分析工具库"→"随机数发生器"，弹出图 1-5 所示"随机数发生器"对话框。

图 1-5　EXCEL 随机数发生器对话框

（2）对话框中"变量个数"指需要形成几组数据，如输入 3 表示形成 3 组数据；"随机数个数"指每组数据包含的数据个数，如输入 20 表示每组数据含 20 个数；"分布"选择随机形成的数据期望服从的概率分布类型，包括均匀分布、正态分布、二项分布、离散分布等，此处选择正态分布；"随机数基数"指输入随机数的基数，这里输入 0；"参数"根据选择的分布而定，此处平均值栏输入 5，标准偏差栏输入 0.2。确定后即可输出抽样结果。

### （三）数据录入验证

在数据资料的统计录入过程中，由于操作失误难免造成数据录入错误，导致数据过大或过小，有时甚至出现逻辑性错误的数据，给后续的统计工作带来影响。因此，在数据录入过程中有必要先设置录入数据的有效性。这一设置是通过菜单"数据"→"数据验证"

进行的。

**【例 1-3】** 某市有一组调查 7 岁男童身高的数据需要进行录入统计，已知正常 7 岁男童身高在 $105 \sim 135 \mathrm{cm}$，根据此范围设置录入数据的有效性。

（1）先根据数据的多少选择数据录入区域，选择菜单"数据"→"数据验证"，打开数据验证对话框。在"设置"选项卡"允许"选项中选择"整数"；"数据"选项中选择"介于"；"最小值"框中输入 105；"最大值"框中输入 135。

（2）在"输入信息"选项卡"标题"空白框中输入"7 岁男童身高"，在"输入信息"空白框中输入"请输入 $105 \sim 135 \mathrm{cm}$ 的有效数据"。

（3）在"出错警告"选项卡"标题"空白框中输入"数据非法"，在"错误信息"空白框中输入"7 岁男童身高必须在 $105 \sim 135 \mathrm{cm}$"，在"样式"下拉列表中选择"停止"。

（4）在数据录入中，当我们将光标移到设定区域选定某一单元格时，此时会有提示"请输入 $105 \sim 135 \mathrm{cm}$ 的有效数据"，我们将会在此范围内录入正常数据；当录入的数据不在此范围内时，EXCEL 会提示"数据非法"，并阻止继续录入。

**（四）数据排序**

一般来说，录入数据清单的数据是无序的，不能反映现象的本质与规律。为了使用方便，要将其进行排序、分组，以便使数据按要求排列，同时使性质相同的数据归为一组，从而让它们之间的差异性显示出来。

EXCEL 可以根据用户的要求对数据清单的行或列数据进行排序。排序时，EXCEL 将利用指定的排序顺序重新排列行、列或各单元格，从而使研究对象的规则性更加简洁地表现出来。

**【例 1-4】** 表 1-2 为随机抽取的某大学 60 位教师的学位及专业技术职务等信息资料。要求：①以专业技术职务为主要关键字对资料进行排序；②按照"教授→副教授→讲师→实验员→助教"的顺序对资料进行排序。

**表 1-2**               **60 位教师的信息资料**

| 序号 | 性别 | 学位 | 专业技术职务 | 序号 | 性别 | 学位 | 专业技术职务 |
|---|---|---|---|---|---|---|---|
| 1 | 男 | 博士 | 教授 | 12 | 男 | 博士 | 副教授 |
| 2 | 男 | 博士 | 教授 | 13 | 男 | 博士 | 副教授 |
| 3 | 男 | 博士 | 教授 | 14 | 男 | 博士 | 讲师 |
| 4 | 男 | 博士 | 教授 | 15 | 男 | 博士 | 讲师 |
| 5 | 男 | 博士 | 副教授 | 16 | 男 | 博士 | 讲师 |
| 6 | 男 | 博士 | 副教授 | 17 | 男 | 博士 | 讲师 |
| 7 | 男 | 博士 | 副教授 | 18 | 男 | 博士 | 讲师 |
| 8 | 男 | 博士 | 副教授 | 19 | 女 | 博士 | 教授 |
| 9 | 男 | 博士 | 副教授 | 20 | 女 | 博士 | 副教授 |
| 10 | 男 | 博士 | 副教授 | 21 | 女 | 博士 | 副教授 |
| 11 | 男 | 博士 | 副教授 | 22 | 男 | 硕士 | 教授 |

续表

| 序号 | 性别 | 学位 | 专业技术职务 | 序号 | 性别 | 学位 | 专业技术职务 |
|---|---|---|---|---|---|---|---|
| 23 | 男 | 硕士 | 教授 | 42 | 女 | 硕士 | 讲师 |
| 24 | 男 | 硕士 | 教授 | 43 | 女 | 硕士 | 实验员 |
| 25 | 男 | 硕十 | 副教授 | 44 | 女 | 硕士 | 助教 |
| 26 | 男 | 硕士 | 副教授 | 45 | 男 | 学士 | 教授 |
| 27 | 男 | 硕士 | 副教授 | 46 | 男 | 学士 | 教授 |
| 28 | 男 | 硕士 | 副教授 | 47 | 男 | 学士 | 教授 |
| 29 | 男 | 硕士 | 副教授 | 48 | 男 | 学士 | 教授 |
| 30 | 男 | 硕士 | 副教授 | 49 | 男 | 学士 | 副教授 |
| 31 | 男 | 硕士 | 讲师 | 50 | 男 | 学士 | 副教授 |
| 32 | 男 | 硕士 | 讲师 | 51 | 男 | 学士 | 副教授 |
| 33 | 男 | 硕士 | 讲师 | 52 | 男 | 学士 | 副教授 |
| 34 | 男 | 硕士 | 实验员 | 53 | 男 | 学士 | 副教授 |
| 35 | 女 | 硕士 | 教授 | 54 | 女 | 学士 | 教授 |
| 36 | 女 | 硕士 | 教授 | 55 | 女 | 学士 | 副教授 |
| 37 | 女 | 硕士 | 副教授 | 56 | 女 | 学士 | 副教授 |
| 38 | 女 | 硕士 | 副教授 | 57 | 男 | 大学 | 教授 |
| 39 | 女 | 硕士 | 讲师 | 58 | 男 | 大学 | 副教授 |
| 40 | 女 | 硕士 | 讲师 | 59 | 女 | 大学 | 副教授 |
| 41 | 女 | 硕士 | 讲师 | 60 | 男 | 大学 | 副教授 |

（1）常用排序方法

①把表 1-2 中数据复制到 EXCEL 工作表，选择数据后，点击"数据"菜单中的"排序"命令，弹出"排序"对话框。

②在"排序"对话框窗口中，选择"主要关键字"列表中的"专业技术职务"作为排序关键字，选择按"升序"排序，并勾选"数据包含标题"。

③确定后即可输出排序的结果。

（2）自定义排序方法

①选择数据后，单击菜单栏"数据"→"排序"打开排序对话框，选择"专业技术职务"为主要关键字，勾选"数据包含标题"，点击"次序"下拉菜单，选择"自定义序列"。

②在"自定义序列"对话框的"输入序列"框中，依次输入"教授""副教授""讲师""实验员""助教"排序序列，点击右侧的"添加"，即可将自定义排序序列添加到"自定义序列"框下。

③选中"自定义序列"框下的"教授，副教授，讲师，实验员，助教"排序序列，点

击"确定",即可完成排序任务。

#### (五) 数据分类汇总

利用 EXCEL 进行分类汇总的步骤为:首先选中需要分类汇总的列,依次点击菜单栏的"数据"→"升序排序";然后在"数据"选项卡中,点击"分类汇总";最后在"分类汇总"对话框中,将"分类字段"设置为分类汇总的列名、"选定汇总项"中勾选需要的项,点击确定即可。

【例 1-5】利用 EXCEL 分类汇总功能,统计分析表 1-2 资料中各种专业技术职务下各有多少人。

(1) 选择需要分类汇总的数据区域,以"专业技术职务"为关键字进行排序(注意在分类汇总前需先对数据进行排序),然后选择"数据"菜单中的"分类汇总"选项,打开"分类汇总"对话框。

(2) 在"分类字段"的下拉式列表中选择要分类的字段,如"专业技术职务";在"汇总方式"下拉式列表中选择进行汇总的方式,如"计数"。

(3) 确定后得到分类汇总的部分结果,如图 1-6 所示。

| | | | | A | B | C | D | E |
|---|---|---|---|---|---|---|---|---|
| 1 | | | | 序号 | 性别 | 学位 | | 专业技术职务 |
| | + | 18 | | | | | 教授 计数 | 16 |
| | + | 48 | | | | | 副教授 计数 | 29 |
| | + | 61 | | | | | 讲师 计数 | 12 |
| | + | 64 | | | | | 实验员 计数 | 2 |
| | + | 66 | | | | | 助教 计数 | 1 |
| - | | 67 | | | | | 总计数 | 60 |

图 1-6　EXCEL 数据分类汇总结果

图 1-6 分类汇总结果表明,在对数据进行分类汇总之后,可以观察到"教授"为 16 人,"副教授"为 29 人,"讲师"为 12 人,"实验师"为 2 人,"助教"为 1 人。

#### (六) 数据筛选

数据筛选是数据表格管理的一个常用项目和基本技能,通过数据筛选可以快速定位符合特定条件的数据,方便第一时间获取需要的数据信息。

【例 1-6】利用 EXCEL 的高级筛选功能,统计分析表 1-2 资料既是讲师又是博士的男性有哪些人。

(1) 根据数据筛选的条件,建立"条件区域",如本例的筛选条件为"性别为男、学位为博士、专业技术职务为讲师"。本例条件区域为 G1:J2 区域。

(2) 在"数据"菜单中选择"筛选"中的"高级筛选"功能,得到"高级筛选"对话框;勾选"将筛选单位复制到其他位置";在"列表区域"输入 A1:D61,在"条件区域"输入 G1:J2,在"复制到"输入 G4,确定后得到图 1-7 高级筛选结果。

图 1-7 高级筛选结果表明,表 1-2 资料中既是讲师又是博士的男性对应的序号分别为 14、15、16、17、18。

| ▲ | A | B | C | D | E | F | G | H | I | J |
|---|---|---|---|---|---|---|---|---|---|---|
| 1 | 序号 | 性别 | 学位 | 专业技术职务 | | | 序号 | 性别 | 学位 | 专业技术职务 |
| 2 | 1 | 男 | 博士 | 教授 | 条件区域 | | | 男 | 博士 | 讲师 |
| 3 | 2 | 男 | 博士 | 教授 | | | | | | |
| 4 | 3 | 男 | 博士 | 教授 | | | 序号 | 性别 | 学位 | 专业技术职务 |
| 5 | 4 | 男 | 博士 | 教授 | 列表区域 | | 14 | 男 | 博士 | 讲师 |
| 6 | 5 | 男 | 博士 | 副教授 | | | 15 | 男 | 博士 | 讲师 |
| 7 | 6 | 男 | 博士 | 副教授 | | | 16 | 男 | 博士 | 讲师 |
| 8 | 7 | 男 | 博士 | 副教授 | 复制区域 | | 17 | 男 | 博士 | 讲师 |
| 9 | 8 | 男 | 博士 | 副教授 | | | 18 | 男 | 博士 | 讲师 |

图 1-7　EXCEL 高级筛选结果

**（七）数据透视表的应用**

数据透视表是 EXCEL 中强有力的数据列表分析工具。它不仅可以用来做单变量数据的次数分布或总和分析，还可用来做双变量数据的交叉频数分析、总和分析以及其他统计量的分析。

**【例 1-7】**试根据表 1-2 资料，分析大学教师的专业技术职务的分布状况。

（1）打开 EXCEL 程序，输入表 1-2 数据，单击"插入"菜单中的"数据透视图和数据透视表"选项，弹出"创建数据透视表"对话框，在区域中输入"原始数据区域"。本例为"B1：D61"。注意"原始数据区域"不能含序号列，并选择一个数据透视表位置。

（2）点击"确定"弹出图 1-8 右所示对话框，将字段"性别"移到"图例（列）"中，字段"专业技术职务"移到"轴（行）"中，并统计性别的汇总数（即字段"性别"移到"Σ 值"框中），即可得图 1-8 左所示结果。

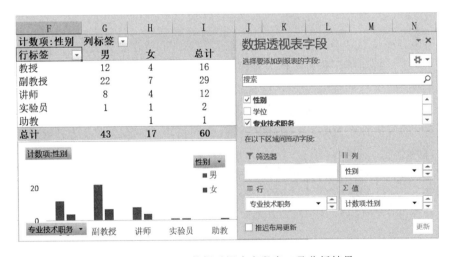

图 1-8　EXCEL 数据透视表字段窗口及分析结果

图 1-8 数据透视图和透视表分析结果表明，对于大学教师的专业技术职务，其性别之间有一定的差异，特别是在教授和副教授中男性较多。这只是一种数据整理的结果，要想准确地说明大学专业技术职务的评定是否存在着性别差异，还需要使用统计推断方法进行检验。

# 第五节　DPS 基本操作

## 一、DPS 用户界面

DPS 是 Data Processing System（数据处理系统）首字母的缩写，该系统采用多级下拉式菜单，用户使用时整个屏幕犹如一张工作平台，随意调整，操作自如，故形象地称其为 DPS 数据处理工作平台，简称 DPS 平台。

在 Windows 运行 DPS 的 Setup.exe 程序，完成安装。鼠标双击 DPS 图标，打开如图1-9 所示的 DPS 用户界面。

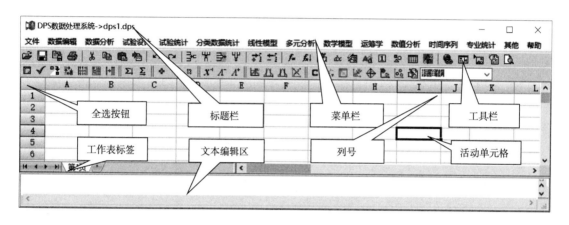

图 1-9　DPS 用户界面

DPS 用户界面按从上到下的顺序，包含标题栏、菜单栏、工具栏、下拉菜单、工作表、当前工作表、活动单元格、工作表标签、文本编辑区、滚动栏及状态栏等内容。

### （一）标题栏

标题栏标注用户正在运行的程序名称和正在打开的文件的名称。如图 1-9 所示，标题栏显示此窗口的应用程序为 DPS，在 DPS 中打开的当前文件的文件名为"dps1.dps"。

### （二）菜单栏

菜单栏按功能能把 DPS 命令分成不同的菜单组，分别是"文件""数据编辑""数据分析""试验设计""试验统计""分类数据统计""线性模型""多元分析""数学模型""运筹学""数值分析""时间序列"及"其他"等。当菜单项被选中时，即引出一个下拉式菜单，可以从中选取相应的子菜单。

### （三）工具栏

工具栏中的按钮都是常用命令，可简化用户的操作，当鼠标指向某一按钮后，稍等片刻在按钮右下方会显示该按钮命令的含义。工具栏的第一行是常用工具栏，常用工具栏中为用户准备了使用 DPS 编辑、处理数据最常用命令的快捷按钮，如"打开文件"按钮、"保存文件"按钮、"另存为"按钮、"打印"按钮、"插入"按钮、"插入列"按钮等。工具栏的第二行是数据矩阵处理工具栏，该工具栏处理当前活动单元格的数据阵列，可以对活动单元格的数据进行矩阵相加、相减、相乘、矩阵求逆等运算，还可以解正规方程组。

### （四）工作表

工作表窗口可有多张独立的工作表（sheet），系统默认窗口中显示第一张工作表"第1页"，该表为当前工作表。当前工作表只有一张，用户可通过点击工作表下方的标签激活其他工作表为当前工作表。工作表是一个由行和列组成的表格，行号和列号分别用字母和数字区别。初期版本的 DPS，行号由上自下范围 1～65535，列号则由左到右采用字母编号 A～IU。因此每张表最大可为 255 列×65535 行。而高级版本的 DPS，每张表拥有更多的行数和列数。在最大行数和最大列数范围内，工作表的大小可以由用户自己设定。每一个行、列坐标所指定的位置称之为单元格，在单元格中用户可以键入符号、数值、公式以及其他内容。

### （五）工作表标签

工作表标签通常用"第1页""第2页"等名称来表示，用户也可以通过用鼠标双击标签名来修改标签名。工作簿窗口中的工作表称之为当前工作表，当前工作表的标签为白色，其他为灰色。

### （六）滚动栏

当工作表很大，需要在窗口中查看表中的全部内容时，可以使用工作簿窗口右边及下边的滚动栏，使窗口在整张表上移动查看。

### （七）状态栏

状态栏位于 DPS 窗口底部，它的左端是信息区，右端是键盘状态区。在信息区中，显示的是 DPS 的当前工作状态。

## 二、DPS 基本操作

### （一）基本操作方式

DPS 基本操作一般有 3 种方式：鼠标操作、菜单操作和键盘命令操作。例如，想要将 A1 单元格的数据复制到 A2 单元格，可应用鼠标操作、菜单操作和键盘命令操作 3 种操作方式。

（1）鼠标操作法　先用鼠标选中 A1 单元格，然后缓慢移动鼠标到 A1 单元格的右下角，当鼠标的形状变为黑色实心"十"字形之后（以后称之为"填充柄"），拖动鼠标到 A2 单元格，然后放开鼠标，则 A1 的数据就复制到 A2 单元格了。

（2）菜单操作法　用鼠标选中 A1 单元格，选择工具栏的"复制"按钮，然后用鼠标选中 A2 单元格，再选择工具栏中的"粘贴"按钮，这时数据就复制到 A2 单元格了。

（3）键盘命令操作法　直接用鼠标选中 A2 单元格，从键盘输入"＝A1"命令，按回车键则复制即告完成。

### （二）文件基本操作

（1）新建文件　进入"文件"菜单栏，选择"新建"即可创建一个新的 DPS 数据文件。

（2）打开文件　进入"文件"菜单栏，选择"打开"子菜单，可在 DPS 中打开一个已经存在的数据文件。它可以是 DPS 的数据文件，也可以是文本文件或 EXCEL 数据文件。

（3）保存文件　进入"文件"菜单栏，选择"保存"命令，可将当前数据保存为扩展名为"CLL"的文件。如果选择"另存为",可将当前工作簿存为一个新的文件。

(4) 文件打印 进入"文件"菜单栏,选择"打印",可打印当前的工作表文件。打印之前,可以选择"文件"菜单栏的"页面设置"和"打印预览"选项,进行打印前的页面设置操作和打印效果的预先浏览。

### (三) 数据输入操作

#### 1. 数据的手动输入

DPS 中的数据按类型不同通常可分为 3 类:数值型、字符型、日期型,DPS 根据输入数据的格式自动判断数据属于什么类型。按格式"月/日/年"或"月－日－年"输入数据,DPS 自动将其识别为日期型的数据;输入数据由数字与小数点构成,DPS 自动将其识别为数字型,数值型数据字体显示是蓝色的;当输入字体显示是黑色的时,则 DPS 将其识别为字符型数据。需注意的是,数据统计分析要求是数值型的。

建立一个新的 DPS 文件之后,即可进行数据的输入操作。DPS 中以单元格为单位进行数据的输入操作,一般用上下左右光标键、Tab 键或用鼠标选中某一单元格,然后输入数据。数值可以通过工具栏里的"增加小数位数"和"减少小数位数"按钮来增加或减少小数位数。点击工具栏里面的"字体"按钮可改变当前数据块中的文字字体、字号等格式,按此按钮后系统会弹出单元格属性对话框,该对话框和 WORD 里的字体设置对话框类似。

#### 2. 公式生成数据

DPS 的数据也可由公式和函数经计算生成。DPS 提供了完整的算术运算符,如＋(加)、－(减)、＊(乘)、/(除)、^(指数),以及丰富的函数,如 SUM(求和)、SUM2d(根据条件求和)等,供用户对数据执行各种形式的计算操作。例如:用鼠标选定 C1 单元格,然后输入公式"＝A1＋B1"或输入"＝SUM(A1:B1)",回车之后即可将 A1 与 B1 单元格的数据之和放入 C1 单元格中。C1 单元格此时存放的实际上是一个数学公式"A1＋B1",因此 C1 单元格的数值将随着 A1、B1 单元格的数值的改变而变化。当选定单元格 C1 并将鼠标指向该单元格的右下角时,光标会变成黑十字,此时按住鼠标向下拖动至 C2,即可完成对公式或函数的复制,即 DPS 的计算公式都是相对引用单元格。

#### 3. 复制生成数据

DPS 中的数据也可由复制生成。实际上,在生成的数据具有相同的规律性时,大部分的数据可以由复制生成。可以在不同单元格之间复制数据,也可以在不同工作表或不同工作簿之间复制数据,可以一次复制一个数据,也可同时复制一批数据。另外,数据的剪切、复制和粘贴,是和 Windows 其他应用程序共享数据的有力工具,可以通过这种方式和 WORD,EXCEL,SPSS 等其他应用程序互相交换数据。例如,您可将数据从 EXCEL 表格里面复制过来,进行统计分析,然后将统计分析得到的结果通过复制的方式,放到 WORD 里面形成统计报告。

### (四) 工作表定义操作

在不同版本 DPS 的最大行数和最大列数范围内,工作表的大小可以由用户自己设定。用户需要重新设定工作表的行列大小时,可点击工具栏里面的"设置表格行列数"按钮。按下按钮之后,DPS 会根据当前工作表的大小给出一个工作表大小的缺省值,其缺省的行数值约为当前工作表的行数加 30。重新输入工作表的行列数,以调整工作表的大小。

## 三、DPS 数据基本编辑

### （一）数据删除

DPS 系统中，对数据进行删除操作时，既可直接拖动鼠标选定待删除区域后，点击键盘上的"Delete"键；也可用鼠标右击选定区域，在弹出菜单上选择"删除公式""全部删除""删除文本和数值"（即仅能删除文本和数值，对公式无效）等命令进行删除，需注意的是不同版本操作命令有所不同。

如果执行整行整列地删除，可用鼠标选定要删除的行或列后，点击工具栏里面的"删除行"按钮或"删除列"按钮。如果希望删除后可恢复数据，可将菜单"数据编辑"下面的"撤销/重做"功能激活，一旦由于误操作删除了不该删除的区域，可以通过工具栏里面"撤销"按钮来恢复被删除的内容。

### （二）数值转换

使用 DPS 处理数据时，DPS 的工作表是不能自动识别从其他数据编辑器复制到编辑窗口的一些用空格隔开来的数据的。这种情况下，必须借助 DPS 系统为用户提供的一个从文本行转换为数值的功能。DPS 系统执行文本行转换为数值功能时，要求必须将待转换的文本数据放到 DPS 系统工作表的第一列里面（必须放在第一列里面才能转换），定义数据块后在"数据编辑"菜单下点击"文本转换为数值"功能项，即可将文本行里面的各个数值分离开来，放在后面的各个单元格里面。

### （三）数据行列转换及行列重排

在 DPS 系统中需要对数据进行行列转换时，只要将待转置的数据用鼠标选中，然后在菜单方式下执行"数据编辑"→"数据行列转换"功能即可。当需要进行行列重排时，需要将待重排的数据用鼠标选中，然后在菜单方式下执行"数据编辑"→"行列重排"功能，然后系统出现用户操作界面，按要求操作即可。

### （四）异常值检测

在试验数据的收集整理和统计分析中，由于外界条件的改变和主观因素的影响，获得的数据资料常常会产生较大误差，即出现异常值，以致无法对其进行正确的统计分析。这些异常值的存在往往会掩盖研究对象的变化规律，甚至得出错误的结论。如果在统计分析前根据数据资料的性质和分布规律，按照统计学原理对试验数据进行识别处理，对可疑数据做出合理的取舍，剔除可能存在的异常值，必定会使试验数据更加准确可靠，试验结果更符合客观实际。

在统计学中识别和剔除异常值的基本思想为：对于一个样本，给定一个显著度（即发生概率），一般为 1% 或 5%，并确定一个相应的置信限（或阈值），凡超过该置信限的误差，认为超出了该样本的抽样误差，造成该误差的值就称为异常值，应予以剔除，否则予以保留。

通常用来判别异常值的准则有：$t$ 检验（3S）准则、Dixon（狄克逊）准则、Crubbs（格鲁布斯）准则、指数分布时异常值检验。如果样本为正态分布，可选用前面 3 种检测方法；如果样本为指数分布，则选择第 4 种方法。

**【例 1-8】**应用 DPS 系统检验表 1-1 100 名健康成年男子的胆固醇含量是否有异常值存在。

（1）将待检测表 1-1 数据输入到 DPS 电子表格中，建立"健康男子血清总胆固醇.DPS"文件，也可建立扩展名为"CLL"的数据文件；定义数据块，在 DPS 系统菜单方式下执行"数据分析"→"异常值检验"功能。

（2）在打开对话框中，选择"检验分析方法"中的"3S 法"，并确定 P 值为"0.05"，确定后得到"没有检测出异常值"结果。

# 第六节　SPSS 基本操作

SPSS（Statistical Product and Service Solutions）"统计产品与服务解决方案"软件，是一个组合式软件包，它集数据录入、整理、分析功能于一身。用户可以根据实际需要和计算机的功能选择模块，以降低对系统硬盘容量的要求，有利于该软件的推广应用。

SPSS 的基本功能包括数据管理、统计分析、图表分析、输出管理等。SPSS 统计分析过程包括描述性统计、均值比较、一般线性模型、相关分析、回归分析、对数线性模型、聚类分析、数据简化、生存分析、时间序列分析、多重响应等几大类，每类中又分好几个统计过程，而且每个过程中又允许用户选择不同的方法及参数。

## 一、SPSS 主要窗口介绍

SPSS 软件运行过程中会出现多个窗口，各个窗口用处不同。其中最主要的窗口是数据编辑窗口和结果输出窗口。

### （一）数据编辑窗口

启动 SPSS 后的第一个窗口便是数据编辑窗口，它是 SPSS 的基本界面，如图 1-10 所示。在数据编辑窗口中可以执行数据的录入、编辑以及变量属性的定义和编辑等功能。数据编辑窗口主要由标题栏、菜单栏、工具栏、编辑栏、变量名栏、观测序号、窗口切换标签、状态栏几部分构成。

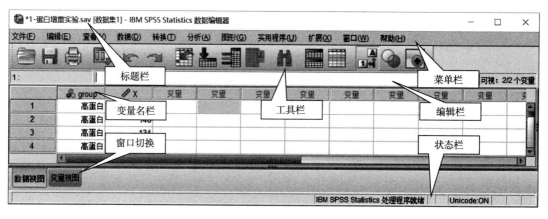

图 1-10　SPSS 数据编辑窗口

1. 标题栏

SPSS 标题栏位于窗口的最上部，显示 SPSS 当前所打开的数据文件名，若没有数据文件打开则显示空数据编辑窗口。SPSS 允许同时打开多个数据编辑窗口。

2. 菜单栏

SPSS 菜单栏位于标题栏下方，用于显示所有的一级菜单。通过对菜单栏各子菜单的选择，用户可以执行绝大多数的 SPSS 操作。

3. 工具栏

SPSS 工具栏位于菜单栏下方，主要显示菜单栏中常用的命令，可方便用户操作。同时用户也可以通过"视图"→"工具栏"→"设定"操作，对工具栏按钮进行定义。当鼠标停留在某个工具栏按钮上时，会自动跳出一个文本框，提示当前按钮的功能。

4. 编辑栏

SPSS 编辑栏位于工具栏的下方，可以直接在编辑栏内输入数据，以使它显示在数据编辑窗口指定的方格里。

5. 变量名栏

SPSS 变量名栏用于列出数据文件中所包含变量的变量名，并可通过变量名栏内变量名显示为黑色的数目（也可根据变量名的数目）判断变量的个数。

6. 观测序号

SPSS 观测序号列出了数据文件中的所有观测值。观测值的个数与样本容量的大小一致。

7. 状态栏

SPSS 状态栏用于说明显示 SPSS 当前的运行状态。SPSS 被打开时，将会显示"IBM SPSS Statistics Processor 就绪"的提示信息。

8. 窗口切换标签

SPSS 的窗口切换标签用于"数据视图"（即数据浏览窗口）和"变量视图"（即变量浏览窗口）的切换。数据浏览窗口用于样本数据的查看、录入和修改，变量浏览窗口用于变量属性定义的输入和修改。

SPSS 系统中的数据浏览窗口和一般的电子表格处理软件（如 EXCEL）有以下区别：①一列对应一个变量，即每一列代表一个变量或一个被观测量的特征；②每一行代表一个个体、一个观测、一个样品，在 SPSS 中称为事件；③单元是观测和变量的交叉，每个单元包括一个观测中的单个变量值（variable value）；④数据文件是一张长方形的二维表，数据文件的范围是由观测和变量的数目决定的，可以在任一单元中输入数据。

**（二）结果输出窗口**

在 SPSS 中大多数统计分析结果都将以表和图的形式在结果观察窗口中显示。窗口右边部分显示统计分析结果，左边是导航窗口，用来显示输出结果的目录，可以通过单击目录来展开右边窗口中的统计分析结果。当用户对数据进行某项统计分析，结果输出窗口将被自动调出。当然，用户也可以通过双击后缀名为"SPV"的 SPSS 输出结果文件来打开该窗口。

## 二、SPSS 菜单

打开 SPSS 后界面如图 1-10 所示，菜单栏共有 11 个选项。点击菜单选项即可激活菜单，这时弹出下拉式子菜单，用户可根据自己的需求再点击子菜单的选项，完成特定的功能。

（1）文件　文件管理菜单，有关文件的调入、存储、显示和打印等。

（2）编辑　编辑菜单，有关文本内容的选择、拷贝、剪贴、寻找和替换等。

（3）视图　显示菜单，有关状况栏、工具条、网格线是否显示，以及数据显示的字体类型、大小等设置。

（4）数据　数据管理菜单，有关数据变量定义、数据格式选定，观察对象的选择、排序、加权，数据文件的转换、连接、汇总等。

（5）转换　数据转换处理菜单，有关数值的计算、重新赋值、缺失值替代等。

（6）分析　统计菜单，有关一系列统计方法的应用。

（7）直销　客户数据分析。

（8）图表　作图菜单，有关统计图的制作。

（9）实用程序　用户选项菜单，有关命令解释、字体选择、文件信息、定义输出标题、窗口设计等。

（10）窗口　窗口管理菜单，有关窗口的排列、选择、显示等。

（11）帮助　求助菜单，有关帮助文件的调用、查询、显示等。

## 三、数据文件建立

【例1-9】为检验高蛋白和低蛋白两种饲料饲养的大白鼠增重量是否有差别，分别用两种饲料饲养一月龄大白鼠。在3个月测定两组大白鼠的增重（单位：g），见表1-3。试用该资料建立文件"蛋白增重试验.SAV"。

表1-3　　　　　　　　　　　　　　　蛋白质增重试验结果　　　　　　　　　单位：g

| 分组 | 蛋白质增重 | | | | | | | | | | |
|------|------|------|------|------|------|------|------|------|------|------|------|
| 高蛋白组 | 134 | 146 | 106 | 119 | 124 | 161 | 107 | 83 | 113 | 129 | 97 | 123 |
| 低蛋白组 | 70 | 118 | 101 | 85 | 107 | 132 | 94 | | | | | |

（1）变量定义。

SPSS中的变量共有10个属性，分别是变量名、变量类型、长度、小数点位置、变量名标签、变量名值标签、缺失值、数据列的显示宽度、对齐方式和度量尺度。定义一个变量至少要定义变量名和变量类型两个属性，其他属性可以暂时采用系统默认值，待以后分析过程中如果有需要再对其进行设置。在SPSS数据编辑窗口中单击"变量视窗"标签，进入变量视窗界面，即可对变量的各个属性进行设置。

①变量命名规则：变量命名时，单击操作界面变量视图，直接在名称栏的单元格中输入变量的名称即可。但变量命名应遵循相关规则：变量名必须以字母、汉字或特殊符号@、♯、$开头；变量最后一个字符不能是句号；不能使用空白字符或其他特殊字符（如"！"、"？"等）；变量命名必须唯一，不能有两个相同的变量名；此外，变量名总长度不能超过64个字符；在SPSS中不区分大小写；SPSS的保留字不能作为变量的名称，如ALL、AND、WITH、OR等。

本例设有两个变量，即组别变量"group"和增重值"$x$"。在"名称"（Name）栏的单元格中分别输入变量的名称 group 和 $x$，见图 1-11。

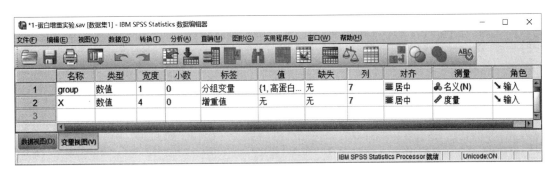

图 1-11 SPSS 变量定义视图

②定义变量类型：定义变量类型就是指定每个变量的数据类型。SPSS 变量有 3 种数据类型：数值型、字符型和日期型。系统默认的数据类型为标准数值型，一个变量若没有定义数据类型，则系统自动赋予该变量为系统默认数据类型——标准数值型。

定义变量类型的操作步骤为：首先单击操作界面"变量视图"，用鼠标单击需要定义类型变量所对应"类型"栏中的单元格；然后用鼠标单击按钮框右半部的省略号，弹出变量类型定义对话框；最后在对话框中选择需要的变量类型。本例选择数值型，确定后返回。

③定义变量的宽度和小数位数：变量的宽度是指变量值的取值长度，系统默认为 8。修改此默认值时，点击"宽度"栏对应的单元格，每按一次▲则加 1，按▼一次，减少 1；或者直接从键盘输入修改值。

小数位数对于数值型变量而言是指小数点后的位数，系统默认为 2，位数超过 2 的系统自动四舍五入。修改此默认值时，点击"小数"栏对应的单元格，每按一次▲则加 1，按▼一次则减少 1；或者直接从键盘输入修改值。本例定义变量 $x$（增重值）宽度为 4，小数位数 0 位。

④定义变量标签：定义变量标签，即定义指定变量的某种标记或性质。本例中，点击"标签"栏，在 group 变量和 $x$ 变量后的单元格中分别输入"分组变量"和"增重值"，即定义 group 变量为"分组变量"，表明它是一个分组变量；定义 $x$ 变量为"增重值"，表明它是与试验指标增重量相关的变量。

⑤定义变量值标签：定义变量值标签，即指定变量取不同值时对应的变量含义。SPSS 系统默认"变量值"栏为无变量值标签，但使用变量值标签有简化数据的输入和处理的作用。一般情况下，仅针对分组变量定义变量值标签。例如，本例对 group 变量定义值标签时，可用"1"代替"高蛋白"，用"2"代替"低蛋白"，则"高蛋白"、"低蛋白"就是 group 变量的两个值标签，如图 1-12 所示。当在"数据视图"的 group 变量下输入"1"时，即意味着为"高蛋白"组；输入"2"时，即意味着为"低蛋白"组。

定义方法为：单击 group 变量与"变量值"栏所对应的单元格，并点击右半部的省略号，弹出如图 1-12 所示的变量值标签对话框；对话框上部的两个文本框分别为"变量值"

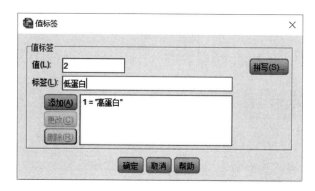

图 1-12　SPSS 变量值标签定义

输入框和"变量值标签"输入框，分别在其中输入"1"和"高蛋白"，此时下方的"添加"钮变黑，单击"添加"钮，该变量值标签就会被加入下方的标签框内。与此类似定义变量值"2"为"低蛋白"，确定后变量值标签就设置完成。

⑥定义变量的缺失值：缺失值是指在收集数据过程中的无记录或失真数据。对于无记录数据，SPSS 默认为系统缺失值，如果是数值型变量的值为零，在单元格中显示一个圆点。对于失真的数据，用户可将其定义为缺失值，以便在统计分析时排除。

定义缺失值时，单击缺失框右侧的省略号，会弹出缺失值对话框。界面上有一列 3 个单选钮，默认值为最上方的"没有缺失值"；第二项为"离散缺失值"，最多可以定义 3 个值；最后一项为"缺失值范围加可选的一个缺失值"。本例未定义缺失值。

（2）数据录入

①数据直接输入：单击操作界面"数据视图"就可以输入数据。数据输入的方法主要有以下几种。

a. 按行输入。即将光标定于某行的第一个变量列，然后从左到右，每输入一个数据，按"→"键，直到最后一个变量列。

b. 按列输入。即将光标置于某列的第一行，然后从上到下，每输入一个数据，按一次回车键，直到本列的最后一行。

c. 数据复制输入。即直接将 EXCEL 等电子表格以及 WORD 文档表格中的数据，复制后粘贴输入。

②读取外部数据：

a. 按"文件"→"打开"→"数据"的顺序使用菜单命令调出打开数据对话框，在文件类型下拉列表中选择数据文件。

b. 选择要打开的 EXCEL 文件，单击"打开"按钮，调出"打开 EXCEL 数据源"对话框。对话框中的"工作表"下拉列表用于选择被读取数据所在的 EXCEL 工作表，对话框中的"范围"输入框用于限制被读取数据在 EXCEL 工作表中的位置，并根据实际情况确定是否需要勾选"从第一行数据读取变量名"。

（3）数据文件保存。

需要保存数据文件时，如果文件是新建的，依次单击菜单"文件"→"保存"或"另存为"命令，即弹出保存对话框；如果数据文件曾经存储过，则系统会自动按原文件名保存数据。

例如，可将本例数据保存为文件"蛋白增重试验.SAV"。单击菜单"文件"→"保存"，将文件存在原位置；单击菜单"文件"→"另存为"，会弹出对话框，将文件存在一个新位置。SPSS 数据默认保存格式为 *.SAV，即保存为 SPSS 数据文件，除此之外，SPSS 数据也可保存为 SPSS 数据格式以外的其他类型，如 *.XLS。

## 四、SPSS 数据基本编辑

SPSS 系统菜单编辑栏的功能和操作方法与 WORD 等应用软件相似。此处主要介绍菜单栏中的"数据排序""拆分文件""抽样""添加个案""添加变量"等主要功能和基本操作方法。

### （一）数据排序

【例 1-10】对文件"蛋白增重试验.SAV"数据，按分组变量（group）升序、增重变量（$x$）降序的要求排列。

（1）打开文件"蛋白增重试验.SAV"，选择菜单"数据"→"排序个案"，系统弹出"排序个案"主对话框。

（2）先将 group 选入"排序依据"框，并选择"升序"单选钮；再将 $x$ 选入"排序依据"框，并选择"降序"单选钮降序排列，如图 1-13 所示。确定后输出排序结果。

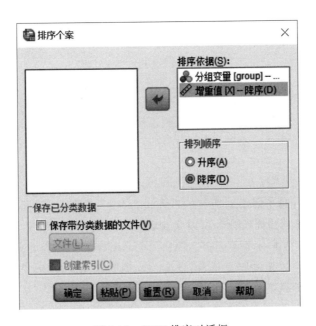

图 1-13　SPSS 排序对话框

由于排序时分组变量（group）在前，增重变量（$x$）在后，因此输出结果中排序时以组变量（group）优先。

### （二）拆分文件

在进行统计分析时，经常要对文件中的观测进行分组，然后按组分别进行分析，此时就需要用到 SPSS 的"拆分文件"功能。

【例1-11】对文件"蛋白增重试验.SAV"中的增重值按分组变量进行计算。

（1）选择菜单"数据"→"分割文件"，系统弹出如图1-14所示"分割文件"对话框。该对话框中，"分析所有个案，不创建组"单选框表示不拆分文件；"比较组"单选框用于按所选变量拆分文件，各组分析结果紧挨在一起，便于相互比较；"按组组织输出"单选框用于按所选变量拆分文件，各组分析结果单独放置；"分组方式"输入框用于选择拆分数据文件的变量；"按分组变量排序文件"单选框用于将数据按所用的拆分变量排序；"文件已排序"单选框表示数据保持原状，不按所用的拆分变量排序。

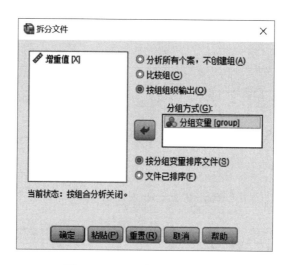

图1-14　SPSS分割文件对话框

（2）本例选择"按组组织输出"单选框或"比较组"单选框，把变量列表中的分组变量（group）放置在"分组方式"框中，点击"确定"。

注意：如果定义了文件分割，则将会在以后的所有统计分析中起作用，直到重新定义文件分割方式为止。

**（三）抽样**

在统计分析中，有时不需要对所有的观测进行分析，而只对满足特定条件的观测值进行分析，利用SPSS的"抽样"命令可以实现此类样本筛选的功能。

【例1-12】在文件"蛋白增重试验.SAV"中，选择质量大于100的观测值。

（1）打开数据文件"蛋白增重试验.SAV"，选择"数据"→"选择个案"命令，打开"选择个案"主对话框，如图1-15所示。

（2）指定选择的方式，本例选择"如果条件满足"选项，设定条件进行筛选。可通过点击"如果条件满足"下的"如果"按钮，打开"选择个案：if"对话框，既可通过对话框中的小键盘也可直接输入选择条件"$x>100$"；设置完成以后，点击"继续"，进入下一步。

（3）确定未被选择的观测的处理方法，可在"选择个案"主对话框中选择默认选项"过滤掉未选定的个案"，单击"确定"进行筛选。此时会在原数据未选定个案的后面标注"Not selected"。

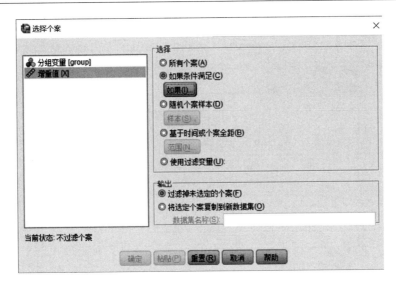

图 1-15　SPSS 选择个案主对话框

### （四）增加个案的数据合并

将新数据文件中的观测值合并到原数据文件中，在 SPSS 中实现数据文件纵向合并的操作方法如下：选择菜单"数据"→"合并文件"→"添加个案"，选择需要追加的数据文件，单击打开按钮，弹出"添加个案"对话框，并添加"新的活动数据集中的变量"→"确定"。

### （五）增加变量的数据合并

增加变量时指把两个或多个数据文件实现横向对接。例如将不同课程的成绩文件进行合并，收集来的数据被放置在一个新的数据文件中。在 SPSS 中实现数据文件横向合并的操作方法如下：选择菜单"数据"→"合并文件"→"添加变量"，选择合并的数据文件，单击"打开"，弹出添加变量，单击"确定"执行合并命令。结果是两个数据文件将按观测的顺序一对一地横向合并。

### （六）计算新变量

在对数据文件中的数据进行统计分析的过程中，为了更有效地处理数据和反映事务的本质，有时需要对数据文件中的变量加工产生新的变量。比如经常需要把几个变量取和或取加权平均数，SPSS 中通过"计算变量"命令来产生这样的新变量。

【例 1-13】在文件"蛋白增重试验.SAV"中，新建一变量"$y$"，要求变量"$y$"取值为变量"增重值（$x$）"的平方根。

（1）依次选择菜单"转换"→"计算变量"，打开对话框，如图 1-16 所示。在"目标变量"输入框中输入生成的新变量的变量名。如输入目标变量"$y$"，单击输入框下面"类型与标签"按钮，在跳出的对话框中可以对新变量的类型和标签进行设置。例如设置标签为"增重值（$x$）的平方根"。

（2）在数字表达式输入框中输入新变量的计算表达式，例如"SQRT（$x$）"；单击"如果"按钮，弹出子对话框，有两种选择："包含所有个体"指对所有的观测进行计算；"如果个案满足条件则包括"指仅对满足条件的观测进行计算。单击"确定"按钮，执行

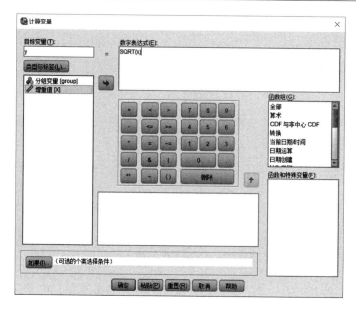

图 1-16 SPSS 计算变量对话框

命令，则可以在数据文件中看到一个新生成的变量。

## 思考练习题

**习题 1.1** 什么是生物统计？它在生物科学研究中有何作用？

**习题 1.2** 试举一完整的例子描述总体、个体、样本、样本含量、随机样本、参数、统计量各概念。

**习题 1.3** 什么是试验单位、试验指标、试验因素、因素水平、试验处理与试验重复？试举一完整的例子进一步说明各概念的含义。

**习题 1.4** 调查某地土壤害虫，调查了 $6m^2$，每平方米内金针虫只数为：2、3、1、4、0、5，试指出该资料中总体、样本、调查单位、调查指标各是什么？

**习题 1.5** 研究某新饲料对猪的增重效果，将该饲料饲喂 5 头猪，并与饲喂传统饲料的 6 头猪作对比，则在该试验中试验单位、试验指标、试验因素、因素水平、试验处理与试验重复各指什么？

**习题 1.6** 通过以下数据资料练习 EXCEL、DPS 各项基本操作，并保存练习结果。

| | | | | | | | | | | | | | | | | | | | |
|---|---|---|---|---|---|---|---|---|---|---|---|---|---|---|---|---|---|---|---|
| 493 | 488 | 483 | 490 | 454 | 435 | 412 | 437 | 334 | 495 | 519 | 549 | 525 | 553 | 585 | 632 | 395 | 415 | 451 | 453 |
| 485 | 481 | 490 | 497 | 503 | 436 | 547 | 524 | 551 | 598 | 400 | 418 | 441 | 451 | 487 | 481 | 492 | 497 | 505 | 512 |
| 537 | 522 | 554 | 385 | 402 | 411 | 439 | 448 | 490 | 466 | 467 | 498 | 507 | 517 | 546 | 532 | 575 | 593 | 404 | 431 |
| 446 | 441 | 480 | 465 | 482 | 498 | 505 | 515 | 542 | 536 | 573 | 429 | 443 | 449 | 485 | 468 | 481 | 500 | 510 | 505 |
| 544 | 534 | 578 | 524 | 449 | 451 | 470 | 470 | 478 | 502 | 512 | 503 | 544 | 525 | 568 | 415 | 458 | 458 | 487 | 471 |
| 476 | 502 | 517 | 507 | 549 | 524 | 564 | 569 | 541 | 534 | 498 | 515 | 497 | 473 | 475 | 480 | 456 | 456 | 490 | 410 |
| 461 | 454 | 470 | 473 | 478 | 493 | 514 | 512 | 541 | 544 | 558 | 554 | 378 | 531 | 500 | 509 | 495 | 483 | 470 | 485 |
| 417 | 500 | 517 | 503 | 534 | 546 | 416 | 520 | | | | | | | | | | | | |

**习题 1.7** 盆栽试验中，对菌肥采用灭菌和不灭菌两种处理，每一处理各种植 50 株某花卉，测量株高（单位：cm）结果如下表。应用该资料练习 SPSS 的文件建立、变量定义、数据输入、文件保存等功能。

| | | | | | | | | | | |
|---|---|---|---|---|---|---|---|---|---|---|
| 灭菌 | 7.5 | 4.6 | 5.2 | 5.4 | 7.2 | 6.8 | 5.8 | 5.0 | 4.6 | 7.9 |
| | 7.0 | 4.4 | 5.7 | 5.2 | 6.6 | 7.1 | 6.5 | 5.0 | 7.0 | 4.0 |
| | 7.5 | 5.1 | 7.2 | 6.7 | 4.6 | 5.1 | 5.6 | 4.7 | 4.5 | 8.0 |
| | 7.5 | 7.7 | 5.1 | 5.5 | 1.7 | 7.2 | 7.2 | 7.5 | 7.5 | 4.8 |
| | 5.5 | 6.0 | 6.3 | 6.1 | 3.4 | 5.6 | 5.6 | 6.6 | 8.3 | 6.3 |
| 不灭菌 | 10.0 | 9.3 | 7.2 | 9.1 | 8.5 | 8.0 | 10.5 | 10.6 | 9.6 | 10.1 |
| | 7.0 | 6.7 | 9.5 | 7.8 | 10.5 | 7.9 | 8.1 | 9.6 | 7.6 | 9.4 |
| | 10.0 | 7.5 | 7.2 | 5.0 | 7.3 | 8.7 | 7.1 | 6.1 | 5.2 | 6.8 |
| | 10.0 | 9.9 | 7.5 | 4.5 | 7.6 | 7.0 | 9.7 | 6.2 | 8.0 | 6.9 |
| | 8.3 | 8.6 | 10.0 | 4.8 | 4.9 | 7.0 | 8.3 | 8.4 | 7.8 | 7.5 |

**习题 1.8** 通过 EXCEL 进行随机抽样的方法有哪些？自己搜集数据练习操作过程。

**习题 1.9** 利用表 1-2 资料练习 EXCEL 排序及分类汇总等功能。

**习题 1.10** 100 个小区水稻产量的资料如下（面积 $1m^2$，单位 10g），用 DPS 检验该资料是否存在异常值。

| | | | | | | | | | |
|---|---|---|---|---|---|---|---|---|---|
| 37 | 36 | 39 | 36 | 34 | 35 | 33 | 31 | 38 | 34 |
| 46 | 35 | 39 | 33 | 41 | 33 | 32 | 34 | 41 | 32 |
| 38 | 38 | 42 | 33 | 39 | 39 | 30 | 38 | 39 | 33 |
| 38 | 34 | 33 | 35 | 41 | 31 | 34 | 35 | 39 | 30 |
| 39 | 35 | 36 | 34 | 36 | 35 | 37 | 35 | 36 | 32 |
| 35 | 37 | 36 | 28 | 35 | 35 | 36 | 33 | 38 | 27 |
| 35 | 37 | 38 | 30 | 26 | 36 | 37 | 32 | 33 | 30 |
| 33 | 32 | 34 | 33 | 34 | 37 | 35 | 32 | 34 | 32 |
| 35 | 36 | 35 | 35 | 35 | 34 | 32 | 30 | 36 | 30 |
| 36 | 35 | 38 | 36 | 31 | 33 | 32 | 33 | 36 | 34 |

# 第二章　统计资料的搜集与整理

## 第一节　统计资料的搜集

### 一、资料的类型

对统计资料进行分类是统计分析的基础。由于使用方法和研究性状特性的不同，生物学资料的性质也有所不同。按性质的不同，一般可以把统计资料分为数量性状资料和质量性状资料两大类。

**（一）数量性状资料**

我们把能够以计数和测量方式表示其特征的性状称为数量性状（quantitative character），观察测定数量性状而获得的数据即为数量性状资料（data of quantitative character）。数量性状资料的获得有计数和测量两种方式，根据获得方式的不同，数量性状资料又分为计数资料和计量资料两种。

1. 计数资料

计数资料（count data）指用计数方式获得的数量性状资料。在这类资料中，它的各个观察值只能以整数表示，在两个相邻整数间不得有任何带小数的数值出现，因此各观察值是不连续的，所以该类资料也称为非连续变量资料（data of discontinous variable）或离散变量资料（data of discrete variable）。

2. 计量资料

计量资料（measurement data）指用测量或度量法获得的数量性状资料，即用度、量、衡等计量工具直接测定获得的数据资料。其数据是用长度、重量、容积、温度、浓度等来表示，要带单位。这种资料的观测值不一定是整数，两个相邻的整数间可以有带小数的任何数值出现，其小数位数的多少由度量工具的精确度而定，它们之间的变异是连续性的，因此计量资料也称为连续变量资料（data of continous variable）。

**（二）质量性状资料**

质量性状（qualitative character）又称为属性性状（attribute character），指能观察到而不能直接测量的性状。观察质量性状而获得的数据即为质量性状资料（data of qualitative character），也称为属性性状资料（attribute data）。

1. 质量性状数量化处理方法

质量性状本身不能直接用数值表示，要获得这类性状的数据资料，须对其观察结果做数量化处理，常用处理方法有统计次数法和评分法。

（1）统计次数法（frequency counting）　即在一定的总体或样本中，根据某一质量性状的类别统计其次数或频数，以次数或频数作为质量性状的数据。这种由质量性状数量化得来的资料又叫次数资料（frequency data）。例如，人类常见血型可分为 A 型、B 型、AB

型和 O 型，某班级学生血型统计情况见表 2-1。

**表 2-1** 某班级学生血型统计情况

| 血型 | 人数 | 频率/% |
| --- | --- | --- |
| A 型 | 15 | 37.5 |
| B 型 | 8 | 20.0 |
| AB 型 | 12 | 30.0 |
| O 型 | 5 | 12.5 |
| 总计 | 40 | 100.0 |

（2）评分法（point system） 即对某一质量性状分成不同级别，对不同级别进行评分来表示其性状差异，从而将质量性状进行数量化的方法。例如，满意程度调查可分为"很不满意、不满意、一般、满意、非常满意"5 种等级，可分别赋分为 1 分、2 分、3 分、4 分和 5 分。

2. 质量性状资料的分类

质量性状资料可根据所考察的性状或指标是否存在等级差别分为定类资料和定序资料。

（1）定类资料（classified data） 其是由定类尺度计量形成的，表现为类别，不能区分顺序和等级。如某病理检测的结果可分为阴性和阳性；考试成绩分为合格和不合格等。

（2）定序资料（sequencing data） 其也称等级资料（ranked data），是指将观察单位按所考察的性状或指标的等级顺序分组，然后清点各组观察单位的次数而得的资料。这类资料既有次数资料的特点，又有程度或量的不同。如作物对锈病的抗性可分为不抗、微抗、中抗、高抗、免疫等。

变量的类型根据研究目的的不同可以灵活转化，相应的资料的类型也将发生转化。例如，计数人体 1mL 血液的白细胞数目得到的资料属于计数资料；根据诊断的要求，可将 1mL 血液的白细胞数目分为正常或不正常 2 组，即转化为定类资料；同样，可将 1mL 血液的白细胞数细分为过高、正常、过低 3 组，即转化为等级资料。

## 二、资料的搜集

### （一）调查

调查（survey）方法可分为普查、抽样调查两种。普查（census）也称全面调查，就是对研究对象的全部个体逐一进行调查的方法。普查一般要求在一定的时间或范围进行，要求准确和全面，如人口普查等。理论上只有普查才能取得总体参数且无抽样误差，但往往系统误差较大。

抽样调查（sampling survey）是从总体中抽取一定数量的观察单位组成样本，然后根据样本信息来推断总体特征，是一种非全面调查。它是生物科学、食品科学、农业科学以及医学科研中最为常用的方法。抽样调查只观察总体中的一部分观察单位，节省人力、物力和时间，并可获得较为深入细致和准确的资料，在实际工作中应用最多。抽样调查的方法有单纯随机抽样、系统抽样、典型抽样等方法。

1. 随机抽样

随机抽样（random sampling）又称为概率抽样（probability sampling），指所有个体都有同等机会被抽取进入样本的抽样方法。优点是样本具有代表性，能无偏地估计抽样误差；缺点是操作麻烦。常用的随机抽样方法有简单随机抽样、分层随机抽样、整群随机抽样和多级随机抽样等。

（1）简单随机抽样 简单随机抽样（simple random sampling）首先将有限总体内的所有个体全部编号，然后用抽签或用随机数字表的方法，随机抽取若干个个体作为样本。如欲抽样调查某果园单株果树产量，应先将果园内果树逐一编号，再用抽签或随机数字表按所需数量抽样，抽取的每一个体均为调查对象。简单随机抽样适用于个体均匀程度较好的总体。

（2）分层随机抽样 分层随机抽样（stratified random sampling）又称分类抽样（categorical sampling），是把总体按变异原因或某种特征分为若干类型或组别，称为"层"，再从每一层内随机抽取一定数量的观察单位，合起来组成样本。抽取试验单位时可按相等配制（equal allocation）也可按比例配制（proportional allocation）。

分层抽样的优点是体现了"局部控制"原则，既有随机性又降低试验误差；不同的层可以采用不同的抽样方法和不同的分析方法。但当研究资料各层之间的差距小时，则不需要分层抽样。

（3）整群随机抽样 整群随机抽样（cluster random sampling）也称整体抽样（cluster sampling），即将试验单位内的所有抽样单位按某种特征或变异原因划分成若干群，然后采用随机方法抽取一定数据的群，由群内的所有抽样单位构成样本。如将所有水果装箱后，每次随机抽取一箱，则该箱的水果构成调查样本。

整群抽样的最大优点是便于组织，节省经费，容易控制调查质量。缺点是由于样本观察单位并非广泛地散布在总体中，抽样误差一般大于单纯随机抽样。为降低抽样误差，可采用增加抽取的群数，减少群内观察单位数的方法进行抽样，即重新划分群组，使每个群更小。

（4）多级随机抽样 多级随机抽样（multilevel random sampling），即先从试验单位中随机抽取一定数量的初级抽样单位，再在初级抽样单位中随机抽取一定数量的次级抽样单位的抽样方法。当调查的总体很大并可以系统分组时，常采用多级随机抽样的方法。如调查某果园单果重量，可先从该果园中随机抽取某株果树，然后从该果树中随机抽取某果枝，该果枝上的所有果实构成样本。

多级随机抽样的特点是各级抽样单位可以相同，也可不相同，每次抽样至少应有两个抽样单位以估计抽样误差。

2. 顺序抽样

顺序抽样（ordinal sampling）又称为等距抽样、机械抽样、系统抽样（systematic sampling），即按某种既定顺序抽取一定数量的抽样单位构成样本的抽样方法。

顺序抽样特点是简单、容易操作，抽样单位分布较均匀，一般误差小于简单随机抽样。但抽取的各个观察单位不彼此独立，特别是总体的观察单位有周期趋势或单调增减趋势时，抽样方法会出现明显的偏性，无法无偏估计抽样误差。

3. 典型抽样

典型抽样（typical sampling）即在对事物进行全面分析的基础上，根据研究目的，有意识有目的地选择典型的有代表性的抽样单位的抽样方法。例如，对于育种的原始材料必须选取具品种典型特征的植株进行调查。典型常常是同类事物特征的集中表现，有利于对事物特征进行深入的研究。

典型抽样所获得样本为典型样本。典型抽样的关键是选取真正具有代表性的典型样本，其特点是灵活、收效性大，但未利用随机原则，无法无偏估计抽样误差。

**（二）试验**

试验（experiment）是通过一定数量有代表性的试验单位，在一定条件下进行的研究工作。常用的试验设计方法有随机区组设计（randomized block design）、拉丁方设计（latin square design）、裂区设计（split plot design）、正交设计（orthogonal design）、均匀设计（uniform design）等。

## 三、资料的检查与核对

检查和核对原始资料的目的在于确保原始资料的完整性和正确性。所谓完整性是指原始资料无遗缺或重复；所谓正确性是指原始资料的测量和记载无差错或未进行不合理的归并。检查中要特别注意特大、特小和异常数据（可结合专业知识作出判断）。对于有重复、异常或遗漏的资料，应予以删除或补齐；对错误、相互矛盾的资料应进行更正，必要时进行复查或重新试验。

资料的检查与核对工作虽然简单，但在统计处理工作中却是一项非常重要的步骤，因为只有完整、正确的资料，才能真实地反映出调查或试验的客观情况，才能经过统计分析得出正确的结论。

# 第二节 统计资料特征数的计算

## 一、描述集中趋势的特征数

用来描述数据的集中趋势或中心位置的特征数主要有算术平均数（arithmetic average）、众数（mode）、百分位数（percentile）与中位数（median）等。

**（一）算术平均数**

算术平均数是指资料中各观测值的总和除以观测值个数所得的商，简称平均数或均数（mean），样本平均数标记为 $\bar{x}$，总体平均数标记为 $\mu$。

1. 算术平均数的计算

（1）直接计算法

$$\bar{x} = \frac{x_1 + x_2 + \cdots + x_n}{n} = \frac{\sum_{i=1}^{n} x_i}{n} \quad \mu = \frac{x_1 + x_2 + \cdots + x_N}{N} = \frac{\sum_{i=1}^{N} x_i}{N} \tag{2-1}$$

式中 $n$ 和 $N$——样本容量和总体中个体的数目。

（2）加权计算法

$$\bar{x} = \frac{f_1 x_1 + f_2 x_2 + \cdots + f_k x_k}{f_1 + f_2 + \cdots + f_k} = \frac{\sum\limits_{i=1}^{k} f_i x_i}{\sum\limits_{i=1}^{k} f_i} = \frac{\sum f x}{\sum f} \tag{2-2}$$

式中　$x_i$——第 $i$ 组的组中值；

　　　$f_i$——第 $i$ 组的次数，是权衡第 $i$ 组组中值 $x_i$ 在资料中所占比重大小的数量，因此 $f_i$ 称为 $x_i$ 的权数（weight）；

　　　$k$——分组数。

2. 平均数的性质

（1）样本各观测值与平均数之差的和为零，即离均差之和等于零。可表示为 $\sum\limits_{i=1}^{n}(x_i - \bar{x}) = 0$ 或简写成 $\sum(x - \bar{x}) = 0$。

（2）样本各观测值与平均数之差的平方和最小，即离均差平方和最小。可表示为 $\sum\limits_{i=1}^{n}(x_i - \bar{x})^2 < \sum\limits_{i=1}^{n}(x_i - a)^2$（常数 $a \neq \bar{x}$）或 $\sum(x - \bar{x})^2 < \sum(x - a)^2$。

**（二）百分位数与中位数**

1. 百分位数与中位数的定义

统计学中，将一组数据从小到大排序，并计算相应的累计百分位数，则某一百分位所对应数据即称为这一百分位的百分位数（percentile）。百分位数是一种位置指标，第 $x$ 百分位数 $P_x$ 即有 $x\%$ 的观测数据比它小，有 $(100-x)\%$ 的观测数据比它大。中位数（median）是位于 $50\%$ 位置的数值，即第 50 百分位数 $P_{50}$。

统计学中，把 $P_{25}$、$P_{50}$ 和 $P_{75}$ 将大小排列数据四等分处的数据称为四分位数（quartile）。其中，$P_{25}$ 为第 25 百分位数又称第 1 四分位数，用 $Q_1$ 表示；$P_{50}$ 为第 50 百分位数又称第 2 四分位数，用 $Q_2$ 表示；$P_{75}$ 为第 75 百分位数又称第 3 四分位数，用 $Q_3$ 表示。

2. 百分位数与中位数的计算

（1）若一组资料为分组后的频数资料，则百分位数计算公式为

$$P_x = L_x + \frac{i_x}{f_x}(nx\% - \sum f_L) \tag{2-3}$$

式中　　$x\%$——百分位数所在位置，若 $x$ 取 50，所求百分位数为中位数；

$L_x$、$i_x$、$f_x$——$P_x$ 所在组段的下限、组距和频数；

　　　$\sum f_L$——$P_x$ 所在组段之前各组段的累积频数。

（2）未分组资料中位数的计算方法　当观测值个数 $n$ 为奇数时，$(n+1)/2$ 位置的观测值 $x_{(n+1)/2}$ 为中位数，即

$$M_d = x_{(n+1)/2} \tag{2-4}$$

当观测值个数为偶数时，$n/2$ 和 $\left(\dfrac{n}{2}+1\right)$ 位置的两个观测值之和的 $1/2$ 为中位数，即

$$M_d = \frac{x_{n/2} + x_{(\frac{n}{2}+1)}}{2} \tag{2-5}$$

**（三）众数**

众数（mode）指资料中出现次数最多的那个观测值或次数最多一组的组中值，标记为 $M_0$。

## 二、描述离散性的特征数

描述离散性（discreteness）的特征数主要有方差与标准差、四分位差、变异系数和极差等。

**（一）方差**

用自由度除离均差的平方和（sum of squares），即为方差（variance）或均方（mean square，MS），一般样本方差（sample variance）用 $S^2$ 表示；而用总体中的个体数目除离均差的平方和，得到的是总体方差，用 $\sigma^2$ 表示。

$$S^2 = \frac{\sum (x - \bar{x})^2}{n-1} = \frac{\sum x^2 - \frac{(\sum x)^2}{n}}{n-1} \qquad \sigma^2 = \frac{\sum (x - \mu)^2}{N} \qquad (2\text{-}6)$$

式中　$n-1$——自由度（degree of freedom），即自由取值数据的个数；

$N$——总体中个体的数目。

注意，样本方差不以样本容量 $n$ 而以自由度 $n-1$ 作为除数，这是因为通常我们只能掌握样本资料，不知道总体平均数的值，不得不用样本平均数代替总体平均数。但由于离均差平方和最小，分母用 $n-1$ 可以避免偏小的弊病，可以做到对总体标准差的较好估计。

**（二）标准差**

由于方差是带有单位的，且经平方后其单位亦变为平方了，在实际应用中解释不通。因此，一般应用中取方差的平方根，即为标准差（standard deviation，SD）。通常情况下，样本标准差（standard deviation of the sample）标记为 $S$，总体标准差（standard deviation of the population）标记为 $\sigma$。

1. 标准差的计算

$$S = \sqrt{\frac{\sum (x - \bar{x})^2}{n-1}} = \sqrt{\frac{\sum x^2 - \frac{(\sum x)^2}{n}}{n-1}} \qquad \sigma = \sqrt{\frac{\sum (x - \mu)^2}{N}} \qquad (2\text{-}7)$$

2. 标准差的性质

（1）标准差的大小，受资料中每个观测值的影响，如观测值间变异大，求得的标准差也大，反之则小。

（2）在计算标准差时，各观测值加上或减去一个常数，其数值不变。

（3）当每个观测值乘以或除以一个常数 $a$，则所得的标准差是原来标准差的 $a$ 倍或 $1/a$ 倍。

（4）在资料服从正态分布的条件下，资料中约有 68.26% 的观测值在平均数左右 1 倍标准差（$\bar{x} \pm S$）范围内；约有 95.43% 的观测值在平均数左右 2 倍标准差（$\bar{x} \pm 2S$）范围内；约有 99.73% 的观测值在平均数左右 3 倍标准差（$\bar{x} \pm 3S$）范围内。

**（三）四分位差**

四分位差（quartile range）又称四分位距（interquartile range，IQR），是总体中第 3

四分位数（quartile）$Q_3$ 与第 1 四分位数 $Q_1$ 之差，标记为 $IQR$，即 $IQR = Q_3 - Q_1$。四分位差反映了中间 50％数据的离散程度，其值越小，说明中间的数据越集中；数值越大，说明中间的数据越分散。四分位差不受极值的影响，一定程度反映了中位数对一组数据的代表程度。

**（四）变异系数**

变异系数（coefficient of variation）用于不同单位或相同单位但均值差别较大的样本间差异的比较，用 $CV$ 表示。

$$CV = \frac{S}{\bar{x}} \times 100\% \tag{2-8}$$

**（五）极差**

极差（range）是样本变量最大值和最小值之差，用 $R$ 表示。它是资料中各观测值变异程度大小的最简便的统计量。

### 三、描述分布形态的特征数

对于一组数据，不仅要描述其集中趋势、离中趋势，而且也要描述其分布形态。这是因为一个总体如果均值相同，标准差相同，但也可能分布形态不同。另外，分布的形态有助于识别整个总体的数量特征。

描述总体分布形态的第一个指标是分布的对称程度，应用参数为偏度或偏斜度（skewness）。偏度数值等于 0，说明分布为对称；偏度数值大于 0，说明分布呈现右偏态（即正偏态）；如果偏度数值小于 0，说明分布呈左偏态（即负偏态）。

描述总体分布形态的第二个指标是分布的高低，应用参数为峰度（kurtosis），它能够描述分布的平缓或陡峭。如果峰度数值等于 0，说明分布为正态；如果峰度数值大于 0，说明分布呈陡峭状态；如果峰度值小于 0，则说明分布形态趋于平缓。

# 第三节　应用 EXCEL 整理统计资料

## 一、应用 EXCEL 绘制统计图表

统计表（statistical table）和统计图（statistical graph）是描述统计资料的常用方法，应用统计表与统计图可以把研究对象的特征、内部构成、相互关系等简明、形象地表达出来，便于比较分析和发现数据的规律性。统计表与统计图的不同之处在于，统计表是用表格形式来表示资料的数量关系；统计图是用几何图形来表示资料的数量关系。

**（一）统计表**

1. 统计表的结构和要求

统计表由标题、横标目、纵标目、线条、数字及合计构成，一般三线表的基本格式如表 2-2 所示。

编制统计表的总原则是结构简单，层次分明，内容安排合理，重点突出，数据准确，便于理解和比较分析。一个标准的三线表格对标题、标目、数字以及线条是有一定要求的。

| 表 2-2 | 标题 | | |
|---|---|---|---|
| 总横标目（或空白） | 纵标目 1 | 纵标目 2 | …… |
| 横标目 1 | ××.× | ××× | …… |
| 横标目 2 | ×.× | ×× | …… |
| …… | …… | …… | …… |
| 合计 | ××.× | ××× | …… |

（1）标题　标题要简明扼要、准确地说明表的内容，有时须注明时间、地点。

（2）标目　标目分横标目和纵标目两项。横标目列在表的左侧，用以表示被说明事物的主要标志；纵标目列在表的上端，说明横标目各统计指标内容，并注明计算单位，如％、kg、cm 等。

（3）数字　一律用阿拉伯数字，数字以小数点对齐，小数位数一致，无数字的用"—"表示，数字是 0 的，则填写 0。

（4）线条　一般三线表的上下两条边线略粗，纵、横标目间及合计用细线分开，表的左右边线可省去，表的左上角一般不用斜线。

2. 统计表的种类

统计表根据纵、横标目是否有分组分为简单表和复合表两类。

（1）简单表（simple table）　由一组横标目和一组纵标目组成，纵横标目都未分组的表格称为简单表。此类表适于简单资料的统计。

（2）复合表（combinative table）　由两组或两组以上的横标目与纵标目结合而成，或由一组横标目与两组或两组以上的纵标目结合而成，或由两组或两组以上的横、纵标目结合而成。此类表适用于复杂资料的统计，如表 2-3 所示。

表 2-3　　　　不同品种的苹果贮藏 4 个月时果实硬度的变化

| 品种 | 普通冷藏 | | | 气调冷藏 | | |
|---|---|---|---|---|---|---|
| | 果实硬度/(lb/cm$^2$) | 果数 | 比例/％ | 果实硬度/(lb/cm$^2$) | 果数 | 比例/％ |
| 富士 | >13 | 75 | 75 | >13 | 90 | 90 |
| 红星 | >13 | 45 | 45 | >13 | 60 | 60 |

3. 利用频数分布函数绘制频数分布表

频数分布函数是 EXCEL 中编制频数分布表（frequency table）和频数分布图（frequency chart）的主要工具，通过频数分布函数，可以对数据进行分组与归类，从而使数据的分布形态更加清楚地表现出来。EXCEL 常用频数分布函数为 FREQUENCY 函数，其语法结构见附录附表 2。

（1）利用 FREQUENCY 函数对计数资料进行整理　计数资料即离散变量资料，在进行分组时一般采用单项式分组法（grouping method of monomial），即用样本的观测值直接进行分组，每组均用一个观测值或几个观测值表示。

【**例 2-1**】对表 2-4 中 100 穗小麦小穗数（单位：个），利用 FREQUENCY 函数进行分组。

**表 2-4　　100 穗小麦小穗数资料**　　单位：个

| | | | | | | | | | |
|---|---|---|---|---|---|---|---|---|---|
| 18 | 15 | 17 | 19 | 16 | 15 | 20 | 18 | 19 | 17 |
| 17 | 18 | 17 | 16 | 18 | 20 | 19 | 17 | 16 | 18 |
| 17 | 16 | 17 | 19 | 18 | 18 | 17 | 17 | 17 | 18 |
| 18 | 15 | 16 | 18 | 18 | 18 | 17 | 20 | 19 | 18 |
| 17 | 19 | 15 | 17 | 17 | 17 | 16 | 17 | 18 | 18 |
| 17 | 19 | 19 | 17 | 19 | 17 | 18 | 16 | 18 | 17 |
| 17 | 19 | 16 | 16 | 17 | 17 | 17 | 16 | 17 | 16 |
| 18 | 19 | 18 | 18 | 19 | 19 | 20 | 15 | 16 | 19 |
| 18 | 17 | 18 | 20 | 19 | 17 | 18 | 17 | 17 | 16 |
| 15 | 16 | 18 | 17 | 18 | 16 | 17 | 19 | 19 | 17 |

（1）打开 EXCEL 工作表输入数据，根据数据的多少确定分组数，并进一步确定组限建立分组标志。本例资料为计数资料，可直接以组值作为分组标志，即“15、16、17、18、19、20”各作为一组的分组标志。

（2）将分组标志置于频数接收区域，如图 2-1 的 K5：K10。在频数接收区域右侧选择与分组数相同的空白单元格，如图 2-1 的 L5：L10 所示。

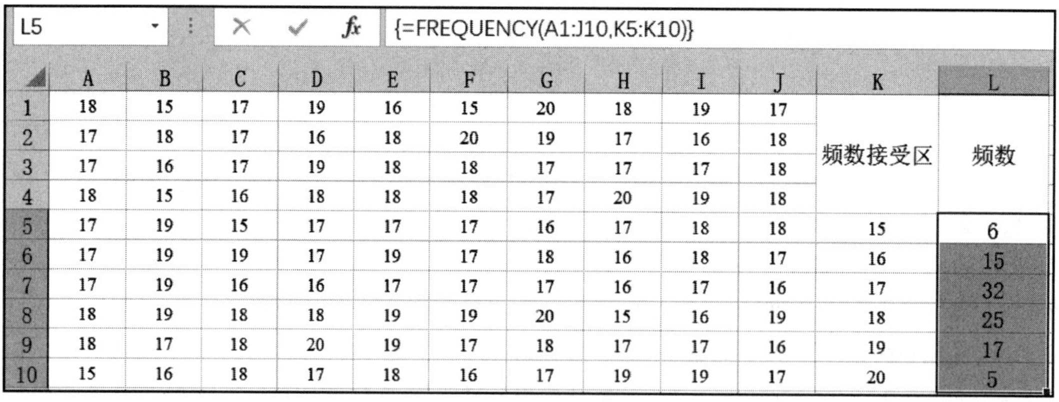

L5　{=FREQUENCY(A1:J10,K5:K10)}

| | A | B | C | D | E | F | G | H | I | J | K | L |
|---|---|---|---|---|---|---|---|---|---|---|---|---|
| 1 | 18 | 15 | 17 | 19 | 16 | 15 | 20 | 18 | 19 | 17 | 频数接受区 | 频数 |
| 2 | 17 | 18 | 17 | 16 | 18 | 20 | 19 | 17 | 16 | 18 | | |
| 3 | 17 | 16 | 17 | 19 | 18 | 18 | 17 | 17 | 17 | 18 | | |
| 4 | 18 | 15 | 16 | 18 | 18 | 18 | 17 | 20 | 19 | 18 | | |
| 5 | 17 | 19 | 15 | 17 | 17 | 17 | 16 | 17 | 18 | 18 | 15 | 6 |
| 6 | 17 | 19 | 19 | 17 | 19 | 17 | 18 | 16 | 18 | 17 | 16 | 15 |
| 7 | 17 | 19 | 16 | 16 | 17 | 17 | 17 | 16 | 17 | 16 | 17 | 32 |
| 8 | 18 | 19 | 18 | 18 | 19 | 19 | 20 | 15 | 16 | 19 | 18 | 25 |
| 9 | 18 | 17 | 18 | 20 | 19 | 17 | 18 | 17 | 17 | 16 | 19 | 17 |
| 10 | 15 | 16 | 18 | 17 | 18 | 16 | 17 | 19 | 19 | 17 | 20 | 5 |

图 2-1　利用 FREQUENCY 函数分组

（3）在编辑栏输入“＝FREQUENCY（原始数据区域，频数接收区域）”。本例为：“＝FREQUENCY（A1：J10，K5：K10）”。

（4）按顺序按下 Ctrl＋Shift＋Enter 组合键（注，输出结果为数组，按 Ctrl＋Shift＋Enter 组合键才能正确输出结果）并同时放开，则输出每组频数分别为 6，15，32，25，

17，5。

从频数分布结果可以看出，每穗小穗数以 17 个为最多，且以每穗小穗数 17 为中心呈中间多两侧少的对称分布。

（2）利用 FREQUENCY 函数对计量资料进行整理　计量资料（measurement data）即连续变量资料（data of continous variable），整理的目的是了解计量资料的分布规律和类型，并根据分布类型选用描述集中趋势、离散程度及分布形状的统计指标。对于计量资料的整理，一般采用组距式分组法（grouping method of class interval）。

**【例 2-2】** 表 2-5 为田间试验中测定的 140 行水稻产量（单位：g），试应用 FRE-QUENCY 函数对该资料进行分组整理。

| 表 2-5 | | | | | | 140 行水稻产量 | | | | | | 单位：g | |
|---|---|---|---|---|---|---|---|---|---|---|---|---|---|
| 177 | 215 | 197 | 97 | 123 | 159 | 245 | 119 | 119 | 131 | 149 | 152 | 167 | 104 |
| 161 | 214 | 125 | 175 | 219 | 118 | 192 | 176 | 175 | 95 | 136 | 199 | 116 | 165 |
| 214 | 95 | 158 | 83 | 137 | 80 | 138 | 151 | 187 | 126 | 196 | 134 | 206 | 137 |
| 98 | 97 | 129 | 143 | 179 | 174 | 159 | 165 | 136 | 108 | 101 | 141 | 148 | 168 |
| 163 | 176 | 102 | 194 | 145 | 173 | 75 | 130 | 149 | 150 | 161 | 155 | 111 | 158 |
| 131 | 189 | 91 | 142 | 140 | 154 | 152 | 163 | 123 | 205 | 149 | 155 | 131 | 209 |
| 183 | 97 | 119 | 181 | 149 | 187 | 131 | 215 | 111 | 186 | 118 | 150 | 155 | 197 |
| 116 | 254 | 239 | 160 | 172 | 179 | 151 | 198 | 124 | 179 | 135 | 184 | 168 | 169 |
| 173 | 181 | 188 | 211 | 197 | 175 | 122 | 151 | 171 | 166 | 175 | 143 | 190 | 213 |
| 192 | 231 | 163 | 159 | 158 | 159 | 177 | 147 | 194 | 227 | 141 | 169 | 124 | 159 |

（1）数据分组。组距式分组一般根据样本容量的大小来确定组数，原则是既简化资料，又能反映资料的规律性，可参考表 2-6；确定好组数后，根据资料最大值与最小值分别计算全距（range）和组距（class interval）；然后确定每组的组限，要求不要有数据遗漏，也不要有空组。

| 表 2-6 | | 样本容量与分组数的关系 | |
|---|---|---|---|
| 样本容量 | 分组数 | 样本容量 | 分组数 |
| 30～60 | 5～8 | 200～500 | 10～18 |
| 60～100 | 7～10 | >500 | 15～30 |
| 100～200 | 9～12 | | |

本题样本含量为 140，可暂定分组数为 12；最小值为 75、最大值为 254，全距为 179，则组距约为 15；每一组上限可设定为 82.5、97.5、112.5……262.5，并令其作为各组分组标志。

（2）将各组上限按列输入 EXCEL 表格中，如表 2-7 左列所示。在该列右侧选择与分组数相同的空白单元格。

**表 2-7**                              **FREQUENCY 函数分组结果**

| 分组标志 | 频数 | 分组标志 | 频数 |
|---|---|---|---|
| 82.5 | 2 | 187.5 | 21 |
| 97.5 | 7 | 202.5 | 13 |
| 112.5 | 7 | 217.5 | 9 |
| 127.5 | 14 | 232.5 | 3 |
| 142.5 | 17 | 247.5 | 2 |
| 157.5 | 20 | 262.5 | 1 |
| 172.5 | 24 | | |

（3）在编辑栏输入"＝FREQUENCY（原始数据区域，各组上限区域）"。

（4）依次按下 Ctrl＋Shift＋Enter 组合键，并同时放开，即得表 2-7 分组结果。

表 2-7 频数分布结果表明，水稻行产量多集中在 112.5～202.5g，数据基本呈中间多两边少的对称分布。

**（二）统计图**

1. 统计图绘制的要求

统计图（statistical graph）的主要结构有标题、$X$ 轴标题、$Y$ 轴标题、刻度、图例、点线条面等，如图 2-2 所示。

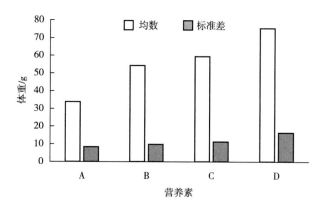

图 2-2   EXCEL 绘制柱形图

在统计图绘制中一般需要注意以下几点。

（1）统计图标题的要求与统计表相同，即简明扼要地说明统计资料的内容、时间或地点要求，但与统计表不同的是统计图的标题列于图的下方。

（2）纵、横两轴应有刻度，刻度要均匀，特别是纵轴须注明单位，在特定情况下横轴可无刻度。

（3）横轴由左至右、纵轴由下而上，数值由小到大，纵轴数值一般从 0 开始；图形长宽比例约 5∶4 或 6∶5。

（4）图中需用不同颜色或线条代表不同事物时，应有图例说明。图例可置于图的下侧、上侧或右侧。

2. EXCEL 标准图表类型简介

EXCEL 中列出的统计图有柱形图、折线图、饼图、散点图、直方图以及面积图、雷达图等。图形的选择取决于资料的性质，一般情况下，计量资料采用直方图和折线图；计数资料、质量性状资料常用柱形图、折线图或饼图。

（1）柱形图 柱形图（bar chart）是 EXCEL 的默认图表类型，也是用户经常使用的一种图表类型。通常采用柱的长度描述不同类别之间数据的差异。柱形图共有 7 种子图表类型：簇状柱形图、堆积柱形图、百分比堆积柱形图、三维簇状柱形图、三维堆积柱形图、三维百分比堆积柱形图和三维柱形图。

（2）折线图 折线图（broken－line chart）是用直线段将各数据点连接起来而组成的图形，以折线方式显示数据的变化趋势。折线图常用来分析数据随时间的变化趋势，也可用来分析比较多组数据随时间变化的趋势。在折线图中，一般情况下水平轴（$X$ 轴）用来表示时间的推移，并且时间间隔相同；而垂直轴（$Y$ 轴）代表不同时刻的数值的大小。折线图共有 7 个子图表类型：折线图、堆积折线图、百分比堆积折线图、数据点折线图、堆积数据点折线图、百分比堆积数据点折线图和三维折线图。

（3）饼图 饼图（pie chart）是用圆的总面积（100％）表示事物的全部，用各扇形的面积（$x_i$％）表示各个组成部分，各组成部分的面积之和为 1，即 $x_1$％＋$x_2$％＋…＋$x_n$％＝ 100％。通常用饼图描述百分比构成情况。饼图共有 5 个子图表类型：饼图、三维饼图、复合饼图、分离型三维饼图和复合条饼图。

（4）散点图 散点图（scatter chart）与折线图类似，但其用途更广。它不仅可以用直线段反映时间的变化趋势，而且可以用光滑曲线或一系列散点来描述数据。$xy$ 散点图除了可以显示数据的变化趋势以外，更多地用来描述数据之间的关系。例如，两组数据之间是否相关，是正相关还是负相关，以及数据之间的集中趋势或离散趋势情况等等。$xy$ 散点图共有 5 个子图表类型：散点图、平滑线散点图、无数据点平滑线散点图、折线散点图和无数据点折线。

（5）面积图 面积图（area chart）实际上是折线图的另一种表现形式，它使用折线和分类轴（$X$ 轴）组成的面积以及两条折线之间的面积来显示数据系列的值。面积图除了具备折线图的特点，强调数据随时间的变化以外，还可通过显示数据的面积来分析部分与整体的关系。面积图共有 6 个子图表类型：面积图、堆积面积图、百分比堆积面积图、三维面积图、三维堆积面积图和三维百分比堆积面积图。

（6）雷达图 雷达图（radar chart）是由一个中心向四周射出多条数值坐标轴，每个指标都拥有自己的数值坐标轴，把同一数据序列的值用折线连接起来而形成。雷达图用来比较若干个数据序列指标的总体情况。雷达图的 3 个子图表类型分别为雷达图、数据点雷达图和填充雷达图。

3. EXCEL 绘制统计图的基本步骤

（1）统计图制作之前选定数据所在的单元格，如果希望数据的行列标题显示在图表中，则选定区域还应包括含有标题的单元格。

（2）单击"插入"菜单，根据数据特征及特定需要在"工具栏"选择需要制作的统计图类型，并选择子类型，确定后即可得到默认格式的统计图。

（3）如果对统计图默认格式不满意，可进一步进行修改。在统计图任一位置单击，即可在统计图右上角出现三个小图标：➕ 为"图表元素"图标，可添加、删除或更改图表元素（如：标题、图例、网格线、数据表、误差线以及数据标签等）；🖌 为"图表样式"图标，可设置图表的样式和本色方案；🔽 为"图表筛选器"图标，可编辑要在图表上显示的数据点和名称。分别双击统计图的"图表区""绘图区""纵坐标轴""横坐标轴"以及"图例"或在相应位置右键点击，均可得到格式修改对话框，通过修改相关参数可对图表格式进行修饰。

4. 几种特殊统计图绘制及修饰

（1）误差图 误差图（error chart）是用条图或线图表示均数的基础上，在图中附上标准差的范围，以此反映数据个体值离散情况的一种统计图。

【例 2-3】4 种营养素喂养小白鼠 3 周后所增体重的均数与标准差（单位：g）见表2-8。试应用 EXCEL 制作误差图。

**表 2-8**           **4 种营养素喂养小白鼠 3 周后体重增加量**          单位：g

| 营养素 | 均数 | 标准差 |
|---|---|---|
| A | 33.90 | 8.69 |
| B | 54.68 | 9.65 |
| C | 59.82 | 11.25 |
| D | 75.66 | 16.66 |

（1）打开 EXCEL，输入表 2-8 数据，选择数据（可把营养素种类选上，也可仅选均数），单击"插入"菜单，在"工具栏"点击"柱形图"图标，并在下拉菜单中选取柱形图的子类型，确定后即可得到默认格式的柱形图。

（2）点击"图表元素"图标 ➕，并勾选"坐标轴""坐标轴标题""误差线"。勾选"坐标轴标题"后在随后出现的坐标轴标题框中输入相应的标题。本例 X 轴标题输入"营养素"，Y 轴标题输入"体重/g"；勾选"误差线"，点击后面的 ▶，依次选择"更多选项"→"设置误差线格式"对话框中"误差量"后的"自定义"→"指定值"，在随后出现的对话框中在"正误差值"后输入原始数据中的标准差列区域，点击确定。

（3）点击"图表样式"图标 🖌，设定需要的图表样式。

（4）点击"图表筛选器"图标 🔽，继续点击"选择数据"（也可右键点击统计图任一位置，在选项列表中找）→"水平轴（分类）值标签"项中的"编辑"，在"轴标签区域"中输入分类轴标签值。例如，本例输入"A、B、C、D"4 种营养素所在区域，确定后默认图的分类轴标签便由"1、2、3、4"变为"A、B、C、D"，见图 2-3。

（5）拷贝图 2-3，在新产生的数据系列（直条）标志上单击右键，在快捷菜单中选取"更改系列图类型"→"折线图"，点击确定键即可获得图 2-4 折线误差图。

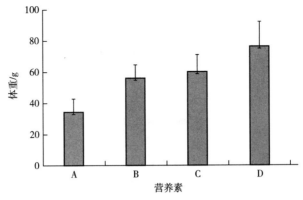

图 2-3 EXCEL 绘制 4 种营养素喂养小白鼠柱形误差图

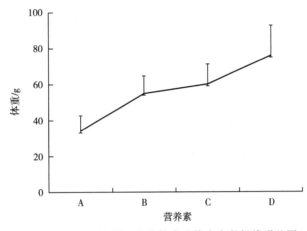

图 2-4 EXCEL 绘制 4 种营养素喂养小白鼠折线误差图

（2）双坐标折线图与半对数图 折线图（broken－line chart）是用点和点之间的连线表示统计指标的变化趋势的统计图，其纵、横轴均为算术尺度。半对数线图（semi－logarithmic linear chart）是线图的一种特殊形式，适用于表示事物发展速度（相对比）。其纵轴为对数尺度，横轴为算术尺度。

【例 2-4】以某市 1991—2001 年婴儿死亡率与孕产妇死亡率统计数据（单位：‰）（如表 2-9 所示）绘制双坐标折线图与半对数线图。

表 2-9　　　　　　　　　　**某市 1991—2001 年婴儿与孕产妇死亡率**　　　　　　　单位：‰

| 年份 | 婴儿死亡率 | 孕产妇死亡率 | 年份 | 婴儿死亡率 | 孕产妇死亡率 |
|------|-----------|-------------|------|-----------|-------------|
| 1991 | 14.27 | 0.32 | 1997 | 16.15 | 0.27 |
| 1992 | 18.83 | 0.37 | 1998 | 13.98 | 0.26 |
| 1993 | 16.23 | 0.34 | 1999 | 11.82 | 0.29 |
| 1994 | 14.97 | 0.30 | 2000 | 10.88 | 0.18 |
| 1995 | 16.65 | 0.30 | 2001 | 8.15 | 0.23 |
| 1996 | 16.18 | 0.31 | | | |

（1）打开 EXCEL，输入表 2-9 数据，选择数据（年份列可暂不选），单击"插入"菜单，在"工具栏"点击"折线图"图标，并在下拉菜单中选取折线图的子类型，确定后即可输出折线图。

（2）双击"孕妇死亡率"折线，选择"设置数据系列格式"→"系列选项"中系列绘制在"次坐标轴"。

（3）点击"图表元素"图标，点击"坐标轴标题"后，并分别勾选"主要横坐标轴""主要纵坐标轴""次要纵坐标轴"，在随后出现的坐标轴标题框中输入相应的标题。本例 X 轴标题输入"年份"，左侧 Y 轴标题输入"婴儿死亡率/‰"，右侧 Y 轴标题输入"孕妇死亡率/‰"，见图 2-5 所示。

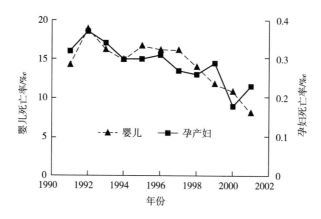

图 2-5　EXCEL 绘制婴儿与孕产妇死亡率双坐标折线图

（4）先根据表 2-9 数据绘制折线图。双击纵轴，在"设置坐标轴格式"对话框中点击"坐标轴选项"标签，分别设置最小值 0.1、最大值 100、主要刻度 10、次要刻度 10，在"横坐标交叉"的"坐标轴值"后填写 0.1，并勾选"对数刻度"复选框。设置其他格式，确定后可得图 2-6 半对数线图。

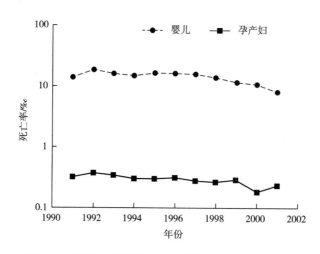

图 2-6　EXCEL 绘制婴儿与孕产妇死亡率半对数线图

图 2-5 和图 2-6 均表明，婴儿死亡率与孕产妇死亡率都呈下降趋势，但通过图 2-6 半对数图更容易看出孕妇死亡率下降速度更快，这是从一般折线图中看不到的。

（3）直方图的绘制　直方图（histogram）分析工具是用于确定数据的频数分布和累计频数分布，并提供直方图的分析模块。直方图分析工具在给定工作表中数据单元格区域和接收区间的情况下，计算数据的频数和累积频数。在绘制过程中，可通过依次选择"数据"→"数据分析"→"直方图"，进入如图 2-7 所示"直方图"对话框。

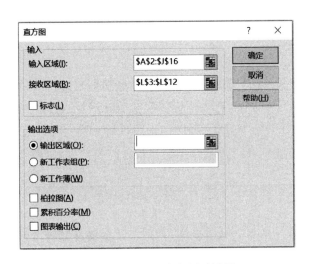

图 2-7　EXCEL 直方图对话框

在"直方图"对话框中，"输入区域"用于输入待分析数据区域的单元格范围；"接收区域"用于输入接收区域的单元格范围（应包含一组可选的用来计算频数的按升序排列的边界值，EXCEL 将统计在各个相邻边界值之间的数据出现的次数；若省略接收区域，EXCEL 将在数据组的最小值和最大值之间创建一组平滑分布的接收区间）；"输出区域"用于输入结果输出表的左上角单元格的地址，如果输出表将覆盖已有的数据，EXCEL 会自动确定输出区域的大小并显示信息。

"标志"只有在输入区域的第一行或第一列中包含标志项时，才能进行勾选，EXCEL将在输出表中生成适宜的数据标志；勾选"柏拉图"可以在输出表中同时显示按降序排列的频率数据；勾选"累积白分比"，可以在输出结果中添加一列累积百分比数值，并同时在直方图表中添加累积百分比折线；勾选"图表输出"，可以在输出表中同时生成一个嵌入式直方图表。

【例 2-5】调查了 150 尾鲢鱼的体长（单位：cm），其结果见表 2-10。试根据鲢鱼体长数据编制频数分布表以及生成相应的直方图，并分析数据分布规律。

| 表 2-10 | | | | 150 尾鲢鱼体长 | | | | 单位：cm | |
|---|---|---|---|---|---|---|---|---|---|
| 56 | 49 | 62 | 78 | 41 | 47 | 65 | 45 | 58 | 55 |
| 52 | 52 | 60 | 51 | 62 | 78 | 66 | 45 | 58 | 58 |
| 56 | 46 | 58 | 70 | 72 | 76 | 77 | 56 | 66 | 58 |

续表

| 63 | 57 | 65 | 85 | 59 | 58 | 54 | 62 | 48 | 63 |
|----|----|----|----|----|----|----|----|----|----|
| 58 | 52 | 54 | 55 | 66 | 52 | 48 | 56 | 75 | 72 |
| 63 | 75 | 65 | 48 | 52 | 55 | 54 | 62 | 61 | 62 |
| 54 | 53 | 65 | 42 | 83 | 66 | 48 | 53 | 58 | 57 |
| 60 | 54 | 58 | 49 | 52 | 56 | 82 | 63 | 61 | 48 |
| 70 | 69 | 40 | 56 | 58 | 61 | 54 | 53 | 52 | 43 |
| 58 | 52 | 56 | 61 | 59 | 54 | 59 | 64 | 68 | 51 |
| 55 | 47 | 56 | 38 | 64 | 67 | 72 | 58 | 54 | 52 |
| 46 | 57 | 38 | 39 | 64 | 62 | 63 | 67 | 65 | 52 |
| 59 | 60 | 58 | 46 | 53 | 57 | 37 | 62 | 52 | 59 |
| 65 | 62 | 57 | 51 | 50 | 48 | 46 | 58 | 64 | 68 |
| 69 | 73 | 52 | 48 | 65 | 72 | 76 | 56 | 58 | 63 |

（1）打开 EXCEL 将表 2-10 数据输入，根据数据多少确定分组数目；根据资料最大值与最小值确定分组标志（即每一组的上限），要求是不要有数据遗漏，也不要有空组。本例数据量为 150，可分为 10 组；最大值为 85、最小值为 37，其分组标志（即每组上限）可分别确定为 40、45、50……85，并将分组标志置于接受域。

（2）依次选择 EXCEL 中的"数据"→"数据分析"→"直方图"，弹出直方图对话框，如图 2-7 所示。在"输入区域"内输入原始数据区域，在"接收区域"输入分组标志区域（即接受域），并勾选"图表输出"选项，点击"确定"得到频数分布表及默认直方图，见图 2-8（1）（2）。

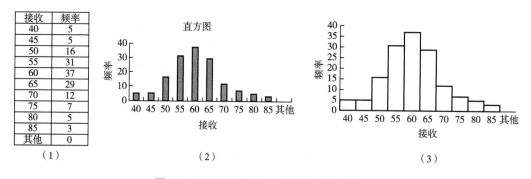

图 2-8　EXCEL 绘制 150 尾鲢鱼体长直方图

（3）双击默认直方图中的柱形直条，打开"设置数据系列格式"对话框，在"系列选项"标签中将"分类间距"调整为 0，在"填充与线条"标签中勾选"无填充"，并删除标题后得到图 2-8（3）。

（4）图 2-8 频率分布表及直方图分析结果表明，150 尾鲢鱼体长分布基本呈中间多两侧少的对称公布，是否服从正态分布还需要应用专门的统计方法进行检验确定。

## 二、应用 EXCEL 计算特征数

### （一）EXCEL 函数的应用

1. 计算集中特征值的函数

EXCEL 中计算集中特征值的函数主要有：计算算术平均值的 AVERAGE 函数、计算中位数的 MEDIAN 函数、计算众数的 MODE 函数、计算几何平均数的 GEOMEAN 函数、计算调和平均数的 HARMEAN 函数、计算四分位数的 QUARTILE 函数等。具体应用方法见附录附表 2。

2. 计算离散特征值的函数

EXCEL 中计算离散特征值的函数主要有：计算样本标准差的 STDEV 函数、计算总体标准差的 STDEVP 函数、计算样本方差的 VAR 函数、计算总体方差的 VARP 函数等。具体应用方法见附录附表 2。

3. 反映曲线形态特征的函数

EXCEL 中反映曲线形态特征的函数主要有：计算偏度的 SKEW 函数、计算峰度的 KURT 函数等。具体应用方法见附录附表 2。

### （二）EXCEL 统计分析工具的应用

EXCEL 描述统计工具可用于输入区域中数据的单变量分析，提供数据集中性和离散性等有关信息，如集中趋势、离中趋势、偏度等的描述性统计指标。在应用中，可通过依次选择"数据"→"数据分析"→"描述统计"，进入"描述统计"对话框。

图 2-9 所示"描述统计"对话框中："输入区域"、"标志位于第一行/列"以及"输出选项"与"直方图"对话框中类似选项功能一致；"分组方式"选项，用于指出输入区域中的数据是按行还是按列排列，若数据按行排列则勾选"逐行"，反之则勾选"逐列"；"平均数置信度"，可输出置信半径，但一定要在右侧的编辑框中输入所要使用的置信度；

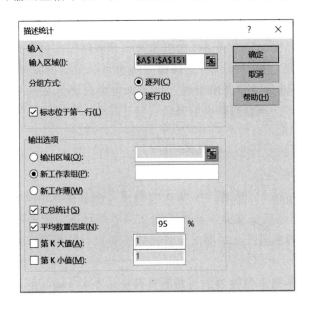

图 2-9　EXCEL 描述统计对话框

"第 $k$ 大/小值"，可输出数据的第 $k$ 个最大/小值，并在右侧的编辑框中输入 $k$ 的数值；"汇总统计"，可输出平均值、标准误差、中值、众数、标准偏差、方差、峰值、偏斜度、极差（全距）最小值、最大值、总和以及样本个数等统计结果。

【例 2-6】对表 2-10 150 尾鲢鱼体长调查资料（单位：cm），通过 EXCEL 的描述统计功能计算常用统计量。

（1）将表 2-10 数据整理成一列，依次选择"数据"→"数据分析"→"描述统计"，进入描述统计对话框，如图 2-9 所示。

（2）在"输入区域"中输入数据区域，分组方式选"逐列"，勾选"标志位于第一行""汇总统计""平均数置信度"，单击确定可得到 150 尾鲢鱼体长数据的描述性统计量，计算结果见表 2-11。

| 表 2-11 | | 150 尾鲢鱼体长描述统计结果 | | 单位：cm |
|---|---|---|---|---|
| 平均（样本均值） | 58.21 | | 偏斜度（偏度） | 0.32 |
| 标准误差（标准误） | 0.76 | | 区域（极差） | 48 |
| 中值（中位数） | 58 | | 最小值 | 37 |
| 众数 | 58 | | 最大值 | 85 |
| 标准偏差（标准差） | 9.32 | | 求和（样本总和） | 8732 |
| 样本方差 | 86.90 | | 计数（样本个数） | 150 |
| 峰值（峰度） | 0.30 | | 置信度（95.0%） | 1.50 |

# 第四节　应用 DPS 整理统计资料

## 一、应用 DPS 绘制统计图表

DPS 数据处理系统软件中的统计图表功能模块包括两部分，第一是通用统计图表的绘制功能，它可以以二维及三维的形式分别描绘出条形图、散点图、折线图和饼图等；第二是一些专用的图表功能，如 Box 箱线图、Q-Q 图、带误差的直方图或线图等。

### （一）通用统计图

根据资料性质和分析目的，选用不同图形类型，DPS 系统列出的统计图的类型如图 2-10 所示。在 DPS 数据系统中，单击"数据分析"→"常用图表"→"通用图表"功能，即可绘制通用统计图。

【例 2-7】根据表 2-12 数据，绘制 2000 年我国 6 周岁以上人口受教育程度频数分布条图。

| 表 2-12 | | 2000 年我国 6 周岁以上人口受教育程度统计表 | | | | |
|---|---|---|---|---|---|---|
| 受教育程度 | 文盲半文盲 | 小学 | 初中 | 高中及中专 | 大专及以上 | 合计 |
| 人数/万 | 11093 | 45191 | 42989 | 14109 | 4571 | 117953 |
| 百分比/% | 9.40 | 38.30 | 36.40 | 12.00 | 3.90 | 100.00 |

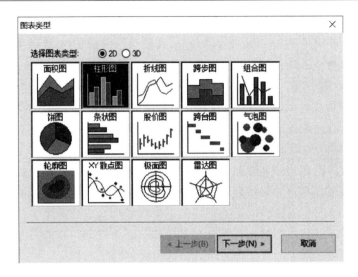

图 2-10　DPS 系统常用图表类型

（1）在 EXCEL 表格输入表 2-12 数据，建立"受教育程度 . DPS"文件；定义数据块（仅选择数据分部），依次单击"数据分析"→"常用图表"→"通用图表"功能，即可弹出图 2-10 所示各种类型的统计图。

（2）选择"柱形图"，并根据绘图向导依次出现"风格""版面""轴线"等对话框，根据需要选择或编辑相关选项。例如，本例需在"轴线"对话框"X 轴"处输入"受教育程度"、"Y 轴"处输入"人数/万"、"第二 Y 轴［2］"处输入"百分比/％"，确定后即可得到基本柱形图。

（3）在图表任一位置双击鼠标，弹出"chart designer（图表设计）"对话框。首先，依次选择"series（系列）"→"百分比/％"→"options（选项）"，并勾选"plot on 2nd Y axis（在第二个 Y 轴上绘制）"选项；其次，依次选择"value（2ndY）axis（第二 Y 轴值）"→"value scale（取值尺度）"，并勾选"show（显示）"选项，同时适当调整坐标刻度的最大值与最小值；最后，执行"显示图例"、"调整两坐标轴刻度及标题字体"等功能，对柱形图进行编辑。

（4）编辑结束点击确定，即可绘制出 2000 年我国 6 周岁以上人口按受教育程度频数分布图，如图 2-11 所示。

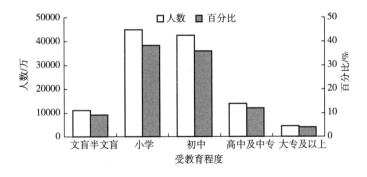

图 2-11　DPS 绘制 2000 年我国 6 周岁以上人口受教育程度频数分布图

图 2-11 频数分布图表明，2000 年我国 6 周岁以上人口小学和初中文化程度的人数较多，而文盲半文盲和大专及以上文化程度的人数较少。同时，可以发现数据资料呈中间多、两侧少的分布趋势。

**（二）专用统计图**

DPS 系统中专用统计图表主要有箱线图、误差图、Q-Q 图和卡方图等。

（1）箱线图是描述统计的重要工具，它利用中位数、上四分位数（第 3 四分位数）和下四分位数（第 1 四分位数）来描述数据分布的倾向性。如果数据分布是对称的，则上下四分位数离中位数的距离应该近似相等；如果上四分位数比下四分位数离中位数距离更远，则数据呈正偏态分布；如果下四分位数比上四分位数离中位数距离更远，则数据呈负偏态分布。

（2）误差图可以显示两列数据，第一列是平均值，第二列可以是标准差或标准误。只要给出两列数据即可作图。

（3）Q-Q 图和卡方图都是评估数据是否呈正态分布，并找出可能偏离正态分布的数据点。Q-Q 图是对一个变量作图，而卡方图是对多个变量（检验多元正态分布）作图。

**【例 2-8】** 某克山病区测得 11 例克山病患者与 13 名健康人的血磷值（单位：mmol/L），如表 2-13 所示。绘制 11 例克山病患者与 13 名健康人的血磷值的箱线图。

| 表 2-13 | | | 11 例克山病患者与 13 名健康人的血磷值 | | | | | | | 单位：mmol/L | |
|---|---|---|---|---|---|---|---|---|---|---|---|
| 调查对象 | | | | | | 血磷值 | | | | | |
| 患 者 | 0.84 | 1.05 | 1.2 | 1.2 | 1.39 | 1.53 | 1.67 | 1.8 | 1.87 | 2.07 | 2.11 |
| 健康人 | 0.54 | 0.64 | 0.64 | 0.75 | 0.76 | 0.81 | 1.16 | 1.2 | 1.34 | 1.35 | 1.48 | 1.56 | 1.87 |

（1）将表 2-13 中数据复制到 DPS 电子表格，建立"克山病患者血磷值 . DPS"文件；选中数据（含患者、健康人两种标志），依次单击"数据编辑"→"数据行列转换"→"转置"，将以行排列的原始数据转换为按列排列。

（2）定义数据块（仅选择数据部分），单击"数据分析"→"统计图表"→"Box 图"功能。在弹出的如图 2-12 所示的"Box 图"对话框中，编辑"纵坐标上限"、"纵坐标下限"以及"纵轴小数位数"，点击"重新绘图"即可输出 Box 图。

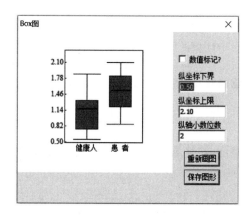

图 2-12　DPS 绘制克山病患者与健康人的血磷值箱线图

如图 2-12 所示，箱线图主要含 5 个数据节点。从下到上依次为下边缘线（取 $Q_1-1.5Q$ 与实际最小值中的最大值）、第 1 四分位数 $Q_1$、中位数 $Q_2$、第 3 四分位数 $Q_3$ 和上边缘线（取 $Q_3+1.5Q$ 与实际最大值中的最小值）。如果有数据小于下边缘线值或大于上边缘线值，则标记为异常值。

图 2-12 表明，两组血磷值数据均无异常值；患者的血磷值呈对称分布，健康人血磷值呈下偏态分布（根据中位数在方箱中的位置判定）；两组数据集中程度相近（根据方箱的长短比较判定）；患者的血磷值明显大于健康人（根据中位数的高低判定）。

## 二、利用 DPS 系统描述统计数据

### （一）数据统计分析基本步骤

1. 数据块及公式块的定义

（1）数据块的定义　利用 DPS 电子表格数据进行统计分析之前，须先将数据定义成数据块。数据块中的数据一般是一行为一个记录（样本），每个记录有多个变量，各个参与运算的变量因子可用 $x_1$，$x_2$，…，$x_m$ 表示。数据块的定义最通用的方法是将鼠标位置移到数据块的块首，按下左键并拖动鼠标到数据块的块尾位置，然后松开按钮，即可完成数据块的定义；如在按下 Ctrl 键时再按下并拖动鼠标，则可定义第二个数据块；此外，通过单击区域的第一个单元格后，按下 Shift 键并单击数据区域的最后一个单元格，可实现定义连续数据区域为数据块的目的。

（2）公式块的定义　首先在 DPS 文体编辑区按要求编辑公式，公式中用"$x$ ＋数字"表示数据块中某列数据，用"$c$ ＋数字"表示模型中待求参数。例如，可将对数模型 $y=a+b\lg x$，编辑为"$x_2=c_1+c_2*\lg(x_1)$"（注，式中 $x_1$ 与 $x_2$ 表示数据块中第 1、2 列数据，$c_1$ 与 $c_2$ 表示模型的待求参数）。然后将鼠标位置移到公式块的块首，拖动鼠标到公式块的块尾位置，松开按钮，即可完成公式块的定义。

2. 统计功能的选择

在 DPS 电子表格中，将数据定义成数据块后，即可选择相应的统计功能对数据进行分析。DPS 常应用菜单栏选择相应的统计功能。当光标位于菜单上相应功能项时点击鼠标，系统即对数据块内的数据进行分析，并输出分析结果。

### （二）数据基本参数计算

【例 2-9】对表 2-10 中 150 尾鲑鱼体长的调查数据资料（单位：cm），应用 DPS 系统进行基本参数估计分析，并判断该资料的分布规律。

（1）将表 2-10 数据输入 DPS 电子表格，建立"鲑鱼体长 . DPS"文件，定义数据块。

（2）单击"数据分析"→"连续变量数据"→"原始数据分析"命令，即可输出分析结果，见表 2-14 和表 2-15。

**表 2-14**　　　　　　　　　　　　　　　**基本参数估计输出结果**

| | | | |
|---|---|---|---|
| 样本数 | 150 | 几何平均 | 57.47 |
| 和 | 8732 | 中位数 | 58 |
| 均值 | 58.21 | | |

续表

| | | | |
|---|---|---|---|
| 四分位间距 | 11.75 | 四分位间距（1/2） | 5.88 |
| 平均偏差 | 7.15 | 极差 | 48 |
| 方差 | 86.89 | 标准差 | 9.32 |
| 标准误 | 0.76 | 变异系数 | 0.16 |
| 平均数的置信区间 | 95%区间 | 56.71 | ～ | 59.72 |
| | 99%区间 | 56.23 | ～ | 60.20 |

表 2-14 分析结果给出了中位数、几何平均数等描述集中性的特征数，四分位数间距、标准差、标准误、变异系数等离散性的特征数，以及平均数的置信区间。

表 2-15                      正态性检验

| 项目 | 参数 | $u$ 值 | $P$ 值 |
|---|---|---|---|
| 偏度系数 | 0.32 | 1.6004 | 0.1095 |
| 峰度系数 | 0.30 | 0.7612 | 0.4465 |

分析结果中除给出了描述集中性和离散性的特征数外，还对数据的正态性进行了检验，结果见表 2-15。正态性检验中偏度系数为 0.32，$u=1.6004$，显著水平 $P=0.1095$，因 $P>0.05$，说明资料所属总体分布的偏度系数 $\gamma_1$ 为 0。峰度系数为 0.30，$u=0.7621$，显著水平 $P=0.4465$，因 $P>0.05$，说明资料所属总体分布的峰度系数 $\gamma_2$ 为 0。因此，可以认为该资料属于正态分布。

# 第五节　应用 SPSS 整理统计资料

## 一、频数分析

频数（frequency）分析多适用于离散变量，其功能是描述离散变量的分布特征。SPSS 中的频数分布表包括的内容有"频数""百分比""有效百分比""累计百分比"。频数分析的第二个基本任务是绘制统计图，统计图能够清晰直观地展示变量的取值状况。频数分析中常用的统计图包括条形图、直方图等。

【例 2-10】以表 2-4 100 穗小麦小穗数资料建立文件，说明 SPSS 频数分析的应用步骤。

（1）以表 2-4 资料建立"小麦小穗数.SAV"文件：在"变量视图"中定义变量"小穗数"；在"数据视图"中变量"小穗数"下输入表 2-4 中数据。选择菜单"分析"→"描述统计"→"频率"，打开"频率"主对话框，将变量"小穗数"移到"变量"框中，如图 2-13 所示。

（2）在"频率"主对话框中打开"图表"子对话框。在"图表类型"中选择"直方图"，并勾选"在直方图上显示正态曲线"，单击"继续"；在主对话框中打开"统计"子对话框，

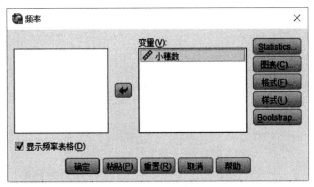

图 2-13　SPSS 频率主对话框

如图 2-14 所示；分别选择"百分位值"、"集中趋势"、"离散"和"分布"的相应选项。

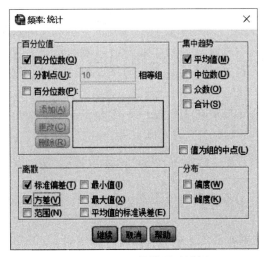

图 2-14　SPSS 统计子对话框

（3）在"频率"主对话框中单击确定，输出分析结果见表 2-16、表 2-17、图 2-15（输出直方图格式稍作修改）。

**表 2-16　小麦小穗数统计资料**

| 样本容量 | 有效 | 100 |
| | 缺失 | 0 |
| 平均数 | | 17.47 |
| 标准差 | | 1.251 |
| 方差 | | 1.565 |
| 百分位数 | 25 | 17 |
| | 50 | 17 |
| | 75 | 18 |

**表 2-17　小麦小穗数频数分布表**

| | 小穗数 | 频数 | 百分比/% | 有效百分比/% | 累积百分比/% |
|---|---|---|---|---|---|
| | 15 | 6 | 6 | 6 | 6 |
| | 16 | 15 | 15 | 15 | 21 |
| | 17 | 32 | 32 | 32 | 53 |
| 有效 | 18 | 25 | 25 | 25 | 78 |
| | 19 | 17 | 17 | 17 | 95 |
| | 20 | 5 | 5 | 5 | 100 |
| | 总计 | 100 | 100 | 100 | |

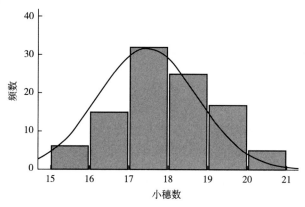

图 2-15　SPSS 绘制 100 穗小麦小穗数直方图

表 2-16 小穗数统计资料分析结果给出了样本容量，其中变量小穗数的有效个数为 100 个、缺失个数为 0，同时给出了平均数、标准差及百分位数等特征值。

表 2-17 小穗数频数分布结果，给出了按总样本量为分母计算的百分比、以有效样本量为分母计算的百分比，以及累计百分比。结果表明，小麦小穗数 17 最多，所占频率最大。

图 2-15 为 100 穗小麦小穗数的直方图，其所反映的规律与表 2-17 中小穗数频数分布结果相同，数据基本呈中间多两侧少的对称分布。

## 二、描述统计

SPSS 的描述统计用于计算一般的描述统计数，如样本含量、平均数、标准差、方差、偏度以及峭度等。

【例 2-11】以表 2-18 某地 148 名正常人血糖数据（单位：mmol/L）为资料建立文件，说明描述统计的基本步骤。

**表 2-18**　　　　　　　　　　**某地 148 名正常人血糖数据**　　　　　　单位：mmol/L

| | | | | | | | | | | | | | | | | | | | |
|---|---|---|---|---|---|---|---|---|---|---|---|---|---|---|---|---|---|---|---|
| 493 | 488 | 483 | 490 | 454 | 435 | 412 | 437 | 334 | 495 | 519 | 549 | 525 | 553 | 585 | 632 | 395 | 415 | 451 | 453 |
| 485 | 481 | 490 | 497 | 503 | 436 | 547 | 524 | 551 | 598 | 400 | 418 | 441 | 451 | 487 | 481 | 492 | 497 | 505 | 512 |
| 537 | 522 | 554 | 385 | 402 | 411 | 439 | 448 | 490 | 466 | 467 | 498 | 507 | 517 | 546 | 532 | 575 | 593 | 404 | 431 |
| 446 | 441 | 480 | 465 | 482 | 498 | 505 | 515 | 542 | 536 | 573 | 429 | 443 | 449 | 485 | 468 | 481 | 500 | 510 | 505 |
| 544 | 534 | 578 | 524 | 449 | 451 | 470 | 470 | 478 | 502 | 512 | 503 | 544 | 525 | 568 | 415 | 458 | 458 | 487 | 471 |
| 476 | 502 | 517 | 507 | 549 | 524 | 564 | 569 | 541 | 534 | 498 | 515 | 497 | 473 | 475 | 480 | 456 | 456 | 490 | 410 |
| 461 | 454 | 470 | 473 | 478 | 493 | 514 | 512 | 541 | 544 | 558 | 554 | 378 | 531 | 500 | 509 | 495 | 483 | 470 | 485 |
| 417 | 500 | 517 | 503 | 534 | 546 | 416 | 520 | | | | | | | | | | | | |

（1）以表 2-18 资料建立数据文件"正常人血糖 .SAV"：打开 SPSS 系统，在"变量视图"中定义变量"正常人血糖值"；在"数据视图"中变量"血糖值"下输入表 2-18 中数据。

（2）选择菜单"分析"→"描述统计"→"描述"，打开"描述"主对话框（该对话框类似于图 2-13 "频率"主对话框)。在打开"描述"主对话框中将变量"血糖值"加入"变量"框。

(3) 打开"选项"子对话框,对话框中各统计量与"频率"对话框中的"统计"子对话框中基本相同。选择需要计算的描述统计数,如"平均值""标准差""方差""峰度"等统计数。在主对话框中单击"确定",输出分析结果见表 2-19。

**表 2-19** 描述统计结果

| | 样本容量 | 平均值 | 标准差 | 方差 | 峰度 | |
| --- | --- | --- | --- | --- | --- | --- |
| | | | | | 峰度系数 | 标准误 |
| 血糖值 | 148 | 491.22 | 49.10 | 2411.14 | 0.28 | 0.40 |

表 2-19 描述统计输出结果,给出了所选变量的相应描述统计。从中可以看到,148 名正常人的血糖值平均高达 491.223mmol/L,标准差为 49.1034mmol/L,表明数据分布较分散。

## 三、探索分析

### (一)探索分析概述

探索分析可对变量进行更为深入详尽的描述性统计分析。它在一般描述性统计指标的基础上,增加有关数据其他特征的文字与图形描述,相对于频率分析和描述性分析更加细致与全面,对数据分析更进一步。

探索分析一般通过数据文件在分组与不分组的情况下获得常用统计数和图形。一般以图形方式输出,直观帮助研究者确定奇异值、影响点,还可以进行假设检验,以及确定研究者要使用的某种统计方式是否合适。

### (二)探索分析应用

【例 2-12】以文件"蛋白增重试验.SAV"资料,演示探索分析操作步骤。

(1) 打开"蛋白质增重试验.SAV"文件,选择菜单"分析"→"描述统计"→"探索",打开"探索"主对话框。将变量"增重值"移入"因变量列表","分组变量"移入"因子列表",如图 2-16 所示。

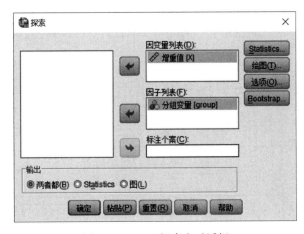

图 2-16 SPSS 探索主对话框

（2）单击"统计"按钮打开"探索：统计"子对话框。在"设置均值的置信区间"对话框内键入 95％，完成后单击"继续"按钮回到主对话框。

（3）单击"绘制"按钮，弹出"探索：图"子对话框。选中"茎叶图"、"直方图"和"带检验的正态图"。在主对话框确定后可输出分析结果见表 2-20、表 2-21 和图 2-17～图 2-20。

**表 2-20** 观察摘要

| 分组变量 | | 观察值 | | | | | |
|---|---|---|---|---|---|---|---|
| | | 有效 | | 缺失 | | 总计 | |
| | | 样本容量 | 百分比 | 样本容量 | 百分比 | 样本容量 | 百分比 |
| 增重量 | 高蛋白 | 12 | 100.00％ | 0 | 0.00％ | 12 | 100.00％ |
| | 低蛋白 | 7 | 100.00％ | 0 | 0.00％ | 7 | 100.00％ |

表 2-20 观察摘要结果表明，高蛋白组有 12 个单位，低蛋白组有 7 个单位，均无缺失值。

**表 2-21** 描述统计资料

| 因变量 | 分组变量 | 统计资料 | | | 标准误 |
|---|---|---|---|---|---|
| 增重值 | 高蛋白 | 平均数 | | 120.17 | 6.14 |
| | | 95％置信区间 | 下限 | 106.66 | |
| | | | 上限 | 133.67 | |
| | | 5％修整的平均数 | | 119.96 | |
| | | 中位数 | | 121.00 | |
| | | 方差 | | 451.97 | |
| | | 标准差 | | 21.26 | |
| | | 最小值 | | 83.00 | |
| | | 最大值 | | 161.00 | |
| | | 极差 | | 78.00 | |
| | | 四分位距 | | 27.00 | |
| | | 偏斜度 | | 0.22 | 0.64 |
| | | 峰度 | | 0.24 | 1.23 |
| | 低蛋白 | 平均数 | | 101.00 | 7.80 |
| | | 95％置信区间 | 下限 | 81.93 | |
| | | | 上限 | 120.07 | |
| | | 5％修整的平均数 | | 101.00 | |
| | | 中位数 | | 101.00 | |

续表

| 因变量 | 分组变量 | 统计资料 | | 标准误 |
|---|---|---|---|---|
| 增重值 | 低蛋白 | 方差 | 425.33 | |
| | | 标准差 | 20.62 | |
| | | 最小值 | 70.00 | |
| | | 最大值 | 132.00 | |
| | | 极差 | 62.00 | |
| | | 四分位距 | 33.00 | |
| | | 偏斜度 | 0.02 | 0.79 |
| | | 峰度 | −0.24 | 1.59 |

表 2-21 描述统计资料中列出了两组样本的平均数、中位数、方差、标准差、最大值、最小值、极差以及平均数的 95% 置信区间等统计数。从结果中看出两组数据的平均数差异较大，但是否达显著水平还需进行显著性检验；两组数据的偏斜度和峰度均接近于 0，可以初步判断两组数据均服从正态分布。

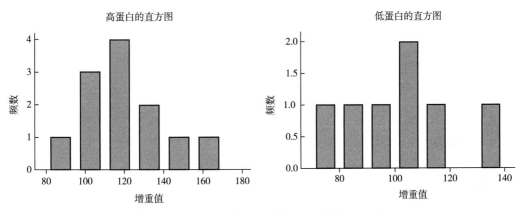

图 2-17　SPSS 绘制蛋白质增重试验结果直方图

| 增重值　茎叶图 | | | |
|---|---|---|---|
| group=　高蛋白 | | | |
| 频数 | | 茎 & 叶 | |
| 2.00 | 0 | . | 89 |
| 9.00 | 1 | . | 001122234 |
| 1.00 | 1 | . | 6 |
| 主干宽度： | | | 100 |
| 每个叶： | | | 1个体 |

| 增重值　茎叶图 | | | |
|---|---|---|---|
| group=　低蛋白 | | | |
| 频数 | | 茎 & 叶 | |
| 3.00 | 0 | . | 789 |
| 4.00 | 1 | . | 0013 |
| | | | |
| 主干宽度： | | | 100 |
| 每个叶： | | | 1个体 |

图 2-18　SPSS 绘制蛋白质增重试验结果茎叶图

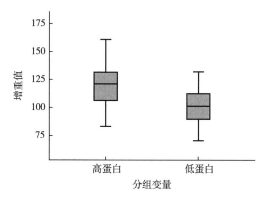

图 2-19　SPSS 绘制蛋白质增重试验结果箱线图

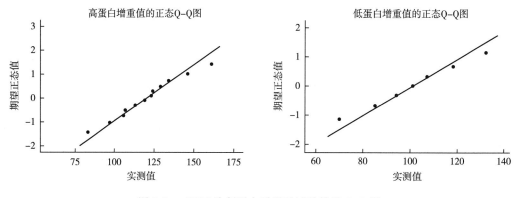

图 2-20　SPSS 绘制蛋白质增重试验结果 Q-Q 图

图 2-17 分别列出了"高蛋白组"和"低蛋白组"的直方图。从直方图中可以看出两组数据均有中间多两边少的分布趋势，但由于分组的原因导致直方图并未呈现明显的正态分布趋势。

图 2-18 为输出的茎叶图，茎叶图自左向右可以分为 3 大部分：频数、茎和叶。茎表示数值的整数部分，叶表示数值的小数部分。每行的茎和每个叶组成的数字相加再乘以茎宽，即茎叶所表示的实际数值的近似值。茎叶图呈现的规律与直方图类似。

图 2-19 为系统输出的箱线图。图中的方箱为箱线图的主体，上中下 3 条线分别表示变量值的第 75、第 50、第 25 百分位数，因此变量的 50% 观察值落在这一区域中。箱线图中的触须线是中间的纵向直线，上端截至线为上边缘线，下端截至线为下边缘线。图 2-19 箱线图表明，两组数据均呈现出中间多两边少的对称分布趋势；两组数据集中程度近似；高蛋白组数据较低蛋白组数据水平明显偏高。

图 2-20 为系统输出的 Q-Q 图。Q-Q 图是通过用散点图的方式比较观测值与预测值不同分位数的概率分布，从而检验观测值是否符合正态分布。一般将实际数据的分位数作为 $X$ 轴，将假定正态数据的对应分位数作为 $Y$ 轴作散点图，散点与直线重合度越高越服从正态分布，反之越不服从正态分布。图 2-20 Q-Q 图中散点均分布在直线的周围，表明高蛋白组和低蛋白组两组数据均服从正态分布。

## 思考练习题

**习题 2.1**　举例说明什么是数量性状资料和质量性状资料。

**习题 2.2**　计数资料与计量资料的区别与联系是什么？

**习题 2.3**　什么是分层随机抽样、整群随机抽样和多级随机抽样？通过举例说明它们的不同之处。

**习题 2.4**　什么是顺序抽样和典型抽样？各有何特点？

**习题 2.5**　描述集中性和离散性的特征数分别有哪些？它们是如何定义的？

**习题 2.6**　平均数的性质是什么？方差的主要性质是什么？

**习题 2.7**　什么是变异系数，如何进行应用。

**习题 2.8**　为什么要对资料进行整理？对于计量资料，整理的基本步骤怎样？

**习题 2.9**　在对计量资料进行整理时，为什么第一组的组中值以接近或等于资料中的最小值为好？

**习题 2.10**　常用统计图有哪些？分别对应何种资料？

**习题 2.11**　分别计算 A、B 两玉米品种的 10 个果穗长度的平均数、标准差和变异系数，并比较分析两品种果穗长度集中情况和变异情况。

单位：cm

| 品种 | 果穗长度 | | | | | | | | | |
|---|---|---|---|---|---|---|---|---|---|---|
| A | 19 | 21 | 20 | 20 | 18 | 19 | 22 | 21 | 21 | 19 |
| B | 16 | 21 | 24 | 15 | 26 | 18 | 20 | 19 | 22 | 19 |

**习题 2.12**　下表为 100 头某品种猪的血红蛋白含量（单位：g/100mL）资料。

单位：g/100mL

| | | | | | | | | | | | | | | | | | |
|---|---|---|---|---|---|---|---|---|---|---|---|---|---|---|---|---|---|
| 13.4 | 13.8 | 14.4 | 14.7 | 14.8 | 14.4 | 13.9 | 13.0 | 13.0 | 12.8 | 12.5 | 12.3 | 12.1 | 11.8 | 11.0 | 10.1 | 11.1 | |
| 10.1 | 11.6 | 12.0 | 12.0 | 12.7 | 12.6 | 13.4 | 13.5 | 13.5 | 14.0 | 15.0 | 15.1 | 14.1 | 13.5 | 13.5 | 13.2 | 12.7 | |
| 12.8 | 16.3 | 12.1 | 11.7 | 11.2 | 10.5 | 10.5 | 11.3 | 11.8 | 12.2 | 12.4 | 12.8 | 12.8 | 13.3 | 13.6 | 14.1 | 14.5 | |
| 15.2 | 15.3 | 14.6 | 14.2 | 13.7 | 13.4 | 12.9 | 12.9 | 12.4 | 12.3 | 11.9 | 11.1 | 10.7 | 10.8 | 11.4 | 11.5 | 12.2 | |
| 12.1 | 12.8 | 9.5 | 12.3 | 12.5 | 12.7 | 13.0 | 13.1 | 13.9 | 14.2 | 14.9 | 12.4 | 13.1 | 12.5 | 12.7 | 12.0 | 12.4 | |
| 11.6 | 11.5 | 10.9 | 11.1 | 11.6 | 12.6 | 13.2 | 13.8 | 14.1 | 14.7 | 15.6 | 15.7 | 14.7 | 14.0 | 13.9 | | | |

（1）试将其通过 EXCEL 相关函数整理成次数分布表。

（2）通过 EXCEL 分析工具库和图表向导两种方式绘制直方图和折线图。

（3）根据频数分布表和直方图简述其分布特征。

**习题 2.13**　抽查某车间生产的瓶装醋 120 瓶，其每瓶质量（单位：g）分别为：

单位：g

| | | | | | | | | | | | |
|---|---|---|---|---|---|---|---|---|---|---|---|
| 423 | 566 | 472 | 457 | 473 | 461 | 452 | 503 | 436 | 490 | 468 | 500 |
| 453 | 488 | 443 | 488 | 479 | 513 | 480 | 498 | 482 | 502 | 486 | 501 |
| 452 | 481 | 468 | 531 | 503 | 533 | 474 | 493 | 495 | 505 | 493 | 512 |
| 511 | 460 | 454 | 462 | 475 | 563 | 491 | 473 | 500 | 500 | 487 | 489 |
| 421 | 451 | 488 | 481 | 506 | 493 | 464 | 484 | 489 | 510 | 506 | 470 |
| 435 | 492 | 447 | 491 | 491 | 478 | 504 | 489 | 500 | 498 | 496 | 463 |
| 493 | 445 | 481 | 496 | 472 | 451 | 485 | 479 | 467 | 496 | 495 | 485 |
| 508 | 492 | 492 | 471 | 492 | 495 | 463 | 432 | 498 | 498 | 489 | 494 |
| 592 | 524 | 529 | 479 | 481 | 474 | 490 | 474 | 500 | 501 | 502 | 489 |
| 609 | 538 | 468 | 499 | 497 | 477 | 523 | 481 | 512 | 489 | 506 | 495 |

（1）分别利用 EXCEL 函数、EXCEL 描述统计命令和 DPS 参数估计命令计算平均数、众数、中位数、方差、标准差和变异系数。

（2）利用 DPS 和 SPSS 两种软件检验该资料的正态性。

**习题 2.14** 100 个小区水稻产量的资料如下（单位：$10g/m^2$）。利用 DPS 和 SPSS 两种软件对资料进行描述性统计。

单位：$10g/m^2$

| | | | | | | | | | |
|---|---|---|---|---|---|---|---|---|---|
| 37 | 36 | 39 | 36 | 34 | 35 | 33 | 31 | 38 | 34 |
| 46 | 35 | 39 | 33 | 41 | 33 | 32 | 34 | 41 | 32 |
| 38 | 38 | 42 | 33 | 39 | 39 | 30 | 38 | 39 | 33 |
| 38 | 34 | 33 | 35 | 41 | 31 | 34 | 35 | 39 | 30 |
| 39 | 35 | 36 | 34 | 36 | 35 | 37 | 35 | 36 | 32 |
| 35 | 37 | 36 | 28 | 35 | 35 | 36 | 33 | 38 | 27 |
| 35 | 37 | 38 | 30 | 26 | 36 | 37 | 32 | 33 | 30 |
| 33 | 32 | 34 | 33 | 34 | 37 | 35 | 32 | 34 | 32 |
| 35 | 36 | 35 | 35 | 35 | 34 | 32 | 30 | 36 | 30 |
| 36 | 35 | 38 | 36 | 31 | 33 | 32 | 33 | 36 | 34 |

# 第三章　概率与概率分布

## 第一节　概率基础知识

### 一、概率的概念

#### （一）随机试验与随机事件

1. 随机试验

统计学中，通常把根据某一研究目的，在一定条件下对自然现象所进行的观察或试验统称为试验（experiment）。一个试验如果满足 3 个特性：①试验可以在相同条件下多次重复进行；②每次试验的可能结果不止一个，并且事先知道会有哪些可能的结果；③每次试验总是恰好出现这些可能结果中的一个，但在一次试验之前却不能肯定这次试验会出现哪一个结果，则称该试验为一个随机试验（random experiment），简称试验。

例如，在一定孵化条件下孵化种蛋观察出雏情况，做种子发芽试验记录种子的发芽情况。它们都具有随机试验的 3 个特征，因此都是随机试验。

2. 随机事件

随机试验的每一种可能结果，在一定条件下可能发生，也可能不发生，称为随机事件（random event），简称事件（event），通常用 $A$、$B$、$C$ 等大写拉丁字母来表示。

通常把不能再分的事件称为基本事件（elementary event），也称为样本点（sample point）。例如，用 6 粒小麦种子做发芽试验，事件 $A$ 为"第 1 粒种子发芽"，事件 $B$ 为"第 2 粒种子发芽"……事件 $F$ 为"第 6 粒种子发芽"，则 $A$、$B$、$C$、$D$、$E$、$F$ 这 6 个事件都是不可能再分的事件，都是基本事件。

由若干个基本事件组合而成的事件称为复合事件（compound event）。如事件 $G$ 为"两粒种子发芽"，则事件 $G$ 是由事件 $A$、$B$、$C$、$D$、$E$、$F$ 中的任意两个事件组合而成。

在一定条件下必然会发生的事件称为必然事件（certain event），用 $\Omega$ 表示。例如，纯净的水在一标准大气压下加热到100℃时会沸腾，就是一个必然事件。在一定条件下不可能发生的事件称为不可能事件（impossible event），用 $\phi$ 表示。例如，大肠杆菌在 1000℃高温下仍不死亡，就是一个不可能事件。

显然，必然事件与不可能事件实际上是确定性现象，并非随机事件，它们不是统计学研究的事件，统计学所研究的事件是随机事件。

#### （二）频率

若在相同的条件下，进行了 $n$ 次试验，事件 $A$ 出现了 $m$ 次，比值 $m/n$ 称为事件 $A$ 出现的频率（frequency），记为 $f(A) = m/n$。频率表示某现象在样本中出现的比率，是样本特征，属于样本指标。频率具有稳定性，其稳定性说明了随机事件发生的可能性大小，是其本身固有的客观属性，提示了隐藏在随机现象中的规律性。

### （三）概率

研究随机试验，仅知道可能发生哪些随机事件是不够的，还需了解各种随机事件发生的可能性大小，以揭示这些事件内在的统计规律性，从而指导实践。描述随机事件发生可能性大小的指标即为概率（probability），它是事件本身所固有的属性，是一个参数。事件 $A$ 的概率通常标记为 $P(A)$。

**1. 概率统计定义**

在相同条件下进行 $n$ 次重复试验，当试验重复数 $n$ 逐渐增大时，随机事件 $A$ 的频率 $m/n$ 越来越稳定地接近某一数值 $p$，那么就把 $p$ 称为随机事件 $A$ 的概率。该类型的概率称为统计概率（statistics probability），或者称后验概率（posterior probability）。

在一般情况下，随机事件发生的概率 $p$ 是不可能准确得到的。通常以试验次数 $n$ 充分大时随机事件 $A$ 的频率作为该随机事件概率的近似值。

$$P(A) = p \approx m/n \,（n \text{ 充分大}）\tag{3-1}$$

**2. 概率的古典定义**

对于某些随机事件，不需进行多次重复试验来确定其概率，而是根据随机事件本身的特性直接计算其概率。例如，有很多随机试验具有以下特征：①试验的所有可能结果只有有限个，即样本空间中的基本事件只有有限个；②各个试验的可能结果出现的可能性相等，即所有基本事件的发生是等可能的；③试验的所有可能结果两两互不相容。这类随机试验称为古典概型（classical probability model）。

对于属于古典概型的随机试验，设样本空间由 $n$ 个等可能的基本事件所构成，其中事件 $A$ 包含有 $m$ 个基本事件，则事件 $A$ 的概率为 $m/n$，即

$$P(A) = m/n\tag{3-2}$$

这样定义的概率称为古典概率（classical probability）或先验概率（prior probability）。

## 二、概率的计算

### （一）事件间的关系

**1. 和事件**

对于任意两事件 $A$ 和 $B$，事件 $A$ 和事件 $B$ 至少有一件发生而构成的事件称为事件 $A$ 与事件 $B$ 的和事件（sum event），记作 $A \cup B$ 或 $A + B$。

**2. 积事件**

对于任意两事件 $A$ 和 $B$，事件 $A$ 和事件 $B$ 同时发生而构成的事件称为事件 $A$ 与事件 $B$ 的积事件（product event），记作 $A \cap B$ 或 $AB$。

**3. 互斥事件与对立事件**

对于任意两事件 $A$ 和 $B$，若事件 $A$ 和事件 $B$ 不能同时发生，则称事件 $A$ 与事件 $B$ 为互斥事件（mutually exclusive event），又称为互不相容事件；若同时满足事件 $A$ 和事件 $B$ 必有一事件发生，则称两事件为对立事件（contrary event）。例如，掷一枚硬币时，事件 $A$ 为正面向上，事件 $B$ 为反面向上，则 $A$ 与 $B$ 为互斥事件，且为对立事件。

**4. 完全事件系**

如果多个事件 $A_1$、$A_2$、$A_3$、$\cdots$、$A_n$ 两两互斥，且每次试验结果必然发生其一，则称事件 $A_1$、$A_2$、$A_3$、$\cdots$、$A_n$ 为一个完全事件系（complete event system）。如投掷一个骰

子，1 至 6 个点必然有一个面朝上，则此 6 个点构成了一个完全事件系。

5. 独立事件

对于任意两事件 $A$ 和 $B$，事件 $A$ 的发生与事件 $B$ 无任何关系，事件 $B$ 的发生与事件 $A$ 同样无任何关系，则称两事件为独立事件（independent event）。例如，用甲乙两饲料做饲喂试验，事件 $A$ 为甲饲料有效，事件 $B$ 为乙饲料有效，则事件 $A$ 与事件 $B$ 为独立事件，因为两种饲料饲喂效果是否有效没有任何关联。

如果多个事件 $A_1$、$A_2$、$A_3$、$\cdots$、$A_n$ 彼此独立，则称之为独立事件群（independent event group）。

**（二）概率的运算法则**

1. 互斥事件的加法定理

若事件 $A$ 与 $B$ 互斥，则事件 $A$ 与事件 $B$ 和事件发生的概率为各自概率之和，此即互斥事件的加法定理（additive theorem），即

$$P(A + B) = P(A) + P(B) \tag{3-3}$$

若事件 $A_1$、$A_2$、$A_3$、$\cdots$、$A_n$ 为完全事件系，则

$$P(A_1 + A_2 + \cdots + A_n) = P(A_1) + P(A_2) + \cdots + P(A_n) = 1 \tag{3-4}$$

即完全事件系的和事件的概率为 1。

2. 独立事件的乘法定理

若事件 $A$ 和事件 $B$ 为独立事件，则事件 $A$ 与事件 $B$ 积事件的概率为各自概率的乘积，此即独立事件的乘法定理（multiplicative theorem），即

$$P(AB) = P(A)P(B) \tag{3-5}$$

若事件 $A_1$、$A_2$、$A_3$、$\cdots$、$A_n$ 为独立事件群，则

$$P(A_1 A_2 A_3 \cdots A_n) = P(A_1)P(A_2)P(A_3)\cdots P(A_n) \tag{3-6}$$

## 三、概率分布

事件的概率表示了一次试验某一个结果发生的可能性大小。若要全面了解试验，则必须知道试验的全部可能结果及各种可能结果发生的概率，即必须知道随机试验的概率分布（probability distribution）。

**（一）随机变量**

进行一次试验，其结果有多种可能，每一种可能结果都可用一个数值来表示，若把这些数值作为变量 $x$ 的取值范围，则试验结果可用变量 $x$ 来表示。如果表示试验结果的变量（variable）$x$，其可能取值至多为可列个，且以各种确定的概率取这些不同的值，则称 $x$ 为离散型随机变量（discrete random variable）；如果表示试验结果的变量 $x$，其可能取值为某范围内的任何数值，且 $x$ 在其取值范围内的任一区间中取值时其概率是确定的，则称 $x$ 为连续型随机变量（continuous random variable）。

**（二）离散型变量的概率分布**

可以将离散型随机变量 $x$ 所取得值 $x_i$ 的概率 $P(x = x_i)$ 写成 $x$ 的函数 $p(x_i)$。这样的函数称为随机变量 $x$ 的概率函数，即

$$p(x_i) = P(x = x_i) \tag{3-7}$$

将 $x$ 的一切可能值 $x_1$，$x_2$……$x_n$，以及取得这些值的概率 $p(x_1)$，$p(x_2)$，$\cdots$，

$p(x_n)$排列起来，就构成了离散型随机变量的概率分布，见表 3-1。

**表 3-1**　　　　　　　　　　　　　　　**离散型随机变量概率分布**

| 变量取值 $x_i$ | $x_1$ | $x_2$ | $x_3$ | ... | $x_n$ |
|---|---|---|---|---|---|
| 概率 $P(x = x_i)$ | $p(x_1)$ | $p(x_2)$ | $p(x_3)$ | ... | $p(x_n)$ |

随机变量 $x$ 的概率累积分布函数（probability cumulative distribution function）一般用 $F(x)$ 表示，当随机变量 $x$ 取值 $x_i$ 时，有

$$F(x_i) = P(x \leqslant x_i) \tag{3-8}$$

离散型随机变量的概率分布具有 $p(x_i) \geqslant 0$ 和 $\Sigma p(x_i) = 1$ 这两个基本性质。

**（三）连续型变量的概率分布**

连续型随机变量的可能取值是不可数的，其概率分布不能用分布列来表示。因此，我们改用随机变量 $x$ 在某个区间内取值的概率 $P(a \leqslant x < b)$ 来表示。

对于一个连续型变量 $x$，取值于区间 $[a，b]$ 内的概率为概率密度函数（probability density function）$f(x)$ 从 $a$ 到 $b$ 的积分，即这一区间的概率实为区间面积，有

$$P(a \leqslant x \leqslant b) = \int_a^b f(x)\mathrm{d}x \tag{3-9}$$

连续型随机变量的概率累积分布函数〔或称分布函数（distribution function）〕是随机变量 $x$ 取得小于 $x_i$ 的值的概率，与离散型随机变量一致同样用 $F(x)$ 表示。则有

$$F(x_i) = P(-\infty < x < x_i) = \int_{-\infty}^{x_i} f(x)\mathrm{d}x \tag{3-10}$$

连续型随机变量概率分布还具有以下性质：

（1）概率密度函数总是大于或等于 0，即 $f(x) \geqslant 0$。

（2）当随机变量 $x$ 取某一特定值时，其概率等于 0。即

$$P(x = c) = \int_c^c f(x)\mathrm{d}x = 0 \, (c \text{ 为任意实数}) \tag{3-11}$$

所以对于连续型随机变量，仅研究其在某一个区间内取值的概率，而不去讨论取某一个值的概率。

（3）在一次试验中随机变量 $x$ 取值在 $-\infty < x < +\infty$ 范围内，为一必然事件。即

$$F(+\infty) = P(-\infty < x < +\infty) = \int_{-\infty}^{+\infty} f(x)\mathrm{d}x = 1 \tag{3-12}$$

# 第二节　几种常见的概率分布

## 一、二项分布

**（一）伯努利试验**

在做发芽试验时种子只有发芽与不发芽两种结果，在临床化验中血清只有阳性和阴性两种现象。类似试验在生物科学、农业科学、食品科学等学科中非常常见，这类试验我们称为伯努利试验（Bernoulli trials）。

伯努利试验通常具有以下三个特征：①每次试验只有两个对立结果，其中某一事件出

现概率为 $p$，则另一事件出现概率为 $1-p$，即具有对立性；②每次试验条件不变时，事件 $A$ 出现为恒定概率 $p$，即具有重复性；③任何一次试验中事件 $A$ 的出现与其余各次试验结果无关，即具有独立性。

**（二）二项分布的定义**

二项分布就是用来计算 $n$ 重伯努利试验中某种结果 $A$ 出现 $k$ 次的概率的。设随机变量 $x$ 所有可能取值包括零和正整数，即 0，1，2，…，$n$，且有

$$P_n(x=k)=C_n^k \cdot p^k \cdot (1-p)^{n-k} \quad (k=0, 1, 2, \cdots, n) \tag{3-13}$$

则称随机变量 $x$ 服从参数为 $n$ 和 $p$ 的二项分布（binomial distribution），记为 $x \sim B(n, p)$。

**（三）二项分布的特征**

二项分布是一种离散型随机变量的概率分布。参数 $n$ 称为离散参数，只能取正整数；$p$ 是连续参数，它能取 0 与 1 之间的任何数值。$n$ 和 $p$ 两个参数决定了二项分布的曲线特征。

（1）当 $p$ 较小且 $n$ 不大时，分布是偏倚的，随着 $n$ 的增大，分布逐渐趋于对称（图 3-1）。

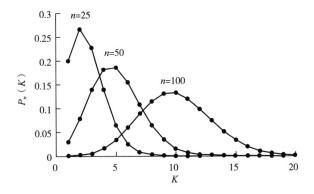

图 3-1　$p=0.1$，$n$ 值不同的二项分布图

（2）当 $p$ 小于 0.5 时，分布呈右偏态；当 $p$ 大于 0.5 时，分布呈左偏态；当 $p$ 趋于 0.5 时，分布趋于对称（图 3-2）。

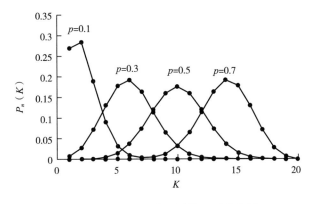

图 3-2　$n=20$，$p$ 值不同的二项分布图

（3）在 $n$ 较大且 $np$、$nq$ ［其中 $q = （1-p）$］较接近时，二项分布接近于正态分布；当 $n \to \infty$ 时，二项分布的极限分布是正态分布。

**（四）二项分布的总体均数与方差**

若变量 $x$ 服从参数为 $n$ 和 $p$ 的二项分布，则平均数 $\mu$、方差 $\sigma^2$ 和标准差 $\sigma$ 分别为

$$\mu = np \ , \ \sigma^2 = npq \ , \ \sigma = \sqrt{npq} \tag{3-14}$$

如果 $n$ 适当大（一般 $\geqslant 30$），$p$ 值又不过于小，并且 $np$ 及 $nq$ 均不小于 5 时，二项分布趋近于参数 $\mu = np$ 和 $\sigma = \sqrt{npq}$ 的正态分布。

**（五）EXCEL 二项分布函数**

在 EXCEL 中，BINOMDIST 函数可计算二项分布的概率 $P_n（k）$ 和累积概率 $F_n（k）$。BINOMDIST 函数有 $k$（试验成功的次数）、$n$（独立试验的总次数）、$p$（一次试验中成功的概率）和 cumulative（逻辑值）4 个参数，函数的具体应用见附录附表 2。

注意，当 cumulative 取 FALSE 或 0 时，计算的是二项分布的概率，即 $P_n（k） =$ BINOMDIST $（k，n，p，0）$；当 cumulative 取 TRUE 或 1 时，计算的是二项分布的累积概率，即 $F_n（k） =$ BINOMDIST $（k，n，p，1）$。

**【例 3-1】** 有一批食品，其合格率为 0.85，今在该批食品中随机抽取 6 份食品。试求：

（1）正好有 5 份合格的概率？

（2）最少有 4 份合格的概率？

（3）最多有 4 份合格的概率？

由题目信息可知，该问题属于二项分布的范畴，且 $n = 6$，$p = 0.85$，即变量 $x \sim B（6，0.85）$。则有：

（1）$P（x = k = 5） = C_6^5 \times 0.85^5 \times （1-0.85）^{6-5} =$ BINOMDIST $（5，6，0.85，0） = 0.3993$。

（2）$P（x = k \geqslant 4） = 1 - P（k \leqslant 3） = 1 -$ BINOMDIST $（3，6，0.85，1） = 0.9585$。

（3）$P（x = k \leqslant 4） =$ BINOMDIST $（4，6，0.85，1） = 0.223516$。

# 二、泊松分布

**（一）泊松分布定义**

若随机变量 $x$ 只取零和正整数，即 0，1，2，$\cdots$，$n$，且其概率分布为

$$P（x = k） = \frac{\lambda^k}{k!} e^{-\lambda} （k = 0，1，\cdots\cdots，n） \tag{3-15}$$

其中 $\lambda > 0$，$e = 2.7182\cdots$ 是自然对数的底数，则称 $x$ 服从参数为 $\lambda$ 的泊松分布（poisson's distribution），记为 $x \sim P（\lambda）$。

在二项分布中，当某事件出现的概率特别小（$p \to 0$），而样本含量又很大（$n \to \infty$），且 $np = \mu$ 时，二项分布就变成泊松分布了；泊松分布是描述在一定空间（长度、面积和体积）或一定时间间隔内点子散布状况的理想化模型。

**（二）泊松分布的特征**

（1）平均数和方差相等，都等于常数 $\lambda$，即 $\mu = \sigma^2 = \lambda$。

（2）$\lambda$ 是泊松分布所依赖的唯一参数。$\lambda$ 愈小分布愈偏倚，随着 $\lambda$ 的增大，分布趋于对称，如图 3-3 所示。

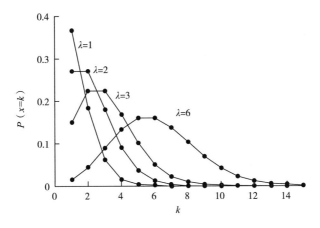

图 3-3  不同 $\lambda$ 的泊松分布图

（3）当 $\lambda=20$ 时分布接近于正态分布；当 $\lambda=50$ 时，可以认为泊松分布呈正态分布。实际应用中，当 $\lambda \geqslant 20$ 时就可以用正态分布来近似地处理泊松分布的问题。

**（三）EXCEL 泊松分布函数**

在 EXCEL 中，POISSON 函数可计算泊松分布的概率 $P(k)$ 和累积概率 $F(k)$。该函数有 $x$（事件发生数）、mean（期望值即参数 $\lambda$）和 cumulative（逻辑值）3 个参数，具体应用见附录附表 2。

注意，$P(k)=P(x=k)=\text{POISSON}(k, \lambda, 0)$，$F(k)=P(x \leqslant k)=\text{POISSON}(k, \lambda, 1)$。

**【例 3-2】**食品店每小时光顾的顾客人数服从 $\lambda=3$ 的泊松分布。试求：

（1）计算 1h 内恰有 5 名顾客的概率。

（2）计算 1h 内顾客不超过 5 人的概率。

（3）计算 1h 内顾客最少有 6 人的概率。

由题目信息可知，食品店每小时光顾的顾客人数服从泊松分布，即 $x \sim P(3)$。则有：

（1）$P(x=k=5)=\dfrac{3^5}{5}\mathrm{e}^{-3}=\text{POISSON}(5, 3, 0)=0.1008$。

（2）$P(x=k \leqslant 5)=\text{POISSON}(5, 3, 1)=0.916$。

（3）$P(x=k>5)=1-P(x=k \leqslant 5)=1-\text{POISSON}(5, 3, 1)=0.084$。

# 三、正态分布

## （一）正态分布定义

若连续型随机变量 $x$ 的概率密度函数为

$$f(x)=\frac{1}{\sigma \sqrt{2\pi}}\mathrm{e}^{-\frac{(x-\mu)^2}{2\sigma^2}} \tag{3-16}$$

其中，$\mu$ 为平均数、$\sigma^2$ 为方差，则称随机变量 $x$ 服从平均数为 $\mu$、方差为 $\sigma^2$ 的正态分布（normal distribution），记为 $x \sim N(\mu, \sigma^2)$。

相应的概率分布函数为

$$F(x) = \frac{1}{\sigma\sqrt{2\pi}} \int_{-\infty}^{x} e^{\frac{(x-\mu)^2}{2\sigma^2}} \, dx \tag{3-17}$$

**（二）正态分布的特征**

（1）正态分布密度曲线是单峰、对称的悬钟形曲线，对称轴为 $x=\mu$。

（2）概率密度函数 $f(x)$ 在 $x=\mu$ 处达到极大，极大值为 $f(\mu) = \frac{1}{\sigma\sqrt{2\pi}}$。

（3）概率密度函数 $f(x)$ 是非负函数，以 $X$ 轴为渐近线，分布从 $-\infty$ 至 $+\infty$。

（4）正态曲线在 $x=\mu\pm\sigma$ 处各有一个拐点，即曲线在 $(-\infty, \mu-\sigma)$ 和 $(\mu+\sigma, +\infty)$ 区间上是下凹的，在 $(\mu-\sigma, \mu+\sigma)$ 区间内是上凸的。

（5）正态分布有两个参数，即平均数 $\mu$ 和标准差 $\sigma$。$\mu$ 是位置参数，当 $\sigma$ 恒定时，$\mu$ 愈大曲线沿 $X$ 轴愈向右移动；反之，$\mu$ 愈小曲线沿 $X$ 轴愈向左移动，如图 3-4 所示。$\sigma$ 是变异度参数，当 $\mu$ 恒定时，$\sigma$ 愈大表示 $x$ 的取值愈分散；$\sigma$ 愈小表示 $x$ 的取值愈集中在 $\mu$ 附近，如图 3-5 所示。

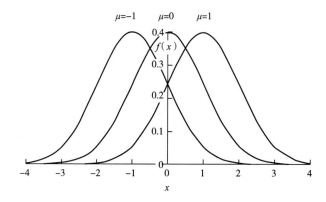

图 3-4　参数 $\mu$ 对正态曲线的影响

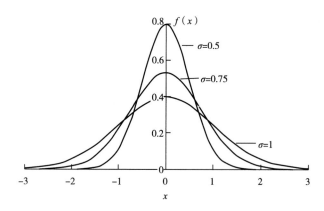

图 3-5　参数 $\sigma$ 对正态曲线的影响

（6）概率密度曲线与横轴所夹的面积为 1，即

$$P(-\infty < x < +\infty) = \int_{-\infty}^{+\infty} \frac{1}{\sigma\sqrt{2\pi}} e^{-\frac{(x-\mu)^2}{2\sigma^2}} \, dx = 1 \tag{3-18}$$

（7）常见区间及对应概率，见表 3-2。

表 3-2 正态分布常见区间及对应概率

| 区间 | 概率 | 区间 | 概率 |
|------|------|------|------|
| $\mu\pm1\sigma$ | 0.6827 | $\mu\pm1.96\sigma$ | 0.9500 |
| $\mu\pm2\sigma$ | 0.9545 | $\mu\pm2.58\sigma$ | 0.9900 |
| $\mu\pm3\sigma$ | 0.9973 | | |

### （三）正态分布标准化

统计学中称 $\mu=0$，$\sigma^2=1$ 的正态分布为标准正态分布（standard normal distribution）。标准正态分布的概率密度函数及分布函数分别记作 $\varphi(u)$ 和 $\Phi(u)$。

$$\varphi(u)=\frac{1}{\sqrt{2\pi}}e^{-\frac{u^2}{2}} \qquad \Phi(u)=\frac{1}{\sqrt{2\pi}}\int_{-\infty}^{u}e^{-\frac{1}{2}u^2}\,du \tag{3-19}$$

随机变量 $u$ 服从标准正态分布，记作 $u\sim N$（0，1）。对于任何一个服从正态分布 $N$（$\mu$，$\sigma^2$）的随机变量 $x$，都可以通过标准化（standardization）变换公式"$u=(x-\mu)/\sigma$"将其变换为服从标准正态分布的随机变量 $u$，则 $u$ 称为标准正态变量或标准正态离差（standard normal deviate）。

根据正态分布的对称性可推导出关系式（3-20），方便计算有关概率。

$$P(0\leqslant u<u_1)=\Phi(u_1)-0.5$$
$$P(u\geqslant u_1)=\Phi(-u_1)$$
$$P(u_1\leqslant u<u_2)=\Phi(u_2)-\Phi(u_1) \tag{3-20}$$

### （四）EXCEL 正态分布函数

1. NORMDIST 函数

在 EXCEL 中，NORMDIST 函数可计算均值为 $\mu$、标准差为 $\sigma$ 的正态分布的分布函数值 $F(x)$ 和概率密度函数值 $f(x)$。NORMDIST 函数有 $x$（变量取值）、$\mu$（正态分布均值）、$\sigma$（正态分布标准差）和 cumulative（逻辑值）4 个参数，具体应用见附录附表 2。

注意，概率密度函数 $f(x)$ = NORMDIST（$x$，$\mu$，$\sigma$，0）；分布函数 $F(x)$ = NORMDIST（$x$，$\mu$，$\sigma$，1）；如果 $\mu=0$ 且 $\sigma=1$，函数 NORMDIST 将计算标准正态分布函数值 $\Phi(x)$ 和概率密度函数值 $\varphi(x)$。如，NORMDIST（0.0654，5，3，1）=0.0500；NORMDIST（0.0654，0，1，1）=0.5261。

2. NORMSDIST 函数

在 EXCEL 中，NORMSDIST 函数可计算标准正态分布的分布函数 $\Phi(u)$。NORMSDIST 函数有唯一的参数 $u$（变量取值），即 $\Phi(u)$ = NORMSDIST（$u$）。如，NORMSDIST（1.96）=0.9750。

【例 3-3】利用 NORMSDIST 函数，计算标准正态分布的分布函数值 $\Phi(u)$ 表（要求：$-3.99\leqslant u\leqslant-3.00$）。

（1）打开 EXCEL 电子表格，在 A2 输入 $-3.9$，A3 输入 $-3.8$，选定 A2：A3 用公式填充按钮，在 A2：A11 形成一列 $u$ 值（$-3.9\leqslant u\leqslant-3.0$）。

（2）在 B1 输入 $-0.09$，C1 输入 $-0.08$，选定 B1：C1 用公式填充按钮，在 B1：K1

形成一行 $u$ 值（$-0.09 \leqslant u \leqslant -0.00$）。

（3）在 B2 输入 "＝NORMSDIST（＄A2＋B＄1）"，选定 B2 用公式填充按钮，在 B2：K2 形成一系列 $\Phi(u)$ 值（$-3.99 \leqslant u \leqslant -3.90$）。类似计算其他 $\Phi(u)$ 值，最终获得如表 3-3 所示的分布函数值表。

表 3-3　　　　　　标准正态分布的分布函数 $\Phi(u)$ 值（$-3.99 \leqslant u \leqslant -3.00$）

| $u$ | $-0.09$ | $-0.08$ | $-0.07$ | $-0.06$ | $-0.05$ | $-0.04$ | $-0.03$ | $-0.02$ | $-0.01$ | $-0.00$ |
|---|---|---|---|---|---|---|---|---|---|---|
| $-3.9$ | 0.000033 | 0.000034 | 0.000036 | 0.000037 | 0.000039 | 0.000041 | 0.000042 | 0.000044 | 0.000046 | 0.000048 |
| $-3.8$ | 0.000050 | 0.000052 | 0.000054 | 0.000057 | 0.000059 | 0.000062 | 0.000064 | 0.000067 | 0.000069 | 0.000072 |
| $-3.7$ | 0.000075 | 0.000078 | 0.000082 | 0.000085 | 0.000088 | 0.000092 | 0.000096 | 0.000100 | 0.000104 | 0.000108 |
| $-3.6$ | 0.000112 | 0.000117 | 0.000121 | 0.000126 | 0.000131 | 0.000136 | 0.000142 | 0.000147 | 0.000153 | 0.000159 |
| $-3.5$ | 0.000165 | 0.000172 | 0.000178 | 0.000185 | 0.000193 | 0.000200 | 0.000208 | 0.000216 | 0.000224 | 0.000233 |
| $-3.4$ | 0.000242 | 0.000251 | 0.000260 | 0.000270 | 0.000280 | 0.000291 | 0.000302 | 0.000313 | 0.000325 | 0.000337 |
| $-3.3$ | 0.000349 | 0.000362 | 0.000376 | 0.000390 | 0.000404 | 0.000419 | 0.000434 | 0.000450 | 0.000466 | 0.000483 |
| $-3.2$ | 0.000501 | 0.000519 | 0.000538 | 0.000557 | 0.000577 | 0.000598 | 0.000619 | 0.000641 | 0.000664 | 0.000687 |
| $-3.1$ | 0.000711 | 0.000736 | 0.000762 | 0.000789 | 0.000816 | 0.000845 | 0.000874 | 0.000904 | 0.000935 | 0.000968 |
| $-3.0$ | 0.001001 | 0.001035 | 0.001070 | 0.001107 | 0.001144 | 0.001183 | 0.001223 | 0.001264 | 0.001306 | 0.001350 |

### 3. NORMINV 函数

在 EXCEL 中，NORMINV 函数为正态分布 NORMDIST 函数的逆函数，可根据已知概率等参数计算正态分布随机变量 $x$ 的取值。NORMINV 函数有 $p$（正态分布的概率值）、$\mu$（正态分布均值）、$\sigma$（正态分布标准差）3 个参数，具体应用见附录附表 2。如，NORMINV（0.05，5，3）＝0.0654。

### 4. NORMSINV 函数

在 EXCEL 中，NORMSINV 函数为标准正态分布函数 NORMSDIST 的逆函数。NORMSINV 函数有唯一参数 $p$（标准正态分布的已知概率值），可根据已知概率 $p$ 计算标准正态分布随机变量 $u$ 的取值。

注意，对标准正态分布的上侧分位数 $u_a$，有 $u_a$＝NORMSINV（$1-\alpha$）。如，$u_{0.05}$＝NORMSINV（$1-0.05$）＝1.6449。对标准正态分布的双侧分位数 $u_{a/2}$，有 $u_{a/2}$＝NORMSINV（$1-\alpha/2$）。如，$u_{0.05/2}$＝NORMSINV（$1-0.05/2$）＝1.96。

【例 3-4】利用 NORMSINV 函数，计算正态离差（$u$）值表（双尾）。

（1）打开 EXCEL 电子表格，在 A2 输入 0.0，A3 输入 0.1，选定 A2：A3 用公式填充按钮，在 A2：A11 形成从 0.0 到 0.9 的一列 $P$ 值。

（2）在 B1 输入 0.00，C1 输入 0.01，选定 B1：C1 用公式填充按钮，在 B1：K1 形成从 0.00 到 0.09 的一行 $P$ 值。

（3）在 B2 输入 "＝NORMSINV（$1-$（＄A2＋B＄1）/2）"，选定 B2 用公式填充按钮，在 B2：K2 形成一系列 $u$ 值（$0.00 \leqslant P \leqslant 0.09$）。类似计算其他 $u$ 值，最终获得如表 3-4 所示的正态离差（$u$）值表。

| 表 3-4 | | | | 正态离差 （$u$） 值表 （双尾） | | | | | |
|---|---|---|---|---|---|---|---|---|---|
| $P$ | 0.00 | 0.01 | 0.02 | 0.03 | 0.04 | 0.05 | 0.06 | 0.07 | 0.08 | 0.09 |
| 0.0 | $\infty$ | 2.5758 | 2.3263 | 2.1701 | 2.0537 | 1.9600 | 1.8808 | 1.8119 | 1.7507 | 1.6954 |
| 0.1 | 1.6449 | 1.5982 | 1.5548 | 1.5141 | 1.4758 | 1.4395 | 1.4051 | 1.3722 | 1.3408 | 1.3106 |
| 0.2 | 1.2816 | 1.2536 | 1.2265 | 1.2004 | 1.1750 | 1.1503 | 1.1264 | 1.1031 | 1.0803 | 1.0581 |
| 0.3 | 1.0364 | 1.0152 | 0.9945 | 0.9741 | 0.9542 | 0.9346 | 0.9154 | 0.8965 | 0.8779 | 0.8596 |
| 0.4 | 0.8416 | 0.8239 | 0.8064 | 0.7892 | 0.7722 | 0.7554 | 0.7388 | 0.7225 | 0.7063 | 0.6903 |
| 0.5 | 0.6745 | 0.6588 | 0.6433 | 0.6280 | 0.6128 | 0.5978 | 0.5828 | 0.5681 | 0.5534 | 0.5388 |
| 0.6 | 0.5244 | 0.5101 | 0.4959 | 0.4817 | 0.4677 | 0.4538 | 0.4399 | 0.4261 | 0.4125 | 0.3989 |
| 0.7 | 0.3853 | 0.3719 | 0.3585 | 0.3451 | 0.3319 | 0.3186 | 0.3055 | 0.2924 | 0.2793 | 0.2663 |
| 0.8 | 0.2533 | 0.2404 | 0.2275 | 0.2147 | 0.2019 | 0.1891 | 0.1764 | 0.1637 | 0.1510 | 0.1383 |
| 0.9 | 0.1257 | 0.1130 | 0.1004 | 0.0878 | 0.0753 | 0.0627 | 0.0502 | 0.0376 | 0.0251 | 0.0125 |

# 第三节　统计数的分布

统计数的分布即抽样分布 （sampling distribution），如样本平均数的分布、$t$ 分布、$\chi^2$ 分布等。

## 一、样本平均数的分布

### （一）单样本平均数的分布

1. 平均数抽样分布的概念

设有一个平均数为 $\mu$、方差为 $\sigma^2$ 的正态总体，总体中随机变量为 $x$，将此总体称为原总体 （original overall）。现从该总体中随机抽取样本容量为 $n$ 的样本，每次抽样均可得到一个样本平均数 $\bar{x}$。经无数次抽样后，所有的样本平均数 $\bar{x}$ 也构成一个总体，则称该总体为样本平均数抽样总体 （population of the sample mean）。在样本平均数的抽样总体中，由于样本平均数 $\bar{x}$ 是随机变量，所以其概率分布称为平均数抽样分布 （sampling distribution of mean）。

2. 标准误

在样本平均数的抽样总体中，平均数和标准差分别记为 $\mu_{\bar{x}}$ 和 $\sigma_{\bar{x}}$。$\sigma_{\bar{x}}$ 是样本平均数抽样总体的标准差，简称标准误 （standard error，SE），它表示平均数抽样误差的大小。标准误 $\sigma_{\bar{x}}$ 大，说明各样本平均数间差异程度大，样本平均数的精确性低；反之，标准误 $\sigma_{\bar{x}}$ 小，说明各样本平均数间的差异程度小，样本平均数的精确性高。

在实际工作中，当总体标准差 $\sigma$ 未知而无法求得 $\sigma_{\bar{x}}$ 时，可用样本标准差 $S$ 估计总体标准差 $\sigma$，即以 $S_{\bar{x}}$ 估计 $\sigma_{\bar{x}}$。统计学中将 $S_{\bar{x}}$ 称作样本平均数标准误 （standard error of the sample mean）。

注意，样本标准差 $S$ 是反映样本中各观测值 $x_1$，$x_2$，… 变异程度大小的一个指标，

它的大小说明了 $\bar{x}$ 对该样本代表性的强弱；样本标准误 $S_{\bar{x}}$ 是样本平均数 $\bar{x}_1$，$\bar{x}_2$，… 的标准差，它是 $\bar{x}$ 抽样误差的估计值，其大小说明了样本间变异程度的大小及 $\bar{x}$ 精确性的高低。

3. 样本平均数抽样总体的性质

（1）统计学已证明，样本平均数抽样总体的两个参数（即 $\mu_{\bar{x}}$ 和 $\sigma_{\bar{x}}$）与原总体的两个参数（即 $\mu$ 和 $\sigma$）之间的关系如公式（3-21）所示。即样本平均数抽样总体的平均数与原总体的平均数相等；样本平均数抽样总体的标准差等于原总体的标准差除以样本容量的平方根。

$$\mu_{\bar{x}} = \mu, \ \sigma_{\bar{x}} = \frac{\sigma}{\sqrt{n}} \qquad (3\text{-}21)$$

（2）如果从正态总体 $N$（$\mu$，$\sigma^2$）中抽取样本容量为 $n$ 的样本，无论样本大小，样本平均数 $\bar{x}$ 均服从平均数为 $\mu$、方差为 $\sigma^2/n$ 的正态分布，记作 $\bar{x} \sim N$（$\mu$，$\sigma^2/n$）。

（3）如果从均值为 $\mu$，方差为 $\sigma^2$ 的一个非正态总体中抽取容量为 $n$ 的样本，当 $n$ 充分大时样本均值 $\bar{x}$ 近似服从均值为 $\mu$、方差为 $\sigma^2/n$ 的正态分布，这就是中心极限定理（central limit theorem）。

（4）在计算样本平均数 $\bar{x}$ 出现的概率时，样本平均数可按公式（3-22）标准化，标准化的量 $u \sim N$（0，1）。

$$u = \frac{\bar{x} - \mu}{\sigma_{\bar{x}}} = \frac{\bar{x} - \mu}{\sigma / \sqrt{n}} \qquad (3\text{-}22)$$

**（二）双样本平均数的分布**

分别从总体平均数为 $\mu_1$ 和 $\mu_2$、方差为 $\sigma_1^2$ 和 $\sigma_2^2$ 的两个总体中，抽取样本容量为 $n_1$ 和 $n_2$ 的两个样本，两样本平均数分别为 $\bar{x}_1$ 和 $\bar{x}_2$，则两个独立随机抽取的样本平均数差数（$\bar{x}_1 - \bar{x}_2$）的抽样分布有如下性质。

（1）两个样本平均数差数抽样分布的平均数等于两个抽样总体平均数的差数。

$$\mu_{\bar{x}_1 - \bar{x}_2} = \mu_1 - \mu_2 \qquad (3\text{-}23)$$

（2）两个样本平均数差数抽样分布的方差等于两个抽样总体的样本平均数的方差总和。

$$\sigma_{\bar{x}_1 - \bar{x}_2}^2 = \sigma_{\bar{x}_1}^2 + \sigma_{\bar{x}_2}^2 = \frac{\sigma_1^2}{n_1} + \frac{\sigma_2^2}{n_2} \qquad (3\text{-}24)$$

（3）如果两个原总体均服从正态分布，则无论样本容量大小，样本平均数差数（$\bar{x}_1 - \bar{x}_2$）也服从正态分布，即 $\bar{x}_1 - \bar{x}_2 \sim N$（$\mu_{\bar{x}_1 - \bar{x}_2}$，$\sigma_{\bar{x}_1 - \bar{x}_2}^2$）。

（4）对随机变量样本平均数差数（$\bar{x}_1 - \bar{x}_2$），按公式（3-25）标准化，标准化的量 $u \sim N$（0，1）。

$$u = \frac{(\bar{x}_1 - \bar{x}_2) - (\mu_1 - \mu_2)}{\sqrt{\dfrac{\sigma_1^2}{n_1} + \dfrac{\sigma_2^2}{n_2}}} \qquad (3\text{-}25)$$

# 二、$t$ 分布

**（一）$t$ 分布定义**

若从 $x \sim N$（$\mu$，$\sigma^2$）总体中抽取样本，则有 $\bar{x} \sim N$（$\mu$，$\sigma^2/n$），将随机变量 $\bar{x}$ 通过公式（3-22）标准化，则有 $u \sim N$（0，1）。当总体标准差 $\sigma$ 未知时，以样本标准差 $S$ 代替

$\sigma$ 所得统计量 $(\overline{x} - \mu)/S_{\overline{x}}$ 在样本含量 ≥ 30（即为大样本）时，可近似服从标准正态分布；总体标准差 $\sigma$ 未知且为小样本时，统计量 $(\overline{x} - \mu)/S_{\overline{x}}$ 不再服从标准正态分布，而是服从 $t$ 分布（$t$-distribution）。

$t$ 分布的概率分布密度函数为

$$f(t) = \frac{1}{\sqrt{\pi df}} \frac{\Gamma[(df+1)/2]}{\Gamma(df/2)} \left(1 + \frac{t^2}{df}\right)^{-\frac{df+1}{2}} \tag{3-26}$$

式中　$df$——自由度。

$t$ 分布的概率分布函数为

$$F_{t_i(df)} = P(t < t_i) = \int_{-\infty}^{t_i} f(t)\mathrm{d}t \tag{3-27}$$

**（二）$t$ 分布特征**

（1）$t$ 分布曲线是左右对称的，围绕平均数 $\mu_t = 0$ 向两侧递降。

（2）$t$ 分布受自由度 $df = n-1$ 的制约，每个自由度都有一条 $t$ 分布曲线。

（3）$t$ 分布和正态分布相比，顶端偏低，尾部偏高，自由度 $df \geqslant 30$ 时，其曲线接近正态分布曲线，$df \rightarrow \infty$ 时则和正态分布曲线重合（图 3-6）。

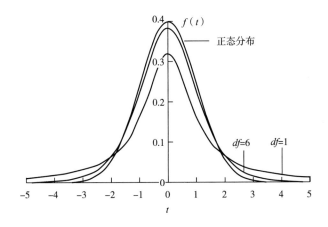

图 3-6　不同自由度的 $t$ 分布曲线

**（三）EXCEL $t$ 分布函数**

1. TDIST 函数

在 EXCEL 中，TDIST 函数可计算 $t$ 分布的单侧概率值 $\alpha = P(t > x)$ 和双侧概率值 $\alpha = P(|t| > x)$。TDIST 函数有 $x$（$t$ 分布的变量取值）、$df$（$t$ 分布自由度）和 tails（单双侧选项）3 个参数，具体应用见附录附表 2。

注意，tails = 1 计算单尾概率值 $\alpha = P(t > x)$；tails = 2 计算双尾概率值 $\alpha = P(|t| > x)$。即有 $P\{t_{(df)} > x\} = \text{TDIST}(x, df, 1)$；$P\{|t_{(df)}| > x\} = \text{TDIST}(x, df, 2)$。如，$P\{t_{(15)} > 2\} = \text{TDIST}(2.1315, 15, 1) = 0.025$；$P\{|t_{(15)}| > 2\} = \text{TDIST}(2.1315, 15, 2) = 0.05$。

2. TINV 函数

在 EXCEL 中，TINV 函数为 TDIST $(x, df, 2)$ 函数的逆函数，有 $\alpha$（对应于 $t$ 分布的双侧概率值）和 $df$（$t$ 分布的自由度）2 个参数。具体应用见附录附表 2。

注意，TINV 函数可计算 $t$ 分布满足 $P(|t| > t_{\alpha/2(df)}) = \alpha$ 的双侧分位数 $t_{\alpha/2(df)}$，即如果 $\alpha = \text{TDIST}(x, df, 2)$，则 $t_{\alpha/2(df)} = \text{TINV}(\alpha, df) = x$。如，TDIST $(2.1315, 15, 2) = 0.05$，则 $t_{0.05/2(15)} = \text{TINV}(0.05, 15) = 2.1315$。

【例 3-5】利用 TINV 函数，制作自由度从 1 到 10 之间的单、双尾 $t$ 值表，并讨论双尾 $t$ 值表与单尾 $t$ 值表的关系。

（1）打开 EXCEL 电子表格，在 A3：A12 分别输入从 1 到 10 的自由度。

（2）在 B2：J2 分别输入 0.5～0.001 的常见概率（表 3-5）。

（3）在 B3 输入"＝TINV（B＄2，＄A3）"，选定 B3 用公式填充按钮，在 B3：J3 形成一系列 $t$ 值。类似计算其他 $t$ 值，最终获得如表 3-5 所示的 $t$ 值表。

（4）因为 $t$ 分布的双侧分位数 $t_{\alpha/2(df)} = \text{TINV}(\alpha, df)$，根据在 $\alpha$ 不变的情况下，单尾概率与双尾概率之间的关系，则 $t$ 分布的上侧分位数 $t_{\alpha(df)} = \text{TINV}(2\alpha, df)$。本例 $t$ 值表（单尾）与 $t$ 值表（双尾）的关系见表 3-5。

**表 3-5**                        $t$ 值表

| $df$ | 双尾概率值（$P$） | | | | | | | | |
| --- | --- | --- | --- | --- | --- | --- | --- | --- | --- |
| | 0.5 | 0.4 | 0.2 | 0.1 | 0.05 | 0.025 | 0.01 | 0.005 | 0.001 |
| 1 | 1.0000 | 1.3764 | 3.0777 | 6.3138 | 12.7062 | 25.4517 | 63.6567 | 127.3213 | 636.6192 |
| 2 | 0.8165 | 1.0607 | 1.8856 | 2.9200 | 4.3027 | 6.2053 | 9.9248 | 14.0890 | 31.5991 |
| 3 | 0.7649 | 0.9785 | 1.6377 | 2.3534 | 3.1824 | 4.1765 | 5.8409 | 7.4533 | 12.9240 |
| 4 | 0.7407 | 0.9410 | 1.5332 | 2.1318 | 2.7764 | 3.4954 | 4.6041 | 5.5976 | 8.6103 |
| 5 | 0.7267 | 0.9195 | 1.4759 | 2.0150 | 2.5706 | 3.1634 | 4.0321 | 4.7733 | 6.8688 |
| 6 | 0.7176 | 0.9057 | 1.4398 | 1.9432 | 2.4469 | 2.9687 | 3.7074 | 4.3168 | 5.9588 |
| 7 | 0.7111 | 0.8960 | 1.4149 | 1.8946 | 2.3646 | 2.8412 | 3.4995 | 4.0293 | 5.4079 |
| 8 | 0.7064 | 0.8889 | 1.3968 | 1.8595 | 2.3060 | 2.7515 | 3.3554 | 3.8325 | 5.0413 |
| 9 | 0.7027 | 0.8834 | 1.3830 | 1.8331 | 2.2622 | 2.6850 | 3.2498 | 3.6897 | 4.7809 |
| 10 | 0.6998 | 0.8791 | 1.3722 | 1.8125 | 2.2281 | 2.6338 | 3.1693 | 3.5814 | 4.5869 |
| $df$ | 单尾概率值（$P$） | | | | | | | | |
| | 0.25 | 0.2 | 0.1 | 0.05 | 0.025 | 0.0125 | 0.005 | 0.0025 | 0.0005 |

# 三、$\chi^2$ 分布

## （一）$\chi^2$ 分布的定义

从平均数为 $\mu$、方差为 $\sigma^2$ 的正态总体中，独立随机抽取 $n$ 个随机变量 $x_1$、$x_2$、$\cdots$、$x_n$，每一随机变量均可依据公式 $u = (x - \mu)/\sigma$ 求出一个标准正态离差，共可求得 $n$ 个正态离差。则将相互独立的多个正态离差平方值的总和定义为 $\chi^2$。

$$\chi^2 = u_1^2 + u_2^2 + \cdots + u_n^2 = \sum u_i^2 = \sum \left(\frac{x_i - \mu}{\sigma}\right)^2 = \frac{\sum\limits_{i=1}^{n}(x_i - \mu)^2}{\sigma^2} \tag{3-28}$$

则，$\chi^2$ 服从自由度为 $n$ 的 $\chi^2$ 分布（chi—square distribution），即 $\chi^2 \sim \chi^2(n)$。

若用样本平均数 $\bar{x}$ 代替总体平均数 $\mu$，则随机变量 $\chi^2$ 服从自由度为 $n-1$ 的 $\chi^2$ 分布，记为

$$\chi^2 = \frac{\sum_{i-1}^{n}(x_i - \bar{x})^2}{\sigma^2} = \frac{(n-1)S^2}{\sigma^2} \sim \chi^2{}_{(n-1)} \tag{3-29}$$

$\chi^2$ 分布的概率密度函数为

$$f(\chi^2) = \frac{(\chi^2)^{(df/2)-1}\,\mathrm{e}^{-\chi^2/2}}{2^{df/2}\,\Gamma(df/2)} \tag{3-30}$$

$\chi^2$ 分布的概率累积函数为

$$F(\chi^2) = \int_0^{\chi^2} f(\chi^2)\mathrm{d}(\chi^2) \tag{3-31}$$

**（二）$\chi^2$ 分布的特征**

$\chi^2$ 分布是由正态总体随机抽样得来的一种连续型随机变量的分布。显然，$\chi^2$ 的取值范围是 $[0, +\infty)$。$\chi^2$ 分布密度曲线是随自由度不同而改变的一组曲线：当自由度 $df=1$ 或 2 时，曲线以纵轴为渐近线；当自由度 $df \geqslant 3$ 时，随自由度的增大，曲线由偏斜渐趋于对称；当 $df \geqslant 30$ 时，$\chi^2$ 分布已接近正态分布。如图 3-7 所示。

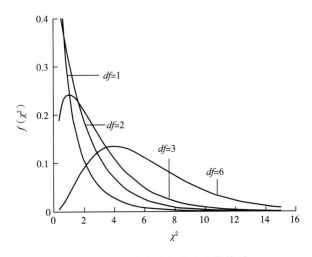

图 3-7　$\chi^2$ 分布曲线与自由度的关系

**（三）EXCEL $\chi^2$ 分布函数**

1. CHIDIST 函数

在 EXCEL 中，CHIDIST 函数用于计算 $\chi^2$ 分布的单尾概率值 $\alpha = P(\chi^2 > x)$。CHIDIST 函数有 $x$（计算 $\chi^2$ 分布单尾概率的变量取值）和 $df$（$\chi^2$ 分布的自由度）2 个参数。对 $\chi^2_{(df)}$ 分布单尾概率值有 $\alpha = P\{\chi^2_{(df)} > x\} = $ CHIDIST $(x, df)$。如 $P\{\chi^2_{(15)} > 25\} = $ CHIDIST $(25, 15) = 0.05$。

2. CHIINV 函数

在 EXCEL 中，CHIINV 函数为计算单尾概率 CHIDIST 函数的逆函数，有 $\alpha$（$\chi^2$ 分布的单尾概率）和 $df$（$\chi^2$ 分布的自由度）2 个参数。CHIINV 函数可计算 $\chi^2$ 分布的上侧分

位数 $\chi^2_{\alpha(df)}$，即如果 $\alpha=$ CHIDIST $(x,df)$，则 $\chi^2_{\alpha(df)}=$ CHIINV $(\alpha,df)=x$。如 CHI-DIST $(25,15)=0.05$，则 $\chi^2_{0.05(15)}=$ CHIINV $(0.05,15)=25$。

【例 3-6】利用 CHIINV 函数，制作自由度从 1 到 10 的 $\chi^2$ 值表（右尾）。

（1）打开 EXCEL 电子表格，在 A3：A12 分别输入从 1 到 10 的自由度（$df$）。

（2）在 B2：J2 分别输入从 0.995 到 0.005 的常见概率值（表 3-6）。

（3）在 B3 输入"＝CHIINV（B$2，$A3）"，选定 B3 用公式填充按钮，在 B3：N3 形成一系列 $t$ 值。类似计算其他 $t$ 值，最终获得如表 3-6 所示的 $\chi^2$ 值表（右尾）。

表 3-6 $\chi^2$ 值表（右尾）

| $df$ | 概率值（$P$） | | | | | | | | | | | | |
| --- | --- | --- | --- | --- | --- | --- | --- | --- | --- | --- | --- | --- | --- |
| | 0.995 | 0.99 | 0.975 | 0.95 | 0.950 | 0.75 | 0.5 | 0.25 | 0.1 | 0.05 | 0.25 | 0.01 | 0.005 |
| 1 | 0.00 | 0.00 | 0.00 | 0.00 | 0.02 | 0.10 | 0.45 | 1.32 | 2.71 | 3.84 | 1.32 | 6.63 | 7.88 |
| 2 | 0.01 | 0.02 | 0.05 | 0.10 | 0.21 | 0.58 | 1.39 | 2.77 | 4.61 | 5.99 | 2.77 | 9.21 | 10.60 |
| 3 | 0.07 | 0.11 | 0.22 | 0.35 | 0.58 | 1.21 | 2.37 | 4.11 | 6.25 | 7.81 | 4.11 | 11.34 | 12.84 |
| 4 | 0.21 | 0.30 | 0.48 | 0.71 | 1.06 | 1.92 | 3.36 | 5.39 | 7.78 | 9.49 | 5.39 | 13.28 | 14.86 |
| 5 | 0.41 | 0.55 | 0.83 | 1.15 | 1.61 | 2.67 | 4.35 | 6.63 | 9.24 | 11.07 | 6.63 | 15.09 | 16.75 |
| 6 | 0.68 | 0.87 | 1.24 | 1.64 | 2.20 | 3.45 | 5.35 | 7.84 | 10.64 | 12.59 | 7.84 | 16.81 | 18.55 |
| 7 | 0.99 | 1.24 | 1.69 | 2.17 | 2.83 | 4.25 | 6.35 | 9.04 | 12.02 | 14.07 | 9.04 | 18.48 | 20.28 |
| 8 | 1.34 | 1.65 | 2.18 | 2.73 | 3.49 | 5.07 | 7.34 | 10.22 | 13.36 | 15.51 | 10.22 | 20.09 | 21.95 |
| 9 | 1.73 | 2.09 | 2.70 | 3.33 | 4.17 | 5.90 | 8.34 | 11.39 | 14.68 | 16.92 | 11.39 | 21.67 | 23.59 |
| 10 | 2.16 | 2.56 | 3.25 | 3.94 | 0.02 | 6.74 | 9.34 | 12.55 | 15.99 | 18.31 | 12.55 | 23.21 | 25.19 |

## 四、F 分布

### （一）F 分布的定义

从平均数为 $\mu$、方差为 $\sigma^2$ 正态总体中，抽出样本含量分别为 $n_1$ 和 $n_2$ 的两个样本，并分别求出它们的样本方差 $S_1^2$ 和 $S_2^2$，则两样本方差之比记为 $F$。$F$ 具有 $df_1=n_1-1$ 和 $df_2=n_2-1$ 两个自由度。

$$F = S_1^2/S_2^2 \tag{3-32}$$

如果在给定的 $df_1$ 和 $df_2$ 下继续从该正态总体中进行一系列抽样，可得到一系列的 $F$ 值，$F$ 值所具有的概率分布称为 $F$ 分布（$F-$distribution），记为 $F \sim F(df_1,df_2)$。

### （二）F 分布的特征

统计理论的研究证明，$F$ 分布是具有平均数 $\mu_F=1$ 和取值区间为 $[0,\infty]$ 的一组曲线，而某一特定曲线的形状则仅决定于参数 $df_1$ 和 $df_2$。在 $df_1=1$ 或 $df_1=2$ 时，$F$ 分布曲线是严重倾斜成反向 J 形；当 $df_1 \geqslant 3$ 时，曲线转为右偏态，随着 $df_1$、$df_2$ 的增大，曲线逐渐趋于对称（图 3-8）。

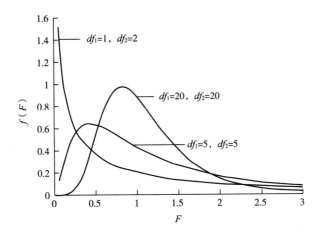

图 3-8 $F$ 分布曲线与自由度的关系

## （三）EXCEL $F$ 分布函数

### 1. FDIST 函数

在 EXCEL 中，FDIST 函数可计算 $F$ 分布的单尾概率值 $\alpha = P\{F_{(df_1, df_2)} > x\}$。FDIST 函数有 $x$（计算 $F$ 分布单尾概率的变量取值）、$df_1$（分子自由度）、$df_2$（分母自由度）3 个参数，具体应用见附录附表 2。$F$ 分布的单尾概率值 $\alpha = P\{F_{(df_1, df_2)} > x\} =$ FDIST $(x, df_1, df_2)$。如，当 $x = 2.9$，$df_1 = 5$，$df_2 = 15$ 时，$\alpha = P\{F_{(5, 15)} > 2.9\} =$ FDIST $(2.9, 5, 15) = 0.05$。

### 2. FINV 函数

在 EXCEL 中，FINV 函数是计算单尾概率 FDIST 函数的逆函数，有 $\alpha$（对应于 $F$ 分布的单尾概率值）、$df_1$（分子自由度）、$df_2$（分母自由度）3 个参数。FINV 函数可计算 $F$ 分布的上侧分位数 $F_{\alpha(df_1, df_2)}$，即如果 $\alpha =$ FDIST $(x, df_1, df_2)$，则 $F_{\alpha(df_1, df_2)} =$ FINV $(\alpha, df_1, df_2) = x$。如，FDIST $(2.9, 5, 15) = 0.05$，则 $F_{0.05(5, 15)} =$ FINV $(0.05, 5, 15) = 2.9$。

【例 3-7】利用 FINV 函数，制作 $\alpha = 0.05$、分子自由度（$df_1$）从 1 到 20、分母自由度（$df_2$）从 1 到 10 的 $F$ 值表（右尾）。

（1）打开 EXCEL 电子表格，在 A3 输入 1，A4 输入 2，选定 A3：A4 用公式填充按钮，在 A3：A12 形成一列分母自由度（$df_2$）。

（2）在 B2 输入 1，C2 输入 2，选定 B2：C2 用公式填充按钮，在 B2：U2 形成一行分子自由度（$df_1$）。

（3）在 B3 输入"＝FINV（0.05，B\$2，\$A3）"，选定 B3 用公式填充按钮，在 B3：U3 形成一系列 $F$ 值。类似计算其他 $F$ 值，最终获得如表 3-7 所示的 $F$ 值表（右尾）。

表 3-7                                           **$F$ 值表（右尾）**

| $df_2$ | $df_1$（分子自由度） | | | | | | | | | | | | | | | | | | | |
| --- | --- | --- | --- | --- | --- | --- | --- | --- | --- | --- | --- | --- | --- | --- | --- | --- | --- | --- | --- | --- |
| | 1 | 2 | 3 | 4 | 5 | 6 | 7 | 8 | 9 | 10 | 11 | 12 | 13 | 14 | 15 | 16 | 17 | 18 | 19 | 20 |
| 1 | 161 | 200 | 216 | 225 | 230 | 234 | 237 | 239 | 241 | 242 | 243 | 244 | 245 | 245 | 246 | 246 | 247 | 247 | 248 | 248 |

续表

| $df_2$ | $df_1$（分子自由度） | | | | | | | | | | | | | | | | | | | |
|---|---|---|---|---|---|---|---|---|---|---|---|---|---|---|---|---|---|---|---|---|
| | 1 | 2 | 3 | 4 | 5 | 6 | 7 | 8 | 9 | 10 | 11 | 12 | 13 | 14 | 15 | 16 | 17 | 18 | 19 | 20 |
| 2 | 18.5 | 19.0 | 19.2 | 19.2 | 19.3 | 19.3 | 19.4 | 19.4 | 19.4 | 19.4 | 19.4 | 19.4 | 19.4 | 19.4 | 19.4 | 19.4 | 19.4 | 19.4 | 19.4 | 19.4 |
| 3 | 10.1 | 9.55 | 9.28 | 9.12 | 9.01 | 8.94 | 8.89 | 8.85 | 8.81 | 8.79 | 8.76 | 8.74 | 8.73 | 8.71 | 8.70 | 8.69 | 8.68 | 8.67 | 8.67 | 8.66 |
| 4 | 7.71 | 6.94 | 6.59 | 6.39 | 6.26 | 6.16 | 6.09 | 6.04 | 6.00 | 5.96 | 5.94 | 5.91 | 5.89 | 5.87 | 5.86 | 5.84 | 5.83 | 5.82 | 5.81 | 5.08 |
| 5 | 6.61 | 5.79 | 5.41 | 5.19 | 5.05 | 4.95 | 4.88 | 4.82 | 4.77 | 4.74 | 4.70 | 4.68 | 4.66 | 4.64 | 4.62 | 4.60 | 4.59 | 4.58 | 4.57 | 4.56 |
| 6 | 5.99 | 5.14 | 4.76 | 4.53 | 4.39 | 4.28 | 4.21 | 4.15 | 4.10 | 4.06 | 4.03 | 4.00 | 3.98 | 3.96 | 3.94 | 3.92 | 3.91 | 3.90 | 3.88 | 3.87 |
| 7 | 5.59 | 4.74 | 4.35 | 4.12 | 3.97 | 3.87 | 3.79 | 3.73 | 3.68 | 3.64 | 3.60 | 3.57 | 3.55 | 3.53 | 3.51 | 3.49 | 3.48 | 3.47 | 3.46 | 3.44 |
| 8 | 5.32 | 4.46 | 4.07 | 3.84 | 3.69 | 3.58 | 3.50 | 3.44 | 3.39 | 3.35 | 3.31 | 3.28 | 3.26 | 3.24 | 3.22 | 3.20 | 3.19 | 3.17 | 3.16 | 3.15 |
| 9 | 5.12 | 4.26 | 3.86 | 3.63 | 3.48 | 3.37 | 3.29 | 3.23 | 3.18 | 3.14 | 3.10 | 3.07 | 3.05 | 3.03 | 3.01 | 2.99 | 2.97 | 2.96 | 2.95 | 2.94 |
| 10 | 4.96 | 4.10 | 3.71 | 3.48 | 3.33 | 3.22 | 3.14 | 3.07 | 3.02 | 2.98 | 2.94 | 2.91 | 2.89 | 2.86 | 2.85 | 2.83 | 2.81 | 2.08 | 2.79 | 2.77 |

## 思考练习题

**习题 3.1** 举例说明什么是基本事件、必然事件、随机事件、互斥事件和对立事件？

**习题 3.2** 什么是概率的统计定义和古典定义？事件的概率具有哪些基本性质？

**习题 3.3** 什么是标准误？请描述标准误与标准差的联系与区别。样本平均数抽样总体的参数与原始总体的参数是什么关系？什么是中心极限定理？

**习题 3.4** 什么是二项分布？服从二项分布的条件是什么？二项分布的特征是什么？如何计算二项分布的平均数、方差和标准差？二项分布与泊松分布之间有什么关系？

**习题 3.5** 正态分布有何特征？什么是标准正态分布？正态分布标准化的方法是什么？为何要进行标准化？

**习题 3.6** 标准正态分布和 $t$ 分布之间有何关系？$t$ 分布有何特征？

**习题 3.7** 二项总体分布和从中抽出的样本平均数分布以及总和数分布三种分布有何异同之处？试举出三种分布的特点、参数以及其应用。

**习题 3.8** 假定一正态分布的平均数为 16，方差为 4，试应用 EXCEL 函数求：

（1）落于 10 和 20 之间的观察值的百分数为多少？

（2）小于 12 的观察值的百分数为多少？大于 20 的观察值百分数为多少？

（3）计算其分布中间有 50% 观察值的全距。

（4）计算中间占 95% 观察值的全距。

**习题 3.9** 某食品厂为保证设备正常工作，需要配备适量的工作人员维修设备。假设每台设备是否正常工作是相互独立的，发生事件的概率为 0.01，通常情况下一台设备的故障可由一个工人处理。

（1）若由一个人负责维修 20 台设备，求设备发生故障而不能及时处理的概率。

（2）若由 3 个人负责维修 80 台设备，求设备发生故障而不能及时处理的概率。

**习题 3.10** 调查某市 1982 年 110 名 7 岁男童的身高（单位：cm）得到资料如下表：

单位：cm

| | | | | | | | | | | | | | | | | | | | | |
|---|---|---|---|---|---|---|---|---|---|---|---|---|---|---|---|---|---|---|---|---|
| 112 | 124 | 120 | 120 | 120 | 124 | 112 | 118 | 124 | 116 | 117 | 117 | 118 | 117 | 123 | 121 | 116 | 115 | 120 | 119 | 125 | 126 |
| 123 | 120 | 120 | 128 | 127 | 119 | 124 | 118 | 123 | 121 | 123 | 118 | 115 | 114 | 124 | 122 | 118 | 126 | 119 | 122 | 110 | 121 |
| 123 | 116 | 123 | 122 | 120 | 117 | 112 | 123 | 121 | 114 | 120 | 118 | 120 | 123 | 113 | 117 | 120 | 121 | 115 | 121 | 112 | 131 |
| 113 | 115 | 120 | 126 | 131 | 115 | 125 | 120 | 117 | 123 | 121 | 119 | 113 | 117 | 122 | 124 | 116 | 115 | 121 | 118 | 125 | 116 |
| 108 | 120 | 121 | 118 | 120 | 129 | 116 | 112 | 126 | 122 | 127 | 108 | 120 | 122 | 129 | 114 | 113 | 121 | 113 | 125 | 119 | 133 |

（1）估计该地 7 岁男童身高在 110cm 以下者占 7 岁男童总数的百分比。

（2）估计该地 7 岁男童身高在 130cm 以上者占 7 岁男童总数的百分比。

（3）已知概率 2.15％，均值 119.7182cm，标准差 4.8729cm，求 NORMINV 函数的值。

**习题 3.11**　验收某大批货物时，规定在到货的 1000 件样品中次品不多于 10 件时方能接收。若该批货物的次品率为 0.5％，试求拒收这批货物的概率。

**习题 3.12**　某种疾病的死亡率为 0.5％。试问在患有此病的 360 个病例中：

（1）有 3 例或 3 例以上死亡的概率；

（2）恰有 3 例死亡的概率。

**习题 3.13**　假定一个总体共有 5 个个体，其值为：$x_1 = 1$，$x_2 = 2$，$x_3 = 3$，$x_4 = 4$，$x_5 = 5$。从总体进行复置抽样。

（1）每次抽取 2 个观察值，抽出所有样本，共有多少个可能样本？

（2）计算总体平均数、方差和标准差。

（3）计算所有样本的平均数，列出样本平均数次数分布表，绘出柱形图，计算样本平均数抽样总体的平均数和方差。

（4）样本平均数分布的平均数与总体平均数有什么关系？平均数分布的方差与总体方差有什么关系？

（5）平均数的柱形图属什么类型分布？

# 第四章　统计推断

## 第一节　假设检验的原理

### 一、假设检验

#### （一）假设检验的概念

假设检验（hypothesis test）又称显著性检验（significance test），是统计推断（statistical inference）的主要内容，即根据总体的理论分布和小概率原理，对未知总体提出两种彼此对立的假设，然后计算某检验统计量，根据统计量大小做出在一定概率意义上应该接受哪一种假设的推断。

#### （二）假设检验的原理

假设检验依据的原理是小概率原理（little probability principle），即小概率的事件在一次试验中是不应该发生的，它是统计假设检验的基本原理。若根据一定的假设条件计算出来某事件发生的概率很小，因而在一次试验中是不应该发生的，如果一旦发生了，则可认为假设的条件不正确，需否定假设。

### 二、假设检验的步骤

#### （一）对所研究的总体提出假设

假设是对总体参数的一种看法或判断，是进一步分析的基础。假设一方面要求必须与要分析的问题紧密联系在一起，即要有一定的意义；另一方面必须有利于构成和计算某个统计量。显著性检验的假设包括零假设和备择假设。

（1）零假设（null hypothesis）又称无效假设（ineffective hypothesis），是一种待检验的假设，一般用 $H_0$ 表示，假设时总是有 $=$、$\leqslant$ 或 $\geqslant$。如，$H_0: \mu = \mu_0$ 或 $H_0: \mu \geqslant \mu_0$。

（2）备择假设（alternative hypothesis）是一种与零假设对立的假设，即否定零假设后必须接受的假设，一般用 $H_1$ 或 $H_A$ 表，假设时总是有 $\neq$、$<$、$>$。如，$H_1: \mu \neq \mu_0$ 或 $H_1: \mu < \mu_0$。

#### （二）确定显著水平

显著水平（significance level），即事先给定的小概率的标准 $\alpha$。在小概率原理基础上建立的假设检验，常取 $\alpha = 0.05$ 和 $\alpha = 0.01$ 两个显著水平。

#### （三）选定检验方法，作出推断结论

1. 明确检验统计量

首先判断检验对象是平均数还是方差，检验对象是方差时，检验统计量可能是 $F$（两方差进行比较）或 $\chi^2$（单方差与一个常数比较时）；检验对象是平均数时，检验统计量可能是 $u$（总体方差已知或总体方差未知但是大样本时）或 $t$（总体方差未知且是小样本

时）。特别是在两样本平均数检验中，当总体方差未知且为小样本时还要判断两样本方差是否相等。

2. 选择检验方法

显著性检验通常有两种方法，即临界值法和 $P$ 值法。

（1）临界值（critical value）法 即通过统计量与统计量的临界值（分位数）进行比较，以判断是否拒绝原假设的检验方法。通常对于双侧检验，统计量绝对值大于临界值便拒绝原假设，小于临界值则没有理由拒绝原假设。

（2）$P$ 值（$P-$value）法 即将计算的统计量 $u$ 或 $t$ 的值转换成概率 $P$，然后与显著水平 $a$ 进行比较的方法。若 $P < a$，拒绝接受 $H_0$，说明样本所描述的总体与原假设所描述的总体具有显著差异；若 $P > a$，不能拒绝 $H_0$，说明所采用的检验方法不能证明样本所描述的总体与原假设所描述的总体具有显著差异。

## 三、双侧检验和单侧检验

### （一）双侧检验

利用两尾概率进行的检验叫双侧检验（two-sided test），也叫双尾检验（two-tailed test）。此时，$t_{a/2}$、$u_{a/2}$ 分别为双侧检验的临界 $t$ 值和临界 $u$ 值。在此类检验中（如对平均数的检验），只要考虑 $\mu$ 与 $\mu_0$ 是否一致，并不关心 $\mu$ 究竟是大于 $\mu_0$ 或是小于 $\mu_0$。

### （二）单侧检验

利用一尾概率进行的检验叫单侧检验（one-sided test）也叫单尾检验（one-tailed test）。此时，$t_a$、$u_a$ 分别为单侧检验的临界 $t$ 值和临界 $u$ 值。单侧检验根据拒绝域的位置可分为上侧检验和下侧检验。

### （三）单侧检验与双侧检验的选择

（1）单侧检验和双侧检验的选择，具体应该根据问题的要求或专业知识而定。

（2）一般若事先不知道所比较的两个处理效果谁好谁坏，分析的目的在于推断两个处理效果有无差别，则选用双侧检验；若根据理论知识或实践经验判断甲处理的效果不会比乙处理的效果差（或相反），分析的目的在于推断甲处理是否比乙处理好（或差），则用单侧检验。一般情况下，如不作特殊说明均指双侧检验。

（3）有时会出现做单侧检验时得到的结论是拒绝 $H_0$，而做双侧检验时得到的结论可能是接受 $H_0$ 的现象，即单侧检验比双侧检验的辨别力更强些，所以在可能情况下尽量做单侧检验。

## 四、两类错误

### （一）第一类错误

第一类错误即 I 型错误（type I error）是真实情况为 $H_0$ 成立却否定了它，因此也称弃真错误（error of abandoning trueness）。I 型错误就是把非真实差异错判为真实差异，即 $H_0 : \mu_1 = \mu_2$ 为真，却接受了 $H_1 : \mu_1 \neq \mu_2$。犯第一类错误的概率为 $\alpha$。

### （二）第二类错误

第二类错误即 II 型错误（type II error）是 $H_0$ 不成立却没有拒绝，因此也称纳伪错误（error of accepting mistake）。II 型错误就是把真实差异错判为非真实差异，即 $H_1 : \mu_1 \neq$

$\mu_2$ 为真，却未能否定 $H_0: \mu_1 = \mu_2$。

犯 $\mathrm{II}$ 型错误的概率用 $\beta$ 表示，错误概率 $\beta$ 值的大小较难确切估计，它只有与特定的 $H_1$ 结合起来才有意义。一般与显著水平 $\alpha$、原总体的标准差 $\sigma$、样本含量 $n$ 以及相互比较的两样本所属总体平均数之差 $\mu_1 - \mu_2$ 等因素有关。通常情况下，$\alpha$、$\sigma$、$n$ 以及 $\mu_1 - \mu_2$ 的值越大，$\beta$ 值越小。

**（三）两类错误的控制**

（1）由于 $\beta$ 值的大小与 $\alpha$ 值的大小有关，所以在选用检验的显著水平时应考虑到犯 $\mathrm{I}$、$\mathrm{II}$ 型错误所产生后果严重性的大小，还应考虑到试验的难易及试验结果的重要程度。若一个试验耗费大，可靠性要求高，不允许反复，那么 $\alpha$ 值应取小些；当一个试验结论的使用事关重大，容易产生严重后果，如药物的毒性试验，$\alpha$ 值也应取小些；对于一些试验条件不易控制，试验误差较大的试验，可将 $\alpha$ 值放宽到 0.1，甚至放宽到 0.25。

（2）在减小 $\alpha$ 值时，为了减小犯 $\mathrm{II}$ 型错误的概率，可适当增大样本含量。因为增大样本含量可使 $\bar{x}_1 - \bar{x}_2$ 分布的方差 $\sigma^2 (1/n_1 + 1/n_2)$ 变小。一般在 $\alpha$ 取固定值 0.05 或 0.01 的前提下，$\beta$ 值越小越好。因为在具体问题中 $\mu_1 - \mu_2$ 和 $\sigma$ 相对不变，所以 $\beta$ 值的大小主要取决于样本含量的大小。

# 第二节 单样本假设检验

## 一、单样本方差检验

**（一）检验原理**

统计学中单样本方差检验的零假设为 $H_0: \sigma^2 = \sigma_0^2$（其中 $\sigma_0^2$ 已知），即检验的是波动性（变异情况），检验统计量为 $\chi^2$，其计算公式为

$$\chi^2_{df} = \frac{(n-1)s^2}{\sigma^2} \sim \chi^2(n-1) \tag{4-1}$$

然后利用统计量 $\chi^2$ 与 $\chi^2$ 临界值（查附录附表 4 或应用 CHIINV 函数计算）比较，以判断检验结果。

**（二）EXCEL 检验**

统计学中利用 EXCEL 进行单样本方差检验，可先利用公式（4-1）计算出 $\chi^2$ 值，然后应用 CHIDIST（$\chi^2$, $df$）函数计算统计量所对应的概率，最后利用 $P$ 值法判断检验结果。注意函数 CHIDIST 返回的是单尾概率。

## 二、单个正态总体平均数的 $u$ 检验

**（一）检验原理**

对于总体方差 $\sigma^2$ 已知时，进行单个正态总体均值的 $u$ 检验（$u-$test）的目的是检验某一样本平均数 $\bar{x}$ 所属的总体平均数 $\mu$ 是否和某一指定的总体平均数 $\mu_0$ 相同。即 $H_0: \mu = \mu_0$。

检验统计量 $u$ 为

$$u = \frac{\bar{x} - \mu}{\sigma / \sqrt{n}} \tag{4-2}$$

然后利用统计量 $u$ 与对应临界值 $u_{a/2}$ 比较，以判断检验结果。

**（二）EXCEL 检验**

在 EXCEL 中，可利用函数 ZTEST（语法及用途与函数 Z.TEST 一致）进行单个正态总体平均数的 $u$ 检验，返回检验的单尾概率 $P$ 值。函数 ZTEST 有 array（用来检验的数组或数据区域）、$\mu_0$（被检验的已知均值）和 $\sigma$（已知的总体标准差，如果省略则使用样本标准差 $S$）3 个参数。具体应用见附录附表 2。

注意：①当样本均值 $\bar{x} > \mu_0$ 时，$u > 0$，此时返回的概率值小于 0.5，输出结果即为单尾概率 $P$ 值，此时 $P = ZTEST$ （array，$\mu_0$，$\sigma$）。如，$P = ZTEST$ （{2，4，6，8，10}，5，2）$= 0.1318$。

②当样本均值 $\bar{x} < \mu_0$ 时，$u < 0$，此时返回的概率值大于 0.5，输出结果是 $1-P$，此时，$P = 1-ZTEST$ （array，$\mu_0$，$\sigma$）。如，$P = 1-ZTEST$ （{2，4，6，8，10}，7，2）$= 1-0.8682 = 0.1318$。

③计算双尾概率应用公式为"$2 * MIN$ （ZTEST {array，$\mu_0$，$\sigma$}，$1-ZTEST$ {array，$\mu_0$，$\sigma$}）"。

**【例 4-1】** 已知某种玉米平均穗重 $\mu_0 = 300g$，标准差 $\sigma = 9.5g$。喷药处理后，随机抽取 9 个果穗，重量分别为（单位：g）：308，305，311，298，315，300，321，294，320。问这种药对果穗重量是否有影响？

在任意单元格内输入"$= ZTEST$ （{308，305，311，298，315，300，321，294，320}，300，9.5）"，或者事先将原始数据输入 EXCEL 表格中，然后在任意单元格输入"$= ZTEST$ （数据区域，300，9.5）"。按确定键输出分析结果为 $P = 0.0058 < 0.01$，所以拒绝 $H_0$。因此，可以认为喷药前后果穗重差异极显著。

## 三、单个正态总体样本平均数 $t$ 检验

**（一）检验原理**

总体方差 $\sigma^2$ 未知时，进行单个正态总体均值检验的目的，仍是检验某一样本平均数 $\bar{x}$ 所属的总体平均数 $\mu$ 是否和某一指定的总体平均数 $\mu_0$ 相同，即 $H_0$：$\mu = \mu_0$。对于大样本（$n \geqslant 30$），可归结为上述 $u$ 检验进行；对于小样本，则可应用函数与公式相结合的方法计算统计量 $t$ 和 $P$ 值进行 $t$ 检验（$t$-test）。

**（二）EXCEL 检验**

应用 EXCEL 进行单个正态总体样本平均数的 $t$ 检验，可综合应用 TDIST、AVERAGE 和 STDEV 等函数。

**【例 4-2】** 正常人的脉搏平均为 72 次/min，现测得 24 例慢性四乙基铅中毒患者的脉搏均值是 65.45 次/min，标准差是 5.67 次/min。若四乙基铅中毒患者的脉搏服从正态分布，问四乙基铅中毒患者和正常人的脉搏有无显著差异（$\alpha = 0.05$）？

（1）已知 $\mu_0 = 72$ 次/min，$n = 24$，$\bar{x} = 65.45$ 次/min，$S = 5.67$ 次/min，则自由度 $df = 24-1 = 23$，利用公式 $t = \dfrac{\bar{x} - \mu_0}{S_{\bar{x}}}$ 求出 $t$ 值，得 $|t| = 5.66$。

（2）单侧检验结果 $P = TDIST$ （5.66，23，1）$= 4.61E-06$；双侧检验结果 $P = TDIST$ （4.27，23，2）$= 9.22E-06$。

（3）由于单侧与双侧检验结果均有 $P<0.01$，所以拒绝原假设 $H_0$。因此，可以认为四乙基铅中毒患者和正常人的脉搏有极显著差异。

注意，如果已知的不是样本均值、标准差，而是原始数据，则只要先用 AVERAGE 函数和 STDEV 函数分别计算出均值、标准差，再按例 4-2 步骤操作即可。

**（三）DPS 检验**

应用 DPS 进行单个正态总体样本平均数的 $t$ 检验，可应用 DPS 中的"单平均数检验"命令。

**【例 4-3】** 已知某种玉米平均穗重 $\mu_0=300g$，喷药后，随机抽取 9 个果穗，穗重分别为（单位：g）：308，305，311，298，315，300，321，294，320。试用 DPS 检验这种药对穗重是否有影响？

在 DPS 表格按列输入相应数据，建立"玉米果穗.DPS"文件；定义数据块，选择"试验统计"→"单平均数检验"命令。在"输入总体平均数"框中输入 300，确定后输出分析结果。

输出结果中列出的项目主要有：95％置信区间（0.6072～15.3928）和 99％置信区间（－2.757～18.7570）；显著性检验结果 $t=2.4954$，$df=8$，$P=0.0372$ 等。由于 $P<$ 0.05，以 $\alpha=0.05$ 水平拒绝 $H_0$，可认为药物对果穗重量显著有作用。

# 第三节　双样本假设检验

## 一、方差齐性检验

**（一）检验原理**

方差相等或无显著差异的总体称为具有方差齐性的总体，因此检验两个总体方差是否相等的显著性检验又称为方差齐性检验（homogeneity test of variances）。只有满足正态分布且具备了方差齐性的前提下，才能进行两样本平均数的 $u$ 检验或 $t$ 检验。对两个总体方差的齐性检验应用的是 $F$ 检验（F-test），即检验 $H_0：\sigma_1^2=\sigma_2^2$，检验统计量 $F$ 的计算方法为

$$F = \frac{S_1^2}{S_2^2} \tag{4-3}$$

**（二）应用 EXCEL 数据分析工具检验**

在 EXCEL 中可直接应用 FTEST 函数返回方差齐性检验的结果（应用方法见附录附表 2）。此外，还可应用 EXCEL 分析工具库中的"F-检验双样本方差"命令。

**【例 4-4】** 从 $A$、$B$ 两个总体内各取一个随机样本，甲样本：32，23，48、41，20，29，53，39，30，43；乙样本：27，30，32，26，31，27，23，29，35，20。试检验两总体方差齐性。

（1）打开数据分析，分别输入甲乙两样本数据，依次点击"数据"→"数据分析"→"F－检验双样本方差"，打开"F－检验双样本方差分析"对话框。

（2）在"变量 1 的区域"中输入甲样本数据区，在"变量 2 的区域"中输入乙样本数据区，并根据是否选择了数据标题来决定是否勾选"标志"。单击确定，输出"F－检验

双样本方差分析"结果，见表 4-1。

**表 4-1** 双样本方差 **F** 检验结果

| | 样本甲 | 样本乙 |
|---|---|---|
| 平均数 | 35.8 | 28 |
| 方差 | 115.7333 | 19.3333 |
| 样本容量 | 10 | 10 |
| 自由度 | 9 | 9 |
| F 值 | 5.9862 | |
| P 值（单尾） | 0.0068 | |
| $F_{0.05}$（单尾） | 3.1789 | |

表 4-1 双样本方差结果表明，$P = 0.0068 < 0.05$，拒绝 $H_0$。认为两样本不具备方差齐性。

## 二、成组数据平均数显著性检验

### （一）检验原理

成组数据（pooled data）来源于成组设计。成组设计（pooled design）是指当进行只有两个处理的试验时，将试验单位完全随机地分成两个组，然后对两组随机施加一个处理。特点是两个样本之间的变量没有任何关联，即彼此独立。不论两样本的容量是否相同，所得数据皆为成组数据。两组数据以组平均数进行相互比较来检验其差异的显著性。成组数据的一般形式见表 4-2。

**表 4-2** 成组数据的一般形式

| 处理 | 观测值 $x_{ij}$ | 样本含量 $n_i$ | 样本平均数 $\bar{x}$ | 总体平均数 $\mu$ |
|---|---|---|---|---|
| 1 | $x_{11}$ $x_{12}$ $\cdots x_{1n_1}$ | $n_1$ | $\bar{x}_1 = \sum x_{1j}/n_1$ | $\mu_1$ |
| 2 | $x_{21}$ $x_{22}$ $\cdots x_{2n_2}$ | $n_2$ | $\bar{x}_2 = \sum x_{2j}/n_2$ | $\mu_2$ |

1. 两总体方差已知或未知但是大样本

总体 $\sigma^2$ 已知，或 $\sigma^2$ 未知但是大样本（$n \geqslant 30$）时，检验两个样本分别代表的总体均值之间的差异是否达显著水平，即 $H_0: \mu_1 = \mu_2$。可用检验统计量 $u$。

$$u = (x_1 - \bar{x}_2)/\sqrt{\frac{\sigma_1^2}{n_1} + \frac{\sigma_2^2}{n_2}} \tag{4-4}$$

2. 小样本，两总体方差未知但相等

对两个正态总体均值的比较检验，即检验 $H_0: \mu_1 = \mu_2$（或 $H_0: \mu_1 - \mu_2 = 0$）是否成立。当两组数据具备方差齐性，即 $\sigma_1^2 = \sigma_2^2 = \sigma^2$ 时，可计算出两样本的合并方差 $S_e^2$ 作为对 $\sigma^2$ 的估计。两样本的合并方差 $S_e^2$ 应为两样本均方的加权平均值，即

$$S_e^2 = \frac{SS_1 + SS_2}{df_1 + df_2} = \frac{\sum (x_1 - \bar{x}_1)^2 + \sum (x_2 - \bar{x}_2)^2}{(n_1 - 1) + (n_2 - 1)} \tag{4-5}$$

则，两样本平均数差数的标准误（standard error of the sample mean difference）为

$$S_{x_1 - x_2} = \sqrt{\frac{S_e^2}{n_1} + \frac{S_e^2}{n_2}} = \sqrt{S_e^2 \left(\frac{1}{n_1} + \frac{1}{n_2}\right)} \tag{4-6}$$

则，检验统计量为

$$t = \frac{\overline{x}_1 - \overline{x}_2}{S_{x_1 - x_2}} = \frac{\overline{x}_1 - \overline{x}_2}{\sqrt{S_e^2 \left(\frac{1}{n_1} + \frac{1}{n_2}\right)}} \tag{4-7}$$

3. 小样本，两总体方差未知也不相等

若经 $F$ 检验，发现 $\sigma_1^2 \neq \sigma_2^2$，这时检验的统计量并不严格服从 $t$ 分布。为了检验平均数之间的差异显著性，可以用一种近似的 $t$ 检验（Aspin－Welch 检验）。

由于 $\sigma_1^2 \neq \sigma_2^2$，所以两样本平均数差数的标准误不能使用合并方差 $S_e^2$ 来计算，而是直接应用两个样本方差 $S_1^2$ 和 $S_2^2$ 分别估计总体方差 $\sigma_1^2$ 和 $\sigma_2^2$ 来计算 $S_{x_1 - x_2}$，进而计算检验统计量 $t$。但此时，自由度已经不再是 $n-1$。

$$t = \frac{\overline{x}_1 - \overline{x}_2}{S_{x_1 - x_2}} = \frac{\overline{x}_1 - \overline{x}_2}{\sqrt{S_1^2/n_1 + S_2^2/n_2}} \quad df = \frac{1}{R^2/df_1 + (1-R^2)/df_2} \tag{4-8}$$

式中：$R = S_{\overline{x}_1}^2 / (S_{\overline{x}_1}^2 + S_{\overline{x}_2}^2)$

**（二）EXCEL 检验**

1. 两总体方差已知时 EXCEL 的 $u$ 检验

（1）打开 EXCEL 后将两样本数据输入，在指定单元格内输入：

"=（（AVERAGE（第一样本数据区域）－AVERAGE（第二样本数据区域））/ SQRT（$\sigma_1^2$/COUNT（第一样本数据区域）+$\sigma_2^2$/COUNT（第二样本数据区域）））"

其中，AVERAGE、SQRT 和 COUNT 3 个函数分别用于计算样本的平均数、平方根和样本容量。

确定后得到统计量的 $u$ 值。

（2）在指定单元格内输入："=NORMSDIST（$u$）"，确定后得到 $P$ 值。

（3）将 $P$ 值与 $\alpha$ 比较：双尾检验中，若 $\alpha/2 < P < 1-\alpha/2$，则接受 $H_0$；上尾检验中，若 $H_1$ 为 $\mu_1 > \mu_2$，当 $P < 1-\alpha$ 时接受 $H_0$；下尾检验中，若 $H_1$ 为 $\mu_1 < \mu_2$，当 $P > \alpha$ 时接受 $H_0$。

注意，由于 NORMSDIST 函数返回的是分布函数，而不是尾区概率，因此这里单尾检验的接受域与使用 CHIDIST 函数和 ZTEST 函数时正好相反。使用时请特别注意所用函数返回的到底是分布函数还是尾区概率，否则单尾检验时很容易出现错误。此外，当两样本为原始数据时，也可采用 EXCEL 中的"$Z$ 检验：两样本平均差检验"命令进行检验。

**【例 4-5】** 甲乙两个应用发酵法生产青霉素的工厂，其产品收率的方差分别为 $\sigma_1^2 = 0.46$，$\sigma_2^2 = 0.37$。现甲工厂测得 25 个数据，$\overline{x}_1 = 3.71$g/L；乙工厂测得 30 个数据，$\overline{x}_2 = 3.46$g/L。问两工厂的产品收率是否相同？

（1）由于两总体方差已知，可采用 $u$ 检验，在 EXCEL 任一单元格中输入

"=NORMSDIST（（3.71-3.46）/SQRT（0.46/25+0.37/30））"

（2）回车后输出 $P$ 值为 0.9231。由于 $P$ 值介于 0.025 和 0.975 之间，因此不能拒绝 $H_0$，认为这两个工厂的产品收率相同。

2. 双样本等方差假设的 EXCEL $t$ 检验

EXCEL 中可应用 TTEST 函数进行 $t$ 检验（具体应用方法见附录附表 2）。此外，还可应用 EXCEL 数据分析工具检验的"$t$-检验：双样本等方差假设"命令进行检验。

【例 4-6】某克山病区测得 11 例克山病患者与 13 名健康人的血磷值（单位：mmol/L），见表 2-13。试应用 EXCEL 数据分析工具，检验该地急性克山病患者与健康人的血磷值是否不同？

（1）打开 EXCEL 表 2-13 数据资料，依次点击"数据"→"数据分析"→"F－检验：双样本方差分析"，进行方差齐性检验。结果为 $P = 0.5063 > 0.05$，则该资料具备方差齐性。

（2）点击"$t$-检验：双样本等方差假设"命令，弹出对话框如图 4-1 所示。

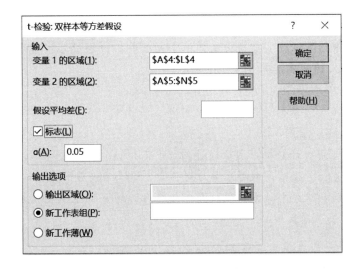

图 4-1　EXCEL 双样本等方差 $t$ 检验对话框

图 4-1"$t$-检验双样本等方差假设"对话框的主要内容包括："变量 1 的区域"和"变量 2 的区域"分别输入需要分析的第一个数据区域的单元格引用和第二个数据区域的单元格引用；"假设平均差"在此输入期望中的样本均值的差值，一般输入 0 说明假设样本均值相同；"标志"如果输入区域的第一行或第一列中包含标志项，须选中该复选框；"$a$"为Ⅰ型错误发生概率的显著水平，一般取 0.05 或 0.01。

（3）输入相应数据，如果选择了数据的标题需要勾选标志。单击确定输出"$t$-检验：双样本等方差假设"结果，见表 4-3。

**表 4-3**　　　　　　　　　　　　　　**双样本等方差 $t$ 检验结果**

| | 患者 | 健康人 |
| --- | --- | --- |
| 平均数 | 1.5209 | 1.0846 |
| 方差 | 0.1779 | 0.1782 |
| 样本容量 | 11 | 13 |

续表

| | 患 者 | 健康人 |
|---|---|---|
| 合并方差 | 0.1781 | |
| 假设平均差 | 0 | |
| 自由度 | 22 | |
| $t$ 值 | 2.5237 | |
| $P$ 值（单尾） | 0.0097 | |
| $t_{0.05}$（单尾） | 1.7171 | |
| $P$ 值（双尾） | 0.0193 | |
| $t_{0.05}$（双尾） | 2.0739 | |

表 4-3 双样本等方差 $t$ 检验结果表明，单、双尾检验 $P$ 值均小于 0.05。因此，可认为克山病患者与健康人的血磷值差异达显著水平。

3. 双样本异方差假设的 EXCEL 近似 $t$ 检验

【例 4-7】应用例 4-4 资料，即从 $A$、$B$ 两个总体内随机抽取的甲、乙两样本，检验两个总体均数的差异显著性。

（1）输入例 4-4 中统计数据，由于通过例 4-4 已知 $A$、$B$ 两总体不具备方差齐性，则直接选择数据分析的"$t$-检验：双样本异方差假设"命令进行近似 $t$ 检验。

（2）在"$t$-检验：双样本异方差假设"对话框中，输入相应数据区域，选择"标志"，确定后输出分析结果，见表 4-4。

**表 4-4** 双样本异方差平均数 $t$ 检验结果

| | $A$ | $B$ |
|---|---|---|
| 均数 | 35.8 | 28.0 |
| 方差 | 115.7333 | 19.3333 |
| 样本容量 | 10 | 10 |
| 假设平均差 | 0 | |
| 自由度 | 12 | |
| $t$ 值 | 2.1224 | |
| $P$ 值（单尾） | 0.0277 | |
| $t_{0.005}$（单尾） | 1.7823 | |
| $P$ 值（双尾） | 0.0553 | |
| $t_{0.05}$（双尾） | 2.1788 | |

表 4-4 双样本异方差 $t$ 检验结果表明，单侧检验结果 $P=0.0277<0.05$，说明两总体均值差异显著；双侧检验结果 $P=0.0553>0.05$，说明两总体均值差异不显著。即本例中

单、双侧检验结果不同，表明单侧检验较双侧检验灵敏度更高、辨别力更强。

### （三）DPS 检验

#### 1. 一般成组数据显著性检验

应用 DPS 系统进行成组数据显著性检验时，只要在 DPS 的电子表格中将两个处理各个观察值分两行输入，定义数据块后，应用"两组平均数 Student $t$ 检验"命令进行分析即可。

**【例 4-8】** 根据表 2-13 统计资料，用 DPS 系统检验克山病患者与健康人的血磷值是否不同？

启动 DPS 系统，打开"克山病患者血磷值.DPS"文件；定义数据块，选择"试验统计"→"两样本比较"→"两组平均数 Student $t$ 检验"命令。输出分析结果见表 4-5。

**表 4-5**　　　　　　　　　　**两组平均数 Student $t$ 检验结果**

| | 基本统计量计算 | | | | 检验结果 | | | | |
|---|---|---|---|---|---|---|---|---|---|
| | 样本容量 | 均值 | 标准差 | 标准误 | 方差齐性检验 | | $t$ 检验 | | |
| | | | | | $F$ 值 | $P$ 值 | $t$ 值 | 自由度 | $P$ 值 |
| 患　者 | 13 | 1.0846 | 0.4221 | 0.1171 | 1.0017 | 0.9874 | 2.5237 | 22 | 0.0193 |
| 健康人 | 11 | 1.5209 | 0.4218 | 0.1272 | | | | | |

表 4-5 两组平均数 Student $t$ 检验结果表明：两处理方差齐性检验 $P=0.9874>0.05$，则总体具备方差齐性；两处理均值差异检验 $t=2.5237$、$P=0.0193<0.05$，则两组均数的差异有统计学意义。因此，可认为克山病患者与正常人的血磷值有显著不同。

**【例 4-9】** 某地测得 156 名正常成年男子的红细胞样本均数、标准差分别为 465.13 万/mm$^3$、54.80 万/mm$^3$；74 名正常成年女子的红细胞样本均数、标准差分别为 422.16 万/mm$^3$、49.20 万/mm$^3$。判断该地正常成年人的红细胞平均数是否与性别有关。

（1）在 DPS 电子表格中，参考表 4-6 数据输入格式，即每行按"样本均数、样本标准差、样本容量"顺序输入数据，建立"正常成年人红细胞.DPS"文件。

**表 4-6**　　　　　　　　　　**根据平均值和标准差检验数据输入格式**

| 试验处理 | 样本均数/（万/mm$^3$） | 样本标准差/（万/mm$^3$） | 样本容量 |
|---|---|---|---|
| 正常成年男子 | 465.13 | 54.80 | 156 |
| 正常成年女子 | 422.16 | 49.20 | 74 |

（2）定义数据块（仅定义数据部分），选择"试验统计"→"两样本比较"→"根据平均值和标准差进行检验"命令，输出分析结果。

分析结果表明：方差齐性检验 $F=1.2406$、$P=0.3017>0.05$，则两总体具备方差齐性；均值差异显著性检验 $t=5.7361$、$P=0.0000<0.01$，则两组均数的差异达极显著水平。由于处理 1 均值大于处理 2 均值，可以认为该地正常成年男子红细胞数极显著高于正常成年女子。

#### 2. 小样本均值差异 Fisher 非参数检验

在对数据平均数进行显著性检验时，为保障总体呈正态分布总是强调样本容量要比较大，但在现实工作中，有时并不能满足我们的要求。当样本容量小的时候，可以直接计算其概率，给出显著水平，即所谓的 Fisher 非参数小样本随机化检验。

在 DPS 电子表格中，类似 $t$ 检验，将两个处理的样本观察值分两行输入，然后定义成数据块，选择相应命令进行分析即可。

【例 4-10】对老鼠肿瘤进行化疗处理后，其质量（单位：g）变化为：处理 0.96，1.14，1.59；对照 1.29，1.31，1.60，1.88，2.21，2.27。试检验化疗处理后老鼠肿瘤质量变化是否显著？

（1）在 DPS 表格中，分两行输入数据，建立"肿瘤化疗处理.DPS"文件，定义数据块。

（2）选择"试验统计"→"两样本比较"→"样本较少时 Fisher 精确检验"命令。输出分析结果为：均值 $M_1 = 1.2300$，$M_2 = 1.7600$，$P = 0.0476$。

输出结果表明，两处理之间平均数差异的显著水平 $P = 0.0476 < 0.05$，达到显著水平。可以认为化疗处理后老鼠肿瘤重量变化显著。

## 三、成对数据显著性检验

### （一）检验原理

成对数据（paired data）来源于配对设计。配对设计（paired design）是指先根据配对的要求将试验单位两两配对，然后将配成对子的两个试验单位随机地分配到两个处理组中。配对的要求是，配成对子的两个试验单位的初始条件尽量一致，不同对子间试验单位的初始条件允许有差异，每一个对子就是试验处理的一个重复。配对方式有自身配对和同源配对两种。

（1）自身配对（self-matching） 指同一试验单位在两个不同时间上分别接受前后两次处理，用其前后两次的观测值进行自身对照比较；或同一试验单位不同部位的观测值；或同一试验单位不同方法的观测值进行自身对照比较。

（2）同源配对（homologous pairing） 指将来源相同、性质相同的两个个体配成一对，然后对配对的两个个体随机地实施不同处理。

在配对设计中，由于各对试验单位间存在系统误差，对内两个试验单位存在相似性，其资料的显著性检验不同于成组设计。配对设计试验资料的一般形式见表 4-7。

表 4-7　　　　　　　　　　　　　成对数据的一般形式

| 处理 | 观测值 $x_{ij}$ | | | | 样本含量 | 样本平均数 | 总体平均数 |
|---|---|---|---|---|---|---|---|
| 1 | $x_{11}$ | $x_{12}$ | … | $x_{1n}$ | $n$ | $\bar{x}_1 = \Sigma x_{1j} / n$ | $\mu_1$ |
| 2 | $x_{21}$ | $x_{22}$ | … | $x_{2n}$ | $n$ | $\bar{x}_2 = \Sigma x_{2j} / n$ | $\mu_2$ |
| $d_j = x_{1j} - x_{2j}$ | $d_1$ | $d_2$ | … | $d_n$ | $n$ | $\bar{d} = \bar{x}_1 - \bar{x}_2$ | $\mu_d = \mu_1 - \mu_2$ |

成对数据检验的假设与成组数据 $t$ 检验不同。其假设为 $H_0: \mu_d = 0$，$H_1: \mu_d \neq 0$，其中 $\mu_d$ 为两样本配对数据差值 $d$ 的总体平均数，它等于两样本所属总体平均数 $\mu_1$ 与 $\mu_2$ 之差，即 $\mu_d = \mu_1 - \mu_2$。检验统计量为

$$t = \frac{\bar{d}}{S_{\bar{d}}} \quad df = n - 1 \tag{4-9}$$

式中 $\bar{d}$ ——各对数据差值 $d$ 的平均数，其大小为两样本平均数之差，即 $\bar{d} = \bar{x}_1 - \bar{x}_2$；

$S_{\bar{d}}$ ——样本差数平均数的标准误（standard error of the sample difference mean），

$$S_{\bar{d}} = \frac{S_d}{\sqrt{n}} = \sqrt{\frac{\sum (d - \bar{d})^2}{n(n-1)}} = \sqrt{\frac{\sum d^2 - (\sum d)^2/n}{n(n-1)}} \; 。$$

## （二）EXCEL 检验

【**例 4-11**】用 10 只家兔试验某批注射液对体温的影响，测定每只家兔注射前后的体温（单位：℃），测定结果见表 4-8。设体温服从正态分布，问注射前后家兔体温有无显著差异？

| 表 4-8 | | | | 10 只家兔注射前后体温测定结果 | | | | | 单位：℃ | |
|---|---|---|---|---|---|---|---|---|---|---|
| 兔号 | 1 | 2 | 3 | 4 | 5 | 6 | 7 | 8 | 9 | 10 |
| 注射前体温 | 37.8 | 38.2 | 38.0 | 37.6 | 37.9 | 38.1 | 38.2 | 37.5 | 38.5 | 37.9 |
| 注射后体温 | 37.9 | 39.0 | 38.9 | 38.4 | 37.9 | 39.0 | 39.5 | 38.6 | 38.8 | 39.0 |

（1）打开数据分析，找到"$t$-检验平均值的成对二样本分析"命令。

（2）在弹出的对话框中输入相应数据，并选择"标志"，确定后得到"$t$-检验：成对双样本均值分析"结果，见表 4-9。

表 4-9 成对双样本 $t$ 检验分析结果表明，利用临界值法和 $P$ 值法检验结果一致，即家兔注射该批注射液前后体温差异极显著。因此，可以认为注射该批注射液可使体温极显著升高。

| 表 4-9 | 成对数据双样本平均数检验结果 | |
|---|---|---|
| | 注射前体温 | 注射后体温 |
| 平均数 | 37.97 | 38.70 |
| 方差 | 0.089 | 0.260 |
| 样本容量 | 10 | 10 |
| 泊松相关系数 | 0.4967 | |
| 假设平均差 | 0 | |
| 自由度 | 9 | |
| $t$ 值 | $-5.1893$ | |
| $P$ 值（单尾） | 0.0003 | |
| $t_{0.05}$（单尾） | 1.8331 | |
| $P$ 值（双尾） | 0.0006 | |
| $t_{0.05}$（双尾） | 2.2622 | |

### （三）DPS 检验

**【例 4-12】** 用 DPS 系统检验表 4-8 资料，分析注射某药物前后家兔体温有无显著差别。

（1）打开 DPS 电子表格，分两行将表 4-8 数据输入，建立"家兔体温.DPS"文件。

（2）定义数据块（标题可选可不选），选择"试验统计"→"两样本比较"→"配对两处理 $t$ 检验"命令，输出分析结果。

输出结果中给出了配对样本相关系数（0.4967）、95％的置信区间（$-1.0482 \sim -0.4118$）、两处理各样本配对检验结果（均值差异检验 $t = 5.1893$、$df = 9$、$P = 0.0006$）以及标准误（0.1407）等项目。由于 $P = 0.0006 < 0.01$，以 $\alpha = 0.01$ 水准拒绝 $H_0$。因此，可认为注射该批注射液可使家兔体温极显著升高。

# 第四节　样本频率的假设检验

## 一、正态理论法的应用条件

对于具有两个属性类别的质量性状，利用统计次数法可获得次数资料。此类次数资料通过进一步计算得到的频率资料，如成活率、孵化率、感染率、发芽率、阳性率等是服从二项分布的。一般情况下这类频率的假设检验应通过二项分布进行，但当样本容量 $n$ 较大，$p$ 不过小，而 $np$ 和 $nq$ 又均不小于 5 时，二项分布接近于正态分布。所以，对于服从二项分布的频数资料，当 $n$ 足够大时，可以近似地用 $u$ 检验法（即正态理论法）进行差异显著性检验。采用近似 $u$ 检验所需的二项分布频率资料的样本含量 $n$ 需满足的条件见表 4-10。

**表 4-10　　　　　适用于正态理论法所需要的二项分布资料的样本含量 $n$**

| $\hat{p}$（样本频率） | $n\hat{p}$ | $n$（样本含量） |
| --- | --- | --- |
| 0.5 | 15 | 30 |
| 0.4 | 20 | 50 |
| 0.3 | 24 | 80 |
| 0.2 | 40 | 200 |
| 0.1 | 60 | 600 |
| 0.05 | 70 | 1400 |

## 二、一个样本频率的假设检验

### （一）检验目的

一个样本频率的假设检验指的是检验一个样本频率 $\hat{p}$ 所在二项总体的理论频率 $p$，是否与已知常数 $p_0$ 相同，即 $H_0$：$p = p_0$。当 $np$ 和 $nq$ 均大于 5，可近似地采用 $u$ 检验法来进行显著性检验；若 $np$ 或 $nq$ 大于 5 但小于或等于 30 时，应对 $u$ 进行连续性矫正，即计算 $u_c$。

**（二）检验的基本步骤**

（1）提出无效假设与备择假设 $H_0$：$p = p_0$，$H_1$：$p \neq p_0$

（2）计算 $u$ 值或 $u_c$ 值

$$u = \frac{\hat{p} - p_0}{S_{\hat{p}}} \qquad u_c = \frac{|\hat{p} - p_0| - 0.5/n}{S_{\hat{p}}} \qquad (4\text{-}10)$$

式中　$S_{\hat{p}}$——样本频率标准误（standard error of the sample frequency），$S_{\hat{p}} = \sqrt{\dfrac{p_0(1 - p_0)}{n}}$

（3）将计算所得的 $u$ 或 $u_c$ 的绝对值与 1.96 和 2.58 比较，作出统计推断。统计推断方法与单样本平均数显著性检验方法一致。

## 三、两样本频率的差异性显著性检验

**（一）两样本频率正态理论法检验原理**

两样本频率差异性显著检验，指的是检验两个样本频率 $\hat{p}_1$、$\hat{p}_2$ 所在的两个二项总体理论频率 $p_1$、$p_2$ 是否相同，即检验 $H_0$：$p_1 = p_2 = p_0$。

常用的方法有两种，一种是正态理论方法，另一种是列联表方法，由于两种方法是等价的，实际应用时可任意选用一种。但是这两种方法的应用建立在二项分布近似正态分布的基础上，当面临小样本不满足要求时，还是要借助 R. A. Fisher（1934）提出的精确检验法。

当两样本的 $np$、$nq$ 均大于 5 时，可以近似地采用 $u$ 检验法进行检验，但在 $np$ 和（或）$nq$ 小于或等于 30 时，需作连续性矫正。

（1）提出无效假设与备择假设：$H_0$：$p_1 = p_2$，$H_1$：$p_1 \neq p_2$

（2）计算 $u$ 值或 $u_c$ 值

$$u = \frac{\hat{p}_1 - \hat{p}_2}{S_{\hat{p}_1 - \hat{p}_2}} \qquad u_c = \frac{|\hat{p}_1 - \hat{p}_2| - 0.5/n_1 - 0.5/n_2}{S_{\hat{p}_1 - \hat{p}_2}} \qquad S_{\hat{p}_1 - \hat{p}_2} = \sqrt{\bar{p}(1 - \bar{p})\left(\frac{1}{n_1} + \frac{1}{n_2}\right)}$$

$$(4\text{-}11)$$

式中　$\hat{p}_1$，$\hat{p}_2$——两个样本频率，$\hat{p}_1 = \dfrac{x_1}{n_1}$，$\hat{p}_2 = \dfrac{x_2}{n_2}$；

$S_{\hat{p}_1 - \hat{p}_2}$——两样本频率差数标准误（standard error of the sample frequency difference）；

$\bar{p}$——两样本平均频率，计算公式为 $\bar{p} = \dfrac{n_1\hat{p}_1 + n_2\hat{p}_2}{n_1 + n_2} = \dfrac{x_1 + x_2}{n_1 + n_2}$。

（3）将 $u$ 或 $u_c$ 的绝对值与 1.96、2.58 比较，作出统计推断。推断方法与双样本平均数显著性检验方法一致。

**（二）两样本率 DPS 检验**

应用 DPS 系统检验两样本率差异显著性的操作方法是：进入菜单执行"试验统计"→"两样本检验"→"两样本率比较"功能，系统弹出"两样本率比较"对话框，在该对话框中分别输入处理 1 和处理 2 对应的"样本数"和"反应数"即可。

**【例 4-13】** 用两种饲料 $A$ 和 $B$ 饲养小鼠，7d 后测其增重情况，饲喂 $A$ 饲料的 5 只小鼠中有 1 只增重，饲喂 $B$ 饲料的 6 只小鼠全部增重，问用不同饲料饲养的小鼠增重差异是否显著？

(1) 打开"两样本率比较"对话框，分别在处理 1 的"样本数"输入框和"反应数"输入框中输入 5 和 1，分别在处理 2 的"样本数"输入框和"反应数"输入框中输入 6 和 6。

(2) 确定后点击"返回"按钮，在用户对话框中显示基于正态理论方法的计算结果。

由输出结果可知，$u = 2.7464$（校正结果为 2.1170），显著水平 $P = 0.0060$（校正结果为 0.0343）$< 0.01$，Fisher 精确检验双尾概率 $P = 0.0152$。因此，可以认为不同饲料饲养的小鼠增重差异达显著水平，即 B 饲料的饲喂效果显著大于 A 饲料。

# 第五节　总体参数的区间估计

## 一、参数估计概念

参数估计（parameter estimation）是统计推断（statistical inference）的另一重要内容，就是用样本统计数来估计未知总体参数的大小，包括点估计和区间估计两种方法。

点估计（point estimation）是指用相应样本统计量直接作为其总体参数的估计值。如用 $\bar{x}$ 估计 $\mu$、用 $S$ 估计 $\sigma$ 等。其方法虽简单，但未考虑抽样误差的大小。

区间估计（interval estimation）指按预先给定的概率（$1-\alpha$）所确定的包含未知总体参数的一个范围，该范围称为参数的置信区间（confidence interval，CI），（$1-\alpha$）称为置信度（degrees of confidence），常取 95% 和 99% 两种置信度。

## 二、总体均数置信区间

### （一）总体均数置信区间计算原理

设有一来自正态总体的样本，包含 $n$ 个观测值 $x_1$，$x_2$，$\cdots$，$x_n$。样本平均数为 $\bar{x} = \sum x / n$，均数标准误为 $S_{\bar{x}} = S / \sqrt{n}$，总体平均数为 $\mu$。

因为 $t = (\bar{x} - \mu) / S_{\bar{x}}$ 服从自由度为 $n-1$ 的 $t$ 分布。当双尾概率（two-tailed probability）为 $\alpha$ 时有

$$P(-t_{a/2} \leqslant t \leqslant t_{a/2}) = 1 - a \text{ 或 } P(-t_{a/2} \leqslant \frac{\bar{x} - \mu}{S_{\bar{x}}} \leqslant t_{a/2}) = 1 - a$$

整理后得

$$\bar{x} - t_{a/2} S_{\bar{x}} \leqslant \mu \leqslant \bar{x} + t_{a/2} S_{\bar{x}} \tag{4-12}$$

式中　$1-\alpha$——置信度或置信水平；

　　　$t_{a/2} S_{\bar{x}}$——置信半径；

$\bar{x} - t_{a/2} S_{\bar{x}}$ 和 $\bar{x} + t_{a/2} S_{\bar{x}}$——置信下限和置信上限。置信上、下限之差称为置信距，置信距越小，估计的精确度就越高。

### （二）应用 EXCEL 求总体均数置信区间

【例 4-14】设某药厂生产的某种药片直径 $x$ 是一随机变量，且服从正态分布。现从某日生产的药片中随机抽取 9 片，测得其直径分别为（单位：mm）14.1，14.7，14.7，14.4，14.6，14.5，14.5，14.8，14.2。试求该药片直径均值 $\mu$ 的 95% 置信区间。

(1) 打开 EXCEL 按列输入数据，依次点击"数据"→"数据分析"→"描述统计"，打开图 2-9 所示"描述统计"对话框。

（2）勾选"汇总统计"和"平均数置信度"，并在"平均数置信度"后的空白框中输入"95"，确定后即可得到描述统计结果。其中 $\bar{x}$ 为14.5，"置信度（95%）下的置信半径"（即 $t_{a/2}S_{\bar{x}}$ ）为0.1803mm。

（3）利用置信区间计算公式 $\bar{x} \pm t_{a/2}S_{\bar{x}}$ ，计算置信区间的下限为 $\bar{x} - t_{a/2}S_{\bar{x}} =$ 14.3197mm；计算置信区间的上限为 $\bar{x} + t_{a/2}S_{\bar{x}} =$ 14.6803mm。因此，药片直径均值95%的置信区间为（14.3197mm，14.6803mm）。

注意，以上方法是通过EXCEL的"描述统计"命令求出置信半径。除此之外，还可通过EXCEL中的CONFIDENCE.T函数（具体应用见附录附表2）求出置信半径。如，CONFIDENCE.T（0.05，STDEV（14.1，14.7，14.7，14.4，14.6，14.5，14.5，14.8，14.2），9）＝0.1803mm。

应用DPS软件操作流程为：打开DPS输入数据（按行或列均可）；定义数据块后，依次点击"数据分析"→"连续变量数据"→"原始数据统计分析"。输出结果表明，药片直径均值的95%置信区间为（14.3197mm，14.6803mm）。

# 第六节　SPSS在统计推断中的应用

## 一、单样本 $t$ 检验

单样本 $t$ 检验过程用于进行样本所在总体均数与已知总体均数的比较，可以自行定义已知总体均数为任意值。

**【例4-15】** 以例4-3资料为例，应用SPSS系统检验玉米果穗喷药前后穗重是否有显著差异。

（1）建立文件"玉米果穗.SAV"：打开SPSS系统，在"变量视图"中建立变量"果穗重"，在"数据视图"中输入数据。

（2）选择菜单"分析"→"比较均值"→"单样本 $t$ 检验"，打开"单样本 $t$ 检验"对话框。从源变量清单中将"果穗重"移入"检验变量"框；在"检验值"框里输入一个指定值（即假设检验值，本例中假设为300），$t$ 检验过程将对每个检验变量分别检验它们的平均值与这个指定数值相等的假设。

（3）确定后输出分析结果，见表4-11和表4-12。

表4-11　　　　　　　　　　　　　　单样本统计量统计结果

| | 样本容量 | 平均数 | 标准差 | 标准误 |
|---|---|---|---|---|
| 果穗重 | 9 | 308.00 | 9.618 | 3.206 |

表4-12　　　　　　　　　　　　　单样本平均数 $t$ 检验结果

| | 检验值＝300 | | | | | |
|---|---|---|---|---|---|---|
| | $t$ 值 | 自由度 | $P$ 值 | 平均差异 | 95%置信区间 | |
| | | | | | 下限 | 上限 |
| 果穗重 | 2.495 | 8 | 0.037 | 8.000 | 0.6072 | 15.3928 |

表 4-11 单样本统计输出结果，给出的单个样本的统计量有样本的容量、均值、标准差和标准误。本例中，果穗重均值为 308g。

表 4-12 单样本 $t$ 检验结果表明，检验统计量 $t = 2.495$，自由度 $df = 8$，双尾 $t$ 检验的 $P = 0.037 < 0.05$，说明样本中玉米果穗重平均产量与 300g 有显著差异。同时输出结果中还给出了"95% 差异数的信赖区间"即样本均值与检验值偏差的 95% 置信区间为 $(0.6072, 15.3928)$。置信区间未包括数值 0，则应拒绝原假设，接受备择假设，即喷药后对玉米果穗重造成了显著的影响。

## 二、两独立样本 $t$ 检验

SPSS 系统中，"独立样本 $t$ 检验"命令用于进行两样本均数的比较，即常用的两样本均值的 $t$ 检验。

**【例 4-16】** 以文件"蛋白增重试验.SAV"中的数据（原始数据见表 1-3），比较高蛋白饲料与低蛋白饲料对小白鼠增重效果是否不同。

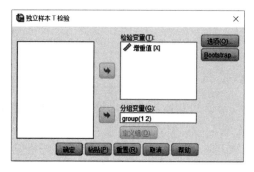

图 4-2　SPSS 独立样本 $t$ 检验主对话框

（1）打开"蛋白增重试验.SAV"文件，选择菜单"分析"→"比较平均值"→"独立样本 $t$ 检验"命令，弹出"独立样本 $t$ 检验"对话框。

（2）从源变量清单中将"增重值（$x$）"变量移入"检验变量"框，表示要求对该变量的均值检验；从源变量清单中将"分组变量（group）"变量移入"分组变量"框，表示总体的分类变量，如图 4-2 所示。

（3）单击"分组变量"框下面的"定义组"按钮，打开"定义组"对话框。在"组 1"中输入 1，在"组 2"中输入 2（注：1 表示高蛋白；2 表示低蛋白）。

（4）完成后单击"继续"按钮返回主窗口。单击"确定"按钮，输出分析结果，见表 4-13 和表 4-14。

**表 4-13** 　　　　　　　　　　　　　　分组统计量统计结果

| | 分组变量 | 样本容量 | 平均数 | 标准差 | 标准误 |
|---|---|---|---|---|---|
| 增重值/g | 高蛋白 | 12 | 120.17 | 21.260 | 6.137 |
| | 低蛋白 | 7 | 101.00 | 20.624 | 7.795 |

**表 4-14** 　　　　　　　　　　　　　　双样本平均数 $t$ 检验结果

| | | 方差齐性检验 | | $t$ 检验 | | | | | 95% 置信区间 | |
|---|---|---|---|---|---|---|---|---|---|---|
| | | $F$ 值 | $P$ 值 | $t$ 值 | 自由度 | $P$ 值 | 平均差异 | 标准误差 | 下限 | 上限 |
| 增重值 | 等方差 | 0.009 | 0.926 | 1.916 | 17 | 0.072 | 19.167 | 10.005 | −1.943 | 40.276 |
| | 异方差 | | | 1.932 | 13.016 | 0.075 | 19.167 | 9.921 | −2.264 | 40.597 |

表4-13分组统计输出结果，给出的分组统计量分别有不同总体下的样本容量、均值、标准差和平均标准误。由统计结果可知，高蛋白平均增重值为120.17g，低蛋白平均增重值为101.00g。

表4-14独立样本 $t$ 检验结果中，方差齐性检验结果为 $F=0.009$、$P=0.926>0.05$，表明两个总体具备方差齐性；检验总体均值是否相等的 $t$ 检验中，$P=0.072>0.05$。因此，应该接受原假设，即高蛋白组与低蛋白组饲喂小白鼠的增重效果没有显著差异。

### 三、配对样本 $t$ 检验

该过程用于进行配对设计的差值均数与总体均数 0 比较的 $t$ 检验，SPSS 系统中应用"配对样本 $t$ 检验"命令进行检验。

【例4-17】用10只家兔试验某批注射液对体温的影响，测定每只家兔注射前后的体温，见表4-8。设体温服从正态分布，试用 SPSS 检验注射前后体温有无极显著差异。

(1) 建立文件"家兔体温.SAV"：打开 SPSS 系统，以变量"前体温"代表注射前体温，以"后体温"代表注射后的体温；将表4-8中的数值分别输入到相应变量中。

(2) 选择菜单"分析"→"比较均值"→"配对样本 $t$ 检验"，打开"配对样本 $t$ 检验"主对话框；同时选中"前体温"和"后体温"两个变量，单击中间的箭头按钮，将两个配对变量移入右边的"成对变量"列表框。如图4-3所示。

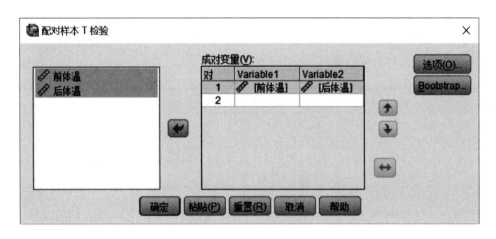

图 4-3　SPSS 配对 $t$ 检验主对话框

(3) "选项"按钮用于设置置信度选项，这里保持系统默认的 95%。在主对话框中单击"确定"按钮，输出分析结果。

输出结果中，除给出了表4-15注射前后体温的相关系数及检验结果、表4-16配对样本 $t$ 检验结果外，还给出了注射前后兔体温的均值、标准差、标准误等描述统计量。

**表 4-15** 注射前后体温的相关系数

|  |  | 样本容量 | 相关系数 | $P$ 值 |
| --- | --- | --- | --- | --- |
| 对组 1 | 前体温 & 后体温 | 10 | 0.497 | 0.144 |

表 4-16　　　　　　　　　　　　配对样本平均数 $t$ 检验结果

| | | 成对差异数 | | | | | $t$ 值 | 自由度 | $P$ 值 |
|---|---|---|---|---|---|---|---|---|---|
| | | 平均数 | 标准差 | 标准误 | 95%置信区间 | | | | |
| | | | | | 下限 | 上限 | | | |
| 对组 1 | 前体温－后体温 | −0.73 | 0.4449 | 0.1407 | −1.0482 | −0.4118 | −5.189 | 9 | 0.001 |

表 4-15 相关系数分析，给出了注射前后兔体温的相关系数为 0.497，经检验 $P =$ 0.144＞0.05，表明相关性未达显著水平。

表 4-16 配对样本 $t$ 检验结果，给出了 $t$ 统计量和 $P$ 值，以及配对变量差值的均值、标准差、均值标准误差以及差值的 95%置信度下的区间估计等。结果表明，$P =0.001＜$ 0.01，可以认为注射前后兔体温发生了极显著变化。

## 思考练习题

**习题 4.1**　什么叫统计推断？它包括哪些内容？为什么统计推断的结论有可能发生错误？有哪两类错误？如何克服？

**习题 4.2**　什么是配对试验设计、非配对试验设计？两种设计有何区别？

**习题 4.3**　某种药液中的某成分含量（单位:%）服从正态分布，现由其 10 个样本观测值算出 $\bar{x}=0.452$，$S=0.037$，试应用 EXCEL 检验假设 $H_0$：$\mu=0.5$ 是否成立（$\alpha=0.05$）。

**习题 4.4**　下表为随机抽取的富士苹果果实各 11 个的果肉硬度（单位：$1b/cm^2$），应用 EXCEL 检验两品种的果肉硬度有无显著差异。

| 品种 | 果实序号 | | | | | | | | | | |
|---|---|---|---|---|---|---|---|---|---|---|---|
| | 1 | 2 | 3 | 4 | 5 | 6 | 7 | 8 | 9 | 10 | 11 |
| 富士 | 14.5 | 16 | 17.5 | 19 | 18.5 | 19 | 15.5 | 14 | 16 | 17 | 19 |
| 红富士 | 17 | 16 | 15.5 | 14 | 14 | 17 | 18 | 19 | 19 | 15 | 15 |

**习题 4.5**　已知 10 株杂交水稻的单株产量（单位：g）为 172、200、268、247、267、246、363、216、206、256。试在 $\alpha = 0.05$ 显著水平下，应用 DPS 检验 $H_0$：$\mu=250$，$H_1$：$\mu＞250$。

**习题 4.6**　某医院用新药与常规药物治疗婴幼儿贫血，将 20 个贫血患儿随机等分成两组，分别接受两种药物治疗，测得血红蛋白增加量（单位：g/L）如下。试用 DPS 检验新药与常规药的疗效有无显著差别。（$\alpha=0.05$）

单位：g/L

| 新药组 | 24 | 36 | 25 | 14 | 26 | 34 | 23 | 20 | 15 | 19 |
|---|---|---|---|---|---|---|---|---|---|---|
| 常规药组 | 14 | 18 | 20 | 15 | 22 | 24 | 21 | 25 | 27 | 23 |

**习题 4.7**　测胃脘痛热患者与健康人胃脘温度（单位:℃），热症病人 $n_1=27$，$\bar{x}=$

$37.68$，$S_1=0.66$，健康人 $n_2=36$，$\bar{y}=37.19$，$S_2=0.33$，判断两组均数有无差别（应用 DPS 分析）。

**习题 4.8** 用中草药青木禾治疗高血压，记录了 13 个病例，所测定的舒张压（单位：mmHg）数据如下，试应用 EXCEL、DPS 和 SPSS 3 种软件检验该药物是否具有降低血压的作用。

单位：mmHg

| 治疗前 | 110 | 115 | 133 | 133 | 126 | 108 | 110 | 110 | 140 | 104 | 160 | 120 | 120 |
| 治疗后 | 90 | 116 | 101 | 103 | 110 | 88 | 92 | 104 | 126 | 86 | 114 | 88 | 112 |

注：1mmHg=133.322Pa。

**习题 4.9** 某猪场从 10 窝大白猪的仔猪中，每窝抽出性别相同、体重接近的仔猪 2 头，将每窝两头仔猪随机地分配到两个饲料组，进行饲料对比试验，试验时间 30d，增重结果见下表。试检验两种饲料饲喂的仔猪平均增重差异是否显著。

单位：kg

| 窝号 | 1 | 2 | 3 | 4 | 5 | 6 | 7 | 8 | 9 | 10 |
| --- | --- | --- | --- | --- | --- | --- | --- | --- | --- | --- |
| 饲料 I | 10 | 11.2 | 12.1 | 10.5 | 11.1 | 9.8 | 10.8 | 12.5 | 12 | 9.9 |
| 饲料 II | 9.5 | 10.5 | 11.8 | 9.5 | 12 | 8.8 | 9.7 | 11.2 | 11 | 9 |

**习题 4.10** 10 只 60 日龄的雄鼠在 X 射线照射前后的体重数据如下（单位：g），检验雄鼠在照 X 射线前后体重差异是否显著（应用 SPSS 分析）。

单位：g

| 照射前 | 25.7 | 24.4 | 21.1 | 25.2 | 26.4 | 23.8 | 21.5 | 22.9 | 23.1 | 25.1 | 29.5 |
| 照射后 | 22.5 | 23.2 | 20.6 | 23.4 | 25.4 | 20.4 | 20.6 | 21.9 | 22.6 | 23.5 | 24.3 |

**习题 4.11** 选面积为 $33.33m^2$ 的玉米小区 10 个，各分成两半，一半去雄另一半不去雄，得产量（单位：kg）为：去雄：28，30，31，35，30，34，30，28，34，32；未去雄：25，28，29，29，31，25，28，27，32，27。

（1）用成对比较法测验 $H_0$：$\mu_d=0$ 的假设；

（2）求 $\mu_d$ 的置信度为 95% 的置信区间；

（3）去雄玉米的平均产量为 $\mu_1$，未去雄玉米的平均产量为 $\mu_2$，试按成组平均数比较法测验 $H_0$：$\mu_1=\mu_2$ 的假设。

（4）求 $\mu_1-\mu_2$ 的置信度 95% 的置信区间。

（5）比较上述第（1）项和第（3）项测验结果并加以解释。

**习题 4.12** 一食品厂从第一条生产线上抽出 250 个产品来检查，为一级品的有 195 个；从第二条生产线上抽出 200 个产品，有一级品 150 个。问两条生产线上的一级品率是否相同？（应用 DPS 软件，并对结果作出解释）

# 第五章 $\chi^2$检验

## 第一节 $\chi^2$检验的原理

### 一、$\chi^2$检验概念

在生物、食品、农业等科学研究中，除了分析计量资料以外，还常常需要对次数资料进行分析。次数资料的统计分析方法不同于服从正态分布的计量资料，除可应用二项分布概率计算和将次数转化为频率再计算其概率外，还可采用 $\chi^2$ 检验。

$\chi^2$ 检验（chi－square test）是检验样本的实际观测值（observed value）与理论值（expected value）之间偏离程度的一种检验方法。

### 二、$\chi^2$检验统计量

统计学家 K. Pearson 发现，对于间断型次数资料定义的 $\sum \dfrac{(O-E)^2}{E}$ 近似地服从自由度为 $df=k-1$ 的连续型随机变量的 $\chi^2$ 分布，则

$$\chi^2 = \sum_{i}^{k} \frac{(O_i - E_i)^2}{E_i} \tag{5-1}$$

式中　$O$、$E$——实际观测值和理论值；

　　　　$i$——计数资料的分组数，$i=1, \cdots, k$。

注意：① 自由度为 $df=k-1$，依分组数及其相互独立的程度决定。

②$\chi^2$值的大小衡量了实际观测值与理论值之间的偏离程度。$\chi^2$越大，表示两者相差越大；$\chi^2$越小，表明实际观测值与理论值越接近；$\chi^2=0$，表示两者完全吻合。

### 三、$\chi^2$检验的注意事项

统计学家 K. Pearson 发现，在对次数资料进行 $\chi^2$ 检验利用连续型随机变量 $\chi^2$ 分布计算概率时，常常偏低，特别是当自由度为 1 时偏差较大。F. yates 提出对 $\chi^2$ 进行连续性矫正（continuity correction）的方法，即

$$\chi_c^2 = \sum_{i}^{k} \frac{(|O_i - E_i| - 0.5)^2}{E_i} \tag{5-2}$$

当 $df \geqslant 2$ 时间断型次数资料定义的 $\chi^2$ 与连续型随机变量 $\chi^2$ 相近，可不作连续性矫正，但要求各组内的理论值不小于 5。如果某一组的理论值小于 5，则应把它与其相邻的一组或几组合并，直到合并组的理论值大于 5 为止。

# 第二节 适合性检验

## 一、适合性检验定义

适合性检验（compatibility test）是指对样本的理论值先通过一定的假设理论分布或学说推算出来，然后用实际观测值与理论值相比较，从而得出实际观测值与理论值之间是否拟合，因此又叫拟合优度检验或吻合性检验（goodness of fit test）。

## 二、适合性检验步骤

### （一）假设

无效假设为 $H_0: O-E=0$，即实际观测的属性类别分配符合已知属性类别分配的理论或学说；备择假设为 $H_1: O-E \neq 0$，即实际观测的属性类别分配不符合已知属性类别分配的理论或学说。

### （二）检验计算

首先在无效假设成立的条件下，按已知属性类别分配的理论学说计算各属性类别的理论值；再根据适合性检验的自由度等于属性类别分类数减 1，计算出相应自由度；然后根据自由度是否为 1 计算出 $\chi^2$ 或 $\chi_c^2$。

除可以利用公式（5-1）计算 $\chi^2$，或利用公式（5-2）计算 $\chi_c^2$ 外，对于仅划分为两组（如显性与隐性）的资料，检验其与某种理论比率的适合性时，$\chi_c^2$ 值皆可利用表 5-1 所列简化式求出。

**表 5-1　　　　　测验两组资料与理论比率符合度的 $\chi_c^2$ 值公式**

| 理论比率<br>（显性∶隐性） | $\chi_c^2$ 公式 | 理论比率<br>（显性∶隐性） | $\chi_c^2$ 公式 |
|---|---|---|---|
| 1∶1 | $(\lvert A-a \rvert -1)^2/n$ | 9∶7 | $(\lvert 7A-9a \rvert -8)^2/63n$ |
| 2∶1 | $(\lvert A-2a \rvert -1.5)^2/2n$ | 13∶3 | $(\lvert 3A-13a \rvert -8)^2/63n$ |
| 3∶1 | $(\lvert A-3a \rvert -2)^2/3n$ | $r∶1$ | $[\lvert A-ra \rvert -(r+1)/2]^2/rn$ |
| 15∶1 | $(\lvert A-15a \rvert -8)^2/15n$ | $r∶m$ | $[\lvert mA-ra \rvert -(r+m)/2]^2/rmn$ |

表中：$A$ 和 $a$ 分别为显性组和隐性组的实际观测值；$n=A+a$，即总观测值。

对于实际资料多于两组的 $\chi^2$ 值计算通式则为

$$\chi^2 = \frac{1}{n}\sum_i^k \left(\frac{O_i^2}{P_i}\right) - n \tag{5-3}$$

式中　$O_i$——各项的实际观测值；

　　　$P_i$——各项实际观测值对应的理论比率；

　　　$n$——总观测值，$n=\sum O_i$。

### （三）判断结果

将计算的 $\chi^2$ 或 $\chi_c^2$ 值与根据自由度 $k-1$（$k$ 为组数）查的临界值 $\chi_{0.05}^2$、$\chi_{0.01}^2$ 比较。若

$\chi^2$（或 $\chi_c^2$）$<\chi_{0.05}^2$，则 $P>0.05$，则不能拒绝 $H_0$，表明实际观测值与理论值差异不显著；若 $\chi_{0.05}^2 \leqslant \chi^2$（或 $\chi_c^2$）$<\chi_{0.01}^2$，$0.01<P \leqslant 0.05$，则在 $\alpha=0.05$ 水平上拒绝 $H_0$，表明实际观测值与理论值差异显著；若 $\chi^2$（或 $\chi_c^2$）$\geqslant \chi_{0.01}^2$，$P \leqslant 0.01$，则在 $\alpha=0.01$ 水平上拒绝 $H_0$，表明实际观测值与理论值差异极显著。

## 三、一般适合性检验应用

### （一）EXCEL 检验

EXCEL 进行适合性 $\chi^2$ 检验的函数为 CHITEST，其返回独立性 $\chi^2$ 检验的概率值，具体应用方法见附录附表 2。由函数 $CHITEST=P(\chi^2>\chi_0^2)$ 给出的概率值与显著水平 $\alpha$ 比较后即可以得到 $\chi^2$ 检验结果。如果 CHITEST 返回的概率值 $P>\alpha$（显著水平），即认为实际观测值与理论值拟合，观测值符合某一理论或学说。

【例 5-1】纯合的黄圆豌豆与绿皱豌豆杂交，$F_1$ 自交，第二代黄圆、黄皱、绿圆、绿皱分离数目分别为 315、101、108、32。问是否符合 9：3：3：1 的自由组合规律？

（1）将实际观测值输入到工作表中，根据 9：3：3：1 的比例计算出对应的理论值分别为 312.75、104.25、104.25、34.75，并录入到临近观测值的行（列）中。

（2）在指定单元格内输入公式"＝CHITEST（观测值区域，理论值区域）"，得到 $\chi^2$ 检验的概率 $P=0.9254>0.05$。故不能拒绝 $H_0$，即认为第二代分离数目符合 9：3：3：1 的自由组合规律。

### （二）DPS 检验

在 DPS 系统中，进行一般适合性检验的方法是：首先，在工作表中第一列放置一组样本的实际观测值，第二列放置每个观测值对应的理论值或比值；然后，将两组数据全部定义成数据块，进入主菜单选择"分类数据统计"→"模型拟合优度检验"功能。若输出结果中卡方检验显著水平大于 0.05 表示观测样本和理论频数相符合，否则两者不符合。

【例 5-2】利用 DPS 系统分析例 5-1 资料，检验豌豆杂交第二代性状分离比是否符合 9：3：3：1 的自由组合规律？

（1）在 DPS 电子表格中输入观测值及理论值（或相应比值），建立"豌豆杂交试验 .DPS"文件。本例，若输入理论值，可在观测值之后依次输入 312.75、104.25、104.25、34.75（或 9、3、3、1）；若输入理论比值，可在观测值之后依次输入 9/16、3/16、3/16、1/16。

（2）定义数据块后，选择"分类数据统计"中的"模型拟合优度检验"命令，输出分析结果见表 5-2。

**表 5-2**          **模型拟合优度检验结果**

| 检验方法 | 统计量 | 自由度 | $P$ 值 |
|---|---|---|---|
| Pearson 卡方 | 0.4700 | 3 | 0.9254 |
| 似然比卡方 $G$ | 0.4754 | 3 | 0.9243 |
| Williams 校正 $G$ | 0.4747 | 3 | 0.9244 |

表 5-2 模型拟合优度检验表明，Pearson 卡方值为 0.4700，$P=0.9254$；似然比卡方

值为 0.4754，$P=0.9243$；经 Williams 校正后的似然比卡方值为 0.4747，$P=0.9244$。3 种检验方法均表明，豌豆杂交第二代性状分离比符合 9∶3∶3∶1 的自由组合规律。

## 四、资料分布类型的适合性检验

适合性检验除可检验统计资料是否符合某理论学说外，还可用来判断资料是否符合某种理论分布，即资料分布类型的适合性检验，如二项分布检验、正态分布检验等。由于在应用 $u$ 检验、$t$ 检验等显著性检验之前，统计资料均需满足正态分布的要求，因此，正态性检验是统计学学习中必须掌握的一种基本检验方法。

正态性检验有多种方法，列出次数分布表是检验原始数据是否符合正态分布最直观的方法。在正态分布的适合性检验中，总体的平均数和标准差分别由样本的平均数和标准差估计。因此，在自由度计算时需要在原有自由度 $k-1$ 的基础上再减去 2，最终为 $k-3$（$k$ 为组数）。还应注意的是，当分组组段内理论值小于 5 时，必须与相邻组段进行合并，直至合并的理论值大于 5 时为止，此时 $k$ 为合并后的组数。

### （一）EXCEL 检验

【例 5-3】200 个稻穗每穗粒数的次数分布表，见表 5-3 前两列。每穗粒数是间断性变数，若用连续性变数作近似估计，试检验该次数分布资料是否符合正态分布。

表 5-3　　　　　　　　　　　200 个稻穗每穗粒数的次数分布与理论值计算表

| 组限 | 观测值 | 组中值 | 理论频率 | 理论值 | 并组后理论值 | 并组后观测值 |
|---|---|---|---|---|---|---|
| 25.5～ | 1 | 28 | 0.0078 | 1.57 | — | — |
| 30.5～ | 3 | 33 | 0.0196 | 3.92 | 5.49 | 4 |
| 35.5～ | 10 | 38 | 0.0498 | 9.96 | 9.96 | 10 |
| 40.5～ | 21 | 43 | 0.0995 | 19.91 | 19.91 | 21 |
| 45.5～ | 32 | 48 | 0.1562 | 31.25 | 31.25 | 32 |
| 50.5～ | 41 | 53 | 0.1927 | 38.54 | 38.54 | 41 |
| 55.5～ | 38 | 58 | 0.1867 | 37.35 | 37.35 | 38 |
| 60.5～ | 25 | 63 | 0.1422 | 28.44 | 28.44 | 25 |
| 65.5～ | 16 | 68 | 0.0851 | 17.02 | 17.02 | 16 |
| 70.5～ | 8 | 73 | 0.0400 | 8.00 | 11.81 | 13 |
| 75.5～ | 3 | 78 | 0.0148 | 2.95 | — | — |
| 80.5～ | 2 | 83 | 0.0043 | 0.86 | — | — |

（1）根据次数分布表中每组的下限与上限，确定每组的组中值，列于表 5-3 第 3 列。本例依次为 28、33、38……83。

（2）根据各组组中值及观测值，计算频数资料的平均数与标准差。

本例分别为：$\bar{x}=54.85$、$S=10.08$。

（3）利用 NORMDIST 函数计算各组的理论频率，并列于表 5-3 第 4 列。

第一组 $P_1=$ NORMDIST（30.5，54.85，10.08，1）$=0.0078$；

第二组 $P_2 =$ NORMDIST（35.5，54.85，10.08，1）－NORMDIST（30.5，54.85，10.08，1）=0.0196；

......

第十二组 $P_{12} =$ NORMDIST（85.5，54.85，10.08，1）－NORMDIST（80.5，54.85，10.08，1）=0.0043。

（4）根据理论频率计算各组理论值，并列于表 5-3 第 5 列。

$E_1 = P_1 \times n = 0.0079 \times 200 = 1.57$；$E_2 = P_2 \times n = 0.0196 \times 200 = 3.92$；......；$E_{12} = P_{12} \times n = 0.0043 \times 200 = 0.86$。

（5）合并理论值小于 5 的组。

本例中，$E_1$、$E_2$、$E_{11}$ 和 $E_{12}$ 均小于 5，需与邻近组进行合并直至理论值大于等于 5 为止，见表 5-3 第 6 列和第 7 列。

（6）进行卡方检验，可应用 $P$ 值法和临界值法两种方法。

$P$ 值法即直接利用 CHITEST 函数求出 $P$ 值进行检验。本例中，在指定单元格内输入公式"=CHITEST（观测值区域，理论值区域）"，回车后可得 $P = 0.9961 > 0.05$。因此，可以认为该次数分布资料符合正态分布。

临界值法是利用公式（5-1）求出 $\chi^2$ 值与临界值 $\chi^2_{0.05}$ 比较进行检验。本例中，自由度为 $df = k - 1 - 2 = 9 - 1 - 2 = 6$，查得 $\chi^2_{0.05(6)} = 12.59$，计算 $\chi^2 = 1.25 < \chi^2_{0.05(6)}$。因此，得出的结论同样是该次数分布资料符合正态分布。

**（二）DPS 检验**

【例 5-4】应用 DPS 系统，检验表 5-3 200 个稻穗每穗粒数的次数分布资料的正态性。

在 DPS 数据处理平台上，将表 5-3 数据前 3 列输入电子表格，将组中值置于第 2 列，观测值置于第 3 列，建立"稻穗次数分布.DPS"文件，定义数据块（选择第 2 列与第 3 列的数据部分）；执行"数据分析"→"连续变量数据"→"频次数据统计分析"功能；在弹出对话框中勾选"正态分布"。

输出结果为：$\chi^2 = 1.9078$，$P = 0.9928 > 0.05$。因此，可以认为该次数分布资料符合正态分布。

注意，若数据资料是原始数据而非频次资料，则应执行"数据分析"→"连续变量数据"→"原始数据统计分析"功能。如检验表 1-1 数据的正态性，输出结果为：Shapiro－Wilk（夏皮罗－威尔克）W 统计量为 0.9883，$P = 0.5268$；Kolmogorov－Smirnov（柯尔莫哥洛夫－斯米尔诺夫）D 统计量为 0.0755，$P > 0.1500$；D′Agostino（德·阿戈斯蒂诺）D=0.280094，$P > 0.10$；峰度检验结果为 $P_{峰度} = 0.2387 > 0.05$，偏度检验结果为 $P_{偏度} = 0.9008 > 0.05$。

# 第三节　列联表独立性检验

## 一、列联表独立性检验定义

独立性检验（independence test）又叫列联表（contingency table）$\chi^2$ 检验，是指研究两个或两个以上的计数资料或属性资料之间是相互独立的或者是相互关联的假设检验。简单地说，它是研究两个或两个以上因子彼此之间是独立还是相互影响的一类统计方法。

列联表独立性检验与适合性检验的不同主要体现在以下几点。

（1）独立性检验的次数资料是按两因子属性类别进行归组。根据两因子属性类别数的不同而构成 $2\times2$、$2\times c$、$r\times c$ 列联表（$r$ 为行因子的属性类别数，$c$ 为列因子的属性类别数）。而适合性检验只按某一因子的属性类别将如性别、表现型等次数资料归组。

（2）适合性检验按已知的属性分类理论或学说计算理论值。独立性检验在计算理论值时理论值须在两因子相互独立的假设下进行计算。

（3）在适合性检验中确定自由度时，只有一个约束条件：各理论值之和等于各实际观测值之和，自由度为属性类别数减 1。而在 $r\times c$ 列联表的独立性检验中，由于约束条件较多，自由度为 $(r-1)(c-1)$，即等于（横行属性类别数-1）×（直列属性类别数-1）。

## 二、$2\times2$ 列联表独立性检验

### （一）$2\times2$ 列联表独立性检验的原理

$2\times2$ 列联表又称为四格表，是指横行和纵列皆分为两组的资料。$2\times2$ 列联表的一般形式如表 5-4 所示，其自由度 $df=(2-1)(2-1)=1$，在进行 $\chi^2$ 检验时，需作连续性矫正。

**表 5-4**　　　　　　　　　　　　　　$2\times2$ 列联表的一般形式

| | $c_1$ | $c_2$ | 行总和 $R_i$ |
|---|---|---|---|
| $r_1$ | $O_{11}$ | $O_{12}$ | $R_1=O_{11}+O_{12}$ |
| $r_2$ | $O_{21}$ | $O_{22}$ | $R_2=O_{21}+O_{22}$ |
| 列总和 $C_j$ | $C_1=O_{11}+O_{21}$ | $C_2=O_{12}+O_{22}$ | $T=O_{11}+O_{12}+O_{21}+O_{22}$ |

$2\times2$ 列联表的 $\chi^2$ 检验需经以下步骤。

（1）提出无效假设 $H_0$：行变量与列变量相互独立；备择假设 $H_1$：行变量与列变量有关联。

（2）给出显著水平 $\alpha$，一般取 0.05 或 0.01。

（3）计算 $\chi_c^2$ 值。首先根据两变数相互独立的假定，计算各组格的理论值，然后根据公式（5-2）计算 $\chi_c^2$ 值。$2\times2$ 表的独立性测验也可不经过计算理论值，直接应用公式（5-4）计算 $\chi_C^2$ 值。

$$\chi_C^2 = \frac{(|O_{11}O_{22}-O_{12}O_{21}|-T/2)^2 T}{C_1C_2R_1R_2} \tag{5-4}$$

（4）结合计算出的 $\chi_c^2$ 值与 $\chi^2$ 临界值比较，进行统计推断。

注，在生物统计学中，一般四表格检验由于自由度为 1，均需作连续性校正 $\chi^2$ 检验。在医学统计学中对四表格检验有特定的要求：在总频数 $T\geqslant40$ 且所有理论频数 $E\geqslant5$ 时，用 Pearson 卡方统计量；$T\geqslant40$ 且任一格的理论值 $5>E\geqslant1$ 时，采用连续性校正 $\chi^2$ 检验；$T<40$ 或有理论频数 $E<1$ 时，用 Fisher 精确检验。

### （二）DPS 检验

在 DPS 系统中，一般按 $2\times2$ 列联表格式输入数据，定义数据块，应用"分类数据统计"→"四格表"→"四格表（$2\times2$ 表）分析"命令。

**【例 5-5】** 调查经过种子灭菌处理与未经种子灭菌处理的小麦发生散黑穗病的穗数，统计数据见表 5-5。试分析种子灭菌与否和散黑穗病穗多少是否有关。

表 5-5                    防治小麦散黑穗病的观测结果

| 处理项目 | 发病穗数 | 未发病穗数 | 总和 |
| --- | --- | --- | --- |
| 种子灭菌 | 26 | 50 | 76 |
| 种子未灭菌 | 184 | 200 | 384 |
| 总和 | 210 | 250 | 460 |

（1）四格表总频数 $T=460>40$，最小理论值 $E_{12}=76 \times 210/460=34.70$，故采用一般卡方检验。

（2）按表 5-5 格式输入数据，建立"小麦散黑穗病.DPS"文件；选定数据块，选择"分类数据统计"→"四格表"→"四格表（2×2 表）分析"命令，输出分析结果，见表5-6。

表 5-6          小麦种子灭菌与散黑穗病发生相关性卡方检验分析结果

| | | |
| --- | --- | --- |
| 一般卡方＝4.8037 | $df=1$ | $P=0.0284$ |
| 校正卡方＝4.2671 | $df=1$ | $P=0.0389$ |
| 似然比统计量 $G=4.8944$ | $df=1$ | $P=0.0269$ |
| Williams 校正 $G=4.8611$ | $df=1$ | $P=0.0275$ |
| 列联系数＝0.1017 | | |
| Cramer 系数＝0.1022 | | |
| 配对设计卡方＝75.594 | $df=1$ | $P=0.0001$ |

表 5-6 四格表分析结果表明，$\chi^2=4.8037$，$P=0.0284<0.05$，拒绝 $H_0$。因此，可以认为种子灭菌与否和散黑穗病发病高低有相关性，即种子灭菌对防治小麦散黑穗病有一定效果。

## 三、2×C 列联表独立性检验

### （一）2×C 列联表独立性检验的原理

$2 \times c$ 列联表是行因子的属性类别数为 2，列因子的属性类别数为 $c$（$c \geqslant 3$）的列联表。其自由度 $df=(2-1)(c-1) \geqslant 2$，在进行 $\chi^2$ 检验时，不需作连续性矫正。$2 \times c$ 列联表的一般形式见表 5-7。

表 5-7                    2×C 列联表的一般形式

| 横行因素 | 纵 行 因 素 | | | | | | 行总和 |
| --- | --- | --- | --- | --- | --- | --- | --- |
| | 1 | 2 | … | $i$ | … | $c$ | |
| 1 | $O_{11}$ | $O_{12}$ | … | $O_{1i}$ | … | $O_{1c}$ | $R_1$ |
| 2 | $O_{21}$ | $a_{22}$ | … | $O_{2i}$ | … | $O_{2c}$ | $R_2$ |
| 列总和 | $C_1$ | $C_2$ | … | $C_i$ | … | $C_c$ | $T$ |

在进行 $2 \times c$ 列联表独立性检验时，既可利用公式（5-1）也可利用简化公式（5-5）计算 $\chi^2$ 值。

$$\chi^2 = \frac{T^2}{R_1 R_2} \left[ \sum \frac{O_{1i}^2}{C_i} - \frac{R_1^2}{T} \right] \text{ 或 } \chi^2 = \frac{T^2}{R_1 R_2} \left[ \sum \frac{O_{2i}^2}{C_i} - \frac{R_2^2}{T} \right] \tag{5-5}$$

### （二）DPS 检验

在 DPS 系统中，一般按 $2 \times c$ 列联表格式输入数据，定义数据块后选择"分类数据统计"菜单中的"$R \times C$ 列联表卡方检验"命令进行分析，也可采用"多样本率比较"命令分析。

**【例 5-6】** 在甲、乙两地进行水牛体型调查，将体型按优、良、中、劣四个等级分类，其结果见表 5-8，问两地水牛体型构成比是否相同。

**表 5-8** 　　　　　　　　　　　两地水牛体型分类统计结果

|  | 优 | 良 | 中 | 劣 | 行总和 $R$ |
|---|---|---|---|---|---|
| 甲 | 10 | 10 | 60 | 10 | 90 |
| 乙 | 10 | 5 | 20 | 10 | 45 |
| 列总和 $C$ | 20 | 15 | 80 | 20 | $T=135$ |

（1）本例属于 $2 \times 4$ 列联表，最小理论频数 $E_{22} = 15 \times 45 / 135 = 5$。因此，可用卡方检验。

（2）在 DPS 电子表格按表 5-8 格式输入数据，建立"水牛体型.DPS"文件；定义数据块，选择"分类数据统计"→"$R \times C$ 列联表卡方检验"，输出分析结果见表 5-9。采用"多样本率比较"分析命令，可得同样结果。

**表 5-9** 　　　　　　　　　　　两地水牛体型卡方检验结果

| $\chi^2 =$ | 7.5 | $df = 3$ | $P = 0.0576$ |
|---|---|---|---|
| 似然比统计量 $G =$ | 7.338 | $df = 3$ | $P = 0.0619$ |
| Williams 校正 $G =$ | 7.1009 | $df = 3$ | $P = 0.0688$ |

表 5-9 卡方检验结果表明，$\chi^2 = 7.5$，$P = 0.0567 > 0.05$，不能否定 $H_0$。因此，可以认为甲、乙两地水牛体型构成比相同。

## 四、$R \times C$ 列联表独立性检验

### （一）$R \times C$ 列联表独立性检验的原理

$R \times C$ 列联表检验与 $2 \times 2$ 列联表以及 $2 \times c$ 列联表检验类似，当总频数和理论值均较大时，应用 Pearson $\chi^2$ 检验。但当理论频数出现小于 1 或表中理论频数小于 5 的格子数超过全部格子数的 1/5 时，应用 Fisher 精确检验；或者把理论频数太小的行、列与性质相近的邻行、列合并使理论频数变大，或删去理论频数太小的行、列再应用 Pearson $\chi^2$ 检验。

$R \times C$ 列联表一般形式如表 5-10 所示，自由度 $df = (r-1)(c-1) \geq 4$（$c$ 和 $r$ 均大于等于 3）。

表 5-10                        $R \times C$ 列联表的一般形式

| 分类 | 1 | … | $c$ | 行总和 |
|---|---|---|---|---|
| 1 | $O_{11}$ $(E_{11})$ | … | $O_{1c}$ $(E_{1c})$ | $R_1.$ |
| … | … | … | … | … |
| $r$ | $O_{r1}$ $(E_{r1})$ | … | $O_{rc}$ $(E_{rc})$ | $R_r$ |
| 列总和 | $C_1$ | … | $C_c$ | $T$ |

在 $H_0$ 前提下，行变量与列变量是相互独立的，实际观测值 $O_{ij}$ 与理论值 $E_{ij}$ 的差异是随机误差，进行卡方检验时，其 $\chi^2$ 值可按公式（5-6）进行计算。

$$\chi^2 = \sum_{i,j=1}^{r,c} \frac{(O_{ij} - E_{ij})^2}{E_{ij}}, \quad df = (r-1)(c-1) \tag{5-6}$$

式中   $E_{ij}$——列联表的理论值，$E_{ij} = R_i C_j / T$。

实际应用中，一般多应用简化公式计算 $\chi^2$ 值，其简化公式为

$$\chi^2 = T \left[ \sum \frac{O_{ij}^2}{R_i C_j} - 1 \right] \tag{5-7}$$

**（二）DPS 检验**

在 DPS 电子表格，按照"双向无序列联表"的数据排列输入数据，于"分类数据统计"菜单选择"$R \times C$ 列联表卡方检验"，可以完成分析。

【例 5-7】对 3 组奶牛（每组 39 头）分别喂给不同的饲料，各组发病次数统计见表 5-11。问发病次数的构成比与所喂饲料是否有关？

表 5-11                      3 组牛的发病次数统计资料

| 发病次数 | 饲料 | | | 总和 |
|---|---|---|---|---|
| | 1 | 2 | 3 | |
| 0 | 19 (17.3) | 16 (17.3) | 17 (17.3) | 52 |
| 1 | 1 (0.3) | 0 (0.3) | 0 (0.3) | 1 |
| 2 | 0 (1.3) | 3 (1.3) | 1 (1.3) | 4 |
| 3 | 7 (5.7) | 9 (5.7) | 1 (5.7) | 17 |
| 4 | 3 (4.7) | 5 (4.7) | 6 (4.7) | 14 |
| 5 | 4 (3.3) | 1 (3.3) | 5 (3.3) | 10 |
| 6 | 2 (2.0) | 1 (2.0) | 3 (2.0) | 6 |
| 7 | 0 (1.3) | 2 (1.3) | 2 (1.3) | 4 |
| 8 | 1 (2.3) | 2 (2.3) | 4 (2.3) | 7 |
| 9 | 2 (0.7) | 0 (0.7) | 0 (0.7) | 2 |
| 总和 | 39 | 39 | 39 | 117 |

（1）计算各实际观测值对应的理论值，对于理论值小于 5 者，将相邻几个组加以合并

（表 5-12），合并后的各组的理论值均大于 5。

**表 5-12**　　　　　　　　　　　　　　**表 5-11 资料合并后结果**

| 发病次数 | 饲　料 | | | |
| --- | --- | --- | --- | --- |
| | 1 | 2 | 3 | 总和 |
| 0 | 19 | 16 | 17 | 52 |
| 1～3 | 8 | 12 | 2 | 22 |
| 4～5 | 7 | 6 | 11 | 24 |
| 6～9 | 5 | 5 | 9 | 19 |
| 总和 | 39 | 39 | 39 | 117 |

（2）在 DPS 电子表格按表 5-13 所示输入数据，建立"牛发病次数 . DPS"文件；定义数据块，选择"分类数据统计"→"$R \times C$ 列联表卡方检验"，输出分析结果见表 5-13。

**表 5-13**　　　　　　**奶牛发病次数与所喂饲料相关性卡方检验结果**

| | | | |
| --- | --- | --- | --- |
| $\chi^2 =$ | 10.6125 | $df = 6$ | $P = 0.1011$ |
| 似然比统计量 $G =$ | 11.5633 | $df = 6$ | $P = 0.0725$ |
| Williams 校正 $G =$ | 11.1893 | $df = 6$ | $P = 0.0827$ |

列联系数 2.88378479315295E−0001

表 5-13 检验结果表明，$\chi^2 = 10.61$，$P = 0.1011 > 0.05$。因此，可以认为奶牛的发病次数的构成比与饲料种类相互独立，即用 3 种不同的饲料饲喂奶牛，各组奶牛发病次数的构成比相同。

# 第四节　SPSS 在卡方检验中的应用

## 一、SPSS 在适合性检验中的应用

【例 5-8】利用 SPSS 检验例 5-1 中，豌豆杂交二代的性状分离比是否符合自由组合规律。

（1）建立文件"豌豆杂交试验 . SAV"：在"变量视图"中建立表示性状表现的变量"性状"，表示观测值数目的变量"数目"；在"数据视图"相应变量下输入例 5-1 中数据。

（2）依次点击"数据"→"加权个案"命令项，弹出"加权个案"对话框。勾选"加权个案"选项，并将变量"数目"移入"频率变量"框，将其定义为权数，如图 5-1 所示。调用"加权个案"命令完成后，SPSS 将在主窗口的最右下面状态行中显示"加权范围"字样，确定后返回。

（3）依次点击"分析"→"非参数检验"→"旧对话框"→"卡方"功能，弹出"卡方检验"主对话框。如图 5-2 所示。

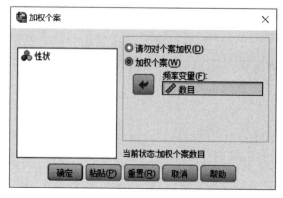

图 5-1　SPSS 加权个案对话框

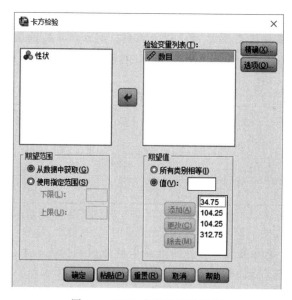

图 5-2　SPSS 卡方检验对话框

（4）将变量"数目"移入"检验变量列表"；在"期望全距"选项中勾选"从数据中获取"选项；在"期望值"选项中，勾选"值"选项，并按从小到大的顺序将"34.75、104.25、104.25、312.75"4 个理论值添加到"值"列表中，见图 5-2。

（5）在"卡方检验"主对话框，单击"精确"按钮，在弹出的子对话框中勾选"仅渐近法"。返回后，单击"选项"按钮，在弹出的子对话框中选中"描述"复选框。在主对话框单击确定输出分析结果。

卡方检验结果表明，$\chi^2 = 0.47$，$P = 0.925 > 0.05$。因此，不能否定 $H_0$，认为豌豆杂交第二代分离性状黄圆、黄皱、绿圆、绿皱的分离比例符合 9∶3∶3∶1 的自由组合规律。

## 二、SPSS 在独立性检验中应用

### （一）2×2 四格表资料的卡方检验

【例 5-9】用卡方检验法比较吸烟者与不吸烟者的慢性支气管炎患病率有无差别。调查数据见表 5-14。

| 表 5-14 | | 吸烟者与不吸烟者的慢性支气管炎患病率统计结果 | | |
|---|---|---|---|---|
| 分组 | 患病人数 | 未患病人数 | 总和 | 患病率/% |
| 吸烟者 | 43 | 162 | 205 | 21.0 |
| 不吸烟者 | 13 | 121 | 134 | 9.7 |
| 总和 | 56 | 283 | 339 | 16.5 |

（1）建立文件"吸烟与支气管炎关系研究.SAV"：在"变量视图"中建立分组变量"$r$"表示是否吸烟（吸烟＝1，不吸烟＝2），结果变量"$c$"表示是否患病（患病＝1，未患病＝2），频数变量"$f$"表示人数；在"数据视图"中相应变量下分别输入表 5-14 中的相应数据。

（2）依次点击"数据"→"加权个案"命令项，在弹出对话框中将变量"频数"移入"频数变量"框，定义频数为权数，确定后返回。

（3）依次点击"分析"→"描述统计"→"交叉表格"项，弹出如图 5-3 所示"交叉表格"主对话框；将变量"分组（$r$）"和变量"结果（$c$）"分别移入"行"变量框和"列"变量框中。

图 5-3　SPSS 交叉表格主对话框

（4）点击"统计"，弹出"交叉表格：统计"子对话框，并勾选"卡方"，即对成组四表格资料进行 χ² 检验。若是对配对设计四格表资料进行检验，需在"交叉表格：统计"子对话框中勾选"McNemar"选项，即对资料采用 McNeman（麦克尼曼）检验法。本例为成组四表格资料，故不需要勾选"McNemar"选项。

（5）单击"单元格"钮，弹出"交叉表格：单元格"子对话框，用于定义列联表单元格中需要计算和显示的指标。

该对话框中，"观察值"为实际观测值，"期望值"为理论值，"行"为行百分数，"列"为列百分数，"总计"为合计百分数，"未标准化"为实际观测值与理论值的差值，

"标准化"为观测值与理论值的差值除理论值，"调节的标准化"为由标准误确立的单元格残差。选择相关选项后点击继续钮返回主对话框，确定后输出分析结果，见表 5-15。

表 5-15 　　　　　　　　吸烟与慢性支气管炎患病率相关性卡方检验结果

| | 数值 | 自由度 | 渐进显著性（2 端） | 精确显著性（2 端） | 精确显著性（1 端） |
|---|---|---|---|---|---|
| Pearson 卡方（非校正）检验 | 7.469 | 1 | 0.006 | | |
| 连续性矫正检验 | 6.674 | 1 | 0.010 | | |
| 似然比卡方检验 | 7.925 | 1 | 0.005 | | |
| Fisher 精确卡方检验 | | | | 0.007 | 0.004 |
| 有效观察值个数 | 339 | | | | |

表 5-15 卡方测试结果给出了 Pearson 卡方（非校正）检验、连续性矫正检验、似然比卡方检验和 Fisher 精确卡方检验多种检验方法，因 $n=339$，最小理论值为 22.14，故采用 Pearson 卡方（非校正）检验。

因 $\chi^2=7.469$，$P=0.006$，按 $\alpha=0.05$ 的检验水准，差异有统计学意义。因此，可以认为吸烟者与不吸烟者慢性气管炎患病率是不同的，即吸烟者慢性气管炎患病率高于不吸烟者。

**（二）$R \times C$ 列联表的卡方检验**

【例 5-10】调查某市 3 类不同地区婴儿的致畸率，得表 5-16 资料。试检验该市 3 类地区出生婴儿的致畸率有无差别。

表 5-16 　　　　　　　　某市 3 类地区出生婴儿的致畸率调查结果

| 地区 | 畸形数 | 无畸形数 | 总和 | 致畸率/% |
|---|---|---|---|---|
| 重污染区 | 114 | 3278 | 3392 | 33.61 |
| 一般市区 | 404 | 40143 | 40547 | 9.96 |
| 农村 | 67 | 8275 | 8342 | 8.03 |
| 总和 | 585 | 51696 | 52281 | 11.19 |

（1）建立文件"婴儿致畸率比较.SAV"：在"变量视图"中建立分组变量"$r$"表示地区（重污染区=1，一般市区=2，农村=3）；结果变量"$c$"表示畸形情况（畸形=1，无畸形=2）；频数变量"$f$"表示人数；在"数据视图"中各变量下分别输入表 5-16 中的相应数据。

（2）单击"数据"→"加权个案"命令项，弹出"加权个案"对话框，选变量"$f$"进入"频数变量（$f$）"框，确定后即定义 $f$ 为权数。

（3）单击"分析"→"描述统计"→"交叉表格"项，在弹出"交叉表格"主对话框中选变量"$r$"进入"行"框，选变量"$c$"进入"列"框；点击"统计"钮，弹出"交叉表格：统计"子对话框，选择"卡方"进行 $\chi^2$ 检验。

（4）单击"单元格"，弹出"交叉表格：单元格"子对话框，分别勾选"观察数""期望值"后，返回主对话框，确定后输出卡方检验结果。

表 5-17　　　　　　　　　　婴儿出生地区与致畸率相关性卡方检验结果

|  | 数值 | 自由度 | 渐进显著性（2端） |
| --- | --- | --- | --- |
| Pearson 卡方检验 | 167.110 | 2 | 0.000 |
| 似然比卡方检验 | 114.456 | 2 | 0.000 |
| 线性相关性检验 | 84.105 | 1 | 0.000 |
| 有效观察值个数 | 52281 | | |

输出结果中最小理论值为 38，故采用 Pearson 卡方检验。表 5-17 卡方检验结果表明，$\chi^2 = 167.11$，$P$ 值小于 0.001，按 $\alpha = 0.05$ 的检验水准，差异有统计学意义。因此，可认为 3 个地区出生婴儿的致畸率有差别。

**（三）卡方检验多样本率或构成比的两两比较**

【例 5-11】例 5-10 中经卡方检验已知 3 个地区出生婴儿的致畸率有显著差别，试检验 3 个地区间彼此差别的显著性。

（1）在例 5-10 基础上，单击"数据"菜单选"选择个案"命令项，弹出"选择个案"主对话框。点击"如果条件满足"下的"如果"按钮，进入"选择个数：if"子对话框。在该对话框中，选择变量"$r$"进入右侧输入框内，输入选择条件"$r < 3$"，也可在输入框内输入"$r = 1$ or $r = 2$"，如图 5-4 所示。

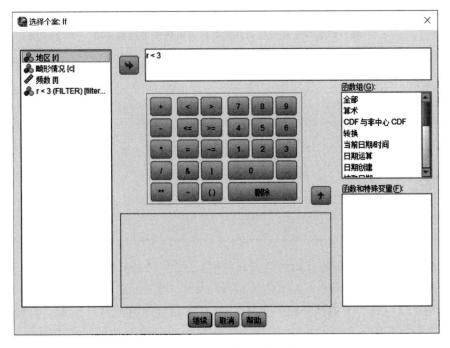

图 5-4　SPSS 选择个案子对话框

（2）点击继续按钮可在数据视图中看到如图 5-5 所示选择结果，即农村暂未列入比较序列。

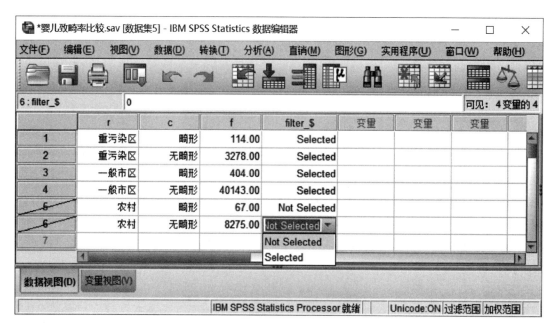

图 5-5　SPSS 选择结果

（3）调整变量"$filter\_\$$"后的 selected 与 No selected 选项，可达到 3 地区间两两比较的目的。其余各步骤仍按例 5-10 操作，输出分析结果见表 5-18。

表 **5-18** 　　　　　　　　重污染区与一般市区婴儿致畸率差异性卡方检验结果

| | 数值 | 自由度 | 渐进显著性<br>（2 端） | 精确显著性<br>（2 端） | 精确显著性<br>（1 端） |
|---|---|---|---|---|---|
| Pearson 卡方（非校正）检验 | 150.212 | 1 | 0.000 | | |
| 连续性矫正检验 | 148.189 | 1 | 0.000 | | |
| 似然比卡方检验 | 104.715 | 1 | 0.000 | | |
| Fisher 精确卡方检验 | | | | 0.000 | 0.000 |
| 线性相关性检验 | 150.209 | 1 | 0.000 | | |
| 有效观察值个数 | 43939 | | | | |

在卡方检验多样本率或构成比的两两比较时，应用检验结果 $P$ 与调整后的概率值 $\alpha'$ 比较，一般多个率两两比较时 $\alpha' = \alpha/C_k^2$，本例 $\alpha' = 0.05/3 = 0.01677$；多个率与对照比较时 $\alpha' = \alpha/(k-1)$（其中 $k$ 为样本率的个数）。由表 5-18 卡方检验结果可知，重污染地区与一般市区间比较卡方值为 150.212，$P$ 值为 0.000，小于调整后的 $\alpha'$ 值 0.01677，表明重污染地区与一般市区致畸率有显著差异。

类似方法检验其他地区间的比较结果分别是：重污染地区与农村间比较的卡方值为

103.871，P 值为 0.000，表明两地区间致畸率差异显著；一般市区与农村间比较的卡方值为 2.707，P 值为 0.100，表明两地区间致畸率差异不显著。

（4）在例 5-10 基础上，单击"分析"→"描述统计"→"交叉表格"项，弹出"交叉表格"对话框，将变量"地区"移到"列"变量框中，将变量"畸形"移到"行"变量框中；单击"单元格"钮，弹出"交叉表格：单元格"子对话框，选择"实际观察数""理论数""比较列的比例""调整 P 值（Boferroni 方法）"，点击继续返回主对话框，点击确定输出分析结果，见表 5-19。

**表 5-19** 畸形与地区交叉比较表

| | | | 地区 | | | 总和 |
| --- | --- | --- | --- | --- | --- | --- |
| | | | 重污染区 | 一般市区 | 农村 | |
| 畸形 | 畸形 | 计数 | 114 | 404 | 67 | 585 |
| | | 预期计数 | 38.0 | 453.7 | 93.3 | 585.0 |
| | | 地区内的 % | 3.4%[a] | 1.0%[b] | 0.8%[b] | 1.1% |
| | 无畸形 | 计数 | 3278 | 40143 | 8275 | 51696 |
| | | 预期计数 | 3354.0 | 40093.3 | 8248.7 | 51696.0 |
| | | 地区内的 % | 96.6%[a] | 99.0%[b] | 99.2%[b] | 98.9% |
| 总和 | | 计数 | 3392 | 40547 | 8342 | 52281 |
| | | 预期计数 | 3392.0 | 40547.0 | 8342.0 | 52281.0 |
| | | 地区内的 % | 100.0% | 100.0% | 100.0% | 100.0% |

表 5-20 中，上标小写字母表示各地区在 0.05 水平上与其他地区间致畸率比较结果。如果任两组之间标记字母相同，说明这两组之间的差异没有统计学意义；如果两组标记字母不同，说明这两组之间的差异存在统计学意义。根据这一原则，本研究结果为重污染区与一般市区间、重污染区与农村间存在显著差异，一般市区与农村间差异不显著。

## 思考练习题

**习题 5.1** χ² 检验与 t 检验在应用领域及应用方法上有什么区别？

**习题 5.2** 什么是适合性检验和独立性检验？它们有何异同？

**习题 5.3** 什么情况下 χ² 检验需作矫正？如何矫正？什么情况下先将各组合并后再作 χ² 检验？合并时应注意什么问题？

**习题 5.4** 两对相对性状杂交子二代 $A$—$B$—，$A$—$bb$，$aaB$—，$aabb$ 4 种表现型的观察次数依次为：315、108、101、32，是否符合 9：3：3：1 的遗传比例？

**习题 5.5** 根据以往的调查结果，人们对乳、肉、蛋的喜欢程度分别为 43%、27%、30%。现随机调查 200 人，调查结果为 30%、38%、32%。试检验人们对乳、肉、蛋的喜欢程度有无显著改变？

**习题 5.6** 对陕西三个秦川牛保种基地县进行秦川牛肉用性能外形调查，划分为优良中下 4 个等级，试问 3 个地区秦川牛肉用性能各级构成比差异是否显著。

| 地区 | 优 | 良 | 中 | 下 |
|---|---|---|---|---|
| 甲 | 10 | 10 | 60 | 10 |
| 乙 | 10 | 5 | 20 | 10 |
| 丙 | 5 | 5 | 23 | 6 |

**习题 5.7** 《中国针灸》1998 年 1 期，隔药饼灸延缓衰老研究，对 36 例老年人测得艾灸使用前后的血浆 SIL－2R 含量（单位：pmol/L），结果如下表所示，判断艾灸使用前后的正常率有无差异。

单位：pmol/L

| 处理 | 正常 | 异常 |
|---|---|---|
| 灸后 | 13 | 0 |
| 灸前 | 13 | 10 |

# 第六章　非参数检验

参数检验（parametric test）是在总体分布已知的情况下，对总体分布的参数如均值、方差等进行显著性检验的方法。如果在数据分析过程中，发现无法对总体分布形态作假定时，则无法应用参数检验的方法。而非参数检验（nonparametric test）则是在总体方差未知的情况下，利用样本数据对总体分布形态等进行推断的方法。由于非参数检验方法在推断过程中不涉及有关总体分布的参数，因而得名。

但是如果资料满足参数检验的条件，应选用参数检验的统计方法，否则会导致检验效能的降低。不过，近代理论证明，一些重要的非参数统计方法，与相应的参数统计方法比较，效能的损失很小。

## 第一节　配对资料的符号检验

### 一、符号检验定义

符号检验（sign test）是利用各对数据之差的符号来检验两个总体分布的差异性，常用于配对数据。基本思想是，假设两个总体分布相同，则每对数据之差的符号为正负的概率应当相等或接近，考虑到试验误差的存在，正号与负号出现的次数至少不应该相差太大。反之，若正号与负号出现次数相差超过一定的临界值，就可认为两个样本所属总体有显著差异，从而认为二者不服从相同的分布。

### 二、符号检验步骤

**（一）提出无效假设与备择假设**

$H_0$：甲、乙两处理总体分布位置相同（即两处理无显著差异）；$H_1$：甲、乙两处理总体分布不同（两处理差异显著）。

**（二）计算差值并赋予符号**

计算甲、乙两个处理的配对数据的差值 $d$，$d > 0$ 的记为"＋"，$d < 0$ 的记为"－"，$d = 0$ 的记为"0"。统计"＋"、"－"、"0"的个数，分别记为 $n_+$，$n_-$，$n_0$，将正负号数据的和作为样本容量 $n$，即 $n = n_+ + n_-$。将 $n_+$、$n_-$ 中的较小者作为检验的统计量，用 $K$ 表示，即 $K = \min\{n_+, n_-\}$。

**（三）统计推断**

查符号检验用 $K$ 临界值表（见附录附表10），查得 $K_{0.05(n)}$、$K_{0.01(n)}$ 与计算 $K$ 值比较并做出推断。如果 $K > K_{0.05(n)}$，$P > 0.05$，则不能否定 $H_0$，表明两个试验处理差异不显著；如果 $K_{0.01(n)} < K \leqslant K_{0.05(n)}$，$0.01 < P \leqslant 0.05$，则否定 $H_0$，接受 $H_1$，表明两个试验处理差异显著；如果 $K \leqslant K_{0.01(n)}$，$P \leqslant 0.01$，则否定 $H_0$，接受 $H_1$，表明两个试验处理差异极显著。

## 三、DPS 检验

检验两组配对资料时，在 DPS 的电子表格按行输入数据；定义数据块，选择"试验统计"→"非参数检验"→"符号检验"命令，即可完成分析。

**【例 6-1】** 某研究测定了噪声刺激前后 15 头猪的心率（单位：次/min），结果见表 6-1。试用 DPS 分析噪声对猪的心率有无影响？

| 表 6-1 | | | | | 噪声刺激前后猪心率测定结果 | | | | | | | | | 单位：次/min | |
|---|---|---|---|---|---|---|---|---|---|---|---|---|---|---|---|
| 猪号 | 1 | 2 | 3 | 4 | 5 | 6 | 7 | 8 | 9 | 10 | 11 | 12 | 13 | 14 | 15 |
| 刺激前 | 61 | 70 | 68 | 73 | 85 | 81 | 65 | 62 | 72 | 84 | 76 | 60 | 80 | 79 | 71 |
| 刺激后 | 75 | 79 | 85 | 77 | 84 | 87 | 88 | 76 | 74 | 81 | 85 | 78 | 88 | 80 | 84 |

首先将表 6-1 刺激前、刺激后数据以行输入 DPS 表格，建立"猪心率试验.DPS"文件；定义数据块，选择"试验统计"→"非参数检验"→"符号检验"命令，输出检验结果。

检验主要含两种检验结果：符号检验 $n_1 = 2$，$n_2 = 13$，$\chi^2 = 6.6667$，$P = 0.0098$；基于二项分布精确检验概率 $P = 0.0074$。由于两种方法均有 $P < 0.01$，因此，可以认为猪噪声刺激前后的心率有极显著差异。

## 四、SPSS 检验

**【例 6-2】** 利用 SPSS 分析表 6-1 噪声对猪心率影响的统计资料。研究噪声对猪的心率有无影响？

（1）以表 6-1 资料，建立"猪心率试验.SAV"文件，建立"刺激前"和"刺激后"两变量，将表 6-1 资料输入。

（2）选择菜单"分析"→"非参数检验"→"旧对话框"→"2 个相关样本检验"命令，打开"两个相关样本检验"主对话框；在主对话框同时选中"刺激前"和"刺激后"两变量，将两变量成对移入"检验对"框。

（3）在主对话框"检验类型"栏有 4 个可选项，即 4 种检验方法，可勾选"Wilcoxon"（威尔科克森）和"符号检验"两种方法，见图 6-1。确定后输出分析结果。

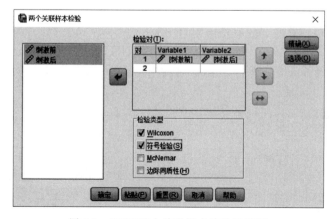

图 6-1　SPSS 两个关联样本检验对话框

输出结果表明，Wilcoxon 检验方法和符号检验方法 $P$ 值均小于 0.01。因此，可以认为噪声对猪的心率有极显著影响。

# 第二节 配对资料的符号秩和检验

## 一、符号秩和检验定义

符号秩和检验（signed rank sum test）或称 Wilcoxon 检验，是通过将观测值按由小到大的次序排列，编定秩次，求出秩和进行假设检验。由于检验中除了比较各对数据差值的符号外，还要比较各对数据差值大小的秩次高低，因此此统计效率远远高于符号检验。

## 二、配对资料符号秩和检验步骤

### (一) 提出无效假设与备择假设

$H_0$：甲、乙两处理总体分布位置相同（即两处理无显著差异）；$H_1$：甲、乙两处理总体分布不同（两处理差异显著）。

### (二) 计算差值并编秩次

先求配对数据的差值 $d$，然后按 $d$ 的绝对值从小到大编秩次，即确定顺序号；再根据原差值正负在各秩次前标上正负号；若差值 $d=0$ 则舍去不计，若有若干个差值 $d$ 的绝对值相等则取其平均秩次。

### (三) 计算检验统计量

分别计算正秩次及负秩次的和，并以绝对值较小的秩和绝对值为检验的统计量 $T$。

### (四) 统计推断

记正、负差值的总个数为 $n$，根据 $n$ 查符号秩和检验用 $T$ 临界值表附录附表 11，查得 $T_{0.05(n)}$ 和 $T_{0.01(n)}$。如果 $T > T_{0.05(n)}$，$P > 0.05$，则不能否定 $H_0$，表明两个试验处理差异不显著；如果 $T_{0.01(n)} < T \leqslant T_{0.05(n)}$，$0.01 < P \leqslant 0.05$，则否定 $H_0$，接受 $H_1$，表明两个试验处理差异显著；如果 $T \leqslant T_{0.01(n)}$，$P \leqslant 0.01$，则否定 $H_0$，接受 $H_1$，表明两个试验处理差异极显著（注意：当 $T$ 恰好等于临界值 $T_a$ 时，其确切概率常小于附录附表 11 中列出的相应概率）。

## 三、DPS 检验

【例 6-3】研究所对 12 份血清分别用原方法（检测时间 20min）和新方法（检测时间 10min）检测其谷丙转氨酶（单位：nmol·$S^{-1}$/L），结果见表 6-2。问两种检测方法有无差异？

| 表 6-2 | 原法和新法检测血清谷丙转氨酶测定结果 | | | | | | | | | | 单位：nmol·$s^{-1}$/L | |
|---|---|---|---|---|---|---|---|---|---|---|---|---|
| 方法 | 对子编号 | | | | | | | | | | | |
| | 1 | 2 | 3 | 4 | 5 | 6 | 7 | 8 | 9 | 10 | 11 | 12 |
| 原方法 | 60 | 142 | 195 | 80 | 242 | 220 | 190 | 25 | 212 | 38 | 236 | 95 |
| 新方法 | 80 | 152 | 243 | 82 | 240 | 220 | 205 | 38 | 243 | 44 | 200 | 100 |

以行输入表 6-2 中数据，建立"谷丙转氨酶检验．DPS"文件；定义数据块，选择"试验统计"→"非参数检验"→"两样本配对 Wilcoxon 符号秩检验"命令，输出 Wilcoxon 配对检验结果。

表 6-3　　　　　　　两种检测方法谷-丙转氨酶 Wilcoxon 符号秩检验结果

| 秩和： | $T-=54.50$ | $T+=11.50$ | $T=11.50$ |
|---|---|---|---|
| 符号秩检验确切概率 | | | $P=0.0537$ |

表 6-3 两样本配对 Wilcoxon 符号秩检验结果表明，由符号秩检验确切概率法得到的 $P$ 大于 0.05；同时，由秩和符号检验得 $T=11.50$，查附录附表 11 符号秩和检验用 $T$ 临界值表得 $T_{0.05(11)}=10$，则 $T>T_{0.05(11)}$，也得出 $P>0.05$ 的结论。因此，认为新方法的谷丙转氨酶检测值与原法检测值无显著差异。

# 第三节　成组资料的秩和检验

## 一、成组资料秩和检验的应用

符号检验和符号秩和检验主要适用于配对设计资料间的比较，非配对试验资料差异显著性检验常应用的是秩和检验（rank sum test），即成组资料的 Wilcoxon 检验。成组资料的秩和检验是关于分别抽自两个总体的两个独立样本之间秩和的成组比较，它比配对资料的秩和检验的应用更为普遍。

对于两样本 Wilcoxon 检验效率，据研究发现若总体分布对称，小样本时 $t$ 检验功效较高，大样本时两种方法功效相似，但总体非对称分布时秩和检验的功效高于 $t$ 检验。当样本量足够大时，可以用秩和检验代替 $t$ 检验。

## 二、成组资料秩和检验的步骤

**（一）提出无效假设与备择假设**

$H_0$：甲、乙两处理总体分布位置相同（即两处理无显著差异）；$H_1$：甲、乙两处理总体分布不同（两处理差异显著）。

**（二）编秩次**

将两个样本观测值混合后，从小到大编秩次，与每个数据对应的序号即为该数据的秩次。编秩次时，不同样本的相同观测值，其秩次取原秩次的平均秩次。

**（三）计算统计量 $T$**

设 $n_1$、$n_2$ 分别为两样本的容量，规定 $n_1 \leqslant n_2$，总例数 $N=n_1+n_2$，容量为 $n_1$ 样本的秩和为统计量 $T$ 的取值。

**（四）统计推断**

由 $n_1$、$(n_2-n_1)$ 和 $\alpha$ 为参数，查附录附表 12 成组设计两样本比较的秩和检验 $T$ 临界值表的接受区间。若 $T$ 在接受区间之内，即 $P>0.05$，则不能否定 $H_0$，表明两个试验处理差异不显著。反之，则拒绝 $H_0$，表明两个试验处理差异显著。

## 三、DPS 检验

检验两组成组资料时，在 DPS 电子表格按行输入数据。定义数据块，根据成组或配对不同情形，选择"分类数据统计"→"非参数检验"下拉菜单的"两样本 Wilcoxon 检验"或"两样本配对 Wilcoxon 符号-秩检验"命令，即可完成分析。

【例 6-4】利用原有仪器和新仪器分别测得某物质 30min 后的溶解度：A 为 55.7，50.4，54.8，52.3；B 为 53.0，52.9，55.1，57.4，56.6。试判断两台仪器测试结果是否一致。

（1）按行输入两组数据，建立"仪器测试.DPS"文件；定义数据块，选择"试验统计"→"非参数检验"→"两样本 Wilcoxon 检验"命令，输出分析结果。

（2）输出结果①为 Wilcoxon 检验结果，$n_1=4$，$n_2=5$，秩和 $T=15.00$，则查附录附表 12 得 $T_{4,1,0.05}=(12,28)$，由于 $T=15.00$ 在接受区间（12，28）之间，因此 $P>0.05$；输出结果②为两组间差异显著检验的精确检验结果，$P=0.2857$；输出结果③为正态近似检验结果，$u=1.1023$，$P=0.2703$。由于结果①与结果②均做出 $P>0.05$ 的推断，故不能否定 $H_0$，即两仪器的测试效果是一致的。

【例 6-5】研究两种不同能量水平饲料对 5～6 周龄肉仔鸡增重（单位：g）的影响，资料如表 6-4 所示。问两种不同能量水平的饲料对肉仔鸡增重的影响有无差异？

**表 6-4　　　　　　　　　两种不同能量水平饲料的肉仔鸡增重量　　　　　　　单位：g**

| 饲料 | 肉仔鸡增重 | | | | | | | | |
|------|------|------|------|------|------|------|------|------|------|
| 高能量 | 603 | 585 | 598 | 620 | 617 | 650 | | | |
| 低能量 | 489 | 457 | 512 | 567 | 512 | 585 | 591 | 531 | 467 |

（1）按行输入两组数据，建立"饲喂仔鸡试验.DPS"文件；定义数据块，选择"试验统计"→"非参数检验"→"两样本 Wilcoxon 检验"命令，确定后输出分析结果。

（2）输出结果①为 Wilcoxon 检验结果，$n_1=6$，$n_2=9$，秩和 $T=73.50$，则查附录附表 12 得 $T_{6,3,0.01}=(27,69)$，由于 $T=73.50$ 在接受区间（27，69）之外，因此 $P<0.01$；输出结果②为两组间差异显著检验的精确检验结果，$P=0.0008$；输出结果③为正态近似检验结果，$u=2.9516$，$P=0.0032$。由于结果①与结果②均做出 $P<0.01$ 的推断，故接受 $H_1$，表明饲料能量高低对肉仔鸡增重的影响有极显著差异。

## 四、SPSS 检验

【例 6-6】应用 SPSS 检验表 6-4 两种不同能量水平饲料的肉仔鸡增重资料，分析不同能量水平的饲料对肉仔鸡增重的影响有无差异。

（1）以表 6-4 资料，建立"饲喂仔鸡试验.SAV"文件；建立"分组"和"增重"两变量，其中"分组"变量分别赋值"低能量"和"高能量"两组，"增重"变量下输入表 6-4 数据。

（2）选择菜单"分析"→"非参数检验"→"旧对话框"→"两个独立样本检验"命令，打开"两个独立样本检验"主对话框。在对话框中，将"增重"变量移入"检验变量列表"框，将"分组"变量移入"分组变量"框中，如图 6-2 所示。

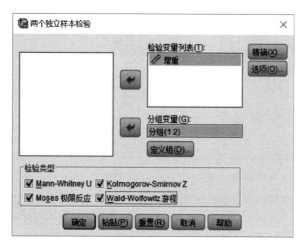

图 6-2　SPSS 两个独立样本检验主对话框

（3）单击分组变量框下面的"定义组"按钮，打开对话框。在组 1 中输入 1（表示低能量），在组 2 中输入 2（表示高能量），返回主对话框。勾选"检验类型"栏的 4 个选项，确定后即可输出分析结果。

输出结果表明，Mann-Whitney 检验方法、Kolmogorov-Smirnov 检验方法和 Wald-Wolfowitz 检验方法 $P$ 值均小于 0.05，而 Moses 检验方法 $P$ 值大于 0.05。综合考虑 4 种检验，建议否定原假设，即认为饲料能量高低对肉仔鸡增重的影响达显著水平。

# 第四节　多个样本比较的秩和检验

## 一、多个样本比较的秩和检验

在成组资料的秩和检验中检验了两个独立样本之间的差异，若进行多个独立样本的比较，则需应用多个样本比较的秩和检验的方法，即 Kruskal-Wallis（克鲁斯卡尔－瓦利斯）检验。

**（一）检验步骤**

1. 提出无效假设与备择假设

$H_0$：各总体分布位置相同（即处理间无显著差异）；$H_1$：各总体分布位置不同（处理间差异显著）。

2. 编秩次

将各样本观测值混合后，从小到大编秩次，与每个数据对应的序号即为该数据的秩次。编秩次时，对不同样本的相同观测值，其秩次取原秩次的平均秩次。

3. 计算统计量 $H$

$$H = \frac{12}{N(N+1)} \sum \frac{T_i^2}{n_i} - 3(N+1) \tag{6-1}$$

式中　$n_i$——第 $i$ 个样本的含量，$N = \sum n_i$；

$T_i$——第 $i$ 个样本的秩次之和。

在相同秩次较多时需要计算校正统计量 $H_c$，即

$$H_c = \frac{H}{1 - \sum (T_i^3 - T_i)/(N^3 - N)}$$ (6-2)

4. 统计推断

在组数 $k=3$、每组例数 $n_i \leqslant 5$ 时，可通过附录附表 14 三样本秩和检验 $H$ 临界值表查 $H$ 临界值进行比较。在 $n_i$ 较大或组数 $k > 3$ 时，$H$ 或 $H_c$ 近似服从自由度 $df = k-1$ 的 $\chi^2$ 分布，查 $\chi^2$ 临界值进行比较。

**（二）多重比较**

多个样本比较的秩和检验，认为各总体的分布位置不完全相同时，常需要进一步作两两比较的秩和检验，以推断哪两个总体的分布位置不同，哪两个总体分布位置相同。

（1）将各样本的秩和从大到小排列，求出两两秩和的差数 $R_i - R_j$。

（2）计算检验统计量 $q$

$$q = \frac{R_i - R_j}{S_{Ri-Rj}} \qquad S_{Ri-Rj} = \sqrt{\frac{n(nk)(nk+1)}{12}}$$ (6-3)

式中　$S_{Ri-Rj}$——秩和差数标准误；

　　　　$n$——样本含量即处理的重复数；

　　　　$k$——比较的两秩和差数范围内所包含的处理数（即秩次距）。

（3）推断统计结果　以 $df = \infty$ 和 $k$ 查附录附表 8 $q$ 临界值表得 $q_{a(\infty, k)}$，根据 $q$ 与 $q_{a(\infty, k)}$ 之间的关系作出统计推断。

## 二、DPS 检验

**【例 6-7】** 测得某中学教室在不同时间空气中 $CO_2$ 含量数据（单位：%），如表 6-5 所示。判断该中学教室在不同时间空气中 $CO_2$ 含量是否不同。

表 6-5　　　　　　　　　　某中学教室不同时间空气 $CO_2$ 含量测定结果　　　　　　　　单位：%

| 时间 | $CO_2$ 含量 | | | | | |
|---|---|---|---|---|---|---|
| 课前 | 0.48 | 0.53 | 0.55 | 0.55 | 0.58 | 0.62 |
| 课中 | 4.45 | 4.73 | 4.77 | 4.82 | 4.89 | 5.00 |
| 课后 | 2.95 | 3.07 | 3.18 | 3.20 | 3.30 | 4.45 |

表 6-5 空气中 $CO_2$ 含量资料属完全随机多组资料，用 Kruskal-Wallis 检验。首先，在 DPS 电子表格，按处理组以行输入数据，建立"教室 $CO_2$ 含量 .DPS"文件；定义数据块（仅选择数据部分），选择"试验统计"→"非参数检验"→"Kruskal-Wallis 检验"命令。输出分析结果见表 6-6 和表 6-7。

表 6-6　　　　　　　某中学教室不同时间空气 $CO_2$ 含量 Kruskal-Wallis 检验结果

| 变异来源 | 平方和 | 自由度 | 均方 | KW 统计量（H 值） |
|---|---|---|---|---|
| 处理 | 426.0833 | 2 | 213.0417 | 14.8324 |
| 误差 | 57.4167 | 15 | 3.8278 | |

续表

| 变异来源 | 平方和 | 自由度 | 均方 | KW 统计量（H 值） |
|---|---|---|---|---|
| 总变异 | 483.5000 | 17 | 28.4412 | |

近似卡方分布的显著性测验，$P=0.0006$；精确概率 $P$ 值 $=0.000001$；Monte Carlo 抽样概率 $P$ 值 $=0.000000$

表 6-7　　　　　　　某中学教室不同时间空气 $CO_2$ 含量两两比较 $t$ 检验结果

| 比较组别 | 组间差 | $t$ 值 | $P$ 值 |
|---|---|---|---|
| 1<->2 | 11.9167 | 10.4699 | 0.0000 |
| 1<->3 | 6.0833 | 5.3448 | 0.0001 |
| 2<->3 | 5.8333 | 5.1251 | 0.0001 |

表 6-6 输出结果中，$H=14.83$，虽然 $n=18$、$n_1=n_2=n_3=6$，超出附录附表 14 的范围，但 $H$ 值远远大于当 $n=15$、$n_1=n_2=n_3=5$ 时的临界值 $H_{0.01}=7.98$；在 $n_i$ 较大时，采用近似卡方分布的显著性检验结果为 $P<0.01$。因此，可以认为中学教室不同时间的空气中 $CO_2$ 含量不同。

表 6-7 两两比较结果表明，1、2 组，1、3 组，2、3 组的概率都有 $P<0.01$。可以认为，该中学教室的空气中 $CO_2$ 含量，在课前最低，课中最高，课后降低。

若试验中采用随机区组设计，则试验结果属于随机区组多组资料，应用 Friedman（弗里德曼）检验方法。在用 DPS 分析时，以行表示处理组、列表示区组输入数据，定义数据块后，选择"试验统计"→"非参数检验"→"Friedman 检验"命令，完成分析。

## 三、SPSS 检验

【例 6-8】应用 SPSS 检验表 6-5 中学教室空气中 $CO_2$ 含量数据资料，分析中学教室在不同时间空气中的 $CO_2$ 含量是否不同。

（1）以表 6-5 资料建立"教室 $CO_2$ 含量.SAV"文件；建立"时间"和"$CO_2$"两变量，其中分组变量"时间"分别赋值"课前"、"课中"和"课后"3 组；输入表 6-5 数据。

（2）选择菜单"分析"→"非参数检验"→"旧对话框"→"K 个独立样本检验"命令，打开主对话框。将"$CO_2$"变量移入"检验变量列表"框；将"时间"变量移入"分组变量"框；单击分组变量框下面的"定义范围"按钮，打开对话框；在最小框中输入 1，在最大框中输入 3（以 1 代表课前，以 2 代表课中，以 3 代表课后），如图 6-3 所示。

（3）在主对话框勾选"检验类型"中的 3 种检验方法，确定后可输出分析结果。

输出结果表明，Kruskal-Wallis 检验方法和中位数检验方法 $P$ 值均小于 0.01，而 Jonckheere-Terpstra 检验方法 $P$ 值大于 0.05。综合考虑 3 种检验，建议否定原假设，即认为中学教室不同时间的 $CO_2$ 含量不同。

若试验中采用随机区组设计，则试验结果属于随机区组多组资料，可应用 Friedman 等检验方法。在用 SPSS 分析时，建立"课前"、"课中"和"课后"3 个变量，选择菜单"分析"→"非参数检验"→"旧对话框"→"K 个相关样本检验"命令，并在对话框中将"课前"、"课中"和"课后"3 个变量，均移入"检验变量框"中。在"检验类型"中

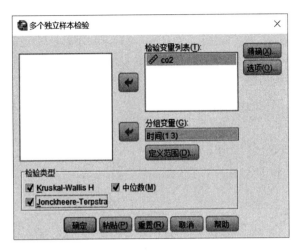

图 6-3　SPSS 多个独立样本检验主对话框

选中"Friedman"等检验方法。

# 第五节　等级相关检验

## 一、等级相关检验的定义

等级相关（rank correlation）是一种分析 $x$、$y$ 两个变量的等级间是否相关的分析方法。即先按 $x$、$y$ 两变量的大小次序，分别由小到大编上等级（秩次），然后分析两个变量的等级间是否相关的一种非参数相关分析方法。等级相关程度的大小和相关性质用等级相关系数［也称秩相关系数（rank correlation coefficient）］表示。等级相关系数 $r_s$ 具有与相关系数 $r$ 相同的特性，取值介于 $-1$ 与 $1$ 之间，正、负号也决定了相关性质。

常用的等级相关分析方法有 Spearman（斯皮尔曼）等级相关和 Kendal（肯德尔）等级相关等，此处讲解的是 Spearman 等级相关系数的计算及其显著性检验。

## 二、等级相关检验的步骤

### （一）提出无效假设与备择假设

$H_0$：$\rho_s = 0$，即 $x$ 和 $y$ 的秩不相关；$H_1$：$\rho_s \neq 0$，即 $x$ 和 $y$ 的秩相关。

### （二）计算等级相关系数 $r_s$

先将变量 $x$、$y$ 分别由小到大列出等级，相邻两数相同时取平均等级，再求出每对等级之差 $d$，利用公式（6-4）计算等级相关系数。

$$r_s = 1 - \frac{6\sum d^2}{n(n^2 - 1)} \tag{6-4}$$

式中　$n$——变量的对子数；

$d$——秩次之差。

当相同秩次较多时，会影响 $\sum d^2$ 值，应采用式（6-5）计算校正的等级相关系数 $r_s'$。

$$r'_s = \frac{\frac{n^3 - n}{6} - (t_x + t_y) - \sum d^2}{\sqrt{\left(\frac{n^3 - n}{6} - 2t_x\right)\left(\frac{n^3 - n}{6} - 2t_y\right)}} \qquad (6\text{-}5)$$

式中，$t_x$、$t_y$ 的计算公式相同，均为 $\sum \frac{t_i^3 - t_i}{12}$。在计算 $t_x$ 时，$t_i$ 为 $x$ 变量的相同秩次数；在计算 $t_y$ 时，$t_i$ 为 $y$ 变量的相同秩次数。

**（三）统计推断**

根据 $n$ 查附录附表 13 临界值 $r_{s(\alpha)}$ 值，若 $|r_s| < r_{s(0.05)}$，$P > 0.05$，不能否定 $H_0$，表明两变量 $x$、$y$ 等级相关不显著；若 $r_{s(0.05)} \leqslant |r_s| < r_{s(0.01)}$，$0.01 < P \leqslant 0.05$，否定 $H_0$，接受 $H_1$，表明两变量 $x$、$y$ 等级相关显著；若 $|r_s| \geqslant r_{s(0.01)}$，$P \leqslant 0.01$，否定 $H_0$，接受 $H_1$，表明两变量 $x$、$y$ 等级相关极显著。

## 三、DPS 检验

【例 6-9】研究含有必需氨基酸添加剂的某种饲料的营养价值时，用大白鼠做试验得到的关于进食量（$x$）和增重（$y$）的数据资料（单位：g），见表 6-8。试分析大白鼠的进食量与增重之间有无相关。

表 6-8　　　　　　　　　　大白鼠进食量与增重试验结果　　　　　　　　　　单位：g

| 鼠号 | 1 | 2 | 3 | 4 | 5 | 6 | 7 | 8 | 9 | 10 |
|---|---|---|---|---|---|---|---|---|---|---|
| 进食量（$x$） | 820 | 780 | 720 | 867 | 690 | 787 | 934 | 679 | 639 | 820 |
| 增重（$y$） | 165 | 158 | 130 | 180 | 134 | 167 | 186 | 145 | 120 | 158 |

（1）在 DPS 电子表格，按列输入数据，变量 $x$ 为第 1 列，变量 $y$ 为第 2 列，建立"大白鼠增重试验 .DPS"文件。

（2）定义数据块，选择"多元分析"→"相关分析"→"两变量相关分析"→"Spearman 秩相关"选项，输出分析结果。

输出结果为，Spearman 秩相关系数（$r_s$）为 0.8994，$P = 0.0021$。由于 $P < 0.01$，等级相关极显著。表明大白鼠的进食量与增重之间存在着极显著正相关。

## 四、SPSS 检验

【例 6-10】应用 SPSS 分析表 6-8 大白鼠进食量与增重结果资料，探讨大白鼠的进食量与增重之间有无相关。

（1）以表 6-8 资料，建立"大白鼠增重试验 .SAV"文件；建立 $x$ 和 $y$ 两变量，变量 $x$ 为进食量，变量 $y$ 为增重；输入表 6-8 数据资料。

（2）选择菜单"分析"→"相关"→"双变量"命令，打开"双变量相关性"主对话框。将"$x$"和"$y$"两变量移入"变量框"，如图 6-4 所示。在"相关系数"栏内勾选"Spearman"，确定后输出分析结果。

输出结果中，Spearman 秩相关系数为 0.899，$P$ 值小于 0.01，认为大白鼠的进食量与增重之间存在着极显著正相关。

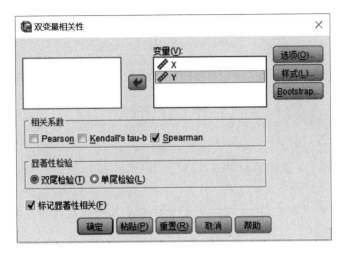

图 6-4 SPSS 双变量相关性对话框图

# 第六节 二分类资料的 Cochran 检验

在生命科学、农业科学、医药卫生以及食品等领域研究中，常需要调查一些专业信息方面的资料，需要被调查者在某个问题中回答"是"或"否"。即获得的数据（质量性状资料）能以两种方式归类，属于二分类资料，分析时应采用 Cochran（科克伦）检验方法。

## 一、DPS 检验

二分类的随机区组资料，在 DPS 系统中以行表示处理组、列表示区组输入数据，选择"分类数据统计"→"非参数检验"→"Cochran 检验"命令进行分析。

【例 6-11】在婴儿哭闹时，可以采用不同的哄法，如 A（喂水）、B（轻轻摇晃）、C（哄以橡皮奶头）、D（说话逗他）。对 12 名未满一月的婴儿用这 4 种方法进行试验，以 1 表示哄法有效、0 表示无效，结果如表 6-9 所示。应用 DPS 判断这 4 种哄婴儿方法的效果是否不同。

| 婴儿编号 | 1 | 2 | 3 | 4 | 5 | 6 | 7 | 8 | 9 | 10 | 11 | 12 |
|---|---|---|---|---|---|---|---|---|---|---|---|---|
| 哄法 A | 0 | 0 | 0 | 0 | 1 | 0 | 1 | 0 | 0 | 0 | 1 | 1 |
| 哄法 B | 0 | 1 | 0 | 0 | 1 | 1 | 1 | 1 | 1 | 0 | 1 | 1 |
| 哄法 C | 0 | 0 | 1 | 0 | 1 | 1 | 0 | 0 | 1 | 1 | 0 | 1 |
| 哄法 D | 0 | 0 | 0 | 0 | 1 | 1 | 0 | 1 | 1 | 0 | 1 | 1 |

表 6-9 4 种哄婴儿方法的效果

以行表示哄法处理组、列表示婴儿区组输入表 6-9 中数据，建立"哄婴儿方法 .DPS"文件；定义数据块，选择"试验统计"→"非参数检验"→"Cochran 检验"命令，确定后输出分析结果。

输出结果为，Cochran 检验统计量 $Q_c = 3.6923$，近似卡方分布的显著性测验 $P = 0.2967 > 0.05$。因此，可以认为 4 种哄婴儿方法的效果相同。

## 二、SPSS 检验

**【例 6-12】** 应用 SPSS 分析表 6-9 4 种哄婴儿方法的效果资料，判断 4 种哄婴儿方法的效果是否不同。

（1）建立"哄婴儿方法.SAV"文件；新建"哄法 A"、"哄法 B"、"哄法 C"和"哄法 D" 4 个变量；输入表 6-9 数据。

（2）选择菜单"分析"→"非参数检验"→"旧对话框"→"K 个相关样本检验"命令，打开相应对话框，见图 6-5。将 4 个变量分别移入"检验变量"框；点击"精确检验"，勾选"仅渐进法"，返回主对话框。

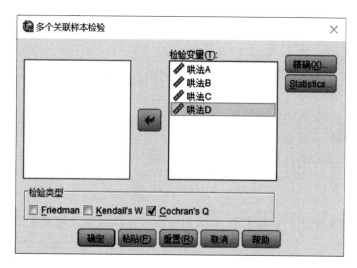

图 6-5　SPSS K 个相关样本检验对话框

（3）在主对话框"检验类型"栏勾选"Cochran's Q"。单击"确定"按钮，输出分析结果。

输出结果为 $Q_c = 3.6923$，$P = 0.2967 > 0.05$。因此，可以认为 4 种哄婴儿方法的效果相同。SPSS 分析结果与 DPS 分析一致。

### 思考练习题

**习题 6.1**　参数检验与非参数检验有何区别？各有什么优缺点？

**习题 6.2**　配对资料的符号检验、符号秩和检验的基本思想是什么？两者有什么区别和联系？

**习题 6.3**　什么是秩相关？秩相关适合于什么资料，其基本思想是什么？

**习题 6.4**　婴儿一般肝炎与重症肝炎患者血清胆红质（单位：$\mu mol/L$）数据如下表所示，判断两组的胆红质是否不同。

单位：$\mu mol/L$

| 肝炎 | 血清胆红质 | | | | | | |
|---|---|---|---|---|---|---|---|
| | <1 | 1～ | 5～ | 10～ | 15～ | 20～ | 25～ |
| 一般组 | 4 | 11 | 15 | 0 | 0 | 0 | 0 |
| 重症组 | 0 | 0 | 2 | 10 | 1 | 4 | 2 |

**习题 6.5** 今测定了 10 头猪进食前后血糖含量（单位：mmol/L）变化如下表，分别用配对资料的符号检验和秩和检验法检验进食后血糖的平均含量差异是否显著。

单位：mmol/L

| 猪号 | 1 | 2 | 3 | 4 | 5 | 6 | 7 | 8 | 9 | 10 |
|---|---|---|---|---|---|---|---|---|---|---|
| 饲前 | 120 | 110 | 100 | 130 | 123 | 127 | 118 | 130 | 122 | 145 |
| 饲后 | 125 | 125 | 120 | 131 | 123 | 129 | 120 | 129 | 123 | 140 |

**习题 6.6** 将一种生物培养物以等量分别接种到两种综合培养基 $A$ 和 $B$ 上，共接种 10 瓶 $A$ 培养基和 15 瓶 $B$ 培养基。一周后计算培养壁上单位面积的生物培养物细胞平均贴壁数，获得试验数据如下。试检验两种培养基的培养效果有无显著差异。

| 培养基 $A$ | 254 | 140 | 193 | 153 | 316 | 473 | 389 | 257 | 167 | 147 |
|---|---|---|---|---|---|---|---|---|---|---|
| 培养基 $B$ | 331 | 257 | 478 | 339 | 407 | 396 | 144 | 357 | 287 | 568 |
| | 483 | 396 | 245 | 403 | 390 | | | | | |

**习题 6.7** 4 种抗生素的抑菌效力比较研究，以细菌培养皿内抑菌区直径（单位：cm）为指标，并获得如下结果。试检验 4 种抗生素的抑菌效力有无显著差异？如果有显著差异，作两两比较。

单位：cm

| 平皿号 | 抗生素 Ⅰ | 抗生素 Ⅱ | 抗生素 Ⅲ | 抗生素 Ⅳ |
|---|---|---|---|---|
| 1 | 28 | 23 | 24 | 19 |
| 2 | 27 | 25 | 20 | 22 |
| 3 | 29 | 24 | 22 | 21 |
| 4 | 26 | 24 | 21 | 23 |
| 5 | 28 | 23 | 23 | 22 |

**习题 6.8** 有甲乙二位鉴定员，对 7 头贫乏饲养 3 周的大白鼠评定的等级如下表。问甲、乙两人评定结果是否相似？

| 序号 | 1 | 2 | 3 | 4 | 5 | 6 | 7 |
|---|---|---|---|---|---|---|---|
| 甲 | 4 号 | 1 号 | 6 号 | 5 号 | 3 号 | 2 号 | 7 号 |
| 乙 | 4 号 | 2 号 | 5 号 | 6 号 | 1 号 | 3 号 | 7 号 |

# 第七章　方差分析

## 第一节　方差分析的基本原理

### 一、方差分析概念

#### （一）方差分析定义

方差分析（analysis of variance，ANOVA）是由英国统计学家 R. A. Fisher 于 1923 年提出的。这种方法是将多个处理的观测值作为一个整体看待，把观测值总变异的平方和及自由度分解为相应于不同变异来源的平方和及自由度，进而获得不同变异来源总体方差估计值；通过计算这些总体方差的估计值的适当比值，就能检验各样本所属总体平均数是否相等。方差分析实质上是关于观测值变异原因的数量分析，它在科学研究中应用十分广泛。

方差分析基本思想是根据资料设计的类型及研究目的，可将总变异按照其变异的来源分解为多个部分，然后进行比较，评价由某种因素所引起的变异是否具有统计学意义。

#### （二）方差分析与 $t$ 检验关系

$t$ 检验法适用于样本平均数与总体平均数及两样本平均数间的差异显著性检验，但在比较多个处理优劣的问题即需进行多个平均数间的差异显著性检验时，不宜采用 $t$ 检验法。主要原因有以下几点。

1. 导致过程繁琐

若有 $k$ 个处理，则要作 $C_k^2 = k(k-1)/2$ 次类似的检验。如，当有 5 个处理时需要 10 次 $t$ 检验。

2. 导致误差估计不统一

对同一试验的多个处理进行比较时，应该有一个统一的试验误差的估计值。若用 $t$ 检验法作两两比较，由于每次比较均需计算一个 $S_{\bar{x}_1 - \bar{x}_2}$ 用来估计误差，故使得各次比较误差的估计不统一。

3. 误差估计的精确性和检验的灵敏性低

对同一试验的多个处理用 $t$ 检验法作两两比较时，没有充分利用资料所提供的信息而使误差估计的精确性降低，误差自由度小 [$t$ 检验时的自由度为 $df = 2(n-1)$，方差分析时的自由度为 $df = k(n-1)$]，使检验的灵敏性降低，容易掩盖差异的显著性。

4. 犯 I 型错误的概率大大增加

即使利用资料所提供的全部信息估计了试验误差，若用 $t$ 检验法进行多个处理平均数间的差异显著性检验，由于没有考虑相互比较的两个平均数的秩次问题，因而会增大犯 I 型错误的概率，降低推断的可靠性。

### （三）方差分析的假定条件

方差分析也是一种显著性检验，与 $t$ 检验一样也必须满足分布的正态性、方差的同质性和效应的可加性。

（1）分布的正态性（normality） 即各处理组样本是相互独立的随机样本，其总体服从正态分布。

（2）方差的同质性（homogeneity） 即相互比较的各处理组样本的总体方差相等，即具有方差齐性。

（3）效应的可加性（additivity） 即所有进行方差分析的数据都可分成几个分量之和。

## 二、方差分析的原理与步骤

### （一）方差分析的原理

方差分析的基本思想就是将测量数据的总变异按照变异原因不同分解为处理效应（treatment effect）和误差效应（error effect），并作出数量估计。但并不是任何试验资料的总变异都是由这两类原因构成的，随着试验处理因素的增多，总变异可以分解为多种原因引起的变异。

### （二）数学模型

1. 数学模型的定义

方差分析的数学模型（mathematical model）是指试验资料的数据结构，或者说是每一观测值的线性组成，它是方差分析的基础，是平方和与自由度分解的依据。

假设某单因素试验有 $k$ 个处理，每个处理有 $n$ 次重复，共有 $nk$ 个观测值。则试验资料的数据模式如表 7-1 所示。

**表 7-1**            **$k$ 个处理每个处理有 $n$ 个观测值的数据模式**

| 处理 | | | 观 | 测 | 值 | | | 总和 $x_{i.}$ | 平均数 $\bar{x}_{i.}$ |
|---|---|---|---|---|---|---|---|---|---|
| $A_1$ | $x_{11}$ | $x_{12}$ | ... | $x_{1j}$ | ... | $x_{1n}$ | | $x_{1.}$ | $\bar{x}_{1.}$ |
| $A_2$ | $x_{21}$ | $x_{22}$ | ... | $x_{2j}$ | ... | $x_{2n}$ | | $x_{2.}$ | $\bar{x}_{2.}$ |
| ⋮ | ⋮ | ⋮ | ... | ⋮ | ... | ⋮ | | ⋮ | ⋮ |
| $A_i$ | $x_{i1}$ | $x_{i2}$ | ... | $x_{ij}$ | ... | $x_{in}$ | | $x_{i.}$ | $\bar{x}_{i.}$ |
| ⋮ | ⋮ | ⋮ | ... | ⋮ | ... | ⋮ | | ⋮ | ⋮ |
| $A_k$ | $x_{k1}$ | $x_{k2}$ | ... | $x_{kj}$ | ... | $x_{kn}$ | | $x_{k.}$ | $\bar{x}_{k.}$ |
| 总和 | | | | | | | | $x_{..}$ | $\bar{x}_{..}$ |

表中，$x_{ij}$ 表示第 $i$ 个处理的第 $j$ 个观测值（$i=1, 2, \cdots, k$；$j=1, 2, \cdots, n$）；

$$x_{i.} = \sum_{j=1}^{n} x_{ij} \text{ 表示第 } i \text{ 个处理 } n \text{ 个观测值的总和，对应的平均数为 } \bar{x}_{i.} = \sum_{j=1}^{n} x_{ij}/n = x_{i.}/n ；$$

$$x_{..} = \sum_{i=1}^{k} \sum_{j=1}^{n} x_{ij} = \sum_{i=1}^{k} x_{i.} \text{ 表示全部观测值的总和，对应的平均数为 } \bar{x}_{..} = \sum_{i=1}^{k} \sum_{j=1}^{n} x_{ij}/kn = x_{..}/kn 。$$

根据方差分析分布的正态性、方差的同质性以及效应的可加性，对任一单因素试验任

何一个观测值 $x_{ij}$ 其线性模型（linear model）为

$$x_{ij} = \mu_i + \varepsilon_{ij} = \mu + \alpha_i + \varepsilon_{ij} \tag{7-1}$$

式中 $\mu_i$——第 $i$ 个处理观测值总体平均数；

$\mu$——全试验观测值总体的平均数，则有 $\mu = \dfrac{1}{k} \sum\limits_{i=1}^{k} \mu_i$；

$\alpha_i$——第 $i$ 个处理的效应，表示处理 $i$ 对试验结果产生的影响；

$\varepsilon_{ij}$——试验误差，要求是相互独立的，且服从正态分布 $N$（0，$\sigma^2$）。

2. 模型类型

根据数学模型中处理效应 $\alpha_i$ 的不同性质，可将处理效应分为固定效应（fixed effect）和随机效应（random effect）。根据处理效应 $\alpha_i$ 的不同类别，可将方差分析的数学模型划分为固定模型、随机模型和混合模型。

（1）固定模型　固定模型（fixed model）是指各处理的效应 $\alpha_i$ 是一个常量，是由固定因素（fixed factor）引起的效应，满足 $\sum\limits_{i=1}^{k} \alpha_i = 0$。例如，在 $k$ 个水平的单因素试验中，试验因素的 $k$ 个水平是根据试验目的事先选定的，而不是随机选定的，研究的对象只限于这 $k$ 个处理对应的总体，研究目的在于推断这 $k$ 个总体平均数是否相同，即所研究的处理效应 $\alpha_i = \mu_i - \mu$ 是固定的，满足 $\sum\limits_{i=1}^{k} \alpha_i = \sum\limits_{i=1}^{k} (\mu_i - \mu) = \sum\limits_{i=1}^{k} \mu_i - \sum\limits_{i=1}^{k} \mu = 0$，则该模型为固定模型。

一般常见的田间密度试验、品种比较试验以及动物饲养试验等，试验因素均为固定因素，需按固定模型处理。

（2）随机模型　随机模型（random model）是指各处理的效应 $\alpha_i$ 是由随机因素（random factor）引起的效应，是一个随机变量，而不再是一个常量。例如，在 $k$ 个水平的单因素试验中，$k$ 个处理并非特别指定，而是随机抽取的，研究的对象为这 $k$ 个处理对应总体所在的更大的总体，研究的目的是从这 $k$ 个处理的总体推断所在大总体的变异情况，即处理效应 $\alpha_i$ 是随机的，且不仅研究处理效应 $\alpha_i$，而且研究 $\alpha_i$ 的变异情况，则该模型为随机模型。

田间有机肥试验中由于有机肥的肥效无法准确衡量，是一个随机因素，需按随机模型处理；类似地调查自然条件下某野生鸟的产蛋量，作为调查对象的每个鸟窝是随机抽取的，也是随机因素，也需按随机模型处理。在多因素试验中，若各因素水平的效应均是随机变量，即各因素均为随机因素，则对应的模型为随机模型。

（3）混合模型　在多因素试验中，若多个试验因素中既含有固定因素又含有随机因素，则该试验对应的模型为混合模型（mixed model）。

例如，调查某地区苹果单株产量的稳定性，随机抽取 5 个果园，每个果园又分为粗放管理和精细管理两种方式，各抽取 10 株测产。该试验中果园是随机抽取的，为随机因素；管理方式是固定的，为固定因素。则该试验对应的模型为混合模型。

不同的模型在平方和与自由度的计算上是相同的，但在显著性检验时计算 $F$ 值的公式是不同的。主要原因是不同模型研究的对象和目的不同，分析结果的解释也不同。因此，只有彻底掌握了 3 种模型的区别，才能进行科学的试验设计、正确的结果分析以及合理的统计推断。

### （三）平方和与自由度的分解

1. 平方和的分解

方差分析中，将反映全部观测值总变异的总平方和用 $SS_T$ 表示，它是各观测值 $x_{ij}$ 与总平均数 $\bar{x}_{..}$ 的离差平方和。根据线性模型，可将总平方和分解为处理平方和与误差平方和两部分。

$$\sum_{i=1}^{k}\sum_{j=1}^{n}(x_{ij}-\bar{x}_{..})^2 = n\sum_{i=1}^{k}(\bar{x}_{i.}-\bar{x}_{..})^2 + \sum_{i=1}^{k}\sum_{j=1}^{n}(x_{ij}-\bar{x}_{i.})^2 \tag{7-2}$$

式中：$\sum_{i=1}^{k}\sum_{j=1}^{n}(x_{ij}-\bar{x}_{..})^2$ 为总平方和（total sum of squares），记为 $SS_T$，即

$$SS_T = \sum_{i=1}^{k}\sum_{j=1}^{n}(x_{ij}-\bar{x}_{..})^2 = \sum_{i=1}^{k}\sum_{j=1}^{n}x_{ij}^2 - C，\ C=x_{..}^2/kn \tag{7-3}$$

$n\sum_{i=1}^{k}(\bar{x}_{i.}-\bar{x}_{..})^2$ 为各处理平均数 $\bar{x}_{i.}$ 与总平均数 $\bar{x}_{..}$ 的离均差平方和与重复数 $n$ 的乘积，反映了重复 $n$ 次的处理间变异，称为处理平方和，记为 $SS_t$，即

$$SS_t = n\sum_{i=1}^{k}(\bar{x}_{i.}-\bar{x}_{..})^2 = \frac{1}{n}\sum_{i=1}^{k}x_{i.}^2 - C \tag{7-4}$$

$\sum_{i=1}^{k}\sum_{j=1}^{n}(x_{ij}-\bar{x}_{i.})^2$ 为各处理内离均差平方和之和，反映了各处理内的变异即误差，称为处理内平方和或误差平方和，记为 $SS_e$，即

$$SS_e = \sum_{i=1}^{k}\sum_{j=1}^{n}(x_{ij}-\bar{x}_{i.})^2 = SS_T - SS_t \tag{7-5}$$

2. 自由度的分解

在计算总平方和时，资料中的各个观测值要受 $\sum_{i=1}^{k}\sum_{j=1}^{n}(x_{ij}-\bar{x}_{..})=0$ 这一条件的约束，故总自由度等于资料中观测值的总个数减 1，即 $kn-1$。总自由度标记为 $df_T$，则有 $df_T = kn-1$。

在计算处理间平方和时，各处理均数 $\bar{x}_{i.}$ 要受 $\sum_{i=1}^{k}(\bar{x}_{i.}-\bar{x}_{..})=0$ 这一条件的约束，故处理间自由度为处理数减 1，即 $k-1$。处理间自由度标记为 $df_t$，则有 $df_t = k-1$。

在计算处理内平方和时，要受 $k$ 个条件的约束，即 $\sum_{j=1}^{n}(x_{ij}-\bar{x}_{i.})=0$（$i=1, 2, \cdots, k$）。故处理内自由度为资料中观测值的总个数减 $k$，即 $kn-k$。处理内自由度标记为 $df_e$，则有 $df_e = kn-k = k(n-1)$。

因为

$$nk-1 = (k-1) + (nk-k) = (k-1) + k(n-1)$$

所以

$$df_T = df_t + df_e \tag{7-6}$$

综合以上各式得

$$df_T = kn-1 \quad df_t = k-1 \quad df_e = df_T - df_t = k(n-1) \tag{7-7}$$

3. 求均方

各项平方和除以各自对应的自由度可分别得到总均方、处理均方和处理内均方或误差均方（mean square error），分别标记为 $MS_T$、$MS_t$ 和 $MS_e$。即

$$MS_T = S_T^2 = SS_T/df_T \qquad MS_t = S_t^2 = SS_t/df_t \qquad MS_e = S_e^2 = SS_e/df_e \qquad (7\text{-}8)$$

**（四）F 检验**

方差分析的一个基本假定是要求各处理观测值总体的方差相等（方差的同质性），即 $\sigma_1^2 = \sigma_2^2 = \cdots = \sigma_k^2 = \sigma^2$，$\sigma_i^2$（$i = 1, 2, \cdots, k$）表示第 $i$ 个处理观测值总体的方差。如果所分析的资料满足方差同质性的要求，那么各处理的样本方差 $S_1^2, S_2^2, \cdots, S_k^2$ 都是 $\sigma^2$ 的无偏估计量（unbiased estimator）。因此，各 $S_i^2$（由试验资料中第 $i$ 个处理的 $n$ 个观测值计算得到的方差）的合并方差 $S_e^2$ 也是 $\sigma^2$ 的无偏估计量，且估计的精确度更高。通过公式（7-9）可知，误差均方即为合并方差，二者均是 $\sigma^2$ 的无偏估计量。

$$MS_e = \frac{SS_e}{df_e} = \frac{\sum \sum (x_{ij} - \bar{x}_{i.})^2}{k(n-1)} = \frac{\sum SS_i}{k(n-1)} = \frac{SS_1 + SS_2 + \cdots + SS_k}{df_1 + df_2 + \cdots + df_k}$$

$$= \frac{df_1 S_1^2 + df_2 S_2^2 + \cdots + df_k S_k^2}{df_1 + df_2 + \cdots + df_k} = S_e^2 \qquad (7\text{-}9)$$

试验中各处理所属总体的本质差异是由处理效应 $\alpha_i$ 造成的。我们将反映各处理观测值总体平均数 $\mu_i$ 的变异程度的方差称为效应方差，标记为 $\sigma_\alpha^2$，则有 $\sigma_\alpha^2 = \dfrac{\sum \alpha_i^2}{k-1} = \dfrac{\sum (\mu_i - \mu)^2}{k-1}$。统计学上已经证明，$\sum (\bar{x}_{i.} - \bar{x}_{..})^2/(k-1)$ 是 $\sigma_\alpha^2 + \sigma^2/n$ 的无偏估计量。因而，处理间均方 $MS_t$ 实际上是 $n\sigma_\alpha^2 + \sigma^2$ 的无偏估计量。

当效应的方差 $\sigma_\alpha^2 = 0$，亦即各处理观测值总体平均数 $\mu_i$（$i = 1, 2, \cdots, k$）相等时，处理间均方 $MS_t$ 与处理内均方一样，也是误差方差 $\sigma^2$ 的估计值。因此，方差分析就是通过 $MS_t$ 与 $MS_e$ 的比较来推断 $\sigma_\alpha^2$ 是否为零（即 $\mu_i$ 是否相等）的。所以，可用 $S_t^2/S_e^2$ 来判断处理间均方是否显著大于处理内（误差）均方。即

$$F = S_t^2/S_e^2 \quad 或 \quad F = MS_t / MS_e \qquad (7\text{-}10)$$

如果 $H_0$ 是正确的（即不存在处理效应），那么 $MS_t$ 与 $MS_e$ 都是总体误差 $\sigma^2$ 的估计值，理论上 $F$ 值等于 1；如果 $H_0$ 是不正确的（即存在处理效应），那么效应方差 $\sigma_\alpha^2$ 就不等于零，理论上 $F$ 值就必大于 1。但是由于抽样的原因，即使 $H_0$ 正确，$F$ 值也会出现大于 1 的情况，只有 $F$ 值大于 1 达到一定程度时，才有理由否定 $H_0$。因此，可通过附录附表 6 查 $F$ 临界值 $F_\alpha$ 值，通过 $F$ 值与 $F_\alpha$ 值的比较来判断 $H_0$ 是否正确。

# 三、多重比较

**（一）多重比较的定义**

方差分析的原假设是各个因素水平下的观测变量均值都相等，备择假设是各均值不完全相等。假如方差分析的结果是拒绝原假设，即处理之间存在差异，此时只能判断各观测变量均值不完全相等，不能得出各均值完全不相等的结论。为了弄清究竟在哪些均值之间存在显著差异，哪些均值之间无显著差异，必须在各处理均值之间一对一对地做比较，这就是多重比较（multiple comparisons）。常用的多重比较的方法有最小显著差数法和最小

显著极差法。

**（二）最小显著差数法**

最小显著差数法（least significant difference，LSD），在处理间 $F$ 检验显著的前提下，先计算出达到显著差异的最小显著差数 $LSD_a$，然后将任意两个处理平均数的差数的绝对值 $|\bar{x}_{i.} - \bar{x}_{j.}|$ 与其比较，若 $|\bar{x}_{i.} - \bar{x}_{j.}| > LSD_a$ 时，则 $\bar{x}_{i.}$ 与 $\bar{x}_{j.}$ 在 $\alpha$ 水平上差异显著；反之，则在 $\alpha$ 水平上差异不显著。

$$LSD_a = t_{a(dfe)} S_{\bar{x}_{i.} - \bar{x}_{j.}} = t_{a(dfe)} \sqrt{2MS_e/n} \tag{7-11}$$

LSD 法实质上就是 $t$ 检验法。但是，LSD 法是利用 $F$ 检验中的误差自由度 $df_e$ 通过附录附表 5 查临界 $t_a$ 值，利用误差均方 $MS_e$ 计算均数差异标准误。它解决了本章开头指出的 $t$ 检验法计算烦琐，估计误差的精确性低和检验的灵敏性低这些问题。但 LSD 法并未解决推断的可靠性降低、犯 I 型错误概率变大的问题。

**（三）最小显著极差法**

最小显著极差法（least significant ranges，LSR），特点是把平均数的差数看成是平均数的极差，根据极差范围内所包含的处理数（称为秩次距）$k$ 的不同而采用不同的检验尺度，以克服 LSD 法的不足。这些在显著水平 $\alpha$ 上依秩次距 $k$ 的不同而采用的不同的检验尺度叫做最小显著极差 LSR。

有 $k$ 个平均数相互比较，就有 $k-1$ 种秩次距（$k$，$k-1$，$k-2$，…，2），因而需求得 $k-1$ 个最小显著极差（$LSR_{a,k}$），分别作为判断具有相应秩次距的平均数的极差是否显著的标准。常用的 LSR 法有 $q$ 检验法（$q$-test）和新复极差法（new multiple range method）两种。

1. $q$ 检验法

$q$ 检验（$q$-test）法，也称 SNK 检验（Student－Newman－Keuls test），该法用的检验统计量为 $q$，$q$ 计算方法为

$$q = R/S_{\bar{x}} \tag{7-12}$$

式中　$R$——极差，即相互比较的两平均数的差数；

$S_{\bar{x}}$——单样本平均数的标准误，$S_{\bar{x}} = \sqrt{MS_e/n}$ 。

$q$ 分布依赖于误差自由度 $df_e$ 及秩次距 $k$。利用 $q$ 检验法进行多重比较时，为了简便起见，不是将算出的 $q$ 值与临界 $q$ 值 $q_{a(dfe,k)}$ 比较，而是将极差与 $q_{a(dfe,k)}S_{\bar{x}}$ 比较，从而作出统计推断。$q_{a(dfe,k)}S_{\bar{x}}$ 即为 $\alpha$ 水平上的最小显著极差，一般用 $LSR_a$ 表示。

$$LSR_{a,k} = q_{a(dfe,k)}S_{\bar{x}} \tag{7-13}$$

当显著水平 $\alpha = 0.05$ 和 0.01 时，从附录附表 8 根据自由度 $df_e$ 及秩次距 $k$ 查出临界值 $q_{0.05(dfe,k)}$ 和 $q_{0.01(dfe,k)}$ 代入上式得 $LSR_{0.05,k} = q_{0.05(dfe,k)}S_{\bar{x}}$，$LSR_{0.01,k} = q_{0.01(dfe,k)}S_{\bar{x}}$；然后将平均数各极差与相应的最小显著极差 $LSR_{0.05,k}$，$LSR_{0.01,k}$ 比较，作出统计推断。

2. 新复极差法

新复极差法（new multiple range method）是由邓肯（Duncan）于 1955 年提出，故又称 Duncan 法，此法还称 SSR 法（shortest significant ranges）。新复极差法与 $q$ 检验法的检验步骤相同，唯一不同的是计算最小显著极差时需通过附录附表 7 查 $SSR$ 值表，而不是查 $q$ 值表。最小显著极差计算公式为

$$LSR_{a,k} = SSR_{a(dfe,k)} S_{\bar{x}} \tag{7-14}$$

其中：$SSR_{a(dfe,k)}$ 是根据显著水平 $\alpha$、误差自由度 $dfe$、秩次距 $k$，由 $SSR$ 表查得的临界值。

$\alpha = 0.05$ 和 $\alpha = 0.01$ 水平下的最小显著极差分别为 $LSR_{0.05,k} = SSR_{0.05(dfe,k)} S_{\bar{x}}$ 和 $LSR_{0.01,k} = SSR_{0.01(dfe,k)} S_{\bar{x}}$，将平均数各极差与相应的最小显著极差 $LSR_{0.05,k}$ 和 $LSR_{0.01,k}$ 比较，作出统计推断。

当各处理重复数不等时，为简便起见不论 LSD 法还是 LSR 法均可用公式（7-15）计算出一个各处理平均的重复数 $n_0$，以代替计算 $S_{\bar{x}_i. - \bar{x}_j.}$ 或 $S_{\bar{x}}$ 所需的 $n$。

$$n_0 = \frac{1}{k-1} \left[ \Sigma n_i - \frac{\Sigma n_i^2}{\Sigma n_i} \right] \tag{7-15}$$

式中 $k$、$n_i (i=1, 2, \cdots, k)$——试验的处理数和第 $i$ 处理的重复数。

**（四）多重比较结果表示**

1. 三角形法

三角形法（method of triangle）是将全部平均数从大到小顺次排列，然后算出各平均数间的差数。凡达到 $\alpha = 0.05$ 水平的差数在右上角标一个"∗"号，凡达到 $\alpha = 0.01$ 水平的差数在右上角标两个"∗"号，凡未达到 $\alpha = 0.05$ 水平的差数则不予以标记。由于在多重比较表中各个平均数差数构成一个三角形阵列，故称为三角形法。此法的优点是简便直观，缺点是占的篇幅较大。

2. 标记字母法

标记字母法（method of marked letter）是先将各处理平均数由大到小自上而下排列，然后在最大平均数后标记字母 a，并将该平均数与以下各平均数依次相比，凡差异不显著标记同一字母 a，直到某一个与其差异显著的平均数标记字母 b；再以标有字母 b 的平均数为标准，与上方比它大的各个平均数比较，凡差异不显著一律再加标 b，直至显著为止；再以标记有字母 b 的最大平均数为标准，与下面各未标记字母的平均数相比，凡差异不显著，继续标记字母 b，直至某一个与其差异显著的平均数标记 c；……，直至最小一个平均数被标记比较完毕为止。

标记字母法判定依据：各平均数间凡有一个相同小写字母的即为差异不显著；凡无相同字母的即为差异显著。用小写拉丁字母表示显著水平 $\alpha = 0.05$，用大写拉丁字母表示显著水平 $\alpha = 0.01$。此法的优点是占篇幅小，易于在科技文献中应用。

**（五）多重比较方法选择**

（1）试验事先确定比较的标准，凡与对照相比较，或与预定要比较的对象比较，一般可选用最小显著差数法（LSD 法）。

（2）根据否定一个正确的 $H_0$ 和接受一个不正确的 $H_0$ 的相对重要性来决定。根据上面的介绍已知，3 种检验方法检验尺度有如下关系：当秩次距 $k=2$ 时，LSD 法＝新复极差法＝$q$ 法；当秩次距 $k>2$ 时，LSD 法＜新复极差＜$q$ 法。即 LSD 法在统计推断时犯第一类错误的概率最大，$q$ 法最小，而 SSR 法介于两者之间。因此，对于试验结论事关重大或有严格要求的，宜用 $q$ 法，一般生物学试验和田间试验采用 SSR 法即可。

# 第二节 单因素试验资料的方差分析

## 一、单因素试验资料方差分析原理

方差分析根据所研究试验因素的多少，可分为单因素、两因素和多因素试验资料的方差分析。单因素试验资料的方差分析是一种最简单、最基本的方差分析方法，目的在于正确判断试验因素各水平的相对效果。单因素试验资料的方差分析，根据各处理内重复数是否相等又分为处理重复数相等和处理重复数不等两种情况。

### （一）处理重复数相等试验资料的方差分析

对于有 $k$ 个处理，每个处理均有 $n$ 个重复的单因素试验资料，如表 7-1 所示。在方差分析时，其任一观察值的线性模型皆为公式（7-1）所示，方差分析如表 7-2 所示。

**表 7-2**　　　　　　　　**重复数相等的单因素试验资料方差分析表**

| 变异来源 | 平方和 $SS$ | 自由度 $df$ | 均方 $MS$ | $F$ 值 | $F_{\alpha}$ |
|---|---|---|---|---|---|
| 处理 | $SS_t = n\sum\limits_{i=1}^{k}(\bar{x}_{i.} - \bar{x}_{..})^2 = \dfrac{1}{n}\sum\limits_{i=1}^{k}x_{i.}^2 - C$ | $k-1$ | $MS_t = SS_t/df_t$ | $MS_t/MS_e$ | $F_{\alpha(k-1,\,k(n-1))}$ |
| 误差 | $SS_e = \sum\limits_{i=1}^{k}\sum\limits_{j=1}^{n}(x_{ij} - \bar{x}_{i.})^2 = SS_T - SS_t$ | $k(n-1)$ | $MS_e = SS_e/df_e$ | | |
| 总变异 | $SS_T = \sum\limits_{i=1}^{k}\sum\limits_{j=1}^{n}(x_{ij} - \bar{x}_{..})^2 = \sum\limits_{i=1}^{k}\sum\limits_{j=1}^{n}x_{ij}^2 - C$ | $nk-1$ | | | |

### （二）处理重复数不相等试验资料的方差分析

在单因素试验资料的方差分析中，若 $k$ 个处理中的观察值数目不等，分别为 $n_1$，$n_2$，$\cdots$，$n_k$，在方差分析时有关平方和与自由度的计算公式因 $n_i$ 不相同而需作相应改变。根据单因素试验资料的数学模型公式（7-1），平方和与自由度的剖分式为

$$SS_T = SS_t + SS_e \qquad df_T = df_t + df_e \tag{7-16}$$

式中　$SS_T$——总平方和，$SS_T = \sum\limits_{i=1}^{k}\sum\limits_{j=1}^{n_i}(x_{ij} - \bar{x}_{..})^2 = \sum\limits_{i=1}^{k}\sum\limits_{j=1}^{n_i}x_{ij}^2 - C$，对应自由度为

$df_T = \sum\limits_{i=1}^{k}n_i - 1$；

$SS_t$——处理平方和，$SS_t = \sum\limits_{i=1}^{k}n_i(\bar{x}_{i.} - \bar{x}_{..})^2 = \sum\limits_{i=1}^{k}\dfrac{x_{i.}^2}{n_i} - C$，对应自由度为 $df_t = k-1$；

$SS_e$——误差平方和，$SS_e = \sum\limits_{i=1}^{k}\sum\limits_{j=1}^{n_i}(x_{ij} - \bar{x}_{i.})^2 = SS_T - SS_t$，对应自由度为 $df_e = df_T - df_t = (\sum\limits_{i=1}^{k}n_i) - k$。

### （三）单因素试验资料的多重比较

当单因素试验资料 $F$ 检验结果为显著时需进行多重比较。多重比较中用到的平均数的

标准误及平均数差数标准误分别为

$$S_{\bar{x}} = \sqrt{MS_e/n} \qquad S_{\bar{x}i. - \bar{x}j.} = \sqrt{2MS_e/n} \tag{7-17}$$

式中　　$S_{\bar{x}}$——平均数的标准误，应用于多重比较中的 LSR 法；

$S_{\bar{x}i. - \bar{x}j.}$——平均数差数的标准误，应用于多重比较中的 LSD 法；

$n$——各处理平均的重复数，若各重复数不相等，可应用公式（7-15）计算平均的重复数 $n_0$ 来代替 $n$。

## 二、单因素试验资料方差分析的应用

### （一）EXCEL 分析

1. 利用 EXCEL 函数进行方差分析

EXCEL 在方差分析中用到的函数主要为 DEVSQ（计算离均差平方和）、SUMSQ（计算平方和）、AVERAGE（计算样本平均数）、COUNT（计数）、FDIST（计算 $F$ 分布概率）、FINV（计算 $F$ 临界值）等，应用方法见附录附表 2。

【例 7-1】用 4 种不同配合饲料饲养 30 日龄小鸡，10d 后计算平均日增重（单位：g），数据见图 7-1 上部（A1：E7）。试用 EXCEL 相关函数分析不同饲料饲喂效果是否相同？

| | A | B | C | D | E | F | G |
|---|---|---|---|---|---|---|---|
| 1 | 饲料 | 1 | 2 | 3 | 4 | | |
| 2 | 重复1 | 55 | 61 | 71 | 85 | | |
| 3 | 重复2 | 49 | 58 | 65 | 90 | | |
| 4 | 重复3 | 62 | 52 | 56 | 76 | | |
| 5 | 重复4 | 45 | 68 | 73 | 78 | | |
| 6 | 重复5 | 51 | 70 | 59 | 69 | | |
| 7 | 平均 | 52.4 | 61.8 | 64.8 | 79.6 | | |
| 8 | | | | 方差分析表 | | | |
| 9 | 变异来源 | SS | df | MS | F | P | $F_a$ |
| 10 | 饲料 | 1908.55 | 3 | 636.1833 | 11.7540 | 0.0003 | 3.2389 |
| 11 | 误差 | 866.00 | 16 | 54.1250 | | | |
| 12 | 总变异 | 2774.55 | 19 | | | | |

图 7-1　利用 EXCEL 函数进行方差分析

（1）按图中要求分别输入"变异来源""饲料""误差""总变异""方差分析表""SS""$df$""MS""F"等各项目，如图 7-1 所示。

（2）在 B12 单元格输入"＝DEVSQ（B2：E6）"计算总平方和（$SS_T$）；在 C12 单元格中输入"＝COUNT（B2：E6）－1"计算总自由度（$df_T$）。

（3）在 B10 单元格中输入"＝5＊DEVSQ（B7：E7）"计算处理平方和（$SS_t$）；在 C10 单元格中输入"＝COUNT（B2：E2）－1"计算处理自由度（$df_t$）；在 B11 单元格中输入"＝B12－B10"计算误差平方和（$SS_e$）；在 C11 单元格中输入"＝C12－C10"计算误差自由度（$df_e$）。

(4) 在 D10 单元格输入"＝B10/C10"，计算处理均方（$MS_t$）；在 D11 单元格输入"＝B11/C11"，计算误差均方（$MS_e$）；在 E10 单元格输入"＝D10/D11"，计算检验统计量（$F$）；F10 单元格输入"＝FDIST（F10，C10，C11）"，计算概率（$P$）；G10 单元格输入"＝FINV（0.05，C10，C11）"，计算 $F$ 临界值（$F_a$）。

图 7-1 EXCEL 函数方差分析结果表明，$P=0.000256<0.01$。因此，可以认为不同饲料间饲喂效果具有极显著差异。

2. 利用 EXCEL 分析工具进行方差分析

对于单因素试验资料的方差分析，EXCEL 中除采用相关函数分析外，还可应用"工具"→"数据分析"→"方差分析：单因素方差分析"命令进行处理。

**【例 7-2】** 考察催化剂对某药得率的影响，现用 4 种不同的催化剂独立地在相同条件下进行试验，每种催化剂各做 5 次试验，测定该药得率（单位：%）如表 7-3 所示。试问，不同的催化剂是否对该药的得率有显著影响？

表 7-3　　　　　　　　　　4 种催化剂作用下的药物得率测定结果　　　　　　　　单位：%

| 催化剂 | 甲 | 乙 | 丙 | 丁 |
|---|---|---|---|---|
| | 85 | 79 | 93 | 75 |
| | 88 | 85 | 90 | 81 |
| 得率 | 91 | 82 | 96 | 78 |
| | 87 | 81 | 95 | 82 |
| | 90 | 88 | 96 | 84 |

(1) 首先将数据按表 7-3 格式输入工作表中，在菜单中选取"数据"→"数据分析"→"方差分析：单因素方差分析"，得到图 7-2 所示"方差分析：单因素方差分析"对话框。

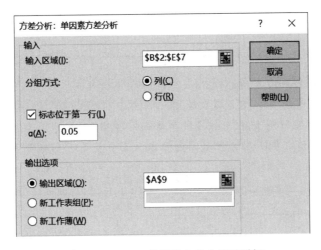

图 7-2　EXCEL 单因素方差分析对话框

(2) 在对话框中，选定"输入区域"、"分组方式"（注意分组方式是由样本的排列决定的，本例样本按列排列，因此分组方式选择"列"）等参数，单击"确定"输出表 7-4 分析结果。

**表 7-4**　　　　　　　　　　不同催化剂药物得率试验资料方差分析表

| 差异源 | SS | $df$ | MS | F | $P-\text{value}$ | F crit |
|---|---|---|---|---|---|---|
| 组间（催化剂） | 567.4 | 3 | 189.1333 | 20.34 | $1.05E-05$ | 3.24 |
| 组内（误差） | 148.8 | 16 | 9.3000 | | | |
| 总变异 | 716.2 | 19 | | | | |

表 7-4 单因素方差分析结果中，列出的"差异源"即变异来源；"SS"为离差平方和；"$df$"为自由度；"MS"为均方；"F"为 F 值；"$P-\text{value}$"为 P 值；Fcrit 为 F 临界值 $F_\alpha$。

方差分析结果表明，$F=20.34>F\text{ crit}=3.24$（或 $P=1.05E-05<0.05$），所以拒绝原假设。因此，在显著水平 $\alpha=0.05$ 下，可以认为不同的催化剂对该药得率有显著影响。

**（二）DPS 分析**

单因素试验资料在 DPS 系统中的编辑格式为按处理次序一行一个处理，依次输入该处理的各观察值，如表 7-5 所示。分析时，首先将数据定义成数据块（可含各处理的名称）；然后进入主菜单，选择"试验统计"→"方差分析"→"完全随机设计方差分析"→"单因素统计分析"命令；接着按系统提示，由用户选择数据转换方式；最后回车后，系统将给出分析结果。

**表 7-5**　　　　　　　　单因素试验资料方差分析 DPS 数据编辑格式

| 处理 | 重复（区组） | | | | |
|---|---|---|---|---|---|
| 1 | $x_{11}$ | $x_{12}$ | $x_{13}$ | $\cdots$ | $x_{1m}$ |
| 2 | $x_{21}$ | $x_{22}$ | $x_{23}$ | $\cdots$ | $x_{2m}$ |
| $\cdots$ | $\cdots$ | $\cdots$ | $\cdots$ | $\cdots$ | $\cdots$ |
| $k$ | $x_{k1}$ | $x_{k2}$ | $x_{k3}$ | $\cdots$ | $x_{km}$ |

DPS 单因素试验资料方差分析结果主要包括两部分内容：第一部分是方差分析表，列出处理间和处理内的平方和、均方以及 F 值等；第二部分是各个处理间的多重比较结果。

**【例 7-3】** 园艺研究所调查了 3 个品种草莓的维生素 C 含量（单位：mg/100g），测定结果列于表 7-6 中。试分析不同品种草莓之间维生素含量是否有显著差异。

**表 7-6**　　　　　　　　不同品种草莓维生素含量测定结果　　　　　　单位：mg/100g

| 品种 | 维生素含量 | | | | | | | | | |
|---|---|---|---|---|---|---|---|---|---|---|
| | 1 | 2 | 3 | 4 | 5 | 6 | 7 | 8 | 9 | 10 |
| Ⅰ | 117 | 99 | 107 | 112 | 113 | 106 | | | | |
| Ⅱ | 81 | 77 | 79 | 76 | 85 | 87 | 74 | 69 | 72 | 80 |
| Ⅲ | 80 | 82 | 78 | 84 | 89 | 73 | 86 | 88 | | |

（1）在 DPS 表格，以表 7-5 格式输入表 7-6 数据，建立"草莓维生素含量 . DPS"文件。

（2）定义数据块，选择"试验统计"→"方差齐性测验"，输入"0"指定不变换。由于 Bartlett 卡方检验结果中 $\chi^2 = 0.1617$、$P = 0.9223 > 0.05$，则可认为资料具备方差齐性。

（3）将资料再次定义数据块，然后进入主菜单，选择"试验统计"→"完全随机设计"→"单因素统计分析"，并指定"不变换"→"Duncan 新复极差法"。确定后输出分析结果，见表 7-7 和表 7-8。

表 7-7 不同品种草莓维生素含量试验资料方差分析表

| 变异来源 | 平方和 | 自由度 | 均方 | $F$ 值 | $P$ 值 |
|---|---|---|---|---|---|
| 品种 | 3874.5 | 2 | 1937.25 | 59.131 | 0.0001 |
| 误差 | 688.0 | 21 | 32.76 | | |
| 总变异 | 4562.5 | 23 | | | |

表 7-8 不同品种草莓维生素含量平均数多重比较表（Duncan 法）

| 品种 | 平均数 | 5%显著水平 | 1%极显著水平 |
|---|---|---|---|
| Ⅰ | 109.0 | $a$ | $A$ |
| Ⅲ | 82.5 | $b$ | $B$ |
| Ⅱ | 78.0 | $b$ | $B$ |

表 7-7 方差分析结果表明，由于 $F = 59.131$、$P = 0.001 < 0.01$，则 3 品种平均数的差异有统计学意义。可以认为 3 个品种草莓的维生素 C 含量间有极显著差异，需要进行多重比较。

表 7-8 多重比较结果表明，品种Ⅰ维生素 C 含量极显著高于品种Ⅲ和品种Ⅱ，但品种Ⅲ和品种Ⅱ维生素 C 含量差异未达显著水平。

# 第三节　双因素试验资料的方差分析

两因素试验中若 $A$ 因素的 $a$ 个水平与 $B$ 因素的 $b$ 个水平均衡交叉，形成 $ab$ 个水平组合（即处理），则所得试验数据称为两向分组资料，也称为交叉分组（cross grouping）资料。其方差分析按各组合内有无重复观察值，可分为组合内单独观察值、组合内有重复观察值两种不同情况。

## 一、单独观测值两因素试验资料方差分析

### （一）单独观测值两因素试验资料方差分析的原理

1. 数据模式

设有 $A$、$B$ 两个试验因素，$A$ 因素有 $a$ 个水平，$B$ 因素有 $b$ 个水平，共有 $ab$ 个处理

组合，每一组合只有 1 个观察值，则该资料共有 $ab$ 个观察值。其数据模式如表 7-9 所示。

**表 7-9** 单独观测值两因素试验数据模式

| A 因素 | B 因素 | | | | 总和 $x_{i.}$ | 平均数 $\bar{x}_{i.}$ |
|---|---|---|---|---|---|---|
| | $B_1$ | $B_2$ | $\cdots$ | $B_b$ | | |
| $A_1$ | $x_{11}$ | $x_{12}$ | $\cdots$ | $x_{1b}$ | $x_{1.}$ | $\bar{x}_{1.}$ |
| $A_2$ | $x_{21}$ | $x_{22}$ | $\cdots$ | $x_{2b}$ | $x_{2.}$ | $\bar{x}_{2.}$ |
| $\vdots$ | $\vdots$ | $\vdots$ | $\vdots$ | $\vdots$ | $\vdots$ | $\vdots$ |
| $A_a$ | $x_a$ | $x_{a2}$ | | $x_{ab}$ | $x_{a.}$ | $\bar{x}_{a.}$ |
| 总和 $x_{.j}$ | $x_{.1}$ | $x_{.2}$ | $\cdots$ | $x_{.b}$ | $x_{..}$ | $\bar{x}_{..}$ |
| 平均数 $\bar{x}_{.j}$ | $\bar{x}_{.1}$ | $\bar{x}_{.2}$ | $\cdots$ | $\bar{x}_{.b}$ | | |

表中 $x_{i.}$——A 因素第 $i$ 个水平总和，$x_{i.} = \sum\limits_{j=1}^{b} x_{ij}$，对应平均数为 $\bar{x}_{i.} = \sum\limits_{j=1}^{b} x_{ij}/b$；

$x_{.j}$——B 因素第 $j$ 个水平总和，$x_{.j} = \sum\limits_{i=1}^{a} x_{ij}$，对应平均数为 $\bar{x}_{.j} = \sum\limits_{i=1}^{a} x_{ij}/a$；

$x_{..}$——所有 $ab$ 个数据总和，$x_{..} = \sum\limits_{i=1}^{a} \sum\limits_{j=1}^{b} x_{ij}$，对应平均数为 $\bar{x}_{..} = \sum\limits_{i=1}^{a} \sum\limits_{j=1}^{b} x_{ij}/ab$。

单独观测值两因素试验资料的数学模型为

$$x_{ij} = \mu + \alpha_i + \beta_j + \varepsilon_{ij} \quad (i=1, 2, \cdots, a; \quad j=1, 2, \cdots b) \tag{7-18}$$

式中 $\mu$——总体平均数；

$\alpha_i$——A 因素的效应，当 $\alpha_i$ 为固定效应时有 $\sum\limits_{i=1}^{a} \alpha_i = 0$；

$\beta_j$——B 因素的效应，当 $\beta_j$ 为固定效应时有 $\sum\limits_{j=1}^{b} \beta_j = 0$；

$\varepsilon_{ij}$——随机误差，相互独立，且服从 $N(0, \sigma^2)$。

2. 平方和与自由度的分解

根据单独观测值两因素试验资料的数学模型，可将总变异分解为 A 因素水平间变异、B 因素水平间变异和试验误差 3 部分。平方和与自由度均按此规律分解。则有

$$SS_T = SS_A + SS_B + SS_e \quad df_T = df_A + df_B + df_e \tag{7-19}$$

式中 $SS_T$——总平方和，$SS_T = \sum\limits_{i=1}^{a} \sum\limits_{j=1}^{b} (x_{ij} - \bar{x}_{..})^2 = \sum\limits_{i=1}^{a} \sum\limits_{j=1}^{b} x_{ij}^2 - C$，$C = x_{..}^2/ab$，对应自由度为 $df_T = ab - 1$；

$SS_A$——A 因素平方和，$SS_A = b \sum\limits_{i=1}^{a} (\bar{x}_{i.} - \bar{x}_{..})^2 = \dfrac{1}{b} \sum\limits_{i=1}^{a} x_{i.}^2 - C$，对应自由度为 $df_A = a - 1$；

$SS_B$——B 因素平方和，$SS_B = a \sum\limits_{j=1}^{b} (\bar{x}_{.j} - \bar{x}_{..})^2 = \dfrac{1}{a} \sum\limits_{j=1}^{b} x_{.j}^2 - C$，对应自由度为 $df_B = b - 1$；

$SS_e$——误差平方和，$SS_e = SS_T - SS_A - SS_B$，对应自由度为 $df_e = df_T -$

$$df_A - df_B = (a-1)(b-1)。$$

3. 列方差分析表进行 $F$ 检验

在平方和与自由度分解的基础上，计算对应的均方（方差）以及 $F$ 值，列方差分析表（表 7-10）进行 $F$ 检验。

表 7-10　　　　　　　　　单独观测值两因素试验资料方差分析表

| 变异来源 | 平方和 | 自由度 | 均方 | F 值 | | | $F_a$ |
| --- | --- | --- | --- | --- | --- | --- | --- |
| | | | | 固定模型 | 随机模型 | 混合模型（A 因素，B 随机） | |
| A 因素 $SS_A = \dfrac{1}{b}\sum\limits_{i=1}^{a} x_{i.}^2 - C$ | | $a-1$ | $MS_A$ | $MS_A/MS_e$ | $MS_A/MS_e$ | $MS_A/MS_e$ | $F_{a[a-1,(a-1)(b-1)]}$ |
| B 因素 $SS_B = \dfrac{1}{a}\sum\limits_{j=1}^{b} x_{.j}^2 - C$ | | $b-1$ | $MS_B$ | $MS_B/MS_e$ | $MS_B/MS_e$ | $MS_B/MS_e$ | $F_{a[b-1,(a-1)(b-1)]}$ |
| 误差 $SS_e = SS_T - SS_A - SS_B$ | | $(a-1)(b-1)$ | $MS_e$ | | | | |
| 总变异 $SS_T = \sum\limits_{i=1}^{a}\sum\limits_{j=1}^{b} x_{ij}^2 - C$ | | $ab-1$ | | | | | |

4. 多重比较

若经 $F$ 检验发现，$A$ 因素和 $B$ 因素中有一个或两个因素的效应均达显著或极显著水平，此时需通过多重比较进一步检验因素水平均数之间差异的显著性。

$A$ 因素各水平均数间平均数标准误 $S_{\bar{x}}$ 和平均数差数标准误 $S_{\bar{x}_{i.}-\bar{x}_{j.}}$ 分别为

$$S_{\bar{x}} = \sqrt{MS_e/b} \qquad S_{\bar{x}_{i.}-\bar{x}_{j.}} = \sqrt{2MS_e/b} \tag{7-20}$$

$B$ 因素各水平均数间平均数标准误 $S_{\bar{x}}$ 和平均数差数标准误 $S_{\bar{x}_{i.}-\bar{x}_{j.}}$ 分别为

$$S_{\bar{x}} = \sqrt{MS_e/a} \qquad S_{\bar{x}_{i.}-\bar{x}_{j.}} = \sqrt{2MS_e/a} \tag{7-21}$$

**（二）单独观测值两因素试验资料方差分析的应用**

两因素试验中，当两因素间不存在互作时可不设重复，其试验结果的分析可采用两因素试验单独观测值的方差分析。

【例 7-4】研究某种微生物在不同温度（$A$）、不同培养时间（$B$）的生长速度（单位：cm/d），测得一批观测数据，如表 7-11 所示。以温度（℃）、培养时间（d）为两处理因素，应用 DPS 作方差分析。

表 7-11　　　　　　　某种微生物在不同温度不同时间的生长速度测定结果　　　　　　单位：cm/d

| 温度（A）/℃ | 培养时间（B）/d | | | |
| --- | --- | --- | --- | --- |
| | 1d | 2d | 3d | 4d |
| 17.5 | 0.3 | 1.3 | 2.6 | 3.5 |
| 21.0 | 0.3 | 1.7 | 2.9 | 4.0 |
| 24.5 | 0.9 | 3.0 | 6.6 | 7.5 |
| 27.5 | 1.7 | 4.8 | 9.0 | 9.0 |
| 30.5 | 1.2 | 2.7 | 5.2 | 7.4 |

（1）在 DPS 电子表格，逐行输入表 7-11 数据，建立"微生物生长试验.DPS"文件；定义数据块，选择试验统计菜单"方差齐性测验"命令，输入 0 不转换，得 $P = 0.5333 > 0.05$，则认为资料具备方差齐性。

（2）重新定义数据块，选择"试验统计"→"完全随机设计"→"二因素无重复试验统计分析"命令；在弹出的"参数设置"对话框中，"处理 1 个数"和"处理 2 个数"输入框内分别输入 5 和 4，并勾选"不转换"、"Duncan 新复极差法"选项，确定后输出分析结果，见表 7-12 和表 7-13。

**表 7-12** 微生物生长速度测定试验资料方差分析表

| 变异来源 | 平方和 | 自由度 | 均方 | F 值 | P 值 |
|---|---|---|---|---|---|
| 温度（A） | 47.982 | 4 | 11.9955 | 11.584 | 0.0004 |
| 培养时间（B） | 90.084 | 3 | 30.0280 | 28.999 | 0.0000 |
| 误差 | 12.426 | 12 | 1.0355 | | |
| 总变异 | 150.492 | 19 | | | |

**表 7-13** 不同温度和不同培养时间微生物生长速度平均数多重比较表（Duncan 法）

| 温度（A）平均数多重比较 | | | | 培养时间（B）平均数多重比较 | | | |
|---|---|---|---|---|---|---|---|
| 温度 | 平均数 | 5%显著水平 | 1%极显著水平 | 培养时间 | 平均数 | 5%显著水平 | 1%极显著水平 |
| $A_4$ | 6.125 | a | A | $B_4$ | 6.28 | a | A |
| $A_3$ | 4.500 | b | AB | $B_3$ | 5.26 | a | A |
| $A_5$ | 4.125 | b | ABC | $B_2$ | 2.70 | b | B |
| $A_2$ | 2.225 | c | BC | $B_1$ | 0.88 | c | B |
| $A_1$ | 1.925 | c | C | | | | |

由表 7-12 方差分析结果可知，处理 1 的 $F_A = 11.584$、$P_A = 0.0004 < 0.01$；处理 2 的 $F_B = 28.999$、$P_B = 0.0000 < 0.01$，则认为温度和培养时间对微生物生长速度的影响均有统计学意义。

由表 7-13 温度平均数的多重比较可知，27.5℃ 的生长速度最高，24.5～30.5℃ 的生长速度较为适宜，温度低于 24.5℃ 生长速度较低；由培养时间平均数的多重比较可知，生长 1d 的生长速度最低，其次是生长 2d 的，2d 以后生长速度比较稳定。

## 二、有重复观测值两因素试验资料的方差分析

### （一）有重复观测值两因素试验资料方差分析的原理

有重复观测值两因素试验资料的方差分析，是用来分析影响某一特定结果的两个不同因素之间关系的一种方法，它与无重复观测值两因素试验方差分析的区别如下：通常调查者对两个因素都感兴趣，每个因素的每组值都不止一个观察值；除了每个因素的影响外，分析者也应注意到因素之间的相互作用，这些因素的不同组合可能带来不同的影响。

## 1. 数据模式

设有 $A$、$B$ 两个试验因素，$A$ 因素有 $a$ 个水平，$B$ 因素有 $b$ 个水平，共有 $ab$ 个处理组合，每一组合有 $n$ 个观察值，则该资料有 $abn$ 个观察值。该类试验资料的数据模式见表 7-14。

**表 7-14　　有重复观察值两因素试验数据模式**

| A 因素 | B 因素 | | | | 总和 $x_{i..}$ | 平均数 $\bar{x}_{i..}$ |
| --- | --- | --- | --- | --- | --- | --- |
| | $B_1$ | $B_2$ | $\cdots$ | $B_b$ | | |
| $A_1$ | $x_{111}$ | $x_{121}$ | $\cdots$ | $x_{1b1}$ | $x_{1..}$ | $\bar{x}_{1..}$ |
| | $x_{112}$ | $x_{122}$ | $\cdots$ | $x_{1b2}$ | | |
| | $\vdots$ | $\vdots$ | $\vdots$ | $\vdots$ | | |
| | $x_{1n}$ | $x_{12n}$ | $\cdots$ | $x_{bn}$ | | |
| $A_2$ | $x_{211}$ | $x_{221}$ | $\cdots$ | $x_{2b1}$ | $x_{2..}$ | $\bar{x}_{2..}$ |
| | $x_{212}$ | $x_{222}$ | $\cdots$ | $x_{2b2}$ | | |
| | $\vdots$ | $\vdots$ | $\vdots$ | $\vdots$ | | |
| | $x_{21n}$ | $x_{22n}$ | $\cdots$ | $x_{2bn}$ | | |
| $\vdots$ | $\vdots$ | $\vdots$ | $\vdots$ | $\vdots$ | $\vdots$ | $\vdots$ |
| $A_a$ | $x_{a11}$ | $x_{a21}$ | $\cdots$ | $x_{ab1}$ | $x_{a..}$ | $\bar{x}_{a..}$ |
| | $x_{a12}$ | $x_{a22}$ | $\cdots$ | $x_{ab2}$ | | |
| | $\vdots$ | $\vdots$ | $\vdots$ | $\vdots$ | | |
| | $x_{a1n}$ | $x_{a2n}$ | $\cdots$ | $x_{abn}$ | | |
| 总和 $x_{.j.}$ | $x_{.1.}$ | $x_{.2.}$ | $\cdots$ | $x_{.b.}$ | $x_{...}$ | |
| 平均数 $\bar{x}_{.j.}$ | $\bar{x}_{.1.}$ | $\bar{x}_{.2.}$ | $\cdots$ | $\bar{x}_{.b.}$ | | $\bar{x}_{...}$ |

表中　$x_{i..}$——A 因素第 $i$ 个水平总和，$x_{i..} = \sum\limits_{j=1}^{b}\sum\limits_{l=1}^{n} x_{ijl}$，对应的平均数为 $\bar{x}_{i..} = \sum\limits_{j=1}^{b}\sum\limits_{l=1}^{n} x_{ijl}/bn$；

$x_{.j.}$——B 因素第 $j$ 个水平总和，$x_{.j.} = \sum\limits_{i=1}^{a}\sum\limits_{l=1}^{n} x_{ijl}$，对应的平均数为 $\bar{x}_{.j.} = \sum\limits_{i=1}^{a}\sum\limits_{l=1}^{n} x_{ijl}/an$；

$x_{...}$——所有 $abn$ 个数据总和，$x_{...} = \sum\limits_{i=1}^{a}\sum\limits_{j=1}^{b}\sum\limits_{l=1}^{n} x_{ijl}$，对应的平均数为 $\bar{x}_{...} = \sum\limits_{i=1}^{a}\sum\limits_{j=1}^{b}\sum\limits_{l=1}^{n} x_{ijl}/abn$。

有重复观测值的两因素试验的数学模型为

$$x_{ijl} = \mu + \alpha_i + \beta_j + (\alpha\beta)_{ij} + \varepsilon_{ijl} \quad (i=1,2,\cdots a;\ j=1,2,\cdots b;\ l=1,2,\cdots n) \quad (7\text{-}22)$$

式中　$\mu$——总平均数；

$\alpha_i$——A 因素的效应，当 $\alpha_i$ 为固定效应时有 $\sum\limits_{i=1}^{a} \alpha_i = 0$；

$\beta_j$——B 因素的效应，当 $\beta_j$ 为固定效应时有 $\sum\limits_{j=1}^{b} \beta_j = 0$；

$(\alpha\beta)_{ij}$ 为 $A$ 因素与 $B$ 因素的互作效应，当 $\alpha_i$、$\beta_j$ 均为固定效应时有 $\sum\limits_{i=1}^{a}(\alpha\beta)_{ij}=\sum\limits_{j=1}^{b}$

$(\alpha\beta)_{ij}=\sum\limits_{i=1}^{a}\sum\limits_{j=1}^{b}(\alpha\beta)_{ij}=0$；

$\varepsilon_{ijl}$ 为随机误差，相互独立且都服从 $N(0,\sigma^2)$。

2．平方和与自由度的分解

（1）根据有重复观测值两因素试验的数学模型，方差分析中平方和的剖分式为

$$SS_T=SS_t+SS_e=SS_A+SS_B+SS_{A\times B}+SS_e \tag{7-23}$$

式中　$SS_T$——总平方和，$SS_T=\sum\sum\sum x_{ijl}^2-C$，$C=x_{\cdots}^2/abn$；

$SS_t$——水平组合平方和（或处理平方和），$SS_t=\dfrac{1}{n}\sum\sum x_{ij.}^2-C$；

$SS_A$——$A$ 因素平方和，$SS_A=\dfrac{1}{bn}\sum x_{i..}^2-C$；

$SS_B$——$B$ 因素平方和，$SS_B=\dfrac{1}{an}\sum x_{.j.}^2-C$；

$SS_{A\times B}$ 为 $A$ 因素与 $B$ 因素交互作用平方和，$SS_{A\times B}=SS_t-SS_A-SS_B$

$SS_e$ 为误差平方和，$SS_e=SS_T-SS_t$

（2）根据有重复观测值两因素试验的数学模型，方差分析中自由度的剖分式为

$$df_T=df_t+df_e=df_A+df_B+df_{A\times B}+df_e \tag{7-24}$$

式中　$df_T$——总自由度，$df_T=abn-1$；

$df_t$——$A$ 与 $B$ 水平组合间的自由度（即处理自由度），$df_t=ab-1$；

$df_A$——$A$ 因素自由度，$df_A=a-1$；

$df_B$——$B$ 因素自由度，$df_B=b-1$；

$df_{A\times B}$——$A$ 与 $B$ 交互作用自由度，$df_{A\times B}=(a-1)(b-1)$；

$df_e$——误差自由度，$df_e=ab(n-1)$。

3．列方差分析表进行 $F$ 检验

在平方和与自由度分解的基础上，计算对应的均方（方差）以及 $F$ 值，列方差分析表（表 7-15）进行 $F$ 检验。

表 7-15　　　　　　　　　　有重复观察值两因素试验资料方差分析表

| 变异来源 | 平方和 | 自由度 | 均方 | $F$ 值 | | |
|---|---|---|---|---|---|---|
| | | | | 固定模型 | 随机模型 | 混合模型（$A$ 固定，$B$ 随机） |
| $A$ 因素 | $SS_A=\dfrac{1}{bn}\sum x_{i..}^2-C$ | $a-1$ | $MS_A$ | $MS_A/MS_e$ | $MS_A/MS_{A\times B}$ | $MS_A/MS_{A\times B}$ |
| $B$ 因素 | $SS_B=\dfrac{1}{an}\sum x_{.j.}^2-C$ | $b-1$ | $MS_B$ | $MS_B/MS_e$ | $MS_B/MS_{A\times B}$ | $MS_B/MS_e$ |
| $A\times B$ | $SS_{A\times B}=SS_t-SS_A-SS_B$ | $(a-1)(b-1)$ | $MS_{A\times B}$ | $MS_{A\times B}/MS_e$ | $MS_{A\times B}/MS_e$ | $MS_{A\times B}/MS_e$ |

续表

| 变异来源 | 平方和 | 自由度 | 均方 | F 值 | | |
|---|---|---|---|---|---|---|
| | | | | 固定模型 | 随机模型 | 混合模型（$A$ 固定，$B$ 随机） |
| 误差 | $SS_e = SS_T - SS_t$ | $ab(n-1)$ | $MS_e$ | | | |
| 总变异 | $SS_T = \sum\sum\sum x_{ijl}^2 - C$ | $abn-1$ | | | | |

4. 多重比较

在多因素试验的方差分析中，进行多重比较时，必须注意各个处理之间是否存在互作。

①若经 $F$ 检验发现，$A$ 因素与 $B$ 因素间互作效应不显著，而 $A$ 因素与 $B$ 因素主效应显著，该种情况下，可直接对两因素各水平平均数进行多重比较，分别选出 $A$ 因素与 $B$ 因素的最优水平，从而组成最优水平组合。

$A$ 因素平均数标准误 $S_{\bar{x}}$ 和平均数差数标准误 $S_{\bar{x}i.-\bar{x}j.}$ 分别为

$$S_{\bar{x}} = \sqrt{MS_e/bn} \qquad S_{\bar{x}i.-\bar{x}j.} = \sqrt{2MS_e/bn} \qquad (7\text{-}25)$$

$B$ 因素平均数标准误 $S_{\bar{x}}$ 和平均数差数标准误 $S_{\bar{x}i.-\bar{x}j.}$ 分别为

$$S_{\bar{x}} = \sqrt{MS_e/an} \qquad S_{\bar{x}i.-\bar{x}j.} = \sqrt{2MS_e/an} \qquad (7\text{-}26)$$

②若经 $F$ 检验发现，$A$ 因素与 $B$ 因素间互作效应显著，此时有两种做法。

第一种是对 $ab$ 个水平组合（即处理）平均数进行多重比较，以便确定有显著差异的水平组合。在这一分析中，水平组合平均值间的差异既包含了交互作用效应，又包含了所有主效应，可从中选出最优水平组合。水平组合（处理）平均数标准误 $S_{\bar{x}}$ 和平均数差数标准误 $S_{\bar{x}i.-\bar{x}j.}$ 分别为

$$S_{\bar{x}} = \sqrt{MS_e/n} \qquad S_{\bar{x}i.-\bar{x}j.} = \sqrt{2MS_e/n} \qquad (7\text{-}27)$$

但由于水平组合（即处理）数较多，采用 LSR 法时检验标准过多、计算量过大，一般较少用到。在农业生产和生物学试验中，常规的做法是常用 LSD 法进行水平组合平均数的多重比较，并同时进行简单效应的检验。

第二种做法是进行简单效应的检验。即将 $B$ 因素固定在一特定水平上，在此水平上对 $A$ 因素的均值进行多重比较；或将 $A$ 因素固定在一特定水平上，在此水平上对 $B$ 因素的均值进行多重比较。多重比较中应用到的平均数标准误 $S_{\bar{x}}$ 和平均数差数标准误 $S_{\bar{x}i.-\bar{x}j.}$ 计算同公式（7-27）。

**（二）有重复观测值双因素试验方差分析的应用**

1. EXCEL 应用

假设试验包含 $A$、$B$ 两个试验因素，$A$ 因素有 $a$ 个水平，$B$ 因素有 $b$ 个水平，则共有 $ab$ 个水平组合；而每个水平组合有 $n$ 个观测值，那么整个试验共有 $abn$ 个观测值。在 EXCEL 中数据编辑格式见表 7-16。

**表 7-16**　　　　　　有重复观测值两因素试验资料的 EXCEL 数据编辑格式

| A 因素水平 | B 因素水平 | | | |
|---|---|---|---|---|
| | $B_1$ | $B_2$ | $\cdots$ | $B_b$ |
| $A_1$ | $x_{111}$ | $x_{121}$ | $\cdots$ | $x_{1b1}$ |
| | $x_{112}$ | $x_{122}$ | $\cdots$ | $x_{1b2}$ |
| | $\cdots$ | $\cdots$ | $\cdots$ | $\cdots$ |
| | $x_{11n}$ | $x_{12n}$ | $\cdots$ | $x_{1bn}$ |
| $A_2$ | $x_{211}$ | $x_{221}$ | $\cdots$ | $x_{2b1}$ |
| | $x_{212}$ | $x_{222}$ | $\cdots$ | $x_{2b2}$ |
| | $\cdots$ | $\cdots$ | $\cdots$ | $\cdots$ |
| | $x_{21n}$ | $x_{22n}$ | $\cdots$ | $x_{2bn}$ |
| $\cdots$ | $\cdots$ | $\cdots$ | $\cdots$ | $\cdots$ |
| $A_a$ | $x_{a11}$ | $x_{a21}$ | $\cdots$ | $x_{ab1}$ |
| | $x_{a12}$ | $x_{a22}$ | $\cdots$ | $x_{ab2}$ |
| | $\cdots$ | $\cdots$ | $\cdots$ | $\cdots$ |
| | $x_{a1n}$ | $x_{a2n}$ | $\cdots$ | $x_{abn}$ |

在 EXCEL 电子表格中输入数据后，点击"数据"→"数据分析"→"方差分析：可重复双因素方差分析"，即可进行有重复观测值双因素试验资料的方差分析。

【例 7-5】为了研究某种昆虫滞育期长短与环境的关系，在给定的温度和光照时间下在实验室培养，每一处理记录 4 只昆虫的滞育天数，结果见图 7-3 左。对该材料应用 EXCEL 进行方差分析。

（1）打开工作表，按表 7-16 格式输入数据，如图 7-3 左所示。点击"数据"→"数据分析"→"方差分析：可重复双因素方差分析"，打开"方差分析：可重复双因素方差分析"对话框。

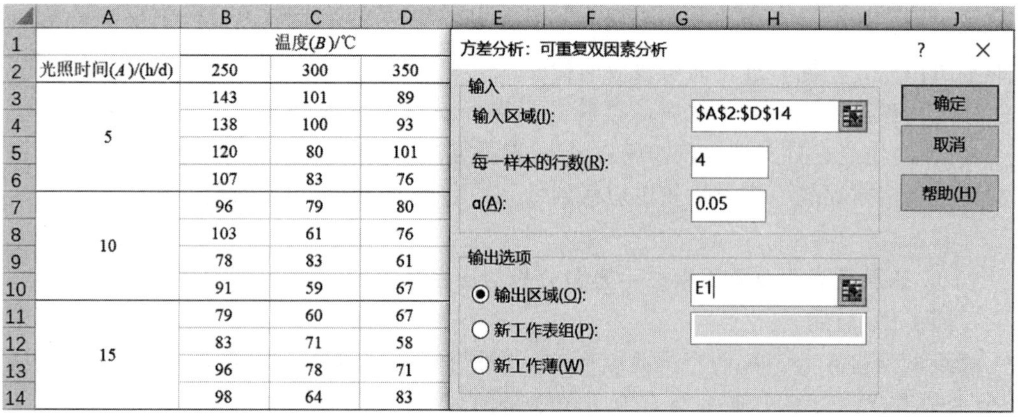

图 7-3　EXCEL 数据输入及可重复双因素方差分析对话框

（2）在"输入区域"中输入分析数据所在区域，该区域必须含 $A$ 因素与 $B$ 因素各水平名称，本题为"A2：D14"；在"每一样本的行数"中输入重复数，本例为 4，如图 7-3 右所示。确定后输出表 7-17 方差分析结果。

表 7-17　　　　　　　　　　　　昆虫滞育期试验资料方差分析表

| 变异来源 | 平方和 | 自由度 | 均方 | $F$ 值 | $P$ 值 | $F_{0.05}$ |
|---|---|---|---|---|---|---|
| 光照时间（$A$） | 5367.056 | 2 | 2683.5280 | 21.9345 | 2.2E−06 | 3.3541 |
| 温度（$B$） | 5391.056 | 2 | 2695.5280 | 22.0326 | 2.12E−06 | 3.3541 |
| $A \times B$ | 464.944 | 4 | 116.2361 | 0.9501 | 0.4505 | 2.7278 |
| 误差 | 3303.250 | 27 | 122.3426 | | | |
| 总变异 | 14526.310 | 35 | | | | |

表 7-17 方差分析结果表明，$P_A$ 与 $P_B$ 均小于 0.01，$P_{A \times B} = 0.4505 > 0.05$ 即光照时间和温度的效应均达极显著水平，但两者的交互作用未达显著水平。因此，可以认为昆虫滞育期长短主要决定于光照和温度，与两者的交互作用无关。

2. DPS 应用

两因素试验有重复观测值数据资料在录入 DPS 数据处理系统时，数据编辑格式是将数据按因素 $A$、$B$ 水平顺序在编辑器中输入，即先输入 $A$ 因素各水平再输入 $B$ 因素各水平；然后依次输入各水平组合的重复，见表 7-18。

表 7-18　　　　　　　　两因素试验有重复观测值的 DPS 数据编辑格式

| $A$ 因素水平 | $B$ 因素水平 | 重复值 1 | 2 | | $n$ |
|---|---|---|---|---|---|
| 1 | 1 | $x_{111}$ | $x_{112}$ | … | $x_{11n}$ |
| | 2 | $x_{121}$ | $x_{122}$ | … | $x_{12n}$ |
| | … | … | … | … | … |
| | $b$ | $x_{1b1}$ | $x_{1b2}$ | … | $x_{1bn}$ |
| 2 | 1 | $x_{211}$ | $x_{212}$ | … | $x_{21n}$ |
| | 2 | $x_{221}$ | $x_{222}$ | … | $x_{22n}$ |
| | … | … | … | … | … |
| | $b$ | $x_{2b1}$ | $x_{2b2}$ | … | $x_{2bn}$ |
| | … | … | … | … | … |
| $a$ | 1 | $x_{a11}$ | $x_{a12}$ | … | $x_{a1n}$ |
| | 2 | $x_{a21}$ | $x_{a22}$ | … | $x_{a2n}$ |
| | … | … | … | … | … |
| | $b$ | $x_{ab1}$ | $x_{ab2}$ | … | $x_{abn}$ |

数据分析之前先定义数据块，但不可将各个处理的名称定义进去；然后在菜单方式下执行"试验统计"→"完全随机设计"→"二因素有重复试验设计分析"功能；按系统提示输入 $A$ 因素水平数（$a$）和 $B$ 因素水平数（$b$）及其他选项，确定后输出分析结果。

【例 7-6】现有 4 种食品添加剂对 3 种不同配方蛋糕质量的影响试验。配方因素（$A$）和食品添加剂因素（$B$）分别为 3 个水平和 4 个水平，共组成 12 个水平组合（处理），每个水平组合含 3 个重复。其产品质量评分结果如表 7-19 所示。试分析配方及添加剂对蛋糕质量的影响。

**表 7-19　　　　　　　　4 种食品添加剂对 3 种不同配方蛋糕质量的影响**

| 配方（$A$） | 食品添加剂（$B$） | 重复 | | |
| --- | --- | --- | --- | --- |
| | | 1 | 2 | 3 |
| $A_1$ | $B_1$ | 8 | 8 | 8 |
| $A_1$ | $B_2$ | 7 | 7 | 6 |
| $A_1$ | $B_3$ | 6 | 5 | 6 |
| $A_1$ | $B_4$ | 7 | 5 | 6 |
| $A_2$ | $B_1$ | 9 | 9 | 8 |
| $A_2$ | $B_2$ | 7 | 9 | 6 |
| $A_2$ | $B_3$ | 8 | 7 | 6 |
| $A_2$ | $B_4$ | 6 | 7 | 7 |
| $A_3$ | $B_1$ | 7 | 7 | 6 |
| $A_3$ | $B_2$ | 8 | 7 | 8 |
| $A_3$ | $B_3$ | 10 | 9 | 9 |
| $A_3$ | $B_4$ | 9 | 8 | 9 |

（1）在 DPS 电子表中按表 7-18 格式对数据进行编辑整理，建立"蛋糕质量试验. DPS"文件；定义数据块，选择"试验统计"→"完全随机设计"→"二因素有重复试验设计分析"命令。

（2）指定"$A$ 处理水平个数"为 3、"$B$ 处理水平个数"为 4，并分别选中"不转换"、"Duncan 新复极差法"，确定后输出分析结果，见表 7-20～表 7-22。

**表 7-20　　　　　　　　蛋糕质量试验资料方差分析表（固定模型）**

| 变异来源 | 平方和 | 自由度 | 均方 | $F$ 值 | $P$ 值 |
| --- | --- | --- | --- | --- | --- |
| 配方（$A$） | 13.5556 | 2 | 6.7778 | 11.619 | 0.0003 |
| 食品添加剂（$B$） | 2.3056 | 3 | 0.7685 | 1.317 | 0.2918 |
| $A \times B$ | 26.4444 | 6 | 4.4074 | 7.556 | 0.0001 |
| 误差 | 14.0000 | 24 | 0.5833 | | |
| 总变异 | 56.3056 | 35 | | | |

表 7-20 方差分析结果表明，$F_A = 11.619$、$P_A = 0.0003 < 0.01$，即不同配方对蛋糕质量有极显著影响；由 $F_B = 1.317$、$P_B = 0.2918 > 0.05$，即食品添加剂对蛋糕质量无显著影响；$F_{A \times B} = 7.556$、$P_{A \times B} = 0.001 < 0.01$，即配方与食品添加剂间存在极显著交互作用。则应进行水平组合平均数间的多重比较，以选出最优水平组合，或进行简单效应的检验，两者也可同时进行。

**表 7-21** 蛋糕质量试验简单效应多重比较表（Duncan 法）

| $A_1$各个组合间 | | | | $A_2$各个组合间 | | | |
|---|---|---|---|---|---|---|---|
| 处理 | 平均数 | 5%显著水平 | 1%极显著水平 | 处理 | 平均数 | 5%显著水平 | 1%极显著水平 |
| $A_1B_1$ | 8.0000 | $a$ | $A$ | $A_2B_1$ | 8.6667 | $a$ | $A$ |
| $A_1B_2$ | 6.6667 | $b$ | $AB$ | $A_2B_2$ | 7.3333 | $b$ | $AB$ |
| $A_1B_4$ | 6.0000 | $b$ | $B$ | $A_2B_3$ | 7.0000 | $b$ | $AB$ |
| $A_1B_3$ | 5.6667 | $b$ | $B$ | $A_2B_4$ | 6.6667 | $b$ | $B$ |

| $A_3$各个组合间 | | | | $B_1$各个组合间 | | | |
|---|---|---|---|---|---|---|---|
| 处理 | 平均数 | 5%显著水平 | 1%极显著水平 | 处理 | 平均数 | 5%显著水平 | 1%极显著水平 |
| $A_3B_3$ | 9.3333 | $a$ | $A$ | $B_1A_2$ | 8.6667 | $a$ | $A$ |
| $A_3B_4$ | 8.6667 | $ab$ | $A$ | $B_1A_1$ | 8.0000 | $b$ | $B$ |
| $A_3B_2$ | 7.6667 | $bc$ | $AB$ | $B_1A_3$ | 6.6667 | $c$ | $B$ |
| $A_3B_1$ | 6.6667 | $c$ | $B$ | | | | |

| $B_2$各个组合间 | | | | $B_3$各个组合间 | | | |
|---|---|---|---|---|---|---|---|
| 处理 | 平均数 | 5%显著水平 | 1%极显著水平 | 处理 | 平均数 | 5%显著水平 | 1%极显著水平 |
| $B_2A_3$ | 7.6667 | $a$ | $A$ | $B_3A_3$ | 9.3333 | $a$ | $A$ |
| $B_2A_2$ | 7.3333 | $a$ | $A$ | $B_3A_2$ | 7.0000 | $b$ | $B$ |
| $B_2A_1$ | 6.6667 | $a$ | $A$ | $B_3A_1$ | 5.6667 | $c$ | $B$ |

| $B_4$各个组合间 | | | |
|---|---|---|---|
| 处理 | 平均数 | 5%显著水平 | 1%极显著水平 |
| $B_4A_3$ | 8.6667 | $a$ | $A$ |
| $B_4A_2$ | 6.6667 | $b$ | $B$ |
| $B_4A_1$ | 6.0000 | $b$ | $B$ |

表 7-21 简单效应检验结果表明：当配方取 $A_1$ 时，食品添加剂以 $B_1$ 为最好；当配方取 $A_2$ 时，食品添加剂以 $B_1$ 为最好；当配方取 $A_3$ 时，食品添加剂 $B_3$ 及 $B_4$ 均较好；当食品添加剂取 $B_1$ 时，配方以 $A_2$ 较好；当食品添加剂取 $B_2$ 时，配方各水平平均数间差异不显著；当食品添加剂取 $B_3$ 时，配方以 $A_3$ 为最好。

| 表 7-22 | 蛋糕质量试验不同水平组合平均数多重比较表（Duncan 法） | | |
|---|---|---|---|
| 处理（水平组合） | 平均数 | 5％显著水平 | 1％极显著水平 |
| $A_3B_3$ | 9.3333 | $a$ | $A$ |
| $A_2B_1$ | 8.6667 | $ab$ | $AB$ |
| $A_3B_4$ | 8.6667 | $ab$ | $AB$ |
| $A_1B_1$ | 8.0000 | $abc$ | $ABC$ |
| $A_3B_2$ | 7.6667 | $bc$ | $ABCD$ |
| $A_2B_2$ | 7.3333 | $bcd$ | $BCDE$ |
| $A_2B_3$ | 7.0000 | $cde$ | $BCDE$ |
| $A_1B_2$ | 6.6667 | $cde$ | $CDE$ |
| $A_2B_4$ | 6.6667 | $cde$ | $CDE$ |
| $A_3B_1$ | 6.6667 | $cde$ | $CDE$ |
| $A_1B_4$ | 6.0000 | $de$ | $DE$ |
| $A_1B_3$ | 5.6667 | $e$ | $E$ |

表 7-22 各水平组合平均数的多重比较结果表明，最优水平组合为 $A_3B_3$，但 $A_1B_1$、$A_2B_1$、$A_3B_4$ 均与 $A_3B_3$ 差异不显著，可认为 4 者间的差别是由误差造成的。综合两种比较方法，试验结果是一致的，即 $A_3B_3$、$A_1B_1$、$A_2B_1$ 及 $A_3B_4$ 效果均较好。

# 第四节　双因素系统分组资料的方差分析

双因素试验中，在安排试验方案时，不再将 A 因素的 $a$ 个水平与 B 因素的 $b$ 个水平交叉分组（cross grouping），而是将 A 因素分为 $a$ 个水平，在 A 因素每个水平 $A_i$ 下又将 B 因素分成 $b$ 个水平，这样得到各因素水平组合的方式称为系统分组（hierarchical classification）或称为套设计（nested design）。如在病虫测报中，要调查某种果树害虫，可随机取若干株，每株取不同部位的枝条，每枝条取若干叶片检查害虫数的观察值，就构成了系统分组资料。

## 一、双因素系统分组资料方差分析的原理

### （一）数据模式

在系统分组设计试验中，若 A 因素有 $a$ 个水平；A 因素每个水平 $A_i$ 下，B 因素分 $b$ 个水平；B 因素每个水平 $B_{ij}$ 下有 $n$ 个观测值，则共有 $abn$ 个观测值。其数据模式如表 7-23 所示。

**表 7-23** 双因素系统分组资料数据模式

| 一级因素 $A$ | 二级因素 $B$ | 观测值 $x_{ijl}$ | | | | 二级因素 总和 $x_{ij.}$ | 二级因素 平均数 $\bar{x}_{ij.}$ | 一级因素 总和 $x_{i..}$ | 一级因素 平均数 $\bar{x}_{i..}$ |
|---|---|---|---|---|---|---|---|---|---|
| | $B_{11}$ | $x_{111}$ | $x_{112}$ | … | $x_{1n}$ | $x_{11.}$ | $\bar{x}_{11.}$ | | |
| | $B_{12}$ | $x_{121}$ | $x_{122}$ | … | $x_{12n}$ | $x_{12.}$ | $\bar{x}_{12.}$ | | |
| $A_1$ | ⋮ | ⋮ | ⋮ | … | ⋮ | ⋮ | ⋮ | $x_{1..}$ | $\bar{x}_{1..}$ |
| | $B_{1b}$ | $x_{1b1}$ | $x_{1b2}$ | … | $x_{bn}$ | $x_{1b.}$ | $\bar{x}_{1b.}$ | | |
| | $B_{21}$ | $x_{211}$ | $x_{212}$ | … | $x_{21n}$ | $x_{21.}$ | $\bar{x}_{21.}$ | | |
| | $B_{22}$ | $x_{221}$ | $x_{222}$ | … | $x_{22n}$ | $x_{22.}$ | $\bar{x}_{22.}$ | | |
| $A_2$ | ⋮ | ⋮ | ⋮ | … | ⋮ | ⋮ | ⋮ | $x_{2..}$ | $\bar{x}_{2..}$ |
| | $B_{2b}$ | $x_{2b1}$ | $x_{2b2}$ | … | $x_{2bn}$ | $x_{2b.}$ | $\bar{x}_{2b.}$ | | |
| ⋮ | ⋮ | ⋮ | ⋮ | … | ⋮ | ⋮ | ⋮ | ⋮ | ⋮ |
| | $B_{a1}$ | $x_{a11}$ | $a_{a12}$ | … | $x_{a1n}$ | $x_{a1.}$ | $\bar{x}_{a1.}$ | | |
| | $B_{a2}$ | $x_{a21}$ | $x_{a22}$ | … | $x_{a2n}$ | $x_{a2.}$ | $\bar{x}_{a2.}$ | | |
| $A_a$ | ⋮ | ⋮ | ⋮ | … | ⋮ | ⋮ | ⋮ | $x_{a..}$ | $\bar{x}_{a..}$ |
| | $B_{ab}$ | $x_{ab1}$ | $x_{ab2}$ | … | $x_{abn}$ | $x_{ab.}$ | $\bar{x}_{ab.}$ | | |
| 总和 | | | | | | | | $x_{...}$ | $\bar{x}_{...}$ |

双因素系统分组资料的数学模型为

$$x_{ijl} = \mu + \alpha_i + \beta_{ij} + \varepsilon_{ijl} \quad (i = 1, 2, \cdots, a; \ j = 1, 2, \cdots, b; \ l = 1, 2, \cdots, n) \quad (7\text{-}28)$$

式中 $\mu$——总体平均数;

$\alpha_i$——$A_i$ 的效应,$\alpha_i = \mu_i - \mu$,$\mu_i$ 为 $A_i$ 观测值总体平均数;

$\beta_{ij}$——$A_i$ 内 $B_{ij}$ 的效应,$\beta_{ij} = \mu_{ij} - \mu_i$,$\mu_i$、$\mu_{ij}$ 分别为 $A_i$、$B_{ij}$ 观测值总体平均数;

$\varepsilon_{ijl}$——随机误差,相互独立,且都服从 $N(0, \sigma^2)$。

系统分组资料的数学模型与交叉分组的不同,其中不包含交互作用项,并且因素 $B$ 的效应 $\beta_{ij}$ 是随着 $A$ 的水平的变化而变化的,即二级因素的同一水平在一级因素不同水平中有不同的效应。因此,须把一级因素不同水平中的次级因素同一水平看作不同水平,至于 $\sum \alpha_i$,$\sum \beta_{ij}$ 是否一定为零,应视 $\alpha_i$,$\beta_{ij}$ 是固定还是随机而定。

**(二)平方和与自由度的分解**

根据双因素系统分组资料的数学模型,总变异可分解为 $A$ 因素各水平($A_i$)间的变异(即一级样本间的变异)、$A$ 因素各水平($A_i$)内 $B$ 因素各水平($B_{ij}$)间的变异(即一级样本内二级样本间的变异)和试验误差。

1. 平方和的分解

对双因素系统分组资料进行方差分析,平方和的剖分式为

$$SS_T = SS_A + SS_{B(A)} + SS_e \tag{7-29}$$

式中　$SS_T$——总平方和，$SS_T = \sum\limits_{i=1}^{a}\sum\limits_{j=1}^{b}\sum\limits_{l=1}^{n}(x_{ijl}-\bar{x}_{...})^2 = \sum\limits_{i=1}^{a}\sum\limits_{j=1}^{b}\sum\limits_{l=1}^{n}x_{ijl}^2 - C$，$C = x_{...}^2/abn$；

$SS_A$——一级因素平方和，$SS_A = bn\sum\limits_{i=1}^{a}(\bar{x}_{i..}-\bar{x}_{...})^2 = \dfrac{1}{bn}\sum\limits_{i=1}^{a}x_{i..}^2 - C$；

$SS_{B(A)}$——一级因素内二级因素平方和，$SS_{B(A)} = n\sum\limits_{i=1}^{a}\sum\limits_{j=1}^{b}(\bar{x}_{ij.}-\bar{x}_{i..})^2 = \dfrac{1}{n}\sum\limits_{i=1}^{a}\sum\limits_{j=1}^{b}x_{ij.}^2 - \dfrac{1}{bn}\sum\limits_{i=1}^{a}x_{i..}^2$；

$SS_e$——误差平方和，$SS_e = \sum\limits_{i=1}^{a}\sum\limits_{j=1}^{b}\sum\limits_{l=1}^{n}(x_{ijl}-\bar{x}_{ij.})^2 = \sum\limits_{i=1}^{a}\sum\limits_{j=1}^{b}\sum\limits_{l=1}^{n}x_{ijl}^2 - \dfrac{1}{n}\sum\limits_{i=1}^{a}\sum\limits_{j=1}^{b}x_{ij.}^2$。

2. 自由度的分解

双因素系统分组资料进行方差分析，自由度的剖分式为

$$df_T = df_A + df_{B(A)} + df_e \tag{7-30}$$

式中　$df_T$——总自由度，$df_T = abn-1$；

$df_A$——一级因素自由度，$df_A = a-1$；

$df_{B(A)}$——一级因素内二级因素自由度，$df_{B(A)} = a(b-1)$；

$df_e$——误差自由度，$df_e = ab(n-1)$。

**（三）列方差分析表，进行 F 检验**

根据双因素系统分组资料平方和与自由度的分解，计算均方，列方差分析表进行 F 检验，如表 7-24 所示。

表 7-24　双因素系统分组资料方差分析表

| 变异来源 | 平方和 | 自由度 | 均方 | F 值 固定模型 | 随机模型 | 混合模型（A 固定，B 随机） |
|---|---|---|---|---|---|---|
| A 因素 | $SS_A$ | $a-1$ | $MS_A$ | $MS_A/MS_e$ | $MS_A/MS_{B(A)}$ | $MS_A/MS_{B(A)}$ |
| $B(A)$ | $SS_{B(A)}$ | $a(b-1)$ | $MS_B$ | $MS_{B(A)}/MS_e$ | $MS_{B(A)}/MS_e$ | $MS_{B(A)}/MS_e$ |
| 误差 | $SS_e$ | $ab(n-1)$ | $MS_e$ | | | |
| 总变异 | $SS_T$ | $abn-1$ | | | | |

**（四）多重比较**

（1）一般情况下系统分组中的次级因素（B 因素）多为随机因素，应用的方差分析模型为随机模型或混合模型。因此，对一级因素进行 F 检验时是以一级因素内次级因素均方 $MS_{B(A)}$ 作为分母，所以一级因素的重复数应为 $bn$。则进行多重比较应用的平均数标准误 $S_{\bar{x}}$ 和平均数差数标准误 $S_{\bar{x}_i.-\bar{x}_j.}$ 分别见公式（7-27）。

$$S_{\bar{x}} = \sqrt{MS_{B(A)}/bn} \qquad S_{\bar{x}_i.-\bar{x}_j.} = \sqrt{2MS_{B(A)}/bn} \tag{7-31}$$

（2）由于一级因素内二级因素各水平平均数一般情况下不是研究的重点，所以通常不对一级因素内二级因素各水平进行多重比较。若确实需要对一级因素内二级因素各水平平

均数进行多重比较，则平均数标准误 $S_{\bar{x}}$ 和平均数差数标准误 $S_{\bar{x}_i.-\bar{x}_j.}$ 分别见公式（7-27）。

## 二、双因素系统分组资料方差分析的 DPS 应用

【例 7-7】选取 3 株植物，在每一株内随机选取 2 片叶子，用取样器从每一片叶子上随机选取相同面积的 2 个样品，称湿重（单位：g），结果见表 7-25。检验不同植株及同一植株上的不同叶片平均湿重是否有显著差异。

**表 7-25**       **不同植株中叶片湿重测定结果**        单位：g

| 植株 | 叶片 | 湿重 | |
|------|------|------|------|
| $A_1$ | $B_{11}$ | 12.1 | 12.1 |
| | $B_{12}$ | 12.8 | 12.8 |
| $A_2$ | $B_{21}$ | 14.4 | 14.4 |
| | $B_{22}$ | 14.7 | 14.5 |
| $A_3$ | $B_{31}$ | 23.1 | 23.4 |
| | $B_{32}$ | 28.1 | 28.8 |

（1）按表 7-25 格式输入数据，建立"植株湿重 .DPS"文件，定义数据块。

（2）依次点击"试验统计"→"完全随机设计"→"系统分组（巢式）试验统计分析"；在"处理组数，或各组的样本数"对话框中输入"3"；选择"Duncan"多重比较法，确定后输出分析结果，见表 7-26、表 7-27。

**表 7-26**       **不同植株叶片湿重试验资料方差分析表**

| 变异来源 | 平方和 | 自由度 | 均方 | $F$ 值 | $P$ 值 |
|----------|--------|--------|------|--------|--------|
| 植株 | 416.78 | 2 | 208.39 | 22.6757 | 0.0155 |
| 叶片（植株） | 27.57 | 3 | 9.19 | 177.8710 | 0.0001 |
| 误差 | 0.31 | 6 | 0.05 | | |
| 总变异 | 444.66 | 11 | | | |

**表 7-27**       **不同植株叶片湿重平均数多重比较表（Duncan 法）**

| 植株 | 平均数 | 5%显著水平 | 1%极显著水平 |
|------|--------|-----------|-------------|
| $A_3$ | 25.85 | $a$ | $A$ |
| $A_2$ | 14.50 | $b$ | $AB$ |
| $A_1$ | 12.45 | $b$ | $B$ |

从表 7-26 方差分析表可知，植株效应检验的 $P$ 值在 0.05 与 0.01 之间，表明不同植株叶片平均湿重差异达显著水平；叶片（植株）（即同一植株不同叶片）效应检验的 $P$ 值小于 0.01，表明同一植株不同叶片平均湿重差异达极显著水平。

表 7-27 植株平均数的多重比较结果表明，植株 3 湿重显著大于其他植株。由于一级因素内二级因素各水平平均数是否有差异不是研究重点，通常不对一级因素内二级因素各水平平均数进行多重比较。因此，DPS 系统未给出植株内各叶片平均湿重的多重比较结果。

# 第五节　SPSS 在方差分析中的应用

## 一、单因素试验资料的方差分析

SPSS 中的"单因素方差分析（One－Way ANOVA）"过程用于进行两组及多组样本均数的比较，如果做了相应选择，还可进行多重比较。

【例 7-8】将表 7-3 资料输入到 SPSS 系统，建立"药物得率.SAV"文件。分析不同的催化剂是否对该药的得率有显著影响？

（1）建立"药物得率.SAV"文件；打开 SPSS 系统，在"变量视图"中建立"催化剂"和"药物得率"两变量；打开"数据视图"将相应数值输入到对应变量下。

（2）选择菜单"分析"→"比较均值"→"单因素方差分析"，打开"单因素方差分析"主对话框，依次将"药物得率"移入"因变量列表"框，"催化剂"移入"因子"列表框。如图 7-4 所示。

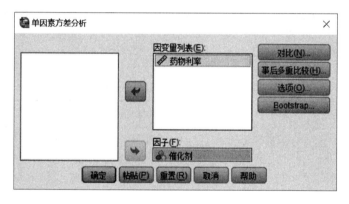

图 7-4　SPSS 单因素方差分析主对话框

（3）在"单因素方差分析"主对话框内单击"事后多重比较"按钮，打开对话框。其中，"假定方差齐性"选项栏中给出了在观测变量满足不同因素水平下的方差齐性条件下的多种检验方法，此处选择生物科学较常用的"Duncan"检验法；"未假定方差齐性"选项栏中给出了在观测变量不满足方差齐性条件下的多种检验方法，此处选择"Tamhane's T2"检验法；"显著水平"输入框中用于输入多重比较检验的显著性水平，默认为 0.05，如图 7-5 所示。

（4）在主对话框中单击"选项"按钮，弹出"选项"子对话框。在该对话框中选中"描述性"复选框，输出不同因素水平下观测变量的描述统计量；选择"方差同质性检验"复选框，输出方差齐性检验结果；如果选中"均值图"复选框，将输出不同因素水平下观测变量的均值直线图，可以直观地了解它们的差异。

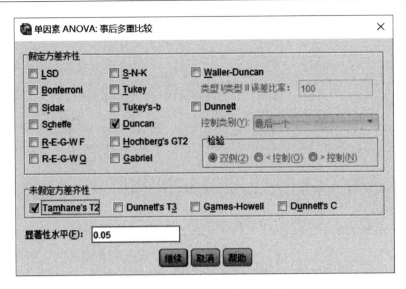

图 7-5　SPSS 多重比较子对话框

（5）在主对话框中确定后可获得方差齐性检验、单因素方差分析（见表 7-28）、多重比较检验（见表 7-29）等结果。

表 7-28　　　　　　　　　不同催化剂药物得率试验资料方差分析表

| 变异来源 | 平方和 | 自由度 | 均方 | $F$ 值 | $P$ 值 |
|---|---|---|---|---|---|
| 催化剂 | 567.4 | 3 | 189.133 | 20.337 | 0.000 |
| 误差 | 148.8 | 16 | 9.300 | | |
| 总变异 | 716.2 | 19 | | | |

方差齐性检验结果表明，Levene 统计量对应的 $P$ 值大于 0.05，所以不同催化剂药物得率资料具备方差齐性。

表 7-28 方差分析结果表明，$P=0.000<0.05$。结果表明，在 $\alpha=0.05$ 显著水平下，$F$ 检验结果达显著水平。因此，可以认为不同催化剂下药物得率并不完全相同，需通过多重比较进一步检验各催化剂间的催化效果的差异性。

表 7-29　　　　　　　　　不同催化剂药物得率平均数多重比较表

| 方法 | 催化剂 | 样本容量 | $\alpha=0.05$ | | |
|---|---|---|---|---|---|
| | | | 1 | 2 | 3 |
| Duncan | 丁 | 5 | 80 | | |
| | 乙 | 5 | 83 | | |
| | 甲 | 5 | | 88.2 | |
| | 丙 | 5 | | | 94 |
| | $P$ 值 | | 0.139 | 1.000 | 1.000 |

表 7-29 不同催化剂药物得率平均数的两两比较的 Duncan 检验结果中，在 $\alpha = 0.05$ 水平下，分为 1、2、3 三个子集，处于同一子集的差异不显著。可以看出，丁、乙催化剂间差异不显著；其他催化剂间差异均达显著水平；其中，催化剂丙的药物得率最高。

## 二、双因素试验资料的方差分析

在 SPSS 中双因素试验资料的方差分析过程可以分析出每一个因素的作用，各因素之间的交互作用，检验各总体间方差是否相等，还能够对因素的各水平间均值差异进行比较等。

【例 7-9】试利用 SPSS 分析表 7-19 数据资料，判断配方（$A$）和食品添加剂（$B$）对蛋糕质量的影响。

（1）建立文件"蛋糕质量试验.SAV"：在"变量视图"中建立变量"配方"表示配方各水平，建立变量"添加剂"表示添加剂各水平，建立变量"质量"表示蛋糕质量效果；在"数据视图"中相应变量下分别输入表 7-19 中的相应数据。

（2）单击"分析"→"一般线性模型"→"单变量"，打开"单变量"主对话框；选择变量"质量"进入"因变量"框中，变量"配方"和"添加剂"进入"固定因子"框中，如图 7-6 所示。

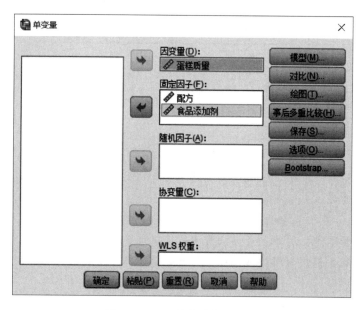

图 7-6　SPSS 单变量主对话框

（3）在主对话框中单击"模型"按钮，在弹出对话框内，"全因子"选项为系统默认模型，指建立包括因素之间交互作用在内的全模型；"定制"选项为自定义模型。本例选择"定制"选项，并激活下面的各项操作，如图 7-7 所示。

（4）在"单变量：模型"子对话框中，先从左边变量框中选择因素变量进入"模型"框，然后选择"类型"。一般不考虑交互作用时，选择"主效应"，考虑交互作用时，选择"交互"。可以通过单击"构建项"下面的小菜单完成，本例中选择交互效应。在分别把

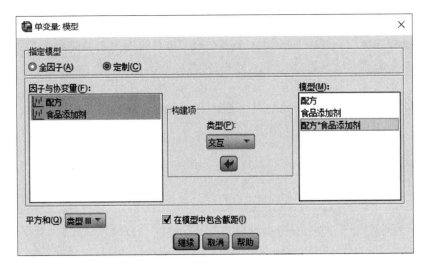

图 7-7　SPSS 模型子对话框

"配方"、"添加剂"选入模型中后，同时选中"配方"、"添加剂"，单击移动箭头即可把"配方"与"添加剂"交互项选入模型中，如图 7-7 所示。

（5）最后在"平方和"选项中选择"类型Ⅲ"后返回主对话框。确定后输出双因素方差分析结果，见表 7-30。

表 7-30　　　　　　　　　　　　　蛋糕质量试验资料方差分析表

| 变异来源 | 平方和 | 自由度 | 平均值平方 | $F$ 值 | $P$ 值 |
|---|---|---|---|---|---|
| 修正的模型 | 42.306 | 11 | 3.846 | 6.593 | 0.000 |
| 截距 | 1950.694 | 1 | 1950.694 | 3344.048 | 0.000 |
| 配方（$A$） | 13.556 | 2 | 6.778 | 11.619 | 0.000 |
| 食品添加剂（$B$） | 2.306 | 3 | 0.769 | 1.317 | 0.292 |
| $A \times B$ | 26.444 | 6 | 4.407 | 7.556 | 0.000 |
| 误差 | 14.000 | 24 | 0.583 | | |
| 总变异 | 2007.000 | 36 | | | |
| 校正后总数 | 56.306 | 35 | | | |

从表 7-30 蛋糕质量方差分析表可以看出，$P_B > 0.05$，$P_A < 0.01$，$P_{A \times B} < 0.01$。表明配方（$A$）、配方（$A$）与添加剂（$B$）交互作用对蛋糕质量的影响达极显著水平，而食品添加剂（$B$）对蛋糕质量的影响未达显著水平。

（6）如果需要进行图形展示，可在"单变量"主对话框中单击"绘图"按钮，打开"单变量：概要图"子对话框，通过该对话框选择作均值轮廓图的参数。

在"单变量：概要图"子对话框中，①在"因子"框中选择因素变量进入"水平轴"框内作为横坐标，然后单击"添加"按钮，可以得到该因素不同水平的因变量均值的分布；②如果要了解两个因素变量的交互作用，将一个因素变量添加到"水平轴"框内，将另一个因素变量添加到"单图"框中，然后单击"添加"按钮。

本例中选择因素"配方"进入"水平轴"框，选择因素"食品添加剂"进行"单图"框，以了解两个因素变量的交互作用。如图 7-8 所示。

（7）在"单变量：概要图"子对话框中单击"继续"返回"单变量"主对话框，确定后即可输出反映两个因素交互作用的交互作用图。如图 7-9 所示。

图 7-8　SPSS 概要图子对话框

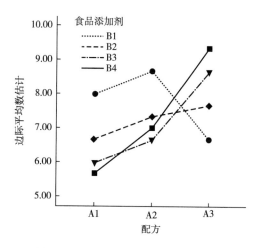

图 7-9　SPSS 绘制两因素交互作用图

图 7-9 配方与添加剂两因素交互作用图表明，两因素变量的折线之间交叉较多，因此两因素之间应存在较大交互作用，与表 7-30 蛋糕质量双因素方差分析结果一致。

（8）若需要进行多重比较，单击"事后多重比较"按钮，打开"单变量：观测平均值的事后多重比较"子对话框。在该对话框内，选择需要多重比较的变量进入"事后检验"框，并选择多重比较方法。本例中对变量"配方"应用 SNK 和 Duncan 法两种方法进行多重比较，设定好参数后返回主对话框，点击确定输出配方间多重比较结果，见表 7-31。

表 7-31　　　　　　　　　　不同配方蛋糕质量平均数多重比较表

| 配方 | 样本容量 | Student－Newman－Keuls（SNK） 子集 | | | 配方 | 样本容量 | Duncan 法 子集 | | |
|---|---|---|---|---|---|---|---|---|---|
| | | 1 | 2 | 3 | | | 1 | 2 | 3 |
| 1 | 12 | 6.58 | | | 1 | 12 | 6.58 | | |
| 2 | 12 | | 7.42 | | 2 | 12 | | 7.42 | |
| 3 | 12 | | | 8.08 | 3 | 12 | | | 8.08 |
| $P$ 值 | | 1.00 | 1.00 | 1.00 | $P$ 值 | | 1.00 | 1.00 | 1.00 |

表 7-31 配方平均数间多重比较结果表明，两种比较方法都表明配方 3 蛋糕质量最好，

显著大于配方 1 和配方 2。由于食品添加剂效果未达显著水平，因此不需要进行食品添加剂水平间的多重比较。

## 三、系统分组资料方差分析

【例 7-10】应用 SPSS 系统对例 7-7 中表 7-25 数据进行方差分析，检验不同植株（$A$）及同一植株上的不同叶片（$B$）平均湿重是否有显著差异。

（1）建立文件"植株湿重.SAV"；在"变量视图"中建立变量"$A$"表示不同植株，"$B$"表示不同叶片，"湿重"表示测定结果；在"数据视图"中相应变量下分别输入表 7-25 中的数据。

（2）单击"分析"→"一般线性模型"→"单变量"，打开"单变量"主对话框。选择"湿重"进入"因变量"框，"$A$"进入"固定因子"框，"$B$"进入"随机因子"框。

（3）指定模型为"定制"，并将"$A$"、"$B$"移到"模型"框，平方和类型选取默认项"类型Ⅲ"。通过"事后多重比较"子对话框，设置变量"$A$"应用 Duncan 法进行多重比较。

（4）返回主对话框后，点击"粘贴"，现嵌套程序编辑窗口，将程序中的最后一行"/DESIGN＝$A$ $B$." 修改为"/DESIGN＝$A$ $B$（$A$）↓/TEST＝$A$ VS $B$（$A$）." （注，以换行符↓为间隔分为两行），如图 7-10 所示。

图 7-10　修改程序后的嵌套程序编辑窗口

（5）点击程序运行图标▶，输出结果见表 7-32 和表 7-33。

表 7-32　　　　　　　　　　　不同植株叶片湿重试验资料方差分析表

| 变异来源 | 平方和 | 自由度 | 均方 | $F$ 值 | $P$ 值 |
|---|---|---|---|---|---|
| 截距 | 3717.120 | 1 | 3717.120 | 404.474 | 0.000 |
| 植株 | 416.780 | 2 | 208.390 | 22.676 | 0.015 |

续表

| 变异来源 | 平方和 | 自由度 | 均方 | $F$ 值 | $P$ 值 |
|---|---|---|---|---|---|
| 叶片（植株） | 27.570 | 3 | 9.190 | 177.871 | 0.000 |
| 误差 | 0.310 | 6 | 0.052 | | |
| 总变异 | 4161.780 | 12 | | | |
| 校正后变总异 | 444.660 | 11 | | | |

**表 7-33**　　　　　　**不同植株叶片湿重平均数多重比较表（Duncan 法）**

| 植株 | 样本容量 | 子集 | | |
|---|---|---|---|---|
| | | 1 | 2 | 3 |
| $A_1$ | 4 | 12.4500 | | |
| $A_2$ | 4 | | 14.5000 | |
| $A_3$ | 4 | | | 25.8500 |
| $P$ 值 | | 1.000 | 1.000 | 1.000 |

　　由于本例叶片为随机因素，因此对应模型为混合模型。由表 7-32 方差分析结果可知，$F_{植株}=MS_A/MS_{B(A)}=22.676$，$P_{植株}=0.015<0.05$，表明不同植株对湿重有显著影响；$F_{叶片(植株)}=177.871$，$P_{叶片(植株)}=0.00<0.01$，表明同一植株不同叶片间对湿重有极显著影响。因此，需要通过多重比较进一步检验各植株间对湿重影响的差异情况。

　　表 7-33 多重比较（Duncan 法）结果表明，$A_3$ 显著高于 $A_2$，$A_2$ 又显著高于 $A_1$。

## 思考练习题

　　**习题 7.1**　什么是方差分析？方差分析的原理是什么？如何进行自由度和平方和的分解？生物统计学中常用的多重比较的方法有哪些？

　　**习题 7.2**　多个处理平均数间的相互比较为什么不宜用 $t$ 检验法？

　　**习题 7.3**　单因素和双因素试验资料方差分析的数学模型有何区别？数据的线性模型与方差分析有何关系？

　　**习题 7.4**　方差分析有哪些基本假定？为什么有些数据需经过转换才能进行方差分析？

　　**习题 7.5**　什么是多重比较？多重比较的前提是什么？多个平均数相互比较时，LSD 法与一般 $t$ 检验法相比有何优点？生物统计学中如何解决 LSD 法的不足？

　　**习题 7.6**　只有两个处理的单因素试验资料既能用 $t$ 检验，也可用 $F$ 检验（方差分析）。试在一般数据模式的基础上证明 $t=\sqrt{F}$。

　　**习题 7.7**　什么是主效应、简单效应与交互作用？为什么说双因素交叉分组单独观测值的试验设计是不完善的试验设计？在多因素试验时，如何选取最优水平组合？

　　**习题 7.8**　有下列 4 组数据：

5，8，5，6，4，7，4，2

5，4，6

6，5，6，10，3，5

6，8，6，7。

试计算：

（1）总平方和；

（2）分别计算各组平方和再相加，计算组内（误差）平方和；

（3）以 $\sum n_i(\bar{x}_i-\bar{x})^2$ 和 $\sum(\dfrac{x^2}{n_i})-\dfrac{x.^2}{\sum n_i}$ 分别计算组间（处理）平方和，分析结果

是否相等；

（4）分析上述计算是否符合总平方和＝组内平方和＋组间平方和。

**习题 7.9** 下列资料包含哪些变异因素？各变异因素的自由度如何计算？

（1）分析某作物两个品种的产量性状，每品种种植了 8 个小区；

（2）在 3 个品种的某动物中做 4 种饲料的饲喂试验，每品种动物选择 8 个单位。

**习题 7.10** 测定 4 种种植密度（株$/666.67\mathrm{m}^2$）下金皇后玉米的千粒重（单位：g）各 4 次，得结果如下表。试对 4 种种植密度下的千粒重作相互比较，并作出差异显著性结论。

| 种植密度/（株$/666.67\mathrm{m}^2$） | 千粒重/g | | | |
|---|---|---|---|---|
| 2000 | 247 | 258 | 256 | 251 |
| 4000 | 238 | 244 | 246 | 236 |
| 6000 | 214 | 227 | 221 | 218 |
| 8000 | 210 | 204 | 200 | 210 |

**习题 7.11** 抽取 8 名健康人血液制成血滤液，每人的血滤液分成 4 份，随机放置 0、45min、90min、135min，测定血糖浓度（单位：mmol/L），结果如下表所示，试分析放置不同时间的血糖浓度有无差别。

单位：mmol/L

| 放置时间/min | 受试者编号 | | | | | | | |
|---|---|---|---|---|---|---|---|---|
| | 1 | 2 | 3 | 4 | 5 | 6 | 7 | 8 |
| 0 | 5.27 | 5.27 | 5.88 | 5.44 | 5.66 | 6.22 | 5.83 | 5.27 |
| 45 | 5.27 | 5.22 | 5.83 | 5.38 | 5.44 | 6.22 | 5.72 | 5.11 |
| 90 | 4.94 | 4.88 | 5.38 | 5.27 | 5.38 | 5.61 | 5.38 | 5.00 |
| 135 | 4.61 | 4.66 | 5.00 | 5.00 | 4.88 | 5.22 | 4.88 | 4.44 |

**习题 7.12** 为了从 3 种不同原料和 3 种不同温度中选择使酒精产量最高的水平组合，设计了双因素试验，每一水平组合重复 4 次，结果如下表，试进行方差分析。

| 原料 | 温度 $B$ | | | | | | | | | | | |
| --- | --- | --- | --- | --- | --- | --- | --- | --- | --- | --- | --- | --- |
| | $B_1$（30℃） | | | | | $B_2$（35℃） | | | | $B_3$（40℃） | | |
| $A_1$ | 41 | 49 | 23 | 25 | 11 | 12 | 25 | 24 | 6 | 22 | 26 | 11 |
| $A_2$ | 47 | 59 | 50 | 40 | 43 | 38 | 33 | 36 | 8 | 22 | 18 | 14 |
| $A_3$ | 48 | 35 | 53 | 59 | 55 | 38 | 47 | 44 | 30 | 33 | 26 | 19 |

# 第八章　一元回归与相关分析

## 第一节　回归与相关的概念

统计学所研究的变量间的关系一般分为两种，即因果关系和平行关系。因果关系（parallel relation），即一个变量的变化受另一个或几个变量的影响，如小麦的产量受遗传、土壤、管理条件等多种因素的影响。平行关系（parallel relationship），即几个变量间互为因果或共同受到另外因素的影响，如人的身高和胸围之间的关系属于平行关系。

统计学上采用回归分析（regression analysis）方法研究呈因果关系的统计相关关系。表示原因的变量称为自变量（independent variable），一般标记为 $x$；表示结果的变量称为依变量或因变量（dependent variable），一般标记为 $y$。研究"一因一果"，即一个自变量与一个依变量的回归分析称为一元回归分析（one factor regression analysis）；一元回归分析又分为线性回归分析（linear regression analysis）与曲线回归分析（curvilinear regression analysis）两种；研究"多因一果"，即多个自变量与一个依变量的回归分析称为多元回归分析（multiple regression analysis）。多元回归分析又分为多元线性回归分析（multiple linear regression analysis）与多元非线性回归分析（multiple nonlinear regression analysis）两种。

统计学上采用相关分析（correlation analysis）来研究呈平行关系的统计相关关系。对两个变量间的直线关系进行相关分析称为简单相关（simple correlation）分析；对多个变量进行相关分析时，研究一个变量与多个变量间的线性相关称为复相关分析（complex correlation analysis）；研究其余变量保持不变的情况下两个变量间的线性相关称为偏相关分析（partial correlation analysis）。

## 第二节　线性回归

### 一、线性回归方程

**（一）散点图**

在生物学研究中，通过试验或调查获得自变量 $x$ 和因变量 $y$ 成对的观测值，可表示为 $(x_1, y_1)$，$(x_2, y_2)$，……，$(x_n, y_n)$。为了直观地看出 $x$ 和 $y$ 间的变化趋势，可将每一对观测值在平面直角坐标系描点，作成散点图（scatter chart）。散点图直观、定性地表示了两个变量之间的关系，可以通过散点图判断：①两个变量间关系的性质（正相关还是负相关）和程度（相关密切还是不密切）；②两个变量间关系的类型，是直线形还是曲线形；③是否有异常观测值的干扰。

**（二）线性回归方程的建立**

研究两变量间的数量关系时，当自变量 $x$ 取任意值 $x_i$ 时，$y$ 有一分布与之对应，统计学将 $y$ 分布的平均数 $\mu_{y \cdot x}$ 称为 $y$ 的条件平均数（conditional mean）。若 $x$ 是可控制的变量，当无限次取值后，可以得到在各 $x_i$ 上的 $y$ 的条件平均数 $\mu_{y \cdot x}$，这些平均数构成一条直线

$$\mu_{y \cdot x} = \beta_0 + \beta x_i \tag{8-1}$$

式中　$\beta_0$ 和 $\beta$——总体回归截距和总体回归系数。

该直线的含义是对于变量 $x$ 的每一个值，都有一个 $y$ 的分布，这个分布的平均数是公式（8-1）所给出的线性函数。令 $\varepsilon$ 为自变量 $x$ 时观测值 $y$ 与直线 $\mu_{y \cdot x}$ 的离差，$\varepsilon$ 是一个相互独立且服从 $N$（$0$，$\sigma^2$）的随机变量，则可将式（8-1）转化为式（8-2）。

$$y = \beta_0 + \beta x + \varepsilon \tag{8-2}$$

由于公式（8-2）只包含一个自变量 $x$，且具有正态性，所以称为一元正态线性回归模型（simple normal linear regression model）。在 $x$，$y$ 的直角坐标平面上可以作出无数条直线，统计学中将所有直线中最接近散点图中全部散点的直线称为回归直线（regression line）。回归直线所对应的方程称为线性回归方程（linear regression equation），见式（8-3）。

$$\hat{y} = a + bx \tag{8-3}$$

式中　$\hat{y}$——条件平均数 $\mu_{y \cdot x}$ 的估计值；

　　　$a$——$\beta_0$ 的估计值，称为回归截距（regression intercept），是回归直线与 $Y$ 轴交点的纵坐标；

　　　$b$——$\beta$ 的估计值，称为回归直线的斜率（slope）或回归系数（regression coefficient），含义是自变量 $x$ 每改变一个单位，因变量 $y$ 平均增加或减少的单位数。$b$ 的符号反映了 $x$ 影响 $y$ 的性质，$b$ 的绝对值大小反映了 $x$ 影响 $y$ 的程度。

回归直线在平面坐标系中的位置取决于 $a$、$b$ 的取值，为了使 $\hat{y} = a + bx$ 能最好地反映 $y$ 和 $x$ 两变量间的数量关系，根据最小二乘法（method of least squares），$a$、$b$ 应使回归估计值与观测值的偏差平方和最小，即

$$Q = \sum (y - \hat{y})^2 = \sum (y - a - bx)^2 = 最小$$

根据微积分学中的极值原理，令 $Q$ 对 $a$、$b$ 的一阶偏导数等于 $0$，即

$$\frac{\partial Q}{\partial a} = -2 \sum (y - a - bx) = 0 \qquad \frac{\partial Q}{\partial b} = -2 \sum (y - a - bx)x = 0$$

整理得关于 $a$、$b$ 的正规方程组

$$an + b \sum x = \sum y \qquad a \sum x + b \sum x^2 = \sum xy$$

解正规方程组，得

$$a = \bar{y} - b\bar{x} \tag{8-4}$$

$$b = \frac{\sum xy - (\sum x)(\sum y)/n}{\sum x^2 - (\sum x)^2/n} = \frac{\sum (x - \bar{x})(y - \bar{y})}{\sum (x - \bar{x})^2} = \frac{SP_{xy}}{SS_x} \tag{8-5}$$

式中　$\sum (x - \bar{x})(y - \bar{y})$——自变量 $x$ 的离均差与依变量 $y$ 的离均差乘积和（mean deviation product sum），简称乘积和（product sum），记作

$$SP_{xy} \text{ ；}$$

$\sum (x-\overline{x})^2$——自变量 $x$ 的离均差平方和（mean deviation sum of square），记作 $SS_x$。

**【例 8-1】** 为研究儿童年龄与身高的关系，调查了 7 名儿童的年龄与身高的有关资料，见表 8-1。试画出年龄 $x$ 与身高（$y$，cm）的散点图，并作出趋势线，建立 $y$ 关于 $x$ 的一元线性回归方程。

表 8-1 儿童年龄与身高调查资料

| 年龄（$x$） | 4.5 | 5.5 | 6.5 | 7.5 | 8.5 | 9.5 | 10.5 |
|---|---|---|---|---|---|---|---|
| 身高（$y$）/cm | 101.1 | 106.6 | 112.1 | 116.1 | 121 | 125.5 | 129.2 |

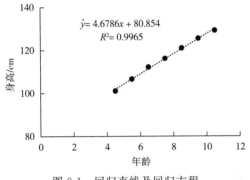

图 8-1 回归直线及回归方程

（1）打开 EXCEL，按列或行输入数据，绘制散点图。

（2）将鼠标放在任一数据点上，右键单击打开菜单，在菜单栏里选择"添加趋势线"→"线性"→勾选"显示公式"和"显示 $R$ 平方值"，得回归直线及线性方程见图 8-1（格式略作修改）。由图 8-1 输出结果中的散点图可知，两变量间为线性关系，对应一元线性回归方程为 $\hat{y} = 4.6786x + 80.854$。

**（三）线性回归方程的性质**

通过研究 $y$ 和 $\hat{y}$ 间的关系，可发现回归方程有以下 3 个基本性质。

（1）$Q = \sum (y - \hat{y})^2$ 最小。

（2）$\sum (y - \hat{y}) = 0$。

（3）将 $a = \overline{y} - b\overline{x}$ 代入 $\hat{y} = a + bx$，可得 $\hat{y} = \overline{y} - b\overline{x} + bx = \overline{y} + b(x - \overline{x})$，则回归直线必通过中心点 $(\overline{x}, \overline{y})$。

## 二、直线回归假设检验

不论变量 $x$ 和 $y$ 间是否存在直线回归关系，我们都可从随机抽取的一个样本中计算出一个直线回归方程 $\hat{y} = a + bx$。所以，只有通过显著性检验才能进一步确认两变量间是否存在直线回归关系。对于回归关系的显著性检验，统计学中通常采用 $t$ 检验和 $F$ 检验（即方差分析）的方法。

**（一）$t$ 检验**

（1）提出假设 $H_0: \beta = 0$，即两变量间不存在直线回归关系；$H_1: \beta \neq 0$，即两变量间存在直线回归关系。

（2）确定显著水平 $a = 0.05$ 或 $a = 0.01$。

（3）检验计算 在无效假设正确的前提下，计算 $t$ 值公式为

$$t = \frac{b}{s_b} \qquad s_b = \frac{S_{y/x}}{\sqrt{SS_x}} \tag{8-6}$$

式中 $S_{y/x}$——离回归标准误（standard error due to deviation from regression），又称为离回归标准差或剩余标准差（residual standard deviation），其计算公式为

$$S_{y/x} = \sqrt{\frac{Q}{n-2}} = \sqrt{\frac{\sum (y - \hat{y})^2}{n-2}} \tag{8-7}$$

（4）推断 计算出样本回归系数的 $t$ 值后，与 $t$ 临界值相比较，以确定 $H_0$ 是被接受或拒绝。

**（二）$F$ 检验**

1. 直线回归的变异来源

统计学可以证明

$$\sum (y - \bar{y})^2 = \sum (\hat{y} - \bar{y})^2 + \sum (y - \hat{y})^2 \tag{8-8}$$

式中 $\sum (y - \bar{y})^2$——总平方和，反映了 $y$ 的总变异程度，记为 $SS_y$；

$\sum (\hat{y} - \bar{y})^2$——回归平方和（regression sum of squares），也称为可解释的平方和，反映了由于 $y$ 与 $x$ 间存在直线关系所引起的 $y$ 的变异程度，取值越大回归效果越好，记为 $SS_R$；

$\sum (y - \hat{y})^2$——离回归平方和或剩余平方和（residual sum of square），也称为不可解释的平方和，反映了除 $y$ 与 $x$ 存在直线关系以外的原因引起的 $y$ 的变异程度，取值越小直线回归的估计误差越小，记为 $SS_r$。

在一元直线回归分析中，回归自由度等于自变量的个数，即 $df_R=1$；$y$ 的总自由度 $df_y=n-1$；离回归自由度 $df_r=n-2$。则离回归均方 $MS_r=SS_r/df_r$，回归均方 $MS_R=SS_R/df_R$。

2. $F$ 检验

在无效假设成立的条件下，回归均方与离回归均方的比值服从 $df_1=1$ 和 $df_2=n-2$ 的 $F$ 分布，所以可以用 $F$ 检验来检验回归关系和回归方程的显著性。

$$F = \frac{MS_R}{MS_r} = \frac{SS_R/df_R}{SS_r/df_r} = \frac{SS_R}{SS_r/(n-2)}, \quad df_1=1, \quad df_2=n-2 \tag{8-9}$$

为方便计算，回归平方和与离回归平方和可用下面的公式计算

$$SS_R = \sum (\hat{y} - \bar{y})^2 = \sum [b(x - \bar{x})]^2 = b^2 \sum (x - \bar{x})^2 = b^2 SS_x = bSP_{xy} = \frac{SP_{xy}^2}{SS_x} \tag{8-10}$$

$$SS_r = SS_y - SS_R = SS_y - \frac{SP_{xy}^2}{SS_x} \tag{8-11}$$

## 三、应用 EXCEL 进行回归分析

**（一）EXCEL 数据分析工具的应用**

在 EXCEL 中依次点击"数据"→"数据分析"→"回归"，并输入相关参数后即得到回归分析结果。回归分析结果一般含回归统计表、方差分析表和回归参数表三部分内容。

1. 回归统计表

复相关系数 $R$（Multiple $R$）：$R^2$ 的平方根，又称为相关系数，它用来衡量变量 $x$ 和 $y$ 之间相关程度的大小。

相关指数或决定系数 $R^2$（$R$ Square）：用来说明用自变量解释因变量变差的程度，以测量同因变量 $y$ 的拟合效果。

调整决定系数 $R^2$（Adjusted $R$ Square）：仅用于多元回归才有意义，它用于衡量加入独立变量后模型的拟合程度。当有新的独立变量加入后，即使这一变量同因变量之间不相关，未经修正的 $R^2$ 也要增大，修正的 $R^2$ 仅用于比较含有同一个因变量的各种模型。

标准误差：即离回归标准误（$S_{y/x}$），又称为估计标准误差，它用来衡量拟合程度的大小，也用于计算与回归有关的其他统计量，此值越小，说明拟合程度越好。

观测值：是指用于估计回归方程的数据的观测值个数。

2. 方差分析表

方差分析表的主要作用是通过 $F$ 检验来判断回归模型的回归效果。若 $F$ 统计量的 $P$ 值小于显著水平 0.05，说明方程回归效果显著，反之不显著。

3. 回归参数表

回归参数表第二列分别为回归截距 $a$ 和回归系数 $b$；第三列分别为回归截距和回归系数的标准误 $S_a$ 和 $S_b$；第四列分别为检验回归截距和回归系数的统计量 $t_a$ 和 $t_b$；第五列分别为检验回归截距和回归系数所得的 $P$ 值（双侧）；第六、七列分别为 $\beta_0$ 和 $\beta$ 95% 的置信区间的上下限。

【例 8-2】利用 EXCEL 数据分析工具对表 8-1 中数据进行线性回归分析。求儿童年龄（$x$）与身高（$y$）间的线性回归方程，并检验其显著性。

（1）在 EXCEL 中将表 8-1 数据按列输入，依次点击"数据"→"数据分析"→"回归"选项，打开"回归"对话框如图 8-2 所示。

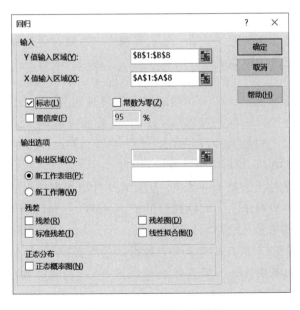

图 8-2　EXCEL 回归对话框

（2）在"Y值输入区域"输入 $y$ 数据区域，在"X值输入区域"输入 $x$ 数据区域，并根据是否选中 $x$、$y$ 数据标题来确定是否勾选"标志"。确定后输出表8-2和表8-3等分析结果。

表 8-2　　　　　　　　　　　　儿童年龄与身高回归关系方差分析表

| 变异来源 | 自由度 | 平方和 | 均方 | $F$ 值 | $P$ 值 |
|---|---|---|---|---|---|
| 回归 | 1 | 612.8929 | 612.8929 | 1415.924 | $2.5E-07$ |
| 离回归 | 5 | 2.1643 | 0.4329 | | |
| 总变异 | 6 | 615.0571 | | | |

表8-2方差分析结果显示，方差分析（$F$ 检验）得到 $F=1415.924$，$P=2.5E-07<0.01$，表明两变量间回归关系达极显著水平。

表 8-3　　　　　　　　　　　　儿童年龄与身高回归系数 $t$ 检验结果

| | 系数 | 标准误差 | $t$ 值 | $P$ 值 | 95%置信区间下限 | 95%置信区间上限 |
|---|---|---|---|---|---|---|
| 截距 | 80.8536 | 0.9651 | 83.7775 | $4.59E-09$ | 78.3727 | 83.3344 |
| 年龄 $x$ | 4.6786 | 0.1243 | 37.6288 | $2.5E-07$ | 4.3590 | 4.9982 |

表8-3回归系数 $t$ 检验结果显示，所得到回归方程为 $\hat{y}=80.854+4.6786x$，$t_b=37.6288$，$P=2.5E-07<0.01$。结果表明，$t$ 检验和方差分析两种检验的结果是等价的，即儿童年龄（$x$）与身高（$y$）间的线性回归关系达极显著水平。

**（二）EXCEL 函数的应用**

LINEST 函数可通过使用最小二乘法计算与现有数据最佳拟合的直线，来计算某直线的统计值，然后返回描述此直线的数组。也可以将 LINEST 与其他函数结合使用来计算未知参数中其他类型的线性模型的统计值，包括多项式、对数、指数和幂级数。因为此函数返回数值数组，所以它必须以数组公式的形式输入。其语法结构为：

$$\text{LINEST}（y\text{ 数组}，x\text{ 数组}，C，S）$$

其中，$C=1$ or 省略计算截距，$C=0$ 强制回归方程通过原点；$S=0$ 只计算 $a$、$b$ 值，$S=1$ 计算含回归系数（$b$）、回归截距（$a$）、回归系数标准误（$S_b$）、回归截距标准误（$S_a$）、决定系数（$R^2$）、离回归标准误（$MS_e^{1/2}$）、$F$ 值（$F$）、自由度（$df$）、回归平方和（$SS_R$）、残差平方和（$SS_r$）等所有统计数。

由于 LINEST 函数输出结果为一数组，因此在应用时根据输出结果数组的大小，选择对应的单元格个数（一般对于一元线性回归分析 $S=0$ 时选 $1\times2$ 个单元格；$S=1$ 时选 $5\times2$ 个单元格），相关参数输入完毕后，按 $ctrl+shift+enter$ 组合键并同时放开。

**【例 8-3】** 应用 LINEST 函数分析表 8-1 数据，求儿童年龄（$x$）与身高（$y$）两变量间回归系数（$b$）、回归截距（$a$）、回归系数标准误（$S_b$）、回归截距标准误（$S_a$）、决定系数（$R^2$）、$F$ 值（$F$）等统计指标。

（1）将表 8-1 数据资料输入 EXCEL 表格（以行或列的形式输入均可），在 EXCEL 中

任选 $5 \times 2$ 个单元格。

（2）在编辑栏输入"＝LINEST（$y$ 数据区域，$x$ 数据区域，1，1）"，按下 *ctrl* ＋*shift*＋*enter* 组合键后同时放开，输出分析结果。表 8-4 左侧为 LINEST 函数输出结果，右侧为对应的统计量。

**表 8-4**　　　　　　　　　　　LINEST 函数输出结果及对应统计量

| 输出结果 | | 对应统计量 | |
|---|---|---|---|
| 4.678571 | 80.8536 | $b$ | $a$ |
| 0.124335 | 0.9651 | $S_b$ | $S_a$ |
| 0.996481 | 0.6579 | $R^2$ | $MS_e^{1/2}$ |
| 1415.924 | 5.0000 | $F$ | $df$ |
| 612.8929 | 2.1643 | $SS_R$ | $SS_r$ |

表 8-4 LINEST 函数输出结果表明，$b = 4.6786$，$a = 80.8536$，$S_b = 0.1243$，$S_a = 0.9651$，$r^2 = 0.9965$，$MSe^{1/2} = 0.6579$，$F = 1415.924$，$df = 5$，$SS_R = 612.8929$，$SS_r = 2.1643$。

利用 EXCEL 软件进行回归分析时，除应用 LINEST 函数外还会用到计算截距的 INTERCEPT 函数、计算斜率的 SLOPE 函数以及估计标准误差的 STEYX 函数等。具体应用方法见附录附表 2。

# 第三节　线性相关

## 一、决定系数和相关系数

在经过线性回归关系的检验，明确自变量 $x$ 与依变量 $y$ 间存在显著或极显著回归关系前提下，依然需要用一个量来进一步衡量回归直线拟合度的高低。

统计学中，一般应用回归平方和 $SS_R$ 与总平方和 $SS_y$ 的比值，即决定系数（coefficient of determination）来表示回归方程估测可靠程度的高低，决定系数用 $r^2$（或 $R^2$）表示。

$$r^2 = \frac{SS_R}{SS_y} = \frac{\sum (\hat{y} - \bar{y})^2}{\sum (y - \bar{y})^2} = \frac{SP_{xy}^2}{SS_x SS_y} = \frac{SP_{xy}}{SS_x} \cdot \frac{SP_{xy}}{SS_y} = b_{yx} \cdot b_{xy} \tag{8-12}$$

式中　$SP_{xy}/SS_x$——以 $x$ 为自变量 $y$ 为依变量时的回归系数 $b_{yx}$；

$SP_{xy}/SS_y$——以 $y$ 为自变量 $x$ 为依变量时的回归系数 $b_{xy}$。

公式（8-12）表明，决定系数 $r^2$ 等于 $y$ 对 $x$ 的回归系数 $b_{yx}$ 与 $x$ 对 $y$ 的回归系数 $b_{xy}$ 的乘积，即决定系数表示了 $x$ 和 $y$ 两变量间线性相关的程度。由于决定系数取值介于 0 和 1 之间，不能反映直线关系的性质。但求 $r^2$ 的平方根，且取平方根的符号与乘积和 $SP_{xy}$ 的符号一致，则既可表示 $y$ 与 $x$ 的线性相关的程度，也可表示线性相关的性质。

统计学上，把对决定系数取平方根的统计量称为 $x$ 与 $y$ 的相关系数（correlation coefficient），记为 $r$，即

$$r = \frac{SP_{xy}}{\sqrt{SS_x SS_y}} = \frac{\sum xy - \dfrac{(\sum x)(\sum y)}{n}}{\sqrt{\left[\sum x^2 - \dfrac{(\sum x)^2}{n}\right]\left[\sum y^2 - \dfrac{(\sum y)^2}{n}\right]}} \qquad (8-13)$$

## 二、相关系数的检验

根据实际观测值计算得来的相关系数 $r$ 是样本相关系数，是双变量正态总体中的总体相关系数 $\rho$ 的估计值。由于抽样误差的存在，从 $\rho = 0$ 的双变量总体中抽出的样本相关系数 $r$ 不一定等于 0。为了判断 $r$ 所代表的总体是否存在直线关系，需对 $H_0: \rho = 0$，$H_1: \rho \neq 0$ 进行检验。对相关系数 $r$ 的检验方法有 $t$ 检验法、$F$ 检验法和直接查表法。

**（一）$t$ 检验法**

$t$ 检验的检验统计量计算公式为

$$t = \frac{r}{S_r} = \frac{r}{\sqrt{(1-r^2)/(n-2)}}，df = n-2 \qquad (8-14)$$

式中　$S_r$——相关系数标准误，计算公式为 $S_r = \sqrt{(1-r^2)/(n-2)}$

**（二）$F$ 检验法**

$F$ 检验的检验统计量计算公式为

$$F = \frac{r^2}{(1-r^2)/(n-2)}，df_1 = 1，df_2 = n-2 \qquad (8-15)$$

**（三）查表检验法**

统计学家已根据相关系数 $r$ 的显著性 $t$ 检验，计算出了临界值 $r_\alpha$（附录附表 9），对相关系数 $r$ 进行显著性检验时，可直接用 $r$ 值与临界值 $r_\alpha$ 进行比较即可。若 $|r| < r_{0.05(n-2)}$，$P > 0.05$，则相关系数 $r$ 不显著；$|r| > r_{0.05(n-2)}$，$P < 0.05$，则相关系数 $r$ 显著；$|r| > r_{0.01(n-2)}$，$P < 0.01$，则相关系数 $r$ 极显著。

## 三、利用 EXCEL 进行相关分析

利用 EXCEL 进行相关分析主要有两种方法。第一种方法是应用 EXCEL 数据分析工具。具体操作为：打开 EXCEL 输入数据，在菜单中选取"数据"→"数据分析"→"相关系数"，出现"相关系数"对话框后，选定参数，点击"确定"，即可得到相关系数。如，利用该命令对表 8-1 数据分析后，可得到年龄与身高间的相关系数为 0.9982。第二种方法是应用 EXCEL 相关分析函数。如，计算判定（决定）系数的 RSQ 函数、计算相关系数的 CORREL 和 PEARSON 函数等，具体应用见附录附表 2。

# 第四节　可直线化的曲线回归分析

## 一、曲线回归分析的应用

两变量间的直线关系往往只是在变量的一定取值范围内成立，随着变量取值范围的扩大，散点图会明显偏离直线，此时两个变量间呈某种曲线关系。可用来表示两变量间关系

的曲线类型很多，如多项式、双曲线、指数函数等。

曲线回归分析（curvilinear regression analysis）的基本任务是通过两个相关变量 $x$ 与 $y$ 的实际观测数据建立曲线回归方程，以揭示 $x$ 与 $y$ 间的曲线模型。常见的曲线模型有：多项式模型、对数模型、幂函数模型和指数模型等。但许多曲线类型都可以通过变量转换，转化为直线形式，先利用线性回归的方法配合线性回归方程，然后再还原成曲线回归方程。常见的曲线模型及线性化方法见表 8-5。

**表 8-5**                           **常见曲线模型的线性化方法**

| 类型 | 曲线方程 | 直线化方法 | 直线化方程 |
|---|---|---|---|
| 双曲线 | $1/y = a + b/x$ | $y' = 1/y,\ x' = 1/x$ | $y' = a + bx'$ |
| 幂函数 | $y = ax^b$ | 两边取对数：$y' = \ln y,\ a' = \ln a,\ x' = \ln x$ | $y' = a' + bx'$ |
| 指数函数 | $y = ae^{bx}$ | 两边取对数：$y' = \ln y,\ a' = \ln a$ | $y' = a' + bx$ |
| 对数函数 | $y = a + b\ln(x)$ | $x' = \ln x$ | $y = a + bx'$ |
| Logistic 生长曲线 | $y = \dfrac{k}{1 + ae^{-bx}}$ | 两边取倒数：$\dfrac{k-y}{y} = ae^{-bx}$<br>两边取对数：$y' = \ln\dfrac{k-y}{y},\ a' = \ln a,\ b' = -b$ | $y' = a' + b'x$ |

曲线回归分析最关键的问题是如何确定变量 $y$ 与 $x$ 间的曲线模型。通常可通过两个途径来确定。

（1）利用专业知识，根据已知的理论规律和实践经验确定。例如，单细胞生物初期的增长一般呈指数函数模型。

（2）若没有已知的理论规律和经验利用，则可通过绘制散点图的途径确定。观察散点图上实测点的分布趋势与已知的函数曲线比较，找出相似的曲线，然后再用曲线函数关系式来拟合实测点。

## 二、EXCEL 在曲线回归分析中的应用

【例 8-4】 棉花红铃虫的产卵数与温度有关，表 8-6（前两行）为不同温度下调查的棉花红铃虫产卵数。试根据调查数据建立棉花红铃虫产卵数与温度的回归方程。要求①通过线性变化和 EXCEL 直接分析两种方式求解回归方程；②对比两种分析方法的结果是否相同；③检验回归方程的显著性。

**表 8-6**                           **棉花红铃虫产卵数与温度调查资料**

| 温度 $x/℃$ | 21 | 23 | 25 | 27 | 29 | 32 | 35 |
|---|---|---|---|---|---|---|---|
| 产卵数 $y/$个 | 7 | 11 | 21 | 24 | 66 | 115 | 325 |
| $y' = \ln y$ | 1.9459 | 2.3979 | 3.0445 | 3.1781 | 4.1897 | 4.7449 | 5.7838 |

（1）打开 EXCEL 工作表输入数据，绘制散点图。图 8-3 表明，温度与产卵数间的散点分布趋势近似指数函数曲线。

（2）对 $y$ 取对数，令 $y'=\ln y$，将结果列于表 8-6 第 3 行。以 $x$ 和 $y'$ 进行线性回归分析，求出线性回归方程为 $y'=0.2720x-3.8492$。其中，$a'=-3.8492$，$b=0.2720$，且 $R^2=0.9852$。根据 $a'=\ln a$ 可求出 $a=0.0213$，则直线方程转化的指数方程为 $\hat{y}=0.0213e^{0.272x}$。

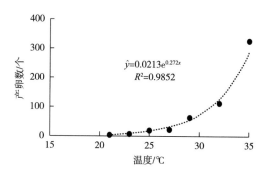

图 8-3　产卵数与温度的回归方程

（3）在图 8-3 散点图基础上，在 EXCEL 中将鼠标放在散点图任一数据点上，右键单击打开菜单，在菜单栏里选择"添加趋势线"→"指数"→勾选"显示公式"和"显示 $R$ 平方值"，得回归曲线及回归方程见图 8-3。即 $\hat{y}=0.0213e^{0.2720x}$，$R^2=0.9852$。

分析结果表明，两种分析方法结果完全一致。$R^2$ 约为 0.9852，说明温度可解释产卵数变化的 98.52%，而其余的 1.48% 变化要由其他因素的影响来解释。由 $R^2$ 计算出相关系数 $r=0.9926$，根据查表法可得 $r_{0.01,5}=0.917$，$r>r_{0.01,5}$，表明 $x$ 温度与 $y$ 产卵数相关关系达极显著水平，而根据相关关系与回归方程显著性的一致性，两变量间的回归方程亦达极显著水平。

【例 8-5】　为了研究 $CO_2$ 对变黄烟叶叶绿素降解的影响，在 30 倍 $CO_2$ 浓度下测定了不同烘烤时间 $x$（单位：h）下叶绿素含量（$y$）（单位：%）资料，见表 8-7（前两行）。试对该资料进行回归分析。要求①通过线性变化和 EXCEL 直接分析两种方式求解回归方程；②对比两种分析方法的结果是否相同；③检验回归方程的显著性。

表 8-7　　　　　　　　　　　不同烘烤时间下叶绿素含量测定结果

| $x/h$ | 12 | 15 | 19 | 25 | 32 | 35 | 38 | 41 | 46 | 49 | 58 |
|---|---|---|---|---|---|---|---|---|---|---|---|
| $y/\%$ | 0.1743 | 0.1108 | 0.0634 | 0.0531 | 0.0416 | 0.0408 | 0.0402 | 0.0399 | 0.0376 | 0.0354 | 0.0353 |
| $x'=\lg x$ | 1.0792 | 1.1761 | 1.2788 | 1.3979 | 1.5051 | 1.5441 | 1.5798 | 1.6128 | 1.6628 | 1.6902 | 1.7634 |
| $y'=\lg y$ | $-0.7587$ | $-0.9555$ | $-1.1979$ | $-1.2749$ | $-1.3809$ | $-1.3893$ | $-1.3958$ | $-1.3990$ | $-1.4248$ | $-1.4510$ | $-1.4522$ |

（1）打开 EXCEL 工作表输入数据，绘制散点图。图 8-4 表明，烘烤时间与叶绿素含量间的散点分布趋势近似幂函数曲线。

（2）分别对 $x$ 和 $y$ 取对数，令 $x'=\lg x$，$y'=\lg y$，将结果列于表 8-7 第 3 行和第 4 行。以 $x'$ 和 $y'$ 进行线性回归分析，求出线性回归方程为 $y'=-0.9636x'+0.147$，其中，$a'=0.1470$，$b=-0.9636$，且 $R^2=0.8871$。根据 $a'=\lg a$ 可求出 $a=1.4209$，则直线方程转化的幂方程为 $\hat{y}=1.4029x^{-0.9635}$。

（3）在图 8-4 散点图基础上，在 EXCEL 中将鼠标放在散点图任一数据点上，将鼠标放在任一数据点上，右键单击打开菜单，在菜单栏里选择"添加趋势线"→"幂"→勾选"显示公式"和"显示 $R$ 平方值"，得回归曲线及回归方程见图 8-4。即 $\hat{y}=1.4029x^{-0.964}$，$R^2=0.8871$。

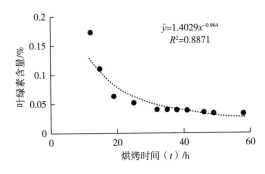

$\hat{y}=1.4029x^{-0.964}$
$R^2=0.8871$

图 8-4　叶绿素含量与烘烤时间的回归方程

分析结果表明，两种分析方法结果完全一致。$R^2$ 为 0.8871，说明烧烤时间可解释叶绿素含量变化的 88.71%，而其余的 11.29% 变化由其他因素的影响来解释。由 $R^2$ 计算出相关系数 $r=-0.9418$，根据查表法可得 $r_{0.01,9}=0.735$，$|r|>r_{0.01,9}$，表明烘烤时间与叶绿素含量相关关系达极显著水平，而根据相关关系与回归方程显著性的一致性，二者间的回归方程亦达极显著水平。

# 第五节　DPS 在一元回归分析中的应用

## 一、相关分析

【例 8-6】以表 8-1 儿童年龄和身高数据资料，应用 DPS 系统分析儿童年龄与身高间的相关关系。

（1）在 DPS 系统中，按自变量年龄（$x$）输入到前列，因变量身高（$y$）输入到后列的要求，输入表 8-1 中数据，建立"身高体重关系.DPS"文件。

（2）定义数据块，选择"数据分析"→"常用图表"→"相关分析图"命令，在出现的"两因子两两散点图"对话框中，选定"$x_1$"为 X 轴，选定"$x_2$"为 Y 轴，点击"画图"命令，得到图 8-5。由散点图可知，两变量间呈线性关系。

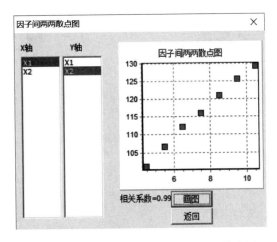

图 8-5　DPS 绘制儿童年龄与身高间的散点图

（3）点击"返回"命令，显示相关系数 $r=0.9982$，相关关系检验结果 $P=0.0001<0.01$。因此，两变量间相关关系极显著。

应用 DPS 进行相关分析，也可执行"多元分析"→"相关分析"→"两变量相关分析"命令，在弹出的对话框中勾选"Pearson 相关"选项，可得到相同结果。

## 二、回归分析

【例 8-7】以表 8-1 儿童年龄和身高数据资料，应用 DPS 系统分析儿童年龄与身高间的回归关系。

（1）在 DPS 系统中，打开"身高体重关系 . DPS"文件或直接输入表 8-1 数据（自变量在前列，依变量在后列），定义数据块。

（2）选择"多元分析"→"回归分析"→"线性回归"命令，弹出"线性回归分析"对话框，如图 8-6 所示。"线性回归分析"对话框操作界面又划分"参数及预测"及"残差拟合图"两个模块。

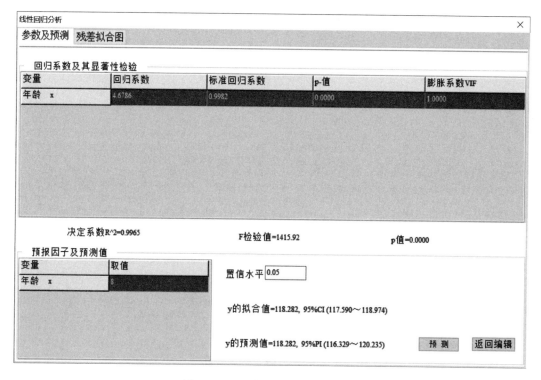

图 8-6　DPS 线性回归分析对话框

①"残差拟合图"模块，缺省状态是以因变量的拟合值作横坐标、残差作为纵坐标，显示当前回归方程拟合残差。为更好地对残差进行分析、诊断，可在多选框内改变纵横坐标的指标，分别画出相应的分布图。

②"参数及预测"模块，含"回归系数及其显著性检验"、"预报因素及预测值"两部分内容。"回归系数及其显著性检验"部分，给出了当前模型的回归系数、标准回归系数、回归模型显著检验结果以及决定系数等。一个较好的回归模型既要求显著水平的值小，且要求决定系数的值大。通过"预报因素及预测值"部分，可输入各个预报因子的取值，并指定计算置信区间的置信水平，点击"预测"按钮后即可得到预测值及其在当前置信水平下的置信区间值。

（3）点击"返回编辑"命令，输出分析结果，见表 8-8 和表 8-9。

**表 8-8** 儿童年龄和身高回归关系方差分析表

| 变异来源 | 平方和 | 自由度 | 均方 | $F$ 值 | $P$ 值 |
|---|---|---|---|---|---|
| 回归 | 612.8929 | 1 | 612.8929 | 1415.924 | 0.0001 |
| 离回归 | 2.1643 | 5 | 0.4329 | | |
| 总变异 | 615.0571 | 6 | 102.5095 | | |

表 8-8 方差分析结果表明，$F=1415.924$、$P=0.0001<0.01$。因此，两变量间存在极显著的回归关系。

**表 8-9** 儿童年龄和身高回归关系系数 $t$ 检验结果

| 变量 | 系数 | 标准回归系数 | 偏相关系数 | 标准误 | $t$ 值 | $P$ 值 |
|---|---|---|---|---|---|---|
| $b_0$ | 80.8536 | | | 1.079 | 74.9329 | 0.0001 |
| $b_1$ | 4.6786 | 0.9982 | 0.9982 | 0.139 | 33.6562 | 0.0001 |

表 8-9 回归系数 $t$ 检验结果表明，变量间的回归方差为 $\hat{y}=80.8536+4.6786x$，由于 $P=0.0001<0.01$，回归方程有统计学意义。同时，输出结果给出了决定系数为 0.9965，以及调整相关系数为 0.9979。

## 三、曲线拟合

### （一）应用一元非线性回归模型拟合曲线

DPS 系统中建立一元非线性回归模型前，先按系统要求输入数据：第一列为自变量，第二列为因变量。定义数据块后，选择"数学模型"菜单的"一元非线性回归模型"功能，系统将首先用线性回归方程去拟合出当前数据，得到线性回归方程的拟合结果后，再进入用户操作界面。

如果两变量之间是直线关系，原始数据和理论曲线拟合得很好，确定系数较高，统计检验也达到显著水平，就可以当前结果作为最终结果，点击"输出结果"按钮将结果输出到工作电子表格，完成数据分析过程。如果原始数据散点分布图显示两者关系为非线性关系，则需要根据数据点的分布，选择适合的非线性模型。然后，用"参数估计"按钮，可以看到计算结果，用"输出结果"按钮，可以输出计算结果。

**【例 8-8】**给动物口服某种药物，每间隔 1h 测定血药浓度（单位：g/mL），得到表 8-10 数据。试建立血药浓度（依变量 $y$）对服药时间（自变量 $x$）的回归方程。

**表 8-10** 动物不同服药时间血药浓度测定结果

| 服药时间 $(x)$/h | 1 | 2 | 3 | 4 | 5 | 6 | 7 | 8 | 9 |
|---|---|---|---|---|---|---|---|---|---|
| 血药浓度 $(y)$ / (g/mL) | 21.89 | 47.13 | 61.86 | 70.78 | 72.81 | 66.36 | 50.34 | 25.31 | 3.17 |

（1）按 $x$、$y$ 各一列输入数据，建立"服药时间与血药浓度.DPS"文件；选定数据

块，依次选择"数学模型"→"一元非线性回归模型"，弹出"一元非线性回归"对话框，如图 8-7 所示。

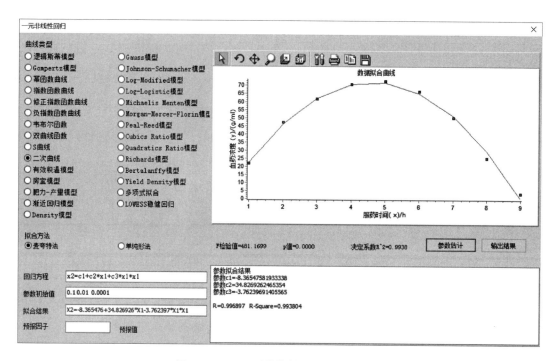

图 8-7　DPS 一元非线性回归分析对话框

（2）在对话框中，指定"二次曲线"类型，依次点击"参数估计"和"输出结果"选项，输出结果见表 8-11；指定"多项式拟合"类型，指定阶次为 2，可得相同输出结果。

表 8-11　　　　　　　　　　血药浓度与服药时间回归关系检验结果

| | 变异分析表 | | | | | 回归系数 $t$ 检验结果 | | | |
|---|---|---|---|---|---|---|---|---|---|
| 变异来源 | 平方和 | 自由度 | 均方 | $F$ 值 | $P$ 值 | 回归系数 | 标准误 | $t$ 值 | $P$ 值 |
| 回归 | 4829.1277 | 2 | 2414.5638 | 481.1699 | 0.0000 | $C_1=-8.3655$ | 2.8504 | 2.9349 | 0.0261 |
| 离回归 | 30.1087 | 6 | 5.0181 | | | $C_2=34.8269$ | 1.3088 | 26.6103 | 0.0000 |
| 总变异 | 4859.2364 | 8 | 607.4045 | | | $C_3=-3.7624$ | 0.1276 | 29.4761 | 0.0000 |

由表 8-11 两变量间回归关系检验结果可知，回归方程为 $\hat{y}=-8.3655+34.8269x-3.7624x^2$，检验结果为 $F=481.1699$、$P=0.0000<0.01$。结果表明，回归方程有统计学意义。

### （二）应用麦夸特法拟合曲线

DPS 系统中，非线性回归模型参数估计除可应用一元非线性回归模型拟合曲线外，还可采用非线性最小二乘方法（麦夸特法，Marquardt）和加速单纯形法对曲线回归方程做最优估计，较常用的是麦夸特法。

DPS 系统中定义数据块后，在 DPS 底部的公式区（即文本编辑区）第 1 行输入等式（以 $x_1$、$x_2$ 表示第 1、2 列数据，$c_1$、$c_2$ 表示参数），第 2 行输入 $x_1$ 的范围（空格分隔），选定等式及范围，选择"数学模型"→"一般非线性回归模型"→"麦夸特法"命令，即可对曲线做优化估计。

**【例 8-9】** 在水稻育秧中，塑料薄膜青苗床内空气最高温度 $y$（单位：℃）和室外空气最高温度 $x$（单位：℃）统计资料见表 8-12。试应用 DPS 求它们之间的函数关系式。

**表 8-12**    薄膜内空气最高温度和室外空气最高温度回归关系检验结果    单位：℃

| $x$ | 7.2 | 7.9 | 11.8 | 12.0 | 16.9 | 18.7 | 18.9 | 20.2 | 21.8 | 22.7 | 22.9 | 23.1 | 23.3 | 23.6 | 23.8 | 27.0 | 27.6 | 28.6 | 30.7 | 31.4 |
|---|---|---|---|---|---|---|---|---|---|---|---|---|---|---|---|---|---|---|---|---|
| $y$ | 13.8 | 21.4 | 24.9 | 32.3 | 33.6 | 39.5 | 40.1 | 36.9 | 40.2 | 42.6 | 44.6 | 36.6 | 35.1 | 44.4 | 44.1 | 43.9 | 48.3 | 48.5 | 46.3 | 50.4 |

（1）按照自变量 $x$ 位于数据块的第 1 列，因变量 $y$ 位于数据块的第 2 列的要求输入数据，建立"室内外温度对比.DPS"文件；定义数据块（变量名称不包含在内）。

（2）令 $x_2=y$，$x_1=x$，两个待求参数 $a$ 和 $b$ 则分别用 $c_1$ 和 $c_2$ 表示。根据先前分析已知两变量间存在对数函数关系，因此在窗口下部的文本编辑区编辑公式为 $x_2=c_1+c_2*\lg(x_1)$。$x_1$ 取值范围此处可省略。

（3）定义数据和公式块（即将数据及公式区中的公式均选上）后，进入菜单，选择"数学模型"→"一般非线性回归模型"命令，在"非线性模型"对话框内勾选"麦夸特法"，确定后即可进行模型优化。输出主要结果见表 8-13。

**表 8-13**      非线性回归模型参数估计及检验结果

| 方差分析表 | | | | | | 回归系数 $t$ 检验结果 | | | |
|---|---|---|---|---|---|---|---|---|---|
| 变异来源 | 平方和 | 自由度 | 均方 | $F$ 值 | $P$ 值 | 系数 | 标准误 | $t$ 值 | $P$ 值 |
| 回归 | 1549.1204 | 1 | 1549.1204 | 161.6500 | 0.0001 | $C_1=-25.8227$ | 5.0965 | 5.0667 | 0.0001 |
| 离回归 | 172.4971 | 18 | 9.5832 | | | $C_2=49.6981$ | 3.9089 | 12.7142 | 0.0001 |
| 总变异 | 1721.6175 | 19 | 90.6114 | | | | | | |

表 8-13 两变量间回归关系检验结果表明，$F=161.6500$、$P=0.0001<0.01$，回归达极显著水平；两变量间的回归方程为 $\hat{y}=-25.8227+49.6981\lg x$，$t$ 检验结果与方差分析结果一致，回归方程有统计学意义。同时，结果中还给出了 $R=0.9486$，$R^2=0.8998$。

本题的另一种方法为：依次选择"数学模型"→"一元非线性回归模型"，弹出"一元非线性回归"对话框，如图 8-7 所示；在"回归方程"输入框内录入定义好的公式 "$x_2=c_1+c_2*\lg(x_1)$"；"拟合方法"列表中勾选"麦夸特法"；点击"参数估计"→"输出结果"按钮，可得同样结果。

# 第六节 SPSS在一元回归分析中的应用

## 一、相关分析

两个变量之间的相关关系称简单相关关系。有两种方法可以反映简单相关关系，一是通过散点图直观地显示变量之间关系，二是通过相关系数准确地反映两变量的关系程度。

【例8-10】以表8-1儿童年龄和身高统计数据资料，应用SPSS系统分析儿童年龄与身高间的相关关系。

（1）以表8-1数据建立文件"年龄身高关系 .SAV"，在"变量视图"中，建立"年龄"、"身高"两变量，在"数据视图"中将表8-1数据输入。

（2）依次选择"分析"→"相关"→"双变量"，打开"双变量相关性"主对话框。将待分析的两个指标移入右边的"变量"列表框内，"相关系数"项勾选"Pearson"，其他均可选择默认项，如图8-8所示。

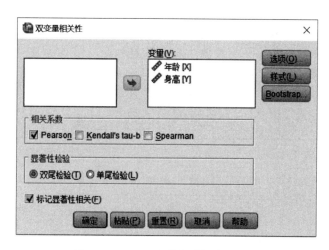

图8-8 SPSS双变量相关性主对话框

（3）确定后提交系统运行，输出结果见表8-14。

表8-14 儿童年龄与身高简单相关分析

|  |  | 身高 | 年龄 |
|---|---|---|---|
| 身高 | Pearson 相关系数 | 1 | 0.998 |
|  | $P$ 值 |  | 0.000 |
|  | 样本容量 | 7 | 7 |
| 年龄 | Pearson 相关系数 | 0.998 | 1 |
|  | $P$ 值 | 0.000 |  |
|  | 样本容量 | 7 | 7 |

表 8-15 简单相关分析结果，给出了皮尔逊简单相关系数、相关检验 $t$ 统计量对应的 $P$ 值。结果表明，身高和年龄两个指标之间的相关系数为 0.998，对应的 $P$ 值近似为 0，表示两个指标具有极显著的正相关关系。

## 二、回归分析

【例 8-11】以表 8-1 儿童年龄和身高数据资料，应用 SPSS 系统分析儿童年龄与身高间的回归关系。

（1）绘制散点图

①打开"年龄身高关系 . SAV"文件，选择"图形"→"旧对话框"→"散点/点图"，打开散点图对话框。

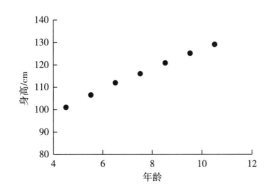

②点击"简单散点图"，打开"简单散点图"对话框；选择变量"年龄"为 X 轴变量，选择变量"身高"为 Y 轴变量。单击"确定"提交系统运行，结果见图 8-9 所示。

图 8-9 儿童年龄身高散点图表明，身高与年龄之间存在线性相关关系。

（2）线性回归分析

①选择菜单"分析"→"回归"→"线性"，打开"线性回归"主对话框，将变量"身高"移入"因变量"列表框中，将"年龄"移入"自变量"列表框中。

图 8-9 SPSS 绘制儿童年龄身高散点图

②"方法"下拉表用于选择对自变量的选入方法，有"输入"（强制输入）、"逐步""剔除"（强制剔除）、"向后""向前"5 种，该选择对当前因变量框中的所有变量均有效。本题选择"输入"，如图 8-10 所示。

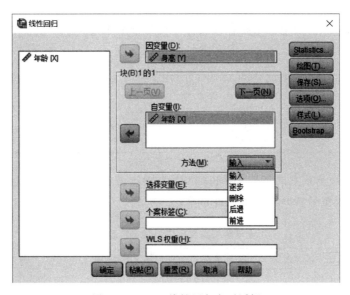

图 8-10 SPSS 线性回归主对话框

③单击"统计量"按钮，进入"线性回归：统计"子对话框，如图 8-11 所示。在该对话框中："估计"选项用于输出有关回归系数的统计量，包括回归系数、回归系数的标准差、标准化的回归系数、$t$ 统计量及其对应的 $P$ 值等；"协方差矩阵"选项用于输出解释变量的相关系数矩阵和协差阵；"模型拟合度"选项可输出决定系数、调整的决定系数、回归方程的标准误差、回归方程 $F$ 检验的方差分析；"描述性"选项可输出自变量间的相关、部分相关和偏相关系数；"部分相关或偏相关"选项显示自变量间的相关、部分相关和偏相关系数；"共线性诊断"选项可给出一些用于共线性诊断的统计量，如特征根、方差膨胀因子（VIF）等。以上各项在默认情况下只有估计和模型拟合度复选框被选中。

图 8-11　SPSS 统计子对话框

④单击"保存"按钮打开"保存"子对话框，在"残差"选项栏中选中"未标准化"复选框，这样可以在数据文件中生成一个变量名尾 res_1 的残差变量，以便对残差进行进一步分析。

⑤其余保持 SPSS 默认选项，确定后输出分析结果。分析结果含方差分析结果、回归系数估计及检验结果、回归模型拟合优度评价检验结果等内容。

表 8-15　　　　　　　　　　　　　方差分析表

| | 模型 | 平方和 | 自由度 | 均方 | $F$ 值 | $P$ 值 |
|---|---|---|---|---|---|---|
| | 回归 | 612.893 | 1 | 612.893 | 1415.924 | 0.000 |
| 1 | 离回归 | 2.164 | 5 | 0.433 | | |
| | 总变异 | 615.057 | 6 | | | |

表 8-15 方差分析结果表明，$F=1415.924$，$P=0.000$，应拒绝模型回归关系不显著的原假设，即该模型的回归关系达显著水平。

表 8-16　　　　　　　　　　　儿童年龄与身高回归系数 $t$ 检验结果

| | 模型 | 回归系数 | 标准误 | 标准回归系数 | $t$ 值 | $P$ 值 |
|---|---|---|---|---|---|---|
| 1 | 常数项 | 80.854 | 0.965 | | 83.778 | 0.000 |
| | 年龄 | 4.679 | 0.124 | 0.998 | 37.629 | 0.000 |

表 8-16 回归系数估计及其显著性检验结果，给出了回归系数、回归系数的标准误、标准化的回归系数以及回归系数的显著性 $t$ 检验结果。由结果可知，无论是常数项还是自变量 $x$，$t$ 检验的 $P$ 值均小于显著水平 0.05。因此，回归模型有统计学意义。自变量 $x$ 的回归系数为 4.679，即年龄每增加 1 岁，身高可增加 4.679cm。

回归模型拟合优度评价及 Durbin-Watson 检验结果，给出了回归模型的拟合优度、调整的拟合优度、估计标准差以及 Durbin-Watson 统计量。从结果来看，回归决定系数和调整决定系数分别为 0.998 和 0.996，即身高的 99.6％的变动都可以被该模型所解释，拟合优度较高。

## 三、曲线拟合

前面已经介绍过，由于曲线拟合比较复杂，除非根据专业知识已经明确曲线的类型，否则需要先做散点图大致确定曲线模型或相近几种模型，再根据拟合度大小比较确定最优模型。SPSS 系统通过选择菜单"分析"→"回归"→"曲线估计"，打开"曲线估计"对话框调用曲线回归（curve estimation）过程来拟合各种类型的曲线，见图 8-12。

图 8-12　SPSS 曲线估计对话框

在"曲线估计"主对话框内，在"因变量"和"自变量"框中分别移入曲线拟合的因变量（如果选入多个，则对各个因变量分别拟合模型）和自变量（可以选入普通的自变量，也可以选择时间作为自变量，选择时间作为自变量时所用的数据应为时间序列数据格式）。

"曲线估计"主对话框的"模型"复选框是该对话框的重点，用于选择所用的曲线模型。可用的模型有："线性"拟合直线模型 $y=b_0+b_1x$；"二次项"拟合二次曲线模型 $y=b_0+b_1x+b_2x^2$；"复合"拟合复合曲线模型 $y=b_0 \cdot b_1x$；"增长"拟合生长曲线模型 $y=e^{b_0+b_1x}$；"对数"拟合对数曲线模型 $y=b_0+b_1\ln x$；"立方"拟合三次曲线模型 $y=b_0+b_1x+b_2x^2+b_3x^3$；"S"拟合 S 形曲线模型 $y=e^{b_0+b_1/x}$；"指数分布"拟合指数曲线

模型 $y=b_0 e^{b_1 x}$；"逆模型"拟合逆变换曲线模型 $y=b_0+b_1/x$；"幂"拟合乘幂曲线模型 $y=b_0 \cdot x^{b_1}$；"Logistic"拟合 Logistic 曲线模型 $y=1/(1/u+b_0 \cdot e^x)$（$u$ 为待定参数）。

**【例 8-12】** 进行米氏方程和米氏常数推算时，测得酶的比活性与底物浓度之间的关系，如表 8-17 所示。试求最优拟合回归方程。

表 8-17 酶的比活性与底物浓度数据资料

| 底物浓度 $x$ | 1.25 | 1.43 | 1.66 | 2.00 | 2.50 | 3.30 | 5.00 | 8.00 | 10.00 |
|---|---|---|---|---|---|---|---|---|---|
| 酶的比活性 $y$ | 17.65 | 22.00 | 26.32 | 35.00 | 45.00 | 52.00 | 55.73 | 59.00 | 60.00 |

（1）建立文件"米氏方程.SAV"：在"变量视图"中建立"$x$"（底物浓度）、"$y$"（酶的比活性）两变量；在"数据视图"中输入表 8-17 数据。

（2）应用例 8-11 方法绘制底物浓度 $x$ 和酶的比活性 $y$ 的散点图，见图 8-13。通过图 8-13 散点分布，发现两变量间有斜率逐渐减小的趋势，呈非线性关系。

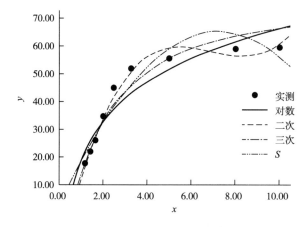

图 8-13 SPSS 绘制多曲线拟合图

（3）选择菜单"分析"→"回归"→"曲线估计"，打开"曲线估计"对话框，见图 8-12。将"$y$"和"$x$"分别移入"因变量"和"自变量"框内。

（4）根据散点图趋势，在"模型"中选择"二次曲线模型"、"对数"模型、"三次曲线模型"和"S"模型，单击确定输出分析结果。部分输出结果见表 8-18 和图 8-13。

表 8-18 酶的比活力与底物浓度模型统计及参数评估

| 模型 | 模型摘要 | | | | | 参数评估 | | | |
|---|---|---|---|---|---|---|---|---|---|
| | $R^2$ | $F$ | $df_1$ | $df_2$ | $P$ | 常数（$b_0$） | $b_1$ | $b_2$ | $b_3$ |
| 对数模型 | 0.886 | 54.382 | 1 | 7 | 0.000 | 18.697 | 20.686 | | |
| 二次曲线模型 | 0.923 | 35.739 | 2 | 6 | 0.000 | 2.534 | 17.289 | −1.190 | |
| 三次曲线模型 | 0.986 | 115.349 | 3 | 5 | 0.000 | −19.443 | 36.714 | −5.509 | 0.264 |
| S 模型 | 0.962 | 179.038 | 1 | 7 | 0.000 | 4.378 | −1.787 | | |

表 8-18 模型统计及参数评估结果给出了所拟合的 4 个模型的检验报告，包括拟合优度指标 $R^2$、模型的检验结果和各个系数值。检验结果表明，4 个模型均有统计学意义。从拟合优度看，三次方曲线的拟合优度最高，但三次方曲线参数较多，要更复杂一些，如果三次方曲线拟合优度和 S 曲线相差不大，且观察点又较少的情况下，还要结合模型曲线的情况；如果曲线相近建议取更简单曲线模型，因为模型的简洁性和拟合优度的高低同样重要。

图 8-13 是 4 个模型曲线和实际观测点的拟合图，可见底物浓度在小于 6 时 S 曲线和三次方曲线对模型的拟合相差不大，在底物浓度大于 6 后"三次方曲线"要优于 S 曲线。但底物浓度大于 6 的点较少，且 S 曲线更简洁，因此建议选 S 曲线模型。

结合表 8-18 和图 8-13 分析结果，认为本例最优拟合曲线为：$\hat{y} = e^{(4.378-1.787/x)}$，或 $\hat{y} = 79.679 e^{-1.787/x}$。

## 思考练习题

**习题 8.1**　什么是回归分析？线性回归方程和回归截距、回归系数的统计意义是什么，如何计算？如何对线性回归进行假设检验？

**习题 8.2**　什么是线性相关分析？决定系数、相关系数的意义是什么？如何计算？如何对相关系数作假设检验？

**习题 8.3**　曲线回归分析的一般程序是什么？选择恰当的曲线方程的依据有哪些？可直线化的曲线回归分析的基本步骤是什么？

**习题 8.4**　在研究代乳粉营养价值时，用大白鼠做实验，得大白鼠进食量（$x$，单位：g）和增重量（$y$，单位：g）数据如下所示。

单位：g

| | | | | | | | | |
|---|---|---|---|---|---|---|---|---|
| 进食量 | 800 | 780 | 720 | 867 | 690 | 787 | 934 | 750 |
| 增重量 | 185 | 158 | 130 | 180 | 134 | 167 | 186 | 133 |

试：（1）绘制 $x$ 与 $y$ 的散点图；

（2）计算相关系数；

（3）建立大白鼠进食（$x$）关于增重量（$y$）的线性回归方程；

（4）对线性回归方程的显著性进行检验（$\alpha = 0.05$）；

**习题 8.5**　以下为甘薯薯块在生长过程中的鲜重（$x$，单位：g）和呼吸强度［$y$，单位：$mgCO_2$/（100g 鲜重·h）］的数据资料：

| $x/g$ | 10 | 38 | 80 | 125 | 200 | 310 | 445 | 480 |
|---|---|---|---|---|---|---|---|---|
| $y/$［$mgCO_2$/（100g 鲜重·h）］ | 92 | 32 | 21 | 12 | 10 | 7 | 7 | 6 |

为探讨二者的回归关系，试分别建立幂函数方程、指数函数方程及对数函数方程，并分别对方程的拟合效果进行评价。

**习题 8.6**　测定细砂土中毛细管水的上升高度（$y$，单位：cm）和经历时数（$x$，单位：h）的关系，结果如下所示。试作回归分析。

| $x/h$ | 12 | 24 | 48 | 96 | 144 | 192 | 240 |
|---|---|---|---|---|---|---|---|
| $y/cm$ | 21 | 34 | 42 | 48 | 53 | 57 | 60 |

**习题 8.7** 测得不同浓度的葡萄糖溶液（$x$，单位：mg/L）在某光电比色计上的吸光度（$y$）如下表，试计算：（1）线性回归方程 $\hat{y}=a+bx$，并作图；（2）对该回归方程作假设检验；（3）测得某样品的吸光度为 0.60，试估算该样品的葡萄糖浓度。

| $x/(mg/L)$ | 0 | 5 | 10 | 15 | 20 | 25 | 30 |
|---|---|---|---|---|---|---|---|
| $y$ | 0.00 | 0.11 | 0.23 | 0.34 | 0.46 | 0.57 | 0.71 |

# 第九章　多元回归与相关分析

## 第一节　多元线性回归

第八章已经讨论了依变量 $y$ 对一个自变量 $x$ 的回归以及相关问题，但在实际问题中，影响依变量 $y$ 的自变量不仅限于一个，因此，需要进一步进行多元线性回归分析（multiple linear regression analysis）。在多元线性回归分析中，主要讨论根据依变量与多个自变量的实际观测值建立依变量对多个自变量的多元线性回归方程；检验、分析各个自变量对依变量的综合线性影响的显著性；检验、分析各个自变量对依变量的单纯线性影响的显著性，选择仅对依变量有显著线性影响的自变量，建立最优多元线性回归方程（multiple linear regression equation）等问题。

### 一、多元回归方程的建立

#### （一）多元线性回归数学模型

设依变量 $y$ 与自变量 $x_1$、$x_2$、$\cdots$、$x_m$ 共有 $n$ 组实际观测数据见表 9-1。

表 9-1　　　　　　　　　　　　　　　多元线性回归数据

| 序号 | $y$ | $x_1$ | $x_2$ | $\cdots$ | $x_m$ |
|------|-----|-------|-------|----------|-------|
| 1 | $y_1$ | $x_{11}$ | $x_{21}$ | $\cdots$ | $x_{m1}$ |
| 2 | $y_2$ | $x_{12}$ | $x_{22}$ | $\cdots$ | $x_{m2}$ |
| $\vdots$ | $\vdots$ | $\vdots$ | $\vdots$ | $\cdots$ | $\vdots$ |
| $n$ | $y_n$ | $x_{1n}$ | $x_{2n}$ | $\cdots$ | $x_{mn}$ |

如果依变量 $y$ 同时与 $m$ 个自变量 $x_1$、$x_2$、$\cdots$、$x_m$ 间存在线性关系，其数学模型为：

$$y_k = \beta_0 + \beta_1 x_{1k} + \beta_2 x_{2k} + \cdots + \beta_m x_{mk} + \varepsilon_k \ (k=1,\ 2,\ \cdots,\ n) \tag{9-1}$$

式中　　　　　　　　$y_k$——可以观测的随机变量（依变量），随 $x_1$、$x_2$、$\cdots$、$x_m$ 而变，受试验误差影响；

$x_1$、$x_2$、$\cdots$、$x_m$——可精确测量或可控制的一般变量，也可为随机变量；

$\beta_0$、$\beta_1$、$\beta_2$、$\cdots$、$\beta_m$——$m+1$ 个待估参数；

$\varepsilon_k$——随机误差，$\varepsilon_k \sim N\ (0,\ \sigma^2)$。

#### （二）多元线性回归方程的建立

与一元线性回归方程一致，多元线性回归方程也可根据最小二乘法（method of least squares）建立。设 $y$ 对 $x_1$、$x_2$、$\cdots$、$x_m$ 的 $m$ 元线性回归方程为：

$$\hat{y} = b_0 + b_1 x_1 + b_2 x_2 + b_i x_i + \cdots + b_m x_m \tag{9-2}$$

式中　$b_0$——回归常数项，为 $\beta_0$ 的样本估计值；

$b_i(i=1、2、\cdots、m)$——依变量 $y$ 对自变量 $x_i$ 的偏回归系数（partial regression coefficient），是 $\beta_i$ 的估计值，表示除自变量 $x_i$ 以外的其余 $m-1$ 个自变量都固定不变时，自变量 $x_i$ 每变化一个单位，依变量 $y$ 平均变化的单位数值。

以 $Q$ 表示剩余平方和（residual sum of square），则 $Q=\sum\limits_{k=1}^{n}(y_k-\hat{y}_k)^2=\sum\limits_{k=1}^{n}(y_k-b_0-b_1x_{1k}-b_2x_{2k}-\cdots-b_mx_{mk})^2$。根据最小二乘法，若使 $Q$ 达到最小，则有

$$\frac{\partial Q}{\partial b_0}=-2\sum_{k=1}^{n}(y_k-b_0-b_1x_{1k}-b_2x_{2k}-\cdots-b_mx_{mk})=0$$

$$\frac{\partial Q}{\partial b_i}=-2\sum_{k=1}^{n}x_{ik}(y_k-b_0-b_1x_{1k}-b_2x_{2k}-\cdots-b_mx_{mk})=0\ (i=1、2、\cdots、m)$$

整理后得方程组为

$$\begin{cases} nb_0+(\sum x_1)b_1+(\sum x_2)b_2+\cdots+(\sum x_m)b_m=\sum y \\ (\sum x_1)b_0+(\sum x_1^2)b_1+(\sum x_1x_2)b_2+\cdots+(\sum x_1x_m)b_m=\sum x_1y \\ (\sum x_2)b_0+(\sum x_2x_1)b_1+(\sum x_2^2)b_2+\cdots+(\sum x_2x_m)b_m=\sum x_2y \\ \vdots\qquad\vdots\qquad\vdots\qquad\cdots\qquad\vdots\qquad\vdots \\ (\sum x_m)b_0+(\sum x_mx_1)b_1+(\sum x_mx_2)b_2+\cdots+(\sum x_m^2)b_m=\sum x_my \end{cases} \tag{9-3}$$

由方程组（9-3）中的第一个方程可得

$$b_0=\overline{y}-b_1\overline{x}_1-b_2\overline{x}_2-\cdots-b_m\overline{x}_m \tag{9-4}$$

式中　$\overline{y}=\dfrac{1}{n}\sum\limits_{k=1}^{n}y_k$

$\overline{x}_i=\dfrac{1}{n}\sum\limits_{k=1}^{n}x_{ik}(i=1,2,\cdots,m)$。

将公式（9-4）代入方程组（9-3）后的 $m$ 个方程，整理后得正规方程组（normal equation group）为

$$\begin{cases} b_1SS_1+b_2SP_{12}+\cdots+b_mSP_{1m}=SP_{1y} \\ b_1SP_{21}+b_2SS_2+\cdots+b_mSP_{2m}=SP_{2y} \\ \vdots\qquad\vdots\qquad\cdots\qquad\vdots\qquad\vdots \\ b_1SP_{m1}+b_2SP_{m2}+\cdots+b_mSS_m=SP_{my} \end{cases} \tag{9-5}$$

式中　$SS_i$——$SS_i=\sum\limits_{k=1}^{n}(x_{ik}-\overline{x}_i)^2=\sum\limits_{k=1}^{n}x_{ik}^2-\dfrac{1}{n}\left(\sum\limits_{k=1}^{n}x_{ik}\right)^2$　$(i=1,2,\cdots,m)$；

$SP_{ij}$——$SP_{ij}=SP_{jt}=\sum\limits_{k=1}^{n}(x_{ik}-\overline{x}_i)(x_{jk}-\overline{x}_j)=\sum\limits_{k=1}^{n}x_{ik}x_{jk}-\dfrac{1}{n}\sum\limits_{k=1}^{n}x_{ik}\cdot$

$\sum\limits_{k=1}^{n}x_{jk}$　$(i,j=1,2,\cdots,m;\ i\neq j)$；

$SP_{iy}$——$SP_{iy}=\sum\limits_{k=1}^{n}(x_{ik}-\overline{x}_i)(y_k-\overline{y})=\sum\limits_{k=1}^{n}x_{ik}y_k-\dfrac{1}{n}\sum\limits_{k=1}^{n}x_{ik}\cdot\sum\limits_{k=1}^{n}y_k\ (i=1,$

$2,\cdots,m)$

正规方程组（9-5）用矩阵表示为

$$\begin{bmatrix} SS_1 & SP_{12} & \cdots & SP_{1m} \\ SP_{21} & SS_2 & \cdots & SP_{2m} \\ \vdots & \vdots & \cdots & \vdots \\ SP_{m1} & SP_{m2} & \cdots & SS_m \end{bmatrix} \begin{bmatrix} b_1 \\ b_2 \\ \vdots \\ b_m \end{bmatrix} = \begin{bmatrix} SP_{1y} \\ SP_{2y} \\ \vdots \\ SP_{my} \end{bmatrix} \tag{9-6}$$

令

$$A = \begin{bmatrix} SS_1 & SP_{12} & \cdots & SP_{1m} \\ SP_{21} & SS_2 & \cdots & SP_{2m} \\ \vdots & \vdots & \cdots & \vdots \\ SP_{m1} & SP_{m2} & \cdots & SS_m \end{bmatrix} \quad b = \begin{bmatrix} b_1 \\ b_2 \\ \vdots \\ b_m \end{bmatrix} \quad B = \begin{bmatrix} SP_{1y} \\ SP_{2y} \\ \vdots \\ SP_{my} \end{bmatrix}$$

则

$$Ab = B \tag{9-7}$$

式中　$A$——正规方程组的系数矩阵（coefficient matrix），是一个对称的 $m$ 阶方阵；

　　　$b$——偏回归系数列矩阵（column vector）；

　　　$B$——常数矩阵（constant matrix）。

设系数矩阵 $A$ 的逆矩阵（inverse matrix）为 $C$ 矩阵，即 $A^{-1} = C$（逆矩阵可用 EXCEL 中的 MINVERSE 函数求解，见附录附表 2），则

$$C = A^{-1} = \begin{bmatrix} SS_1 & SP_{12} & \cdots & SP_{1m} \\ SP_{21} & SS_2 & \cdots & SP_{2m} \\ \vdots & \vdots & \cdots & \vdots \\ SP_{m1} & SP_{m2} & \cdots & SS_m \end{bmatrix}^{-1} = \begin{bmatrix} c_{11} & c_{12} & \cdots & c_{1m} \\ c_{21} & c_{22} & \cdots & c_{2m} \\ \vdots & \vdots & \cdots & \vdots \\ c_{m1} & c_{m2} & \cdots & c_{mm} \end{bmatrix} \tag{9-8}$$

式中　$C$ 既是系数矩阵 $A$ 的逆矩阵，也是对称矩阵，即 $c_{ij} = c_{ji}$，$c_{ij}$ 称为高斯系数（Gauss coefficient），是多元线性回归分析中显著性检验所需要的。

对矩阵方程 $Ab = B$ 求解（矩阵相乘可利用 EXCEL 中的 MMULT 函数，见附录附表 2），则

$$b = A^{-1}B \tag{9-9}$$

即

$$\begin{bmatrix} b_1 \\ b_2 \\ \vdots \\ b_m \end{bmatrix} = \begin{bmatrix} c_{11} & c_{12} & \cdots & c_{1m} \\ c_{21} & c_{22} & \cdots & c_{2m} \\ \vdots & \vdots & \cdots & \vdots \\ c_{m1} & c_{m2} & \cdots & c_{mm} \end{bmatrix} \begin{bmatrix} SP_{1y} \\ SP_{2y} \\ \vdots \\ SP_{my} \end{bmatrix} \tag{9-10}$$

## 二、多元回归方程的显著性检验

### （一）多元线性回归关系的显著性检验

与一元线性回归分析一样，在多元线性回归分析中，依变量 $y$ 的总平方和 $SS_y$ 可以剖分为回归平方和 $SS_R$ 与离回归平方和 $SS_r$ 两部分，自由度存在同样的规律，即

$$SS_y = SS_R + SS_r \qquad df_y = df_R + df_r \tag{9-11}$$

式中　$SS_y$——总平方和，反映了 $y$ 的总变异；

　　　$SS_R$——回归平方和，反映了由于 $y$ 与 $x_1$、$x_2$、$\cdots$、$x_m$ 间存在线性关系所引起的变异；

　　　$SS_r$——剩余平方和，反映了除 $y$ 与 $x_1$、$x_2$、$\cdots$、$x_m$ 以外其他因素（含误差）所引起的变异。

各平方和与自由度可利用公式（9-12）计算。

$$SS_y = \Sigma y^2 - (\Sigma y)^2/n \qquad\qquad df_y = n-1$$

$$SS_R = b_1 SP_{1y} + b_2 SP_{2y} + \cdots + b_m SP_{my} = \sum_{i=1}^{m} b_i SP_{iy} \qquad df_R = m \qquad\qquad (9\text{-}12)$$

$$SS_r = SS_y - SS_R \qquad\qquad df_r = n-m-1$$

检验多元线性回归关系是否显著或者多元线性回归方程是否显著，就是检验各自变量的总体偏回归系数 $\beta_i (i=1、2、\cdots、m)$ 是否同时为零（$H_0$：$\beta_1 = \beta_2 = \cdots = \beta_m = 0$）。检验统计量为

$$F = \frac{MS_R}{MS_r} \quad (df_1 = df_R,\ df_2 = df_r) \qquad\qquad (9\text{-}13)$$

式中 $MS_R$——回归均方，$MS_R = \dfrac{SS_R}{df_R} = \dfrac{SS_R}{m}$；

$MS_r$——离回归均方，$MS_r = \dfrac{SS_r}{df_r} = \dfrac{SS_r}{n-m-1}$。

注意：上述显著性检验实质上是测定各自变量对依变量的综合线性影响的显著性，或者测定依变量与各自变量的综合线性关系的显著性。如果经过 $F$ 检验，多元线性回归关系或者多元线性回归方程是显著的，并不能说明每一个自变量与依变量的线性关系都是显著的，即并非每一个偏回归系数都是显著的。

在多元线性回归分析中，同一元线性回归分析类似，离回归均方的平方根称为离回归标准误（standard error due to deviation from regression），记为 $S_{y.123\cdots m}$，即

$$S_{y.123\cdots m} = S_r = \sqrt{MS_r} = \sqrt{\sum (y - \hat{y})/(n-m-1)} \qquad\qquad (9\text{-}14)$$

离回归标准误的大小反映了回归平面与实测点的偏离程度，即回归估计值 $\hat{y}$ 与实测值 $y$ 的偏离程度，因此，可用来表示回归方程的偏离程度。

**（二）偏回归系数的显著性检验**

在多元线性回归关系显著性检验中，无法区别全部自变量中，哪些对依变量的线性影响是显著的，哪些是不显著的。因此，当多元线性回归关系显著时，还必须逐一对各偏回归系数进行显著性检验，发现和剔除不显著的偏回归关系对应的自变量。另外，多元线性回归关系显著并不排斥有更合理的多元非线性回归方程的存在，类似于线性回归显著并不排斥有更合理的曲线回归方程存在一样。

如果某一自变量 $x_i$ 对 $y$ 的影响不显著，则在回归模型中的偏回归系数 $\beta_i$ 应为 0。故检验某一自变量 $x_i$ 对 $y$ 的线性影响是否显著，即检验 $H_0$：$\beta_i = 0$（$i = 1,\ 2,\ 3,\ \cdots,\ m$）是否成立。常用检验方法有 $t$ 检验和 $F$ 检验。

1. $t$ 检验

$$t_i = \frac{b_i}{S_{bi}} (i=1,\ 2,\ \cdots m) \quad df = n-m-1 \qquad\qquad (9\text{-}15)$$

式中 $S_{bi}$——偏回归系数标准误，$S_{bi} = S_{y.123\cdots m} \cdot \sqrt{c_{ii}}$。

2. $F$ 检验

在包含 $m$ 个自变量的多元线性回归分析中，$m$ 越大，回归平方和 $SS_R$ 必然越大。如果取消一个自变量 $x_i$，则回归平方和将减少 $SS_{Ri}$。计算公式为

$$SS_{Ri} = b_i^2/c_{ii} \qquad\qquad (9\text{-}16)$$

式中，$SS_{Ri}$的大小表示$x_i$对$y$影响程度的大小，称为$y$对$x_i$的偏回归平方和。

由于$y$对$x_i$的偏回归自由度为1，因而$SS_{Ri}=b_i{}^2/c_{ii}$在数值上等于$y$对$x_i$的偏回归方差。则

$$F=\frac{b_i{}^2/c_{ii}}{MS_r}(i=1,2,\cdots,m)(df_1=1\ df_2=n-m-1) \tag{9-17}$$

## 三、EXCEL 在多元线性回归分析中的应用

### （一）EXCEL 分析工具的应用

【例 9-1】以表 9-2 有机肥、牲畜头数与粮食产量多年统计数据为资料，通过多元线性回归分析，研究有机肥（$x_1$，单位：kg）、牲畜头数（$x_2$，单位：头）与粮食产量（$y$，单位：kg）间的关系。

表 9-2　　　　　　　　　有机肥、牲畜头数与粮食产量多年统计数据

| 年份 | 粮食产量（$y$）/kg | 有机肥（$x_1$）/kg | 牲畜头数（$x_2$）/头 |
|---|---|---|---|
| 1994 | 24 | 46 | 15 |
| 1995 | 25 | 44 | 17 |
| 1996 | 26 | 46 | 16 |
| 1997 | 26 | 46 | 15 |
| 1998 | 25 | 44 | 15 |
| 1999 | 27 | 46 | 16 |
| 2000 | 28 | 45 | 18 |
| 2001 | 30 | 48 | 20 |
| 2002 | 31 | 50 | 19 |

（1）打开 EXCEL，按列输入相关数据，点击"数据"→"数据分析"→"回归"，打开"回归"对话框（参考图 8-2）；

（2）在对话框中分别输入 $y$ 数据区域及 $x$ 数据区域后，确定后输出分析结果。

EXCEL 多元线性回归分析结果主要含"回归统计量""方差分析表""回归系数分析"等几部分。

①回归统计量列表，列出用于反映回归分析模型的拟合优劣程度的"回归统计"指标：复相关系数 $R$ 为 0.941103，决定系数或相关指数 $R^2$ 为 0.885675，调整复决定系数 $R^2$ 为 0.847576，此 3 个统计指标越大，越接近于 1，回归模型越好。离回归标准误为 0.924836，离回归标准误越小回归模型估计的精度越高。

表 9-3　　　　　　　　　有机肥、牲畜头数与粮食产量回归关系方差分析表

| 变异来源 | 自由度 | 平方和 | 均方 | $F$ 值 | $P$ 值 |
|---|---|---|---|---|---|
| 回归 | 2 | 39.7570 | 19.8785 | 23.2410 | 0.0015 |
| 离回归 | 6 | 5.1319 | 0.8553 | | |
| 总变异 | 8 | 44.8889 | | | |

②表 9-3 方差分析结果表明，$P=0.0015<0.01$，因此可以认为回归方程有统计学意义，因变量与自变量间存在极显著的回归关系。

**表 9-4**               **有机肥、牲畜头数与粮食产量回归系数 $t$ 检验结果**

| | 系数 | 标准误 | $t$ 值 | $P$ 值 | 95 置信区间下限 | 95％置信区间上限 |
|---|---|---|---|---|---|---|
| 截距 | $-11.2603$ | 8.2900 | $-1.3583$ | 0.2232 | $-31.5451$ | 9.0245 |
| 有机肥 $x_1$ | 0.5448 | 0.2172 | 2.5080 | 0.0460 | 0.0133 | 1.0764 |
| 牲畜头数 $x_2$ | 0.7764 | 0.2224 | 3.4907 | 0.0130 | 0.2322 | 1.3207 |

③表 9-4 回归系数检验表给出了回归方程的系数及检验结果。其中 $b_0=-11.2603$，$b_1=0.5448$，$b_2=0.7764$，则回归方程为 $\hat{y}=-11.2603+0.5448x_1+0.7764x_2$。对回归系数进行显著性检验的结果表明 $b_1$ 和 $b_2$ 均达到显著水平，$b_0$ 没有达到显著水平，但并不影响因变量与两自变量间的线性关系。

**（二）EXCEL 中 LINEST 函数的应用**

EXCEL 中的 LINEST 函数在多元线性回归分析中的应用与一元线性回归分析类似，只是在多元线性回归分析中有更多的偏回归系数，因此输出的统计数将更多，函数输入时最初选择的空白单元格也更多。如有 $m$ 个自变量，则应选 $5\times(m+1)$ 个单元格。

**【例 9-2】**利用 LINEST 函数对表 9-2 有机肥、牲畜头数与粮食产量统计数据进行回归分析。

根据表 9-2 中数据，在 EXCEL 中任选 $5\times3$ 个单元格，在编辑栏输入"＝LINEST（$y$ 数据区域，$x$ 数据区域，1，1）"，按下 ctrl＋shift＋enter 组合键后同时放开，输出分析结果见表 9-5。

**表 9-5**                 **LINEST 函数输出结果及对应统计量**

| 输出结果 | | | 对应统计量 | | |
|---|---|---|---|---|---|
| 0.7764 | 0.54480 | $-11.2603$ | $b_2$ | $b_1$ | $b_0$ |
| 0.22246 | 0.21720 | 8.2900 | $S_{b2}$ | $S_{b1}$ | $S_{b0}$ |
| 0.8857 | 0.92480 | | $r^2$ | $Sey=MSr^{1/2}$ | |
| 23.2410 | 6 | | $F$ | $df$ | |
| 39.7560 | 5.13190 | | $SS_R$ | $SS_r$ | |

# 第二节　复相关与偏相关

## 一、复相关

### （一）复相关的概念

复相关（multiple correlation）即多元相关，是指一个变量和一组变量的综合作用的相关。复相关分析一般指依变量 $y$ 与 $m$ 个自变量 $x_1$、$x_2$、$\cdots$、$x_m$ 的线性相关。

在一元线性回归分析中，回归平方和 $SS_R$ 占总平方和 $SS_y$ 的比率越大，表明依变量 $y$ 和自变量 $x$ 的线性相关越密切。多元线性回归分析遵循同样的规律。

若令 $R^2$ 为 $y$ 与 $x_1$、$x_2$、$\cdots$、$x_m$ 的复相关指数，简称相关指数（correlation index），则有

$$R^2 = SS_R/SS_y = \frac{U_{y/12\cdots m}}{SS_y} \tag{9-18}$$

式中　$U_{y/12\cdots m}$（即 $SS_R$）——多元相关回归分析中 $m$ 个自变数对 $y$ 的回归平方和。

同样，与一元线性相关回归分析类似，在多元相关回归分析中，相关指数 $R^2$ 可用来表示多元线性回归方程的拟合度，或者说表示用多元线性回归方程进行预测的可靠程度，取值区间为 $[0, 1]$。对相关指数 $R^2$ 开方可得依变量 $y$ 与 $m$ 个自变量 $x_1$、$x_2$、$\cdots$、$x_m$ 的复相关系数（multiple correlation coefficient），用 $R$ 表示，即

$$R = \sqrt{SS_R/SS_y} \tag{9-19}$$

**（二）复相关系数的检验**

复相关系数 $R$ 的显著性检验有两种方法，即 $F$ 检验法与查表法。

1. $F$ 检验法

（1）无效假设与备择假设　设 $\rho$ 为 $y$ 与 $x_1$、$x_2$、$\cdots$、$x_m$ 的总体复相关系数，$F$ 检验的无效假设与备择假设为 $H_0：\rho = 0$，$H_1：\rho \neq 0$。

（2）检验统计量 $F$ 的计算

$$F = \frac{R^2/m}{(1-R^2)/(n-m-1)}，(df_1 = m，df_2 = n-m-1) \tag{9-20}$$

式中　$R^2$——相关指数，将 $R^2 = \dfrac{SS_R}{SS_y}$，代入公式（9-19）可得

$$F = \frac{SS_R/m}{SS_y\left(1-\dfrac{SS_R}{SS_y}\right)/(n-m-1)} = \frac{SS_R/m}{SS_r/(n-m-1)} = \frac{MS_R}{MS_r} \tag{9-21}$$

上式证明，检验复相关系数 $R$ 的 $F$ 值与检验多元线性回归关系显著性的 $F$ 值是相同的。表明，复相关系数的显著性检验与多元线性回归关系的显著性检验或多元线性回归方程的显著性检验是完全等价的。

2. 查表法

从公式（9-20）可知，在回归自由度 $df_1$ 和剩余自由度 $df_2$ 一定时，相同显著水平 $\alpha$ 下的 $F$ 值也是一定的。于是，统计学家根据公式（9-22）计算出显著水平 $\alpha$ 下的 $R$ 的临界值 $R_{\alpha(n-m-1,M)}$，并将其列成系列表，即《$r$ 和 $R$ 的临界值表》（见附录附表 9）。根据剩余自由度 $df_2$ 和变量的总数 $M$（自变量与依变量数之和）查该表，即可进行复相关系数的显著性检验。

$$R = \sqrt{\frac{df_1 F}{df_1 F + df_2}} \tag{9-22}$$

具体检验过程中，若 $R < R_{0.05(n-m-1,M)}$，$P > 0.05$，则 $R$ 不显著；若 $R_{0.05(n-m-1,M)} \leqslant R \leqslant R_{0.01(n-m-1,M)}$，$0.01 < P < 0.05$，则 $R$ 显著；若 $R \geqslant R_{0.01(n-m-1,M)}$，$P \leqslant 0.01$，则 $R$ 极显著。

## 二、偏相关

### （一）偏相关的概念

在多个相关变量中，若其他变量保持固定不变，所研究的两个变量间的线性相关称为偏相关（partial correlation）。用来表示两个相关变量偏相关的性质与程度的统计量称为偏相关系数（partial correlation coefficient）。

偏相关系数以 $r$ 带右下标表示。如有 $x_1$、$x_2$、$x_3$ 3 个变量，则 $r_{12 \cdot 3}$ 表示 $x_3$ 变量保持一定时，$x_1$ 和 $x_2$ 变量的偏相关系数；$r_{13 \cdot 2}$ 表示 $x_2$ 变量保持一定时，$x_1$ 和 $x_3$ 变量的偏相关系数；$r_{23 \cdot 1}$ 表示 $x_1$ 变量保持一定时，$x_2$ 和 $x_3$ 变量的偏相关系数。一般而言，若有 $m$ 个变量，则偏相关系数共有 $m(m-1)/2$ 个。

### （二）偏相关系数的计算

1. 计算简单相关系数（simple correlation coefficient）$r_{ij}$（$i$，$j=1$，$2$，$\cdots$，$m$）组成的相关矩阵

$$R = (r_{ij})_{m \times m} = \begin{pmatrix} r_{11} & r_{12} & \cdots & r_{1m} \\ r_{21} & r_{22} & \cdots & r_{2m} \\ \vdots & \vdots & \cdots & \vdots \\ r_{m1} & r_{m2} & \cdots & r_{mm} \end{pmatrix} \tag{9-23}$$

式中　$r_{ij}$——简单相关系数，$r_{ij} = \dfrac{SP_{ij}}{\sqrt{SS_i SS_j}}$，（$i$，$j=1$、$2$、$\cdots$、$m$），其中 $SP_{ij} = \sum(x_i - \bar{x}_i)(x_j - \bar{x}_j)$，$SS_i = \sum(x_i - \bar{x}_i)^2$，$SS_j = \sum(x_j - \bar{x}_j)^2$。

2. 计算矩阵 $R$ 的逆矩阵 $R^{-1}$

$$R^{-1} = (c_{ij})_{m \times m} = \begin{pmatrix} c_{11} & c_{12} & \cdots & c_{1m} \\ c_{21} & c_{22} & \cdots & c_{2m} \\ \vdots & \vdots & \cdots & \vdots \\ c_{m1} & c_{m2} & \cdots & c_{mm} \end{pmatrix} \tag{9-24}$$

3. 计算相关变量 $x_i$ 与 $x_j$ 的偏相关系数 $r_{ij \cdot}$

$$r_{ij \cdot} = \frac{-c_{ij}}{\sqrt{c_{ii} c_{jj}}} \qquad (i，j=1、2、\cdots、m；i \neq j) \tag{9-25}$$

注意：①以上矩阵 $R$ 中的主对角线元素 $r_{ii}$ 为各个变数的自身相关系数都等于 1，该矩阵以主对角线为轴而对称，即 $r_{ij} = r_{ji}$；

②逆矩阵 $R^{-1}$ 中的元素也是以主对角线为轴而对称的，即 $c_{ij} = c_{ji}$。

### （三）偏相关系数的检验

1. $t$ 检验法

（1）无效假设与备择假设　设相关变量 $x_i$ 与 $x_j$ 的总体偏相关系数为 $\rho_{ij}$，则对偏相关系数 $r_{ij \cdot}$ 进行显著性检验的无效假设与备择假设为：$H_0：\rho_{ij} = 0$，$H_1：\rho_{ij} \neq 0$。

（2）计算检验统计量 $t$

$$t_{r_{ij \cdot}} = \frac{r_{ij \cdot}}{S_{r_{ij \cdot}}} = \frac{r_{ij \cdot}}{\sqrt{(1 - r_{ij \cdot}^2)/(n - M)}}，\quad df = n - M = n - m - 1 \tag{9-26}$$

式中　$S_{r_{ij.}}$——偏相关系数标准误，$S_{r_{ij.}} = \sqrt{\dfrac{1 - r_{ij.}^2}{n - M}}$；

$n$、$m$ 和 $M$——观测数据组数、自变量个数和变量总个数。

2. 查表法

由 $df = n - m - 1$ 及变量个数 2 查 $r$ 和 $R$ 的临界值表（见附录附表 9）得 $r_{0.05(n-m-1,2)}$，$r_{0.01(n-m-1,2)}$。将偏相关系数的绝对值 $|r_{ij}|$ 与 $r_{0.05(n-m-1,2)}$、$r_{0.01(n-m-1,2)}$ 进行比较，即可作出统计推断。

【例 9-3】以表 9-2 数据为例，利用 EXCEL 计算有机肥、牲畜头数与粮食产量三变量间的偏相关系数。

（1）打开 EXCEL，按列输入表 9-2 数据，点击"数据"→"数据分析"→"相关系数"打开相关系数对话框。

（2）在对话框的"输入区域"选定数据区域，同时选定"分组方式"及"输出区域"，确定后输出简单相关系数计算结果，见表 9-6 左侧。根据简单相关系数矩阵的对称性，建立简单相关系数矩阵 $R = (r_{ij})_{3 \times 3}$，输出结果见表 9-6 右侧。

表 9-6　　　　　　　　　　简单相关系数与简单相关系数矩阵

| 简单相关系数（$r_{ij}$） | | | | 简单相关系数矩阵 $[(r_{ij})_{3 \times 3}]$ | | | |
| --- | --- | --- | --- | --- | --- | --- | --- |
| 变量 | 粮食产量 $y$ | 有机肥 $x_1$ | 牲畜头数 $x_2$ | 变量 | 粮食产量 $y$ | 有机肥 $x_1$ | 牲畜头数 $x_2$ |
| 粮食产量 $y$ | 1.0000 | | | 粮食产量 $y$ | 1.0000 | 0.8084 | 0.8751 |
| 有机肥 $x_1$ | 0.8084 | 1.0000 | | 有机肥 $x_1$ | 0.8084 | 1.0000 | 0.6104 |
| 牲畜头数 $x_2$ | 0.8751 | 0.61044 | 1.0000 | 牲畜头数 $x_2$ | 0.8751 | 0.6104 | 1.0000 |

（3）在 EXCEL 电子表格选择 3 行×3 列的空白表格，在编辑栏输入"=MINVERSE（$(r_{ij})_{3 \times 3}$ 矩阵区域）"，按下 ctrl＋shift＋enter 组合键后同时放开，计算 $R^{-1} = (c_{ij})_{3 \times 3}$，输出结果见表 9-7 左侧。利用公式 $r_{ij.} = \dfrac{-c_{ij}}{\sqrt{c_{ii} c_{jj}}}$，可分别计算出偏相关系数 $r_{x_1x_2.}$、$r_{x_1y.}$、$r_{x_2y.}$，计算结果见表 9-7 右侧。

表 9-7　　　　　　　　　　简单相关系数逆矩阵与偏相关系数

| 简单相关系数逆矩阵 $[(c_{ij})_{3 \times 3}]$ | | | | 偏相关系数（$r_{ij.}$） | | | |
| --- | --- | --- | --- | --- | --- | --- | --- |
| 变量 | 粮食产量 $y$ | 有机肥 $x_1$ | 牲畜头数 $x_2$ | 变量 | 粮食产量 $y$ | 有机肥 $x_1$ | 牲畜头数 $x_2$ |
| 粮食产量 $y$ | 8.7470 | $-3.8231$ | $-5.3210$ | 粮食产量 $y$ | | | |
| 有机肥 $x_1$ | $-3.8231$ | 3.2648 | 1.3527 | 有机肥 $x_1$ | 0.7154 | | |
| 牲畜头数 $x_2$ | $-5.3210$ | 1.3527 | 4.8307 | 牲畜头数 $x_2$ | 0.8186 | $-0.3406$ | |

# 第三节　DPS 在多元回归分析中的应用

应用 DPS 进行回归分析时，通常按线性回归、逐步回归、二次多项式逐步回归顺序进行选择，直到建立的回归方程有统计学意义为止。

## 一、线性回归

在 DPS 电子表格，按列输入数据（依变量为最右列），定义数据块后，选择"多元分析"→"回归分析"→"线性回归"命令，弹出"线性回归"对话框（参考图 8-6），可建立一元或多元线性回归方程。若样本少、因子多，则会出现对话框，提示转为逐步回归。

【例 9-4】以表 9-2 中数据为例，应用 DPS 系统进行多元线性回归分析，研究有机肥、牲畜头数与粮食产量间的关系。

（1）在 DPS 电子表格中，将表 9-2 数据按两自变量占左侧两列、依变量占最右列的要求录入，建立"粮食产量.DPS"文件。

（2）定义数据块（注：数据块中仅含数据），在"多元分析"菜单下选择"回归分析"→"线性回归"功能，系统弹出"线性回归分析"对话框（参考图 8-6）。

（3）当诊断、预测结束后，点击右下角的"返回编辑"按钮，系统输出分析结果。

表 9-8　　　　　　　　　有机肥、牲畜头数与粮食产量相关及回归关系检验结果

| 变异来源 | 平方和 | 自由度 | 均方 | $F$ 值 | $P$ 值 |
|---|---|---|---|---|---|
| 回归 | 39.7570 | 2 | 19.8785 | 23.2410 | 0.0015 |
| 离回归 | 5.1319 | 6 | 0.8553 | | |
| 总变异 | 44.8889 | 8 | 5.6111 | | |
| 复相关系数 $R=0.941103$ | | 相关指数 $R^2=0.885675$ | | 调整相关系数 $R'=0.920634$ | |

表 9-8 相关及回归关系检验结果为，$F=23.2410$、$P=0.0015<0.01$，相关指数 $R^2=0.9411$，表明变量间存在极显著的回归关系。

表 9-9　　　　　　　　　有机肥、牲畜头数与粮食产量回归系数 $t$ 检验表

| 变量 | 回归系数 | 标准回归系数 | 偏相关系数 | 标准误 | $t$ 值 | $P$ 值 |
|---|---|---|---|---|---|---|
| $b_0$ | −11.2603 | | | 9.0812 | −1.2400 | 0.2700 |
| $b_1$ | 0.5448 | 0.4371 | 0.7154 | 0.2380 | 2.2895 | 0.0707 |
| $b_2$ | 0.7764 | 0.6083 | 0.8186 | 0.2437 | 3.1865 | 0.0244 |

表 9-9 回归系数检验结果表明，变量间的回归模型为 $\hat{y}=-11.2603+0.5448x_1+0.7764x_2$，模型有统计学意义，能够反映出有机肥、牲畜头数与粮食产量间的线性关系。

## 二、逐步回归

### （一）逐步回归的应用

在多元线性回归分析中，影响因变量 $y$ 的因素之间可能存在多重共线性，特别是当各个自变量之间存在着高度的相互依赖性关系时，会给回归系数估计带来不合理的解释。为了得到一个可靠的回归模型，人们常用逐步回归分析（stepwise regression analysis）的方

法从众多影响 $y$ 的因素中有效挑选出对 $y$ 贡献大的变量，从而建立最优的回归方程。

1. DPS 系统逐步回归操作步骤

（1）定义数据块，选择"多元分析"→"回归分析"→"逐步回归"或"二次多项式逐步回归"命令，弹出"逐步回归阈值"对话框。

（2）在"逐步回归阈值"对话框中，选择"yes"表示可以继续引入新变量到当前方程中；选择"No"表示可以继续剔除当前方程中的变量；选择"OK"表示将终止因子筛选，可以打开模型优化、模型诊断等对话框，建立逐步回归方程。控制的原则是既要看调整相关系数是否已达最大值或处于较大值范围，又要看引进变量的显著水平 $P$ 值和未引进变量的显著水平 $P$ 值的大小，同时还要考虑不要使模型太复杂。

2. 逐步回归输出结果

逐步回归输出结果主要内容有：各个变量的平均值、标准差、协方差矩阵和相关系数矩阵；回归方程式；偏相关系数、$t$ 检验值、复相关系数及其临界值；回归方程剩余标准差；拟合值及拟合误差；直接通径系数、间接通径系数和决定系数等。

3. 逐步回归输出结果解释

（1）回归模型诊断　第一、回归方程方差分析 $F$ 值的显著水平 $P$ 要小于等于 0.05，否则，所建立的回归方程不能使用；第二、各个回归系数的偏相关系数的显著水平最好也小于等于 0.05；第三、Durbin-Watson 统计量 $d$ 是否接近于 2。

（2）通径分析（path analysis）　DPS 中对进入回归方程的因子，在建立回归方程的同时还做了通径分析。根据通径系数的大小和正负，可以推断各个因子对因变量的直接影响和间接影响。

**（二）逐步回归应用示例**

【例 9-5】根据某猪场 25 头育肥猪 4 个胴体性状的统计数据资料，见表 9-10。试应用逐步回归命令进行瘦肉量（$y$，单位：kg）对眼肌面积（$x_1$，单位：cm$^2$）、腿肉量（$x_2$，单位：kg）和腰肉量（$x_3$，单位：kg）的多元线性回归分析。

表 9-10　　　　　　　　眼肌面积、腿肉量、腰肉量与瘦肉量的统计数据

| 序号 | 瘦肉量 ($y$)/kg | 眼肌面积 ($x_1$)/cm$^2$ | 腿肉量 ($x_2$)/kg | 腰肉量 ($x_3$)/kg | 序号 | 瘦肉量 ($y$)/kg | 眼肌面积 ($x_1$)/cm$^2$ | 腿肉量 ($x_2$)/kg | 腰肉量 ($x_3$)/kg |
|---|---|---|---|---|---|---|---|---|---|
| 1 | 15.02 | 23.73 | 5.49 | 1.21 | 10 | 15.18 | 28.96 | 5.30 | 1.66 |
| 2 | 12.62 | 22.34 | 4.32 | 1.35 | 11 | 14.2 | 25.77 | 4.87 | 1.64 |
| 3 | 14.86 | 28.84 | 5.04 | 1.92 | 12 | 17.07 | 23.17 | 5.80 | 1.90 |
| 4 | 13.98 | 27.67 | 4.72 | 1.49 | 13 | 15.40 | 28.57 | 5.22 | 1.66 |
| 5 | 15.91 | 20.83 | 5.35 | 1.56 | 14 | 15.94 | 23.52 | 5.49 | 1.98 |
| 6 | 12.47 | 22.27 | 4.27 | 1.50 | 15 | 14.33 | 21.86 | 4.32 | 1.59 |
| 7 | 15.80 | 27.57 | 5.25 | 1.85 | 16 | 15.11 | 28.95 | 5.04 | 1.37 |
| 8 | 14.32 | 28.01 | 4.62 | 1.51 | 17 | 13.81 | 24.53 | 4.72 | 1.39 |
| 9 | 13.76 | 24.79 | 4.42 | 1.46 | 18 | 15.58 | 27.65 | 5.35 | 1.66 |

续表

| 序号 | 瘦肉量 $(y)$/kg | 眼肌面积 $(x_1)$/cm² | 腿肉量 $(x_2)$/kg | 腰肉量 $(x_3)$/kg | 序号 | 瘦肉量 $(y)$/kg | 眼肌面积 $(x_1)$/cm² | 腿肉量 $(x_2)$/kg | 腰肉量 $(x_3)$/kg |
|---|---|---|---|---|---|---|---|---|---|
| 19 | 15.85 | 27.29 | 4.27 | 1.70 | 23 | 15.73 | 22.11 | 5.30 | 1.81 |
| 20 | 15.28 | 29.07 | 5.25 | 1.82 | 24 | 14.75 | 22.43 | 4.87 | 1.82 |
| 21 | 16.40 | 32.47 | 4.62 | 1.75 | 25 | 14.37 | 20.44 | 5.80 | 1.55 |
| 22 | 15.02 | 29.65 | 4.42 | 1.70 | | | | | |

（1）在 DPS 电子表格，左边 3 列输入自变量数据，右边 1 列输入因变量数据，建立"育肥猪胴体性状关系.DPS"文件。

（2）定义数据块，选择"多元分析"→"回归分析"→"逐步回归"，进行逐步回归（引入或剔除变量）分析，如图 9-1 所示。于阈值对话框选择"OK"，输出分析结果。

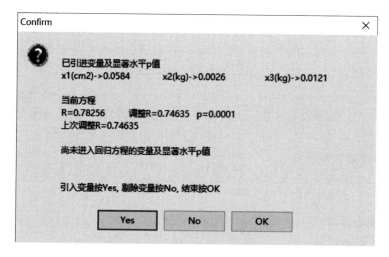

图 9-1　DPS 逐步回归阈值对话框

输出结果给出逐步回归方程 $\hat{y}=3.2155+0.0936x_1+1.1378x_2+2.2279x_3$、回归关系检验结果及相关系数等统计量。检验结果表明，$F=11.06$、$P=0.0001<0.01$，则该回归模型具有统计学意义。

**（三）二次多项式逐步回归命令应用示例**

【例 9-6】有一组原始数据包括 4 个自变量和一个因变量，见表 9-11。试对该资料进行二次多项式逐步回归分析，建立变量间的优化回归模型。

表 9-11　　　　　　　　　　　　二次多项式逐步回归分析原始数据

| $x_1$ | $x_2$ | $x_3$ | $x_4$ | $y$ |
|---|---|---|---|---|
| 7 | 26 | 6 | 60 | 78.5 |
| 1 | 29 | 15 | 52 | 74.3 |

续表

| $x_1$ | $x_2$ | $x_3$ | $x_4$ | $y$ |
|---|---|---|---|---|
| 11 | 56 | 8 | 20 | 104.3 |
| 11 | 31 | 8 | 47 | 87.6 |
| 7 | 52 | 6 | 33 | 95.9 |
| 11 | 55 | 9 | 22 | 109.2 |
| 3 | 71 | 17 | 6 | 102.7 |
| 1 | 31 | 22 | 44 | 72.5 |
| 2 | 54 | 18 | 22 | 93.1 |
| 21 | 47 | 4 | 26 | 115.9 |
| 1 | 40 | 23 | 34 | 83.8 |
| 11 | 66 | 9 | 12 | 113.3 |
| 10 | 68 | 8 | 12 | 109.4 |

（1）将表 9-11 数据录入 DPS 系统，要求每一行为一个样本，每一列为一个变量，因变量放在最右边，建立"二次多项式逐步回归分析.DPS"文件；将待分析数据定义成数据块。

（2）在菜单下选择"多元分析"→"回归分析"→"二次多项式逐步回归"，选择逐步回归功能项，进行逐步回归（引入或剔除变量）分析，于阈值对话框选择"OK"输出分析结果。

输出结果给出了回归模型 $\hat{y} = 119.9061 - 0.6206x_4 - 0.0031x_2^2 + 0.0207x_1x_2 - 0.0160x_3x_4$，以及相关系数、调整相关系数、剩余标准差等统计量及 $F$ 检验结果。结果表明，$R_a = 0.9933$，$F = 148.8312$、$P = 0.0001 < 0.01$，表明变量间回归关系达极显著水平，回归模型较好拟合变量间的关系。

输出结果给出的模型各偏相关系数的检验结果见表 9-12。由表 9-12 可知，除 $x_2^2$ 项外，其余各项的偏相关系数均达极显著水平。系统根据模型预测的变量 $y$ 的最高值为 130.81，在该最高值下的优化的工艺条件是 $x_1$ 取 21，$x_2$ 取 69，$x_3$ 取 4，$x_4$ 取 6。

表 9-12　　　　　　　　二次多项式逐步回归分析偏相关系数 $t$ 检验结果

|  | 偏相关系数 | $t$ 值 | $P$ 值 |
|---|---|---|---|
| $r(y, x_4) =$ | −0.8281 | 4.1786 | 0.0024 |
| $r(y, x_2^2) =$ | −0.5145 | 1.6971 | 0.1239 |
| $r(y, x_1x_2) =$ | 0.8914 | 5.5630 | 0.0004 |
| $r(y, x_2x_3) =$ | −0.7597 | 3.3047 | 0.0092 |

## 第四节 SPSS 在多元线性回归与相关分析中的应用

SPSS 系统的多元线性回归分析基本与一元线性回归分析类似，只是在定义变量时，按资料要求对每一自变量分类定义，并分别赋值。选择菜单"分析"→"回归"→"线性"，打开"线性回归"对话框，需要将多个自变量均移入"自变量"列表框中。其他操作与一元线性回归分析类似。

【例 9-7】应用 SPSS 对表 9-2 资料进行多元线性回归分析，研究有机肥、牲畜头数与粮食产量三变量间关系。

（1）建立"粮食产量.SAV"文件；分别定义自变量 1"有机肥"、自变量 2"牲畜数"、依变量"产量"；在各变量下分别输入表 9-2 相应数据。

（2）选择菜单"分析"→"回归"→"线性"，打开"线性回归"对话框（参考图 8-10）。将变量"产量"移入"因变量"列表框；在将自变量移入"自变量"框时，如果肯定已知某一自变量确定对因变量有影响，可以采用"输入"法，否则应采用"逐步"或其他方法。

假如本例已确定"有机肥"一定有统计学意义，而"牲畜数"效果不确定，则其输入方法为：将"有机肥"移入"自变量"框中后，选择"方法"下拉框中的"输入"法；点击"下一页"则出现另一"自变量"框，将"牲畜数"移入"自变量"框中，选择"方法"下拉框中的"逐步"。

输出分析结果的同时会同时输出"变量的输入方法"列表、模型摘要、变异数分析及回归系数 $t$ 检验等，结果见表 9-13～表 9-17。

**表 9-13** 变量输入方法表

| 模型 | 已输入变量 | 已移除变量 | 方法 |
|---|---|---|---|
| 1 | 有机肥 | . | Enter |
| 2 | 牲畜数 | . | 逐步（准则：F−to−enter 的概率≤0.050，F−to−remove 的概率≤0.100）。 |

**表 9-14** 模型摘要

| 模型 | $R$ | $R^2$ | 调整后 $R^2$ | 标准误 |
|---|---|---|---|---|
| 1 | 0.808 | 0.654 | 0.604 | 1.49063 |
| 2 | 0.941 | 0.886 | 0.848 | 0.92484 |

表 9-13 变量输入方法列表，依次列出了模型的筛选过程，模型 1 用"输入"法引入了"有机肥"，然后模型 2 在模型 1 基础上又用"逐步法"引入了"牲畜数"。如果"有机肥"与"牲畜数"两变量均采用"输入法"引入，则只出现一个模型。

表 9-14 模型摘要列表，列出两个模型变异系数的基本情况。从调整的 $R^2$ 的变化可知，从模型 1 到模型 2 随着新变量的引入，模型可解释的变异占总变异的比例越来越大。

**表 9-15**　　　　　　　有机肥、牲畜头数与粮食产量不同模型回归关系方差分析表

| | 模型 | 平方和 | 自由度 | 平均值平方 | $F$ 值 | $P$ 值 |
|---|---|---|---|---|---|---|
| | 回归 | 29.335 | 1 | 29.335 | 13.202 | 0.008 |
| 1 | 离回归 | 15.554 | 7 | 2.222 | | |
| | 总变异 | 44.889 | 8 | | | |
| | 回归 | 39.757 | 2 | 19.878 | 23.241 | 0.001 |
| 2 | 离回归 | 5.132 | 6 | 0.855 | | |
| | 总变异 | 44.889 | 8 | | | |

**表 9-16**　　　　　　有机肥、牲畜头数与粮食产量不同模型回归系数 $t$ 检验结果

| | 模型 | 非标准化系数 | | 标准化的回归系数 | $t$ 值 | $P$ 值 |
|---|---|---|---|---|---|---|
| | | 系数 | 标准误 | 标准回归系数 | | |
| | 常数项 | −19.577 | 12.798 | | −1.530 | 0.170 |
| 1 | 有机肥 | 1.008 | 0.277 | 0.808 | 3.633 | 0.008 |
| | 常数项 | −11.260 | 8.290 | | −1.358 | 0.223 |
| 2 | 有机肥 | 0.545 | 0.217 | 0.437 | 2.508 | 0.046 |
| | 牲畜数 | 0.776 | 0.222 | 0.608 | 3.491 | 0.013 |

**表 9-17**　　　　　　　有机肥、牲畜头数与粮食产量模型排除的变量 $t$ 检验结果

| | 模型 | 标准回归系数 | $t$ 值 | $P$ 值 | 偏相关系数 | 共线性统计容差 |
|---|---|---|---|---|---|---|
| 1 | 牲畜数 | 0.608 | 3.491 | 0.013 | 0.819 | 0.627 |

表 9-15 两个模型的方差分析检验结果表明，两模型中 $P$ 值均小于 0.01，即两个模型均有统计学意义。

表 9-16 两个模型各回归系数的 $t$ 检验结果表明，两模型中除常数项无统计学意义外（不影响回归关系），其他变量系数均有统计学意义。因此，可以认为两模型均有统计学意义，与方差分析结果一致。

表 9-17 是没有进入模型的变量的检验结果。结果表明，在模型 1 中未引入模型的候选变量"牲畜数"对应 $P$ 值小于 0.05，即有统计学意义不应排除。因此，模型 2 应为理想模型。

综合以上分析，本例的拟合曲线为 $\hat{y} = -11.260 + 0.545x_1 + 0.776x_2$。

## 思考练习题

**习题 9.1**　什么是多元回归和偏回归？如何建立多元回归方程？偏回归系数有何意义？

**习题 9.2**　多元回归和偏回归的假设检验有何异同？如何进行？在多元回归中如何剔

除不显著的自变量，建立最优多元线性回归方程？

**习题 9.3** 偏回归系数和偏相关系数与简单回归系数和简单相关系数有何异同？为什么当有多个（$M \geqslant 3$）变量时，偏回归和偏相关分析才是评定各个变量的效应和相关密切程度的较好方法，而简单回归和简单相关分析却往往会导致错误的结论？

**习题 9.4** 对表 9-10 中眼肌面积（$x_1$）、腿肉量（$x_2$）、腰肉量（$x_3$）与瘦肉量 $y$ 的关系相关调查资料，应用多元线性回归分析方法进行回归分析。

**习题 9.5** 薄层扫描法测定痛消胶囊中延胡索乙素的含量。测得数据如表所示，建立回归方程。其中，$x_1$ 为样品含量，$x_2$ 为加入量，$x_3$ 为测得率，$y$ 为回收率。

| $x_1$/mg | 0.1906 | 0.1929 | 0.2053 | 0.2085 | 0.203 | 0.2065 |
| $x_2$/mg | 0.1381 | 0.1381 | 0.2072 | 0.2072 | 0.2762 | 0.2762 |
| $x_3$/mg | 0.3185 | 0.3221 | 0.4026 | 0.4026 | 0.4725 | 0.4781 |
| $y$/% | 92.59 | 93.57 | 94.89 | 97.58 | 97.58 | 98.34 |

**习题 9.6** 为研究儿童智力状况，调查 16 所小学六年级学生的平均言语测验分 $y$ 与家庭社会经济状况综合指标 $x_1$、教师言语测验分 $x_2$、母亲教育水平 $x_3$，资料如表所示，建立 $y$ 对 $x_1$、$x_2$、$x_3$ 的多元回归方程。

| 变量 | 学校 | | | | | | | | | | | | | | | |
| --- | --- | --- | --- | --- | --- | --- | --- | --- | --- | --- | --- | --- | --- | --- | --- | --- |
| | 1 | 2 | 3 | 4 | 5 | 6 | 7 | 8 | 9 | 10 | 11 | 12 | 13 | 14 | 15 | 16 |
| $x_1$ | 7.20 | 11.7 | 12.3 | 14.2 | 6.31 | 12.7 | 17.0 | 9.85 | 12.8 | 14.7 | 19.6 | 16.0 | 10.6 | 12.6 | 10.9 | 15.0 |
| $x_2$ | 16.6 | 14.4 | 18.7 | 25.7 | 25.4 | 24.9 | 25.1 | 26.6 | 13.5 | 24.5 | 25.8 | 15.6 | 25.0 | 21.5 | 20.8 | 25.5 |
| $x_3$ | 6.19 | 5.17 | 7.04 | 17.1 | 6.15 | 6.86 | 5.78 | 6.51 | 5.62 | 15.8 | 6.19 | 5.62 | 6.94 | 6.33 | 6.01 | 7.51 |
| $y$ | 27.0 | 26.5 | 36.5 | 40.7 | 37.1 | 41.8 | 33.4 | 41.0 | 23.3 | 34.9 | 33.1 | 22.7 | 39.7 | 31.8 | 31.7 | 43.1 |

# 第十章 试验设计基础与常用试验设计

## 第一节 试验设计概述

### 一、试验设计的意义

广义的试验设计（experimental design）是指整个研究课题的设计，包括试验方案的拟订，试验单位的选择，分组的排列，试验过程中生物性状和试验指标的观察记载，以及试验资料的整理、分析等内容。狭义的试验设计则仅指试验单位的选择、分组与排列方法。合理的试验设计对科学试验是非常重要的，它不仅能够节省人力、物力、财力和时间，更重要的是它能够减少试验误差，无偏估计误差，提高试验的精确度，取得真实可靠的试验资料。

### 二、生物学试验的基本要求

**（一）试验目的要明确**

明确选题，制定合理的试验方案。一是要抓住当时生产实践和科学试验中急需解决的问题，二是要照顾到长远和不久的将来可能出现的问题。

**（二）试验条件要有代表性**

试验条件应能代表将来准备推广试验结果的地区的自然条件、经济和社会条件。

**（三）试验结果要可靠**

试验结果的可靠程度主要用准确度与精确度进行描述。准确度指观察值与真值的接近程度，由于真值是未知数，准确度不容易确定，故常设置对照处理，通过与对照相比以了解结果的相对准确度。精确度是指试验中同一性状的重复观察值彼此接近的程度，即试验误差的大小，它是可以估算的。试验误差越小，处理间的比较越精确。

**（四）试验要具备再现性**

再现性（reproducibility）指在相同条件下，再次进行试验，应能获得与原试验相同的结果。

### 三、制定试验方案的要点

试验方案（experimental scheme）是根据试验目的和要求所拟进行比较的一组试验处理的总称。

**（一）明确试验目的**

通过回顾以往的研究进展、调查研究、文献探索等明确试验的目的，形成对所研究主题及外延的设想，使待拟订的试验方案能针对主题确切而有效地解决问题。

### （二）根据试验目的确定供试因素及水平

供试因素不宜过多，应该抓住 1～2 个或少数几个主要因素解决关键性问题。每个因素的水平数目也不宜多，且各水平间距要适当，使各水平能明确区分，并把最佳水平范围包括在内。例如通过喷施矮壮素控制花生株高，其浓度试验设置为 50、100、150、200、250mg/L 等 5 个水平。若间距太小，一方面会导致试验无法进行；另一方面误差影响大，不容易发现试验效应的规律。

### （三）试验方案中必须设立作为比较标准的对照

对照（control，CK）是试验中比较处理效应的基准。任何试验都不能缺少对照，否则就不能显示出试验的处理效果。根据研究的目的与内容，可选择不同的对照形式，如空白对照（blank control）（即不给予任何处理的对照）、标准对照（standard control）（即用现有标准方法或常规方法做对照，这是试验中最常用的对照）、试验对照（experimental control）（即对照组不施加处理因素，但施加某种与处理因素有关的因素）等。

### （四）试验处理之间应遵循唯一差异性原则

唯一差异性原则（principle of unique difference）指在进行处理比较时，除了试验处理不同外，其他所有条件应当尽量一致或相同，使其具有可比性，才能使处理间的比较结果可靠。例如田间品种比较试验中，除品种不同外，其他试验条件应尽量一致。

### （五）尽量用多因素试验

由于多因素试验，在同一试验中既提供了比单因素试验更多的效应估计（例如，除可估计各因素的主效应外，还可对因素间的互作效应进行估计），又增大了误差自由度，提高了试验精确度。

## 四、试验误差及其控制途径

### （一）试验材料固有的差异

在农业及生物试验中供试材料常是植物或其他生物，它们在其遗传和生长发育上往往会存在着差异。如试验用的材料基因型不一致，种子生活力的差别，试验动物大小不一等，均能造成试验结果的偏差。因此，需要在试验中严格控制（control）试验材料的固有差异。

### （二）试验条件不一致

试验过程中可能存在生物试验中试验单位所处的外部环境不一致以及田间试验土壤等条件不一致等情况。需要在试验中根据唯一差异原则尽量将试验安排在试验条件一致的环境下，还可根据不同的环境条件采用不同的科学试验设计，以减少试验误差对试验结果造成的影响。

### （三）操作技术不一

在生物及农业试验中由于试验周期较长，往往会出现在试验过程中应用技术不一致、操作人员不统一等情况，均会引起误差的产生。需要通过操作技术标准化、管理技术制度化，严格规范化执行试验的每一环节方能有效降低误差。

## 五、试验设计遵循的原则

进行试验设计的目的，在于降低试验误差，无偏估计误差，提高试验的准确度与精确度，使试验结果正确可靠。为了有效地控制和降低误差，试验设计必须遵循重复、随机和局部控制 3 个基本原则。

**（一）重复**

重复（replication）指在试验中同一处理设置的试验单位数。重复的第一个作用是估计误差。试验误差是客观存在的，但只能由同一处理的几个重复间的差异才能进行估计。重复的另一重要作用是降低误差。样本标准误与标准差的关系是 $S_{\bar{x}} = S / \sqrt{n}$，即平均数抽样误差的大小与重复次数的平方根成反比，所以增加试验重复次数可以有效降低试验误差。

**（二）随机**

随机（random）指一个重复中每个处理都有同等的机会设置在任何一个试验单位上，避免任何主观成见。随机的主要作用是与重复的原则一起可实现对误差的无偏估计。可采用抽签法（lottery）或随机数字法（random digit）进行随机安排。

**（三）局部控制**

局部控制（portion of control）指将整个试验环境分解成若干个相对一致的小环境，即区组（block），再在区组内分别配置一套完整的处理，来对非处理因素进行控制。局部控制作用是降低试验误差。在试验中，可将试验田或其他试验材料划分成等于重复数的区组，区组内的土壤或其他材料条件尽可能保持一致，但区组之间允许有差异，因为这部分差异可通过数据分析分离出来。

# 第二节 顺序排列的试验设计

顺序排列（sequential arrangement）的试验设计多应用于田间试验中，即将各处理顺序排列在重复区内各个小区上。特点是设计简单、操作方便，能够减少小区间的边际效应和生长竞争。但由于各处理顺序排列，易产生系统误差，可应用于处理数多对精确性要求不高的试验。常用的顺序排列试验设计主要有对比设计（contrast design）和间比设计（interval contrast design）。

## 一、对比设计

**（一）设计方法**

1. 对比设计的步骤

对比设计（contrast design）是将各处理按照一定顺序排列在每一个重复区内的各小区上，每隔两个处理设置一个对照（CK），使每一个处理均可与其相邻的对照直接比较。对比设计常用于少数品种的比较试验及示范试验。当各重复区排列成多排时，不同重复区内各个小区处理的排列可采用阶梯式（图 10-1）或逆向式，以避免同一处理的各小区排在一直线上。

2. 对比设计的特点

对比设计应用了试验原则中的重复原则和局部控制原则，田间试验中由于相邻小区特别是狭长形相邻小区之间土壤肥力的相似性，可有效减少误差，使每个处理在与相邻对照比较中可获得较可靠结果，但由于该类设计没有采用随机原则，不能无偏地估计试验误差。

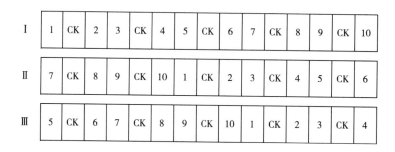

图 10-1　10 个处理 3 次重复对比排列图（阶梯式）

　　同时，对比设计设置对照区过多，约占试验田面积的 1/3，土地利用率不高。因此，试验处理不宜设计过多，一般不超过 10 个。

**（二）统计分析方法**

**【例 10-1】** 有 $A$、$B$、$C$、$D$、$E$、$F$ 6 个玉米品种的比较试验，设标准品种作为 CK，采用 3 次重复的对比设计。小区计产面积 $40m^2$，所得产量结果列于表 10-1 中，试作分析。

　　（1）计算各品种 3 次重复的总产量 $T_t$ 及平均产量 $\overline{x}_t$。见表 10-1 第 5 列和 6 列。

　　（2）计算各品种产量对邻近 CK 产量的百分比。对邻近 CK 的百分比 $= \dfrac{\text{某品种总产量}}{\text{邻近 CK 总产量}}$ $\times 100\%$（或 对邻近 CK 的百分比 $= \dfrac{\text{某品种平均产量}}{\text{邻近 CK 平均产量}} \times 100\%$）。

　　（3）根据计算结果，作出试验结果判断：对邻近 CK 百分比大于 $100\%$ 的品种，其相对生产力较高；一般大于 $110\%$ 的品种，其相对生产力显著增高。表 10-1 第 7 列结果表明，品种 $D$ 生产力较高，而品种 $B$ 和品种 $C$ 生产力达显著增高的水平。

**表 10-1　　　　　　　　玉米品比试验（对比法）产量结果分析**

| 品种名称 | 各重复小区产量/kg | | | 总和 $T_t$ | 平均数 $\overline{x}_t$ | 对邻近 CK 的百分比（%） |
| --- | --- | --- | --- | --- | --- | --- |
| | I | II | III | | | |
| CK | 37.0 | 36.5 | 35.5 | 109.0 | 36.3 | 100.0 |
| $A$ | 36.4 | 36.8 | 34.0 | 107.2 | 35.7 | 98.3 |
| $B$ | 38.0 | 37.0 | 34.5 | 109.5 | 36.5 | 119.3 |
| CK | 31.5 | 30.8 | 29.5 | 91.8 | 30.6 | 100.0 |
| $C$ | 36.5 | 35.0 | 31.0 | 102.5 | 34.2 | 111.7 |
| $D$ | 35.2 | 32.0 | 30.1 | 97.3 | 32.4 | 106.7 |
| CK | 30.6 | 32.9 | 27.7 | 91.2 | 30.4 | 100.0 |
| $E$ | 28.4 | 25.8 | 23.6 | 77.8 | 25.9 | 85.3 |
| $F$ | 30.6 | 29.7 | 28.3 | 88.6 | 29.5 | 90.4 |
| CK | 35.2 | 32.3 | 30.5 | 98.0 | 32.7 | 100.0 |

## 二、间比设计

### （一）设计方法

1. 间比设计的步骤

间比设计（interval contrast design）各重复区内，排列的第一个小区和末尾的小区一定是对照区（CK），每两对照区之间排列相同数目的处理小区，通常是 4 或 9 个，重复 2~4 次。各重复可排成一排或多排式。排成多排时，则可采用逆向式（图 10-2）或阶梯式。如果一长条状土地上不能安排整个重复的小区，则可在第二长条状土地上接下去，开始时还要设置对照区，称为额外对照（Ex. CK）如图 10-3 所示。

图 10-2　20 个处理 2 次重复间比排列（逆向式）

（Ⅰ、Ⅱ代表重复；1、2…代表品种；CK 代表对照）

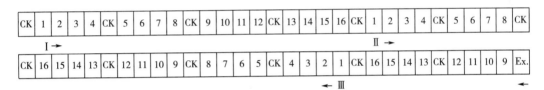

图 10-3　16 个处理 3 次重复间比排列

（Ⅰ、Ⅱ、Ⅲ代表重复；1、2…代表品种；CK 代表对照；Ex. 代表额外对照）

2. 间比设计的特点

间比设计与对比设计类似，均应用了重复和局部控制两个试验原则。由于每一处理均有相近对照作比较，仍能有效减少由土壤肥力差异所造成的误差。同时，间比设计相对于对比设计可以安排较多的试验处理，适宜在较多处理数时应用。

### （二）统计分析方法

【例 10-2】有 12 个小麦新品种鉴定试验，并设 CK 品种，采用 5 次重复间比设计，小区计产面积 70m²，每隔 4 个品系设一个 CK。产量结果列于表 10-2 所示，试作分析。

表 10-2　　　　　　　　　　小麦品种鉴定试验（间比设计）产量结果分析

| 品种 | 各重复小区产量/kg | | | | | 总和 $T_t$ | 平均数 $\bar{x}_t$ | 对照 $\overline{CK}$ | 相对 $\overline{CK}$ 的百分比/% |
| | Ⅰ | Ⅱ | Ⅲ | Ⅳ | Ⅴ | | | | |
|---|---|---|---|---|---|---|---|---|---|
| $CK_1$ | 35.9 | 40.5 | 28.2 | 31.9 | 29.0 | 165.5 | 33.1 | | |
| A | 37.1 | 39.4 | 34.0 | 36.9 | 35.8 | 183.1 | 36.6 | | 109.9 |
| B | 39.8 | 42.0 | 36.8 | 41.4 | 28.9 | 188.9 | 37.8 | 33.3 | 113.5 |
| C | 38.2 | 39.9 | 25.4 | 33.1 | 28.9 | 165.5 | 33.1 | | 99.4 |
| D | 37.3 | 43.2 | 39.1 | 34.9 | 34.0 | 188.5 | 37.7 | | 113.2 |

续表

| 品种 | 各重复小区产量/kg | | | | | 总和 $T_t$ | 平均数 $\bar{x}_t$ | 对照 $\overline{CK}$ | 相对 $\overline{CK}$ 的百分比/% |
|---|---|---|---|---|---|---|---|---|---|
| | I | II | III | IV | V | | | | |
| CK$_2$ | 33.0 | 42.1 | 29.0 | 34.6 | 28.8 | 167.5 | 33.5 | | |
| E | 38.0 | 40.2 | 34.5 | 39.8 | 37.5 | 190.0 | 38.0 | | 111.1 |
| F | 36.1 | 34.3 | 32.8 | 27.1 | 29.7 | 160.0 | 32.0 | | 93.6 |
| G | 37.8 | 36.3 | 41.3 | 34.2 | 39.9 | 189.0 | 37.8 | 34.2 | 110.5 |
| H | 34.0 | 39.1 | 27.3 | 34.7 | 28.9 | 164.0 | 32.8 | | 95.9 |
| CK$_3$ | 36.0 | 40.1 | 31.5 | 37.8 | 29.6 | 175.0 | 35.0 | | |
| I | 29.0 | 38.1 | 40.0 | 34.3 | 31.1 | 172.5 | 34.5 | | 102.4 |
| J | 36.3 | 36.0 | 38.2 | 39.1 | 37.4 | 187.0 | 37.4 | | 111.0 |
| K | 43.0 | 34.2 | 41.2 | 39.9 | 36.2 | 194.5 | 38.9 | 33.7 | 115.4 |
| L | 29.4 | 23.0 | 30.8 | 34.1 | 32.9 | 150.5 | 30.1 | | 89.3 |
| CK$_4$ | 35.2 | 38.7 | 27.4 | 32.5 | 28.2 | 162.0 | 32.4 | | |

（1）计算各品种（含 CK）5 次重复的总产量 $T_t$ 及平均产量 $\bar{x}_t$，见表 10-2 第 7 列和第 8 列。

（2）计算各段株系两侧 CK 产量的平均数 $\overline{CK}$，见表 10-2 第 9 列。

（3）计算各品种平均产量对于两侧 CK 产量平均数 $\overline{CK}$ 的百分比，见表 10-2 第 10 列。

（4）根据计算结果，作出试验结果判断：对 $\overline{CK}$ 的百分比大于 100% 的品种，其相对产量较高，一般大于 110% 显著增产。表 10-2 第 10 列结果表明，产量超过对照 10% 以上的品种有 K、B、D、E、J、G 6 个，其中 K 品系增产幅度最大，达 15.4%。

# 第三节　完全随机设计及其统计分析

与顺序排列试验设计相对应的是随机排列（random arrangement）试验设计，即将各处理随机排列在重复区内各个小区上的试验设计方法。随机排列试验设计由于采用了随机的试验原则可有效避免系统误差的产生，与重复原则相结合能无偏地估计试验误差，从而对试验结果进行精确统计分析。常用的随机排列试验设计有完全随机设计（completely random design）、随机区组设计（randomized block design）、拉丁方设计（Latin square design）和裂区设计（split plot design）等。

## 一、设计方法

### （一）完全随机设计的步骤

完全随机设计（completely random design）将各处理随机分配到各个试验单位中，每一处理的重复数可以相等也可以不相等。该设计保证每个试验单位都有相同机会接受任何一种处理，而不受试验人员主观倾向的影响，且试验单位的安排灵活机动，单因素或多因素试验皆可应用。处理数为 2 时的完全随机设计又称为成组设计（pooled design）或非配对设计（unpaired design）。

完全随机设计的实质是将供试试验单位随机分组。随机分组的方法有抽签法（lottery）和随机数字法（random digit）等。

【例 10-3】要检验某生长素 3 种剂量（A、B、C）对小麦苗高的效应，若用盆栽试验每盆小麦为一个单元，每处理用 4 盆（4 个重复），共 12 盆。问如何应用随机数字法进行随机设计。

（1）把每盆小麦进行随机编号 1，2，…，12，查随机数字表（附录附表 17）。如从第 3 行第 6 个数向下取 12 个随机数，各数除以 3，余数 0、1、2 分别表示 A、B、C 3 组，如表 10-3 所示。

（2）根据等分要求，从 A 组的 5 个盆中随机取 1 个到 B 组。如任取随机数字表第 5 行第 16 个数为 6，除以 5 余 1，A 组第 1 号（即 2 号盆），调入 B 组。

（3）则接受 A 处理的分别为 5 号、7 号、8 号、10 号盆，接受 B 处理的分别为 2 号、4 号、6 号、11 号盆，接受 C 处理的分别为 1 号、3 号、9 号、12 号盆。

**表 10-3**　　　　　　　　　　　　　　　　完全随机设计流程

| 盆号 | 1 | 2 | 3 | 4 | 5 | 6 | 7 | 8 | 9 | 10 | 11 | 12 |
|------|---|---|---|---|---|---|---|---|---|----|----|----|
| 随机数 | 56 | 96 | 38 | 49 | 57 | 16 | 78 | 99 | 44 | 84 | 82 | 50 |
| 余数 | 2 | 0 | 2 | 1 | 0 | 1 | 0 | 0 | 2 | 0 | 1 | 2 |
| 组别 | C | A | C | B | A | B | A | A | C | A | B | C |
| 组别调整 | C | B | C | B | A | B | A | A | C | A | B | C |

应用 DPS 系统也可完成例 10-3 随机分组功能，其具体操作过程为：将盆号 1~12 按列或行输入 DPS 表格；定义数据块，选择"试验设计"下拉菜单中的"完全随机分组"命令；于出现的对话框中，指定"试验样本数"为 12、"分组组数"为 3；点击"确定"即可得到将 12 个试验单位随机分为 3 组的结果。

**（二）完全随机设计的特点**

完全随机设计应用了重复和随机化两个原则，因此能使试验结果受非处理因素的影响基本一致，可得到无偏的误差估计值，真实反映出试验的处理效应。完全随机设计具有设计容易、重复数与处理数不受限制、统计分析方法较简单等优点。

完全随机设计由于没能应用局部控制的原则，非试验因素的影响被归入试验误差，试验误差较大，试验的精确性较低。因此，在生物科学、生物技术、畜牧以及食品等试验中，只有当试验初始条件比较一致时，才可采用完全随机设计。

## 二、统计分析方法

常用的完全随机设计主要有单因素完全随机设计（single factor completely random design）和两因素完全随机设计（two factor completely random design），其统计分析方法已经在第七章方差分析详细讲过。单因素完全随机设计试验结果的分析主要应用单因素试验资料的方差分析，但当试验处理数只有 2 个时，此时的单因素完全随机设计试验也称为成组设计，其试验结果的分析也可应用成组数据的 $t$ 检验进行；两因素完全随机设计试验结果的分析主要应用两因素试验资料的方差分析。

# 第四节　随机区组设计及其统计分析

## 一、设计方法

### （一）随机区组设计的步骤

随机区组设计（randomized block design）又称为随机单位组设计或配伍组设计，它是根据局部控制的原则，将诸如试验材料、田间土壤等依据其差异，划归为多个区组（单位组），每一区组内的试验单位数等于处理数，并将各区组的试验单位随机分配到各处理组。当处理数为 2 时随机区组设计又称为配对设计（paired design）。

【例 10-4】如何应用随机区组设计方法，分配 20 只小白鼠分别接受甲、乙、丙、丁 4 种抗癌药物？

（1）先将体重相近（尽量将非处理因素相近的分为一组）的 4 只小白鼠配成一个区组，并按顺序编号，共分为 5 个区组。见表 10-4。

（2）从随机数表（见附录附表 17）中任意取一点作为起点，并随机向某一方向连续取 20 个随机数。如从第 8 行第 8 个数向下取 20 个随机数，列于表 10-4 中。

（3）在每个区组内将随机数按大小排序；各区组中序号为 1 的接受甲药、序号为 2 的接受乙药、序号为 3 的接受丙药，序号为 4 的接受丁药。分配结果见表 10-4。

**表 10-4**　　　　　　　　　　　　　随机区组设计流程

| 区组号 | | 1 | | | | 2 | | | | 3 | | | | 4 | | | | 5 | | |
|---|---|---|---|---|---|---|---|---|---|---|---|---|---|---|---|---|---|---|---|---|
| 小白鼠 | 1 | 2 | 3 | 4 | 5 | 6 | 7 | 8 | 9 | 10 | 11 | 12 | 13 | 14 | 15 | 16 | 17 | 18 | 19 | 20 |
| 随机数 | 55 | 56 | 27 | 16 | 7 | 77 | 26 | 50 | 20 | 58 | 95 | 14 | 89 | 30 | 97 | 90 | 32 | 69 | 64 | 19 |
| 序号 | 2 | 1 | 3 | 4 | 4 | 1 | 3 | 2 | 3 | 2 | 1 | 4 | 2 | 4 | 1 | 3 | 3 | 1 | 2 | 4 |
| 设计结果 | 乙 | 甲 | 丙 | 丁 | 丁 | 甲 | 丙 | 乙 | 丙 | 乙 | 甲 | 丁 | 乙 | 丁 | 甲 | 丙 | 丙 | 甲 | 乙 | 丁 |

### （二）随机区组设计的特点

随机区组设计应用了随机、重复和局部控制 3 个原则，并根据局部控制的原则，要求同一区组内各试验单位尽可能一致，不同区组间的试验单位允许存在差异，但每一区组内试验单位的随机分组要独立进行，每种处理在一个区组内只能出现一次。即区组数等于重复数，一个区组安排为一个重复。

优点：①设计简单，容易掌握；②富于伸缩性，单因素、多因素以及综合性试验都能用；③能提供无偏的误差估计，降低误差；④田间试验时对试验地要求不严，必要时不同的区组可以分散设置在不同地段上。

缺点：①设计不允许处理数太多，一般不超过 20 个；②田间试验时只能在一个方向上控制土壤差异。

## 二、单因素随机区组设计试验资料的方差分析

### （一）单因素随机区组设计试验资料方差分析的原理

**1. 数据模式**

设单因素随机区组设计（randomized block design of one－factor）试验中，$A$ 因素有 $a$ 个水平，设置 $b$ 个重复（区组），试验结果共有 $ab$ 个观察值。其数据模式如表 10-5 所示。

**表 10-5　　　　　　　　　　单因素随机区组设计试验的数据模式**

| $A$ 因素 | $B$ 区组 | | | | 总和 $x_{i.}$ | 平均数 $\bar{x}_{i.}$ |
| --- | --- | --- | --- | --- | --- | --- |
| | $B_1$ | $B_2$ | $\cdots$ | $B_b$ | | |
| $A_1$ | $x_{11}$ | $x_{12}$ | $\cdots$ | $x_{1b}$ | $x_{1.}$ | $\bar{x}_{1.}$ |
| $A_2$ | $x_{21}$ | $x_{22}$ | $\cdots$ | $x_{2b}$ | $x_{2.}$ | $\bar{x}_{2.}$ |
| $\vdots$ | $\vdots$ | $\vdots$ | $\vdots$ | $\vdots$ | $\vdots$ | $\vdots$ |
| $A_a$ | $x_{a1}$ | $x_{a2}$ | | $x_{ab}$ | $x_{a.}$ | $\bar{x}_{a.}$ |
| 总和 $x_{.j}$ | $x_{.1}$ | $x_{.2}$ | $\cdots$ | $x_{.b}$ | $x_{..}$ | |
| 平均数 $\bar{x}_{.j}$ | $\bar{x}_{.1}$ | $\bar{x}_{.2}$ | $\cdots$ | $\bar{x}_{.b}$ | | $\bar{x}_{..}$ |

单因素随机区组设计试验资料（假定因素与区组间无互作）的数学模型为

$$x_{ij} = \mu + \alpha_i + \beta_j + \varepsilon_{ij} \quad (i=1, 2, \cdots, a; \quad j=1, 2, \cdots b) \tag{10-1}$$

式中　$\mu$——总体平均数；

$\alpha_i$——$A$ 因素的效应，当 $\alpha_i$ 为固定效应时有 $\sum\limits_{i=1}^{a}\alpha_i = 0$；

$\beta_j$——区组的效应，通常情况下 $\beta_j$ 为随机效应；

$\varepsilon_{ij}$——随机误差，相互独立，且服从 $N(0, \sigma^2)$。

**2. 平方和与自由度的分解**

根据数学模型，可将总变异分解为 $A$ 因素水平间变异、区组间变异和试验误差 3 部分。平方和与自由度均按此规律分解。则有

$$SS_T = SS_A + SS_B + SS_e \tag{10-2}$$

式中　$SS_T$——总平方和，$SS_T = \sum\limits_{i=1}^{a}\sum\limits_{j=1}^{b}(x_{ij} - \bar{x}_{..})^2 = \sum\limits_{i=1}^{a}\sum\limits_{j=1}^{b}x_{ij}^2 - C$，$C = x_{..}^2/ab$；

$SS_A$——$A$ 因素平方和，$SS_A = b\sum\limits_{i=1}^{a}(\bar{x}_{i.} - \bar{x}_{..})^2 = \dfrac{1}{b}\sum\limits_{i=1}^{a}x_{i.}^2 - C$；

$SS_B$——区组平方和，$SS_B = a\sum\limits_{j=1}^{b}(\bar{x}_{.j} - \bar{x}_{..})^2 = \dfrac{1}{a}\sum\limits_{j=1}^{b}x_{.j}^2 - C$；

$SS_e$——误差平方和，$SS_e = SS_T - SS_A - SS_B$。

$$df_T = df_A + df_B + df_e \tag{10-3}$$

式中　$df_T$——总自由度，$df_T = ab - 1$；

$df_A$——$A$ 因素自由度，$df_A = a - 1$；

$df_B$——区组自由度，$df_B = b-1$；

$df_e$——误差自由度，$df_e = df_T - df_A - df_B = (a-1)(b-1)$。

3. 列方差分析表，进行 $F$ 检验

在平方和与自由度分解的基础上，计算均方（方差）以及 $F$ 值，列方差分析表（表10-6）进行 $F$ 检验。

表 10-6                   单因素随机区组设计试验资料方差分析表

| 变异来源 | 平方和 | 自由度 | 均方 | $F$ 值 | $F_a$ |
|---|---|---|---|---|---|
| 因素（A） | $SS_A = \dfrac{1}{b}\sum\limits_{i=1}^{a} x_{i\cdot}^2 - C$ | $a-1$ | $MS_A$ | $MS_A/MS_e$ | $F_{a(a-1,(a-1)(b-1))}$ |
| 区组（B） | $SS_B = \dfrac{1}{a}\sum\limits_{j=1}^{b} x_{\cdot j}^2 - C$ | $b-1$ | $MS_B$ | $MS_B/MS_e$ | $F_{a(b-1,(a-1)(b-1))}$ |
| 误差 | $SS_e = SS_T - SS_A - SS_B$ | $(a-1)(b-1)$ | $MS_e$ | | |
| 总变异 | $SS_T = \sum\limits_{i=1}^{a}\sum\limits_{j=1}^{b} x_{ij}^2 - C$ | $ab-1$ | | | |

4. 多重比较

若经 $F$ 检验发现，$A$ 因素的效应达显著或极显著水平，此时需通过多重比较进一步检验因素水平均数之间差异的显著性。则平均数标准误 $S_{\bar{x}}$ 和平均数差数标准误 $S_{\bar{x}_{i\cdot}-\bar{x}_{j\cdot}}$ 分别为

$$S_{\bar{x}} = \sqrt{MS_e/b} \ , \ S_{\bar{x}_{i\cdot}-\bar{x}_{j\cdot}} = \sqrt{2MS_e/b} \tag{10-4}$$

对于随机区组试验来说，若经 $F$ 检验发现，区组达显著或极显著水平，说明非试验因素差异确实存在，并且把区组间的差异从误差中分离了出来，从而显著地降低试验误差，提高试验的精确性，但无需进行多重比较；如果区组间未达显著水平，说明试验条件更均衡些，非试验因素对试验结果的影响更小些。

**（二）单因素随机区组试验资料方差分析的应用**

1. EXCEL 分析

在 EXCEL 中对单因素随机区组试验资料的方差分析，可使用"方差分析：无重复两因素分析"命令。具体步骤为：打开 EXCEL→输入相关数据→"工具"→"数据分析"→"方差分析"→"方差分析：无重复双因素分析"。

【例 10-5】对 8 窝小白鼠，每窝各取同体重的 3 只，分别喂甲、乙、丙 3 种不同的营养素，3 周后体重增加量结果（单位：g）如表 10-7 所示。应用 EXCEL 分析 3 种不同营养素的体重增加量是否不同。

表 10-7                   小白鼠体重增加量测定结果             单位：g

| 处理组 | 区组 | | | | | | | |
|---|---|---|---|---|---|---|---|---|
| | 1 | 2 | 3 | 4 | 5 | 6 | 7 | 8 |
| 甲 | 50.10 | 47.80 | 53.10 | 63.50 | 71.20 | 41.40 | 61.90 | 42.20 |

续表

| 处理组 | 区组 | | | | | | | |
|---|---|---|---|---|---|---|---|---|
| | 1 | 2 | 3 | 4 | 5 | 6 | 7 | 8 |
| 乙 | 58.20 | 48.50 | 53.80 | 64.20 | 68.40 | 45.70 | 53.00 | 39.80 |
| 丙 | 64.50 | 62.40 | 58.60 | 72.50 | 79.30 | 38.40 | 51.20 | 46.20 |

（1）打开工作表，输入表 10-7 中的数据，在菜单中选取"数据"→"数据分析"→"方差分析：无重复双因素分析"，打开"方差分析：无重复双因素分析"对话框。

（2）在对话框中，根据要求选定各参数，特别注意在"输入区域"中输入所有处理数据的行和列的范围，选择"标志"（注意选择数据区域时需把行与列的标题都选上，且只能选一行和一列）。

（3）确定后输出无重复双因素方差分析结果，见表 10-8。

表 10-8　　　　　　　　　小白鼠体重增量试验资料方差分析表

| 变异来源 | 平方和 | 自由度 | 均方 | $F$ 值 | $P$ 值 | $F_{0.05}$ |
|---|---|---|---|---|---|---|
| 处理 | 144.9175 | 2 | 72.4588 | 2.97884 | 0.083584 | 3.738892 |
| 区组 | 2376.3760 | 7 | 339.4823 | 13.95642 | 2.46E−05 | 2.764199 |
| 误差 | 340.5425 | 14 | 24.3245 | | | |
| 总变异 | 2861.8360 | 23 | | | | |

表 10-8 方差分析结果表明，处理间的 $P_{处理}=0.0836>0.05$，因此 3 种不同营养素的体重增量无显著差异；但区组间的 $P_{区组}=2.46\text{E}-05<0.01$，表明各窝之间体重存在极显著差异，但由于区组因素为非试验因素，因此不需要进行多重比较。

2. DPS 分析

在 DPS 系统中，单因素试验资料方差分析数据可按表 7-5 格式编辑整理；定义数据块后，进入主菜单选择"试验统计"→"随机区组设计"→"单因素试验统计分析"；按回车键执行当选功能时，系统将提示用户选择数据转换方式，如直接回车表示不转换；选择适当数据转换方式并回车后系统将立即给出分析结果。

【例 10-6】应用 DPS 系统分析表 10-7 用甲、乙、丙 3 种不同的营养素饲喂小白鼠的试验资料，检验 3 种不同营养素的增量效果是否不同。

（1）在 DPS 电子表格逐行输入数据，建立"小白鼠饲喂试验.DPS"文件，定义数据块。

（2）选择"试验统计"菜单下的"方差齐性测验"命令，不转换数据，输出"Bartlett 卡方检验"结果。由于 $P=0.6424>0.05$，可认为该资料具备方差齐性。

（3）再次定义数据块，选择"试验统计"→"随机区组设计"→"单因素试验统计分析"，并在参数设计中选定"不转换"→"Duncan 新复极差法"→"各处理名称：第一列"，确定后即可输出方差分析结果。

**表 10-9**                                 **小白鼠体重增量试验资料方差分析表**

| 变异来源 | 平方和 | 自由度 | 均方 | $F$ 值 | $P$ 值 |
|---|---|---|---|---|---|
| 区组间 | 2376.3761 | 7 | 339.4823 | 13.956 | 0.0000 |
| 处理间 | 144.9176 | 2 | 72.4588 | 2.979 | 0.0836 |
| 误　差 | 340.5426 | 14 | 24.3245 | | |
| 总变异 | 2861.8362 | 23 | | | |

表 10-9 方差分析结果表明，$F_{区组}=13.956$、$P_{区组}=0.0000<0.01$，区组间存在显著差异；$F_{处理}=2.9790$、$P_{处理}=0.0836>0.05$，3 种营养素的增量效果无统计学意义。因此，虽分离出了窝间差异，但 3 种营养素的体重增重量效果是一致的。

## 三、双因素随机区组设计试验资料的方差分析

### （一）双因素随机区组设计试验资料方差分析的原理

#### 1. 数学模型

设试验有 $A$ 和 $B$ 两个试验因素，分别具 $a$ 和 $b$ 个水平，共有 $ab$ 个处理组合（即试验处理），采用随机区组设计，设置 $r$ 次重复（区组），则试验结果共有 $abr$ 个观察值。其数据模式与有重复观测值的两因素试验（表 7-14）相似，但需要注意区组的设置以及区组平方和的求解。

两因素随机区组设计试验资料的数学模型（假设处理与区组间不存在交互作用）为：

$$x_{ijl} = \mu + \alpha_i + \beta_j + (\alpha\beta)_{ij} + \delta_l + \varepsilon_{ijl} \quad (i = 1, 2, \cdots, a; j = 1, 2, \cdots, b; l = 1, 2, \cdots, r)$$

(10-5)

式中　$\mu$ ——总平均数；

　　　$\alpha_i$ —— $A_i$ 的效应，当 $\alpha_i$ 为固定效应时有 $\sum\limits_{i=1}^{n} \alpha_i = 0$；

　　　$\beta_j$ —— $B_j$ 的效应，当 $\beta_j$ 为固定效应时有 $\sum\limits_{j=1}^{b} \beta_j = 0$；

　　　$(\alpha\beta)_{ij}$ —— $A_i$ 与 $B_j$ 的互作效应，当 $\alpha_i$、$\beta_j$ 均为固定效应时 $\sum\limits_{i=1}^{n} (\alpha\beta)_{ij} = \sum\limits_{j=1}^{b} (\alpha\beta)_{ij} = \sum\limits_{i=1}^{a} \sum\limits_{j=1}^{b} (\alpha\beta)_{ij} = 0$；

　　　$\delta_l$ ——区组效应，一般情况下 $\delta_l$ 为随机效应；

　　　$\varepsilon_{ijl}$ ——随机误差，相互独立，且都服从 $N(0, \sigma^2)$。

#### 2. 平方和与自由度的分解

（1）根据双因素随机区组设计试验资料的数学模型，方差分析平方和的分解式为

$$SS_T = SS_t + SS_r + SS_e = SS_A + SS_B + SS_{AB} + SS_r + SS_e$$

(10-6)

式中　$SS_T$ ——总平方和，$SS_T = \sum \sum \sum x_{ijl}^2 - C$，$C = x_{\cdots}^2/abr$；

　　　$SS_t$ ——水平组合平方和，$SS_t = \dfrac{1}{r} \sum \sum x_{ij\cdot}^2 - C$；

$SS_r$——区组平方和，$SS_r = \dfrac{1}{ab}\sum x_{..l}^2 - C$；

$SS_A$——$A$ 因素平方和，$SS_A = \dfrac{1}{br}\sum x_{i..}^2 - C$；

$SS_B$——$B$ 因素平方和，$SS_B = \dfrac{1}{ar}\sum x_{.j.}^2 - C$；

$SS_{A\times B}$——$A$ 因素与 $B$ 因素交互作用平方和，$SS_{A\times B} = SS_t - SS_A - SS_B$

$SS_e$——误差平方和，$SS_e = SS_T - SS_t - SS_r$

（2）根据双因素随机区组设计试验资料的数学模型，方差分析自由度的分解式为

$$df_T = df_t + df_r + df_e = df_A + df_B + df_{A\times B} + df_r + df_e \tag{10-7}$$

式中　$df_T$——总自由度，$df_T = abr - 1$；

$df_t$——$A$ 与 $B$ 水平组合间的自由度（即处理自由度），$df_t = ab - 1$；

$df_r$——区组自由度，$df_r = r - 1$

$df_A$——$A$ 因素自由度，$df_A = a - 1$；

$df_B$——$B$ 因素自由度，$df_B = b - 1$；

$df_{A\times B}$——$A$ 与 $B$ 交互作用自由度，$df_{A\times B} = (a-1)(b-1)$；

$df_e$——误差自由度，$df_e = (ab-1)(r-1)$。

3. 列方差分析表，进行 $F$ 检验

在平方和与自由度分解的基础上，计算均方（方差）以及 $F$ 值，列方差分析表（表 10-10）进行 $F$ 检验。

表 10-10　　　　　　　　双因素随机区组设计试验资料方差分析表

| 变异来源 | 平方和 | 自由度 | 均方 | $F$ 值 固定模型 | 随机模型 | 混合模型（$A$ 固定，$B$ 随机） |
|---|---|---|---|---|---|---|
| 区组 | $SS_r = \dfrac{1}{ab}\sum x_{..l}^2 - C$ | $r-1$ | $MS_r$ | $MS_r/MS_e$ | $MS_r/MS_e$ | $MS_r/MS_e$ |
| $A$ 因素 | $SS_A = \dfrac{1}{br}\sum x_{i..}^2 - C$ | $a-1$ | $MS_A$ | $MS_A/MS_e$ | $MS_A/MS_{A\times B}$ | $MS_A/MS_{A\times B}$ |
| $B$ 因素 | $SS_B = \dfrac{1}{ar}\sum x_{.j.}^2 - C$ | $b-1$ | $MS_B$ | $MS_B/MS_e$ | $MS_B/MS_{A\times B}$ | $MS_B/MS_e$ |
| $A\times B$ | $SS_{A\times B} = SS_t - SS_A - SS_B$ | $(a-1)(b-1)$ | $MS_{A\times B}$ | $MS_{A\times B}/MS_e$ | $MS_{A\times B}/MS_e$ | $MS_{A\times B}/MS_e$ |
| 误差 | $SS_e = SS_T - SS_t - SS_r$ | $(ab-1)(r-1)$ | $MS_e$ | | | |
| 总变异 | $SS_T = \sum\sum\sum x_{ijl}^2 - C$ | $abr-1$ | | | | |

4. 多重比较

双因素随机区组设计试验结果的多重比较方法，与双因素有重复观测值试验资料的分析方法基本一致。此处不再赘述。

### （二）双因素随机区组设计试验资料方差分析的应用

#### 1. DPS 分析

数据资料 DPS 编辑处理格式和方法与两因素分组完全随机设计有重复观测值资料类似，数据编辑格式见表 7-18，只需把重复换成区组。

【**例 10-7**】把 10 只家兔按体重配伍为 5 组，处理 1 注射抗毒素，处理 2 注射生理盐水。每只家兔取甲、乙两部位分别以高、低两种浓度注射，测定皮肤损伤直径范围，如表 10-11 所示。分析不同注射物以及不同浓度对家兔皮肤损伤的影响。

**表 10-11**　　　　不同注射物与不同浓度对家兔皮肤损伤试验测定结果　　　　单位：mm

| 处理 | | 区组 | | | | |
|---|---|---|---|---|---|---|
| | | 1 | 2 | 3 | 4 | 5 |
| 抗毒素（A） | 低浓度 | 15.75 | 15.50 | 15.50 | 17.00 | 16.50 |
| | 高浓度 | 19.00 | 20.75 | 18.50 | 20.50 | 20.00 |
| 生理盐水（B） | 低浓度 | 18.25 | 18.50 | 19.75 | 21.50 | 20.75 |
| | 高浓度 | 22.25 | 21.50 | 23.50 | 24.75 | 23.75 |

（1）在 DPS 电子表格按表 10-11 格式输入数据，建立"家兔皮肤损伤试验 . DPS"文件；定义数据块，选择"试验统计"→"方差齐性检验"命令，输入"0"不转换。Bartlett 卡方检验结果为 $P = 0.5508 > 0.05$，可认为该资料具备方差齐性。

（2）重新定义数据块，选择随机区组设计下拉菜单的"二因素试验统计分析"命令，指定"处理 A"为 2、"处理 B"为 2；"数据转换方法"为"不转换"；"多重比较方法"选择"Duncan 新复极差法"，确定后可输出方差分析及多重比较结果，见表 10-12～表 10-14。

**表 10-12**　　　　家兔皮肤损试验资料方差分析表（固定模型）

| 变异来源 | 平方和 | 自由度 | 均方 | $F$ 值 | $P$ 值 |
|---|---|---|---|---|---|
| 区组 | 12.7000 | 4 | 3.1750 | 5.2192 | 0.0114 |
| 抗毒素（A） | 63.0125 | 1 | 63.0125 | 103.5822 | 0.0001 |
| 生理盐水（B） | 63.0125 | 1 | 63.0125 | 103.5822 | 0.0001 |
| $A \times B$ | 0.1125 | 1 | 0.1125 | 0.1849 | 0.6748 |
| 误差 | 7.3000 | 12 | 0.6083 | | |
| 总变异 | 146.1375 | 19 | | | |

**表 10-13**　　不同注射物与不同浓度对家兔皮肤损伤平均数多重比较表（Duncan 法）

| 抗生素（A）平均数多重比较 | | | | 生理盐水（B）平均数多重比较 | | | |
|---|---|---|---|---|---|---|---|
| 抗毒素 | 平均数 | 5% 显著水平 | 1% 极显著水平 | 生理盐水 | 平均数 | 5% 显著水平 | 1% 极显著水平 |
| $A_2$ | 21.45 | a | A | $B_2$ | 21.45 | a | A |
| $A_1$ | 17.90 | b | B | $B_1$ | 17.90 | b | B |

表 10-14　　　　　家兔皮肤损伤试验水平组合平均数多重比较表（Duncan 法）

| 处理（水平组合） | 平均数 | 5%显著水平 | 1%极显著水平 |
|---|---|---|---|
| $A_2B_2$ | 23.15 | $a$ | $A$ |
| $A_2B_1$ | 19.75 | $b$ | $B$ |
| $A_1B_2$ | 19.75 | $b$ | $B$ |
| $A_1B_1$ | 16.05 | $c$ | $C$ |

由题意可知，本题为固定模型。由表 10-12 方差分析结果可知，$F_{区组}=5.2192$、$P_{区组}=0.0114<0.05$，表明区组的设置分离出了非试验因素的影响，有效降低了试验误差；$F_A=103.5822$、$P_A=0.0001<0.01$，表明不同注射物对皮肤的损伤有统计学意义；$F_B=103.5822$、$P_B=0.0001<0.01$，表明不同注射浓度对皮肤的损伤有统计学意义；$F_{A×B}=0.1849$、$P_{A×B}=0.6748>0.05$，表明注射物与浓度间不存在互作，在最佳组合的选择中可由主效应的检验结果确定。

表 10-13 抗毒素（$A$）和生理盐水（$B$）主效应多重比较结果表明，试验的最佳组合为 $A_1B_1$（即注射低浓度的抗毒素和低浓度的生理盐水）。

表 10-14 $A$ 因素与 $B$ 因素水平组合间多重比较，与主效应的检验结果一致，即试验的最佳组合为 $A_1B_1$。本例由于 $A$ 因素和 $B$ 因素均为 2 水平因素，且不存在互作效应。因此，可不进行多重比较，直接取两因素的最低水平组成最佳组合。

2. SPSS 分析

【例 10-8】以玉米品种（$A$）与施肥量（$B$）为试验因素进行田间试验。因素 $A$ 有 4 水平（$a=4$），因素 $B$ 有 2 水平（$b=2$），设 3 次重复，随机区组设计。小区计产面积 $20m^2$，试验结果见表 10-15。试利用 SPSS 系统对田间试验结果进行方差分析。

表 10-15　　　　　　　玉米品种与施肥量两因素随机区组试验结果　　　　　单位：$kg/20m^2$

| 水平组合 | | 区组 | | |
|---|---|---|---|---|
| | | Ⅰ | Ⅱ | Ⅲ |
| $A_1$ | $B_1$ | 12 | 13 | 13 |
| | $B_2$ | 11 | 10 | 13 |
| $A_2$ | $B_1$ | 19 | 16 | 12 |
| | $B_2$ | 20 | 19 | 17 |
| $A_3$ | $B_1$ | 19 | 18 | 16 |
| | $B_2$ | 10 | 8 | 7 |
| $A_4$ | $B_1$ | 17 | 16 | 15 |
| | $B_2$ | 11 | 9 | 8 |

（1）建立"玉米品种施肥试验.SAV"文件；在"变量视图"中建立变量"品种"表示品种各水平，"施肥"表示施肥量各水平，"区组"表示各区组编号，"产量"表示小区产量结果；在"数据视图"中相应变量下分别输入表10-15中的相应数据。

（2）单击"分析"→"一般线性模型"→"单变量"，打开"单变量"主对话框，参考图7-6；将"产量"移入"因变量"框，将"品种"、"施肥"移入"固定因子"框；将"区组"移入"随机因子"框。

（3）单击"模型"按钮，打开"模型"对话框，参考图7-7；指定模型为"定制"。将"区组"、"品种"、"施肥"以及"品种 * 施肥"分别移入"模型"对话框中；平方和类型选取默认项"类型Ⅲ"。

（4）返回主对话框，单击"事后多重比较"，弹出对话框；从"因子"框中选择因素变量（本例中的"品种"、"施肥"）进入"事后检验"框，选择"Student-Newman-Keuls"和"Duncan"两种多重比较方法。返回主对话框确定后输出分析结果，见表10-16～表10-18。

表 10-16　　　　　　玉米品种与施肥量两因素随机区组试验资料方差分析表

| 来源 | 平方和 | 自由度 | 均方 | $F$ 值 | $P$ 值 |
|---|---|---|---|---|---|
| 修正的模型 | 332.625 | 9 | 36.958 | 17.058 | 0.000 |
| 截距 | 4510.042 | 1 | 4510.042 | 2081.558 | 0.000 |
| 品种（$A$） | 98.792 | 3 | 32.931 | 15.199 | 0.000 |
| 施肥量（$B$） | 77.042 | 1 | 77.042 | 35.558 | 0.000 |
| 区组 | 20.333 | 2 | 10.167 | 4.692 | 0.028 |
| $A \times B$ | 136.458 | 3 | 45.486 | 20.994 | 0.000 |
| 误差 | 30.333 | 14 | 2.167 | | |
| 总变异 | 4873.000 | 24 | | | |
| 校正后总变异 | 362.958 | 23 | | | |

表 10-17　　　　　　　　不同玉米品种产量平均数多重比较表

| 多重比较方法 | 品种 | 样本容量 | 子集 | |
|---|---|---|---|---|
| | | | 1 | 2 |
| Student-Newman-Keuls | $A_1$ | 6 | 12.0000 | |
| | $A_4$ | 6 | 12.6667 | |
| | $A_3$ | 6 | 13.0000 | |
| | $A_2$ | 6 | | 17.1667 |
| | $P$ 值 | | 0.486 | 1.000 |

续表

| 多重比较方法 | 品种 | 样本容量 | 子集 | |
|---|---|---|---|---|
| | | | 1 | 2 |
| Duncan | $A_1$ | 6 | 12.0000 | |
| | $A_4$ | 6 | 12.6667 | |
| | $A_3$ | 6 | 13.0000 | |
| | $A_2$ | 6 | | 17.1667 |
| | $P$ 值 | | 0.283 | 1.000 |

表 10-18　玉米品种与施肥量两因素随机区组试验水平组合平均数多重比较表（LSD 法）

| 处理（水平组合） | 平均数 | 显著水平 | |
|---|---|---|---|
| | | 0.05 | 0.01 |
| $A_2B_2$ | 18.67 | $a$ | $A$ |
| $A_3B_1$ | 17.67 | $ab$ | $A$ |
| $A_1B_1$ | 16.00 | $ab$ | $AB$ |
| $A_2B_1$ | 15.67 | $b$ | $AB$ |
| $A_1B_1$ | 12.67 | $c$ | $BC$ |
| $A_1B_2$ | 11.33 | $cd$ | $CD$ |
| $A_4B_2$ | 9.33 | $de$ | $CD$ |
| $A_3B_2$ | 8.33 | $e$ | $D$ |

表 10-16 方差分析结果表明，品种（$A$）、施肥量（$B$）及两因素间的互作均存在极显著效应，需要进行处理间的多重比较。$A$ 因素各水平间的多重比较结果见表 10-7。

表 10-17 不同玉米品种产量平均数多重比较结果表明，"Student-Newman-Keuls"和"Duncan"结果一致，均表明 $A_2$ 显著好于 $A_1$、$A_4$、$A_3$，$A_1$、$A_4$、$A_3$ 间无显著差异。由于 $B$ 因素仅有 2 个水平，且 $B$ 因素达显著水平，则表明对应产量更高的 $B_1$ 极显著优于 $B_2$。若 $A$ 与 $B$ 间的互作不显著，则最优试验组合应为 $A_2B_1$。

本例 $A$ 因素与 $B$ 因素的互作达极显著水平，需进行两因素水平组合均数的多重比较。由于处理数较多，采用 LSD 法。水平组合平均数差数标准误为 $S_{x_{ij.}-x_{i'j'.}} = \sqrt{2MS_e/n} = \sqrt{2\times2.167/3} = 1.20$，则查表计算得到检验标准值为：$LSD_{0.05} = 2.145\times1.20 = 2.574$，$LSD_{0.01} = 2.977\times1.20 = 3.5964$。水平组合平均数的多重比较结果见表 10-18。

表 10-18 两因素水平组合多重比较结果表明，水平组合 $A_2B_2$、$A_3B_1$、$A_1B_1$ 产量水平最高，且差异不显著，从统计学角度考虑，它们之间的差异是由误差造成的。因此，水平组合 $A_2B_2$、$A_3B_1$、$A_1B_1$ 是本次试验优选的最佳水平组合。

# 第五节　拉丁方设计及其统计分析

## 一、设计方法

### （一）拉丁方设计的步骤

拉丁方设计（latin square design）是从横行和直列两个方向对试验环境进行局部控制，每个横行和每个直列均构成为一个区组，在每一区组内独立且随机地安排全部处理的试验设计。拉丁方设计中每一处理在每一直列或横行都只出现一次。所以，拉丁方设计的处理数、重复数、直列数、横行数均相同。拉丁方设计具有从横行和直列双向控制非试验因素影响的作用，因而可有效提高试验的精确度。

第一直列和第一横行均为顺序排列的拉丁方称标准拉丁方（standard latin square），见表 10-19。进行拉丁方设计时，首先应根据处理数 $k$ 从标准拉丁方表中选定一个 $k \times k$ 的标准拉丁方，然后对标准拉丁方进行横行、直列及处理的随机排列。

**表 10-19**　　　　　　　　　（4×4）～（8×8）标准拉丁方

| 4×4 | | | | | | | | | | | | | | | |
|---|---|---|---|---|---|---|---|---|---|---|---|---|---|---|---|
| (1) | | | | (2) | | | | (3) | | | | (4) | | | |
| A | B | C | D | A | B | C | D | A | B | C | D | A | B | C | D |
| B | A | D | C | B | C | D | A | B | D | A | C | B | A | D | C |
| C | D | B | A | C | D | A | B | C | A | D | B | C | D | A | B |
| D | C | A | B | D | A | B | C | D | C | B | A | D | C | B | A |

| 5×5 | | | | | 6×6 | | | | | |
|---|---|---|---|---|---|---|---|---|---|---|
| A | B | C | D | E | A | B | C | D | E | F |
| B | A | E | C | D | B | F | D | C | A | E |
| C | D | A | E | B | C | D | E | F | B | A |
| D | E | B | A | C | D | A | F | E | C | B |
| E | C | D | B | A | E | C | A | B | F | D |
| | | | | | F | E | B | A | D | C |

| 7×7 | | | | | | | 8×8 | | | | | | | |
|---|---|---|---|---|---|---|---|---|---|---|---|---|---|---|
| A | B | C | D | E | F | G | A | B | C | D | E | F | G | H |
| B | C | D | E | F | G | A | B | C | D | E | F | G | H | A |
| C | D | E | F | G | A | B | C | D | E | F | G | H | A | B |
| D | E | F | G | A | B | C | D | E | F | G | H | A | B | C |
| E | F | G | A | B | C | D | E | F | G | H | A | B | C | D |
| F | G | A | B | C | D | E | F | G | H | A | B | C | D | E |
| G | A | B | C | D | E | F | G | H | A | B | C | D | E | F |
| | | | | | | | H | A | B | C | D | E | F | G |

**【例 10-9】** 设 5 个小麦品种，分别用 1、2、3、4、5 表示，拟用拉丁方设计进行田间品种比较试验。

（1）选择标准拉丁方，选择表 10-19 中的 5×5 标准拉丁方。

（2）直列随机排列，抽签法得随机数字 1、4、5、3、2，即为直列的随机。

（3）横行随机排列，抽签法得随机数字 5、1、2、4、3，即为横行的随机。

（4）处理随机排列，抽签法得随机数字 2、5、4、1、3，即为品种随机，具体排列设计见图 10-4。

| 1.选择标准方 | 2.按随机数字<br>1 4 5 3 2<br>调整直列 | 3.按随机数字<br>5 1 2 4 3<br>调整横行 | 4.按随机数字<br>2=A，5=B，4=C<br>1=D，3=E，排列品种 |
|---|---|---|---|
| A B C D E | A D E C B | E B A D C | 3 5 2 1 4 |
| B A E C D | B C D E A | A D E C B | 2 1 3 4 5 |
| C D A E B | C E B A D | B C D E A | 5 4 1 3 2 |
| D E B A C | D A C B E | D A C B E | 1 2 4 5 3 |
| E C D B A | E B A D C | C E B A D | 4 3 5 2 1 |

图 10-4 5×5 拉丁方的随机设计过程图

（5）在试验地按要求双向划分区组，按图 10-4 设计方案实施田间试验。

应用 DPS 进行拉丁方设计操作过程如下：点击"试验设计"→"拉丁方设计"，在出现的"试验处理个数"对话框中输入 5，确定后即可输出试验方案。

**（二）拉丁方设计的特点**

拉丁方设计采用随机、重复和局部控制 3 种试验原则，横行和直列均设置有区组，有效地从两个方向消除试验环境的影响，试验精确度高。拉丁方设计的处理数、重复数、直列数、横行数均相同。

拉丁方设计横行区组、直列区组数、试验处理数与试验重复数均必须相等，所以处理数受到一定限制，一般常用于 5～7 个试验处理的试验。由于横行和直列均设有区组，因此田间布置时不能将横行区组和直列区组分开设置，需要试验地完整。

## 二、统计分析方法

**（一）拉丁方设计试验方差分析原理**

1. 数学模型

拉丁方设计试验结果的分析是将两个区组因素与试验因素一起，按 3 因素试验单独观测值的方差分析法进行，但应假定 3 个因素之间不存在交互作用。设某拉丁方设计试验，$A$ 因素有 $k$ 个水平、$k$ 个横向区组和 $k$ 个直列区组，则共有 $k^2$ 个观测值。则第 $i$ 个横行区组、第 $j$ 个直列区组交叉处的第 $t$ 个处理的观测值 $x_{ij(t)}$ 可表达为

$$x_{ij(t)} = \mu + \alpha_i + \beta_j + \gamma_{(t)} + \varepsilon_{ij(t)} \quad (i=j=t=1, 2, \cdots, k) \tag{10-8}$$

式中 $\mu$——总平均数；

$\alpha_i$——第 $i$ 横行区组效应；

$\beta_j$ —— 第 $j$ 直列区组效应；

$\gamma_{(t)}$ —— 第 $t$ 处理效应，$t$ 不是独立的下标，因为 $i$、$j$ 一经确定，$t$ 亦随之确定；

$\varepsilon_{ij(t)}$ —— 随机误差，相互独立且服从 $N$（$0$，$\sigma^2$）。

2. 平方和与自由度的分解

根据拉丁方设计的数学模型，其平方和与自由度的剖分式为

$$SS_T = SS_A + SS_B + SS_t + SS_e \qquad df_T = df_A + df_B + df_t + df_e \qquad (10\text{-}9)$$

式中　$SS_T$ —— 总平方和，$SS_T = \sum\limits_{i=1}^{k}\sum\limits_{j=1}^{k} x_{ij(t)}^2 - C$，$C = x_{...}^2/k^2$，对应总自由度 $df_T = k^2 - 1$；

$SS_A$ —— 横行区组平方和，$SS_A = \dfrac{1}{k}\sum\limits_{i=1}^{k} x_{i.}^2 - C$，对应横行区组自由度 $df_A = k - 1$；

$SS_B$ —— 直列区组平方和，$SS_B = \dfrac{1}{k}\sum\limits_{j=1}^{k} x_{.j}^2 - C$，对应直列区组自由度 $df_B = k - 1$；

$SS_t$ —— 处理平方和，$SS_t = \dfrac{1}{k}\sum\limits_{t=1}^{k} x_{t.}^2 - C$，对应处理自由度 $df_t = k - 1$；

$SS_e$ —— 误差平方和，$SS_e = SS_T - SS_A - SS_B - SS_t$，对应误差自由度 $df_e = (k-1)(k-2)$。

3. 列方差分析表，进行 $F$ 检验

拉丁方设计试验资料方差分析表见表 10-20。

**表 10-20　　　　　　　　　　拉丁方设计试验资料方差分析表**

| 变异来源 | 平方和 | 自由度 | 均方 | F 值 | $F_a$ |
|---|---|---|---|---|---|
| 横行区组 | $\dfrac{1}{k}\sum\limits_{i=1}^{k} x_{i.}^2 - C$ | $k-1$ | $MS_A$ | $MS_A/MS_e$ | |
| 直列区组 | $\dfrac{1}{k}\sum\limits_{j=1}^{k} x_{.j}^2 - C$ | $k-1$ | $MS_B$ | $MS_B/MS_e$ | |
| 处理 | $\dfrac{1}{k}\sum\limits_{t=1}^{k} x_{t.}^2 - C$ | $k-1$ | $MS_t$ | $MS_t/MS_e$ | $F_{a[k-1,(k-1)(k-2)]}$ |
| 误差 | $SS_T - SS_A - SS_B - SS_t$ | $(k-1)(k-2)$ | $MS_e$ | | |
| 总变异 | $SS_T = \sum\limits_{i=1}^{k}\sum\limits_{j=1}^{k} x_{ij(t)}^2 - C$ | $k^2-1$ | | | |

4. 多重比较

拉丁方设计试验资料的多重比较方法与单因素试验资料应用方法基本一致。

**（二）DPS 分析**

应用 DPS 数据处理系统进行拉丁方试验设计结果分析时，只需要将试验结果直接输入到试验方案中各个处理的英文字母代号后面，然后将数据定义成数据块，最后选择并执行拉丁方分析功能项。

【例 10-10】为了研究 5 种不同温度对蛋鸡产蛋量的影响，将 5 栋鸡舍的温度设为 $A$、$B$、$C$、$D$、$E$，把各栋鸡舍的鸡群的产蛋期分为 5 期。由于各鸡群和产蛋期的不同对产蛋

量有较大的影响，因此采用拉丁方设计，把鸡群和产蛋期作为区组设置，以便控制这两个方面的系统误差。试验结果如表10-21所示，试分析温度对蛋鸡产蛋量的影响。

**表10-21　　　　　　　5种不同温度对母鸡产蛋量影响试验结果　　　　　　单位：个**

| 产蛋期 | 鸡　群 | | | | |
| --- | --- | --- | --- | --- | --- |
| | 一 | 二 | 三 | 四 | 五 |
| I | D23 | E21 | A24 | B21 | C19 |
| II | A22 | C20 | E20 | D21 | B22 |
| III | E20 | A25 | B26 | C22 | D23 |
| IV | B25 | D22 | C25 | E21 | A23 |
| V | C19 | B20 | D24 | A22 | E19 |

（1）打开DPS电子表格，以表10-21所示格式输入试验数据，建立"母鸡产蛋量试验.DPS"文件；定义数据块（选择英文字母数值混合区）。

（2）在菜单方式下选择"试验统计"→"拉丁方试验设计"→多重比较方法选择"SNK法"。确定后输出分析结果，见表10-22和表10-23。

**表10-22　　　　　　　　母鸡产蛋量拉丁方试验资料方差分析表**

| 变异来源 | 平方和 | 自由度 | 均方 | F 值 | P 值 |
| --- | --- | --- | --- | --- | --- |
| 鸡群 | 22.16 | 4 | 5.54 | 3.6770 | 0.0354 |
| 产蛋期 | 27.36 | 4 | 6.84 | 4.5398 | 0.0183 |
| 温度 | 33.36 | 4 | 8.34 | 5.5354 | 0.0092 |
| 误差 | 18.08 | 12 | 1.51 | | |
| 总变异 | 100.96 | 24 | | | |

**表10-23　　　　　　　不同温度产蛋量平均数多重比较表（SNK法）**

| 温度 | 平均数 | 5%显著水平 | 1%极显著水平 |
| --- | --- | --- | --- |
| A | 23.2 | a | A |
| B | 22.8 | a | A |
| D | 22.6 | a | A |
| C | 21.0 | ab | A |
| E | 20.2 | b | A |

表10-22方差分析结果表明，$P_{纵列}$及$P_{横行}$均小于0.05，说明横行和直列显著消除了这两个区组所产生的系统误差对试验的影响，但由于是非试验因素，因此无需进行区组间的多重比较。而$P_{处理}=0.0092<0.01$，说明温度对产蛋量有极显著的影响，需要进行处理间的多重比较。

表 10-23 不同温度产蛋量平均数多重比较结果表明，温度 $A$、温度 $B$ 和温度 $D$ 平均产蛋量无显著差异，但均显著高于温度 $E$。

**（三）SPSS 分析**

【例 10-11】有一个冬小麦不同时期施用氮肥的比较试验，设 5 个处理：$A$ 不施氮肥，$B$ 播种期施氮肥，$C$ 越冬期施氮肥，$D$ 拔节期施氮肥，$E$ 抽穗期施氮肥。采用 $5 \times 5$ 拉丁方设计，试验结果见表 10-24。试应用 SPSS 系统对试验结果进行方差分析。

表 10-24　　　　　　　小麦不同时期施用氮肥田间排列及产量结果　　　　单位：$kg/32m^2$

| | | | | |
|---|---|---|---|---|
| C10.1 | A7.9 | B9.8 | E7.1 | D 9.6 |
| A 7.0 | D 10 | E 7.0 | C 9.7 | B 9.1 |
| E 7.6 | C 9.7 | D 10 | B 9.3 | A 6.8 |
| D10.5 | B 9.6 | C 9.8 | A6.6 | E 7.9 |
| B 8.9 | E8.9 | A 8.6 | D10.6 | C10.1 |

（1）建立文件"冬小麦施肥试验.SAV"；在"变量视图"中建立"字符串"类型的变量"施肥日期"表示各不同施肥时期，变量"横行"表示横向区组，变量"纵列"表示纵向区组，变量"产量"表示测定产量；在"数据视图"中相应变量下分别输入表 10-24 中的相应数据。

（2）依次单击"分析"→"一般线性模型"→"单变量"，打开"单变量"主对话框，参考图 7-6；选择"产量"进入"因变量"框，选择"施肥日期"进入"固定因子"框，选择"横行"和"纵列"进入"随机因子"框。

（3）单击"模型"按钮，指定模型为"定制"，参考图 7-7；将"施肥日期"、"横行"和"纵列"均移入"模型"框中，平方和类型选取默认项"类型Ⅲ"。

（4）返回主窗口后，单击"多重比较"进入相应对话框，从"因子"框中选择因素变量（本例中的"施肥日期"）进入"多重比较"框中，多重比较方法选用"Duncan"方法。在主对话框确定后输出分析结果，方差分析结果见表 10-25，多重比较结果见表 10-26。

表 10-25　　　　　　　　　　小麦氮肥田间试验资料方差分析表

| 变异来源 | | 平方和 | 自由度 | 均方 | F 值 | P 值 |
|---|---|---|---|---|---|---|
| 截距 | 假定 | 1974.914 | 1 | 1974.914 | 3576.014 | 0.000 |
| | 误差 | 1.691 | 3.063 | 0.552 | | |
| 施肥日期 | 假定 | 32.206 | 4 | 8.052 | 29.609 | 0.000 |
| | 误差 | 3.263 | 12 | 0.272 | | |
| 横行区组 | 假定 | 2.170 | 4 | 0.543 | 1.995 | 0.159 |
| | 误差 | 3.263 | 12 | 0.272 | | |
| 纵列区组 | 假定 | 1.126 | 4 | 0.282 | 1.036 | 0.429 |
| | 误差 | 3.263 | 12 | 0.272 | | |

表 10-25 方差分析结果表明，横行和纵列两个区组没有达到显著降低试验误差的效果；但不同施肥日期间的效应达极显著水平，需要进一步通过多重比较确定最佳施肥日期。

表 10-26 不同施肥日期产量平均数多重比较表（Duncan 法）

| 施肥日期 | 样本容量 | 子集 | | |
|---|---|---|---|---|
| | | 1 | 2 | 3 |
| $A$ | 5 | 7.3800 | | |
| $E$ | 5 | 7.7000 | | |
| $B$ | 5 | | 9.3400 | |
| $C$ | 5 | | 9.8800 | 9.8800 |
| $D$ | 5 | | | 10.1400 |
| $P$ 值 | | 0.351 | 0.128 | 0.446 |

表 10-26 多重比较结果表明，处理 $D$ 显著优于处理 $A$、$E$ 和 $B$，但处理 $C$ 与处理 $D$ 间无显著差异，即可以认为拔节期和越冬期施氮肥效果最好。

# 第六节 裂区设计及其统计分析

## 一、设计方法

### （一）裂区设计的步骤

在多因素试验中，如果处理数不太多且各个因素的效应同等重要时，可采用随机区组设计；如果处理数较多而又有一些特殊要求时，不再适合采用随机区组，此时可以考虑采用裂区（split plot）设计。

裂区设计（split plot design）是多因素试验的一种设计形式。采用裂区设计时，先按第一个因素设置各个处理（主处理）的小区，称为主区（main plot），在主区里随机安排主处理（main treatment）。然后在主区内引进第二个因素的各个处理（副处理）的小区，称为副区（secondary plot），亦称裂区（split plot），在副区里随机安排副处理（secondary treatment）。对于副处理，一个主区就是一个区组，但对于整个试验的所有处理，一个主区仅仅是一个不完全区组。由于这种设计将主区分裂为副区，故称为裂区设计。这种设计的特点是主处理分设在主区，副处理则分设于主区内的副区，副区之间比主区之间更为接近，因而副处理间的比较比主处理间的比较更为精确。

【例 10-12】某作物施肥量（$A$）与品种（$B$）的田间试验中，施肥量为主区因素 $A$ 有 3 个水平，品种为副区因素 $B$ 有 4 个水平。试验设 3 次重复，主区采用随机区组设计。试述设计过程。

（1）将试验地划分为若干个区组，区组数等于重复数，本例为 3。

（2）将每个区组划分为若干个主区，主区数等于主区因素的水平，本例为 3。

（3）将每一主区划分为若干个副区，副区数等于副区因素的水平，本例为 4。

（4）将主区因素（即主处理）各水平（$A_1$、$A_2$、$A_3$）独立随机排列在各区组内的主区上。

（5）将副区因素（即副处理）各水平（$B_1$、$B_2$、$B_3$、$B_4$）独立随机排列在各区组内的副区上。

应用 DPS 系统同样可完成裂区设计过程，具体操作如下。

（1）打开 DPS 系统，第一列输入 $A$ 因素 3 水平"$A_1$、$A_2$、$A_3$"，第二列输入 $B$ 因素 4 水平"$B_1$、$B_2$、$B_3$、$B_4$"。

（2）将 $A$ 因素与 $B$ 因素各水平定义成数据块；点击"试验设计"→"两因素裂区试验设计"，在弹出的"输入重复（区组）数"输入框中输入 3。确定后可输出表 10-27 所示结果。

表 10-27　　　　　　　　　　　某作物施肥量与品种裂区设计试验方案

| 编号 | 区组 1 | 区组 2 | 区组 3 |
|---|---|---|---|
| 1 | $A_3$，$B_3$ | $A_3$，$B_3$ | $A_1$,$B_4$ |
| 2 | $A_3$，$B_2$ | $A_3$,$B_2$ | $A_1$,$B_1$ |
| 3 | $A_3$，$B_4$ | $A_3$,$B_4$ | $A_1$,$B_2$ |
| 4 | $A_3$，$B_1$ | $A_3$,$B_1$ | $A_1$,$B_3$ |
| 5 | $A_2$，$B_1$ | $A_1$,$B_2$ | $A_2$,$B_4$ |
| 6 | $A_2$，$B_4$ | $A_1$,$B_1$ | $A_2$,$B_3$ |
| 7 | $A_2$，$B_2$ | $A_1$,$B_4$ | $A_2$,$B_1$ |
| 8 | $A_2$，$B_3$ | $A_1$,$B_3$ | $A_2$,$B_2$ |
| 9 | $A_1$，$B_1$ | $A_2$,$B_1$ | $A_3$,$B_3$ |
| 10 | $A_1$，$B_4$ | $A_2$,$B_3$ | $A_3$,$B_2$ |
| 11 | $A_1$，$B_2$ | $A_2$,$B_4$ | $A_3$,$B_1$ |
| 12 | $A_1$，$B_3$ | $A_2$,$B_2$ | $A_3$,$B_4$ |

（3）将表 10-27 DPS 输出结果整理成因素 $A$ 与因素 $B$ 的田间试验排列图，如图 10-5。

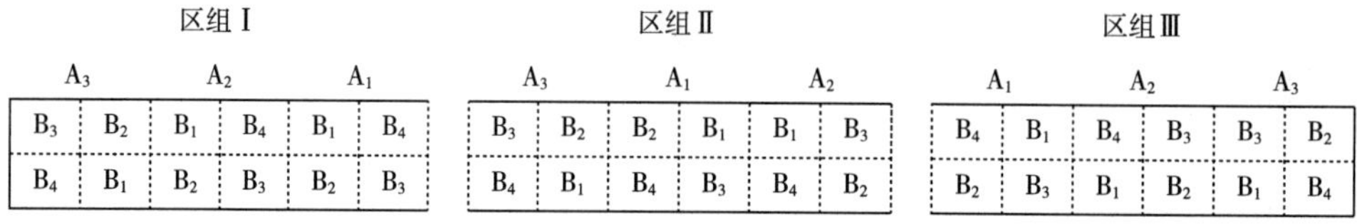

图 10-5　某作物施肥量与品种裂区设计试验田间排列图（施肥量为主区，品种为副区）

**（二）裂区设计的特点与应用**

裂区设计较常用的是两因素裂区设计，主要有以下 4 个特点：①副区因素是主要研究因素，主区因素是次要研究因素，副区面积小、主区面积大；②对于副区，一个主区构成一个完全区组，但对于所有试验处理，主区仅是一个不完全区组，主处理的重复数等于试验的重复数，副处理的重复数等于试验的重复数×主处理数；③主区因素效应的精确性低，副区因素主效应以及副区因素与主区因素的交互作用的精确性高；④两因素裂区设计试验资料的方差分析有两个误差，即主区误差和副区误差，通常主区误差大于副区误差。

通常在下列 3 种情况下应用裂区设计：①在一个因素的各种处理比另一因素的处理可能需要更大的面积时，如耕地、施肥、灌溉等处理需要较大面积，以便于试验操作，宜作为主区；而另一因素，则可设置于副区。②试验中某一因素的主效应比另一因素的主效应更为重要，且要求更精确地比较，或 2 个因素间的交互作用比其主效应是更为重要的研究对象时，亦宜采用裂区设计，将要求更高精确度的因素作为副处理，另一因素作为主处理。③根据以往研究，得知某些因素的效应比另一些因素的效应更大时，亦适于采用裂区设计，将可能表现较大差异的因素作为主处理。

# 二、统计分析方法

**（一）裂区设计试验数据方差分析原理**

1. 数据模式

设有 $A$ 和 $B$ 两个试验因素，$A$ 因素为主处理，具 $a$ 个水平，$B$ 因素为副处理，具 $b$ 个水平，设有 $r$ 个区组，则该试验共有 $rab$ 个观察值。其一般数据模式见表 10-28。

**表 10-28** 裂区设计试验数据模式

| 主处理 $A$ | 副处理 $B$ | 区组 | | | $x_{i1.}$ | $x_{i2.}$ | $\cdots$ | $x_{ib.}$ | $x_{i..}$ |
| | | 1 | $\cdots$ | $r$ | | | | | |
|---|---|---|---|---|---|---|---|---|---|
| $A_1$ | $B_1$ | $x_{111}$ | $\cdots$ | $x_{11r}$ | $x_{11.}$ | | | | |
| | $B_2$ | $x_{121}$ | $\cdots$ | $x_{12r}$ | | $x_{12.}$ | | | |
| | $\cdots$ | $\cdots$ | $\cdots$ | $\cdots$ | | | | | |
| | $B_b$ | $x_{1b1}$ | $\cdots$ | $x_{1br}$ | | | $\cdots$ | $x_{1b.}$ | |
| | 总和 $x_{1.k}$ | $x_{1.1}$ | $\cdots$ | $x_{1.r}$ | | | | | $x_{1..}$ |
| $\cdots$ | $\cdots$ | $\cdots$ | $\cdots$ | $\cdots$ | $\cdots$ | $\cdots$ | $\cdots$ | $\cdots$ | $\cdots$ |
| $A_i$ | $B_1$ | $x_{i11}$ | $\cdots$ | $x_{i1r}$ | $x_{i1.}$ | | | | |
| | $B_2$ | $x_{i21}$ | $\cdots$ | $x_{i2r}$ | | $x_{i2.}$ | | | |
| | $\cdots$ | $\cdots$ | $\cdots$ | $\cdots$ | | | | | |
| | $B_b$ | $x_{ib1}$ | $\cdots$ | $x_{ibr}$ | | | $\cdots$ | $x_{ib.}$ | |
| | 总和 $x_{i.k}$ | $x_{i.1}$ | $\cdots$ | $x_{i.r}$ | | | | | $x_{i..}$ |
| $\cdots$ | $\cdots$ | $\cdots$ | $\cdots$ | $\cdots$ | | | | | $\cdots$ |

续表

| 主处理 A | 副处理 B | 区组 | | | $x_{i1.}$ | $x_{i2.}$ | ... | $x_{ib.}$ | $x_{i..}$ |
|---|---|---|---|---|---|---|---|---|---|
| | | 1 | ... | r | | | | | |
| | $B_1$ | $x_{a11}$ | ... | $x_{a1r}$ | $x_{a1.}$ | | | | |
| | $B_2$ | $x_{a21}$ | ... | $x_{a2r}$ | | $x_{a2.}$ | | | |
| $A_a$ | ... | | ... | ... | ... | | | | |
| | $B_b$ | $x_{ab1}$ | ... | $x_{abr}$ | | | ... | $x_{ab.}$ | |
| | 总和 | $x_{a.k}$　$x_{a.1}$ | ... | $x_{a.r}$ | | | | | $x_{a..}$ |
| 总和 | | $x_{..k}$　$x_{..1}$ | ... | $x_{..r}$ | $x_{.j.}$　$x_{.1.}$ | $x_{.2.}$ | ... | $x_{.b.}$ | $x_{...}$ |

### 2. 数学模型

两因素裂区设计试验中，任一观测值 $x_{ijk}$ 的线性模型为

$$x_{ijk} = \mu + \gamma_k + \alpha_i + \delta_{ik} + \beta_j + (\alpha\beta)_{ij} + \varepsilon_{ijk} \tag{10-10}$$

式中　$\mu$——总平均数；

　　$\gamma_k$——区组效应（$k=1，2，\cdots，r$）；

　　$\alpha_i$——主处理（A 因素）效应（$i=1，2，\cdots，a$）；

　　$\beta_j$——副处理（B 因素）效应（$j=1，2，\cdots，b$）；

　　$(\alpha\beta)_{ij}$——A 因素与 B 因素的互作效应；

$\delta_{ik}$ 和 $\varepsilon_{ijk}$——主区误差和副区误差，分别服从 $N（0，\sigma_1^2）$ 和 $N（0，\sigma_2^2）$。

### 3. 平方和与自由度的分解

根据裂区设计的数学模型，其平方和与自由度的剖分式分别为

$$SS_T = SS_r + SS_A + SS_{ea} + SS_B + SS_{A\times B} + SS_{eb} = SS_m + SS_s = SS_r + SS_t + SS_e$$
$$df_T = df_r + df_A + df_{ea} + df_B + df_{A\times B} + df_{eb} = df_m + df_s = df_r + df_t + df_e \tag{10-11}$$

式中　$SS_T$——总平方和，$SS_T = \sum\limits_{i=1}^{a}\sum\limits_{j=1}^{b}\sum\limits_{k=1}^{r} x_{ijk}^2 - C$，$C = x_{...}^2/abr$，对应自由度 $df_T = abr-1$；

　　$SS_m$——主区平方和，$SS_m = \sum\limits_{i=1}^{a}\sum\limits_{k=1}^{r} x_{i.k}/b - C$，对应自由度 $df_m = ar-1$；

　　$SS_A$——A 因素平方和，$SS_A = \sum\limits_{i=1}^{a} x_{i..}/br - C$，对应自由度 $df_A = a-1$；

　　$SS_r$——区组平方和，$SS_r = \sum\limits_{k=1}^{r} x_{..k}/ab - C$，对应自由度 $df_r = r-1$；

　　$SS_{ea}$——主区误差平方和，$SS_{ea} = SS_m - SS_A - SS_r$，对应自由度 $df_{ea} = (a-1)(r-1)$；

　　$SS_t$——处理间平方和，$SS_t = \sum\limits_{i=1}^{a}\sum\limits_{j=1}^{b} x_{ij.}/r - C$，对应自由度 $df_t = ab-1$；

　　$SS_s$——副区平方和，$SS_s = SS_T - SS_m$，对应自由度 $df_s = ar(b-1)$；

　　$SS_B$——B 因素平方和，$SS_B = \sum\limits_{j=1}^{b} x_{.j.}/ar - C$，对应自由度 $df_B = b-1$；

$SS_{A\times B}$——$A$ 与 $B$ 互作平方和，$SS_{A\times B}=SS_t-SS_A-SS_B$，对应自由度 $df_{A\times B}=$
$(a-1)(b-1)$；

　　$SS_{eb}$——副区误差平方和，$SS_{eb}=SS_T-SS_r-SS_t-SS_{ea}$，对应自由度 $df_{eb}=a$
$(b-1)(r-1)$。

$$SS_e=SS_{ea}+SS_{eb}；\quad df_e=df_{ea}+df_{eb}$$

4. 列方差分析表，进行 $F$ 检验

$e_a$ 是主区误差，$e_b$ 为副区误差。选用固定模型时，$e_a$ 可用来检验区组和主处理（$A$）效应的显著性；$e_b$ 可用来检验副处理（$B$）和 $A\times B$ 互作效应的显著性。裂区设计试验资料的方差分析表（固定模型）见表 10-29。

表 10-29　　　　　　　　　　裂区设计试验资料的方差分析表（固定模型）

| 变异来源 | | 平方和 | 自由度 | 均方 | $F$ 值 | $F_a$ |
|---|---|---|---|---|---|---|
| 主区部分 | 区组 | $SS_r=\sum\limits_{k=1}^{r}x_{..k}/ab-C$ | $r-1$ | $MS_r$ | $MS_r/MS_{ea}$ | $F_{a(r-1,(r-1)(a-1))}$ |
| | $A$ | $SS_A=\sum\limits_{i=1}^{a}x_{i..}/br-C$ | $a-1$ | $MS_A$ | $MS_A/MS_{ea}$ | $F_{a(a-1,(r-1)(a-1))}$ |
| | 误差 $a$ | $SS_{ea}=SS_m-SS_A-SS_r$ | $(a-1)(r-1)$ | $MS_{ea}$ | | |
| 主区总变异 | | $SS_m=\sum\limits_{i=1}^{a}\sum\limits_{k=1}^{r}x_{i.k}/b-C$ | $ar-1$ | $MS_m$ | | |
| 副区部分 | $B$ | $SS_B=\sum\limits_{j=1}^{b}x_{.j.}/ar-C$ | $b-1$ | $MS_B$ | $MS_B/MS_{eb}$ | $F_{a(b-1,a(r-1)(b-1))}$ |
| | $A\times B$ | $SS_{A\times B}=SS_t-SS_A-SS_B$ | $(a-1)(b-1)$ | $MS_{A\times B}$ | $MS_{A\times B}/MS_{eb}$ | $F_{a((a-1)(b-1),a(r-1)(b-1))}$ |
| | 误差 $b$ | $SS_{eb}=SS_T-SS_r-SS_t-SS_{ea}$ | $a(b-1)(r-1)$ | $MS_{eb}$ | | |
| 副区总变异 | | $SS_s=SS_T-SS_m$ | $ar(b-1)$ | $MS_s$ | | |
| 总变异 | | $SS_T=\sum\limits_{i=1}^{a}\sum\limits_{j=1}^{b}\sum\limits_{k=1}^{r}x_{ijk}^2-C$ | $rab-1$ | | | |

5. 多重比较

若经 $F$ 检验，发现需进行主区因素 $A$、副区因素 $B$ 或各水平组合（处理）平均数间多重比较时，则根据需要计算平均数标准误或平均数差数标准误。

（1）主区因素 $A$ 各水平平均数多重比较时，平均数标准误和平均数差数标准误分别为

$$S_{\bar{x}i..}=\sqrt{MS_{ea}/br}，S_{\bar{x}i..-\bar{x}i'..}=\sqrt{2MS_{ea}/br} \tag{10-12}$$

（2）副区因素 $B$ 各水平平均数多重比较时，平均数标准误和平均数差数标准误分别为

$$S_{\bar{x}.j.}=\sqrt{MS_{eb}/ar}，S_{\bar{x}.j.-\bar{x}.j'.}=\sqrt{2MS_{eb}/ar} \tag{10-13}$$

（3）同一主区因素水平各副区因素平均数比较时，平均数标准误和平均数差数标准

误为

$$S_{\bar{x}ij.} = \sqrt{MS_{eb}/r} \ , \ S_{\bar{x}ij.-\bar{x}ij'.} = \sqrt{2MS_{eb}/r} \tag{10-14}$$

（4）各水平组合（处理）平均数，或同一副区因素水平各主区因素平均数比较时，平均数标准误 $S_{\bar{x}}$ 和平均数差数标准误 $S_{\bar{x}i.-\bar{x}j.}$ 为

$$S_{\bar{x}ij.} = \sqrt{\frac{(b-1)MS_{eb}+MS_{ea}}{r}} \ , \ S_{\bar{x}ij.-\bar{x}ij'.} = \sqrt{\frac{2[(b-1)MS_{eb}+MS_{ea}]}{r}} \tag{10-15}$$

**（二）DPS 分析**

**【例 10-13】** 为了探索新培育的 4 个辣椒品种的施肥技术，采用 3 种施肥量进行试验。考虑到施肥量因素对小区面积要求较大，品种是重点考察因素，精度要求较高，故采用裂区设计。以施肥量为主区因素 $A$，品种为副区因素 $B$，试验重复 3 次，主区按随机区组排列，试验结果见表 10-30。试应用 DPS 系统对试验结果进行方差分析。

**表 10-30**　　　　　　　　　　**施肥量与辣椒品种裂区设计试验产量**　　　　　　单位：kg/小区

| 主区因素（施肥量） | 副区因素（品种） | Ⅰ | Ⅱ | Ⅲ |
|---|---|---|---|---|
| | $B_1$ | 39.8 | 38.5 | 39.1 |
| | $B_2$ | 43.3 | 43.5 | 46.5 |
| $A_1$ | $B_3$ | 55.9 | 69.7 | 63.8 |
| | $B_4$ | 52.6 | 57.5 | 57.7 |
| | $B_1$ | 27.5 | 27.1 | 26.8 |
| | $B_2$ | 44.8 | 48.8 | 47.6 |
| $A_2$ | $B_3$ | 48.7 | 44.5 | 48.6 |
| | $B_4$ | 41.7 | 37.2 | 36.5 |
| | $B_1$ | 26.5 | 25.8 | 26.3 |
| | $B_2$ | 35.5 | 34.5 | 36.3 |
| $A_3$ | $B_3$ | 42 | 44.3 | 43.6 |
| | $B_4$ | 39.1 | 39.6 | 44.3 |

（1）将数据按表 10-30 所示格式输入 DPS 系统，建立"辣椒品种施肥试验.DPS"文件，定义数据块。

（2）依次点击"试验统计"→"裂区设计"→"裂区试验统计分析"，在"请输入主处理数"输入框内输入 3；选择"不转换"和"Duncan 新复极差法"，确定后可输出分析结果，见表 10-31～表 10-33。

**表 10-31**　　　　　　　**施肥量与辣椒品种裂区设计试验资料方差分析表**

| 变异来源 | 平方和 | 自由度 | 均方 | $F$ 值 | $P$ 值 |
|---|---|---|---|---|---|
| 区组 | 16.9516 | 2 | 8.4758 | | |
| 施肥量（$A$） | 1308.543 | 2 | 654.2716 | 64.548 | 0.0009 |

续表

| 变异来源 | 平方和 | 自由度 | 均方 | $F$ 值 | $P$ 值 |
|---|---|---|---|---|---|
| 主区误差 | 40.545 | 4 | 10.1362 | | |
| 品种（$B$） | 1975.94 | 3 | 658.6467 | 99.157 | 0.0001 |
| $A \times B$ | 422.222 | 6 | 70.3703 | 10.594 | 0.0001 |
| 副区误差 | 119.5639 | 18 | 6.6424 | | |
| 总变异 | 3883.766 | 35 | | | |

**表 10-32　　不同施肥量与不同辣椒品种平均数多重比较表（Duncan 法）**

| 施肥量（$A$）平均数多重比较 | | | | 品种（$B$）平均数多重比较 | | | |
|---|---|---|---|---|---|---|---|
| 施肥量 | 平均数 | 5%显著水平 | 1%极显著水平 | 品种 | 平均数 | 5%显著水平 | 1%极显著水平 |
| $A_1$ | 50.6583 | a | A | $B_3$ | 51.2333 | a | A |
| $A_2$ | 39.9833 | b | B | $B_4$ | 45.1333 | b | B |
| $A_3$ | 36.4833 | b | B | $B_2$ | 42.3111 | c | B |
| | | | | $B_1$ | 30.8222 | d | C |

**表 10-33　　施肥量与辣椒品种裂区设计试验简单效应多重比较表（Duncan 法）**

| $A_1$ 各副处理比较 | | | | $A_2$ 各副处理比较 | | | | $A_3$ 各副处理比较 | | | |
|---|---|---|---|---|---|---|---|---|---|---|---|
| 副处理 | 平均数 | 5%显著水平 | 1%极显著水平 | 副处理 | 平均数 | 5%显著水平 | 1%极显著水平 | 副处理 | 平均数 | 5%显著水平 | 1%极显著水平 |
| $B_3$ | 63.13 | a | A | $B_3$ | 47.27 | a | A | $B_3$ | 43.30 | a | A |
| $B_4$ | 55.93 | b | B | $B_2$ | 47.07 | a | A | $B_4$ | 41.00 | a | A |
| $B_2$ | 44.43 | c | C | $B_4$ | 38.47 | b | B | $B_2$ | 35.43 | b | B |
| $B_1$ | 39.13 | d | D | $B_1$ | 27.13 | c | C | $B_1$ | 26.20 | c | C |

　　表 10-31 方差分析结果表明，检验施肥量（$A$）、品种（$B$）及 $A \times B$ 效应的 $P$ 值均小于 0.01，因此，可以认为不同施肥量、不同品种以及施肥量与品种间的交互作用对试验指标的影响均达极显著水平。为探讨试验的最佳水平组合，需要进行主处理间、副处理间以及各水平组合间的多重比较。

　　表 10-32 施肥量（$A$）平均数间多重比较结果表明，$A_1$ 施肥量的产量最高，极显著高于其他两种施肥量；品种（$B$）平均数间多重比较结果表明，$B_3$ 品种的平均产量最高，极显著高于其他品种。

　　表 10-33 施肥量与辣椒品种裂区设计试验简单效应多重比较结果表明，在 $A_1$ 施肥量下品种 $B_3$ 的产量极显著高于其他品种；$A_2$ 施肥量下品种 $B_2$、$B_3$ 的产量均极显著高于其他品种；在 $A_3$ 施肥量下品种 $B_3$、$B_4$ 的产量极显著高于其他品种。综合各水平组合的实际产

量，本试验最优的水平组合应为 $A_1B_3$。

### （三）SPSS 分析

**【例 10-14】** 设有一小麦中耕次数（$A$）和施肥量（$B$）试验，主区因素 $A$ 有 $A_1$、$A_2$、$A_3$ 3 个水平，副区因素 $B$ 有 $B_1$、$B_2$、$B_3$、$B_4$ 4 个水平。裂区设计，重复 3 次（$r=3$），副区计产面积 $33m^2$，其田间排列和产量（单位：$kg/33m^2$）见图 10-6。试应用 SPSS 作分析。

区组Ⅰ

| $A_1$ | | $A_3$ | | $A_2$ | |
|---|---|---|---|---|---|
| $B_2$ 37 | $B_1$ 29 | $B_3$ 15 | $B_2$ 31 | $B_4$ 13 | $B_3$ 13 |
| $B_3$ 18 | $B_4$ 17 | $B_4$ 16 | $B_1$ 30 | $B_1$ 28 | $B_2$ 31 |

区组Ⅱ

| $A_3$ | | $A_2$ | | $A_1$ | |
|---|---|---|---|---|---|
| $B_1$ 27 | $B_3$ 14 | $B_4$ 12 | $B_3$ 13 | $B_2$ 32 | $B_3$ 14 |
| $B_4$ 15 | $B_2$ 28 | $B_2$ 28 | $B_1$ 29 | $B_4$ 16 | $B_1$ 28 |

区组Ⅲ

| $A_1$ | | $A_3$ | | $A_2$ | |
|---|---|---|---|---|---|
| $B_4$ 15 | $B_3$ 17 | $B_2$ 31 | $B_4$ 13 | $B_1$ 25 | $B_2$ 29 |
| $B_2$ 31 | $B_1$ 32 | $B_1$ 26 | $B_3$ 11 | $B_3$ 10 | $B_4$ 12 |

图 10-6　小麦中耕次数和施肥量裂区设计试验田间排列和产量

（1）将图 10-6 资料按区组和处理作两向分组整理成表 10-34。

**表 10-34**　　**图 10-6 资料区组和处理两向表**　　单位：$kg/33m^2$

| $A$ 因素水平 | $B$ 因素水平 | Ⅰ | Ⅱ | Ⅲ |
|---|---|---|---|---|
| $A_1$ | $B_1$ | 29 | 28 | 32 |
| | $B_2$ | 37 | 32 | 31 |
| | $B_3$ | 18 | 14 | 17 |
| | $B_4$ | 17 | 16 | 15 |
| $A_2$ | $B_1$ | 28 | 29 | 25 |
| | $B_2$ | 31 | 28 | 29 |
| | $B_3$ | 13 | 13 | 10 |
| | $B_4$ | 13 | 12 | 12 |
| $A_3$ | $B_1$ | 30 | 27 | 26 |
| | $B_2$ | 31 | 28 | 31 |
| | $B_3$ | 15 | 14 | 11 |
| | $B_4$ | 16 | 15 | 13 |

（2）建立文件“中耕施肥试验.SAV”；在“变量视图”中分别建立变量“$A$”表示不同施肥水平，“$B$”表示各品种水平，“区组”表示各区组，“产量”表示产量；在“数据视图”中相应变量下分别输入表 10-35 中的相应数据。

（3）单击“分析”→“一般线性模型”→“单变量”，打开“单变量”主对话框（参考图 7-6）。将“产量”移入“因变量”框中，“$A$”、“$B$”移入“固定因子”框中，“区组”移入“随机因子”框中。

（4）指定模型为“定制”（参考图 7-7），并将“$A$”、“区组”、“$A$ * 区组”、“$B$”、“$A$

"$*B$"移到"模型"框中；平方和类型选取默认项"类型Ⅲ"。

（5）返回主窗口后，单击"多重比较"进入对话框，从"因子"框选择因素变量（本例中的"$A$"、"$B$"）进入"多重比较"框，多重比较方法选用"Duncan"方法。点击确定后输出分析结果，见表10-35和表10-36。

表 10-35 小麦中耕次数和施肥量裂区设计试验资料方差分析表

| 变异来源 | | 平方和 | 自由度 | 均值 | $F$ 值 | $P$ 值 |
|---|---|---|---|---|---|---|
| 截距 | 假定 | 17161.000 | 1 | 17161.000 | 1050.673 | 0.001 |
| | 误差 | 32.667 | 2 | 16.333 | | |
| 中耕次数（$A$） | 假定 | 80.167 | 2 | 40.083 | 17.491 | 0.011 |
| 区组 | 假定 | 32.667 | 2 | 16.333 | 7.127 | 0.048 |
| | 误差 | 9.167 | 4 | 2.292 | | |
| $A \times$区组 | 假定 | 9.167 | 4 | 2.292 | 0.894 | 0.488 |
| 施肥量（$B$） | 假定 | 2179.667 | 3 | 726.556 | 283.278 | 0.000 |
| $A \times B$ | 假定 | 7.167 | 6 | 1.194 | 0.466 | 0.825 |
| | 误差 | 46.167 | 18 | 2.565 | | |

表 10-36 不同施肥量与不同中耕次数平均数多重比较表（Duncan 法）

| 施肥量 | 样本容量 | 子集 | | | 中耕次数 | 样本容量 | 子集 | |
|---|---|---|---|---|---|---|---|---|
| | | 1 | 2 | 3 | | | 1 | 2 |
| $B_3$ | 9 | 13.8889 | | | $A_2$ | 12 | 20.2500 | |
| $B_4$ | 9 | 14.3333 | | | $A_3$ | 12 | 21.4167 | |
| $B_1$ | 9 | | 28.2222 | | $A_1$ | 12 | | 23.8333 |
| $B_2$ | 9 | | | 30.8889 | | | | |
| $P$ 值 | | 0.563 | 1 | 1 | $P$ 值 | | 0.091 | 1 |

由表10-35方差分析结果可知，中耕次数（$A$）和区组的误差项为$MS_{(ea)}=2.292$（此处的误差其实是由"$A*$区组"来估计的，即$MS_{(ea)}=MS_{A*区组}=2.292$）；施肥量（$B$）和$A \times B$的误差项为$MS_{(eb)}=2.565$。结果表明，除区组差异达显著水平外，中耕次数（$A$）效应也达显著水平，施肥量（$B$）效应达极显著水平，但$A$与$B$两因素互作效应未达显著水平。因此，只需要对$A$因素和$B$因素的主效应进行多重比较即可。

表10-36多重比较结果表明，中耕次数（$A$）中最好的是$A_1$，施肥量（$B$）为$B_2$时显著好于其他施肥水平。即可以认为小麦中耕次数为$A_1$、施肥量为$B_2$时产量最高。

## 思考练习题

**习题 10.1** 如何拟定一个正确的试验方案？

**习题 10.2** 试验误差的来源有哪些？如何控制试验误差？

**习题 10.3** 试验设计应遵循哪三条基本原则？各基本原则的相互关系与作用是什么？

**习题 10.4** 常用的试验设计方法有哪几种？各设计方法主要适合应用在什么情况下？

**习题 10.5** 在一块存在肥力差异的试验地进行 6 个作物品种的比较试验，试验设计 4 次重复，试分析应采用何种试验设计，并写出试验设计过程。

**习题 10.6** 完全随机设计、随机区组设计和拉丁方设计有何区别和联系？对应的数学模型是什么？

**习题 10.7** 双因素随机区组试验和单因素随机区组试验的分析方法有何异同？双因素随机区组试验处理项的自由度和平方和如何分解？如何正确地进行水平选优和组合选优？

**习题 10.8** 双因素裂区试验和双因素随机区组试验的统计分析方法有何异同？在裂区试验中误差 $e_a$ 和 $e_b$ 是如何计算的，各具什么意义？裂区试验的线性模型是什么？

**习题 10.9** 下表为玉米品种比较试验的产量结果（单位：kg），用对比法设计，小区计产面积为 $60m^2$，试作分析。最后结果用每亩产量（单位：kg）表示（1 亩≈666.6$m^2$，下同）。

单位：kg

| 品　种 | 重复 | | |
|:---:|:---:|:---:|:---:|
| | Ⅰ | Ⅱ | Ⅲ |
| CK | 40.6 | 39.9 | 33.5 |
| A | 40.1 | 36.8 | 34.6 |
| B | 38.0 | 39.9 | 33.9 |
| CK | 31.4 | 33.6 | 29.4 |
| C | 41.4 | 35.5 | 33.7 |
| D | 43.2 | 36.2 | 31.2 |
| CK | 35.5 | 32.8 | 27.7 |
| E | 41.3 | 29.8 | 25.6 |
| F | 34.6 | 29.7 | 37.2 |
| CK | 38.2 | 32.3 | 29.6 |

**习题 10.10** 下表为小麦栽培试验的产量结果（单位：kg），随机区组设计，小区计产面积为 $12m^2$，试作分析。在表示最后结果时需转化为每亩产量（单位：kg）。假定该试验为一完全随机设计，试分析后将其试验误差与随机区组时的误差作一比较，看看划分区组的效果如何？

单位：kg

| 处理 | 区组 | | | |
|:---:|:---:|:---:|:---:|:---:|
| | Ⅰ | Ⅱ | Ⅲ | Ⅳ |
| A | 6.2 | 6.6 | 6.9 | 6.1 |
| B | 5.8 | 6.7 | 6.0 | 6.3 |
| C | 7.2 | 6.6 | 6.8 | 7.0 |

续表

| 处理 | 区组 | | | |
|---|---|---|---|---|
| | Ⅰ | Ⅱ | Ⅲ | Ⅳ |
| $D$ | 5.6 | 5.8 | 5.4 | 6.0 |
| $E$ | 6.9 | 7.2 | 7.0 | 7.4 |
| $F$ | 7.5 | 7.8 | 7.3 | 7.6 |

**习题 10.11** 下表为水稻品种比较试验的产量结果（单位：kg），$5 \times 5$ 拉丁方设计，小区计产面积 $30\text{m}^2$，试分析。

单位：kg

| | | | | |
|---|---|---|---|---|
| $B25$ | $E23$ | $A27$ | $C28$ | $D20$ |
| $D22$ | $A28$ | $E20$ | $B28$ | $C26$ |
| $E18$ | $B25$ | $C28$ | $D24$ | $A25$ |
| $A26$ | $C26$ | $D22$ | $E19$ | $B24$ |
| $C23$ | $D23$ | $B26$ | $A33$ | $E20$ |

**习题 10.12** 有一大豆试验，$A$ 因素为品种，有 $A_1$、$A_2$、$A_3$、$A_4$ 4 个水平，$B$ 因素为播期，有 $B_1$、$B_2$、$B_3$ 3 个水平，随机区组设计，重复 3 次，小区计产面积 $25\text{m}^2$，其田间排列和产量（单位：kg）如下图，试作分析。

| 区组Ⅰ | $A_1B_1$ 12 | $A_2B_2$ 13 | $A_3B_3$ 14 | $A_4B_2$ 15 | $A_2B_1$ 13 | $A_4B_3$ 16 | $A_3B_2$ 14 | $A_1B_3$ 13 | $A_4B_1$ 16 | $A_1B_2$ 12 | $A_3B_1$ 14 | $A_2B_3$ 14 |
|---|---|---|---|---|---|---|---|---|---|---|---|---|
| 区组Ⅱ | $A_4B_2$ 16 | $A_1B_3$ 14 | $A_2B_1$ 14 | $A_3B_3$ 15 | $A_1B_2$ 12 | $A_2B_3$ 13 | $A_4B_1$ 16 | $A_3B_2$ 13 | $A_2B_2$ 13 | $A_3B_1$ 15 | $A_1B_1$ 13 | $A_4B_3$ 17 |
| 区组Ⅲ | $A_2B_3$ 13 | $A_3B_1$ 15 | $A_1B_2$ 11 | $A_2B_1$ 14 | $A_4B_3$ 17 | $A_3B_2$ 14 | $A_2B_2$ 12 | $A_4B_1$ 15 | $A_3B_3$ 15 | $A_1B_3$ 13 | $A_4B_2$ 15 | $A_1B_1$ 13 |

**习题 10.13** 有一小麦裂区试验，主区因素 A，分 $A_1$（深耕）、$A_2$（浅）两水平，副区因素 B，分 $B_1$（多肥）、$B_2$（少肥）两水平，重复 3 次，小区计产面积 $15\text{m}^2$，其田间排列和产量（假设数字）（单位：kg）如下图，试作分析。

| $A_1$ | $A_2$ | | $A_2$ | $A_1$ | | $A_2$ | $A_1$ |
|---|---|---|---|---|---|---|---|
| $B_1$ 9 | $B_1$ 7 | | $B_2$ 3 | $B_1$ 11 | | $B_2$ 1 | $B_2$ 4 |
| $B_2$ 6 | $B_2$ 2 | | $B_1$ 5 | $B_2$ 4 | | $B_1$ 6 | $B_1$ 12 |
| 区组Ⅰ | | | 区组Ⅱ | | | 区组Ⅲ | |

# 第十一章　正交设计

## 第一节　正交设计原理与方法

### 一、正交设计的概念

正交设计（orthogonal design）是利用正交表（orthogonal table）来安排与分析多因素试验的一种设计方法。它利用从试验的全部水平组合中，挑选部分有代表性的水平组合进行试验，通过对该部分试验结果的分析全面了解试验的情况，从而找出最优的水平组合。

我们已经知道，全面试验既可以分析各因素的主效应还可分析因素间的交互效应，并可以选出最优水平组合。但全面试验对试验因素的所有水平组合均进行试验，往往由于试验水平组合数过多，增加了试验成本，甚至导致试验无法实施。如，3 因素 3 水平的试验各因素全部可能的水平组合有 27 种。而正交设计就是从全部水平组合中挑选出有代表性的水平组合进行试验，对于 3 因素 3 水平试验，可利用正交表 $L_9(3^4)$ 选出的 9 个有代表性的水平组合（表 11-1）进行试验，大大减少了试验水平组合数，但仍可以达到与全面试验相同的效果。

表 11-1　　　　　　　　　　　　　　　　$L_9(3^4)$ 正交表

| 试验号 | 1 | 2 | 3 | 4 |
|---|---|---|---|---|
| 1 | 1 | 1 | 1 | 1 |
| 2 | 1 | 2 | 2 | 2 |
| 3 | 1 | 3 | 3 | 3 |
| 4 | 2 | 1 | 2 | 3 |
| 5 | 2 | 2 | 3 | 1 |
| 6 | 2 | 3 | 1 | 2 |
| 7 | 3 | 1 | 3 | 2 |
| 8 | 3 | 2 | 1 | 3 |
| 9 | 3 | 3 | 2 | 1 |

### 二、正交表的性质及类别

#### （一）正交表的性质

正交表（orthogonal table）是一种规格化的表格，它是正交设计的基本工具。正交表一般用 $L_n(k^m)$ 表示，其中"L"代表正交表；$n$ 为正交表的行数，表示试验处理（水平组合）的个数；$m$ 为正交表的列数，表示允许的最多试验因素数；$k$ 为因素水平数。

任一正交表均有两个特点：①任何一列各水平出现的次数都相等；②任意两列各水平全面搭配且次数相等。正交表的这两个特点，决定了用正交表安排试验时具有的两种特性，即均衡分散性和整齐可比性。

（1）正交表的均衡分散性（equilibrium dispersion）　即正交表选用的部分水平组合，在全部可能的水平组合中分布均匀性强，能较好地反映全面试验的情况。

（2）正交表的整齐可比性（neat comparability）　即正交表中各因素的水平是两两正交的，任一因素任一水平下都必须均衡地包含其他因素的各水平。

**（二）正交表的类别**

**1. 等水平正交表**

各列中出现的最大数字相同的正交表称为等水平正交表。如，$L_8(2^7)$、$L_{12}(2^{11})$ 等各列中最大数字为 2 称为两水平正交表；$L_9(3^4)$、$L_{27}(3^{13})$ 等各列中最大数字为 3 称为 3 水平正交表。

**2. 混合水平正交表**

各列中出现的最大数字不完全相同的正交表称为混合水平正交表。例如，$L_{16}(4 \times 2^{12})$ 表中第一列最大数字为 4，其他 12 列最大数字均为 2。即该表可以安排一个 4 水平因素和 12 个 2 水平因素。

混合水平正交表是由等水平正交表改造成的。例如，可将等水平正交表 $L_{16}(2^{15})$ 改造成混合水平正交表 $L_{16}(4 \times 2^{12})$。具体改造过程为：①将等水平正交表 $L_{16}(2^{15})$ 中第 1、2 列相应位置数值组成的 4 种有序数对，即（1，1）、（1，2）、（2，1）、（2，2）4 种，按对应原则“（1，1）→1，（1，2）→2，（2，1）→3，（2，2）→4”换为 4 水平，每一水平各安排 4 次；②把原表中第 1、2 列合并为 4 水平的新 1 列，并去掉原 1、2 列的交互作用列（原第 3 列），最终得到混合表 $L_{16}(4 \times 2^{12})$。混合水平正交表 $L_{16}(4 \times 2^{12})$ 与等水平正交表 $L_{16}(2^{15})$ 的列号对照如表 11-2 所示。

**表 11-2** 　　　　　混合表 $L_{16}(4 \times 2^{12})$ 与等水平表 $L_{16}(2^{15})$ 的列号对照

| $L_{16}(4 \times 2^{12})$ 列号 | 1 | 2 | 3 | 4 | 5 | 6 | 7 | 8 | 9 | 10 | 11 | 12 | 13 |
|---|---|---|---|---|---|---|---|---|---|---|---|---|---|
| $L_{16}(2^{15})$ 列号 | (1，2，3) | 4 | 5 | 6 | 7 | 8 | 9 | 10 | 11 | 12 | 13 | 14 | 15 |

# 三、应用正交表安排试验

**（一）选表**

确定了因素及其水平后，根据因素、水平及需要考察的交互作用的多少来选择合适的正交表。选用正交表的原则是：既要能安排下试验的全部因素，又要使部分水平组合数（处理数）尽可能地少。对于正交表 $L_n(k^m)$，一般情况下试验因素的水平数应恰好等于 $k$ 的取值；因素的个数（包括交互作用）应不大于 $m$ 的取值。

在此基础上，选 $L_n(k^m)$ 正交表时具体可以根据正交表的自由度、因素的自由度和因素交互作用的自由度进行。正交表的自由度、1 个因素的自由度、2 个因素交互作用的自由度计算公式分别为

$$df_{表}=n-1$$
$$df_{因素}=k-1$$
$$df_{A\times B}=df_A\times df_B \tag{11-1}$$

选择正交表时，要满足各因素及交互作用的自由度之和小于所选正交表的总自由度，即 $df_{表}>\sum df_{因素}+\sum df_{交互作用}$，以便估计试验误差。若各因素及交互作用的自由度之和等于所选正交表总自由度，则可采用有重复正交试验来估计试验误差；若只采用极差分析法不需要估计试验误差时也可不设重复。

**（二）表头设计**

表头设计（table heading design）即把考察因素及指定交互作用安排到合适的正交表各列上。在交互作用可以忽略时，只需选择列数不少于考察因素个数的正交表，每个因素任意占用一列；在交互作用必须考虑时，必须查交互作用表把因素及其交互作用安放在规定的列上，每个因素及交互作用分别占用 1 列。

具体设计过程中，一般应先安排涉及交互作用多的因素，且应使不同的因素或交互作用不混杂在同一列。若不能容纳所有的考察因素及交互作用，则需要改用自由度更大的正交表。

**【例 11-1】** 为提高穿心莲内酯的产量，根据实践经验，对工艺中 4 个因素各取 2 个水平进行考察，因素水平如表 11-3 所示。若考虑交互作用 $A\times B$、$A\times C$、$C\times D$，试作表头设计。

**表 11-3** 　　　　　　　　　影响穿心莲内酯收率的 4 因素 2 水平

| 因素水平 | 乙醇浓度（A）/% | 溶剂用量（B）/mL | 浸渍温度（C）/℃ | 浸渍时间（D）/h |
|---|---|---|---|---|
| 1 | 95 | 300 | 70 | 10 |
| 2 | 80 | 500 | 50° | 15 |

（1）根据 $\sum df_{因素}+\sum df_{交互作用}=4\times(2-1)+3\times(2-1)\times(2-1)=7$，由于 2 水平正交表 $L_8(2^7)$ 的自由度恰好为 7，因此试选正交表 $L_8(2^7)$。

（2）由于考虑交互作用 $A\times B$、$A\times C$、$C\times D$，因此因素 A 和因素 C 为该试验的主要因素。则 A 放第 1 列、C 放第 2 列，查 $L_8(2^7)$ 交互作用表（见附录附表 15），（1）×（2）→（3），则 $A\times C$ 放第 3 列。

（3）B 放第 4 列，查 $L_8(2^7)$ 交互作用表，（1）×（4）→（5），则 $A\times B$ 放第 5 列。

（4）若 D 放第 6 列，则（2）×（6）→（4）；若 D 放第 7 列，则（2）×（7）→（5），均出现混杂。因此，不能选用正交表 $L_8(2^7)$，应选用更大的正交表。

（5）由于 2 水平正交表 $L_{12}(2^{11})$ 无交互作用表，故再试选正交表 $L_{16}(2^{15})$。将 D 放第 8 列，（2）×（8）→（10），最终表头设计如表 11-4 所示。

**表 11-4** 　　　　　　　　　2 因素交互作用的表头设计

| 表头 | A | C | A×C | B | A×B | | | D | | C×D | | | | | |
|---|---|---|---|---|---|---|---|---|---|---|---|---|---|---|---|
| 列号 | 1 | 2 | 3 | 4 | 5 | 6 | 7 | 8 | 9 | 10 | 11 | 12 | 13 | 14 | 15 |

**(三) 列出试验方案**

把正交表中安排各因素的每列（不包含欲考察的交互作用列）中的每个数字依次换成该因素的实际水平，即可得到正交设计试验方案。

# 第二节 正交设计试验资料的统计分析

## 一、极 差 分 析

正交表的特性决定了正交设计试验结果的分析可采用极差分析法。极差分析可分为单指标极差分析和多指标极差分析。

单指标极差分析主要是计算各处理水平的总和（或均值）以及各因素下相应总和（或均值）的极差，以极差大小来判别各因素对指标的影响。多指标极差分析有综合评分法和综合平衡法两种，综合评分法是由专业人员根据生产实践的要求，对每个试验的各项指标进行综合评分作为试验的总指标，即将多指标单指标化，然后利用单指标极差分析法进行统计分析；综合平衡法是先对各指标进行单指标分析，找出单指标下的最佳处理水平，然后根据各指标的重要性进行综合平衡的一种分析方法。

**【例 11-2】** 为解决菜花留种问题，进一步提高菜花种子的产量和质量，科技人员考察浇水（$A$）、施肥（$B$）、病害防治（$C$）和移入温室时间（$D$）对菜花留种的影响，进行了一个 4 因素 2 水平的正交试验。试验考虑 $A \times B$ 和 $A \times C$。试验结果见表 11-5，试进行极差分析。

（1）计算列和与极差

①逐列计算各因素同一水平的总和及平均值，见表 11-5 倒 5 行～倒 2 行。

**表 11-5** 菜花留种正交设计试验结果极差分析

| 试验号 | $A$ | $B$ | $A \times B$ | $C$ | $A \times C$ | 空 | $D$ | 产量/g |
|---|---|---|---|---|---|---|---|---|
| | 1 | 2 | 3 | 4 | 5 | 6 | 7 | |
| 1 | 1 | 1 | 1 | 1 | 1 | 1 | 1 | 350 |
| 2 | 1 | 1 | 1 | 2 | 2 | 2 | 2 | 325 |
| 3 | 1 | 2 | 2 | 1 | 1 | 2 | 2 | 425 |
| 4 | 1 | 2 | 2 | 2 | 2 | 1 | 1 | 425 |
| 5 | 2 | 1 | 2 | 1 | 2 | 1 | 2 | 200 |
| 6 | 2 | 1 | 2 | 2 | 1 | 2 | 1 | 250 |
| 7 | 2 | 2 | 1 | 1 | 2 | 2 | 1 | 275 |
| 8 | 2 | 2 | 1 | 2 | 1 | 1 | 2 | 375 |
| $K_1(T_{1j})$ | 1525 | 1125 | 1325 | 1250 | 1400 | 1350 | 1300 | |
| $K_2(T_{2j})$ | 1100 | 1500 | 1300 | 1375 | 1225 | 1275 | 1325 | |
| $k_1(\bar{x}_1)$ | 381.25 | 281.25 | 331.25 | 312.50 | 350.00 | 337.50 | 325.00 | |
| $k_2(\bar{x}_2)$ | 275.00 | 375.00 | 325.00 | 343.75 | 306.25 | 318.75 | 331.25 | |
| 极差 $R$ | 106.25 | 93.75 | 6.25 | 31.25 | 43.75 | 18.75 | 6.25 | |

②逐列计算各因素不同水平平均数的极差（极差＝最大值－最小值），见表 11-5 倒 1 行。

③比较各水平平均数的极差值大小。由表 11-5 可知，因素 $A$、因素 $B$、$A \times C$ 的极差值分居第一位、第二位和第三位，其次为因素 $C$，$A \times B$ 和因素 $D$ 极差最小。由于根据极差大小可判断试验因素对试验指标影响程度，则因素 $A$、因素 $B$、$A \times C$ 对菜花种子产量的影响较大，其他因素影响较小。

（2）组合优选。

由各试验因素不同水平下平均值大小可知，$A$、$B$、$C$、$D$ 4 试验因素的最佳水平分别为 $A_1$、$B_2$、$C_2$、$D_2$，可初步判断菜花留种最好的管理方式应为 $A_1B_2C_2D_2$。但由于 $A \times C$ 对试验结果影响较大，还需要进一步分析因素 $A$ 与因素 $C$ 的水平组合。

由表 11-5 可知因素 $A$ 与因素 $C$ 的水平组合中，$A_1C_1$：$(350+425)/2=387.5$；$A_1C_2$：$(325+425)/2=375.0$；$A_2C_1$：$(200+275)/2=237.5$；$A_2C_2$：$(250+375)/2=312.5$。则 $A_1C_1$ 水平组合时产量最高，但 $A_1C_2$ 水平组合与其产量水平相近。

因此，在考虑 $A \times C$ 交互作用影响时菜花留种最好的管理方式应为 $A_1B_2C_1D_2$，至于 $A_1B_2C_2D_2$ 与 $A_1B_2C_1D_2$ 之间是否存在显著差异需要通过方差分析进行检验。

# 二、方 差 分 析

对于正交设计试验，极差分析方法虽然简单易得，但由于其不能估计试验误差的影响，因此不能完全反映试验因素的真实效应，容易受极端数据的影响。而方差分析可以分析出试验误差的大小，不仅可以给出各因素及交互作用对试验指标影响的主次顺序，而且可分析出哪些因素影响显著，哪些影响不显著。因此方差分析是更加常用的分析方法。

## （一）无重复观测值正交设计试验资料的方差分析

1. 无重复观测值正交设计试验数据模型

设一正交设计试验中，$n$ 为正交表的行数，表示试验处理（水平组合）数；$j$ 为需要考察单因素项或互作项对应列，取值为待考察列的列号；$k_j$ 为需要考察列的水平数；$r_j$ 为需要考察列水平的重复数。该无重复观测值正交设计试验数据模式见表 11-6。

**表 11-6**                   **无重复观测值正交设计试验数据模式**

| 试验号 | 试验考察列号 | | | | 试验结果 |
|---|---|---|---|---|---|
| | 1 | 2 | ... | $m_0$ | |
| 1 | | | | ... | $x_1$ |
| 2 | | | | ... | $x_2$ |
| ... | ... | ... | ... | ... | |
| $n$ | | | | | $x_n$ |
| $T_{1j}$ | $T_{11}$ | $T_{12}$ | ... | $T_{1m_0}$ | |
| ... | ... | ... | ... | ... | |

续表

| 试验号 | 试验考察列号 | | | | 试验结果 |
|---|---|---|---|---|---|
| | 1 | 2 | ⋯ | $m_0$ | |
| $T_{hj}$ | $T_{h1}$ | $T_{h2}$ | ⋯ | $T_{hm_0}$ | $T$ |
| ⋯ | ⋯ | ⋯ | ⋯ | ⋯ | |
| $T_{kj}$ | $T_{k1}$ | $T_{k2}$ | ⋯ | $T_{km_0}$ | |

表中：$T_{hj}$ 为列号为 $j$ 的考察试验因素（含交互作用项）第 $h$ 个水平 $r_j$ 个重复之和，$T_{hj} = \sum_{l=1}^{r_j} x_{(hj)l}$，$h$（$h=1$，2，3，⋯，$k_j$）为正交表各列的水平号；

$T$ 为 $n$ 个观测值之和，$T = \sum_{i=1}^{n} x_i$。

### 2. 平方和与自由度分解

总平方和与自由度：$SS_T = \sum_{i=1}^{n} x_i^2 - C$，$C = T^2/n = \dfrac{x_.^2}{n}$，$df_T = n-1$

第 $j$ 列（单因素项）平方和与自由度：$SS_j = \left( \sum_{h=1}^{k_j} T_{hj}^2/r_j \right) - C$，$df_j = k_j - 1$

第 $j$ 列（第 $x$ 列与 $y$ 列交互作用项）平方和与自由度：$SS_j = \left( \sum_{h=1}^{k_j} T_{hj}^2/r_j \right) - C$，$df_j = (k_x - 1)(k_y - 1)$

误差项平方和与自由度：$SS_e = SS_T - \sum_j SS_j$，$df_e = df_T - \sum_j df_j$

### 3. 列出方差分析表进行 $F$ 检验

在平方和与自由度分解的基础上，分别求出每一列对应的均方及 $F$ 值，同时通过附录附表 6 查出 $F_a$ 或应用 FDIST 函数计算每一项对应的 $P$ 值，分别列于方差分析表。对于一般的无重复观测值正交设计试验资料，其方差分析表的模式见表 11-7。

表 11-7　　　　　　　　　无重复观测值正交设计试验资料方差分析表

| 变异来源 | 平方和 | 自由度 | 均方 | $F$ 值 |
|---|---|---|---|---|
| 第 1 列 | $SS_1 = \left( \sum_{h=1}^{k_1} T_{h1}^2/r_1 \right) - C$ | $df_1 = k_1 - 1$ | $MS_1 = SS_1/df_1$ | $MS_1/MS_e$ |
| ⋯ | ⋯ | ⋯ | ⋯ | ⋯ |
| 第 $j$ 列为单因素项 | $SS_j = \left( \sum_{h=1}^{k_j} T_{hj}^2/r_j \right) - C$ | $df_j = k_j - 1$ | $MS_j = SS_j/df_j$ | $MS_j/MS_e$ |
| 第 $j$ 列为 $x$、$y$ 列交互作用项 | $SS_j = \left( \sum_{h=1}^{k_j} T_{hj}^2/r_j \right) - C$ | $df_j = (k_x - 1)(k_y - 1)$ | $MS_j = SS_j/df_j$ | $MS_j/MS_e$ |
| ⋯ | ⋯ | ⋯ | ⋯ | ⋯ |

续表

| 变异来源 | 平方和 | 自由度 | 均方 | F 值 |
|---|---|---|---|---|
| 误差 | $SS_e = SS_T - \sum_j SS_j$ | $df_e = df_T - \sum_j df_j$ | $MS_e = SS_e / df_e$ | |
| 总变异 | $SS_T = \sum_{i=1}^n x_i - C$ | $df_T = n - 1$ | | |

$F$ 检验过程中，若发现有若干项 $F$ 检验结果为 $F < 1$ 时，为提高检验的灵敏度，可将它们的平方和与自由度分别合并到 $SS_e$ 与 $df_e$ 中，得到合并的误差均方，再用合并误差均方进行 $F$ 检验和多重比较。

4. 处理组合优选

若 $F$ 检验结果是某两因素间交互作用不显著，对于显著因素，选取优水平并在试验中加以严格控制；对不显著因素，可视具体情况确定优水平。若 $F$ 检验结果是因素间交互作用显著，在处理组合优选时，应以存在交互作用因素的最优水平组合而定。

**【例 11-3】** 对表 11-5 菜花留种试验结果资料，试应用无重复观测值正交设计资料方差分析的模式进行分析。

本例中，正交表的行数 $n = 8$，正交表的列数 $m = 7$，但需要考察的列数仅有 6 列（即 $j = 1, 2, 3, 4, 5, 7$），各列因素水平数相等（$k_j = 2$），各列水平重复数相等（$r_j = 4$）。

（1）根据公式 $T_{hj} = \sum_{l=1}^{r_j} x_{(hj)l}$ 求出各列每一水平之和（$T_{hj}$）

$T_{11} = \sum_{l=1}^{r_1} x_{(11)l} = 350 + 325 + 425 + 425 = 1525$，$T_{21} = \sum_{l=1}^{r_1} x_{(21)l} = 200 + 250 + 275 + 375 = 1100$；

$T_{12} = \sum_{l=1}^{r_2} x_{(12)l} = 350 + 325 + 200 + 250 = 1125$，$T_{22} = \sum_{l=1}^{r_2} x_{(22)l} = 425 + 425 + 275 + 375 = 1500$；

依次可求出 $T_{13} = 1325$，$T_{23} = 1300$，$T_{14} = 1250$，$T_{24} = 1375$，$T_{15} = 1400$，$T_{25} = 1225$，$T_{17} = 1300$，$T_{27} = 1325$。

$$T = \sum_{i=1}^n x_i = 350 + 325 + 425 + 425 + 200 + 250 + 275 + 375 = 2625$$

（2）计算列平方和与自由度

矫正数：$C = T^2 / n = \dfrac{2625^2}{8} = 861328.125$

$SS_T = \sum_{i=1}^n x_i^2 - C = 350^2 + 325^2 + \cdots + 375^2 - 861328.125 = 908125 - 861328.125 = 46796.875$，
$df_T = n - 1 = 8 - 1 = 7$

$SS_1 = \left( \sum_{h=1}^{k_1} T_{h1}^2 / r_1 \right) - C = [(1525^2 + 1100^2)/4] - 861328.125 = 22578.125$，$df_1 = k_1 - 1 = 2 - 1 = 1$

$SS_2 = \left( \sum_{h=1}^{k_2} T_{h2}^2 / r_2 \right) - C = [(1125^2 + 1500^2)/4] - 861328.125 = 17578.125$，$df_2 = k_2 - 1 = 2 - 1 = 1$

$SS_3 = \left( \sum_{h=1}^{k_3} T_{h3}^2 / r_3 \right) - C = [(1325^2 + 1300^2)/4] - 861328.125 = 78.125$，$df_3 = (k_1 - 1) \times (k_2 - 1) = 1 \times 1 = 1$

$$SS_4 = \left(\sum_{h=1}^{k_4} T_{h4}^2/r_4\right) - C = \left[(1250^2 + 1375^2)/4\right] - 861328.125 = 1953.125, df_4 = k_4 - 1 = 2 - 1 = 1$$

$$SS_5 = \left(\sum_{h=1}^{k_5} T_{h5}^2/r_5\right) - C = \left[(1400^2 + 1225^2)/4\right] - 861328.125 = 3828.125, df_5 = (k_1 - 1) \times (k_4 - 1) = 1 \times 1 = 1$$

$$SS_7 = \left(\sum_{h=1}^{k_7} T_{h7}^2/r_7\right) - C = \left[(1300^2 + 1325^2)/4\right] - 861328.125 = 78.125, df_7 = k_7 - 1 = 2 - 1 = 1$$

$$SS_e = SS_T - \sum_j SS_j = SS_T - SS_1 - SS_2 - SS_3 - SS_4 - SS_5 - SS_7 = 46796.875, df_e = df_T - \sum_j df_j = df_T - df_1 - df_2 - df_3 - df_4 - df_5 - df_7 = 7 - 6 = 1$$

（3）列方差分析表进行 $F$ 检验

在方差分析表中，计算各列的均方、$F$ 值，并应用 FDIST 函数计算 $P$ 值。结果见表 11-8。

表 11-8　　　　　　　　　　　菜花留种正交设计试验结果方差分析表

| 变异来源 | 平方和 | 自由度 | 均方 | $F$ 值 | $P$ 值 |
|---|---|---|---|---|---|
| 第 1 列（$A$） | 22578.1250 | 1 | 22578.1250 | 32.1111 | 0.1112 |
| 第 2 列（$B$） | 17578.1250 | 1 | 17578.1250 | 25.0000 | 0.1257 |
| 第 3 列（$A \times B$） | 78.1250 | 1 | 78.1250 | 0.1111 | 0.7952 |
| 第 4 列（$C$） | 1953.1250 | 1 | 1953.1250 | 2.7778 | 0.3440 |
| 第 5 列（$A \times C$） | 3828.1250 | 1 | 3828.1250 | 5.4444 | 0.2578 |
| 第 7 列（$D$） | 78.1250 | 1 | 78.1250 | 0.1111 | 0.7952 |
| 误差 | 703.1250 | 1 | 703.1250 | | |
| 总变异 | 46796.8750 | 7 | | | |

由表 11-8 方差分析结果可知，由于各考察因素对应 $P$ 值均大于 0.05，故各列因素效应均未达显著水平。可将 $F<1$ 的各列（第 3 列和第 7 列）合并到误差项中，以提高检验效率。合并误差项后方差分析结果见表 11-9。

表 11-9　　　　　　　　　菜花留种正交设计试验结果方差分析表（合并后）

| 变异来源 | 平方和 | 自由度 | 均方 | $F$ 值 | $P$ 值 |
|---|---|---|---|---|---|
| 第 1 列（$A$） | 22578.130 | 1 | 22578.130 | 78.8182 | 0.0030 |
| 第 2 列（$B$） | 17578.130 | 1 | 17578.130 | 61.3636 | 0.0043 |
| 第 4 列（$C$） | 1953.125 | 1 | 1953.125 | 6.8182 | 0.0796 |
| 第 5 列（$A \times C$） | 3828.125 | 1 | 3828.125 | 13.3636 | 0.0354 |
| 误差 | 859.375 | 3 | 286.4583 | | |
| 总变异 | 46796.88 | 7 | | | |

由表 11-9 方差分析结果可知，第 1 列（$A$）、第 2 列（$B$）、第 5 列（$A \times C$）均达显著水平。相对于合并误差项之前，检验效率有很大提高。

由于第 5 列为交互作用项（$A \times C$）达显著水平，因此需要对 $A$ 因素与 $C$ 因素的水平组合进行优选，其方法见例 11-2。优选中发现，$A_1C_1$ 水平组合产量最高，$A_1C_2$ 水平组合与其产量水平相近。结合 $D$ 因素对试验指标无显著影响，考虑到降低生产成本方面的需求，则影响菜花留种最好的管理方式应为 $A_1B_2C_1D_1$ 或 $A_1B_2C_2D_1$。

**（二）有重复观测值正交设计试验资料的方差分析**

1. 有重复观测值正交设计试验数据模型

设一正交设计试验中，$n$ 为正交表的行数，即试验处理（水平组合）数；$j$ 为需要考察单因素项或互作项对应列，取值为待考察列的列号；$k_j$ 为需要考察列的水平数；$r_j$ 为需要考察列水平的重复数；每一水平组合（处理）设置的重复数（区组）为 $r$。该有重复观测值正交设计试验数据模式见表 11-10。

**表 11-10**                **有重复观测值正交设计试验数据模式**

| 试验号 | 试验考察列号 | | | | 试验结果 | | | | | | |
|---|---|---|---|---|---|---|---|---|---|---|---|
| | 1 | 2 | … | $m_0$ | 区组 1 | 区组 2 | … | 区组 $g$ | … | 区组 $r$ | 合计 $x_i.$ |
| 1 | | | | | $x_{11}$ | $x_{12}$ | … | $x_{1g}$ | … | $x_{1r}$ | $x_{1.}$ |
| 2 | | | | | $x_{21}$ | $x_{22}$ | … | $x_{2g}$ | … | $x_{2r}$ | $x_{2.}$ |
| … | … | … | … | … | … | … | … | … | … | … | … |
| $n$ | | | | | $x_{n1}$ | $x_{n2}$ | … | $x_{ng}$ | | $x_{nr}$ | $x_{n.}$ |
| $T_{1j}$ | $T_{11}$ | $T_{12}$ | … | $T_{1m_0}$ | $x._1$ | $x._2$ | | $x._g$ | | $x._r$ | $x_{..}$ |
| … | … | … | … | … | | | | | | | |
| $T_{hj}$ | $T_{h1}$ | $T_{h2}$ | … | $T_{hm_0}$ | | | | $T = x_{..}$ | | | |
| … | … | … | … | … | | | | | | | |
| $T_{kj}$ | $T_{k1}$ | $T_{k2}$ | … | $T_{km_0}$ | | | | | | | |

表中：（1）$T_{hj}$ 为第 $j$ 个试验因素（含交互作用项）第 $h$ 个水平 $r_j$ 个水平重复及 $r$ 个试验重复所有观测值之和，$T_{hj} = \sum\limits_{l=1}^{r_j} \sum\limits_{g=1}^{r} x_{(hj)lg}$，$h$（$h = 1, 2, 3, \cdots, k_j$）为正交表各列的水平号；

（2）$x_{i.}$ 为第 $i$ 个水平组合（试验处理）$r$ 次重复之和，$x_{i.} = \sum\limits_{g=1}^{r} x_{ig}$；

（3）$x._g$ 为第 $g$ 个区组 $n$ 个处理之和，$x._g = \sum\limits_{i=1}^{n} x_{ig}$；

（4）$T$ 为 $n$ 个观测值之和，$T = x_{..} = \sum\limits_{i=1}^{n} \sum\limits_{g=1}^{r} x_{ig}$。

2. 有重复观测值正交设计试验数据平方和及自由度分解

矫正数：$C = T^2/nr = \dfrac{x_{..}^2}{nr}$

总平方和与自由度：$SS_T = \sum_{i=1}^{n} \sum_{g=1}^{r} x_{ig}^2 - C$，$df_T = rn - 1$

区组平方和与自由度：$SS_r = \frac{1}{n} \sum_{g=1}^{r} x_{\cdot g}^2 - C$，$df_r = r - 1$

处理平方和与自由度：$SS_t = \frac{1}{r} \sum_{i=1}^{n} x_{i\cdot}^2 - C$，$df_t = n - 1$

第 $j$ 列（单因素项）平方和与自由度：$SS_j = \sum_{h=1}^{k_j} T_{hj}^2 / r_j r - C$，$df_j = k_j - 1$

第 $j$ 列（第 $x$ 列与 $y$ 列交互作用项）平方和与自由度：$SS_j = \sum_{h=1}^{k_j} T_{hj}^2 / r_j r - C$，$df_j = (k_x - 1)(k_y - 1)$

注：当两因素交互作用项占用多列时，需合并各列的平方和与自由度。

模型误差平方和与自由度：$SS_{e1} = SS_t - \sum_j SS_j$，$df_{e1} = df_t - \sum_j df_j$

重复误差平方和与自由度：$SS_{e2} = SS_T - SS_t - SS_r$，$df_{e2} = df_T - df_t - df_r$

3. 列方差分析表进行 $F$ 检验

在平方和与自由度分解的基础上，分别求出每一列对应的均方（$MS$）及 $F$ 值，同时应用 FDIST 函数计算每项对应的 $P$ 值，或通过附录附表 6 查出 $F_a$，分别列于方差分析表。对于一般的有重复观测值正交设计试验资料，其方差分析表见表 11-11。

表 11-11             有重复观测值正交设计试验资料方差分析表

| 变异来源 | 平方和 | 自由度 | 均方 | $F$ 值 |
|---|---|---|---|---|
| 区组 | $SS_r = \frac{1}{n} \sum_{g=1}^{r} x_{\cdot g}^2 - C$ | $df_r = r - 1$ | | |
| 第 1 列 | $SS_1 = \left( \sum_{h=1}^{k_1} T_h^2 / r_1 r \right) - C$ | $df_1 = k_1 - 1$ | $MS_1 = SS_1/df_1$ | $\dfrac{MS_1}{MS_e \text{ 或 } MS_{e2}}$ |
| ... | ... | ... | ... | ... |
| 第 $j$ 列为单因素项 | $SS_j = \left( \sum_{h=1}^{k_j} T_{hj}^2 / r_j r \right) - C$ | $df_j = k_j - 1$ | $MS_j = SS_j/df_j$ | $\dfrac{MS_j}{MS_e \text{ 或 } MS_{e2}}$ |
| 第 $j$ 列为 $x$、$y$ 列交互作用项 | $SS_j = \left( \sum_{h=1}^{k_j} T_{hj}^2 / r_j r \right) - C$ | $df_j = (k_x - 1)(k_y - 1)$ | $MS_j = SS_j/df_j$ | $\dfrac{MS_j}{MS_e \text{ 或 } MS_{e2}}$ |
| ... | ... | ... | ... | ... |
| 模型误差 $e_1$ | $SS_{e_1} = SS_t - \sum_j SS_j$ | $df_{e_1} = df_t - \sum_j df_j$ | $MS_{e_1} = SS_{e_1}/df_{e_1}$ | $\dfrac{MS_{e1}}{MS_{e2}}$ |
| 重复误差 $e_2$ | $SS_{e_2} = SS_T - SS_t - SS_r$ | $df_{e_2} = df_T - df_t - df_r$ | $MS_{e_2} = SS_{e_2}/df_{e_2}$ | |
| 合并误差 $e$ | $SS_e = SS_{e_2} + SS_{e_1}$ | $df_e = df_{e_2} + df_{e_1}$ | $MS_e = SS_e/df_e$ | |

续表

| 变异来源 | 平方和 | 自由度 | 均方 | F 值 |
|---|---|---|---|---|
| 总变异 | $SS_T = \sum_{i=1}^{n}\sum_{g=1}^{r} x_{ig}^2 - C$ | $df_T = rn-1$ | | |

注意，对有重复观测值正交设计试验资料进行 $F$ 检验时，要先检验 $MS_{e_1}$ 与 $MS_{e_2}$ 差异的显著性，根据检验结果决定下一步 $F$ 检验的方法。若经 $F$ 检验两者之间差异不显著，则要将二者的平方和与自由度分别合并，计算出合并的误差均方 $MS_e$，再进行 $F$ 检验与多重比较，以提高分析的精度；若经 $F$ 检验两者差异显著，则二者不能合并，只能以 $MS_{e_2}$ 进行 $F$ 检验和多重比较。

4. 多重比较

若 $F$ 检验中发现因素间交互作用不显著，该种情况下，各因素水平平均数的差异能反映因素的主效应。因而需要进行各因素水平平均数的多重比较，并进一步从各因素水平平均数的多重比较中选出各因素的最优水平，组成最优组合。若因素间交互作用效应显著，需对因素水平组合进行多重比较，以选出最优水平组合。

【例 11-4】有一水稻 3 因子试验，$A$ 因素为品种（4 水平），$B$ 因素为栽插密度（2 水平），$C$ 因素为施肥量（2 水平）。本试验采用随机区组化的正交设计试验，选用 $L_8(4 \times 2^4)$，其表头设计和产量结果（单位：$\text{kg}/30\text{m}^2$）见表 11-12。试应用有重复观测值正交设计资料方差分析的模式进行方差分析。

表 11-12　　　　　　　　　水稻田间正交设计试验结果及统计量计算

| 处理 | A 第1列 | 空 第2列 | B 第3列 | 空 第4列 | C 第5列 | 产量/($\text{kg}/30\text{m}^2$) 1 | 2 | 3 | $x_{i.}$ |
|---|---|---|---|---|---|---|---|---|---|
| | 1 | 1 | 1 | 1 | 1 | 17 | 16 | 19 | 52 |
| | 1 | 2 | 2 | 2 | 2 | 19 | 20 | 20 | 59 |
| | 2 | 1 | 1 | 2 | 2 | 26 | 24 | 21 | 71 |
| | 2 | 2 | 2 | 1 | 1 | 25 | 22 | 20 | 67 |
| | 3 | 1 | 2 | 1 | 2 | 16 | 15 | 19 | 50 |
| | 3 | 2 | 1 | 2 | 1 | 14 | 15 | 14 | 43 |
| | 4 | 1 | 2 | 2 | 1 | 24 | 25 | 23 | 72 |
| | 4 | 2 | 1 | 1 | 2 | 28 | 28 | 26 | 82 |
| $T_{1j}$ | 111 | | 248 | | 234 | $x_{.g}$ 　169 | 165 | 162 | $T=496$ |
| $T_{2j}$ | 138 | | 248 | | 262 | | | | |
| $T_{3j}$ | 93 | | | | | | | | |
| $T_{4j}$ | 154 | | | | | | | | |

本例中，正交表的行数 $n=8$，正交表的列数 $m=5$，但需要考察的列数仅有 3 列（即

$j=1$，3，5），因素水平数 $k_1=4$、$k_3=k_5=2$；水平重复数 $r_1=2$、$r_3=r_5=4$；试验重复（区组）数 $r=3$。

（1）计算各项之和

①根据公式 $T_{hj}=\sum\limits_{l=1}^{rj}\sum\limits_{g=1}^{r}x_{(hj)lg}$，计算每一水平之和（$T_{hj}$）以及总和（$T$），并列于表 11-12 中。

$$T_{11}=\sum\limits_{l=1}^{r11}\sum\limits_{g=1}^{3}x_{(11)lg}=111, T_{21}=\sum\limits_{l=1}^{r21}\sum\limits_{g=1}^{3}x_{(21)lg}=138, T_{31}=\sum\limits_{l=1}^{r31}\sum\limits_{g=1}^{3}x_{(31)lg}=93$$

$$T_{41}=\sum\limits_{l=1}^{r41}\sum\limits_{g=1}^{3}x_{(41)lg}=154, T_{13}=\sum\limits_{l=1}^{r13}\sum\limits_{g=1}^{3}x_{(13)lg}=248, T_{23}=\sum\limits_{l=1}^{r23}\sum\limits_{g=1}^{3}x_{(23)lg}=248,$$

$$T_{15}=\sum\limits_{l=1}^{r15}\sum\limits_{g=1}^{3}x_{(15)lg}=234, T_{25}=\sum\limits_{l=1}^{r25}\sum\limits_{g=1}^{3}x_{(25)lg}=262, T=x_{..}=\sum\limits_{i=1}^{8}\sum\limits_{g=1}^{3}x_{ig}=496$$

②根据公式 $x_{i.}=\sum\limits_{g=1}^{r}x_{ig}$ 计算各水平组合之和，并列于表 11-12 中。

$$x_{1.}=\sum\limits_{g=1}^{3}x_{1g}=52, x_{2.}=\sum\limits_{g=1}^{3}x_{2g}=59, x_{3.}=\sum\limits_{g=1}^{3}x_{3g}=71, x_{4.}=\sum\limits_{g=1}^{3}x_{4g}=67$$

$$x_{5.}=\sum\limits_{g=1}^{3}x_{5g}=50, x_{6.}=\sum\limits_{g=1}^{3}x_{6g}=43, x_{7.}=\sum\limits_{g=1}^{3}x_{7g}=72, x_{8.}=\sum\limits_{g=1}^{3}x_{8g}=82$$

③根据公式 $x_{.g}=\sum\limits_{i=1}^{n}x_{ig}$ 计算各区组之和，并列于表 11-12 中。

$$x_{.1}=\sum\limits_{i=1}^{8}x_{i1}=169, x_{.2}=\sum\limits_{i=1}^{8}x_{i2}=165, x_{.3}=\sum\limits_{i=1}^{8}x_{i3}=162$$

（2）计算列平方和与自由度

矫正数：$C=T^2/nr=\dfrac{496^2}{8\times3}=10250.667$

$$SS_T=\sum\limits_{i=1}^{8}\sum\limits_{g=1}^{3}x_{ig}^2-10250.667=17^2+16^2+\cdots+26^2-10250.667=451.333, df_T=rn-1=3\times8-1=23$$

$$SS_r=\frac{1}{n}\sum\limits_{g=1}^{r}x_{.g}^2-C=\frac{1}{8}(169^2+165^2+162^2)-10250.667=3.083, df_r=r-1=3-1=2$$

$$SS_t=\frac{1}{r}\sum\limits_{i=1}^{n}x_{i.}^2-C=\frac{1}{3}(52^2+59^2+71^2+67^2+50^2+43^2+72^2+82)-10250.667=406.667,$$
$df_t=8-1=7$

$$SS_1=\sum\limits_{h=1}^{k1}T_{h1}^2/r_1r-C=63730/(2\times3)-10250.667=371, df_1=k_1-1=4-1=3$$

$$SS_3=\sum\limits_{h=1}^{k3}T_{h3}^2/r_3r-C=123008/(4\times3)-10250.667=0, df_3=k_3-1=2-1=1$$

$$SS_5=\sum\limits_{h=1}^{k5}T_{h5}^2/r_5r-C=123400/(4\times3)-10250.667=32.667, df_5=k_5-1=2-1=1$$

$$SS_{e_1}=SS_t-\sum\limits_{j}SS_j=SS_t-SS_1-SS_3-SS_5=3, df_{e_1}=df_t-\sum\limits_{j}df_j=df_t-df_1-df_3-df_5=2$$

$$SS_{e_2}=SS_T-SS_t-SS_r=451.333-406.667-3.083=41.583, df_{e_2}=df_T-df_t-df_r=23-7-2=14$$

（3）列方差分析表进行 $F$ 检验

①将计算出的各项平方和与自由度列于方差分析表中，计算各项对应的均方（$MS$），见表 11-13。

表 11-13 水稻正交设计试验结果方差分析表

| 变异来源 | 平方和 | 自由度 | 均方 | $F$ 值 | $P$ 值 |
|---|---|---|---|---|---|
| 区组 | 3.083 | 2 | 1.548 | | |
| 第 1 列（A） | 371.000 | 3 | 123.667 | 44.381 | 0.0001 |
| 第 3 列（B） | 0.000 | 1 | 0.000 | 0.000 | 0.9999 |
| 第 5 列（C） | 32.667 | 1 | 32.667 | 11.723 | 0.0035 |
| 模型误差 | 3.000 | 2 | 1.500 | 0.505 | 0.6141 |
| 重复误差 | 41.583 | 14 | 2.970 | | |
| 合并误差 | 44.583 | 16 | 2.787 | | |
| 总变异 | 451.333 | | | | |

②首先应用 $F_{e_1} = \dfrac{MS_{e_1}}{MS_{e_2}}$，检验 $MS_{e_1}$ 与 $MS_{e_2}$ 差异的显著性，由于 $F_{e_1} = 1.500/2.972 = 0.505$，在 EXCEL 中计算出 $P = \text{FDIST}（0.505，2，14）= 0.6141 > 0.05$，则 $MS_{e_1}$ 与 $MS_{e_2}$ 差异不显著。

③将模型误差与重复误差的平方和与自由度合并，计算出合并的误差均方，即 $MS_e =（3+41.583）/（2+14）= 2.787$，利用合并的误差均方 $MS_e$ 进行其他各项的 $F$ 检验及对应的 $P$ 值。结果见表 11-13 方差分析表。

方差分析结果显示，$F_A = 44.381$、$P_A = 0.0001 < 0.05$，$F_B = 0$，$P_B = 0.9999 > 0.05$，$F_C = 11.723$，$P_C = 0.0035 < 0.05$。即 A 因素（第 1 列）与 C 因素（第 5 列）达极显著水平，而 B 因素（第 3 列）未达显著水平。由于因素 B 未达显著水平，可将 B 项归于误差项进行重新分析，所得方差分析见表 11-14。

表 11-14 水稻正交设计试验结果方差分析表（调整后）

| 变异来源 | 平方和 | 自由度 | 均方 | $F$ 值 | $P$ 值 |
|---|---|---|---|---|---|
| 区组 | 3.0833 | 2 | 1.548 | | |
| 第 1 列（A） | 371.0000 | 3 | 123.667 | 47.1551 | 0.0001 |
| 第 5 列（C） | 32.6667 | 1 | 32.667 | 12.4561 | 0.0026 |
| 模型误差 | 3.0000 | 3 | 1.000 | 0.3367 | 0.7991 |
| 重复误差 | 41.5833 | 14 | 2.970 | | |
| 合并误差 | 44.5833 | 17 | 2.623 | | |
| 总和 | 451.3333 | | | | |

# 第三节 DPS在正交设计试验中的应用

## 一、极差分析

在DPS分析前先编辑定义数据矩阵，数据矩阵的左边放正交表，右边输入试验结果（可是单个数值或有重复），一行一个正交试验组合。然后，将正交表和试验结果一起定义成数据块。选择"试验统计"菜单下的"正交试验方差分析"命令，于提示对话框中分别输入"正交因子总数"（一般系统会自动识别，无需输入）"试验因子所在列号""空白因子所在列号"，列号间用空格分隔。确定后即可得到正交设计试验的极差分析与方差分析结果。

【例11-5】试用DPS数据分析系统，对表11-12水稻田间试验结果资料做极差分析。

（1）在DPS电子表格中，选择"试验设计"→"正交设计表"，在"选择合适的正交设计表"对话框中，勾选"8处理（4水平1因素＋2水平4因素）"正交表。

（2）在给出的正交表右侧逐列输入表11-12中各重复试验数据，建立"水稻田间试验.DPS"文件，定义数据块（注：表格及对应数据均选上）。

（3）选择"试验统计"→"正交试验方差分析"，弹出"正交试验统计分析参数设置"对话框，指定"正交因子总数"为"5"、"试验因子所在列号"为"1 3 5"，"空白因子所在列号"为"2 4"，各列号间用空格隔开。确定后输出极差分析结果，见表11-15。

表11-15　　　　　　　　　水稻田间正交设计试验结果极差分析

| 因子 | 极小值 | 水平 | 极大值 | 水平 | 极差$R$ | 调整极差$R'$ |
|---|---|---|---|---|---|---|
| 第1列（$A$） | 15.5000 | 3 | 25.6667 | 4 | 10.1667 | 6.4700 |
| 第2列 | 20.4167 | 1 | 20.9167 | 2 | 0.5000 | 0.7100 |
| 第3列（$B$） | 20.6667 | 1 | 20.6667 | 1 | 0.0000 | 0.0000 |
| 第4列 | 20.4167 | 2 | 20.9167 | 2 | 0.5000 | 0.7100 |
| 第5列（$C$） | 19.5000 | 1 | 21.8333 | 2 | 2.3333 | 3.3130 |

由于本试验采用了混合正交表，因此应通过修正（调整）的$R'$值判定试验结果。从表11-15极差分析结果可看出，因素$A$居第一位，其次为因素$C$，因素$B$极差最小。由此可见，因素$A$对水稻产量的影响最大，其次是因素$C$，最后是因素$B$。

（4）组合优选。由各试验因素不同水平的平均值大小可知，$A$、$B$、$C$ 3试验因素的最值水平分别为$A_4$、$B_1$或$B_2$，$C_2$，由于因素$B$对试验指标基本无影响，一般取最低水平。因此，可初步判断水稻田间栽培的最佳农艺措施应为$A_4B_1C_2$。

在混合水平正交表中，水平数多的因素的极差一般比水平数少的因素的极差大。不同水平的因素进行比较，要对极差$R$值加以修正。对极差$R$进行修改的计算公式为

$$R' = \sqrt{n/k} \times d \times R \tag{11-2}$$

式中　$R'$——对极差$R$修正得到的调整极差；

　　　$n$——试验次数，即正交表的行数；

　　　$k$——因素水平数；

$d$——修正系数，可由表 11-16 极差修正系数表查出。

**表 11-16**                              极差修正系数表

| $k$ | 2 | 3 | 4 | 5 | 6 | 7 | 8 | 9 | 10 |
|-----|------|------|------|------|------|------|------|------|------|
| $d$ | 0.71 | 0.52 | 0.45 | 0.40 | 0.37 | 0.36 | 0.34 | 0.32 | 0.31 |

## 二、方差分析

对正交设计试验资料方差分析时，为估计试验误差，需在试验设计时设置空白列或设置重复试验。DPS 系统在方差分析表空白列上自动标上星号，若某列的平方和小于空白列的平方和，则必须将该列按空白列处理，即将该列与其他空白列合并来估计误差。

**【例 11-6】** 试用 DPS 数据分析系统，对表 11-12 水稻田间试验结果资料做方差分析。

打开"水稻田间试验.DPS"文件，操作过程与例 11-5 一致，但要勾选"是否是区组设计"，输出方差分析结果见表 11-17，结果与例 11-4 一致。即 $A$ 因素与 $C$ 因素均达极显著水平，$B$ 因素未达显著水平。对于显著因素，选取优水平并在试验中加以严格控制；对不显著因素，可视具体情况确定优水平。

**表 11-17**         水稻田间正交设计试验结果方差分析表（随机区组模型）

| 变异来源 | 平方和 | 自由度 | 均方 | $F$ 值 | $P$ 值 |
|---------|--------|--------|------|--------|--------|
| 区组 | 3.0833 | 2 | 1.5417 | | |
| 第 1 列（$A$） | 371.0000 | 3 | 123.6667 | 44.3813 | 0.0001 |
| 第 2 列 * | 1.5000 | 1 | 1.5000 | | |
| 第 3 列（$B$） | 0.0000 | 1 | 0.0000 | 0.0000 | 0.9999 |
| 第 4 列 * | 1.5000 | 1 | 1.5000 | | |
| 第 5 列（$C$） | 32.6667 | 1 | 32.6667 | 11.7234 | 0.0035 |
| 模型误差 | 3.0000 | 2 | 1.5000 | 0.5050 | 0.6141 |
| 重复误差 | 41.5833 | 14 | 2.9702 | | |
| 合并误差 | 44.5833 | 16 | 2.7865 | | |
| 总变异 | 451.3333 | | | | |

\* . 为空列。

结合极差分析，$A$、$B$、$C$ 的最优水平分别为 $A_4$、$B_1$ 或 $B_2$、$C_2$，但结合生产实际，选用低密度即 $B_1$ 可节省生产成本。本试验最终所得最优水平组合为 $A_4B_1C_2$。当然，本例由于第 3 列（$B$ 因素）对应 $F$ 值小于 1，可将该列作为空白列再进行一次方差分析，可得出相同的结论。

## 第四节　SPSS 在正交设计试验中的应用

**【例 11-7】** 某抗生素发酵培养基配方试验，考察 3 个因素 $A$、$B$、$C$ 分别为培养基 3 种配方，各有 2 个水平。除考察 $A$、$B$、$C$ 3 个因素的主效应外，还需考察因素 $A$ 与 $B$、$B$ 与 $C$ 的交互作用。其表头设计及试验结果见表 11-18。试应用 SPSS 进行方差分析。

**表 11-18** 抗生素发酵正交设计实验方案及试验结果

| $A$ | $B$ | $A \times B$ | $C$ | 空列 | $B \times C$ | 空列 | 产量/% |
|-----|-----|------|-----|------|------|------|--------|
| 1 | 1 | 1 | 1 | 1 | 1 | 1 | 55 |
| 1 | 1 | 1 | 2 | 2 | 2 | 2 | 38 |
| 1 | 2 | 2 | 1 | 1 | 2 | 2 | 97 |
| 1 | 2 | 2 | 2 | 2 | 1 | 1 | 89 |
| 2 | 1 | 2 | 1 | 2 | 1 | 2 | 122 |
| 2 | 1 | 2 | 2 | 1 | 2 | 1 | 124 |
| 2 | 2 | 1 | 1 | 2 | 2 | 1 | 79 |
| 2 | 2 | 1 | 2 | 1 | 1 | 2 | 61 |

（1）SPSS 检验

①建立文件"发酵试验.SAV"；在"变量视图"中分别建立变量"$A$"、"$B$"、"$C$"用以表示不同培养基配方，"产量"表示试验结果；在"数据视图"中相应变量下分别输入表 11-18 中的对应数据。

②单击"分析"→"一般线性模型"→"单变量"，打开"单变量"主对话框（参考图 7-6）；选择"产量"进入"因变量"框中，选择"$A$"、"$B$"和"$C$"进入"固定因子"框中。

③单击"模型"按钮，进入"模型"对话框（参考图 7-7），指定模型为"定制"，并将"$A$"、"$B$"、"$C$"、"$A \times B$"、"$B \times C$"移到"模型"框中。平方和类型选取默认项"类型Ⅲ"。返回主对话框确定后输出分析结果，见表 11-19。

**表 11-19** 抗生素发酵正交设计试验结果方差分析表

| 变异来源 | 调整前 | | | | | 调整后 | | | | |
|---------|--------|------|---------|---------|-------|--------|------|-----------|----------|-------|
| | $SS$ | $df$ | $MS$ | $F$ | $P$ | $SS$ | $df$ | $MS$ | $F$ | $P$ |
| 修正的模型 | 6627.625 | 5 | 1325.525 | 23.003 | 0.042 | 6612.500 | 4 | 1653.125 | 38.039 | 0.007 |
| 截距 | 55278.125 | 1 | 55278.125 | 959.273 | 0.001 | 55278.125 | 1 | 55278.125 | 1271.980 | 0.000 |
| $A$ | 1431.125 | 1 | 1431.125 | 24.835 | 0.038 | 1431.125 | 1 | 1431.125 | 32.931 | 0.011 |
| $B$ | 21.125 | 1 | 21.125 | 0.367 | 0.606 | | | | | |
| $C$ | 210.125 | 1 | 210.125 | 3.646 | 0.196 | 210.125 | 1 | 210.125 | 4.835 | 0.115 |
| $A \times B$ | 4950.125 | 1 | 4950.125 | 85.902 | 0.011 | 4971.250 | 2 | 2485.625 | 57.196 | 0.004 |
| $B \times C$ | 15.125 | 1 | 15.125 | 0.262 | 0.659 | | | | | |
| 误差 | 115.250 | 2 | 57.625 | | | 130.375 | 3 | 43.458 | | |

续表

| 变异来源 | 调整前 | | | | | 调整后 | | | | |
|---|---|---|---|---|---|---|---|---|---|---|
| | $SS$ | $df$ | $MS$ | $F$ | $P$ | $SS$ | $df$ | $MS$ | $F$ | $P$ |
| 总变异 | 62021.000 | 8 | | | | 62021.000 | 8 | | | |
| 校正后总变异 | 6742.875 | 7 | | | | 6742.875 | 7 | | | |

表 11-19 方差分析结果表明，因素 $A$、$A \times B$ 处理效应达显著水平。由于 $B$ 与 $B \times C$ 交互作用不显著，且 $F < 1$，因此需将此二项从"模型"对话的"模型框"中移除再重新分析。重新进行方差分析结果表明，$A$ 因素效应达显著水平，$A \times B$ 效应达极显著水平。因此，应对 $A$ 与 $B$ 的水平组合进行多重比较，以选出 $A$ 与 $B$ 的最优水平组合。

（2）$A$ 与 $B$ 各水平组合的多重比较

由于 SPSS 无法对 $A$ 与 $B$ 各水平组合进行多重比较，因此需要单独列出比较。

①先计算出 $A$ 与 $B$ 各水平组合的平均数：

$A_1B_1$ 水平组合的平均数 $\overline{x}_{11} = (55+38)/2 = 46.5$；$A_1B_2$ 水平组合的平均数 $\overline{x}_{12} = (97+89)/2 = 93.0$。

$A_2B_1$ 水平组合的平均数 $\overline{x}_{21} = (122+124)/2 = 123.0$；$A_2B_2$ 水平组合的平均数 $\overline{x}_{22} = (79+61)/2 = 70.0$。

②水平组合平均数多重比较：本例采用 $q$ 法进行多重比较。$S_{\overline{x}} = \sqrt{MS_e/2} = \sqrt{43.458/2} = 4.66$，由 $df_e = 2$ 与 $k = 2, 3, 4$ 查临界 $q$ 值，并计算出 LSR 临界值见表 11-20。

表 11-20                   $q$ 值与 LSR 临界值表

| 自由度 | 秩次距 | $q_{0.05}$ | $q_{0.01}$ | $LSR_{0.05}$ | $LSR_{0.01}$ |
|---|---|---|---|---|---|
| | 2 | 6.09 | 14.0 | 28.39 | 65.26 |
| 2 | 3 | 8.28 | 19.0 | 38.60 | 88.57 |
| | 4 | 9.80 | 22.3 | 45.68 | 103.95 |

列出 $A$、$B$ 因素各水平组合平均数，根据表 11-20 LSR 临界值进行多重比较，结果见表 11-21。表 11-21 多重比较结果表明，$A_2B_1$ 显著优于 $A_1B_1$、$A_2B_2$、$A_1B_2$；$A_1B_2$ 显著优于 $A_1B_1$，其余差异不显著，可见 $A$ 与 $B$ 最优水平组合为 $A_2B_1$。因此，因素 $A$ 取 $A_2$，因素 $B$ 取 $B_1$，由于因素 $C$ 效果不显著，可取最低水平 $C_1$，则本次试验所得出的最优水平组合为 $A_2B_1C_1$。

表 11-21       抗生素发酵正交设计试验水平组合平均数多重比较表（$q$ 法）

| 水平组合 | 平均数 | 显著水平 | |
|---|---|---|---|
| | | 0.05 | 0.01 |
| $A_2B_1$ | 123.0 | $a$ | $A$ |

续表

| 水平组合 | 平均数 | 显著水平 | |
|---|---|---|---|
| | | 0.05 | 0.01 |
| $A_1B_2$ | 93.0 | b | A |
| $A_2B_2$ | 70.0 | bc | A |
| $A_1B_1$ | 46.5 | c | A |

## 思考练习题

**习题 11.1**　有一多因素试验，考察因素 $A$、$B$、$C$、$D$ 分别有 2 个水平，同时要考察 $A$ 与 $B$、$B$ 与 $C$ 的交互作用，若用正交表 $L_8(2^7)$ 安排试验，请作出表头设计。

**习题 11.2**　为了研究粗蛋白、消化能和粗纤维三个因素对 $30\sim50kg$ 育肥猪增重的影响，用正交表 $L_9(3^4)$ 安排了正交试验，获得下列资料。对试验结果进行方差分析。

| 试验因素 | | 试验号 | | | | | | | | |
|---|---|---|---|---|---|---|---|---|---|---|
| | | 1 | 2 | 3 | 4 | 5 | 6 | 7 | 8 | 9 |
| A | 粗蛋白/% | 1 (18) | 1 (18) | 1 (18) | 2 (15) | 2 (15) | 2 (15) | 3 (12) | 3 (12) | 3 (12) |
| B | 消化能/kJ | 1 (12970) | 2 (11715) | 3 (11460) | 1 (12970) | 2 (11715) | 3 (11460) | 1 (12970) | 2 (11715) | 3 (11460) |
| C | 粗纤维/% | 1 (5) | 2 (7) | 3 (9) | 2 (7) | 3 (9) | 1 (5) | 3 (9) | 1 (5) | 2 (7) |
| 日增重/g | 475 | 394 | 362 | 445 | 392 | 409 | 354 | 378 | 423 | |

**习题 11.3**　用正交试验优选消炎生肌水提取工艺，确定考察回流时间 $A$、回流次数 $B$、乙醇浓度 $C$、乙醇用量 $D$，考虑交互作用 $A\times B$。用 $L_8(2^7)$ 安排试验，$A$、$B$、$C$、$D$ 放在 1、2、4、7 列，各号试验的生物碱含量（单位：mg/mL）为：1.28、2.11、0.72、2.19、1.23、2.76、0.97、1.98，分析试验结果（极差分析与方差分析）。

| 水平 | A/h | B/次 | C/% | D/倍 |
|---|---|---|---|---|
| 1 | 1 | 2 | 0 | 10 |
| 2 | 2 | 1 | 20 | 6 |

**习题 11.4**　有一施肥试验，N 元素 4 个水平，P、K 肥料均为时施肥与不施肥（0）两种水平。试验采用正交表为 $L_8(4\times2^4)$ 的正交设计，小区面积 $20m^2$，重复 3 次，随机区组排列，试验结果如下。试作分析。

| 处理号 | 列号 | | | 各区组产量/（kg/20m²） | | |
|---|---|---|---|---|---|---|
| | 1 | 2 | 5 | Ⅰ | Ⅱ | Ⅲ |
| 1 | 1 (N₀) | 1 (0) | 1 (0) | 3.6 | 3.9 | 3.2 |

续表

| 处理号 | 列号 | | | 各区组产量/（kg/20m²） | | |
|---|---|---|---|---|---|---|
| | 1 | 2 | 5 | Ⅰ | Ⅱ | Ⅲ |
| 2 | 1（$N_0$） | 2（P） | 2（K） | 5.1 | 4.8 | 5.1 |
| 3 | 2（$N_1$） | 1（0） | 2（K） | 5.6 | 5.3 | 5.6 |
| 4 | 2（$N_1$） | 2（P） | 1（0） | 5.9 | 6.0 | 6.7 |
| 5 | 3（$N_2$） | 1（0） | 2（K） | 6.4 | 6.5 | 7.0 |
| 6 | 3（$N_2$） | 2（P） | 1（0） | 7.4 | 7.1 | 7.3 |
| 7 | 4（$N_3$） | 1（0） | 1（0） | 7.5 | 7.7 | 7.8 |
| 8 | 4（$N_3$） | 2（P） | 2（K） | 8.1 | 8.4 | 8.6 |

# 第十二章  均匀设计

## 第一节  均匀设计的原理与方法

### 一、均匀设计的概念

均匀设计（uniform design）是一种利用均匀设计表（uniform design table），将试验点均匀分布在试验范围内的适用于多因素、多水平试验的科学试验方法。均匀设计与正交设计很相似，其试验点在空间具有"均匀分散性"，但不具有"整齐可比性"，是用比正交设计更少的试验次数，来安排多因素多水平的一种多因素试验设计方法。当试验中拟考察的因素和因素水平数均较多时，可考虑选用均匀设计。均匀设计特别适用于全部试验因素均为定量因素，且自变量取值范围大、水平多（一般不少于5）的情况。

均匀设计的最大优点是可以节省大量的试验工作量，特别是试验因素水平较多的情况下，其优势更为明显。同时，由于均匀设计没有整齐可比性，因此试验结果的处理不能采用正交设计中的极差分析方法，而是应用回归分析的方法进行分析。所以，试验结果处理较为复杂，更适合应用统计软件进行分析。

### 二、均匀设计表

#### （一）均匀设计表的概念

与正交设计应用正交表设计试验类似，均匀设计是应用均匀设计表来安排试验的。均匀设计表是根据数论在多维数值积分的应用原理，仿照正交表构造的具有均匀性的一种规格化阵列表，是均匀设计的基本工具，分为等水平和混合水平两种。等水平均匀设计表用 $U_n(m^k)$ 表示，其中 U 表示均匀设计表；$n$ 表示表的行数，即试验方案包含的水平组合数；$k$ 表示表的列数；$m$ 表示每列中不同数字的个数，即每个因素的水平数。

均匀设计表 $U_n(m^k)$ 的最后一行为各因素最高水平的组合，当去掉最后一行时相当于减少了一个水平，得到的表标记为 $U_{n-1}[(m-1)^k]$。在选用均匀设计表时应注意：一方面，在实际应用中当某些因素的最高水平相遇时往往导致试验无法进行，则可采用 $U_n^*(m^k)$ 表；另一方面，通常情况下 $U_n^*(m^k)$ 表有更好的均匀性，应优先选用。

#### （二）均匀设计表的特点

（1）每个因素的每个水平做一次且仅做一次试验。例如，均匀设计表 $U_7^*(7^4)$ 是一个可容纳4因素7水平的均匀设计表，每一因素中的每个水平仅做一次试验，见表12-1。

（2）任两个因素的试验点画在平面的格子点上，每行每列有且仅有一个试验点。

（3）均匀设计表任两列组成的试验方案一般并不等价，均匀设计表的这一性质和正交表有很大的不同。因此，每个均匀设计表（表12-1）必须有一个附加的使用表（表12-2）。使用表确定了试验因素安置的列，即均匀设计一般不宜随意挑选列。

**表 12-1**  均匀设计表 $U_7^*(7^4)$

| 试验号 | 1 | 2 | 3 | 4 |
|---|---|---|---|---|
| 1 | 1 | 3 | 5 | 7 |
| 2 | 2 | 6 | 2 | 6 |
| 3 | 3 | 1 | 7 | 5 |
| 4 | 4 | 4 | 4 | 4 |
| 5 | 5 | 7 | 1 | 3 |
| 6 | 6 | 2 | 6 | 2 |
| 7 | 7 | 5 | 3 | 1 |

**表 12-2**  均匀设计表 $U_7^*(7^4)$ 的使用表

| 因素个数 | 列号 | $D$ |
|---|---|---|
| 2 | 1, 3 | 0.1582 |
| 3 | 2, 3, 4 | 0.2132 |

均匀设计表的均匀度用偏差来度量,偏差通常用 $D$ 表示。偏差值越小,表示均匀度越好,当试验次数固定时,随着列数(表中所安排的因素个数)的增加,偏差增大。

(4)当试验水平数增加时,试验的水平组合数按水平的增加而增加。通过均匀设计与正交设计的比较可知,均匀设计的最大优点是试验水平数可以连续增加,但由此引起的试验工作量增加有限。由于这个特点,使均匀设计更便于安排水平数较多的试验。

在均匀设计表的 4 个特点中,前两个特点反映了均匀设计试验安排的"均衡性",即对各因素,每个因素的每个水平一视同仁。

### 三、均匀设计的步骤

第一步,在确定了因素及其水平之后,根据因素及因素水平数选择合适的均匀表。

第二步,根据均匀表的使用表选出最合适的列号,使得偏差最小,将各因素分别安排到这些列上,此时不需要考虑因素之间的交互作用。

第三步,根据设计好的表头,将标有单个试验因素的列连同其下的水平代码一起摘录出来。

第四步,结合试验因素的真实水平,将摘录出来的各列的水平代码转换成试验因素的真实水平,并按均匀表各行所决定的试验条件进行具体试验。

【例 12-1】在阿魏酸的合成工艺考察中,为了提高产量,选取了原料配比($A$)、吡啶量($B$)和反应时间($C$)3 个因素,它们各取了 7 个水平。原料配比($A$):1.0,1.4,1.8,2.2,2.6,3.0,3.4;吡啶量($B$,单位:mL):10,13,16,19,22,25,28;反应时间($C$,单位:h):0.5,1.0,1.5,2.0,2.5,3.0,3.5。问如何应用均匀设计优化试验方案?

(1)根据试验因素数 3 和因素水平数 7,可选用均匀设计表为 $U_7^*(7^4)$ 或 $U_7(7^4)$。

（2）由 $U_7^*(7^4)$ 或 $U_7(7^4)$ 的使用表可以查到，当因素数为 3 时，$U_7^*(7^4)$ 和 $U_7(7^4)$ 表的偏差分别为 0.2132（见表 12-2）和 0.3721（见附录附表 16），故应当选用偏差更小的 $U_7^*(7^4)$ 来安排该试验。

（3）根据 $U_7^*(7^4)$ 表的使用表，将 $A$、$B$、$C$ 3 个因素分别安排在表的 2、3、4 列；将表 2、3、4 列的水平代码转换成试验因素的真实水平（表 12-3），即可得到试验方案。

**表 12-3　　　　　　　　　　　制备阿魏酸的均匀设计试验方案**

| 试验号 | 原料配比（$A$） | 吡啶（$B$）/mL | 反应时间（$C$）/h |
|---|---|---|---|
| 1 | 1.8（3） | 22（5） | 3.5（7） |
| 2 | 3.0（6） | 13（2） | 3.0（6） |
| 3 | 1.0（1） | 28（7） | 2.5（5） |
| 4 | 2.2（4） | 19（4） | 2.0（4） |
| 5 | 3.4（7） | 10（1） | 1.5（3） |
| 6 | 1.4（2） | 25（6） | 1.0（2） |
| 7 | 2.6（5） | 16（3） | 0.5（1） |

# 第二节　DPS 在均匀设计试验中的应用

## 一、DPS 在均匀试验设计中的应用

### （一）等水平均匀试验设计

【例 12-2】参考例 12-1 阿魏酸的合成工艺考察试验的相关资料，应用 DPS 进行均匀试验设计。

打开 DPS 系统，点击"试验设计"→"均匀试验设计"→"均匀试验设计"；在弹出的对话框中，"因子数"输入 3，"水平数"输入 7，"试验次数"输入 7。确定后输出分析结果见表 12-4。

**表 12-4　　　　　　　　　　　均匀设计试验输出结果**

| 均匀性能参数 | | 均匀设计方案 | | | |
|---|---|---|---|---|---|
| 中心化偏差 $CD=$ | 0.1194 | 因子 | $x_1$ | $x_2$ | $x_3$ |
| $L_2$ — 偏差 $D=$ | 0.0621 | N1 | 4 | 5 | 7 |
| 修正偏差 $MD=$ | 0.1397 | N2 | 7 | 4 | 3 |
| 对称化偏差 $SD=$ | 0.5156 | N3 | 5 | 2 | 1 |
| 可卷偏差 $WD=$ | 0.1826 | N4 | 1 | 3 | 6 |
| 条件数 $C=$ | 2.1250 | N5 | 3 | 1 | 4 |
| $D$ — 优良性 $=$ | 0.0001 | N6 | 6 | 7 | 5 |
| $A$ — 优良性 $=$ | 0.1213 | N7 | 2 | 6 | 2 |

表 12-4 左侧结果输出的"中心化偏差 $CD$"、"$L_2$-偏差 $D$"等统计量，都是均匀性度量指标及试验设计矩阵的优良性指标，数值越小，试验方案越好。具体应用时，可以根据试验要求和试验者的偏好，对各个指标综合考虑，选择一个较好的试验方案进行试验。本例输出的均匀设计方案见表 12-4 右侧所示。

在生成均匀设计试验方案时，可直接应用 DPS 均匀设计试验方案的生成功能。首先应在原均匀设计方案表的下面分两行输入各个试验因子的试验处理起始值和终止值，如在表 12-4 均匀设计方案下分别输入"1.0、3.4，10、28，0.5、3.5"；然后将因素水平代码与下部的各试验处理的起始值和终止值定义为数据块；最后在 DPS 系统菜单方式下点击"试验设计"→"均匀设计"→"均匀设计试验方案"，系统给出如表 12-5 所示均匀设计试验方案。

**表 12-5**                       **根据均匀设计方案生成试验方案**

| 试验号 | 水平代码 1 | 水平代码 2 | 水平代码 3 | $x_1$ | $x_2$ | $x_3$ |
|---|---|---|---|---|---|---|
| N1 | 4 | 5 | 7 | 2.2 | 22 | 3.5 |
| N2 | 1 | 3 | 6 | 1.0 | 16 | 3.0 |
| N3 | 7 | 4 | 3 | 3.4 | 19 | 1.5 |
| N4 | 3 | 1 | 4 | 1.8 | 10 | 2.0 |
| N5 | 6 | 7 | 5 | 3.0 | 28 | 2.5 |
| N6 | 5 | 2 | 1 | 2.6 | 13 | 0.5 |
| N7 | 2 | 6 | 2 | 1.4 | 25 | 1.0 |

### (二) 混合水平均匀试验设计

**【例 12-3】** 利用 DPS 系统设计一个 $U_{12}(6 \times 2 \times 4^2 \times 3^2)$ 的混合水平均匀设计表。

（1）打开 DPS 系统，点击"试验设计"→"均匀试验设计"→"均匀试验设计"；在弹出的"均匀试验设计"对话框中，分别输入因子数及对应的水平数，见图 12-1。

图 12-1   DPS 均匀试验设计对话框

（2）在"试验次数"输入框中输入试验处理次数"12"（注意，试验次数应是各个水平数的最小公倍数的倍数）；其它选项均可采用默认值。

（3）确定后系统运行，输出内容一部分为中心化偏差 $CD$ 等统计指标的取值，另一部分为均匀设计方案表格。

## 二、DPS 在均匀设计试验资料分析中的应用

### (一) 应用回归分析命令分析

试验结束后，首先，将试验结果录入到均匀设计试验方案的右侧；然后，选定均匀设计试验方案及试验结果定义数据块；最后，应用 DPS 系统的回归分析命令进行均匀试验设计分析。

【例 12-4】在预试验基础上，考虑影响止咳贴膏综合质量的 4 因素 6 水平，用均匀表 $U_7(7^4)$ 安排试验，给出的试验方案及结果见表 12-6，试确定该试验的最优试验方案。

表 12-6 影响止咳贴膏综合质量的 4 因素 6 水平均匀设计试验结果

| 增稠剂（$x_1$）/% | 防腐剂（$x_2$）/% | 填充剂（$x_3$）/% | 反应时间（$x_4$）/h | $y$ 综合质量评价 |
| --- | --- | --- | --- | --- |
| 2.5 | 0.6 | 1 | 24 | 9.0 |
| 2.0 | 0.0 | 3 | 21 | 7.9 |
| 1.5 | 0.8 | 5 | 18 | 8.8 |
| 1.0 | 0.2 | 0 | 15 | 7.7 |
| 0.5 | 1.0 | 2 | 12 | 8.1 |
| 0.0 | 0.4 | 4 | 9 | 8.0 |

（1）将均匀表的各个水平编码转换为真实水平，于表的右侧输入试验结果数值（见表 12-6 格式），建立"止咳贴膏质量试验 . DPS"文件；选定均匀设计表及试验结果。

（2）在 DPS 系统菜单方式下点击"多元分析"→"回归分析"→"二次多项式逐步回归"，进行逐步回归分析（选择"Yes"，表示可以继续引入新变量到当前方程中；选择"No"，表示可以继续剔除当前方程中的变量，选择"OK"终止因子筛选）。最后系统主要输出 3 部分分析结果。

第一，分析结果给出了二次多项式逐步回归模型为 $\hat{y} = 7.6442 + 0.0657x_3 + 0.7792x_1x_2$，及模型检验结果为 $F = 37.665$、$P = 0.0075 < 0.01$。结果表明，输出回归模型达极显著水平，但反应时间（$x_4$）未被纳入模型内。

第二，分析结果给出了回归系数偏相关系数检验结果见表 12-7。结果表明，填充剂（$x_3$）的偏相关系数未达显著水平。

表 12-7 止咳贴膏综合质量均匀设计试验偏相关系数 $t$ 检验结果

| | 回归系数 | 标准回归系数 | 偏相关系数 | $t$ 值 | $P$ 值 |
| --- | --- | --- | --- | --- | --- |
| $x_3$ | 0.0657 | 0.2344 | 0.7676 | 2.0746 | 0.1297 |
| $x_1x_2$ | 0.7792 | 0.9522 | 0.9795 | 8.4265 | 0.003 |

第三，分析结果给出了试验结果达最高指标时各个因素优化组合结果。结果表明，最优方案估计为增稠剂 $2.5\%$、防腐剂 $1.0\%$、填充剂 $4.99\%$，反应时间 $18.22h$，此时试验指标综合质量评价数值达 $9.92$。

### （二）应用试验优化分析命令分析

对均匀设计试验资料进行统计分析的另一种常用方式是应用"试验优化分析"命令。定义数据块后，选择"试验统计"→"试验优化分析"→"二次多项式回归分析"命令，打开"产量优化"对话框。设置相关参数后，点击确定即可完成分析。

【例 12-5】以水料比（$x_1$）、提取时间（$x_3$，单位：min）和提取温度（$x_2$，单位:℃）为试验因素，研究 3 试验因素对泰山赤灵芝多糖提取率的影响。$U_{12}(6^3)$ 均匀设计试验方案及结果见表 12-8，应用 DPS 系统分析最优试验方案，并对试验结果进行预测。

表 12-8 　　　　　　　　　　$U_{12}(6^3)$ 均匀设计试验结果

| 试验号 | $x_1$ | $x_2$/℃ | $x_3$/min | 提取率/% |
|---|---|---|---|---|
| 1 | 10 | 40 | 10 | 0.62 |
| 2 | 10 | 80 | 60 | 0.71 |
| 3 | 25 | 50 | 10 | 1.34 |
| 4 | 15 | 70 | 40 | 1.93 |
| 5 | 20 | 30 | 30 | 1.42 |
| 6 | 30 | 60 | 40 | 2.05 |
| 7 | 5 | 60 | 20 | 1.53 |
| 8 | 20 | 50 | 20 | 1.87 |
| 9 | 15 | 70 | 30 | 2.07 |
| 10 | 25 | 40 | 60 | 1.59 |
| 11 | 5 | 30 | 50 | 0.86 |
| 12 | 30 | 80 | 50 | 1.29 |

（1）将表 12-8 资料输入 DPS 电子表格，建立"灵芝多糖提取试验 .DPS"文件，定义数据块。

（2）在 DPS 系统菜单方式下，选择"试验统计"→"试验优化分析"→"二次多项式回归分析"命令，打开"产量优化"对话框；在"目标函数类型"中勾选"最大值"，其它可采用默认选项，确定后输出分析结果。回归系数检验结果表明 $x_1x_3$ 项明显未达显著水平。

（3）选择"试验统计"→"试验优化分析"→"二次多项式回归分析"命令，打开"产量优化"对话框，重新进行分析；在"产量优化"对话框中，勾选"是否筛选重要因子"进行逐步回归分析。剔除 $x_1x_3$ 项后，点击"OK"输出分析结果。

表 12-9 为回归系数检验结果，结果表明各项基本达显著水平。同时输出的模型为 $\hat{y}=-4.3459+0.0988x_1+0.1182x_2+0.1103x_3-0.0015x_1^2-0.0007x_2^2-0.0010x_3^2-0.0005x_1x_2-0.0007x_2x_3$；模型检验结果为 $R_a=0.9932$、$F=101.2625$、$P=0.0015<0.01$。结果表明，该回归模型达极显著水平。

**表 12-9**　　　　　泰山赤灵芝多糖提取率均匀设计试验回归系数 $t$ 检验结果

| 变量 | 平方和 | 回归系数 | 标准回归系数 | $t$ 值 | $P$ 值 |
|---|---|---|---|---|---|
| $x_1$ | 0.1550 | 0.0988 | 1.7465 | 9.5477 | 0.0024 |
| $x_2$ | 0.8884 | 0.1182 | 4.1813 | 10.0285 | 0.0021 |
| $x_3$ | 0.7737 | 0.1103 | 3.9020 | 19.7951 | 0.0003 |
| $x_1^2$ | 0.0464 | $-0.0015$ | $-0.9552$ | 3.8558 | 0.0308 |
| $x_2^2$ | 0.3880 | $-0.0007$ | $-2.7633$ | 4.5127 | 0.0203 |
| $x_3^2$ | 0.3457 | $-0.0010$ | $-2.6082$ | 12.2167 | 0.0012 |
| $x_1x_2$ | 0.0193 | $-0.0005$ | $-0.6167$ | 2.6437 | 0.0774 |
| $x_2x_3$ | 0.1724 | $-0.0007$ | $-1.8416$ | 5.3964 | 0.0120 |

输出结果给出最高指标时各个因素组合分析结果表明，当 $x_1=23$，$x_2=60℃$，$x_3=34min$ 时为最优试验方案，预测试验结果为 $y=2.19\%$。但该方案还需要通过验证试验才能最终确定是否可行。

# 第三节　SPSS 在均匀设计试验中的应用

【例 12-6】应用 SPSS 分析表 12-8 均匀设计试验结果，研究水料比、提取时间和提取温度 3 试验因素与泰山赤灵芝多糖提取率间的回归模型。

（1）建立文件"灵芝多糖提取率 .SAV"；在"变量视图"中建立变量"$x_1$"、"$x_2$"、"$x_3$"分别表示水料比、提取时间和提取温度 3 试验因素，"提取率"表示试验结果；在"数据视图"中相应变量下分别输入表 12-8 中数据。

（2）单击"分析"→"回归"→"非线性"，打开"非线性回归"主对话框；将变量"提取率"移入"因变量"框；在"模型表达式"框输入表达式"$a+b*x_1+c*x_2+d*x_3+e*x_1*x_1+f*x_2*x_2+g*x_3*x_3+h*x_1*x_2+i*x_2*x_3$"，因前面分析已知 $x_1x_3$ 项对因变量无显著影响，故未列入模型中。

（3）单击"参数"，进入"非线性回归：参数"子对话框，对表达式中的每一参数（即 $a$、$b$、$c$、$d$、$e$、$f$、$g$、$h$、$i$）赋初始值。具体方法为，在"名称"框内输入参数名称并在"初始值"框内输入参数初始值（本例初始值均为 0），每完成一个点击一次"添加"，直到为全部参数赋值完毕，返回主对话框，如图 12-2 所示。

（4）点击"保存"并勾选"预测值"，返回主对话框后，点击"确定"，在原始数据后输出以变量"PRED-"命名的预测值，同时输出分析结果。

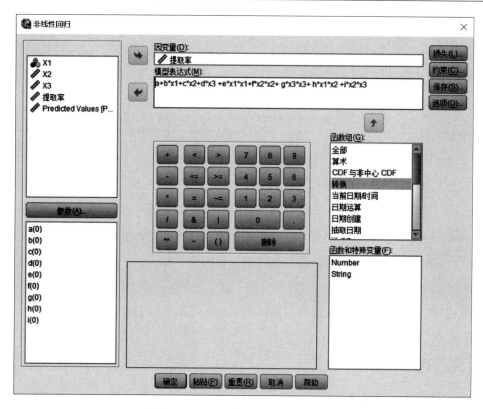

图 12-2　SPSS 非线性回归主对话框

表 12-10 SPSS 参数评估输出结果表明，水料比（$x_1$）、提取时间（$x_2$）和提取温度（$x_3$）3 试验因素与提取率（$y$）间的回归模型为：$\hat{y} = -4.3459 + 0.0988x_1 + 0.1183x_2 + 0.1103x_3 - 0.0015x_1^2 - 0.0007x_2^2 - 0.0010x_3^2 - 0.0005\ x_1x_2 - 0.0007x_2x_3$。

表 12-10　　　　　　　　　　　泰山赤灵芝多糖提取率均匀设计试验参数评估

| 参数 | 估计 | 标准误 | 95％置信区间 | |
| --- | --- | --- | --- | --- |
| | | | 下限 | 上限 |
| $a$ | $-4.3459$ | 0.2942 | 5.2821 | 3.4098 |
| $b$ | 0.0988 | 0.0103 | 0.0659 | 0.1317 |
| $c$ | 0.1182 | 0.0118 | 0.0807 | 0.1558 |
| $d$ | 0.1103 | 0.0056 | 0.0926 | 0.1281 |
| $e$ | $-0.0015$ | 0.0004 | 0.0028 | 0.0003 |
| $f$ | $-0.0007$ | 0.0002 | 0.0012 | 0.0002 |
| $g$ | $-0.0010$ | 0.0001 | 0.0013 | 0.0008 |
| $h$ | $-0.0005$ | 0.0002 | 0.0011 | 0.0001 |
| $i$ | $-0.0007$ | 0.0001 | 0.0011 | 0.0003 |

表 12-11　　　　　　泰山赤灵芝多糖提取率均匀设计试验变异数分析[a]

| 变异来源 | 平方和 | 自由度 | 均方 |
|---|---|---|---|
| 回归 | 27.672 | 9 | 3.075 |
| 离回归 | 0.010 | 3 | 0.003 |
| 未校正总变异 | 27.682 | 12 | |
| 校正后总变异 | 2.799 | 11 | |

[a] $R^2 = 1 -$ （残差平方和）/（校正平方和）$= 0.996$。

表 12-12　　　　泰山赤灵芝多糖提取率均匀设计试验预测值与原始值对比

| 提取率 | 0.62 | 0.71 | 1.34 | 1.93 | 1.42 | 2.05 | 1.53 | 1.87 | 2.07 | 1.59 | 0.86 | 1.29 |
|---|---|---|---|---|---|---|---|---|---|---|---|---|
| $PRED-$ | 0.63 | 0.71 | 1.38 | 1.98 | 1.42 | 2.07 | 1.50 | 1.80 | 2.07 | 1.58 | 0.87 | 1.27 |

由表 12-11 决定系数 $R^2 = 0.996$，及表 12-12 预测值与原始值非常接近可知，该回归方程较好地模拟了 3 试验因素与多糖提取率间的回归关系。

该回归方程与 DPS 分析得到的回归方程完全一致，但 DPS 分析得到的回归方程达显著水平的同时，还可确定最优试验方案，以及对最优方案试验结果进行预测。而 SPSS 分析不能满足这方面的要求，且操作过程要求较多，不适宜初学者应用。

## 思考练习题

**习题 12.1**　试分析比较正交设计与均匀设计的相同点与不同点，并分析均匀设计有何优点？

**习题 12.2**　考查影响大黄渗漉液中总蒽醌含量的 3 因素 7 水平，如下表所示。若 $A$、$B$、$C$ 放于 $U_7(7^4)$ 表的 1、2、3 列，试验结果 $y$ 为 5.5104、5.5112、5.2667、6.1025、5.9036、5.2900、4.3044，试应用 DPS 和 SPSS 两种软件建立 $y$ 关于 $x_1$、$x_2$、$x_3$ 的逐步回归方程，并确定最优试验方案。

| 因素 | 水平 | | | | | | |
|---|---|---|---|---|---|---|---|
| | 1 | 2 | 3 | 4 | 5 | 6 | 7 |
| $A$ 乙醇浓度（$x_1$）/% | 25 | 35 | 40 | 55 | 70 | 85 | 90 |
| $B$ 乙醇用量（$x_2$）/mL | 300 | 400 | 500 | 600 | 700 | 800 | 900 |
| $C$ 浸润时间（$x_3$）/h | 6 | 9 | 12 | 15 | 18 | 21 | 24 |

**习题 12.3**　在预试验基础上，考察影响"米槁心乐"滴丸圆整度的 3 因素 5 水平如下表所示。若 $A$、$B$、$C$ 放于 $U_5(5^3)$ 表的 1、2、3 列，试验结果为圆整度 $y$：0.7785、0.8722、0.8437、0.9145、0.7711。应用 DPS 和 SPSS 两种软件建立 $y$ 关于 $x_1$、$x_2$、$x_3$ 的逐步回归方程，确定最优试验方案。

| 因素 | 水平 | | | | |
|---|---|---|---|---|---|
| | 1 | 2 | 3 | 4 | 5 |
| $A$ 含药量（$x_1$）/% | 20 | 25 | 30 | 35 | 40 |
| $B$ 基质比（$x_2$）/% | 80 | 60 | 40 | 20 | 0 |
| $C$ 滴速（$x_3$）/（滴/min） | 50 | 60 | 70 | 80 | 90 |

# 第十三章　回归正交设计与旋转设计

回归设计（regression design）也称为响应曲面设计，是在多元线性回归的基础上用主动收集数据的方法获得具有较好性质的回归方程的一种试验设计方法，从而解决生产中的最优化问题，目的是寻找试验指标与各因子间的定量规律。常用的回归设计有回归正交设计（regression-orthogonal design）、回归旋转设计（regression-rotatable design）等。

## 第一节　回归正交设计

回归正交设计，是指试验方案的结构矩阵具有正交性的回归设计，就是在因子空间选择适当的试验点，以较少的试验处理建立一个有效的多项式回归方程，从而解决生产中的最优化问题。常用的回归正交设计有一次回归正交设计与二次回归正交设计。

### 一、一次回归正交设计

一次回归正交设计常被用来确定最佳生产条件或最优配方以及进行试验因素的筛选。当试验研究的依变量与各自变量之间呈线性关系时，则可采用一次回归正交设计的方法。一次回归正交设计是利用回归正交设计原理建立依变量 $y$ 关于 $m$ 个自变量 $Z_1$、$Z_2$、$\cdots$、$Z_m$ 的一次回归方程

$$\hat{y} = b_0 + b_1 Z_1 + \cdots + b_m Z_m \tag{13-1}$$

或带有交互作用项的 $Z_i Z_j$ 回归方程

$$\hat{y} = b_0 + \sum_{j=1}^{m} b_j Z_j + \sum_{i<j} \sum b_{ij} Z_i Z_j \tag{13-2}$$

的回归设计与分析方法。

#### （一）一次回归正交设计的步骤

一次回归正交设计的方法原理与正交设计类似，最常用的建立一次回归方程的方法是利用 2 水平正交表来安排试验设计。

1. 确定因子水平的变化范围

根据试验研究的目的和要求，设影响指标 $y$ 的因子有 $m$ 个（$Z_1$，$Z_2$，$\cdots\cdots Z_m$）。设因子 $Z_j$ 的取值范围为 $Z_{1j} \leqslant Z_j \leqslant Z_{2j}$，即 $Z_{2j}$、$Z_{1j}$ 为各试验因素取值的最高（上水平）和最低水平（下水平），二者的平均数称为零水平，标记为 $Z_{0j}$。则因素 $Z_j$ 的变化间距（即因子的变化半径）为

$$\Delta_j = Z_{2j} - Z_{0j} = (Z_{2j} - Z_{1j})/2 \tag{13-3}$$

2. 对每一因子的水平进行编码

在回归问题中各因子的量纲不同，其取值的范围也不同，为了数据处理的方便，可对所有的因子作一个线性变换，使其取值范围都转化为中心在原点的一个"立方体"中，这一变换称为因子水平的编码（coding）。一般编码式为

$$x_{ij} = (Z_{ij} - Z_{0j})/\Delta_j \qquad (i = 0, 1, 2; j = 1, 2, \cdots m) \qquad (13\text{-}4)$$

采用编码值后，$x_j$ 为无量纲的量，其取值范围总是 $-1 \leqslant x_j \leqslant 1$，即以 $-1$ 为其下水平，以 $1$ 为其上水平。如某试验中第一个因素为 $Z_1$，其 $Z_{11} = 2$，$Z_{21} = 8$，$Z_{01} = (Z_{11} + Z_{21})/2 = 5$，则因素的变化间距及各水平的编码值为

$$\Delta_j = Z_{21} - Z_{01} = (Z_{21} - Z_{11})/2 = 3$$
$$x_{11} = (Z_{11} - Z_{01})/\Delta_1 = (2 - 5)/3 = -1$$
$$x_{01} = (Z_{01} - Z_{01})/\Delta_1 = (5 - 5)/3 = 0$$
$$x_{21} = (Z_{21} - Z_{01})/\Delta_1 = (8 - 5)/3 = 1$$

经过编码，即可确定因素 $Z_j$ 与 $x_j$ 的一一对应关系

下水平：2（$Z_{11}$）$\longleftrightarrow$ $-1$（$x_{11}$）

零水平：5（$Z_{01}$）$\longleftrightarrow$ 0（$x_{01}$）

上水平：8（$Z_{21}$）$\longleftrightarrow$ $+1$（$x_{21}$）

通过对供试因素 $Z_j$ 各水平进行编码，即可把试验结果 $y$ 对供试因素 $Z_1$、$Z_2$、$\cdots Z_m$ 的回归问题，转化为在编码空间内试验结果 $y$ 对编码因素 $x_1$、$x_2 \cdots x_m$ 的回归问题了。因此，我们可以在以 $x_1$、$x_2 \cdots x_m$ 为坐标轴的编码空间中选择试验点进行回归设计。

3. 选择适当的二水平正交表安排试验

一次回归正交设计中，表的选择仍然同正交设计一样，既要考虑因子的个数，有时还要考虑交互作用的个数。

在用 2 水平正交表安排试验时，要用"$-1$"代换正交表中的"2"，以"$+1$"代换正交表中的"1"，以适应因子水平编码的需要。因此，正交表中的"1"与"$-1$"不仅表示因子水平的不同状态，也表示了因子水平数量的大小。经过这样的代换后，正交表的交互作用列可以由表中相应列的对应元素相乘得到。

在具体进行设计时，首先将各因素分别安排在所选正交表相应列上，然后将各因素的各水平填入相应的编码值中，即可到一次回归正交设计方案。

【例 13-1】有一 3 因素试验，$Z_1$、$Z_2$、$Z_3$ 分别为 3 个试验因素。如果除考察主效应外，还需考察 $Z_1$ 与 $Z_2$ 间、$Z_1$ 与 $Z_3$ 间、$Z_2$ 与 $Z_3$ 间的交互作用。试选择适宜的正交表，制订其一次回归正交设计试验方案。

（1）通过公式（13-3）和公式（13-4）对因素 $Z_j$ 的各水平进行编码，确定因素 $Z_j$ 与 $x_j$ 的一一对应关系。

（2）根据要求，选用 $L_8(2^7)$ 表进行设计，即将正交表中的"1"改为"$+1$"，"2"改为"$-1$"，且把 $x_1$，$x_2$，$x_3$ 放在 1、2、4 列上，并在"0"水平处（中心区）安排适当的重复试验，如表 13-1 所示。

表 13-1　　　　　　　　　三元一次回归正交设计试验方案

| 试验号 | 第 1 列 | 第 2 列 | 第 3 列 | 第 4 列 | 第 5 列 | 第 6 列 | 第 7 列 |
| --- | --- | --- | --- | --- | --- | --- | --- |
|  | $x_1$ | $x_2$ | $x_1 x_2$ | $x_3$ | $x_1 x_3$ | $x_2 x_3$ |  |
| 1 | 1（$z_{21}$） | 1（$z_{22}$） | 1 | 1（$z_{23}$） | 1 | 1 | 1 |
| 2 | 1（$z_{21}$） | 1（$z_{22}$） | 1 | $-1$（$z_{13}$） | $-1$ | $-1$ | $-1$ |

续表

| 试验号 | 第1列 $x_1$ | 第2列 $x_2$ | 第3列 $x_1x_2$ | 第4列 $x_3$ | 第5列 $x_1x_3$ | 第6列 $x_2x_3$ | 第7列 |
|---|---|---|---|---|---|---|---|
| 3 | 1 ($z_{21}$) | −1 ($z_{12}$) | −1 | 1 ($z_{23}$) | 1 | −1 | −1 |
| 4 | 1 ($z_{21}$) | −1 ($z_{12}$) | −1 | −1 ($z_{13}$) | −1 | 1 | 1 |
| 5 | −1 ($z_{11}$) | 1 ($z_{22}$) | −1 | 1 ($z_{23}$) | −1 | 1 | −1 |
| 6 | −1 ($z_{11}$) | 1 ($z_{22}$) | −1 | −1 ($z_{13}$) | 1 | −1 | 1 |
| 7 | −1 ($z_{11}$) | −1 ($z_{12}$) | 1 | 1 ($z_{23}$) | −1 | −1 | 1 |
| 8 | −1 ($z_{11}$) | −1 ($z_{12}$) | 1 | −1 ($z_{13}$) | 1 | 1 | −1 |
| 9 | 0 ($z_{01}$) | 0 ($z_{02}$) | 0 | 0 ($z_{03}$) | 0 | 0 | 0 |
| … | … | … | … | … | … | … | … |
| N | 0 ($z_{01}$) | 0 ($z_{02}$) | 0 | 0 ($z_{03}$) | 0 | 0 | 0 |

（3）将各供试因素（正交表的第 1、2、4 列）的水平实际值填入相应的编码值中，则正交表的第 1、2、4 列构成了三元一次回归正交设计试验方案，见表 13-1 第 1、2、4 列。

**（二）基准水平重复试验**

在表 13-1 的低部在"0"水平处（中心区）安排了适当的重复试验，即基准水平（零水平）重复试验，指所有供试因素 $Z$ 的水平编码值均取零水平的组合重复进行若干次试验。基准水平试验应该至少重复 2～6 次。

基准水平重复试验的作用主要有两方面：①对试验结果进行统计分析时能够检验一次回归方程中各参试结果在被研究区域内与基准水平（即零水平）的拟合情况；②当一次回归正交设计属饱和安排时，可以提供剩余自由度，以提高试验误差估计的精确度和准确度。

**（三）一次回归正交设计的特点**

1. 具有正交性

（1）编码后的一次回归正交设计，各列元素之和为 0，任两列对应元素乘积之和为 0，即 $\sum_\alpha x_{aj}=0$，$\sum_\alpha x_{ai}x_{aj}=0$（$i \neq j$；$\alpha=1, 2, \cdots, N$）。

（2）可直接选择适宜的正交表安排试验，减少试验次数，运用回归分析方法处理数据。

（3）具有正交设计的"均匀分散、整齐可比"的性质。

（4）由于试验设计的正交性（orthogonality），消除回归系数之间的相关性，使其具有独立性。

2. 缺点

（1）只适用于因素水平不太多的多因素试验，且水平数一般不大于 3。

（2）适用具有局限性，一次回归方程经检验可能在区域内部拟合较差。

**（四）一次回归正交设计试验结果分析**

下面通过对例 13-2 资料的分析，解析一次回归正交设计试验结果分析方法。

【**例 13-2**】为了探索某水稻品种在低肥力土壤条件下，最佳的氮、磷、钾施用配方，采用一次回归正交设计进行试验。用 $Z_1$、$Z_2$、$Z_3$ 分别代表氮、磷、钾 3 种肥料（单位：kg），其上水平和下水平分别为 8.0、4.0，10.0、2.0，12.0、3.0；计产面积为 $666.67m^2$，试验指标水稻产量（单位：kg）标记为 $y$。依据以上方法进行水平编码、制订试验方案，试验结果见表 13-2。试建立变量间的回归模型。

（1）建立回归方程

根据一次回归正交设计的结构矩阵的正交性以及最小二乘原理，可以推导出

$$b_0 = \frac{B_0}{N} = \frac{1}{N}\sum_{k=1}^{N} y_k = \bar{y}（N 为试验处理数） \tag{13-5}$$

$$b_j = \frac{B_j}{N} = \frac{1}{N}\sum_{k=1}^{N} x_{kj} y_j（j = 1, 2, \cdots, m，m 为自变量个数） \tag{13-6}$$

$$b_{ij} = \frac{B_{ij}}{N} = \frac{1}{N}\sum_{k=1}^{N} x_{ik} x_{jk} y_i（i < j） \tag{13-7}$$

式中，$b_0$、$b_j$、$b_{ij}$ 分别为常数项系数及各偏回归系数。

根据以上各式计算出本例水稻氮、磷、钾肥试验结果的一次回归正交设计的相关数据，列于表 13-2 后 4 行。则根据有关数据建立的回归方程为 $\hat{y} = 463.0036 + 9.4188x_1 + 9.8438x_2 + 7.9188x_3 + 0.7563 x_1 x_2 + 0.3313 x_1 x_3 + 0.1563 x_2 x_3$。

**表 13-2** 三元一次回归正交设计结构矩阵及试验结果

| 试验号 | $x_0$ | $x_1$ | $x_2$ | $x_3$ | $x_1 x_2$ | $x_1 x_3$ | $x_2 x_3$ | $y/(kg/666.67m^2)$ |
|---|---|---|---|---|---|---|---|---|
| 1 | 1 | 1 | 1 | 1 | 1 | 1 | 1 | 500.00 |
| 2 | 1 | 1 | 1 | −1 | 1 | −1 | −1 | 467.35 |
| 3 | 1 | 1 | −1 | 1 | −1 | 1 | −1 | 462.65 |
| 4 | 1 | 1 | −1 | −1 | −1 | −1 | 1 | 462.30 |
| 5 | 1 | −1 | 1 | 1 | −1 | −1 | 1 | 463.15 |
| 6 | 1 | −1 | 1 | −1 | −1 | 1 | −1 | 463.50 |
| 7 | 1 | −1 | −1 | 1 | 1 | −1 | −1 | 460.50 |
| 8 | 1 | −1 | −1 | −1 | 1 | 1 | 1 | 429.80 |
| 9 | 1 | 0 | 0 | 0 | 0 | 0 | 0 | 462.50 |
| 10 | 1 | 0 | 0 | 0 | 0 | 0 | 0 | 465.85 |
| 11 | 1 | 0 | 0 | 0 | 0 | 0 | 0 | 462.75 |
| 12 | 1 | 0 | 0 | 0 | 0 | 0 | 0 | 460.00 |
| 13 | 1 | 0 | 0 | 0 | 0 | 0 | 0 | 463.35 |
| 14 | 1 | 0 | 0 | 0 | 0 | 0 | 0 | 458.35 |
| $a_j = \Sigma x_j^2$ | 14 | 8 | 8 | 8 | 8 | 8 | 8 | $\Sigma y = 6482.05$ |
| $B_j = \Sigma x_j y$ | 6482.05 | 75.35 | 78.75 | 63.35 | 6.05 | 2.65 | 1.25 | |
| $b_j = B_j/a_j$ | 463.0036 | 9.4188 | 9.8438 | 7.9188 | 0.7563 | 0.3313 | 0.1563 | |
| $Q_j = B_j^2/a_j$ | — | 709.7028 | 775.1953 | 501.6528 | 4.5753 | 0.8778 | 0.1953 | |

（2）回归关系的显著性检验

①总平方和与自由度的计算

$$SS_y = \sum_{k=1}^{N} y_k^2 - \frac{1}{N} \left( \sum_{k=1}^{N} y_k \right)^2, \quad df_T = N - 1 \tag{13-8}$$

本例为：$SS_y = 500.00^2 + 467.35^2 + \cdots + 458.35^2 - \dfrac{1}{14}(6482.05)^2 = 2536.4774$，$df_T = 13 - 1 = 13$

②回归偏差平方和与自由度的计算

$$SS_R = \sum Q_j = \sum B_j b_j, \quad df_R = m(m+1)/2 \tag{13-9}$$

式中，$Q_j$ 为各列偏差回归平方和，$Q_j = B_j b_j$（$j = 1, 2, \cdots m, 1 \times 2, 1 \times 3 \cdots, (m-1) \times m$）

本例为：$SS_R = \sum Q_j = 709.7028 + 775.1953 + \cdots 0.1953 = 1992.1993$，$df_R = 3 \times 4/2 = 6$

③剩余偏差平方和与自由度的计算

$$SS_r = SS_y - SS_R, \quad df_r = df_y - df_R = (N-1) - m(m+1)/2 \tag{13-10}$$

本例为：$SS_r = 2536.2774 - 1992.1993 = 544.2781$，$df_r = 13 - 6 = 7$

④计算回归关系显著性检验的 $F$ 值

$$F_R = \frac{MS_R}{MS_r} = \frac{SS_R/df_R}{SS_r/df_r} \quad (df_1 = df_R, \ df_2 = df_r) \tag{13-11}$$

本例为：$F_R = \dfrac{MS_R}{MS_r} = \dfrac{1992.1993/6}{544.2781/7} = 4.27$

⑤计算各偏回归系数显著性检验的 $F$ 值

$$F_j = \frac{MS_j}{MS_r} = \frac{Q_j}{MS_r} \quad (df_1 = 1, \ df_2 = df_r) \tag{13-12}$$

本例中：$F_1 = \dfrac{Q_1}{MS_r} = \dfrac{709.7028}{544.2781/7} = 9.128$ $\quad$ $F_2 = \dfrac{Q_2}{MS_r} = \dfrac{775.1953}{544.2781/7} = 9.970$

$F_3 = \dfrac{Q_3}{MS_r} = \dfrac{501.6528}{544.2781/7} = 6.452$ $\quad$ $F_{12} = \dfrac{Q_{12}}{MS_r} = \dfrac{4.5753}{544.2781/7} = 0.059$

$F_{13} = \dfrac{Q_{13}}{MS_r} = \dfrac{0.8778}{544.2781/7} = 0.011$ $\quad$ $F_{23} = \dfrac{Q_{23}}{MS_r} = \dfrac{0.1953}{544.2781/7} = 0.003$

⑥列方差分析表进行显著性检验：根据计算出的数据列方差分析表，进行回归关系的显著性测验。结果见表 13-3。

表 13-3 水稻肥力试验回归关系方差分析表

| 变异来源 | 平方和 | 自由度 | 均方 | $F$ 值 | $F_{0.05}$ |
|---|---|---|---|---|---|
| $x_1$ | 709.7028 | 1 | 709.7028 | 9.128* | |
| $x_2$ | 775.1953 | 1 | 775.1953 | 9.970* | |
| $x_3$ | 501.6528 | 1 | 501.6528 | 6.452* | $F_{0.05(1,7)} = 5.59$ |
| $x_1 x_2$ | 4.5753 | 1 | 4.5753 | 0.059 | |
| $x_1 x_3$ | 0.8778 | 1 | 0.8778 | 0.011 | |
| $x_2 x_3$ | 0.1953 | 1 | 0.1953 | 0.003 | |

续表

| 变异来源 | 平方和 | 自由度 | 均方 | $F$ 值 | $F_{0.05}$ |
|---|---|---|---|---|---|
| 回归 | 1992.1993 | 6 | 332.0332 | 4.270* | $F_{0.05(6,7)}=3.87$ |
| 离回归 | 544.2781 | 7 | 77.7540 | | |
| 总变异 | 2536.4774 | 13 | | | |

表 13-3 方差分析结果表明，产量 $y$ 与 $x_1$、$x_2$ 和 $x_3$ 的回归关系均达到显著水平，而一级交互作用 $x_1x_2$、$x_1x_3$、$x_2x_3$ 均不显著。因此，可将一级交互作用的偏回归平方和及自由度并入离回归（剩余）项再进行方差分析，结果见表 13-4。

**表 13-4**　　　　　　　　水稻肥力试验回归关系方差分析表（合并误差后）

| 变异来源 | 平方和 | 自由度 | 均方 | $F$ 值 | $F_{0.05}$ | $F_{0.01}$ |
|---|---|---|---|---|---|---|
| $x_1$ | 709.7028 | 1 | 709.7028 | 12.9055** | 4.96 | 10.04 |
| $x_2$ | 775.1953 | 1 | 775.1953 | 14.0960** | 4.96 | 10.04 |
| $x_3$ | 501.6528 | 1 | 501.6528 | 9.1220* | 4.96 | 10.04 |
| 回归 | 1986.5509 | 3 | 662.1836 | 12.0410** | 3.71 | 6.55 |
| 离回归 | 549.9265 | 10 | 54.9927 | | | |
| 总变异 | 2536.4774 | 13 | | | | |

表 13-4 方差分析结果表明，产量 $y$ 与各因素之间的总的回归关系达到极显著水平，其中产量 $y$ 与 $x_1$ 和 $x_2$ 的回归关系达极显著水平，与 $x_3$ 的回归关系达显著水平。因此，回归方程可简化为：$\hat{y}=463.0036+9.4188x_1+9.8438x_2+7.9188x_3$。

（3）拟合度检验

为了分析经 $F$ 检验结果为显著的一次回归方程在整个被研究区域内的拟合情况，可通过在零水平（$Z_{01}$，$Z_{02}$，…，$Z_{0m}$）所安排的重复试验估计真正的试验误差，进而检验所建回归方程的拟合度，即失拟性。

①真正试验误差平方和与自由度的计算：设 $m_0$ 次重复试验结果分别为 $y_{01}$，$y_{02}$，…，$y_{0m_0}$，则利用这 $m_0$ 个重复观测值可以计算出反映真正试验误差的平方和及相应的自由度，分别标记为 $SS_e$、$df_e$。即

$$SS_e = \sum_{j=1}^{M}(y_{0j}-\bar{y}_0)^2 = \sum y_{0j}^2 - \left(\sum y_{0j}\right)^2/m_0,\quad df_e = m_0 - 1 \tag{13-13}$$

本例：$SS_e = (462.50^2 + 465.85^2 + \cdots + 458.35^2) - (462.5 + 465.85 + \cdots + 458.35)^2/6 = 34.6734$，$df_e = m_0 - 1 = 6 - 1 = 5$

②失拟平方和与自由度的计算：$SS_r - SS_e$ 反映除各 $x_j$ 的一次项（含交互作用）以外的其他因素所引起的变异，是回归方程所未能拟合的部分，称为失拟平方和，记为 $SS_{Lf}$，相应的自由度记为 $df_{Lf}$。计算公式如下

$$SS_{Lf} = SS_r - SS_e, \quad df_{Lf} = df_r - df_e \tag{13-14}$$

本例：$SS_{Lf} = 549.9265 - 34.6734 = 515.2531, df_{Lf} = 10 - 5 = 5$

③拟合度 $F$ 检验：拟合度 $F$ 检验公式为

$$F_{Lf} = \frac{MS_{Lf}}{MS_e} = \frac{SS_{Lf}/df_{Lf}}{SS_e/df_e}, \quad (df_1 = df_{Lf}, df_2 = df_e) \tag{13-15}$$

本例：$F_{Lf} = \dfrac{515.2531/5}{34.6734/5} = 14.860^{**}$

因为 $F_{0.01(5, 5)} = 10.97, F_{Lf} > F_{0.01(5, 5)}$ ，所以 $F_{Lf}$ 极显著。说明建立的三元一次回归方程虽然有一定意义，但其在整个回归空间内的拟合度并不是很好。因此，可以考虑在因素空间内再选一些适当的试验点来建立二次回归方程。

（4）将回归方程中的编码变量 $x_j$ 还原为实际变量 $Z_j$

根据公式（13-4）将本例建立的回归方程还原为实际变量对应的方程，则有

$$\hat{y} = 463.0036 + 9.4188 \times \left(\frac{Z_1 - 6.0}{2.0}\right) + 9.8438 \times \left(\frac{Z_2 - 6.0}{4.0}\right) + 7.9188 \times \left(\frac{Z_3 - 7.5}{4.5}\right)$$

经整理有 $\hat{y} = 406.7835 + 4.7094 Z_1 + 2.4610 Z_2 + 1.7597 Z_3$ 。

## 二、二次回归正交设计

当使用一次回归正交设计时，如果发现拟合程度不理想（即失拟性检验显著或极显著），说明使用一次回归设计不合适，需要引入二次回归正交设计。

在一些重点寻找最优工艺参数、最佳配比组合和最适条件等方面研究的试验中，其试验多数为二次或更高次反应，所以研究二次回归正交组合设计是非常有必要的。

### （一）二次回归正交设计的原理

二次回归正交组合试验设计，一般由下面 3 种类型的点组合而成。

（1）二水平析因点　如同一次回归的正交设计那样，将编码值 $-1$ 与 $1$ 看成每个因子的两个水平（即二水平析因点）。采用二水平正交表安排试验时，可以是全因子试验，也可以是其 $1/2$ 实施，$1/4$ 实施等。记其试验次数为 $m_c$ ，则 $m_c = 2^m$（全因子试验，其中 $m$ 为自变量个数），或 $m_c = 2^{m-1}$（$1/2$ 实施）、$m_c = 2^{m-2}$（$1/4$ 实施）等，其中 $m$ 为试验因素数。

（2）轴点　在每一因子的坐标轴上取两个试验点，与坐标原点（中心点）的距离都为 $\gamma$ ，即该因子的编码值分别为 $-\gamma$ 与 $\gamma$ ，其他因子的编码值为 $0$ 。这些点在坐标图上通常都用星号标出，故又称星号点（图 13-1）。其中 $\gamma$ 称为轴臂或星号臂，是待定参数，可根据正交性或旋转性的要求来确定。轴点的个数记为 $m_\gamma$ ，$m_\gamma = 2m$ 。

（3）原点　又称中心点（基准点），即各自变量都取零的点，该试验点可设一次，也可重复多次，原点次数记为 $m_0$ 。

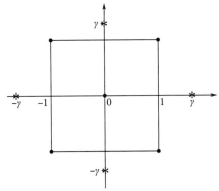

图 13-1　$m = 2$ 时的二次回归正交组合设计试验点分布图

　　二水平析因点、轴点和原点这 3 种类型试验点个数的和，就是二次回归中心组合试验设计的总试验点（处理）数，记为 $N$，即

$$N = m_c + m_\gamma + m_0 \tag{13-16}$$

式中　$m_c$——二水平全面试验点个数，$m_c = 2^m$；

　　　　$m_\gamma$——分布在 $m$ 个坐标轴上的星号点，$m_\gamma = 2m$

　　　　$m_0$——0 水平的重复次数，$m_0 \geqslant 1$。

　　例如 $m = 2$ 的二元二次回归的中心正交组合设计，其试验点组成见图 13-1 所示，试验处理组合见表 13-5。

**表 13-5　　　　　　　　　　　二元二次回归正交处理组合表**

| 试验号 | $x_1$ | $x_2$ | 说明 |
|---|---|---|---|
| 1 | 1 | 1 | |
| 2 | 1 | $-1$ | $m_c$：两水平（+1 和 $-1$）的全因素试验点，$m_c = 2^m =$ |
| 3 | $-1$ | 1 | $2^2 = 4$ |
| 4 | $-1$ | $-1$ | |
| 5 | $\gamma$ | 0 | |
| 6 | $-\gamma$ | 0 | $m_\gamma$：分布在 $x_1$ 和 $x_2$ 坐标轴上星号位置的试验点，$m_\gamma =$ |
| 7 | 0 | $\gamma$ | $2m = 2 \times 2 = 4$ |
| 8 | 0 | $-\gamma$ | |
| 9 | 0 | 0 | $m_0$：$x_1$ 和 $x_2$ 均取 0 水平所组成的中心试验点，$m_0 \geqslant 1$ |

　　二次回归试验方案表的编排类似于一次回归，两因素（$x_1$，$x_2$）二次回归组合设计的结构矩阵如表 13-6 所示。二次回归组合设计的试验点数，如表 13-7 所示。

**表 13-6　　　　　　　　　　　二元二次回归设计的结构矩阵**

| 试验号 | $x_0$ | $x_1$ | $x_2$ | $x_1 x_2$ | $x_1^2$ | $x_2^2$ |
|---|---|---|---|---|---|---|
| 1 | 1 | 1 | 1 | 1 | 1 | 1 |
| 2 | 1 | 1 | $-1$ | $-1$ | 1 | 1 |
| 3 | 1 | $-1$ | 1 | $-1$ | 1 | 1 |
| 4 | 1 | $-1$ | $-1$ | 1 | 1 | 1 |
| 5 | 1 | $\gamma$ | 0 | 0 | $\gamma^2$ | 0 |
| 6 | 1 | $-\gamma$ | 0 | 0 | $\gamma^2$ | 0 |
| 7 | 1 | 0 | $\gamma$ | 0 | 0 | $\gamma^2$ |
| 8 | 1 | 0 | $-\gamma$ | 0 | 0 | $\gamma^2$ |
| 9 | 1 | 0 | 0 | 0 | 0 | 0 |

**表 13-7**　　　　　　　　　　　　二次回归组合设计试验点数

| 因素数 $m$ | 选用正交表 | 表头设计 | $m_c$ | $m_\gamma$ | $m_0$ | $N$ | $q$ |
|---|---|---|---|---|---|---|---|
| 2 | $L_4(2^3)$ | 1，2 列 | $2^2=4$ | 4 | 1 | 9 | 6 |
| 3 | $L_8(2^7)$ | 1，2，4 列 | $2^3=8$ | 6 | 1 | 15 | 10 |
| 4（1/2 实施） | $L_8(2^7)$ | 1，2，4，7 列 | $2^{4-1}=8$ | 8 | 1 | 17 | 15 |
| 4 | $L_{16}(2^{15})$ | 1，2，4，8 列 | $2^4=16$ | 8 | 1 | 25 | 15 |
| 5（1/2 实施） | $L_{16}(2^{15})$ | 1，2，4，8，15 列 | $2^{4-1}=16$ | 10 | 1 | 27 | 21 |
| 5 | $L_{32}(2^{31})$ | 1，2，4，8，16 列 | $2^5=32$ | 10 | 1 | 43 | 21 |

### （二）二次回归正交设计正交性的实现

在回归设计具有正交性后，由于所得的回归系数的估计间互不相关，因此删除某些因子时不会影响其他的回归系数的估计，从而很容易写出所有系数为显著的回归方程。

由表 13-6 二元二次回归设计的结构矩阵可知，在加入中心点与轴点后，一次项（$x_1$，$x_2$，$\cdots$，$x_m$）与乘积项（$x_i x_j$，$i \neq j$）并设有失去正交性，即

$$\sum_{\alpha=1}^{N} x_{\alpha j} = 0 , \quad \sum_{\alpha=1}^{N} x_{\alpha i} x_{\alpha j} = 0 , (i，j = 1，2，\cdots，m；i \neq j)$$

而 $x_0$ 项和二次项（$x_1^2$，$\cdots$，$x_m^2$）所在列则失去了正交性，即

$$\sum_{\alpha=1}^{N} x_{\alpha 0} = m_c + m_0 + 2m \neq 0 ; \quad \sum_{\alpha=1}^{N} x_{\alpha j}^2 = m_c + 2\gamma^2 \neq 0$$

$$\sum_{\alpha=1}^{N} x_{\alpha 0} x_{\alpha j}^2 = m_c + m\gamma^2 \neq 0 ; \quad \sum_{\alpha=1}^{N} x_{\alpha i}^2 x_{\alpha j}^2 = m_c \neq 0$$

为了实现二次回归正交设计的正交性，要先对平方项列 $x_1^2$，$\cdots$ $x_m^2$ 进行中心化变换，即用 $x'_{\alpha j}$ 代替 $x_{\alpha j}^2$。

令　　　　　$x'_{\alpha j} = x_{\alpha j}^2 - \dfrac{1}{N}\sum_{\alpha=1}^{N} x_{\alpha j}^2 = x_{\alpha j}^2 - (m_c + 2\gamma^2)/N \ (j = 1，\cdots，m；\alpha = 1，\cdots，N)$

则变换后的平方项 $x'_1$，$x'_2$，$\cdots$，$x'_m$ 项与 $x_0$ 项正交，即

$$\sum_{\alpha=1}^{N} x_{\alpha 0} x'_{\alpha j} = 0 , \quad \sum_{\alpha=1}^{N} x'_{\alpha j} = 0 \qquad (j = 1，2，\cdots，m)$$

其次，在令 $\sum_{\alpha=1}^{N} x'_{\alpha i} x'_{\alpha j} = 0$（$i \neq j$，$i$；$j = 1，2，\cdots，m$）成立的基础上，推导出公式（13-17）（推导过程请参考相关资料）求得相关 $\gamma$，即可满足变换后的 $x'_1$，$\cdots$，$x'_m$ 项之间正交。

$$\gamma = \sqrt{\dfrac{-m_c + \sqrt{m_c^2 + 2m_c(m + m_0/2)}}{2}} \qquad (13-17)$$

当试验因素数 $m$ 和零水平重复次数 $m_0$ 确定时，$\gamma$ 值就可以通过公式（13-17）计算出来，在设计过程中选用相应的 $\gamma$ 值即可满足正交性的要求。常用 $\gamma$ 值见表 13-8。

**表 13-8** 二次回归正交组合设计常用 $\gamma$ 值表

| $m_0$ | $m$ | | | | | | |
|---|---|---|---|---|---|---|---|
| | 2 | 3 | 4 | 5（1/2 实施） | 5 | 6（1/2 实施） | 6 |
| 1 | 1.00000 | 1.21541 | 1.41421 | 1.54671 | 1.59601 | 1.72443 | 1.76064 |
| 2 | 1.07809 | 1.28719 | 1.48258 | 1.60717 | 1.66183 | 1.78419 | 1.82402 |
| 3 | 1.14744 | 1.35313 | 1.54671 | 1.66443 | 1.72443 | 1.84139 | 1.88488 |
| 4 | 1.21000 | 1.41421 | 1.60717 | 1.71885 | 1.78419 | 1.89629 | 1.94347 |
| 5 | 1.26710 | 1.47119 | 1.66443 | 1.77074 | 1.84139 | 1.94910 | 2.00000 |
| 6 | 1.31972 | 1.52465 | 1.71885 | 1.82036 | 1.89629 | 2.00000 | 2.05464 |
| 7 | 1.36857 | 1.57504 | 1.77074 | 1.86792 | 1.94910 | 2.04915 | 2.10754 |
| 8 | 1.41421 | 1.62273 | 1.82036 | 1.91361 | 2.00000 | 2.09668 | 2.15884 |
| 9 | 1.45709 | 1.66803 | 1.86792 | 1.95759 | 2.04915 | 2.14272 | 2.20866 |
| 10 | 1.49754 | 1.71120 | 1.91361 | 2.00000 | 2.09668 | 2.18738 | 2.25709 |

### （三）二次回归正交设计的基本步骤与方法

1. 确定试验因素及其上、下水平。

二次回归中心组合设计的方法与一次回归正交设计类似。首先确定 $Z_{2j}$、$Z_{1j}$ 为试验因素 $Z_j$ 取值的最高（上水平）和最低水平（下水平），把上水平和零水平之差除以参数 $\gamma$ 称为 $Z_j$ 的变化间距，标记为 $\Delta_j$。

$$Z_{0j} = (Z_{2j} + Z_{1j})/2, \Delta_j = (Z_{2j} - Z_{0j})/\gamma \tag{13-18}$$

2. 对每一因子的水平进行编码

对每个因子 $Z_j$ 的水平进行编码，编码方法为

$$x_{ij} = (Z_{ij} - Z_{0j})/\Delta_j \quad (i = 0, 1, 2; j = 1, 2, \cdots m) \tag{13-19}$$

编码时可将因素 $Z_j$ 的上、下水平 $Z_{2j}$、$Z_{1j}$ 编码为 $\gamma$、$-\gamma$，进而算出编码为 1、$-1$ 的实际水平。此时，$Z_{(x_j=1)j} = Z_{0j} + \Delta_j$，$Z_{(x_j=-1)j} = Z_{0j} - \Delta_j$，通过编码对各因素 $Z_j$ 与 $x_{ij}$ 的取值建立起一一对应的关系，因素水平编码表见表 13-9。

**表 13-9** 二次回归中心组合设计因素水平编码表

| $x_j$ | 因素 | | | |
|---|---|---|---|---|
| | $Z_1$ | $Z_2$ | $\cdots$ | $Z_m$ |
| $\gamma$ | $Z_{21}$ | $Z_{22}$ | $\cdots$ | $Z_{2m}$ |
| 1 | $Z_{01} + \Delta_1$ | $Z_{02} + \Delta_2$ | $\cdots$ | $Z_{0m} + \Delta_m$ |
| 0 | $Z_{01}$ | $Z_{02}$ | $\cdots$ | $Z_{0m}$ |
| $-1$ | $Z_{01} - \Delta_1$ | $Z_{02} - \Delta_2$ | $\cdots$ | $Z_{0m} - \Delta_m$ |
| $-\gamma$ | $Z_{11}$ | $Z_{12}$ | $\cdots$ | $Z_{1m}$ |

3. 列出二次回归正交组合设计结构矩阵，确定试验方案

根据试验因素的个数 $m$，选择适当的 2 水平正交表作好表头设计，并根据 $m$ 和 $m_0$ 查表得 $\gamma$ 值对 $x_j^2$ 列进行中心化处理，加上 $m_\gamma$ 与 $m_0$ 的试验点，编排试验计划，将试验设计各因素编码水平换为实际水平即得实施方案。

**（四）二次回归正交设计的特点**

1. 正交性

二次回归正交设计与一次回归正交设计同样具有正交性，因此同样具有：利用正交试验设计安排试验，运用回归分析方法处理数据；"均匀分散，整齐可比"；由于试验设计的正交性，消除回归系数之间的相关性，从而使其具有独立性等特点。

2. 优点

（1）它可使剩余自由度取值适中，大大地节省试验处理数 $N$，且因子数越多，试验次数减少得越多。

（2）组合设计的试验点在因子空间中的分布是较均匀的。每个因子均可取 5 个水平。

（3）组合设计还便于在一次回归的基础上实施。若一次回归不显著，可以在原先的 $m_c$ 个试验点基础上，补充一些中心点与轴点试验，即可求得二次回归方程，这是组合试验设计的又一个不可比拟的优点。

3. 缺点

二次回归正交设计试验指标预测值 $\hat{y}$ 的方差依靠试验点在 $m$ 维空间的位置，影响不同回归值之间的直接比较。

# 第二节　回归旋转设计

回归正交设计的最大优点是试验次数较少，计算简便，又消除了回归系数间的相关性。但是其缺点是预测值的方差依赖于试验点在因子空间中的位置。由于误差的干扰，不能根据预测值直接寻找最优区域。若能使二次设计具有旋转性，即能使与试验中心距离相等的点上预测值的方差相等，将有助于克服不足之处。

## 一、试验点的确定

回归旋转设计也是一种组合设计（为克服试验规模过于庞大，在因素空间中选择 $n$ 类具有不同特点的点，把它们适当组合起来而形成试验计划）。它的试验处理数目 $N$ 由 3 部分组成，即：

$$N = m_c + m_\gamma + m_0 = m_c + 2m + m_0 \tag{13-20}$$

式中　$m_c$——所选用正交表中的全试验数；

　　　$m$——试验因素的个数；

　　　$m_0$——各因素零水平组成的中心试验点的重复数。

$N$ 个试验点是分布在三个半径不相等的球面上。$m_c$ 个点分布在半径为 $\rho_c = \sqrt{m}$ 的球面上，$m_\gamma = 2m$ 个点分布在半径为 $\rho_\gamma = \gamma$ 的球面上，$m_0$ 个点集中在半径 $\rho_0 = 0$ 的球面上。因而，组合设计总是满足非退化条件，并通过调整星号臂 $\gamma$ 的值可以使组合设计满足旋转性条件。

统计学家已证明，当 $\gamma$ 值满足公式（13-21）时，组合设计满足旋转性条件。在试验因子数 $m$ 确定基础上，根据公式（13-21）计算出常用的 $\gamma$ 和 $\gamma^2$ 值列于表 13-10 中，供设计时查用。为了方便设计，表 13-10 提供了进行二次回归正交旋转组合设计的各种参数。

$$\gamma = 2^{(\frac{m-i}{4})} \tag{13-21}$$

式中　　$m$——因素个数；

　　　　$i$——实施情况，当试验全实施时 $i=0$，1/2 实施时 $i=1$，1/4 实施时 $i=2$，1/8 实施时 $i=3$。

表 13-10　　　　　　　　　　　二次回归正交旋转组合设计参数表

| $m$ | $m_c$ | $m_\gamma$ | $m_0$ | $N$ | $\sqrt{m}$ | $\gamma$ | $\gamma^2$ |
|---|---|---|---|---|---|---|---|
| 2 | 4 | 4 | 8 | 16 | 1.414 | 1.414 | 2.000 |
| 3 | 8 | 6 | 9 | 23 | 1.732 | 1.682 | 2.828 |
| 4 | 16 | 8 | 12 | 36 | 2.000 | 2.000 | 4.000 |
| 4（1/2 实施） | 8 | 8 | 7 | 23 | 2.000 | 1.682 | 2.8291 |
| 5 | 32 | 10 | 17 | 59 | 2.236 | 2.378 | 5.655 |
| 5（1/2 实施） | 16 | 10 | 10 | 36 | 2.236 | 2.000 | 4.000 |
| 6 | 64 | 12 | 24 | 100 | 2.450 | 2.828 | 8.000 |
| 6（1/2 实施） | 32 | 12 | 15 | 59 | 2.450 | 2.378 | 5.655 |
| 6（1/4 实施） | 16 | 12 | 8 | 36 | 2.450 | 2.000 | 4.000 |
| 7 | 128 | 14 | 35 | 177 | 2.646 | 3.364 | 11.316 |
| 7（1/2 实施） | 64 | 14 | 22 | 100 | 2.646 | 2.828 | 8.000 |
| 7（1/4 实施） | 32 | 14 | 13 | 59 | 2.646 | 2.378 | 5.655 |
| 8 | 256 | 16 | 52 | 324 | 2.828 | 4.000 | 16.000 |
| 8（1/2 实施） | 128 | 16 | 33 | 177 | 2.828 | 3.364 | 11.316 |
| 8（1/4 实施） | 64 | 16 | 20 | 100 | 2.828 | 2.828 | 8.000 |
| 8（1/8 实施） | 32 | 16 | 11 | 59 | 2.828 | 2.374 | |

二次旋转组合设计对重复次数 $m_0$ 的选择是自由的，即使不做中心点的试验，也不会影响旋转性，但中心点重复试验能给出回归方程在中心点的拟合情况。所以，中心点 $m_0$ 的重复试验是很有必要的。$m_0$ 往往因 $m$ 不同而不同。在 $m<5$ 时，$\rho_c = \rho_\gamma$ 或 $\rho_c \approx \rho_\gamma$。这意味着 $m_c$ 个全面试验（或其部分实施）点与 $m_\gamma$ 个星号点分布或近似分布在同一个球面上。这时，为了避免系数矩阵 $A$ 退化，就必须增加中心试验点。

同时适当地选取 $m_0$，还能使二次旋转组合设计具有回归正交性。因此，在旋转设计中 $m_0$ 是由相应公式（13-22）计算出来的，而不是人为设定的。

$$m_0 = 4(1 + m_c^{1/2}) - 2m \tag{13-22}$$

## 二、二次回归正交旋转设计基本步骤与方法

### （一）确定参与试验的因素，选定处理水平

设研究的因素有 $m$ 个，分别以 $Z_1$、$Z_2$、$\cdots$、$Z_m$ 表示，每因素的上水平标记为 $Z_{2j}$，下水平标记为 $Z_{1j}$，零水平标记为 $Z_{0j}$ $[Z_{0j}=(Z_{2j}+Z_{1j})/2]$。

### （二）计算各因素的变化区间，并对处理水平编码

与二次回归正交设计相同，将第 $j$ 因素的变化区间标记为 $\Delta_j$ $[\Delta_j=(Z_{2j}-Z_{0j})/\gamma]$。然后对每个因素 $Z_j$ 的处理水平进行编码，即对每个因素的取值进行线性变换。因素 $Z_j$ 与规范变量 $x_j$ 变换的对应关系是 $x_j=(Z_j-Z_{0j})/\Delta_j$。上水平 $Z_{2j}$ 的编码值为 $+\gamma$，下水平 $Z_{1j}$ 的编码值为 $-\gamma$，零水平 $Z_{0j}$ 的编码值为 0。将有量纲的自然变量 $Z_j$（$j=1$，$2$，$\cdots$，$m$）变成量纲为一的规范变量 $x_j$（$j=1$，$2$，$\cdots$，$m$），其变化区间由（$Z_{1j}$，$Z_{2j}$）变为（$-\gamma$，$\gamma$）。

### （三）确定星号臂 $\gamma$ 及其相应的取值

星号臂 $\gamma$ 值可按 $m$ 的个数及实施情况查表 13-10 或按公式（13-21）计算。二次回归正交旋转设计因素水平的编码与二次回归中心组合设计因素水平编码相同，见表 13-9。

### （四）确定试验方案

在二次正交旋转组合设计中，常数项 $x_0$ 列均为 1，交互作用 $x_1x_2$，$x_1x_3$，$x_2x_3$ 等列是由对应变量相应的编码值自乘而得的，平方项 $x_1^2$、$x_2^2$、$x_3^2$ 等列是经过中心化计算而得的，但这些参数都不参与试验过程，只作结果分析之用。将各因素的不同水平分别对号入座，代入设计表中的 $x_1$、$x_2$、$x_3$ 等列，即得试验方案。

## 三、二次回归正交旋转设计的特点

### （一）正交性

二次回归旋转设计的正交性与 $m_0$ 有关。当由公式（13-22）计算出的 $m_0$ 为整数时，则旋转组合设计是完全正交的；当 $m_0$ 不为整数时，则旋转组合设计是近似正交的。二次回归正交旋转设计具有正交性，具有正交性的一系列特点。

### （二）旋转性

二次回归正交旋转设计在 $m$ 维因素空间中，其应用方案使试验指标预测值 $\hat{y}$ 的预测方差仅与试验点到试验中心的距离 $\rho$ 有关，而与方向无关，因此具有旋转性。

### （三）优点

（1）可直接比较各点预测值的好坏，找出预测值相对较优的区域。

（2）有助于寻找最优生产的过程中排除误差的干扰。

### （四）缺点

（1）中心试验次数明显增加，对于试验费用昂贵或试验数据难以取得的研究不利。

（2）在不同半径球面上各试验点的预测值 $\hat{y}$ 的方差不等，不便于比较。

# 第三节 DPS 在回归正交设计与旋转设计中的应用

## 一、回归正交设计及结果分析

### （一）一次回归正交设计试验结果分析

一次回归正交设计试验结果在 DPS 分析中，可采用"二次多项式逐步回归"分析命令。

【例 13-3】应用 DPS 系统分析表 13-2 水稻品种在低肥力土壤条件下的试验结果，采用一次回归正交设计优化氮、磷、钾最佳施用配方，并建立回归模型。

（1）将表 13-2 中 $x_1$、$x_2$、$x_3$ 列编码水平及试验结果录入到 DPS 电子表格中，建立"水稻肥力试验.DPS"文件；定义数据块。

（2）在菜单下选择"多元分析"→"回归分析"→"二次多项式逐步回归"，选择逐步回归功能项，进行逐步回归分析，于阈值对话框选择"OK"，输出偏相关系数检验、回归模型等分析结果。

表 13-11 水稻肥力试验偏相关系数 $t$ 检验结果

|  | 回归系数 | 标准回归系数 | 偏相关系数 | $t$ 值 | $P$ 值 |
|---|---|---|---|---|---|
| $x_1$ | 9.4188 | 0.5290 | 0.7506 | 3.5924 | 0.0049 |
| $x_2$ | 9.8437 | 0.5528 | 0.7649 | 3.7545 | 0.0038 |
| $x_3$ | 7.9188 | 0.4447 | 0.6907 | 3.0203 | 0.0129 |

表 13-11 偏相关系数检验结果表明，各变量的偏相关系数均达显著水平，同时输出回归模型 $\hat{y} = 463.0036 + 9.4188x_1 + 9.8438x_2 + 7.9188x_3$。根据公式 $x_j = (Z_j - Z_{0j})/\Delta_j$ 将编码变量还原为实际变量后回归方程为 $\hat{y} = 406.7835 + 4.7097Z_1 + 2.4610Z_2 + 1.7597Z_3$。

输出结果同时给出了相关系数、调整相关系数、剩余标准差等统计量及 $F$ 检验结果。结果表明，$R_a = 0.8474$、$F = 12.0413$、$P = 0.0012 < 0.01$，表明变量间回归关系达极显著水平，回归模型较好拟合变量间的关系。

表 13-12 水稻肥力试验最高指标时各个因素优化组合

| 指标产量/kg | 编码因素水平 | | | 实际因素水平/kg | | |
|---|---|---|---|---|---|---|
| $y$ | $x_1$ | $x_2$ | $x_3$ | $Z_1$ | $Z_2$ | $Z_3$ |
| 490.19 | 1 | 1 | 1 | 8.0 | 10.0 | 12.0 |

表 13-12 最高指标时各个因素优化组合结果表明，优化的工艺条件是氮、磷、钾在 $666.67\text{m}^2$ 面积上分别施用 8.0kg、10.0kg、12.0kg，在优化工艺条件下变量 $y$ 预测值为 490.19kg。但在工艺条件优化分析中发现，3 种肥料的优化条件均为最高水平，表明该试验设计在选取因素水平时存在不足，应提高 3 试验因素的高水平重新试验。

**（二）二次回归正交设计及试验结果分析**

**1. 二次回归正交设计方法**

在应用 DPS 进行试验设计前，首先确定二次回归正交设计各处理因子的零水平、变化区间。选择"试验设计"下拉菜单的"二次回归组合（中心复合）设计"命令，在"复合中心试验设计"对话框内勾选"二次正交回归设计"选项，设置好各参数后即可输出分析结果。

**【例 13-4】** 研究氮、磷、锌肥配合施用对玉米产量的影响（单位：kg），考察 3 因素：$A$ 氮 1～4、$B$ 磷 14～55、$C$ 锌 4.5～17.5，指定零水平数 1。试用二次回归正交设计安排试验。

（1）根据 $m=3$，$m_0=1$，查表 13-8 得 $\gamma=1.2154$，同时根据公式 $Z_{0j}=(Z_{2j}+Z_{1j})/2$ 和 $\Delta_j=(Z_{2j}-Z_{0j})/\gamma$，分别计算氮、磷、锌 3 种肥料的零水平和变化区间为：2.5000kg、1.2342kg；34.50000kg、16.8869kg；11.0000kg、5.3480kg。选择"试验设计"→"二次回归组合（中心复合）设计"命令，打开"复合中心试验设计"对话框，见图 13-2。

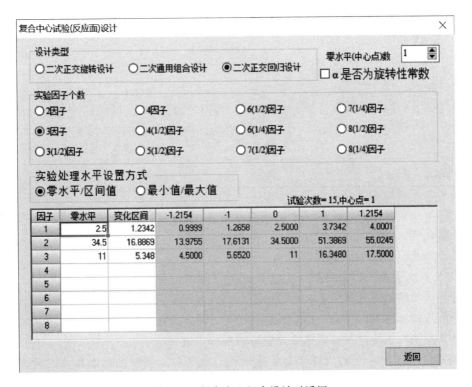

图 13-2　复合中心组合设计对话框

（2）在"设计类型"中勾选"二次正交回归设计"选项，指定"零水平个数"为 1，选择"因子数"为 3；在"试验处理水平设置方式"中勾选"零水平/区间值"选项，并在下框中分别输入各因子的零水平及变化区间，如图 13-2 所示。确定后输出二次回归正交设计试验方案，见表 13-13。若在"试验处理水平设置方式"选项中勾选"最小值/最大值"，则无需计算各因素的零水平和变化区间，直接在输入框内输入最小值与最大值，可得相同结果。

**表 13-13** 玉米产量试验二次回归正交设计试验方案

| No. | $x_1$ | $x_2$ | $x_3$ | ⋯ | $Z_1/\text{kg}$ | $Z_2/\text{kg}$ | $Z_3/\text{kg}$ |
|---|---|---|---|---|---|---|---|
| 1 | 1 | 1 | 1 | ⋯ | 3.7342 | 51.3869 | 16.3480 |
| 2 | 1 | 1 | −1 | ⋯ | 3.7342 | 51.3869 | 5.6520 |
| 3 | 1 | −1 | 1 | ⋯ | 3.7342 | 17.6131 | 16.3480 |
| 4 | 1 | −1 | −1 | ⋯ | 3.7342 | 17.6131 | 5.6520 |
| 5 | −1 | 1 | 1 | ⋯ | 1.2658 | 51.3869 | 16.3480 |
| 6 | −1 | 1 | −1 | ⋯ | 1.2658 | 51.3869 | 5.6520 |
| 7 | −1 | −1 | 1 | ⋯ | 1.2658 | 17.6131 | 16.3480 |
| 8 | −1 | −1 | −1 | ⋯ | 1.2658 | 17.6131 | 5.6520 |
| 9 | −1.2154 | 0 | 0 | ⋯ | 0.9999 | 34.5000 | 11.0000 |
| 10 | 1.2154 | 0 | 0 | ⋯ | 4.0001 | 34.5000 | 11.0000 |
| 11 | 0 | −1.2154 | 0 | ⋯ | 2.5000 | 13.9755 | 11.0000 |
| 12 | 0 | 1.2154 | 0 | ⋯ | 2.5000 | 55.0245 | 11.0000 |
| 13 | 0 | 0 | −1.2154 | ⋯ | 2.5000 | 34.5000 | 4.5000 |
| 14 | 0 | 0 | 1.2154 | ⋯ | 2.5000 | 34.5000 | 17.5000 |
| 15 | 0 | 0 | 0 | ⋯ | 2.5000 | 34.5000 | 11.0000 |

表 13-13 每个因素各取 5 个水平，左边是各水平的编码，右边是各水平的实际值，用来安排各次试验。

2. 二次回归正交设计试验结果分析

在 DPS 系统生成的二次回归正交设计试验方案中，可在水平编码右侧列输入试验结果，也可将试验结果输入到水平实际值的右列；选定水平编码及试验结果值（或选择因素水平实际值与试验结果），选择"试验统计"→"试验优化分析"→"二次多项式回归分析"命令，在"产量优化"对话框中设置好参数即可进行分析。

**【例 13-5】** 以表 13-13 的试验方案实施试验，研究氮、磷、锌肥配合施用对玉米产量的影响。试验结果玉米产量（单位：kg）依次为：683、701、735、708、698、708、689、735、801、814、782、761、798、756、831。分析试验结果建立变量间的回归模型。

（1）本例采用二次多项式回归分析，分别将试验结果输入到水平实际值的右列和水平编码的右列进行分析，建立"玉米产量试验 . DPS"文件。

（2）定义数据块，选择"试验统计"→"试验优化分析"→"二次多项式回归分析"命令，在"产量优化"对话框的"目标函数类型"中勾选"最大值"，其它参数采用默认值；确定后输出分析结果，见表 13-14～表 13-15。

**表 13-14** 玉米产量试验二次多项式回归分析回归系数 $t$ 检验结果

| 应用水平实际值分析 | | | | 应用水平编码值分析 | | | |
|---|---|---|---|---|---|---|---|
| 变量 | 回归系数 | 标准回归系数 | $t$ 值 | $P$ 值 | 变量 | 回归系数 | 标准回归系数 | $t$ 值 | $P$ 值 |
| $Z_1$ | 98.6254 | 2.1891 | 2.9900 | 0.0304 | $x_1$ | 1.1685 | 0.0210 | 0.2103 | 0.8417 |
| $Z_2$ | 13.6678 | 4.1509 | 5.6372 | 0.0024 | $x_2$ | −9.3591 | −0.1683 | 1.6847 | 0.1529 |
| $Z_3$ | 35.6368 | 3.4275 | 4.6339 | 0.0057 | $x_3$ | −8.9505 | −0.1610 | 1.6112 | 0.1681 |
| $Z_1^2$ | −20.5471 | −2.3079 | 3.5562 | 0.0163 | $x_1^2$ | −31.2991 | −0.3553 | 3.5562 | 0.0163 |
| $Z_2^2$ | −0.1952 | −4.1394 | 6.3251 | 0.0015 | $x_2^2$ | −55.6696 | −0.6319 | 6.3252 | 0.0015 |
| $Z_3^2$ | −1.8163 | −3.8881 | 5.9021 | 0.0020 | $x_3^2$ | −51.9463 | −0.5897 | 5.9022 | 0.0020 |
| $Z_1Z_2$ | −0.2459 | −0.2766 | 0.7884 | 0.4662 | $x_1x_2$ | −5.1250 | −0.0788 | 0.7884 | 0.4662 |
| $Z_1Z_3$ | 1.2310 | 0.4399 | 1.2498 | 0.2667 | $x_1x_3$ | 8.1250 | 0.1249 | 1.2499 | 0.2667 |
| $Z_2Z_3$ | −0.0125 | −0.0611 | 0.1731 | 0.8694 | $x_2x_3$ | −1.1250 | −0.0173 | 0.1731 | 0.8694 |

**表 13-15** 玉米产量试验二次多项式回归分析最高指标时优化组合结果

| 水平实际值 | | | | 水平编码 | | | |
|---|---|---|---|---|---|---|---|
| $y$/kg | $Z_1$/kg | $Z_2$/kg | $Z_3$/kg | $y$/kg | $x_1$ | $x_2$ | $x_3$ |
| 848.89 | 2.5180 | 33.0835 | 10.5502 | 848.89 | 0.0146 | −0.0839 | −0.0841 |

输出结果表明，应用水平实际值分析时，输出的二次回归模型为 $\hat{y} = 310.6459 + 98.6254Z_1 + 13.6678Z_2 + 35.6368Z_3 − 20.5471Z_1^2 − 0.1952Z_2^2 − 1.8163Z_3^2 − 0.2459Z_1Z_2 + 1.2310Z_1Z_3 − 0.0125Z_2Z_3$；应用水平编码值分析时，输出的二次回归模型为 $\hat{y} = 848.1153 + 1.1685x_1 − 9.3591x_2 − 8.9505x_3 − 31.2991x_1^2 − 55.6696x_2^2 − 51.9463x_3^2 − 5.1250x_1x_2 + 8.12500x_1x_3 − 1.1250x_2x_3$。由表 13-14 可知，两种分析方法结果表明 3 个交互项系数均未达显著水平。

输出结果中回归模型检验结果表明，两种分析方法结果完全一致，即相关系数 $R = 0.9747$，$F = 10.5754$，$P = 0.0091 < 0.01$。因此，两种模型均达极显著水平，但由于模型的部分项未达显著水平，且模型涉及项较多应用复杂，所以模型并非优化模型，还需对模型进一步优化处理。

表 13-15 为最高指标时优化组合输出结果。结果表明，两种分析方法最高指标均达 848.89kg，且氮、磷、锌用量的最佳配比实际值与编码值符合公式 $Z_j = x_j\Delta_j + Z_{0j}(j = 12\cdots m)$ 的换算关系。具体优化配方为氮、磷、锌用量分别为 2.5180kg、33.0835kg、10.5502kg。

本例题也可应用 DPS 系统中的"多元分析"→"回归分析"→"二次多项式逐步回归"命令分析。别除不显著的交互项后，逐步回归分析输出的优化回归模型为 $\hat{y} = 302.7306 + 103.6825Z_1 + 12.9160Z_2 + 38.2844Z_3 − 20.5471Z_1^2 − 0.1952Z_2^2 − 1.8163Z_3^2$。最高指标时各个因素组合与产量均与"试验优化分析"命令输出结果相近，但优化模型更为简单，更为实用。

## 二、回归旋转设计及试验结果分析

### （一）应用 DPS 进行回归旋转设计

DPS 系统中回归旋转设计与回归正交设计相似，在确定试验因子和各个处理因子的零水平、变化区间后，选择"试验设计"下拉菜单的"二次回归组合（中心复合）设计"命令进行分析。

【例 13-6】在愈风宁心冲剂提取工艺中，考虑影响葛根素浸出率的 3 因素，乙醇浓度上、下水平分别为 80%、60%，溶剂量倍数上、下水平分别为 12 倍、8 倍，提取时间上、下水平分别为 3h、1h。试用二次回归旋转组合设计安排试验。

（1）可应用公式（13-21）计算或查表 13-10 得 $\gamma = 1.6818$，同时根据公式 $Z_{0j} = (Z_{2j} + Z_{1j})/2$ 和 $\Delta_j = (Z_{2j} - Z_{0j})/\gamma$，分别计算乙醇浓度、溶剂量倍数及提取时间的零水平、变化区间分别为 70.0000%、5.9460%；10.0000 倍、1.1891 倍；2.0000h、0.5946h。选择"试验设计"→"二次回归组合（中心复合）设计"命令，打开"复合中心试验设计"对话框。

（2）在"复合中心试验设计"对话框的"设计类型"中勾选"二次正交旋转设计"选项，指定"因子数"为 3；在"试验处理水平设置方式"中勾选"零水平/区间值"选项，并在下框中分别输入各因子的零水平及变化区间，可参考图 13-2。确定后输出二次回归旋转设计试验方案，见表 13-16。与二次正交回归设计类似，若在"试验处理水平设置方式"选项中勾选"最小值/最大值"，则无需计算各因素的零水平和变化区间，直接在输入框内输入最小值与最大值，可得相同结果。

**表 13-16** 　　　　　　　愈风宁心冲剂提取试验二次正交旋转设计试验方案

| No. | $x_1$ | $x_2$ | $x_3$ | ⋯ | $Z_1/\%$ | $Z_2/倍$ | $Z_3/h$ |
|---|---|---|---|---|---|---|---|
| 1 | 1 | 1 | 1 | ⋯ | 75.9460 | 11.1891 | 2.5946 |
| 2 | 1 | 1 | −1 | ⋯ | 75.9460 | 11.1891 | 1.4054 |
| 3 | 1 | −1 | 1 | ⋯ | 75.9460 | 8.8109 | 2.5946 |
| 4 | 1 | −1 | −1 | ⋯ | 75.9460 | 8.8109 | 1.4054 |
| 5 | −1 | 1 | 1 | ⋯ | 64.0540 | 11.1891 | 2.5946 |
| 6 | −1 | 1 | −1 | ⋯ | 64.0540 | 11.1891 | 1.4054 |
| 7 | −1 | −1 | 1 | ⋯ | 64.0540 | 8.8109 | 2.5946 |
| 8 | −1 | −1 | −1 | ⋯ | 64.0540 | 8.8109 | 1.4054 |
| 9 | −1.6818 | 0 | 0 | ⋯ | 60.0001 | 10.0000 | 2.0000 |
| 10 | 1.6818 | 0 | 0 | ⋯ | 79.9999 | 10.0000 | 2.0000 |
| 11 | 0 | −1.6818 | 0 | ⋯ | 70.0000 | 8.0002 | 2.0000 |
| 12 | 0 | 1.6818 | 0 | ⋯ | 70.0000 | 11.9998 | 2.0000 |
| 13 | 0 | 0 | −1.6818 | ⋯ | 70.0000 | 10.0000 | 1.0000 |
| 14 | 0 | 0 | 1.6818 | ⋯ | 70.0000 | 10.0000 | 3.0000 |

续表

| No. | $x_1$ | $x_2$ | $x_3$ | ... | $Z_1/\%$ | $Z_2/$倍 | $Z_3/h$ |
|-----|-------|-------|-------|-----|----------|---------|--------|
| 15 | 0 | 0 | 0 | ... | 70.0000 | 10.0000 | 2.0000 |
| 16 | 0 | 0 | 0 | ... | 70.0000 | 10.0000 | 2.0000 |
| 17 | 0 | 0 | 0 | ... | 70.0000 | 10.0000 | 2.0000 |
| 18 | 0 | 0 | 0 | ... | 70.0000 | 10.0000 | 2.0000 |
| 19 | 0 | 0 | 0 | ... | 70.0000 | 10.0000 | 2.0000 |
| 20 | 0 | 0 | 0 | ... | 70.0000 | 10.0000 | 2.0000 |
| 21 | 0 | 0 | 0 | ... | 70.0000 | 10.0000 | 2.0000 |
| 22 | 0 | 0 | 0 | ... | 70.0000 | 10.0000 | 2.0000 |
| 23 | 0 | 0 | 0 | ... | 70.0000 | 10.0000 | 2.0000 |

表 13-16 二次正交旋转设计试验方案，每个因素取 5 个水平，左边是各水平的编码，右边是各水平的实际值，用来安排各次试验。试验结束后，在水平编码右侧（即水平编码与水平实际值之间列）输入试验结果即可进行统计分析。

**(二) 应用 DPS 分析回归旋转设计试验结果**

应用 DPS 系数分析回归旋转设计试验结果时，在水平编码右侧输入试验结果。在主菜单选择"试验统计"→"试验优化分析"→"二次多项式回归分析"命令。在"产量优化"对话框设置好参数后即可进行分析。

**【例 13-7】** 以表 13-16 的试验方案实施试验，来优化愈风宁心冲剂提取工艺。试验结果为葛根素浸出率（%），即 70、80、83、87、86、90、89、94、88、76、79、74、73、85、87、88、89、90、92、91、93、88、87。试应用 DPS 数据处理系数对试验结果进行分析。

（1）将试验结果输入到水平编码右侧，建立"愈风宁心冲剂.DPS"文件，选定水平编码及试验结果值。

（2）定义数据块，选择"试验统计"→"试验优化分析"→"二次多项式回归分析"命令，在"产量优化"对话框的"目标函数类型"中勾选"最大值，其他参数采用默认值；确定后输出分析结果。

通过表 13-17 试验结果方差分析表可知，回归模型在 0.05 水平上达显著水平；3 因子的交互项及 $x_3$、$x_1^2$ 项 F 值小于 1 或接近 1；拟合度检验结果显示 $F_1 = 12.1091$、$P = 0.0015 < 0.01$，即失拟达极显著水平，表明在整个回归空间内的拟合度不是很好，可能还有其他试验因素的影响，有必要进行深入的研究。

**表 13-17**　　　　　　　　　愈风宁心冲剂提取试验回归模型方差分析表

| 变异来源 | 平方和 | 自由度 | 均方 | F 值 | P 值 |
|---------|--------|--------|------|------|------|
| 回归 | 659.8088 | 9 | 73.3121 | 2.9101 | 0.0396 |
| 离回归 | 327.4956 | 13 | 25.1920 | | |
| 失拟 | 289.2734 | 5 | 57.8547 | 12.1091 | 0.0015 |
| 误差 | 38.2222 | 8 | 4.7778 | | |
| 总变异 | 987.3043 | 22 | | | |

　　表 13-17 方差分析结果表明，回归模型在 0.05 水平上达显著水平；拟合度检验结果显示 $F_1=12.1091$、$P=0.0015<0.01$，即失拟达极显著水平，说明拟合度不是很好，可能还有其他试验因素的影响，有必要进行深入的研究。

　　表 13-18 回归系数检验结果表明，$x_3$、$x_1^2$ 项及 3 个交互项 $P$ 值较大，均明显未达显著水平。用逐步回归分析法剔除该 5 项后，优化回归模型与原回归模型对照比较见表 13-19；试验指标取最高值时各个因素组合对比见表 13-20。

**表 13-18　　　　　　　　　　　　　　回归系数检验结果**

| 变量 | 平方和 | 回归系数 | 标准回归系数 | $t$ 值 | $P$ 值 |
|---|---|---|---|---|---|
| $x_1$ | 255.1765 | $-4.3335$ | $-0.5097$ | 3.1907 | 0.0071 |
| $x_2$ | 91.3471 | $-2.5928$ | $-0.3049$ | 1.9090 | 0.0786 |
| $x_3$ | 0.5787 | $-0.2064$ | $-0.0243$ | 0.1519 | 0.8816 |
| $x_1^2$ | 27.5124 | $-1.3191$ | $-0.1674$ | 1.0476 | 0.3139 |
| $x_2^2$ | 168.4124 | $-3.2636$ | $-0.4140$ | 2.5919 | 0.0223 |
| $x_3^2$ | 89.5439 | $-2.3797$ | $-0.3019$ | 1.8900 | 0.0813 |
| $x_1 x_2$ | 21.0192 | $-1.6250$ | $-0.1463$ | 0.9157 | 0.3765 |
| $x_1 x_3$ | 3.1093 | $-0.6250$ | $-0.0563$ | 0.3522 | 0.7303 |
| $x_2 x_3$ | 3.1093 | $-0.6250$ | $-0.0563$ | 0.3522 | 0.7303 |

**表 13-19　　　　　　愈风宁心冲剂提取试验不同分析方法回归模型对比**

| 二次多项式回归分析 | 逐步回归分析 |
|---|---|
| $\hat{y} = 89.3081 - 4.3335x_1 - 2.5928x_2 - 0.2064x_3 - 1.3191x_1^2 - 3.2636x_2^2 - 2.3798x_3^2 - 1.6250x_1 x_2 - 0.6250x_1 x_3 - 0.6250x_2 x_3$ | $\hat{y} = 88.5140 - 4.3335x_1 - 2.5928x_2 - 3.2545x_2^2 - 2.3706x_3^2$ |

**表 13-20　　　　　愈风宁心冲剂提取试验指标取最高值时各个因素组合对比**

| 二次多项式回归分析 | | | | 逐步回归分析 | | | |
|---|---|---|---|---|---|---|---|
| $y/\%$ | $x_1$ | $x_2$ | $x_3$ | $y/\%$ | $x_1$ | $x_2$ | $x_3$ |
| 92.9401 | $-1.6818$ | 0.0046 | 0.1770 | 96.3182 | $-1.6818$ | $-0.3915$ | 0.0068 |

　　表 13-20 为二次多项式回归分析与逐步回归分析两种分析方法，试验指标取最高值时各个因素组合的对比结果。结果表明，在各个因素取值有所不同的情况下试验指标所取最高值相近。由于逐步回归分析模型较简单，因此建议采用模型 $\hat{y} = 88.5140 - 4.3335x_1 - 2.5928x_2 - 3.2545x_2^2 - 2.3706x_3^2$。

# 第四节　SPSS 在回归正交设计与旋转设计中的应用

## 一、SPSS 在回归正交设计试验结果分析中的应用

【例 13-8】对例 13-5 中应用二次回归正交设计研究氮、磷、锌肥配合施用对玉米产量影响的试验结果，应用 SPSS 进行曲线回归分析。

（1）建立文件"玉米产量试验 .SAV"；在"变量视图"中建立变量"$Z_1$"、"$Z_2$"、"$Z_3$"分别表示氮肥、磷肥和锌肥 3 试验因素的水平实际值；"$y$"表示试验结果（产量）；在"数据视图"中相应变量下分别输入各试验因素水平实际值及试验结果。

（2）单击"分析"→"回归"→"非线性"，打开"非线性回归"主对话框（参考图 12-2），选择"$y$"移入"因变量"框，在"模型表达式"框输入表达式"$a+b*Z_1+c*Z_2+d*Z_3+e*Z_1*Z_1+f*Z_2*Z_2+g*Z_3*Z_3+h*Z_1*Z_2+i*Z_1*Z_3+j*Z_2*Z_3$"。

（3）单击"参数"，进入参数对话框，对表达式中的每一参数赋初始值（本例均赋值为 1）。返回主对话框后，点击确定输出分析结果，见表 13-21。

表 13-21　　　　　　　　　玉米产量试验非线性回归分析参数评估

| 参数 | 估计 | 标准误 | 95％置信区间 | |
| --- | --- | --- | --- | --- |
| | | | 下限 | 上限 |
| $a$ | 310.6459 | 73.220 | 122.429 | 498.863 |
| $b$ | 98.6254 | 32.985 | 13.834 | 183.417 |
| $c$ | 13.6678 | 2.425 | 7.435 | 19.900 |
| $d$ | 35.6368 | 7.690 | 15.868 | 55.406 |
| $e$ | −20.5471 | 5.778 | −35.400 | −5.695 |
| $f$ | −0.1952 | 0.031 | −0.275 | −0.116 |
| $g$ | −1.8163 | 0.308 | −2.607 | −1.025 |
| $h$ | −0.2459 | 0.312 | −1.048 | 0.556 |
| $i$ | 1.2310 | 0.985 | −1.301 | 3.763 |
| $j$ | −0.0125 | 0.072 | −0.197 | 0.173 |

表 13-21 SPSS 参数评估输出结果表明，氮肥（$Z_1$）、磷肥（$Z_2$）和锌肥（$Z_3$）3 试验因素与提取率（$y$）间的回归模型为：$\hat{y} = 310.6459 + 98.6254Z_1 + 13.6678Z_2 + 35.6368Z_3 - 20.5471Z_1^2 - 0.1952Z_2^2 - 1.8163Z_3^2 - 0.2459Z_1Z_2 + 1.2310Z_1Z_3 - 0.0125Z_2Z_3$。

## 二、SPSS 在回归旋转设计试验结果分析中的应用

【例 13-9】对例 13-7 中应用二次回归旋转组合设计研究愈风宁心冲剂提取工艺试验结

果，应用 SPSS 进行回归分析。

（1）建立文件"愈风宁心冲剂 . SAV"；在"变量视图"中建立变量"$x_1$"、"$x_2$"、"$x_3$"分别表示乙醇浓度、溶剂量倍数和提取时间三试验因素的水平编码；"$y$"表示葛根素浸出率（％）；在"数据视图"中相应变量下分别输入各试验因素水平编码值及试验结果。

（2）单击"分析"→"回归"→"非线性"，打开"非线性回归"主对话框（参考图 12-2）；选择"$y$"移入"因变量"框，在"模型表达式"框输入表达式"$a+b*x_1+c*x_2+d*x_3+e*x_1*x_1+f*x_2*x_2+g*x_3*x_3+h*x_1*x_2+i*x_1*x_3+j*x_2*x_3$"。

（3）单击"参数"，进入参数对话框，对表达式中的每一参数赋初始值（本例均赋值为 1）。返回主对话框后，点击确定输出分析结果，见表 13-22。

**表 13-22　　　　　　　愈风宁心冲剂提取试验非线性回归分析参数评估**

| 参数 | 估计 | 标准误 | 95％置信区间 | |
| --- | --- | --- | --- | --- |
| | | | 下限 | 上限 |
| $a$ | 89.3081 | 1.672 | 85.696 | 92.920 |
| $b$ | −4.3335 | 1.358 | −7.268 | −1.399 |
| $c$ | −2.5928 | 1.358 | −5.527 | 0.341 |
| $d$ | −0.2064 | 1.358 | −3.141 | 2.728 |
| $e$ | −1.3191 | 1.259 | −4.039 | 1.401 |
| $f$ | −3.2636 | 1.259 | −5.984 | −0.543 |
| $g$ | −2.3797 | 1.259 | −5.100 | 0.340 |
| $h$ | −1.6250 | 1.775 | −5.459 | 2.209 |
| $i$ | −0.6250 | 1.775 | −4.459 | 3.209 |
| $j$ | −0.6250 | 1.775 | −4.459 | 3.209 |

表 13-22 SPSS 参数评估输出结果表明，乙醇浓度、溶剂量倍数和提取时间三试验因素与葛根素浸出率（$y$）间的回归模型为：$\hat{y} = 89.3081 - 4.3335x_1 - 2.5928x_2 - 0.2064x_3 - 1.3191x_1^2 - 3.2636x_2^2 - 2.3797x_3^2 - 1.6250x_1x_2 - 0.6250x_1x_3 - 0.6250x_2x_3$。输出模型与 DPS 分析结果一致。

由以上分析可知，应用 SPSS 的"非线性回归"功能解决优化试验设计回归模型问题时，需要用户自定义回归模型。因此，如何定义恰当的模型是解决问题的关键，这既依赖于模型中的数据特征，又依赖于模型中问题的实际背景。所以在应用 SPSS 解决问题时一定不能脱离问题的实际背景及其统计意义。

## 思考练习题

**习题 13.1**　回归正交设计为什么要借助编码来实现？

**习题 13.2**　二次回归正交组合设计和二次回归旋转组合设计是如何进行编码的？两种设计方式中确定 $\gamma$ 的依据各是什么？$m_0$ 的确定可以任意吗？

**习题 13.3**　考虑某食品的质量指标 $y$ 与因素 $Z_1$，$Z_2$，$Z_3$ 有关，已选取各因素的上下水平分别为 0.3，0.1；0.6，0.02；120，80。采用一次回归正交设计，写出它们的因素水平编码表及试验设计与实施方案（零水平试验安排 3 个，考虑交互作用）

**习题 13.4**　在习题 13.3 中已知所安排的试验结果 $y$ 的测定值依次为 2.94、3.48、3.49、3.95、3.40、4.09、3.81、4.79、4.17、4.09、4.38。试应用 DPS 和 SPSS 两种软件计算回归系数建立回归方程，并对回归方程进行统计分析。

**习题 13.5**　越橘无糖颗粒制备工艺研究考察三因素的范围：$A$ 加水量（倍数）8～12、$B$ 提取时间（h）1～3、$C$ 提取次数 1～5 次。用二次回归旋转组合设计安排试验，质量综合评分依次为：9.61、8.63、8.94、10.33、9.78、9.89、10.12、9.78、10.93、11.52、10.05、12.09、11.08、11.62、12.62、12.58、12.43、12.11、11.98、12.35、12.61、12.47、11.87。试应用 DPS 和 SPSS 两种软件建立回归方程，并对比统计分析结果。

# 第十四章　协方差分析

## 第一节　协方差分析的意义

协方差分析（analysis of covariance）与方差分析相同的是用于比较一个变量 $y$ 在一个或几个因素不同水平上的差异；与方差分析不同的是 $y$ 在受这些因素影响的同时，还受另一变量 $x$ 的影响，而且 $x$ 变量的取值难以人为控制，不能作为方差分析中的一个因素处理。此时，如果 $x$ 与 $y$ 之间可以建立回归关系，则可用回归分析的方法排除 $x$ 对 $y$ 的影响，然后用方差分析的方法对各因素水平的影响作出统计推断。因此，协方差分析是一种将方差分析和回归分析结合起来的统计分析方法，在协方差分析中，称 $y$ 为依变量（dependent variable），$x$ 为协变量（covariate）。

### 一、协方差的定义

根据回归与相关的学习内容，我们已经明确，表示两个相关变量线性相关性质与程度的相关系数 $r$ 的计算公式为：

$$r = \frac{\sum (x-\bar{x})(y-\bar{y})}{\sqrt{\sum (x-\bar{x})^2 \sum (y-\bar{y})^2}} \tag{14-1}$$

将式（14-1）的分子分母同除以自由度（$n-1$），得

$$r = \frac{\sum (x-\bar{x})(y-\bar{y})/(n-1)}{\sqrt{\left[\dfrac{\sum (x-\bar{x})^2}{(n-1)}\right]\left[\dfrac{\sum (y-\bar{y})^2}{(n-1)}\right]}} \tag{14-2}$$

式中：$\dfrac{\sum (x-\bar{x})^2}{n-1}$——是 $x$ 的均方 $MS_x$，它是 $x$ 的方差 $\sigma_x^2$ 的无偏估计量；

$\dfrac{\sum (y-\bar{y})^2}{n-1}$——是 $y$ 的均方 $MS_y$，它是 $y$ 的方差 $\sigma_y^2$ 的无偏估计量。

式（14-2）中，$\dfrac{\sum (x-\bar{x})(y-\bar{y})}{n-1}$ 称为 $x$ 与 $y$ 的平均的离均差的乘积和，简称均积（mean products），记为 $MP_{xy}$，即

$$MP_{xy} = \frac{\sum (x-\bar{x})(y-\bar{y})}{n-1} = \frac{\sum xy - \dfrac{(\sum x)(\sum y)}{n}}{n-1} \tag{14-3}$$

统计学中，将与均积相应的总体参数叫协方差（covariance），记为 $COV(x, y)$ 或 $\sigma_{xy}$，则有

$$COV_{(x, y)} = \frac{\sum (x-\mu_x)(y-\mu_y)}{N} \tag{14-4}$$

统计学证明了，均积 $MP_{xy}$ 是总体协方差 $COV(x，y)$ 的无偏估计量，即期望均积 $EMP_{xy} = COV(x，y)$。于是，样本相关系数 $r$ 可用均方 $MS_x$、$MS_y$ 和均积 $MP_{xy}$ 表示为

$$r = \frac{MP_{xy}}{\sqrt{MS_x MS_y}} \tag{14-5}$$

相应的总体相关系数 $\rho$ 可用 $x$ 与 $y$ 的总体标准差 $\sigma_x$、$\sigma_y$、总体协方差 $COV(x，y)$ 或 $\sigma_{xy}$ 表示

$$\rho = \frac{COV(x，y)}{\sigma_x \sigma_y} = \frac{\sigma_{xy}}{\sigma_x \sigma_y} \tag{14-6}$$

## 二、协方差分析的意义

### （一）对试验进行统计控制

为了提高试验的精确性和准确性，对处理以外的一切条件都需要采取有效措施严加控制，使它们在各处理间尽量一致，这种控制方法称为试验控制（test control）。但在某些情况下试验控制无法严格实施。例如，研究饲料对小白鼠增加体重的影响时，为满足试验唯一差异性要求，必须控制小白鼠初始体重完全相同，但这几乎不可能做到。

研究中发现，若无法控制的试验条件（$x$）与试验指标观测值（$y$）之间存在线性关系，就可以利用这种线性关系将各处理指标的观测值（$y$）都矫正到试验条件（$x$）相同的数值，于是试验条件不同对处理指标的影响消除了，从而得出正确的结论。这种提高试验结果正确性的方法称为统计控制（statical control）。这时所进行的分析是将线性回归分析与方差分析结合的一种统计分析方法，将回归分析与方差分析结合在一起，对试验数据进行分析的方法，称为协方差分析（analysis of covariance）。

### （二）估计协方差分量

在方差分析中，一个变量的总平方和与自由度可按变异来源进行剖分，从而求得相应的均方。统计学已证明，两个变量的总乘积和与自由度也可按变异来源进行剖分而获得相应的均积（mean products）。这种把两个变量的总乘积和与自由度按变异来源进行剖分并获得相应均积的方法也称为协方差分析。

在随机模型的方差分析中，根据均方 $MS$ 和期望均方 $EMS$ 的关系，可以得到不同变异来源的方差组分的估计值。同样，在随机模型的协方差分析中，根据均积 $MP$ 和期望均积 $EMP$ 的关系，可得到不同变异来源的协方差组分的估计值。有了这些估计值，就可进行相应的总体相关分析。这些分析在遗传、育种和生态、环保的研究上是很有用处的。

# 第二节　单因素试验资料协方差分析

## 一、单因素试验资料协方差分析原理

### （一）协方差分析的数学模型

设有 $k$ 个处理、$n$ 次重复的双变量试验资料，每处理组内皆有 $n$ 对观测值 $x$、$y$，则该资料为具 $kn$ 对 $x$、$y$ 观测值的单因素完全随机设计试验资料，其数据一般模式如表 14-1 所示。

**表 14-1**                         **单因素双变量完全随机设计试验资料的一般模式**

| 处　理 | 观测指标 | 观测值 $x_{ij}$、$y_{ij}$ $(i=1, 2, \cdots k, j=1, 2, \cdots n)$ | | | | | | 总和 | 平均数 |
|---|---|---|---|---|---|---|---|---|---|
| | | 1 | 2 | | $j$ | | $n$ | | |
| 处理 1 | $x$ | $x_{11}$ | $x_{12}$ | $\cdots$ | $x_{1j}$ | $\cdots$ | $x_{1n}$ | $x_{1.}$ | $\bar{x}_{1.}$ |
| | $y$ | $y_{11}$ | $y_{12}$ | $\cdots$ | $y_{1j}$ | $\cdots$ | $y_{1n}$ | $y_{1.}$ | $\bar{y}_{1.}$ |
| 处理 2 | $x$ | $x_{21}$ | $x_{22}$ | $\cdots$ | $x_{2j}$ | $\cdots$ | $x_{2n}$ | $x_{2.}$ | $\bar{x}_{2.}$ |
| | $y$ | $y_{21}$ | $y_{22}$ | $\cdots$ | $y_{2j}$ | $\cdots$ | $y_{2n}$ | $y_{2.}$ | $\bar{y}_{2.}$ |
| $\cdots$ | $\cdots$ | $\cdots$ | $\cdots$ | $\cdots$ | $\cdots$ | $\cdots$ | $\cdots$ | $\cdots$ | $\cdots$ |
| 处理 $i$ | $x$ | $x_{i1}$ | $x_{i2}$ | $\cdots$ | $x_{ij}$ | $\cdots$ | $x_{in}$ | $x_{i.}$ | $\bar{x}_{i.}$ |
| | $y$ | $y_{i1}$ | $y_{i2}$ | $\cdots$ | $y_{ij}$ | $\cdots$ | $y_{in}$ | $y_{i.}$ | $\bar{y}_{i.}$ |
| $\cdots$ | $\cdots$ | | $\cdots$ | $\cdots$ | $\cdots$ | $\cdots$ | $\cdots$ | $\cdots$ | $\cdots$ |
| 处理 $k$ | $x$ | $x_{k1}$ | $x_{k2}$ | $\cdots$ | $x_{kj}$ | $\cdots$ | $x_{kn}$ | $x_{k.}$ | $\bar{x}_{k.}$ |
| | $y$ | $y_{k1}$ | $y_{k2}$ | $\cdots$ | $y_{kj}$ | $\cdots$ | $y_{kn}$ | $y_{k.}$ | $\bar{y}_{k.}$ |

　　协方差分析所用的假定是方差分析和回归分析所用假定的合并。任何试验设计的线性可加性模型，都是在方差分析模型的基础之上再加一个或多个协变量（自变量）的项。对每个处理只有 $n$ 个观测值的完全随机化设计，将依变量记为 $y$，作为控制误差与调整平均数所用的协变量记为 $x$，则其协方差分析的数学模型可表述为

$$y_{ij} = \mu_y + \alpha_i + \beta(x_{ij} - \mu_x) + \varepsilon_{ij} \tag{14-7}$$

式中　$\mu_y$ 和 $\mu_x$ ——分别为 $y$ 和 $x$ 的总体平均数；

　　　　　$\alpha_i$ ——第 $i$ 个处理的效应；

　　　　　$\beta$ —— $y$ 依 $x$ 的总体回归系数；

　　　　　$\varepsilon_{ij}$ ——随机误差。

　　当需要强调模型的方差分析时，公式（14-7）可表示为

$$y_{ij} - \beta(x_{ij} - \mu_x) = \mu_y + \alpha_i + \varepsilon_{ij} \tag{14-8}$$

　　当需要强调模型的回归时，公式（14-7）可表示为

$$y_{ij} - \alpha_i = \mu_y + \beta(x_{ij} - \mu_x) + \varepsilon_{ij} \tag{14-9}$$

**（二）单因素试验资料协方差分析表**

　　结合协方差分析是方差分析和回归分析相结合的特点，以及相应数学模型，可将具有 $k$ 个处理、$n$ 次重复的单因素双变量完全随机化设计试验资料的协方差分析列成一个协方差分析表，见表 14-2。

**表 14-2**                       **单因素双变量完全随机设计试验资料协方差分析表**

| 变异来源 | $df$ | $SS_x$ | $SS_y$ | $SP_{xy}$ | $b_e$ | 校正后的方差分析 | | | $F$ |
|---|---|---|---|---|---|---|---|---|---|
| | | | | | | $df'$ | $SS_y'$ | $MS$ | |
| 处理（$t$） | $k-1$ | $SS_{tx}$ | $SS_{ty}$ | $SP_t$ | | | | | |
| 误差（$e$） | $k(n-1)$ | $SS_{ex}$ | $SS_{ey}$ | $SP_e$ | $b_e = \dfrac{SP_e}{SS_{ex}}$ | $k(n-1)-1$ | $SS_{ey}' = SS_{ey} - b_e SP_e$ | $MS_e' = \dfrac{SS_{ey}'}{k(n-1)-1}$ | |

续表

| 变异来源 | $df$ | $SS_x$ | $SS_y$ | $SP_{xy}$ | $b_e$ | 校正后的方差分析 | | | $F$ |
|---|---|---|---|---|---|---|---|---|---|
| | | | | | | $df'$ | $SS_y'$ | $MS$ | |
| 总变异（$T$） | $kn-1$ | $SS_{Tx}$ | $SS_{Ty}$ | $SP_T$ | | $kn-1-1$ | $SS'_{Ty}=SS_{Ty}-SP_T{}^2/SS_{Tx}$ | | |
| 校正后的处理（$t$） | | | | | | $k-1$ | $SS'_{ty}=SS'_{Ty}-SS'_{ey}$ | $MS'_t=\dfrac{SS'_{ty}}{(k-1)}$ | $MS'_t/MS'_e$ |

表中：$SS_{Tx}$、$SS_{tx}$、$SS_{ex}$ 分别为自变量（协变量）$x$ 的总平方和、处理平方和、误差平方和；

$SS_{Ty}$、$SS_{ty}$、$SS_{ey}$ 分别为依变量 $y$ 的总平方和、处理平方和、误差平方和；

$SP_T$、$SP_t$、$SP_e$ 分别为协变量 $x$ 与依变量 $y$ 的总离均差乘积和、处理离均差乘积和、误差离均差乘积和；

$SS'_{Ty}$、$SS'_{ty}$、$SS'_{ey}$ 分别为依变量 $y$ 的调整后的总平方和、处理平方和、误差平方和；

$b_e$ 为误差项回归系数。

## 二、单因素试验资料协方差分析方法

下面通过对例 14-1 资料的分析，解析单因素双变量完全随机化试验设计资料的协方差分析方法。

【例 14-1】为了研究 4 种不同肥料 $A_1$、$A_2$、$A_3$、$A_4$ 对梨树单株产量的影响，选择 40 株梨树做试验，把 40 株梨树随机分 4 组，每组包含 10 株梨树，即 $n=10$，每组施用 1 种肥料。各株梨树的起始干周（$x$，单位：cm）和单株产量（$y$，单位：kg）列于表 14-3。检验 4 种肥料对梨树的单株产量是否有差异。

表 14-3　　　梨树肥料试验起始干周（初始值 $x$）与单株产量（指标值 $y$）

| 肥料 | | 观测值（$x_{ij}$，$y_{ij}$） | | | | | | | | | | |
|---|---|---|---|---|---|---|---|---|---|---|---|---|
| | | 1 | 2 | 3 | 4 | 5 | 6 | 7 | 8 | 9 | 10 | 总和（$x_{i.}$，$y_{i.}$） |
| $A_1$ | $x_{1j}$ | 36 | 30 | 26 | 23 | 26 | 30 | 20 | 19 | 20 | 16 | 246 |
| | $y_{1j}$ | 89 | 80 | 74 | 80 | 85 | 68 | 73 | 68 | 80 | 58 | 755 |
| $A_2$ | $x_{2j}$ | 28 | 27 | 27 | 24 | 25 | 23 | 20 | 18 | 17 | 20 | 229 |
| | $y_{2j}$ | 64 | 81 | 73 | 67 | 77 | 67 | 64 | 65 | 59 | 57 | 674 |
| $A_3$ | $x_{3j}$ | 28 | 33 | 26 | 22 | 23 | 20 | 22 | 23 | 18 | 17 | 232 |
| | $y_{3j}$ | 55 | 62 | 58 | 58 | 66 | 55 | 60 | 71 | 55 | 48 | 588 |
| $A_4$ | $x_{4j}$ | 32 | 23 | 27 | 23 | 27 | 28 | 20 | 24 | 19 | 17 | 240 |
| | $y_{4j}$ | 52 | 58 | 64 | 62 | 54 | 54 | 55 | 44 | 51 | 51 | 545 |
| 总和 | $x_{..}$ | | | | | | | | | | | 947 |
| | $y_{..}$ | | | | | | | | | | | 2562 |

（1）计算变量 $x$ 和 $y$ 的各项平方和、乘积和及自由度

本例中处理数 $k=4$、重复数 $n=10$。根据表 14-3 资料可计算以下几个统计量：$x_{..}=$

$947$；$y.. = 2562$；$\sum x^2 = 23317$；$\sum y^2 = 168658$；$\sum xy = 61376$；$nk = 40$。

①计算 $x$ 变量的各项平方和

总变异：$SS_{Tx} = \sum\sum x_{ij}^2 - \dfrac{x_{..}^2}{kn} = 23317 - (947^2/40) = 896.8$

肥料间变异：$SS_{tx} = \dfrac{1}{n}\sum_{i=1}^{k} x_{i.}^2 - \dfrac{x_{..}^2}{kn} = \dfrac{1}{10}(246^2 + 229^2 + 232^2 + 240^2) - (947^2/40) = 17.9$

组内（误差）变异：$SS_{ex} = SS_{Tx} - SS_{tx} = 896.775 - 17.875 = 878.9$

②计算 $y$ 变量的各项平方和

总变异：$SS_{Ty} = \sum\sum y_{ij}^2 - \dfrac{y_{..}^2}{kn} = 168658 - (2562^2/40) = 4561.9$

肥料间变异：$SS_{ty} = \dfrac{1}{n}\sum y_{i.}^2 - \dfrac{y_{..}^2}{kn} = \dfrac{1}{10}(755^2 + 674^2 + 588^2 + 545^2) - (2562^2/40) = 2610.9$

组内（误差）变异：$SS_{ey} = SS_{Ty} - SS_{ty} = 4561.9 - 2610.9 = 1951.0$

③计算 $x$ 和 $y$ 两变量的各项离均差乘积和

总变异：$SP_T = \sum_{i=1}^{k}\sum_{j=1}^{n} x_{ij}y_{ij} - \dfrac{x_{..}y_{..}}{kn} = 61376 - (947 \times 2562/40) = 720.7$

肥料间变异：$SP_t = \dfrac{1}{n}\sum_{i=1}^{k} x_{i.}y_{i.} - \dfrac{x_{..}y_{..}}{kn} = \dfrac{1}{10}(246 \times 775 + 229 \times 674 + 232 \times 588 + 240 \times 545) - (947 \times 2562/40) = 73.9$

组内（误差）变异：$SP_e = SP_T - SP_t = 720.7 - 73.9 = 646.8$

④计算自由度

总变异：$df_T = kn - 1 = 39$

肥料间变异：$df_t = k - 1 = 3$

组内（误差）变异：$df_e = df_T - df_t = 39 - 3 = 36$

（2）列方差分析表分别对 $x$ 和 $y$ 作方差分析

将计算出的初始值 $x$ 与指标 $y$ 的平方和、自由度，列于方差分析表 14-4 中，并分别计算出其均方与 $F$ 值，进行方差分析。

**表 14-4　　　　　　　　初始值 $x$ 与未考虑初始值的指标值 $y$ 的方差分析表**

| 变异来源 | 自由度 | 初始值 $x$ | | | 指标 $y$ | | | $F_{0.01}$ |
|---|---|---|---|---|---|---|---|---|
| | | 平方和 | 均方 | $F$ 值 | 平方和 | 均方 | $F$ 值 | |
| 肥料 | 3 | 17.9 | 5.96 | 0.24 | 2610.9 | 870.30 | 16.06 ** | 4.38 |
| 误差 | 36 | 878.9 | 24.41 | | 1951.0 | 54.19 | | |
| 总变异 | 39 | 896.8 | | | 4561.9 | | | |

注：对指标 $y$ 进行的 $F$ 检验没有考虑初始值 $x$ 的线性影响，若指标值 $y$ 与初始值 $x$ 之间线性关系不显著，则接受上表中对指标 $y$ 进行的 $F$ 检验结果；若指标值 $y$ 与初始值 $x$ 之间线性关系显著，则须先对指标 $y$ 进行矫正，然后对矫正后的指标 $y'$ 进行方差分析，才能得出正确结论。

表 14-4 分析结果表明，4 种肥料对梨树单株产量的影响存在着极显著的差异。但此结果没有考虑初始值的影响，将初始值的影响与肥料的影响混在一起，不能反映肥料的真实效果。因此，须进行协方差分析，以消除初始值不同对试验结果的影响，减小试验误差。

（3）计算回归系数 $b_e$，对回归系数 $b_e$ 进行假设检验

①误差项回归关系的分析：误差项回归关系分析的意义是要从剔除处理间差异影响的误差变异中找出指标值 $y$ 与初始值 $x$ 之间是否存在线性回归关系。计算出误差项的回归系数，并对线性回归关系进行显著性检验。若显著则说明两者间存在回归关系，这时就可应用线性回归关系来校正 $y$ 值以消去 $x$ 不同对它的影响，然后根据校正后的 $y$ 值来进行方差分析。若线性回归关系不显著，则无需继续进行分析。

②回归分析的步骤

a. 计算误差项回归系数、回归平方和、离回归平方和与相应的自由度

从误差项的平方和与乘积和求误差项回归系数：

$$b_e = \frac{SP_e}{SS_{ex}} = \frac{646.8}{878.9} = 0.7359$$

误差项回归平方和与自由度：

$$SS_{eR} = b_e \cdot SP_e = \frac{SP_e{}^2}{SS_{ex}} = \frac{646.8^2}{878.9} = 476.0 \text{，} df_{eR} = 1$$

误差项离回归平方和与自由度：

$$SS_{er} = SS_{ey} - SS_{eR} = 1951.0 - 476.0 = 1475.0, df_{er} = df_{ey} - df_{eR} = 36 - 1 = 35$$

b. 列方差分析表检验回归关系的显著性。

对回归关系的检验有 $t$ 检验、方差分析等方法。若采用方差分析方法，则将计算出的回归平方和、离回归平方和与相应的自由度，列于方差分析表 14-5 中，并分别计算出其均方与 $F$ 值，进行方差分析。

**表 14-5　　　　　　　　　初始值 $x$ 与指标值 $y$ 的回归关系方差分析表**

| 变异来源 | 平方和 | 自由度 | 均方 | $F$ 值 | $F_{0.01}$ |
|---|---|---|---|---|---|
| 回归 | 476.0 | 1 | 476.00 | 11.30 | 7.42 |
| 离回归 | 1475.0 | 35 | 42.14 | | |
| 误差总变异 | 1951.0 | 36 | | | |

注：若检验结果显著，需进一步应用线性回归关系来校正 $y$ 值以消去 $x$ 不同对它的影响，然后根据校正后的 $y$ 值来进行方差分析；若检验结果不显著，则分析结束。

表 14-5 初始值 $x$ 与指标值 $y$ 的回归关系经方差分析检验表明，误差项回归关系极显著，表明梨树单株产量与起始干周间存在极显著的线性回归关系。因此，需要对试验指标 $y$ 值进行校正，然后再进行方差分析。

（4）对校正后的变量作方差分析

①校正变量的总平方和与自由度，即总离回归平方和与自由度

$$SS'_{Ty} = SS_{Ty} - SS_{Ry} = SS_{Ty} - \frac{SP_T{}^2}{SS_{Tx}} = 4561.9 - \frac{720.7^2}{896.8} = 3982.8, df'_T = df_{Ty} - df_{Ry}$$

$$=kn-1-1=38$$

②校正变量的误差项平方和与自由度，即误差离回归平方和与自由度

$$SS'_{ey}=SS_{ey}-SS_{eR}=SS_{ey}-\frac{SP_e^{\,2}}{SS_{ex}}=1951.0-\frac{646.8^2}{878.9}=1475.0$$

因仅有一个自变量 $x$，回归自由度 $df_{eR}=1$，则有 $df'_e=df_{ey}-df_{eR}=36-1=35$。

③校正变量的处理间平方和与自由度

$$SS'_{ty}=SS'_{Ty}-SS'_{ey}=3982.8-1475.0=2507.8,\ df'_t=df'_T-df'_e=38-35=3$$

④列出协方差分析表，对校正后的变量进行方差分析

将矫正后变量的平方和与自由度列于表 14-6 中，并计算均方与 $F$ 值，进行方差分析。

**表 14-6** 　　　　　　　　　　初始值 $x$ 与指标值 $y$ 的协方差分析表

| 变异来源 | $df$ | $SS_x$ | $SS_y$ | $SP_{xy}$ | $b_e$ | 校正后的方差分析 | | | $F$ | $F_{0.01}$ |
| --- | --- | --- | --- | --- | --- | --- | --- | --- | --- | --- |
| | | | | | | $df'$ | $SS'$ | $MS$ | | |
| 肥料（$t$） | 3 | 17.9 | 2610.9 | 73.9 | | | | | | |
| 误差（$e$） | 36 | 878.9 | 1951.0 | 646.8 | 0.7359 | 35 | 1475.0 | 42.14 | | |
| 总变异（$T$） | 39 | 896.8 | 4561.9 | 720.7 | | 38 | 3982.8 | | | |
| 调整后处理 | | | | | | 3 | 2507.8 | 835.92 | 19.84 | 4.40 |

若方差分析结果处理间差异显著或极显著，需进一步通过多重比较检验各处理间的差异。表 14-6 检验结果表明，本例对于梨树单株产量的影响效果，不同肥料间存在极显著的差异，故需进行多重比较。

⑤根据线性回归关系计算各处理的校正变量平均值

误差项的回归系数 $b_e$ 表示初始变量 $x$ 对增重 $y$ 影响的性质和程度，且不包含处理间差异的影响，于是可用 $b_e$ 根据平均初始值的不同来校正每一处理的平均重。矫正平均数公式为

$$\bar{y}'_{i.}=\bar{y}_{i.}-b_e(\bar{x}_{i.}-\bar{x}_{..}) \tag{14-10}$$

式中　$\bar{y}'_{i.}$、$\bar{y}_{i.}$——分别为第 $i$ 处理的校正平均重和第 $i$ 处理的实际平均重；

　　　　$\bar{x}_{i.}$——第 $i$ 处理的实际平均起始干周；

　　　　$\bar{x}_{..}$——全部试验的起始干周平均数；

　　　　$b_e$——误差回归系数。

利用公式（14-10）计算各矫正后的平均数

$$\bar{y}'_{1.}=\bar{y}_{1.}-b_{yx(e)}(\bar{x}_{1.}-\bar{x}_{..})=75.5-0.7359\times(24.6-23.7)=74.82$$

$$\bar{y}'_{2.}=\bar{y}_{2.}-b_{yx(e)}(\bar{x}_{2.}-\bar{x}_{..})=67.4-0.7359\times(22.9-23.7)=67.97$$

$$\bar{y}'_{3.}=\bar{y}_{3.}-b_{yx(e)}(\bar{x}_{3.}-\bar{x}_{..})=58.8-0.7359\times(23.2-23.7)=59.15$$

$$\bar{y}'_{4.}=\bar{y}_{4.}-b_{yx(e)}(\bar{x}_{4.}-\bar{x}_{..})=54.4-0.7359\times(24.0-23.7)=54.26$$

⑥各处理平均数间的多重比较

a. 当矫正均数的误差项自由度小于 20，且变量的变异较大时，可采用两两比较的 $t$ 检验法。

$$t = \frac{\bar{y}'_{i.} - \bar{y}'_{j.}}{S_{\bar{y}'_{i.} - \bar{y}'_{j.}}} \quad S_{\bar{y}_{i.}' - \bar{y}_{j.}'} = \sqrt{MS'_e \left[ \frac{1}{n_i} + \frac{1}{n_j} + \frac{(\bar{x}_{i.} - \bar{x}_{j.})^2}{SS_{e(x)}} \right]}$$

$$\text{当 } n_i = n_j = n \text{ 时, } S_{\bar{y}_{i.}' - \bar{y}_{j.}'} = \sqrt{MS'_e \left[ \frac{2}{n} + \frac{(\bar{x}_{i.} - \bar{x}_{j.})^2}{SS_{e(x)}} \right]} \tag{14-11}$$

式中：$\bar{y}'_{i.} - \bar{y}'_{j.}$ ——两个处理校正平均数间的差异；

$\quad\quad S_{\bar{y}_{i.}' - \bar{y}_{j.}'}$ ——两个处理校正平均数差数标准误；

$\quad\quad MS'_e$ ——误差离回归均方；

$\quad\quad \bar{x}_{i.}$、$\bar{x}_{j.}$ ——分别为要比较的第 $i$ 处理和第 $j$ 处理的平均数；

$\quad\quad n_i$、$n_j$ ——比较的两样本容量；

$\quad\quad SS_{e(x)}$ ——$x$ 变量的误差（组内）平方和。

本例矫正均数的误差项自由度大于 20，并不满足 $t$ 检验条件，但为学习 $t$ 检验的应用方法，仍对 $A_1$、$A_2$ 两处理平均数进行 $t$ 检验。对 $A_1$、$A_2$ 两处理平均数进行 $t$ 检验，需要先计算：$MS'_e = 42.14$，$\bar{x}_{1.} = 24.6$，$\bar{x}_{2.} = 22.9$，$n_1 = n_2 = 10$，$SS_{e(x)} = 878.9$ 则有

$$S_{\bar{y}_{1.}' - \bar{y}_{2.}'} = \sqrt{MS'_e \left[ \frac{2}{n} + \frac{(\bar{x}_{1.} - \bar{x}_{2.})^2}{SS_{e(x)}} \right]} = \sqrt{42.14 \times \left[ \frac{2}{10} + \frac{(24.6 - 22.9)^2}{878.9} \right]} = 2.926,$$

$$t = \frac{\bar{y}'_{1.} - \bar{y}'_{2.}}{S_{\bar{y}'_{1.} - \bar{y}'_{2.}}} = \frac{74.82 - 67.97}{2.9269} = 2.340$$

由于 $t_{0.05(35)} = 2.031$，$t > t_{0.05(35)}$，$A_1$、$A_2$ 两处理平均数间差异达显著水平。

b. 当误差自由度在 20 以上，$x$ 变量的变异不大时，可以计算出矫正后的平均数标准误 $S_{\bar{y}'}$ 或平均数差数标准误 $S_{\bar{y}'_{i.} - \bar{y}'_j}$，利用 LSR 或 LSD 法进行多重比较。计算公式如下

$$S_{\bar{y}'} = \sqrt{\frac{MS'_e}{n} \left[ 1 + \frac{SS_{tx}}{(k-1)SS_{ex}} \right]}, \ S_{\bar{y}'_{i.} - \bar{y}'_j} = \sqrt{\frac{2MS'_e}{n} \left[ 1 + \frac{SS_{tx}}{(k-1)SS_{ex}} \right]} \tag{14-12}$$

本例误差自由度在 20 以上，$x$ 变量的变异不大，可以 LSD 法进行多重比较。则有

$$S_{\bar{y}'_{i.} - \bar{y}'_j} = \sqrt{\frac{2MS'_e}{n} \left[ 1 + \frac{SS_{tx}}{(k-1)SS_{ex}} \right]} = \sqrt{\frac{2 \times 42.14}{10} \left[ 1 + \frac{17.875}{(4-1) \times 878.9} \right]} = 2.828$$

根据公式 $LSD_\alpha = t_{\alpha(dfe)} S_{\bar{y}'_{i.} - \bar{y}'_j}$，计算出当 $\alpha$ 为 0.05 和 0.01 时的 $LSD_\alpha$ 则有 $LSD_{0.05} = 2.031 \times 2.828 = 5.744$；$LSD_{0.01} = 2.727 \times 2.828 = 7.697$。

将各肥料及对应的平均数按大小排列于表 14-7，应用 LSD 法多重比较结果见表 14-7。

**表 14-7          不同肥料梨树单株产量矫正平均数多重比较表（LSD 法）**

| 肥料 | 平均数 | 矫正平均数 | 显著性检验 | |
|------|--------|-----------|------|------|
| | | | 0.05 | 0.01 |
| $A_1$ | 75.5 | 74.82 | a | A |
| $A_2$ | 67.4 | 67.97 | b | A |
| $A_3$ | 58.8 | 59.15 | c | B |
| $A_4$ | 54.4 | 54.26 | c | B |

表 14-7 多重比较结果表明：肥料 $A_1$ 对梨树单株产量影响效果显著高于 $A_2$，极显著高

于 $A_3$、$A_4$；肥料 $A_2$ 对梨树单株产量影响效果极显著高于 $A_3$、$A_4$；$A_3$ 与 $A_4$ 间效果无显著差异。

# 第三节　DPS 在协方差分析中的应用

## 一、利用 DPS 协方差分析命令分析

设在一两因素试验中，$A$ 因素有 $a$ 个水平，$B$ 因素有 $b$ 个水平，试验设 $n$ 次重复（即每处理组内皆有 $n$ 对观测值 $x$、$y$），则该试验结果为具 $abn$ 对 $x$、$y$ 观测值的双向分组资料。在 DPS 系统中，将试验数据按因素 $A$、$B$ 处理顺序输入，即输入 $A$ 因素各水平后再输 $B$ 因素各水平，在同一个处理中依次输入各重复。其资料输入顺序和格式如表 14-8 所示。

**表 14-8**　　　　　　　　　　　　　　**DPS 协方差分析数据编辑格式**

| $A$ | $B$ | 重复观测值 | | | | | | | |
| | | 1 | | 2 | | ... | | $n$ | |
| | | $x$ | $y$ | $x$ | $y$ | $x$ | $y$ | $x$ | $y$ |
| --- | --- | --- | --- | --- | --- | --- | --- | --- | --- |
| $A_1$ | 1 | $x_{111}$ | $y_{111}$ | $x_{112}$ | $y_{112}$ | ... | ... | $x_{11n}$ | $y_{11n}$ |
| | 2 | $x_{121}$ | $y_{121}$ | $x_{122}$ | $y_{122}$ | ... | ... | $x_{12n}$ | $y_{12n}$ |
| | ... | ... | ... | ... | ... | ... | ... | ... | ... |
| | $b$ | $x_{1b1}$ | $y_{1b1}$ | $x_{1b2}$ | $y_{1b2}$ | ... | ... | $x_{1bn}$ | $y_{1bn}$ |
| $A_2$ | 1 | $x_{211}$ | $y_{211}$ | $x_{212}$ | $y_{212}$ | ... | ... | $x_{21n}$ | $y_{21n}$ |
| | 2 | $x_{221}$ | $y_{221}$ | $x_{222}$ | $y_{222}$ | ... | ... | $x_{22n}$ | $y_{22n}$ |
| | ... | ... | ... | ... | ... | ... | ... | ... | ... |
| | $b$ | $x_{2b1}$ | $y_{2b1}$ | $x_{2b2}$ | $y_{2b2}$ | ... | ... | $x_{2bn}$ | $y_{2bn}$ |
| ... | ... | ... | ... | ... | ... | ... | ... | ... | ... |
| $A_a$ | 1 | $x_{a11}$ | $y_{a11}$ | $x_{a12}$ | $y_{a12}$ | ... | ... | $x_{a1n}$ | $y_{a1n}$ |
| | 2 | $x_{a21}$ | $y_{a21}$ | $x_{a22}$ | $y_{a22}$ | ... | ... | $x_{a2n}$ | $y_{a2n}$ |
| | ... | ... | ... | ... | ... | ... | ... | ... | ... |
| | $b$ | $x_{ab1}$ | $y_{ab1}$ | $x_{ab2}$ | $y_{ab2}$ | ... | ... | $x_{abn}$ | $y_{abn}$ |

将数据按要求输入 DPS 系统后，首先定义数据块，然后进入主菜单，选择"试验统计"→"随机区组设计协方差分析"功能项，执行时按系统提示输入 $A$ 因素处理数（$a$）和 $B$ 因素处理数（$b$）。最终输出的主要分析结果有：①各种方差分析表，给出未调整和调整后 $A$ 因素、$B$ 因素、$A \times B$ 交互作用和误差各项平方和及 $F$ 统计量；②调整前和调整后 $A$ 因素和 $B$ 因素各个处理间的差异显著性检验。

【例 14-2】应用 DPS 系统的协方差分析功能，对表 14-3 四种不同肥料 $A_1$、$A_2$、$A_3$、

$A_4$ 对梨树单株产量的试验结果进行分析，检验 4 种肥料对梨树的单株产量的影响是否有差异。

（1）将表 14-3 数据按表 14-8 格式编辑整理，整理后数据见表 14-9，复制到 DPS 电子表格中，建立"梨树单株产量试验 .DPS"文件。

**表 14-9**　　　　　　　　　　　　　**表 14-3 数据整理后结果**

|  | $x$ | $y$ | $x$ | $y$ | $x$ | $y$ | $x$ | $y$ | $x$ | $y$ | $x$ | $y$ | $x$ | $y$ | $x$ | $y$ | $x$ | $y$ | $x$ | $y$ |
|---|---|---|---|---|---|---|---|---|---|---|---|---|---|---|---|---|---|---|---|---|
| $A_1$ | 36 | 89 | 30 | 80 | 26 | 74 | 23 | 80 | 26 | 85 | 30 | 68 | 20 | 73 | 19 | 68 | 20 | 80 | 16 | 58 |
| $A_2$ | 28 | 64 | 27 | 81 | 27 | 73 | 24 | 67 | 25 | 77 | 23 | 67 | 20 | 64 | 18 | 65 | 17 | 59 | 20 | 57 |
| $A_3$ | 28 | 55 | 33 | 62 | 26 | 58 | 22 | 58 | 23 | 66 | 20 | 55 | 22 | 60 | 23 | 71 | 18 | 55 | 17 | 48 |
| $A_4$ | 32 | 52 | 23 | 58 | 27 | 64 | 23 | 62 | 27 | 54 | 28 | 54 | 20 | 55 | 24 | 44 | 19 | 51 | 17 | 51 |

（2）定义数据块（只选择数据部分），选择"试验统计"→"随机区组设计协方差分析"→"单因素"选项，在弹出的"输入各处理水平数"对话框中，在"处理 A 个数"框内输入 4，在"自变量个数"框内输入 1。

（3）点击确定输出分析结果，主要分析结果见表 14-10～表 14-12。

**表 14-10**　　　　　　　　　　　**梨树单株产量肥料试验回归协方差分析表**

| 变异来源 | 平方和 | 自由度 | 均方 | $F$ 值 | $P$ 值 |
|---|---|---|---|---|---|
| 总回归 | 3982.7844 | 38 |  |  |  |
| 离回归 | 1346.2754 | 32 | 42.0711 |  |  |
| 误差 | 2636.5090 | 6 | 439.4182 | 10.4447 | 0.0000 |
| 回归系数 B 间 | 128.7316 | 3 | 42.9105 | 1.0200 | 0.3967 |
| 回归截距 A 间 | 2507.7773 | 3 | 835.9258 | 19.8354 | 0.0000 |
| 共同回归系数 | 1475.0070 | 35 | 42.1431 |  |  |

**表 14-11**　　　　　　　　　　**不同肥料梨树单株产量矫正前后平均数比较**

| 肥料 | 平均值 | 调整后均值 | 处理 | 平均值 | 调整后均值 |
|---|---|---|---|---|---|
| $A_1$ | 75.5 | 74.819 | $A_3$ | 58.8 | 59.150 |
| $A_2$ | 67.4 | 67.970 | $A_4$ | 54.5 | 54.261 |

表 14-10 为回归协方差分析结果，表中的"回归截距 A 间"项即矫正后的处理项；"共同回归系数"项为矫正后的误差项。结果表明，处理间效应达极显著水平，与表 14-6 检验结果一致。可以认为，对于梨树单株产量的影响效果不同肥料间存在极显著的差异，故需要进行多重比较。

试验结果中给出了回归系数 $b_e = 0.7359$，且经检验达显著水平，表明梨树单株重量 $y$ 变化与起始干周 $x$ 存在相关关系，需要对 $y$ 进行矫正。根据回归系数矫正前后的处理平均数对比见表 14-11。

**表 14-12**　　　　　　　不同肥料梨树单株产量矫正平均数多重比较表

| | $t$ 值 | $P$ 值 | 标准差 |
|---|---|---|---|
| $t_{(y1-y2)} =$ | 2.3344 | 0.0276 | 2.9339 |
| $t_{(y1-y3)} =$ | 5.3589 | 0.0000 | 2.9240 |
| $t_{(y1-y4)} =$ | 7.0719 | 0.0000 | 2.9070 |
| $t_{(y2-y3)} =$ | 3.0373 | 0.0054 | 2.9042 |
| $t_{(y2-y4)} =$ | 4.7013 | 0.0001 | 2.9161 |
| $t_{(y3-y4)} =$ | 1.6800 | 0.1049 | 2.9100 |

表 14-12 为调整后处理平均数间的 $t$ 检验结果。检验结果与表 14-7 一致，即肥料 $A_1$ 对梨树单株产量影响效果显著高于 $A_2$，极显著高于 $A_3$、$A_4$；肥料 $A_2$ 对梨树单株产量影响效果极显著高于 $A_3$、$A_4$；$A_3$ 与 $A_4$ 间效果无显著差异。

## 二、利用 DPS 的一般线性模型（GLM）分析

在 DPS 数据处理平台上，应用一般线性模型可进行包括协方差分析在内的各种方差分析。对试验数据进行分析前，先编辑数据矩阵，数据矩阵的左边放试验设计处理因子（定性变量），最右边输入试验结果。如果有定量变量（协变量）要放在依变量的左边、定性变量的右边，一行一个样本（即试验处理组合），具体数据编辑格式见表 14-13，两种格式均可。然后将各个处理因素和试验结果一起定义成数据块。

**表 14-13**　　　　　　DPS 一般线性模型（GLM）协方差分析数据编辑格式

| 格式 1 | | | | 格式 2 | | | |
|---|---|---|---|---|---|---|---|
| $A$ 因素 | $B$ 因素 | $x$ | $y$ | $A$ 因素 | $B$ 因素 | $x$ | $y$ |
| $A_1$ | $B_1$ | $x_{11}$ | $y_{11}$ | $A_1$ | $B_1$ | $x_{11}$ | $y_{11}$ |
| $A_1$ | $B_2$ | $x_{12}$ | $y_{12}$ | $A_2$ | $B_1$ | $x_{21}$ | $y_{21}$ |
| … | … | … | … | … | … | … | … |
| $A_1$ | $B_b$ | $x_{1b}$ | $y_{1b}$ | $A_a$ | $B_1$ | $x_{a1}$ | $y_{a1}$ |
| … | … | … | … | … | … | … | … |
| $A_a$ | $B_1$ | $x_{a1}$ | $y_{a1}$ | $A_1$ | $B_b$ | $x_{1b}$ | $y_{1b}$ |
| $A_a$ | $B_2$ | $x_{a2}$ | $y_{a2}$ | $A_2$ | $B_b$ | $x_{2b}$ | $y_{2b}$ |
| … | … | … | … | … | … | … | … |
| $A_a$ | $B_b$ | $x_{ab}$ | $y_{ab}$ | $A_a$ | $B_b$ | $x_{ab}$ | $y_{ab}$ |

需要强调的是，协方差分析重要的一环是检验协变量与分类变量之间是否存在交互作用，只有当交互作用没有统计学意义时，才能进行正式分析。而利用 DPS 系统的一般线

性模型（GLM）可以方便实现该功能。

【例 14-3】对 6 个菜豆品种进行维生素 C 含量比较试验，4 次重复，随机区组设计。菜豆维生素含量 $y$ 不仅与品种 $A$ 有关，而且与豆荚干物质百分率（表示成熟度）$x$ 有一定线性关系。试验测定结果列于表 14-14 中，试利用 DPS 系统的一般线性模型（GLM）进行协方差分析。

表 14-14　　　　菜豆品种的维生素 C 含量 $y$ 与豆荚干物质百分率 $x$ 测定结果

| 品种 | 区组 1 | | 区组 2 | | 区组 3 | | 区组 4 | |
| --- | --- | --- | --- | --- | --- | --- | --- | --- |
| | $x_{i1}$ | $y_{i1}$ | $x_{i2}$ | $y_{i2}$ | $x_{i3}$ | $y_{i3}$ | $x_{i4}$ | $y_{i4}$ |
| $A_1$ | 34.0 | 93.0 | 33.4 | 94.8 | 34.7 | 91.7 | 38.9 | 80.8 |
| $A_2$ | 39.6 | 47.3 | 39.8 | 51.5 | 51.2 | 33.3 | 52.0 | 27.2 |
| $A_3$ | 31.7 | 81.4 | 30.1 | 109.0 | 33.8 | 71.6 | 39.6 | 57.5 |
| $A_4$ | 37.7 | 66.9 | 38.2 | 74.1 | 40.3 | 64.7 | 39.4 | 69.3 |
| $A_5$ | 24.9 | 119.5 | 24.0 | 128.5 | 24.9 | 125.6 | 23.5 | 129.0 |
| $A_6$ | 30.3 | 106.6 | 29.1 | 111.4 | 31.7 | 99.0 | 28.3 | 126.1 |

（1）打开 DPS 系统，按表 14-13 格式 1 将表 14-14 数据输入系统（将区组看成试验因素 $B$），建立"菜豆维生素 C 试验 .DPS"文件；定义数据块，注意不要将无数据的第一行选入，但要将数据左侧的因素各水平选上。

（2）在 DPS 系统菜单中，选择"试验统计"→"一般线性模型"→"一般线性模型方差分析"命令，弹出"GLM 一般线性模型"操作界面。

（3）在"GLM 一般线性模型"操作界面内，"协变量个数"输入框中输入协变量的数目（本例中输入 1）；"因变量"框中自动出现"$x_4$"；将"可供分析的变异来源"中的 4 个因子 $A$、$B$、$x_1$、$A \times x_1$ 分别移入右框中，即将含交互项的所有变异来源（假定区组与协变量间、区组与依变量间均无交互作用效应）加入到方差分析模型中去；"平方和分解方式"选择"I型"（仅在预分析检验交互效应时用），如图 14-1 所示。确定后输出表 14-15 分析结果。

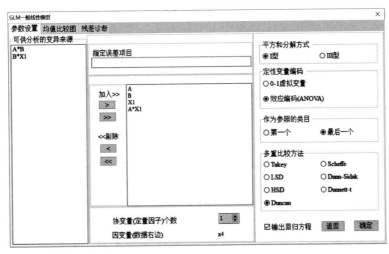

图 14-1　DPS 一般线性模型对话框

表 14-15　　　　　　　菜豆维生素 C 含量试验方差分析表（Ⅰ型平方和分解）

| 变异来源 | 平方和（Ⅰ型） | 自由度 | 均方 | F 值 | P 值 | 备注 |
|---|---|---|---|---|---|---|
| $A$ | 18678.2150 | 5 | 3735.6430 | 118.9523 | 0.0001 | $A$（品种） |
| $B$ | 737.5650 | 3 | 245.8550 | 7.8286 | 0.0071 | $B$（区组） |
| $x_1$ | 960.4342 | 1 | 960.4342 | 30.5827 | 0.0004 | $x$（干物质百分率） |
| $A \times x_1$ | 450.0100 | 5 | 90.0020 | 2.8659 | 0.0808 | 交互作用项（$A \times x$） |
| 误差 | 282.6409 | 9 | 31.4045 | | | |
| 总变异 | 21108.8650 | 23 | | | | |

表 14-15 预分析方差分析结果表明，由于交互作用项的 $F = 2.8659$，$P = 0.0808 >$ 0.05，则协变量与依变量间的交互作用未达显著水平，因此可以认为几组的斜率是相等的。可以进一步检验协变量与依变量之间是否存在线性回归关系，以及检验去掉协变量的作用后的因子效应。

（4）重新定义数据块并重复刚才的操作，但要将图 14-1 中"可供选择变异来源"框中的交互项（$A \times x_1$）不再纳入方差分析模型中，并选用"Ⅲ型平方和分解方式"；多重比较方法选择常用的"Duncan"检验法；勾选对话框右下边的"输出回归方程"，输出分析结果见表 14-16～表 14-18。

表 14-16　　　　　　　菜豆维生素 C 含量试验回归系数 $t$ 检验结果

| 系数项 | 系数 | 标准回归系数 | 标准误 | $t$ 值 | P 值 |
|---|---|---|---|---|---|
| 常数项 | 178.2007 | — | — | — | — |
| $A_1$ | 5.9061 | 0.1150 | 3.3245 | 1.7766 | 0.0974 |
| $A_2$ | −16.6012 | −0.3232 | 7.6155 | −2.1799 | 0.0468 |
| $A_3$ | −8.1619 | −0.1589 | 3.3420 | −2.4422 | 0.0285 |
| $A_4$ | −5.6823 | −0.1106 | 4.2397 | −1.3403 | 0.2015 |
| $A_5$ | 12.3379 | 0.2402 | 7.2160 | 1.7098 | 0.1094 |
| $B_1$ | −4.2987 | −0.1025 | 2.7439 | −1.5666 | 0.1395 |
| $B_2$ | 3.2008 | 0.0763 | 2.9002 | 1.1037 | 0.2884 |
| $B_3$ | −0.9181 | −0.0219 | 2.7167 | −0.3380 | 0.7404 |
| $x_1$ | −2.6676 | −0.6629 | 32.3795 | −4.2840 | 0.0008 |

表 14-16 回归分析结果表明，本例输出的回归模型为 $\hat{y} = 178.2007 + 5.9061A_1 - 16.6012A_2 - 8.1619A_3 - 5.6823A_4 + 12.3379A_5 - 4.2987B_1 + 3.2008B_2 - 0.9181B_3 - 2.6676x_1$。虽然区组（$B$）各项回归系数均未达显著水平，但协变量回归系数 $b_e = -2.6676$ 达极显著水平，表明协变量与依变量间有极显著线性回归关系，所以仍需进行协方差分析。

**表 14-17** 菜豆维生素 C 含量试验协方差分析表（Ⅲ型平方和分解）

| 变异来源 | 平方和（Ⅲ型） | 自由度 | 均方 | $F$ 值 | $P$ 值 | 备注 |
|---|---|---|---|---|---|---|
| $A$（品种） | 916.5161 | 5 | 183.3032 | 3.5027 | 0.0291 | $A$（品种） |
| $B$ | 200.1830 | 3 | 66.7277 | 1.2751 | 0.3212 | $B$（区组） |
| $x_1$ | 960.4342 | 1 | 960.4342 | 18.3526 | 0.0008 | $x$（干物质量） |
| 误差 | 732.6508 | 14 | 52.3322 | | | |
| 总变异 | 21108.8650 | 23 | | | | |

**表 14-18** 不同品种菜豆维生素 C 含量矫正平均数多重比较表（Duncan 法）

| 品种 | 平均数 | 5% 显著水平 | 1% 极显著水平 |
|---|---|---|---|
| $A_5$ | 98.1629 | $a$ | $A$ |
| $A_6$ | 98.0262 | $a$ | $A$ |
| $A_1$ | 91.7311 | $ab$ | $A$ |
| $A_4$ | 80.1427 | $bc$ | $AB$ |
| $A_3$ | 77.6631 | $bc$ | $AB$ |
| $A_2$ | 69.2238 | $c$ | $B$ |

表 14-17 协方差分析结果中协变量 $x$ 项的 $F = 18.3526$，$P = 0.0008$，表明协变量（干物质百分率）对干物质百分率变量（维生素 C 含量）的大小有极显著的影响。须利用协方差分析模型，扣除干物质百分率这一协变量的影响，进一步分析品种与维生素 C 含量的关系。对于扣除协变量的影响之后的修正因子效应，从其 $A$ 项的 $F = 3.5027$，$P = 0.0291$ 可以推断，在扣除协变量影响后，因子 $A$ 的主效应达显著水平。因此，可以认为品种对维生素 C 含量有显著的影响。

在输出结果中除协方差分析表外，还给出了扣除协变量影响后分类因子的矫正平均数，及因子的各个水平之间的差异多重比较结果（表 14-18）。结果表明，品种 $A_5$、$A_6$、$A_1$ 的维生素 C 含量最高，特别是 $A_5$、$A_6$ 显著高于除 $A_1$ 以外的各品种；品种 $A_2$、$A_3$、$A_4$ 的维生素 C 含量较低，且 3 品种差异不显著。

# 第四节　SPSS 在协方差分析中的应用

## 一、SPSS 在单因素完全随机设计试验中的应用

**【例 14-4】** 应用 SPSS 系统对表 14-3 梨树肥料试验起始干周（单位：cm）与单株产量（单位：kg）统计数据进行协方差分析，检验 4 种肥料对梨树的单株产量的影响是否有差异。

（1）建立文件"梨树单株产量试验.SAV"；在"变量视图"中建立变量"$x$"表示起

始干周,"$y$"表示单株产量,"肥料"表示不同肥料处理;在"数据视图"相应变量下分别输入表 14-3 中的数据。

(2) 单击"分析"→"一般线性模型"→"单变量",打开对话框(参考图 7-6);将"$y$"移入因变量框、"肥料"移入"固定因子"框、"$x$"移入"协变量"框。

(3) 打开"模型"对话框(参考图 7-7),指定模型为"定制",并将"$x$"、"肥料"、"$x \times$肥料"移入"模型"框,平方和类型选取默认项"类型Ⅲ"。

(4) 返回主页面,点击确定输出分析结果,见表 14-19。

表 14-19 梨树单株产量肥料试验交互作用检验方差分析表

| 变异来源 | 平方和 | 自由度 | 均方 | $F$ 值 | $P$ 值 |
|---|---|---|---|---|---|
| 修正的模型 | 3215.625[a] | 7 | 459.375 | 10.919 | 0.000 |
| 截距 | 3031.128 | 1 | 3031.128 | 72.048 | 0.000 |
| 肥料 | 38.662 | 3 | 12.887 | 0.306 | 0.821 |
| $x$(起始干周) | 427.707 | 1 | 427.707 | 10.166 | 0.003 |
| 肥料 $\times x$ | 128.732 | 3 | 42.911 | 1.020 | 0.397 |
| 误差 | 1346.275 | 32 | 42.071 | | |
| 总变异 | 168658.000 | 40 | | | |
| 校正后总变异 | 4561.900 | 39 | | | |

a $R^2 = 0.705$(调整的 $R^2 = 0.640$)。

表 14-19 结果表明,"$x \times$肥料"交互作用检验 $P = 0.397 > 0.05$。故可认为协变量与因变量间无交互作用,可进行协方差分析。

(5) 在前面操作基础上,将"$x \times$肥料"移出"模型"框;进入"选项"进入对话框,将变量"肥料"移入"显示平均值"框,勾选"比较主效应"应用"LSD",输出项中勾选"描述统计"、"参数估计"和"同质性检验"。输出结果见表 14-20~表 14-23。

表 14-20 梨树单株产量肥料试验方差同质性检验

| $F$ 值 | 分子自由度 | 分母自由度 | $P$ 值 |
|---|---|---|---|
| 0.265 | 3 | 36 | 0.85 |

表 14-21 梨树单株产量肥料试验主效应检验方差分析表

| 变异来源 | 平方和 | 自由度 | 均方 | $F$ 值 | $P$ 值 |
|---|---|---|---|---|---|
| 修正的模型 | 3086.893[a] | 4 | 771.723 | 18.312 | 0.000 |
| 截距 | 3280.474 | 1 | 3280.474 | 77.841 | 0.000 |
| 肥料 | 2507.777 | 3 | 835.926 | 19.835 | 0.000 |

续表

| 变异来源 | 平方和 | 自由度 | 均方 | $F$ 值 | $P$ 值 |
|---|---|---|---|---|---|
| $x$（起始干周） | 475.993 | 1 | 475.993 | 11.295 | 0.002 |
| 误差 | 1475.007 | 35 | 42.143 | | |
| 总变异 | 168658.000 | 40 | | | |
| 校正后总变异 | 4561.900 | 39 | | | |

a. $R^2 = 0.677$（调整的 $R^2 = 0.640$）。

表 14-22　　　　　　　　　梨树单株产量肥料试验回归系数 $t$ 检验结果

| 参数 | 系数 | 标准误 | $t$ 值 | $P$ 值 | 95%置信区间 | |
|---|---|---|---|---|---|---|
| | | | | | 下限 | 上限 |
| 截距 | 36.838 | 5.642 | 6.529 | 0.000 | 25.384 | 48.292 |
| ［肥料 1］ | 20.558 | 2.906 | 7.074 | 0.000 | 14.659 | 26.458 |
| ［肥料 2］ | 13.710 | 2.913 | 4.706 | 0.000 | 7.795 | 19.624 |
| ［肥料 3］ | 4.889 | 2.908 | 1.681 | 0.102 | −1.016 | 10.793 |
| ［肥料 4］ | 0.000 | — | — | — | — | — |
| $x$（起始干周） | 0.736 | 0.219 | 3.361 | 0.002 | 0.291 | 1.180 |

表 14-23　　　　　　　　不同肥料梨树单株产量矫正平均数多重比较表（LSD 法）

| (I) 肥料 | | 平均差异（$I-J$） | 标准误差 | $P$ 值[b] | 95%置信区间 | |
|---|---|---|---|---|---|---|
| | | | | | 下限 | 上限 |
| 肥料 1<br>（74.819[a]） | 肥料 2 | 6.849* | 2.927 | 0.025 | 0.907 | 12.791 |
| | 肥料 3 | 15.670* | 2.919 | 0.000 | 9.743 | 21.596 |
| | 肥料 4 | 20.558* | 2.906 | 0.000 | 14.659 | 26.458 |
| 肥料 2<br>（67.970[a]） | 肥料 1 | −6.849* | 2.927 | 0.025 | −12.791 | −0.907 |
| | 肥料 3 | 8.821* | 2.904 | 0.004 | 2.925 | 14.716 |
| | 肥料 4 | 13.710* | 2.913 | 0.000 | 7.795 | 19.624 |
| 肥料 3<br>（59.150[a]） | 肥料 1 | −15.670* | 2.919 | 0.000 | −21.596 | −9.743 |
| | 肥料 2 | −8.821* | 2.904 | 0.004 | −14.716 | −2.925 |
| | 肥料 4 | 4.889 | 2.908 | 0.102 | −1.016 | 10.793 |
| 肥料 4<br>（54.261[a]） | 肥料 1 | −20.558* | 2.906 | 0.000 | −26.458 | −14.659 |
| | 肥料 2 | −13.710* | 2.913 | 0.000 | −19.624 | −7.795 |
| | 肥料 3 | −4.889 | 2.908 | 0.102 | −10.793 | 1.016 |

*. 平均值差异在 0.05 水平显著。

a 模型中出现的共变量已估计下列值：起始干周＝23.6750。b 调整多重比较：最小显著差异。

表 14-20 方差齐性检验结果表明，显著性检验的 $P=0.85>0.05$，则在 0.05 显著性水平上，认为各组方差无显著差异，可以进行协方差分析。

表 14-21 主效应检验结果表明，整个模型的 $F$ 值为 18.312，$P$ 值小于 0.01，达极显著水平；调整的 $R^2$ 为 0.640，说明梨树单株产量的变异能被解释的部分为 64.0%；协变量的效应达显著水平，故认为原始干周与梨树单株产量存在比较明显的线性关系，因此协方差分析是必要的。依变量的检验结果也达极显著水平，说明 4 种肥料对梨树单株产量也有极显著影响。该分析结果与 DPS 检验结果一致。

表 14-22 回归系数检验结果给出了依变量（梨树单株产量）对协变量（起始干周）的回归系数为 0.736，且达极显著水平，表示起始干周越大，梨树单株产量越高。

表 14-23 一方面列出了矫正后的各处理的平均数，肥料 1 梨树单株产量最高，结果与 DPS 系统分析一致；注中的"起始干周＝23.6750"说明矫正平均数是按照起始干周为 23.6750cm 计算出来的。

表 14-23 另一方面列出了不同肥料矫正后平均数间多重比较结果，分析结果与 DPS 分析结果一致。即肥料 1 对梨树单株产量影响效果显著高于肥料 2，极显著高于肥料 3、肥料 4；肥料 2 对梨树单株产量影响效果极显著高于肥料 3、肥料 4；肥料 3 与肥料 4 间效果无显著差异。

## 二、SPSS 在单因素随机区组设计试验中的应用

【例 14-5】利用 SPSS 系统对表 14-14 菜豆品种的维生素含量与豆荚干物质百分率测定结果资料进行协方差分析，检验菜豆品种对维生素 C 含量的影响。

（1）建立文件"菜豆维生素 C 试验.SAV"；在"变量视图"中建立变量"$x$"表示干物质百分率，"$y$"表示维生素 C 含量，"品种"表示不同品种处理，"区组"表示不同区组；在"数据视图"中相应变量下分别输入表 14-15 中的相应数据。

（2）单击"分析"→"一般线性模型"→"单变量"，打开"单变量"主对话框（参考图 7-6）。将"$y$"移入"因变量"框，"品种"移入"固定因子"框，"$x$"移入"协变量"框，"区组"移入"随机因子"框；打开"模型"子对话框（参考图 7-7），指定模型为"定制"，并将"$x$"、"品种"、"区组"、"$x×$品种"移到"模型"框中，选取默认项"类型Ⅲ"。

（3）返回主页面，点击确定输出分析结果。结果表明"$x×$品种"交互作用检验 $P$ 值为 0.081 大于 0.05，认为协变量与依变量间无交互作用效应，可进行协方差分析。

（4）在前面操作基础上，将"$x×$品种"移出"模型"框；返回主对话框，打开"选项"子对话框，将变量"品种"移入"显示平均值"框；勾选"比较主效应"在"置信区间调节"项中选择"LSD"法；"输出"项中勾选"描述统计"和"参数估计"；返回主页面，确定后输出分析结果，见表 14-24～表 14-26。

**表 14-24** 　　　　　　　　　　菜豆维生素 C 含量试验协方差分析表

| 变异来源 | | 平方和 | 自由度 | 平均值平方 | $F$ 值 | $P$ 值 |
|---|---|---|---|---|---|---|
| 截距 | 假定 | 3557.450 | 1 | 3557.450 | 67.878 | 0.000 |
| | 误差 | 743.733 | 14.191 | 52.410[a] | | |

续表

| 变异来源 | | 平方和 | 自由度 | 平均值平方 | $F$ 值 | $P$ 值 |
|---|---|---|---|---|---|---|
| 品种 | 假定 | 916.516 | 5 | 183.303 | 3.503 | 0.029 |
| | 误差 | 732.651 | 14 | 52.332[b] | | |
| $x$（干物质百分率） | 假定 | 960.434 | 1 | 960.434 | 18.353 | 0.001 |
| | 误差 | 732.651 | 14 | 52.332[b] | | |
| 区组 | 假定 | 200.183 | 3 | 66.728 | 1.275 | 0.321 |
| | 误差 | 732.651 | 14 | 52.332[b] | | |

a 0.005 $MS$（区组）+0.995 $MS$（误差）；b $MS$（误差）。

表 14-25　　　　　　　　　　菜豆维生素 C 含量试验回归系数 $t$ 检验结果

| 参数 | 系数 | 标准误 | $t$ 值 | $P$ 值 | 95%置信区间 | |
|---|---|---|---|---|---|---|
| | | | | | 下限 | 上限 |
| 截距 | 192.418 | 20.516 | 9.379 | 0.000 | 148.415 | 236.421 |
| [品种 1] | −6.295 | 6.121 | −1.028 | 0.321 | −19.424 | 6.834 |
| [品种 2] | −28.802 | 11.089 | −2.597 | 0.021 | −52.585 | −5.019 |
| [品种 3] | −20.363 | 5.676 | −3.588 | 0.003 | −32.537 | −8.190 |
| [品种 4] | −17.883 | 7.611 | −2.350 | 0.034 | −34.207 | −1.560 |
| [品种 5] | 0.137 | 6.165 | 0.022 | 0.983 | −13.085 | 13.358 |
| [品种 6] | 0.000[a] | | | | | |
| $x$（干物质百分率） | −2.668 | 0.623 | −4.284 | 0.001 | −4.003 | −1.332 |
| [区组 1] | −6.315 | 4.837 | −1.306 | 0.213 | −16.688 | 4.059 |
| [区组 2] | 1.185 | 5.035 | 0.235 | 0.817 | −9.615 | 11.984 |
| [区组 3] | −2.934 | 4.210 | −0.697 | 0.497 | −11.964 | 6.095 |
| [区组 4] | 0.000[a] | | | | | |

a 此参数设为零，因为这是冗余的。

表 14-24 协方差分析结果中协变量 $x$ 项的 $F=18.353$，$P=0.001$，说明协变量（干物质百分率）和观察变量（维生素含量）之间有极显著线性关系。可利用协方差分析模型，扣除成熟度的影响，进一步分析菜豆品种与维生素含量的关系。

对于扣除协变量的影响之后的修正因子效应，从其品种的 $F=3.503$，$P=0.029$ 可以推断，在扣除协变量影响后，因子 $A$ 的主效应达显著水平。

表 14-25 参数估计结果给出了依变量（维生素含量）对协变量（干物质百分率）的回归系数 $b_e=-2.668$，且达极显著水平。表示成熟度越高，则菜豆维生素 C 含量越低。

表 14-26　　　　　　　　　　不同品种菜豆维生素 C 含量矫正平均数（LSD 法）

| （I）品种及均值 | | 平均差异（I−J） | 标准误差 | P 值[b] | 95%置信区间[b] | |
|---|---|---|---|---|---|---|
| | | | | | 下限 | 上限 |
| $A_1$（91.731[a]） | $A_2$ | 22.507* | 8.252 | 0.016 | 4.807 | 40.207 |
| | $A_3$ | 14.068* | 5.194 | 0.017 | 2.927 | 25.209 |
| | $A_4$ | 11.588 | 5.597 | 0.057 | −0.417 | 23.594 |
| | $A_5$ | −6.432 | 8.511 | 0.462 | −24.687 | 11.823 |
| | $A_6$ | −6.295 | 6.121 | 0.321 | −19.424 | 6.834 |
| $A_2$（69.224[a]） | $A_1$ | −22.507* | 8.252 | 0.016 | −40.207 | −4.807 |
| | $A_3$ | −8.439 | 8.978 | 0.363 | −27.696 | 10.818 |
| | $A_4$ | −10.919 | 6.621 | 0.121 | −25.119 | 3.281 |
| | $A_5$ | −28.939 | 14.230 | 0.061 | −59.459 | 1.581 |
| | $A_6$ | −28.802* | 11.089 | 0.021 | −52.585 | −5.019 |
| $A_3$（77.663[a]） | $A_1$ | −14.068* | 5.194 | 0.017 | −25.209 | −2.927 |
| | $A_2$ | 8.439 | 8.978 | 0.363 | −10.818 | 27.696 |
| | $A_4$ | −2.480 | 6.021 | 0.687 | −15.393 | 10.434 |
| | $A_5$ | −20.500* | 7.809 | 0.020 | −37.248 | −3.752 |
| | $A_6$ | −20.363* | 5.676 | 0.003 | −32.537 | −8.190 |
| $A_4$（80.143[a]） | $A_1$ | −11.588 | 5.597 | 0.057 | −23.594 | 0.417 |
| | $A_2$ | 10.919 | 6.621 | 0.121 | −3.281 | 25.119 |
| | $A_3$ | 2.480 | 6.021 | 0.687 | −10.434 | 15.393 |
| | $A_5$ | −18.020 | 10.418 | 0.106 | −40.364 | 4.324 |
| | $A_6$ | −17.883* | 7.611 | 0.034 | −34.207 | −1.560 |
| $A_5$（98.163） | $A_1$ | 6.432 | 8.511 | 0.462 | −11.823 | 24.687 |
| | $A_2$ | 28.939 | 14.230 | 0.061 | −1.581 | 59.459 |
| | $A_3$ | 20.500* | 7.809 | 0.020 | 3.752 | 37.248 |
| | $A_4$ | 18.020 | 10.418 | 0.106 | −4.324 | 40.364 |
| | $A_6$ | 0.137 | 6.165 | 0.983 | −13.085 | 13.358 |
| $A_6$（98.026） | $A_1$ | 6.295 | 6.121 | 0.321 | −6.834 | 19.424 |
| | $A_2$ | 28.802* | 11.089 | 0.021 | 5.019 | 52.585 |
| | $A_3$ | 20.363* | 5.676 | 0.003 | 8.190 | 32.537 |
| | $A_4$ | 17.883* | 7.611 | 0.034 | 1.560 | 34.207 |
| | $A_5$ | −0.137 | 6.165 | 0.983 | −13.358 | 13.085 |

＊ 平均值差异在 0.05 水平显著。

a 模型中出现的共变量已估计下列值：干物质百分率＝34.6292。b 调整多重比较：最小显著差异（等同于未调整）。

表 14-26 列出的各品种调整的均值与 DPS 分析一致，提示中的"干物质百分率＝34.6292"，说明矫正均数是按照干物质含量为 34.6292％ 计算出来的。应用 LSD 法进行的均值间的成对比较结果，与 DPS 分析结果略有不同。成对比较结果表明，$A_1$ 与 $A_2$、$A_1$ 与 $A_3$、$A_2$ 与 $A_6$、$A_3$ 与 $A_5$、$A_3$ 与 $A_6$、$A_4$ 与 $A_6$ 间差异显著；$A_1$ 与 $A_4$、$A_1$ 与 $A_5$、$A_1$ 与 $A_6$、$A_2$ 与 $A_3$、$A_2$ 与 $A_4$、$A_2$ 与 $A_5$、$A_3$ 与 $A_4$、$A_4$ 与 $A_5$、$A_5$ 与 $A_6$ 间差异不显著。

通过结果分析还可看出均值最高的 $A_5$ 仅显著大于 $A_3$，而均值居二位的 $A_6$ 反而显著大于 $A_3$、$A_2$、$A_4$ 多个品种，表明平均数估计值间的成对比较受标准误差的影响较大，这也是导致分析结果与 DPS 分析结果不同的主要原因。

## 思考练习题

**习题 14.1**　什么是协方差分析？协方差分析的步骤有哪些？并简明叙述协方差有何应用意义。

**习题 14.2**　为了寻找一种较好的哺乳仔猪食欲增进剂，以增进食欲，提高断奶重，对哺乳仔猪做了以下试验：试验设对照、配方 1、配方 2、配方 3 共 4 个处理，重复 12 次，选择初始条件尽量相近的长白种母猪的哺乳仔猪 48 头，完全随机分为 4 组进行试验，结果见下表，试作协方差分析，并计算各处理的矫正平均重。

| 处理 | 对照 | | 配方 1 | | 配方 2 | | 配方 3 | |
|---|---|---|---|---|---|---|---|---|
| 观测指标 | 初生重 $x$/kg | 50 日龄重 $y$/kg | 初生重 $x$/kg | 50 日龄重 $y$/kg | 初生重 $x$/kg | 50 日龄重 $y$/kg | 初生重 $x$/kg | 50 日龄重 $y$/kg |
| 观测值 $x_{ij}$，$y_{ij}$ | 1.50 | 12.40 | 1.35 | 10.20 | 1.15 | 10.00 | 1.20 | 12.40 |
| | 1.85 | 12.00 | 1.20 | 9.40 | 1.10 | 10.60 | 1.00 | 9.80 |
| | 1.35 | 10.80 | 1.45 | 12.20 | 1.10 | 10.40 | 1.15 | 11.60 |
| | 1.45 | 10.00 | 1.20 | 10.30 | 1.05 | 9.20 | 1.10 | 10.60 |
| | 1.40 | 11.00 | 1.4 | 11.30 | 1.40 | 13.00 | 1.00 | 9.20 |
| | 1.45 | 11.80 | 1.30 | 11.40 | 1.45 | 13.50 | 1.45 | 13.90 |
| | 1.50 | 12.50 | 1.15 | 12.80 | 1.30 | 13.00 | 1.35 | 12.80 |
| | 1.55 | 13.40 | 1.30 | 10.90 | 1.70 | 14.80 | 1.15 | 9.30 |
| | 1.40 | 11.20 | 1.35 | 11.60 | 1.40 | 12.30 | 1.10 | 9.60 |
| | 1.50 | 11.60 | 1.15 | 8.50 | 1.45 | 13.20 | 1.20 | 12.40 |
| | 1.60 | 12.60 | 1.35 | 12.20 | 1.25 | 12.00 | 1.05 | 11.20 |
| | 1.70 | 12.50 | 1.20 | 9.30 | 1.30 | 12.80 | 1.10 | 11.00 |

**习题 14.3**　下表为玉米品种试验的每区株数（$x$）和产量（$y$）（单位：10g）的资料，试作协方差分析，并计算各品种在小区株数相同时的矫正平均产量。

| 品种 | 区组 | | | | | | | | 总和 | | 平均 | |
|---|---|---|---|---|---|---|---|---|---|---|---|---|
| | I | | II | | III | | IV | | | | | |
| | $x$ | $y$ | $x$ | $y$ | $x$ | $y$ | $x$ | $y$ | $x$ | $y$ | $x$ | $y$ |
| A | 10 | 18 | 8 | 17 | 6 | 14 | 8 | 15 | 32 | 64 | 8 | 16 |
| B | 12 | 36 | 13 | 38 | 8 | 28 | 11 | 30 | 44 | 132 | 11 | 33 |
| C | 17 | 40 | 15 | 36 | 13 | 35 | 11 | 29 | 56 | 140 | 14 | 35 |
| D | 14 | 21 | 14 | 23 | 17 | 24 | 15 | 20 | 60 | 88 | 15 | 22 |
| E | 12 | 42 | 10 | 36 | 10 | 38 | 16 | 52 | 48 | 168 | 12 | 42 |
| 总和 | 65 | 157 | 60 | 150 | 54 | 139 | 61 | 146 | 240 | 592 | 总平均 12 | 29.6 |

# 附 录

**EXCEL 分析工具库统计分析方法简介**

| 统计分析方法 | 功能简介 |
|---|---|
| "F-检验：双样本方差分析"分析工具 | 该分析工具可以进行双样本 F-检验，用来检验两个样本对应总体的方差是否相等，即进行方差齐性检验<br><br>例如，对随机抽取的两组小白鼠分别饲喂甲、乙两种饲料，检验两组小白鼠体重增加量的方差是否相同，可进行 F-检验 |
| "$t$-检验：成对双样本均值分析"分析工具 | 该分析工具可以进行成对数据 $t$-检验，用来检验处理均值是否相等。检验过程中，不需进行方差齐性检验，当通过配对（成对）设计试验获得成对数据时，可直接应用该检验<br><br>例如，将小白鼠按体重配成若干对，对每一对小白鼠分别饲喂甲、乙两种饲料，通过体重增加量检验甲、乙两种饲料饲喂效果时，可采用该分析工具 |
| "$t$-检验：双样本等方差假设"分析工具 | 该分析工具可以进行成组数据 $t$-检验，用来检验两处理均值是否相等。检验过程中，先通过方差齐性检验确定对应总体具备方差齐性时，再应用该检验<br><br>例如，对随机抽取的两组小白鼠分别饲喂甲、乙两种饲料，若两组小白鼠体重增加量具备方差齐性，可应用该分析工具来检验甲、乙两种饲料的饲喂效果 |
| "$t$-检验：双样本异方差假设"分析工具 | 该分析工具可以进行成组数据 $t$-检验，用来检验两处理均值是否相等。先通过方差齐性检验确定对应总体不具备方差齐性时，再应用该检验<br><br>例如，对随机抽取的两组小白鼠分别饲喂甲、乙两种饲料，若两组小白鼠体重增加量不具备方差齐性，可应用该工具来检验甲、乙两种饲料的饲喂效果 |
| "Z-检验：双样本均值分析"分析工具 | 该分析工具可以进行双样本对应总体均值的 Z-检验（或 U-检验）。该分析工具应用前提是两处理的总体标准差已知<br><br>例如，已知甲、乙两种饲料饲喂小白鼠体重增加量的总体方差，可应用该分析工具检验分别饲喂甲、乙两种饲料的小白鼠体重增加的效果 |
| "抽样"分析工具 | 该分析工具以输入区域为总体构造总体的一个样本。当总体太大而不能进行处理时，可以选用具有代表性的样本。如果确认输入区域中的数据是周期性的，还可以对一个周期中特定时间段中的数值进行采样<br><br>例如，从某大学全校学生身高中，随机抽取 100 位大学生的身高组成一个样本，即可采用抽样分析工具 |
| "描述统计"分析工具 | 该分析工具用于对输入区域中数据的单变值分析，提供有关数据趋中性、离散性及分布特征等信息<br><br>例如，对于某样本资料可通过描述统计分析工具，同时计算出其平均数、众数、标准差、方差、标准误、偏度、峰度、最大值、最小值以及置信半径等多种统计量 |
| "回归分析"分析工具 | 该分析工具通过对一组观察值使用"最小二乘法"直线拟合，进行线性回归分析。可用其来建立变量间的线性回归模型，并分别应用 $t$-检验和方差分析的方法，来检验回归模型的显著性<br><br>例如，研究某作物的产物与施肥量、浇水量等多种管理因素之间的关系时，可通过回归分析工具建立起作物产量与各管理因素之间（或仅一种因素）的模型方程，并可通过该模型对其他地块类似管理下的该作物产量进行预测 |

313

续表

| 统计分析方法 | 功能简介 |
|---|---|
| "傅立叶分析"分析工具 | 该分析工具可以解决线性系统问题，并能通过快速傅立叶变换（FFT）分析周期性的数据。该工具也支持逆变换，即通过对变换后的数据的逆变换返回初始数据 |
| "排位和百分比排位"分析工具 | 该分析工具可以产生一个数据列表，在其中罗列给定数据集中各个数值的大小次序排位和相应的百分比排位。用来分析数据集中各数值间的相互位置关系<br><br>例如，对某班学生统计学成绩进行排序可应用该工具 |
| "随机数发生器"分析工具 | 该分析工具可以按照用户选定的分布类型（均匀分布、正态分布、伯努利分布、二项分布、泊松分布、模式分布、离散分布），在工作表的特定区域中生成一系列独立随机数字。可以通过概率分布来表示主体的总体特征<br><br>例如，可以使用正态分布来表示某农作物产量的总体特征 |
| "相关系数"分析工具 | 该分析工具可用于判断两组数据集之间的关系。具体来说，可以应用该分析工具计算两个区域中数据的相关系数，通过相关系数的大小进一步判断两组数据的相关性<br><br>例如，测量某班级学生的身高与体重，可通过相关系数分析工具计算身高和体重两组数据之间的相关系数，并进一步判断身高和体重之间的相关性 |
| "移动平均"分析工具 | 该分析工具可以基于特定的过去某段时期中变量的均值，对未来值进行预测。移动平均值提供了由所有历史数据的简单的平均值所代表的趋势信息。使用该工具可以预测销售量、库存或其他趋势 |
| "协方差"分析工具 | 该分析工具用于返回各数据点的一对均值偏差之间的乘积的平均值。协方差是测量两组数据相关性的量度，可以使用协方差工具来确定两个区域中数据的变化是否相关。该分析工具与COVARIANCE. P 函数和 COVAR 函数的功能一致 |
| "直方图"分析工具 | 该分析工具用于在给定工作表中数据单元格区域和接收区间的情况下，计算数据的频率和累积频率，并绘制出直方图，可一定程度上描述数据的分布规律<br><br>例如，有 100 株水稻株高，用组距式分组法确定分组数后，用每组的上限构成接受区域，则可用直方图分析工具，绘制该资料的直方图和频数分布表 |
| "指数平滑"分析工具 | 该分析工具及其公式基于前期预测值导出相应的新预测值，并修正前期预测值的误差。该工具将使用平滑常数 $a$，其大小决定了本次预测对前期预测误差的修正程度 |
| "方差分析：单因素方差分析"分析工具 | 该分析工具通过简单的方差分析（anova），对两个以上样本均值进行显著性检验。该方法是对双均值检验（如 $t$-检验）的延伸<br><br>例如，在单因素完全随机设计试验中，检验试验因素 A 的效应，可采用单因素方差分析工具 |
| "方差分析：可重复双因素分析"分析工具 | 该分析工具是对单因素方差分析的扩展，应用于两因素效应的假设检验。因需要检验因素间的互作效应，故试验设计中水平组合需设重复<br><br>例如，在两因素完全随机设计试验中，试验因素 A 有 $a$ 个水平，试验因素 B 有 $b$ 个水平，设 $n$ 次重复（A、B 两因素间的互作效应不明），检验因素 A 的效应、因素 B 的效应以及 A 与 B 之间的互作效应，可采用可重复双因素方差分析工具 |
| "方差分析：无重复双因素分析"分析工具 | 该分析工具应用于两因素效应的假设检验。因已知两因素间无互作效应，故试验设计中水平组合可不设重复<br><br>例如，在单因素完全随机区组设计试验中，试验因素 A 有 $a$ 个水平，并设 $n$ 个区组，检验因素 A 的效应，可采用无重复双因素分析工具（另一因素为区组）<br><br>又例如，在两因素完全随机设计试验中，试验因素 A 有 $a$ 个水平，试验因素 B 有 $b$ 个水平，不设重复（假设 A、B 两因素间无互作效应），检验因素 A 的效应以及因素 B 的效应，可采用无重复双因素方差分析工具 |

**附表 2**                                  **EXCEL 统计函数应用教程**

| 函数 | 应用 |
|---|---|
| AVEDEV | 用途：返回一组数据与其平均值的绝对偏差的平均值，即 $\sum \|x_i - \bar{x}\|/n$ 。<br>语法：AVEDEV（number1，number2，…）<br>参数：number1、number2、…是用来计算绝对偏差平均值的一组参数，其个数可以在 1~30 个之间。<br>实例：公式"＝AVEDEV（3，4，5，6，7）"返回 1.2。 |
| AVERAGE | 用途：计算所有参数的算术平均值，$\bar{x} = \sum_{i=1}^{n} x_i/n$ 。<br>语法：AVERAGE（number1，number2，…）<br>参数：Number1、number2、…是要计算平均值的 1~30 个参数。<br>实例：公式"＝AVERAGE（3，4，5，6，7）"返回 5。 |
| AVERAGEA | 用途：计算参数清单中数值的平均值。它与 AVERAGE 函数的区别在于不仅数字，而且文本和逻辑值（如 TRUE 和 FALSE）也参与计算。<br>语法：AVERAGEA（value1，value2，…）<br>参数：value1、value2、…为需要计算平均值的 1~30 个单元格、单元格区域或数值。<br>实例：公式"＝AVERAGEA（3，4，5，6，7）"返回 5；"＝AVERAGEA（3，4，5，6，7，TRUE）"返回 4.333。 |
| BETADIST | 用途：返回 beta 分布累积函数的函数值。<br>语法：BETADIST（$x$，alpha，beta，$A$，$B$）<br>参数：$x$ 用来进行函数计算的值，须居于可选性上下界（$A$ 和 $B$）之间；alpha 和 beta 为分布的参数；$A$ 是数值 $x$ 所属区间的可选下界；$B$ 是数值 $x$ 所属区间的可选上界。<br>实例：公式"＝BETADIST（2，2，20，1，6）"返回 0.9424。 |
| BETAINV | 用途：返回 beta 分布累积函数的逆函数值。即，如果 probability＝BETADIST（$x$，…），则 BETAINV（probability，…）＝$x$。beta 分布累积函数可用于项目设计，在给出期望的完成时间和变化参数后，模拟可能的完成时间。<br>语法：BETAINV（probability，alpha，beta，$A$，$B$）<br>参数：probability 为 beta 分布的概率值；alpha 和 beta 为分布的参数；$A$ 数值为 $x$ 所属区间的可选下界；$B$ 数值为 $x$ 所属区间的可选上界。<br>实例：公式"＝BETAINV（0.9424，2，20，1，6）"返回 2.002。 |
| BINOMDIST | 用途：返回二项分布的概率值，与 BINOM.DIST 功能一致。<br>语法：BINOMDIST（number＿s，trials，probability＿s，cumulative）<br>参数：number＿s 为试验成功的次数；trials 为独立试验的次数；probability＿s 为一次试验中成功的概率；cumulative 是一个逻辑值，用于确定函数的形式。如果 cumulative 为 TRUE 或 1，则 BINOMDIST 函数返回累积分布函数，即至多 number＿s 次成功的概率；如果为 FALSE 或 0，返回概率密度函数，即 number＿s 次成功的概率。<br>实例：公式"＝BINOMDIST（10，30，0.5，0）"返回 0.0280；公式"＝BINOMDIST（10，30，0.5，1）"返回 0.0494。 |
| CHIDIST | 用途：返回 $\chi^2$ 分布的右尾概率。<br>语法：CHIDIST（$x$，degrees＿freedom）<br>参数：$x$ 是用来计算 $\chi^2$ 分布右尾概率的变量取值；degrees＿freedom 是自由度。<br>实例：公式"＝CHIDIST（5，10）"返回 0.8912。公式"＝CHIDIST（20，10）"返回 0.0293。 |

续表

| 函数 | 应用 |
|------|------|
| CHIINV | 用途：返回 $\chi^2$ 分布右尾概率的逆函数。如果 probability＝CHIDIST（$x$，degrees_freedom），则 CHIINV（probability，degrees_freedom）＝$x$。<br>语法：CHIINV（probability，degrees_freedom）<br>参数：probability 为 $\chi^2$ 分布的单尾概率；degrees_freedom 为自由度。<br>实例：公式"＝CHIINV（0.8912，10）"返回 4.9997。 |
| CHITEST | 用途：返回 $\chi^2$ 检验值结果（$P$），与函数 CHISQ.TEST 功能一致。<br>语法：CHITEST（actual_range，expected_range）<br>参数：actual_range 是包含观测值的数据区域；expected_range 是包含理论值的数据区域。<br>实例：公式"＝CHITEST（{1，2，3}，{2，4，6}）"返回 0.2231，即实际值与理论值无显著差异。 |
| CONFIDENCE | 用途：使用正态分布返回总体平均值的置信区间的置信半径，与函数 CONFIDENCE.NORM 功能一致。<br>语法：CONFIDENCE（alpha，standard_dev，size）<br>参数：alpha 是用于计算置信度（等于 100＊（1－alpha）%）的显著水平参数；standard_dev 是数据区域的总体标准偏差；size 为样本容量。<br>实例：公式"＝CONFIDENCE（0.05，10，50）"返回 2.7718。 |
| CONFIDENCE.T | 用途：使用学生 $t$ 分布返回总体平均值的置信区间的置信半径。<br>语法：CONFIDENCE（alpha，standard_dev，size）<br>参数：alpha 是用于计算置信度（等于 100＊（1－alpha）%）的显著水平参数；standard_dev 是数据区域的样本标准偏差；size 为样本容量。<br>实例：公式"＝CONFIDENCE.T（0.05，10，50）"返回 2.8420，即标准差为 10 的总体平均数 95% 的置信区间为 $\bar{x}$ ±2.8420。 |
| CORREL | 用途：返回单元格区域 array1 和 array2 之间的相关系数。<br>语法：CORREL（array1，array2）<br>参数：array1 是第一组数值单元格区域；array2 是第二组数值单元格区域。<br>实例：公式"＝CORREL（{3，4，5，6，7}，{6，7，5，8，9}）"返回 0.7。 |
| COUNT | 用途：返回数字参数的个数。它可以统计数组或单元格区域中含有数字的单元格个数。<br>语法：COUNT（value1，value2，…）<br>参数：value1，value2，…是包含或引用各种类型数据的参数（1～30 个），其中只有数字类型的数据才能被统计。<br>实例：公式"＝COUNT（32，23，19，28）"返回 4；"＝COUNT（32，23，19，28，A）"返回 4。 |
| COUNTBLANK | 用途：计算某个单元格区域中空白单元格的数目。<br>语法：COUNTBLANK（range）<br>参数：range 为需要计算其中空白单元格数目的区域。<br>实例：如果 A1＝2、A2＝4、A3＝6、A4＝""、A5＝""，则公式"＝COUNTBLANK（A1：A5）"返回 2。 |

续表

| 函数 | 应用 |
|---|---|
| COUNTA | 用途：返回参数组中非空值的数目。利用函数 COUNTA 可以计算数组或单元格区域中数据项的个数。<br>语法：COUNTA（value1，value2，…）<br>说明：value1，value2，…所要计数的值，参数个数为 1～30 个。在这种情况下的参数可以是任何类型，它们包括空格但不包括空白单元格。<br>实例：如果 A1＝2、A2＝4、A3＝6、A4＝B、A5＝""，则公式"＝COUNTA（A1：A5）"返回 4。 |
| COUNTIF | 用途：计算区域中满足给定条件的单元格的个数。<br>语法：COUNTIF（range，criteria）<br>参数：range 为需要计算其中满足条件的单元格数目的单元格区域；criteria 为确定哪些单元格将被计算在内的条件，其形式可以为数字、表达式或文本。<br>实例：如果 A1＝2、A2＝4、A3＝6、A4＝6、A5＝8、A6＝A，则公式"＝COUNTIF（A1：A6，6）"返回 2；"＝COUNTIF（A1：A6，"A"）"返回 1。 |
| COVAR | 用途：返回协方差，即每对数据点的偏差乘积的平均数。<br>语法：COVAR（array1，array2）<br>参数：array1 是第一个所含数据为整数的单元格区域；array2 是第二个所含数据为整数的单元格区域。<br>实例：公式"＝COVAR（{3，4，5，6，7}，{6，7，5，8，9}）"返回 1.4。 |
| CRITBINOM | 用途：返回使累积二项式分布大于等于临界值的最小值。<br>语法：CRITBINOM（trials，probability，alpha）<br>参数：trials 是伯努利试验的次数；probability 是一次试验中成功的概率；alpha 是临界值。<br>实例：公式"＝CRITBINOM（10，0.8，0.75）"返回 9。 |
| DEVSQ | 用途：返回数据点与各自样本平均值的偏差的平方和（离均差的平方和）即 $\sum (x-\bar{x})^2$。<br>语法：DEVSQ（number1，number2，…）<br>参数：Number1、number2、…是用于计算偏差平方和的 1～30 个参数。它们可以是用逗号分隔的数值，也可以是数组引用。<br>实例：公式"＝DEVSQ（3，4，5，6，7）"返回 10。 |
| EXPONDIST | 用途：返回指数分布。<br>语法：EXPONDIST（$x$，lambda，cumulative）<br>参数：$x$ 函数的数值；lambda 参数值；cumulative 为确定指数函数形式的逻辑值。如果 cumulative 为 TRUE 或 1，EXPONDIST 返回累积分布函数；如果 cumulative 为 FALSE 或 0，则返回概率密度函数。<br>实例：公式"＝EXPONDIST（0.2，10，1）"返回 0.8647，"＝EXPONDIST（0.2，10，0）"返回 1.3534。 |
| FDIST | 用途：返回 $F$ 概率分布的概率值（右尾）。<br>语法：FDIST（$x$，degrees_freedom1，degrees_freedom2）<br>参数：$x$ 是用来计算概率分布的区间点；degrees_freedom1 是分子自由度；degrees_freedom2 是分母自由度。<br>实例：公式"＝FDIST（1，20，30）"返回 0.4891；"＝FDIST（1.93，20，30）"返回 0.05。 |

续表

| 函数 | 应用 |
|---|---|
| FINV | 用途：返回 $F$ 概率分布概率函数 FDIST 的逆函数，即 $F$ 分布的临界值。如果 $p=$ FDIST $(x,$ $df_1, df_2)$，则 FINV $(p, df_1, df_2)=x$。<br>语法：FINV（probability，degrees_freedom1，degrees_freedom2）<br>参数：Probability 是累积 $F$ 分布的概率值；degrees_freedom1 是分子自由度，degrees_freedom2 是分母自由度。<br>实例：公式"=FINV（0.4891，20，30）"返回 1。"=FINV（0.05，20，30）"返回 1.93，即 $F_{0.05(20, 30)}=1.93$。 |
| FISHER | 用途：返回点 $x$ 的 fisher 变换。该变换生成一个近似正态分布而非偏斜的函数，使用该函数可以完成相关系数的假设性检验。<br>语法：FISHER $(x)$<br>参数：$x$ 为一个数字，在该点进行变换。<br>实例：公式"=FISHER（0.8）"返回 1.0986。 |
| FISHERINV | 用途：返回 Fisher 变换的逆函数值，如果 $y=$ FISHER $(x)$，则 FISHERINV $(y)=x$。上述变换可以分析数据区域或数组之间的相关性。<br>语法：FISHERINV $(y)$<br>参数：$y$ 为一个数值，在该点进行反变换。<br>实例：公式"=FISHERINV（1.0986）"返回 0.8000。 |
| FORECAST | 用途：根据一条线性回归拟合线返回一个预测值。<br>语法：FORECAST $(x,$ known_$y's$，known_$x's$)<br>参数：$x$ 为需要进行预测的数据点的 $x$ 坐标（自变量值）；known_$y's$ 是从满足线性拟合直线 $y=bx+a$ 的点集合中选出的一组已知的 $y$ 值；known_$x's$ 是从满足线性拟合直线 $y=bx+a$ 的点集合中选出的一组已知的 $x$ 值。<br>实例：公式"=FORECAST（8，{3，4，5，6，7}，{6，7，5，8，9}）"返回 5.7。 |
| FREQUENCY | 用途：以一列垂直数组返回某个区域中数据的频率分布。<br>语法：FREQUENCY（data_array，bins_array）<br>参数：data_array 是用来计算频率的一个垂直数组，或对数组单元区域的引用；bins_array 是数据接收区间，为一数组或对数组区域的引用，设定对 data_array 进行频率计算的分段点。<br>实例：在 3×1 空单元格内输入公式"=FREQUENCY（{76，64，56，68，67，74，55，61，74，69}，{60，70，80}）"按 Ctrl+Shift+Enter 组合键返回 {2，5，3}。 |
| FTEST | 用途：返回 $F$ 检验的结果。返回的是当数组 1 和数组 2 的方差无明显差异时的双尾概率，可以判断两个样本的方差是否不同。当 $P<0.05$ 时不具方差齐性，当 $P>0.05$ 时具有方差齐性。<br>语法：FTEST（array1，array2）<br>参数：array1 是第一个数组或数据区域；array2 是第二个数组或数据区域。<br>实例：公式"=FTEST（{1，2，4，5}，{2，4，6，8}）"返回 0.5836，则具备方差齐性。 |
| GAMMADIST | 用途：返回伽玛分布。可用它研究具有偏态分布的变量，通常用于排队分析。<br>语法：GAMMADIST $(x,$ alpha，beta，cumulative)<br>参数：$x$ 为用来计算伽玛分布的数值；alpha 和 beta 均是 $\gamma$ 分布的参数，如果 beta=1，函数返回标准伽玛分布；cumulative 为一逻辑值，决定函数的形式，如果 cumulative 为 TRUE 或 1，函数返回累积分布函数，如果为 FALSE 或 0，则返回概率密度函数。<br>实例：公式"=GAMMADIST（10，8，2，0）"返回 0.0522。 |

续表

| 函数 | 应用 |
|---|---|
| GAMMAINV | 用途：返回具有给定概率的伽玛分布的区间点，用来研究出现分布偏斜的变量。如果 P＝GAM-MADIST（$x$，…），则 GAMMAINV（$p$，…）＝$x$。<br>语法：GAMMAINV（probability，alpha，beta）<br>参数：probability 为伽玛分布的概率值；alpha 是 $\gamma$ 分布参数；beta 是 $\gamma$ 分布参数，如果 beta＝1，函数 GAMMAINV 返回标准伽玛分布。<br>实例：公式"＝GAMMAINV（0.5，8，2）"返回 15.3385。 |
| GAMMALN | 用途：返回伽玛函数的自然对数 $\Gamma(x)$。<br>语法：GAMMALN（$x$）<br>参数：$x$ 为需要计算 GAMMALN 函数的数值。<br>实例：公式"＝GAMMALN（4）"返回 1.7918。 |
| GEOMEAN | 用途：返回正数数组或数据区域的几何平均值。<br>语法：GEOMEAN（number1，number2，…）<br>参数：Number1，number2，…为需要计算其平均值的 1～30 个参数，除了使用逗号分隔数值的形式外，还可使用数组或对数组的引用。<br>实例：公式"＝GEOMEAN（2，4，6，8）"返回 4.4267。 |
| GROWTH | 用途：给定的数据预测指数增长值。根据已知的 $x$ 值和 $y$ 值，函数 GROWTH 返回一组新的 $x$ 值对应的 $y$ 值。通常使用 GROWTH 函数拟合满足给定 $x$ 值和 $y$ 值的指数曲线 $y＝b*m^x$。<br>语法：GROWTH（known＿$y's$，known＿$x's$，new＿$x's$，const）<br>参数：known＿$y's$ 是满足曲线的一组已知的 $y$ 值；known＿$x's$ 是满足曲线的一组已知的 $x$ 值的集合（可选参数）；new＿$x's$ 是一组新的 $x$ 值；const 为一逻辑值，如果 const 为 1 或省略，$b$ 将参与正常计算，如果 const 为 0，$b$ 将被设为 1，$m$ 值将被调整使得 $y＝m^x$。<br>实例：公式"＝GROWTH（{3，4，5，6，7}，{6，7，5，8，9}，4，0）"返回 2.4143。 |
| HARMEAN | 用途：返回数据集合的调和平均值。<br>语法：HARMEAN（number1，number2，…）<br>参数：number1，number2，…是需要计算其平均值的 1～30 个参数。可以使用逗号分隔参数的形式，还可以使用数组或数组的引用。<br>实例：公式"＝HARMEAN（2，4，6，8）"返回 3.84。 |
| HYPGEOMDIST | 用途：返回超几何分布。给定样本容量、样本总体容量和样本总体中成功的次数，HYPGEOM-DIST 函数返回样本取得给定成功次数的概率。<br>语法：HYPGEOMDIST（sample＿s，number＿sample，population＿s，number＿population）<br>参数：sample＿s 为样本中成功的次数；number＿sample 为样本容量；population＿s 为样本总体中成功的次数；number＿population 为样本总体的容量。<br>实例：公式"＝HYPGEOMDIST（2，8，20，30）"返回 0.0068。 |
| INTERCEPT | 用途：利用已知的 $x$ 值与 $y$ 值计算直线与 Y 轴的截距。<br>语法：INTERCEPT（known＿$y's$，known＿$x's$）<br>参数：known＿$y's$ 是一组因变量数据或数据组；known＿$x's$ 是一组自变量数据或数据组。<br>实例：公式"＝INTERCEPT（{3，4，5，6，7}，{6，7，5，8，9}）"返回 0.1。 |

续表

| 函数 | 应用 |
|---|---|
| KURT | 用途：返回数据集的峰度。反映与正态分布相比时某一分布的尖锐程度或平坦程度，取正值表示相对尖锐的分布，取负值表示相对平坦的分布。<br>语法：KURT（number1，number2，…）<br>参数：number1，number2，…为需要计算其峰值的1～30个参数。它们可以使用逗号分隔参数的形式，也可以使用单一数组，即对数组单元格的引用。<br>实例：公式"＝KURT（32，23，19，19，28，27，13）"返回－0.7248。 |
| LARGE | 用途：返回某一数据集中的某个最大值。<br>语法：LARGE（array，$k$）<br>参数：array为需要从中查询第 $k$ 个最大值的数组或数据区域；$k$ 为返回值在数组或数据单元格区域里的位置。<br>实例：公式"＝LARGE（{4，5，6，7}，2）"返回6；"＝LARGE（{4，5，6，7}，1）"返回7。 |
| LINEST | 用途：使用最小二乘法对已知数据进行最佳直线拟合，并返回描述此直线的数组。<br>语法：LINEST（known_$y's$，known_$x's$，const，stats）<br>参数：known_$y's$ 是表达式 $y=a+bx$ 中已知的 $y$ 值集合；known_$x's$ 是关系表达式 $y=a+bx$ 中已知的可选 $x$ 值集合；const 为一逻辑值，如果 const 为1或省略，$a$ 将参与正常计算，如果 const 为0，$a$ 将被设为0；stats 为一逻辑值，如果 stats 为1，函数返回附加回归统计值，如果 stats 为0或省略，函数只返回回归系数 $b$ 和回归截距 $a$。<br>实例：首先选定 5×2 空白单元格，在编辑栏输入"＝LINEST（{3，4，5，6，7}，{6，7，5，8，9}，1，1）"，按 Ctrl＋Shift＋Enter 组合键输出 {0.7，0.1；0.4123，2.9445；0.49，1.3038；2.8824，3；4.9，5.1} 即 $b=0.7$，$a=0.1$，$S_b=0.4123$，$S_a=2.9445$，$r^2=0.49$，$Ms_r^{1/2}=1.3038$，$F=2.8824$，$df=3$，$SS_R=4.9$，$SS_r=5.1$。 |
| LOGEST | 用途：计算最符合观测数据组的指数回归拟合曲线，并返回描述该曲线的数组。<br>语法：LOGEST（known_$y's$，known_$x's$，const，stats）<br>参数：known_$y's$ 是一组符合 $y=b \cdot m\hat{\ }x$ 函数关系的 $y$ 值的集合；known_$x's$ 是一组符合 $y=b \cdot m\hat{\ }x$ 运算关系的可选 $x$ 值集合；const 是指定是否要设定常数 $b$ 为1的逻辑值，如果 const 设定为 TRUE 或省略，则常数项 $b$ 将通过计算求得。<br>实例：首先选定 5×2 空白单元格，在编辑栏输入"＝LOGEST（{3，4，5，6，7}，{6，7，5，8，9}，1，1）"，按 Ctrl＋Shift＋Enter 组合键输出 {1.1164，1.8407；0.0933，0.6665；0.4166，0.2951；2.1425，3；0.1866，0.2613}。 |
| LOGINV | 用途：返回 $x$ 的对数正态分布累积函数的逆函数，其中 ln（$x$）是服从参数为 mean 和 standard_dev 的正态分布。如果 $p=$LOGNORMDIST（$x$，…），那么 LOGINV（$p$，…）＝$x$。<br>语法：LOGINV（probability，mean，standard_dev）<br>参数：probability 是与对数正态分布相关的概率；mean 为 ln（$x$）的平均数；standard_dev 为 ln（$x$）的标准偏差。<br>实例：公式"＝LOGINV（0.0255，5，2）"返回 2.9953。 |

续表

| 函数 | 应用 |
|---|---|
| LOGNORMDIST | 用途：返回 $x$ 的对数正态分布的累积函数，其中 $\ln(x)$ 是服从参数为 mean 和 standard_dev 的正态分布。使用此函数可以分析经过对数变换的数据。<br>语法：LOGNORMDIST（$x$，mean，standard_dev）<br>参数：$x$ 是用来计算函数的数值；mean 是 $\ln(x)$ 的平均值；standard_dev 是 $\ln(x)$ 的标准偏差。<br>实例：公式"＝LOGNORMDIST（3，5，2）"返回 0.0255。 |
| MAX | 用途：返回数据集中的最大数值。<br>语法：MAX（number1，number2，…）<br>参数：number1，number2，…是需要找出最大数值的 1～30 个数值。<br>实例：公式"＝MAX（0.2，0.4，0.66，0.8）"返回 0.8。 |
| MAXA | 用途：返回数据集中的最大数值。文本值和逻辑值（如 TRUE 和 FALSE）作为数字参与计算。<br>语法：MAXA（value1，value2，…）<br>参数：value1，value2，…为需要从中查找最大数值的 1～30 个参数。<br>实例：公式"＝MAXA（0.2，0.4，0.8）"返回 0.8；"＝MAXA（0.2，0.4，0.8，TRUE）"返回 1。 |
| MEDIAN | 用途：返回给定数值集合的中位数。<br>语法：MEDIAN（number1，number2，…）<br>参数：number1，number2，…是需要找出中位数的 1～30 个数字参数。<br>实例：公式"＝MEDIAN（2，4，6，8，10）"返回 6；"＝MEDIAN（2，4，6，8，10，12）"返回 7，即 6 与 8 的平均值。 |
| MIN | 用途：返回给定参数表中的最小值。<br>语法：MIN（number1，number2，…）<br>参数：number1，number2，…是要从中找出最小值的 1～30 个数字参数。<br>实例：公式"＝MIN（2，4，6，8，10）"返回 2。 |
| MINA | 用途：返回参数清单中的最小数值。文本值和逻辑值也作为数字参与计算。<br>语法：MINA（value1，value2，…）<br>参数：value1，value2，…为需要从中查找最小数值的 1～30 个参数。<br>实例：公式"＝MINA（2，4，6，8，10）"返回 2；公式"＝MINA（2，4，6，8，10，TRUE）"返回 1。 |
| MINVERSE | 用途：返回数组中存储的矩阵的反矩阵。<br>语法：MINVERSE（array）<br>参数：array 必需，可以是单元格区域，也可以是行数和列数相等的数值数组。<br>实例：在 $2 \times 2$ 空单元格内输入公式"＝MINVERSE（{1，2；3，4}）"按 Ctrl＋Shift＋Enter 组合键返回 {－2，1；1.5，－0.5}；在 $2 \times 2$ 空单元格内输入公式"＝MINVERSE（{－2，1；1.5，－0.5}）"按 Ctrl＋Shift＋Enter 组合键返回 {1，2；3，4}。 |

续表

| 函数 | 应用 |
|---|---|
| MMULT | 用途：返回两个数组的矩阵乘数。结果矩阵的行数与 array1 的行数相同，列数与 array2 的列数相同。<br>语法：MMULT（array1，array2）<br>参数：array1、array2 必需；为进行矩阵乘法运算的两个数组；array1 中的列数必须与 array2 中的行数相同，并且两个数组必须仅包含数字。<br>实例：在 2×2 空单元格内输入公式"=MMULT（{−2，1；1.5，−0.5}，{1，2；3，4}）"，按 Ctrl＋Shift＋Enter 组合键返回 {1，0；0，1}；在 3×4 空单元格内输入公式"=MMULT（{1，2；3，4；5，6}，{1，2，3；4，5，6}）"，按 Ctrl＋Shift＋Enter 组合键返回 {9，12，15；19，26，33；29，40，51}。 |
| MODE | 用途：返回在某一数组或数据区域中的众数。<br>语法：MODE（number1，number2，…）<br>参数：number1，number2，…是用于众数计算的 1 到 30 个参数。<br>实例：公式"=MODE（2，4，6，8，4）"返回 4。 |
| NEGBINOMDIST | 用途：返回负二项式分布。当成功概率为常数 probability_s 时，函数 NEGBINOMDIST 返回在到达 number_s 次成功之前，出现 number_f 次失败的概率。<br>语法：NEGBINOMDIST（number_f，number_s，probability_s）<br>参数：number_f 是失败次数；number_s 为成功的临界次数；probability_s 是成功的概率。<br>实例：公式"=NEGBINOMDIST（50，10，0.2）"，计算结果是 0.0184。 |
| NORMDIST | 用途：返回给定平均值和标准偏差的正态分布的累积函数。<br>语法：NORMDIST（$x$，mean，standard_dev，cumulative）<br>参数：$x$ 为用于计算正态分布函数的区间点；mean 是分布的算术平均值；standard_dev 是分布的标准方差；cumulative 为一逻辑值，指明函数的形式，如果 cumulative 为 TRUE 或 1，则 NORMDIST 函数返回累积分布函数，如果为 FALSE 或 0，则返回概率密度函数。<br>实例：公式"=NORMDIST（25，30，2，1）"返回 0.0062。 |
| NORMSDIST | 用途：返回标准正态分布的累积函数，该分布的平均值为 0，标准偏差为 1。<br>语法：NORMSDIST（$z$）<br>参数：$z$ 为需要计算其分布的数值。<br>实例：公式"=NORMSDIST（0）"的计算结果为 0.5。 |
| NORMINV | 用途：为正态分布函数 NORMDIST 的逆函数，返回正态分布随机变量值。<br>语法：NORMINV（probability，mean，standard_dev）<br>参数：probability 为正态分布的概率值；mean 为正态分布的均值；standard_dev 为正态分布的标准差。<br>实例：公式"=NORMINV（0.0062，30，2）"返回 24.889。 |
| NORMSINV | 用途：返回标准正态分布累积函数 NORMSDIST 的逆函数。该分布的平均值为 0，标准偏差为 1。<br>语法：NORMSINV（probability）<br>参数：probability 是正态分布的概率值。<br>实例：公式"=NORMSINV（0.5）"返回 0；"=NORMSINV（0.95）"返回 1.645，即 $u_{0.05}=1.645$。 |

续表

| 函数 | 应用 |
|---|---|
| PEARSON | 用途：返回 Pearson 乘积矩相关系数 $r$，它是一个范围在 $-1.0$ 到 $1.0$ 之间（包括 $-1.0$ 和 $1.0$ 在内）的无量纲为一的指数，反映了两个数据集合之间的线性相关程度。<br>语法：PEARSON（array1，array2）<br>参数：array1 为自变量集合；array2 为因变量集合。<br>实例：公式"＝PEARSON（{3，4，5，6，7}，{6，7，5，8，9}）"返回 0.7。 |
| PERCENTILE | 用途：返回数值区域的 $k$ 百分比数值点。<br>语法：PERCENTILE（array，$k$）<br>参数：array 为定义相对位置的数值数组或数值区域；$k$ 为数组中需要得到其排位的值。<br>实例：公式"＝PERCENTILE（{2，4，6，8，9，7}，0.9）"返回 8.5。 |
| PERCENTRANK | 用途：返回某个数值在一个数据集合中的百分比排位。<br>语法：PERCENTRANK（array，$x$，significance）<br>参数：array 为彼此间相对位置确定的数据集合；$x$ 为其中需要得到排位的值；Significance 为可选项，表示返回的百分数值的有效位数，如果省略，函数 PERCENTRANK 保留 3 位小数。<br>实例：公式"＝PERCENTRANK（{2，4，6，8，9，7，8，9}，6）"返回 0.285。 |
| PERMUT | 用途：返回从给定数目的元素集合中选取的若干元素的排列数。<br>语法：PERMUT（number，number_chosen）<br>参数：number 为元素总数；number_chosen 是每个排列中的元素数目。<br>实例：公式"＝PERMUT（10，3）"返回 720。 |
| POISSON | 用途：返回泊松分布的概率值。<br>语法：POISSON（$x$，mean，cumulative）<br>参数：$x$ 是某一事件出现的次数；mean 是期望值；cumulative 为确定返回的概率分布形式的逻辑值。<br>实例：公式"＝POISSON（2，6，1）"返回 0.0620，"＝POISSON（2，6，0）"返回 0.0446。 |
| PROB | 用途：返回一概率事件组中落在指定区域内的事件所对应的概率之和。<br>语法：PROB（$x$_range，prob_range，lower_limit，upper_limit）<br>参数：$x$_range 是具有各自相应概率值的 $x$ 数值区域；prob_range 是与 $x$_range 中的数值相对应的一组概率值；lower_limit 是用于概率求和计算的数值下界；upper_limit 是用于概率求和计算的数值上界。<br>实例：公式"＝PROB（{0，1，2，3}，{0.2，0.3，0.1，0.4}，0）"返回 0.1，"＝PROB（{0，1，2，3}，{0.2，0.3，0.1，0.4}，0，1）"返回 0.5。 |
| QUARTILE | 用途：返回一组数据的四分位点。<br>语法：QUARTILE（array，quart）<br>参数：array 为需要求得四分位数值的数组或数字引用区域；quart 决定返回哪一个四分位值，如果 quart 取 0、1、2、3、4，则函数 QUARTILE 返回最小值、第 1 四分位数（25%分位数）、中位数（50%分位数）、第 3 四分位数（75%分位数）和最大数值。<br>实例：公式"＝QUARTILE（{2，4，6，8，9，7}，0）"返回 2；"＝QUARTILE（{2，4，6，8，9，7}，4）"返回 9；"＝QUARTILE（{2，4，6，8，9，7}，2）"返回 6.5。 |
| RAND | 用途：返回一个大于等于 0 且小于 1 的平均分布的随机实数。每次计算时都会返回一个新的随机实数。<br>语法：RAND（）<br>实例：公式"＝RAND（）"返回 0.9253。 |

续表

| 函数 | 应用 |
|---|---|
| RANDBETWEEN | 用途：返回位于两个指定数之间的一个随机整数。每次计算时都将返回一个新的随机整数。<br>语法：RANDBETWEEN（bottom，top）<br>参数：bottom 是 RANDBETWEEN 函数将返回的最小整数；top 是 RANDBETWEEN 函数将返回的最大整数。<br>实例：公式"＝RANDBETWEEN（1，10）"返回 8。 |
| RANK | 用途：返回一个数值在一组数值中的排位。<br>语法：RANK（number，ref，order）<br>参数：number 是需要计算其排位的一个数字；ref 是包含一组数字的数组或引用；Order 为一数字，指明排位的方式，如果 order 为 0 或省略，则按降序排列，如果 order 不为零，则按升序排列。<br>注意：函数 RANK 对重复数值的排位相同，但重复数的存在将影响后续数值的排位。如在一列整数中，若整数 60 出现两次，其排位为 5，则 61 的排位为 7（没有排位为 6 的数值）。<br>实例：如果 A1＝2、A2＝4、A3＝6、A4＝8、A5＝9，则公式"＝RANK（4，A1：A5，1）"返回 2；"＝RANK（4，A1：A5，0）"返回 4。 |
| RSQ | 用途：返回根据 $y$ 和 $x$ 中数据点计算得出的 Pearson 相关系数的平方，即 $R^2$。<br>语法：RSQ（known＿$y's$，known＿$x's$）<br>参数：known＿$y's$ 为一个数组或数据区域；known＿$x's$ 也是一个数组或数据区域。<br>实例：公式"＝RSQ（{3，4，5，6，7}，{6，7，5，8，9}）"返回 0.49。 |
| SKEW | 用途：返回一个分布的偏度。它反映以平均值为中心的分布的偏斜程度。大于 0 为正偏，小于 0 为负偏。<br>语法：SKEW（number1，number2，…）<br>参数：number1，number2…是需要计算不对称度的 1 到 30 个参数，包括逗号分隔的数值、单一数组和名称等。<br>实例：公式"＝SKEW（32，23，19，19，28，27，13）"返回－0.1779，则该分布为负偏。 |
| SLOPE | 用途：返回经过给定数据点的线性回归拟合线方程的斜率。<br>语法：SLOPE（known＿$y's$，known＿$x's$）<br>参数：known＿$y's$ 为数字型因变量数组或单元格区域；known＿$x's$ 为自变量数据点集合。<br>实例：公式"＝SLOPE（{3，4，5，6，7}，{6，7，5，8，9}）"返回 0.7。 |
| SMALL | 用途：返回数据集中第 $k$ 个最小值，从而得到数据集中特定位置上的数值。<br>语法：SMALL（array，$k$）<br>参数：array 是需要找到第 $k$ 个最小值的数组或数字型数据区域；$k$ 为返回的数据在数组或数据区域里的位置（从小到大）。<br>实例：公式"＝SMALL（{2，4，6，8，9，7}，2）"返回 4。 |
| SQRT | 用途：返回正的平方根。<br>语法：SQRT（number）<br>参数：number 为要计算其平方根的数字。<br>实例：公式"＝SQRT（25）"返回 5。 |
| STANDARDIZE | 用途：返回以 mean 为平均值，以 standard－dev 为标准偏差的分布的正态化数值。<br>语法：STANDARDIZE（$x$，mean，standard＿dev）<br>参数：$x$ 为需要进行正态化的数值；mean 为分布的算术平均值；standard＿dev 为分布的标准偏差。<br>实例：公式"＝STANDARDIZE（52，40，50）"返回 0.24。 |

续表

| 函数 | 应用 |
|---|---|
| STDEV | 用途：估算样本的标准差 $\sum(x-\bar{x})^2/(n-1)$。它反映了数据相对于平均值的离散程度。<br>语法：STDEV (number1, number2, …)<br>参数：number1, number2, …为对应于总体样本的 1 到 30 个参数。可以使用逗号分隔的参数形式，也可使用数组，即对数组单元格的引用。<br>注意：STDEV 函数假设其参数是总体中的样本。<br>实例：公式"＝STDEV (5, 6, 2, 4, 6, 8, 8)"，其结果等于 2.1492。 |
| STDEVP | 用途：返回总体的标准差 $\sum(x-\mu)^2/N$。它反映了样本总体相对于平均值的离散程度。<br>语法：STDEVP (number1, number2, …)<br>参数：Number1, number2, …为对应于样本总体的 1 到 30 个参数。可以使用逗号分隔参数的形式，也可以使用单一数组，即对数组单元格的引用。<br>注意：STDEVP 函数在计算过程中忽略逻辑值（TRUE 或 FALSE）和文本。如果逻辑值和文本不能忽略，应当使用 STDEVPA 函数。<br>实例：公式"＝STDEVP (5, 6, 2, 4, 6, 8, 8)"，其结果等于 1.9898。 |
| STDEVA | 用途：计算基于给定样本的标准差。文本值和逻辑值（TRUE 或 FALSE）也将参与计算。<br>语法：STDEVA (value1, value2, …)<br>参数：value1, value2, …是作为总体样本的 1 到 30 个参数。可以使用逗号分隔参数的形式，也可以使用单一数组，即对数组单元格的引用。<br>实例：公式"＝STDEVA (5, 6, 2, 4, 6, 8, 8)"，其结果等于 2.1492。 |
| STDEVPA | 用途：计算样本总体的标准偏差。与 STDEVP 函数的区别是文本值和逻辑值（TRUE 或 FALSE）参与计算。<br>语法：STDEVPA (value1, value2, …)<br>参数：value1, value2, …为作为样本总体的 1 到 30 个参数。可以使用逗号分隔参数的形式，也可以使用单一数组（即对数组单元格的引用）。<br>实例：公式"＝STDEVPA (5, 6, 2, 4, 6, 8, 8)"，其结果等于 1.9898。 |
| STEYX | 用途：返回通过线性回归法计算 $y$ 预测值时所产生的标准误差，即离回归标准误。标准误差用来度量根据单个 $x$ 变量计算出的 $y$ 预测值的误差量。<br>语法：STEYX (known_$y$'s, known_$x$'s)<br>参数：known_$y$'s 为因变量数据点数组或区域；known_$x$'s 为自变量数据点数组或区域。<br>实例：公式"＝STEYX ({20, 23, 29, 49, 34}, {36, 45, 24, 27, 25})"返回 10.6170。 |
| SUMSQ | 用途：返回参数的平方和，即 $\sum x^2$。<br>语法：SUMSQ (number1, [number2], …)<br>参数：number1, [number2], …为用于计算平方和的 1 到 255 个参数，也可以用单一数组或对某个数组的引用来代替用逗号分隔的参数。<br>实例：公式"＝SUMSQ (3, 4, 5, 6, 7)"返回 135。 |
| SUMPRODUCT | 用途：SUMPRODUCT 函数在给定的几组数组中，将数组间对应的元素相乘，并返回乘积之和，即可以用来计算乘积和。<br>语法：SUMPRODUCT (array1, [array2], [array3], …)<br>参数：array1 必需，其相应元素需要进行相乘并求和的第一个数组参数；array2, array3… 可选，2 到 255 个数组参数，其相应元素需要进行相乘并求和。<br>实例：公式"＝SUMPRODUCT ({3, 4, 5, 6, 7}, {6, 7, 5, 8, 9})"返回 182。 |

续表

| 函数 | 应用 |
| --- | --- |
| TDIST | 用途：返回学生氏 $t$ 分布的百分点（概率），$t$ 分布用于小样本数据集合的假设检验。<br>语法：TDIST（$x$，degrees_freedom，tails）<br>参数：$x$ 为需要计算的 $t$ 分布的数值；degrees_freedom 为表示自由度的整数；tails 指明返回的分布函数是单尾分布还是双尾分布，如果 tails＝1，函数 TDIST 返回单尾分布，如果 tails＝2，函数 TDIST 返回双尾分布。<br>实例：公式"＝TDIST（3，5，1）"返回 0.0150；公式"＝TDIST（3，5，2）"返回 0.0301。 |
| TINV | 用途：返回作为概率和自由度函数的学生氏 $t$ 分布的 $t$ 值，为 TDIST 函数的逆函数。使用此函数可以代替 $t$ 分布的临界值表。<br>语法：TINV（probability，degrees_freedom）<br>参数：probability 为对应于双尾学生氏 $t$ 分布的概率；degrees_freedom 为分布的自由度。<br>实例：公式"＝TINV（0.05，30）"返回 2.0423，即 $t_{0.05(30)}＝2.0423$。 |
| TRIMMEAN | 用途：返回数据集的内部平均值。TRIMMEAN 函数先从数据集的头部和尾部除去一定百分比的数据点，然后再求平均值。<br>语法：TRIMMEAN（array，percent）<br>参数：array 为需要进行筛选并求平均值的数组或数据区域；percent 为计算时所要除去的数据点的比例，如果 percent＝0.2，则在 20 个数据中除去 4 个，即头部除去 2 个尾部除去 2 个，函数 TRIMMEAN 将对称地在数据集的头部和尾部各除去一个数据。<br>实例：如果 A1＝45、A2＝55、A3＝65、A4＝75、A5＝85、A6＝95，则公式"＝TRIMMEAN（A1：A6，0.1）"返回 65。 |
| TREND | 用途：返回一条线性回归拟合线的一组纵坐标值（$y$ 值）。即找到适合给定的数组 known_$y's$ 和 known_$x's$ 的直线，并返回指定数组 new_$x's$ 值在直线上对应的 $y$ 值。<br>语法：TREND（known_$y's$，known_$x's$，new_$x's$，const）<br>参数：Known_$y's$ 为已知关系 $y＝mx＋b$ 中的 $y$ 值集合；known_$x's$ 为已知关系 $y＝mx＋b$ 中可选的 $x$ 值的集合；new_$x's$ 为需要函数 TREND 返回对应 $y$ 值的新 $x$ 值；const 为逻辑值，指明是否强制常数项 $b$ 为 0。<br>实例：公式"＝TREND（{3，4，5，6，7}，{6，7，5，8，9}，5.5）"返回 3.95。 |
| TTEST | 用途：返回与 $t$ 检验相关的概率。它可以判断两个样本是否来自两个具有相同均值的总体。<br>语法：TTEST（array1，array2，tails，type）<br>参数：array1 是第一个数据集；array2 是第二个数据集；tails 指明分布曲线的尾数，如果 tails＝1，TTEST 函数使用单尾分布，如果 tails＝2，tails 指明分布曲线的尾数，如果 tails＝1，TTEST 函数使用单尾分布，如果 tails＝2，TTEST 函数使用双尾分布；type 为 $t$ 检验的类型，type 取值为 1、2、3 时，分别对应检验方法中的成对双样本检验、等方差双样本检验、异方差双样本检验。<br>注意：单尾检验中不管两个均值谁大 TTEST 给出的概率都是相同的，因此在上尾检验（$H_1$：$\mu_1＞\mu_2$）中第一个样本均值偏小，或下尾检验（$H_1$：$\mu_1＜\mu_2$）中第一个样本均值偏大，都有错误拒绝 $H_0$ 的可能，使用时需要特别注意。<br>实例：公式"＝TTEST（{1，2，4，5}，{2，4，6，8}，2，1）"返回 0.0163；"＝TTEST（{1，2，4，5}，{2，4，6，8}，1，1）"返回 0.0081。 |

续表

| 函数 | 应用 |
|------|------|
| VAR | 用途：估算样本方差。<br>语法：VAR（number1，number2，…）<br>参数：number1，number2，…对应于总体样本的 1～30 个参数。<br>实例：公式"＝VAR（60，70，80，90，87）"，返回 153.8。 |
| VARA | 用途：用来估算给定样本的方差。与 VAR 函数的区别在于文本和逻辑值（TRUE 和 FALSE）也将参与计算。<br>语法：VARA（value1，value2，…）<br>参数：value1，value2，…为作为总体的一个样本的 1 到 30 个参数。<br>实例：公式"＝VARA（60，70，80，90，87）"，返回 153.8。 |
| VARP | 用途：计算总体的方差。<br>语法：VARP（number1，number2，…）<br>参数：number1，number2，…为对应于样本总体的 1 到 30 个参数。其中的逻辑值（TRUE 和 FALSE）和文本将被忽略。<br>实例：公式"＝VARP（60，70，80，90，87）"，返回 123.04。 |
| VARPA | 用途：计算样本总体的方差。它与 VARP 函数的区别在于文本和逻辑值（TRUE 和 FALSE）也将参与计算。<br>语法：VARPA（value1，value2，…）<br>参数：value1，value2，…为作为样本总体的 1 到 30 个参数。<br>实例：公式"＝VARPA（60，70，80，90，87）"，返回 123.04。 |
| WEIBULL | 用途：返回韦伯分布。使用此函数可以进行可靠性分析，如设备的平均无故障时间。<br>语法：WEIBULL（$x$，alpha，beta，cumulative）<br>参数：$x$ 为用来计算函数值的数值；alpha 为分布参数；beta 为分布参数；cumulative 指明函数的形式。<br>实例：公式"＝WEIBULL（88，20，90，1）"返回 0.4716，"＝WEIBULL（50，12，74，0）"返回 0.0022。 |
| ZTEST | 用途：可利用函数 ZTEST 进行单个正态总体平均数的 Z（或 U）检验，返回检验的单尾概率 P 值。其语法结构及用途与函数 Z.TEST 一致<br>语法：ZTEST（array，$x$，sigma）<br>参数：array 为用来检验 $x$ 的数组或数据区域；$x$ 为被检验的已知均值；sigma 为总体（已知）标准偏差，如果省略，则使用样本标准偏差。<br>注意：当样本均值 $\bar{x} > \mu_0$ 时，Z（或 U）>0，此时返回的概率值小于 0.5，输出结果即为单尾概率 P 值，此时 $P = ZTEST（array，\mu_0，\sigma）$。当样本均值 $\bar{x} < \mu_0$ 时，Z（或 U）<0，此时返回的概率值大于 0.5，输出结果是 $1-P$，此时，$P = 1-ZTEST（array，\mu_0，\sigma）$。<br>实例：公式"＝ZTEST（{4，6，6，8，6，5，7，2，4，2}，4）"返回 0.0569，即单尾概率 $P=0.0569$；"＝ZTEST（{4，6，6，8，6，5，7，2，4，2}，7）"返回 0.9992，此时单尾概率 $P=1-0.9992=0.0008$。 |

标准正态累积分布函数 **Φ（u）值表**

| $u$ | 0 | 0.01 | 0.02 | 0.03 | 0.04 | 0.05 | 0.06 | 0.07 | 0.08 | 0.09 |
|-----|------|------|------|------|------|------|------|------|------|------|
| 0.0 | 0.5000 | 0.5040 | 0.5080 | 0.5120 | 0.5160 | 0.5199 | 0.5239 | 0.5279 | 0.5319 | 0.5359 |
| 0.1 | 0.5398 | 0.5438 | 0.5478 | 0.5517 | 0.5557 | 0.5596 | 0.5636 | 0.5675 | 0.5714 | 0.5753 |
| 0.2 | 0.5793 | 0.5832 | 0.5871 | 0.5910 | 0.5948 | 0.5987 | 0.6026 | 0.6064 | 0.6103 | 0.6141 |
| 0.3 | 0.6179 | 0.6217 | 0.6255 | 0.6293 | 0.6331 | 0.6368 | 0.6406 | 0.6443 | 0.6480 | 0.6517 |
| 0.4 | 0.6554 | 0.6591 | 0.6628 | 0.6664 | 0.6700 | 0.6736 | 0.6772 | 0.6808 | 0.6844 | 0.6879 |
| 0.5 | 0.6915 | 0.6950 | 0.6985 | 0.7019 | 0.7054 | 0.7088 | 0.7123 | 0.7157 | 0.7190 | 0.7224 |
| 0.6 | 0.7257 | 0.7291 | 0.7324 | 0.7357 | 0.7389 | 0.7422 | 0.7454 | 0.7486 | 0.7517 | 0.7549 |
| 0.7 | 0.7580 | 0.7611 | 0.7642 | 0.7673 | 0.7703 | 0.7734 | 0.7764 | 0.7793 | 0.7823 | 0.7852 |
| 0.8 | 0.7881 | 0.7910 | 0.7939 | 0.7967 | 0.7995 | 0.8023 | 0.8051 | 0.8078 | 0.8106 | 0.8133 |
| 0.9 | 0.8159 | 0.8186 | 0.8212 | 0.8238 | 0.8264 | 0.8289 | 0.8315 | 0.8340 | 0.8365 | 0.8389 |
| 1.0 | 0.8413 | 0.8438 | 0.8461 | 0.8485 | 0.8508 | 0.8531 | 0.8554 | 0.8577 | 0.8599 | 0.8621 |
| 1.1 | 0.8643 | 0.8665 | 0.8686 | 0.8708 | 0.8729 | 0.8749 | 0.8770 | 0.8790 | 0.8810 | 0.8830 |
| 1.2 | 0.8849 | 0.8869 | 0.8888 | 0.8907 | 0.8925 | 0.8944 | 0.8962 | 0.8980 | 0.8997 | 0.9015 |
| 1.3 | 0.9032 | 0.9049 | 0.9066 | 0.9082 | 0.9099 | 0.9115 | 0.9131 | 0.9147 | 0.9162 | 0.9177 |
| 1.4 | 0.9192 | 0.9207 | 0.9222 | 0.9236 | 0.9251 | 0.9265 | 0.9279 | 0.9292 | 0.9306 | 0.9319 |
| 1.5 | 0.9332 | 0.9345 | 0.9357 | 0.9370 | 0.9382 | 0.9394 | 0.9406 | 0.9418 | 0.9429 | 0.9441 |
| 1.6 | 0.9452 | 0.9463 | 0.9474 | 0.9484 | 0.9495 | 0.9505 | 0.9515 | 0.9525 | 0.9535 | 0.9545 |
| 1.7 | 0.9554 | 0.9564 | 0.9573 | 0.9582 | 0.9591 | 0.9599 | 0.9608 | 0.9616 | 0.9625 | 0.9633 |
| 1.8 | 0.9641 | 0.9649 | 0.9656 | 0.9664 | 0.9671 | 0.9678 | 0.9686 | 0.9693 | 0.9699 | 0.9706 |
| 1.9 | 0.9713 | 0.9719 | 0.9726 | 0.9732 | 0.9738 | 0.9744 | 0.9750 | 0.9756 | 0.9761 | 0.9767 |
| 2.0 | 0.9772 | 0.9778 | 0.9783 | 0.9788 | 0.9793 | 0.9798 | 0.9803 | 0.9808 | 0.9812 | 0.9817 |
| 2.1 | 0.9821 | 0.9826 | 0.9830 | 0.9834 | 0.9838 | 0.9842 | 0.9846 | 0.9850 | 0.9854 | 0.9857 |
| 2.2 | 0.9861 | 0.9864 | 0.9868 | 0.9871 | 0.9875 | 0.9878 | 0.9881 | 0.9884 | 0.9887 | 0.9890 |
| 2.3 | 0.9893 | 0.9896 | 0.9898 | 0.9901 | 0.9904 | 0.9906 | 0.9909 | 0.9911 | 0.9913 | 0.9916 |
| 2.4 | 0.9918 | 0.9920 | 0.9922 | 0.9925 | 0.9927 | 0.9929 | 0.9931 | 0.9932 | 0.9934 | 0.9936 |
| 2.5 | 0.9938 | 0.9940 | 0.9941 | 0.9943 | 0.9945 | 0.9946 | 0.9948 | 0.9949 | 0.9951 | 0.9952 |
| 2.6 | 0.9953 | 0.9955 | 0.9956 | 0.9957 | 0.9959 | 0.9960 | 0.9961 | 0.9962 | 0.9963 | 0.9964 |
| 2.7 | 0.9965 | 0.9966 | 0.9967 | 0.9968 | 0.9969 | 0.9970 | 0.9971 | 0.9972 | 0.9973 | 0.9974 |
| 2.8 | 0.9974 | 0.9975 | 0.9976 | 0.9977 | 0.9977 | 0.9978 | 0.9979 | 0.9979 | 0.9980 | 0.9981 |
| 2.9 | 0.9981 | 0.9982 | 0.9982 | 0.9983 | 0.9984 | 0.9984 | 0.9985 | 0.9985 | 0.9986 | 0.9986 |
| 3.0 | 0.9987 | 0.9987 | 0.9987 | 0.9988 | 0.9988 | 0.9989 | 0.9989 | 0.9989 | 0.9990 | 0.9990 |
| 3.1 | 0.9990 | 0.9991 | 0.9991 | 0.9991 | 0.9992 | 0.9992 | 0.9992 | 0.9992 | 0.9993 | 0.9993 |
| 3.2 | 0.9993 | 0.9993 | 0.9994 | 0.9994 | 0.9994 | 0.9994 | 0.9994 | 0.9995 | 0.9995 | 0.9995 |
| 3.3 | 0.9995 | 0.9995 | 0.9995 | 0.9996 | 0.9996 | 0.9996 | 0.9996 | 0.9996 | 0.9996 | 0.9997 |
| 3.4 | 0.9997 | 0.9997 | 0.9997 | 0.9997 | 0.9997 | 0.9997 | 0.9997 | 0.9997 | 0.9997 | 0.9998 |
| 3.5 | 0.9998 | 0.9998 | 0.9998 | 0.9998 | 0.9998 | 0.9998 | 0.9998 | 0.9998 | 0.9998 | 0.9998 |
| 3.6 | 0.9998 | 0.9998 | 0.9999 | 0.9999 | 0.9999 | 0.9999 | 0.9999 | 0.9999 | 0.9999 | 0.9999 |
| 3.7 | 0.9999 | 0.9999 | 0.9999 | 0.9999 | 0.9999 | 0.9999 | 0.9999 | 0.9999 | 0.9999 | 0.9999 |
| 3.8 | 0.9999 | 0.9999 | 0.9999 | 0.9999 | 0.9999 | 0.9999 | 0.9999 | 0.9999 | 0.9999 | 0.9999 |
| 3.9 | 1.0000 | 1.0000 | 1.0000 | 1.0000 | 1.0000 | 1.0000 | 1.0000 | 1.0000 | 1.0000 | 1.0000 |

附表 4                       $\chi^2$ 值表（右尾）

| $df$ | 0.995 | 0.99 | 0.975 | 0.95 | 0.9 | 0.75 | 0.25 | 0.1 | 0.05 | 0.025 | 0.01 | 0.005 |
|---|---|---|---|---|---|---|---|---|---|---|---|---|
| 1 | 0.0000 | 0.0002 | 0.0010 | 0.0039 | 0.0158 | 0.1015 | 1.3233 | 2.7055 | 3.8415 | 5.0239 | 6.6349 | 7.8794 |
| 2 | 0.0100 | 0.0201 | 0.0506 | 0.1026 | 0.2107 | 0.5754 | 2.7726 | 4.6052 | 5.9915 | 7.3778 | 9.2103 | 10.5966 |
| 3 | 0.0717 | 0.1148 | 0.2158 | 0.3519 | 0.5844 | 1.2125 | 4.1083 | 6.2514 | 7.8147 | 9.3484 | 11.3449 | 12.8382 |
| 4 | 0.2070 | 0.2971 | 0.4844 | 0.7107 | 1.0636 | 1.9226 | 5.3853 | 7.7794 | 9.4877 | 11.1433 | 13.2767 | 14.8603 |
| 5 | 0.4117 | 0.5543 | 0.8312 | 1.1455 | 1.6103 | 2.6746 | 6.6257 | 9.2364 | 11.0705 | 12.8325 | 15.0863 | 16.7497 |
| 6 | 0.6757 | 0.8721 | 1.2373 | 1.6354 | 2.2041 | 3.4546 | 7.8408 | 10.6446 | 12.5916 | 14.4494 | 16.8119 | 18.5476 |
| 7 | 0.9893 | 1.2390 | 1.6899 | 2.1673 | 2.8331 | 4.2549 | 9.0371 | 12.0170 | 14.0672 | 16.0128 | 18.4754 | 20.2778 |
| 8 | 1.3444 | 1.6465 | 2.1797 | 2.7326 | 3.4895 | 5.0706 | 10.2189 | 13.3616 | 15.5073 | 17.5346 | 20.0902 | 21.9550 |
| 9 | 1.7349 | 2.0879 | 2.7004 | 3.3251 | 4.1682 | 5.8988 | 11.3888 | 14.6837 | 16.9190 | 19.0228 | 21.6660 | 23.5894 |
| 10 | 2.1559 | 2.5582 | 3.2470 | 3.9403 | 4.8652 | 6.7372 | 12.5489 | 15.9872 | 18.3070 | 20.4832 | 23.2093 | 25.1882 |
| 11 | 2.6032 | 3.0535 | 3.8158 | 4.5748 | 5.5778 | 7.5841 | 13.7007 | 17.2750 | 19.6752 | 21.9201 | 24.7250 | 26.7569 |
| 12 | 3.0738 | 3.5706 | 4.4038 | 5.2260 | 6.3038 | 8.4384 | 14.8454 | 18.5494 | 21.0261 | 23.3367 | 26.2170 | 28.2995 |
| 13 | 3.5651 | 4.1069 | 5.0088 | 5.8919 | 7.0415 | 9.2991 | 15.9839 | 19.8119 | 22.3620 | 24.7356 | 27.6883 | 29.8195 |
| 14 | 4.0747 | 4.6604 | 5.6287 | 6.5706 | 7.7895 | 10.1653 | 17.1169 | 21.0641 | 23.6848 | 26.1190 | 29.1412 | 31.3194 |
| 15 | 4.6010 | 5.2294 | 6.2621 | 7.2609 | 8.5468 | 11.0365 | 18.2451 | 22.3071 | 24.9958 | 27.4884 | 30.5779 | 32.8013 |
| 16 | 5.1422 | 5.8122 | 6.9077 | 7.9616 | 9.3122 | 11.9122 | 19.3689 | 23.5418 | 26.2962 | 28.8454 | 31.9999 | 34.2672 |
| 17 | 5.6972 | 6.4077 | 7.5642 | 8.6718 | 10.0852 | 12.7919 | 20.4887 | 24.7690 | 27.5871 | 30.1910 | 33.4087 | 35.7185 |
| 18 | 6.2648 | 7.0149 | 8.2307 | 9.3905 | 10.8649 | 13.6753 | 21.6049 | 25.9894 | 28.8693 | 31.5264 | 34.8053 | 37.1565 |
| 19 | 6.8439 | 7.6327 | 8.9065 | 10.1170 | 11.6509 | 14.5620 | 22.7178 | 27.2036 | 30.1435 | 32.8523 | 36.1909 | 38.5823 |
| 20 | 7.4338 | 8.2604 | 9.5908 | 10.8508 | 12.4426 | 15.4518 | 23.8277 | 28.4120 | 31.4104 | 34.1696 | 37.5662 | 39.9969 |
| 21 | 8.0336 | 8.8972 | 10.2829 | 11.5913 | 13.2396 | 16.3444 | 24.9348 | 29.6151 | 32.6706 | 35.4789 | 38.9322 | 41.4011 |
| 22 | 8.6427 | 9.5425 | 10.9823 | 12.3380 | 14.0415 | 17.2396 | 26.0393 | 30.8133 | 33.9244 | 36.7807 | 40.2894 | 42.7957 |
| 23 | 9.2604 | 10.1957 | 11.6886 | 13.0905 | 14.8480 | 18.1373 | 27.1413 | 32.0069 | 35.1725 | 38.0756 | 41.6384 | 44.1813 |
| 24 | 9.8862 | 10.8564 | 12.4012 | 13.8484 | 15.6587 | 19.0373 | 28.2412 | 33.1962 | 36.4150 | 39.3641 | 42.9798 | 45.5585 |
| 25 | 10.5197 | 11.5240 | 13.1197 | 14.6114 | 16.4734 | 19.9393 | 29.3389 | 34.3816 | 37.6525 | 40.6465 | 44.3141 | 46.9279 |
| 26 | 11.1602 | 12.1982 | 13.8439 | 15.3792 | 17.2919 | 20.8434 | 30.4346 | 35.5632 | 38.8851 | 41.9232 | 45.6417 | 48.2899 |
| 27 | 11.8076 | 12.8785 | 14.5734 | 16.1514 | 18.1139 | 21.7494 | 31.5284 | 36.7412 | 40.1133 | 43.1945 | 46.9629 | 49.6449 |
| 28 | 12.4613 | 13.5647 | 15.3079 | 16.9279 | 18.9392 | 22.6572 | 32.6205 | 37.9159 | 41.3371 | 44.4608 | 48.2782 | 50.9934 |
| 29 | 13.1212 | 14.2565 | 16.0471 | 17.7084 | 19.7678 | 23.5666 | 33.7109 | 39.0875 | 42.5570 | 45.7223 | 49.5879 | 52.3356 |
| 30 | 13.7867 | 14.9535 | 16.7908 | 18.4927 | 20.5992 | 24.4776 | 34.7997 | 40.2560 | 43.7730 | 46.9792 | 50.8922 | 53.6720 |
| 31 | 14.4579 | 15.6555 | 17.5388 | 19.2806 | 21.4336 | 25.3901 | 35.8871 | 41.4217 | 44.9853 | 48.2319 | 52.1914 | 55.0027 |
| 32 | 15.1340 | 16.3622 | 18.2908 | 20.0719 | 22.2706 | 26.3041 | 36.9730 | 42.5848 | 46.1943 | 49.4804 | 53.4858 | 56.3281 |
| 33 | 15.8154 | 17.0736 | 19.0467 | 20.8665 | 23.1102 | 27.2194 | 38.0575 | 43.7452 | 47.3999 | 50.7251 | 54.7755 | 57.6484 |
| 34 | 16.5013 | 17.7892 | 19.8063 | 21.6643 | 23.9523 | 28.1361 | 39.1408 | 44.9032 | 48.6024 | 51.9660 | 56.0609 | 58.9639 |
| 35 | 17.1919 | 18.5090 | 20.5694 | 22.4650 | 24.7967 | 29.0540 | 40.2228 | 46.0588 | 49.8019 | 53.2034 | 57.3421 | 60.2748 |
| 36 | 17.8867 | 19.2327 | 21.3359 | 23.2686 | 25.6433 | 29.9730 | 41.3036 | 47.2122 | 50.9985 | 54.4373 | 58.6192 | 61.5812 |
| 37 | 18.5859 | 19.9603 | 22.1056 | 24.0749 | 26.4921 | 30.8933 | 42.3833 | 48.3634 | 52.1923 | 55.6680 | 59.8925 | 62.8833 |
| 38 | 19.2889 | 20.6914 | 22.8785 | 24.8839 | 27.3430 | 31.8146 | 43.4619 | 49.5126 | 53.3835 | 56.8955 | 61.1621 | 64.1814 |
| 39 | 19.9959 | 21.4262 | 23.6543 | 25.6954 | 28.1958 | 32.7369 | 44.5395 | 50.6598 | 54.5722 | 58.1201 | 62.4281 | 65.4756 |
| 40 | 20.7065 | 22.1643 | 24.4330 | 26.5093 | 29.0505 | 33.6603 | 45.6160 | 51.8051 | 55.7585 | 59.3417 | 63.6907 | 66.7660 |
| 45 | 24.3110 | 25.9013 | 28.3662 | 30.6123 | 33.3504 | 38.2910 | 50.9850 | 57.5053 | 61.6562 | 65.4102 | 69.9568 | 73.1661 |
| 50 | 27.9908 | 29.7067 | 32.3574 | 34.7643 | 37.6887 | 42.9421 | 56.3336 | 63.1671 | 67.5048 | 71.4202 | 76.1539 | 79.4900 |
| 60 | 35.5345 | 37.4849 | 40.4818 | 43.1880 | 46.4589 | 52.2938 | 66.9815 | 74.3970 | 79.0819 | 83.2977 | 88.3794 | 91.9517 |
| 80 | 51.1719 | 53.5401 | 57.1532 | 60.3915 | 64.2778 | 71.1445 | 88.1303 | 96.5782 | 101.8795 | 106.6286 | 112.3288 | 116.3211 |
| 100 | 67.3276 | 70.0649 | 74.2219 | 77.9295 | 82.3581 | 90.1332 | 109.1412 | 118.4980 | 124.3421 | 129.5612 | 135.8067 | 140.1695 |

附表 5                                                          *t* 值表

| $df$ | 单 0.25 | 0.1 | 0.05 | 0.025 | 0.01 | 0.005 | 0.0025 | 0.001 | 0.0005 |
|---|---|---|---|---|---|---|---|---|---|
|  | 双 0.5 | 0.2 | 0.1 | 0.05 | 0.02 | 0.01 | 0.005 | 0.002 | 0.001 |
| 1 | 1.0000 | 3.0777 | 6.3138 | 12.7062 | 31.8205 | 63.6567 | 127.3213 | 318.3088 | 636.6192 |
| 2 | 0.8165 | 1.8856 | 2.9200 | 4.3027 | 6.9646 | 9.9248 | 14.0891 | 22.3271 | 31.5991 |
| 3 | 0.7649 | 1.6377 | 2.3534 | 3.1824 | 4.5407 | 5.8409 | 7.4533 | 10.2145 | 12.9240 |
| 4 | 0.7407 | 1.5332 | 2.1318 | 2.7764 | 3.7469 | 4.6041 | 5.5976 | 7.1732 | 8.6103 |
| 5 | 0.7267 | 1.4759 | 2.0150 | 2.5706 | 3.3649 | 4.0321 | 4.7733 | 5.8934 | 6.8688 |
| 6 | 0.7176 | 1.4398 | 1.9432 | 2.4469 | 3.1427 | 3.7074 | 4.3168 | 5.2076 | 5.9588 |
| 7 | 0.7111 | 1.4149 | 1.8946 | 2.3646 | 2.9980 | 3.4995 | 4.0293 | 4.7853 | 5.4079 |
| 8 | 0.7064 | 1.3968 | 1.8595 | 2.3060 | 2.8965 | 3.3554 | 3.8325 | 4.5008 | 5.0413 |
| 9 | 0.7027 | 1.3830 | 1.8331 | 2.2622 | 2.8214 | 3.2498 | 3.6897 | 4.2968 | 4.7809 |
| 10 | 0.6998 | 1.3722 | 1.8125 | 2.2281 | 2.7638 | 3.1693 | 3.5814 | 4.1437 | 4.5869 |
| 11 | 0.6974 | 1.3634 | 1.7959 | 2.2010 | 2.7181 | 3.1058 | 3.4966 | 4.0247 | 4.4370 |
| 12 | 0.6955 | 1.3562 | 1.7823 | 2.1788 | 2.6810 | 3.0545 | 3.4284 | 1.7579 | 4.3178 |
| 13 | 0.6938 | 1.3502 | 1.7709 | 2.1604 | 2.6503 | 3.0123 | 3.3725 | 3.8520 | 1.8140 |
| 14 | 0.6924 | 1.3450 | 1.7613 | 2.1448 | 2.6245 | 2.9768 | 3.3257 | 3.7874 | 1.8140 |
| 15 | 0.6912 | 1.3406 | 1.7531 | 2.1314 | 2.6025 | 2.9467 | 3.2860 | 3.7328 | 4.0728 |
| 16 | 0.6901 | 1.3368 | 1.7459 | 2.1199 | 2.5835 | 2.9208 | 3.2520 | 3.6862 | 4.0150 |
| 17 | 0.6892 | 1.3334 | 1.7396 | 2.1098 | 2.5669 | 2.8982 | 3.2225 | 3.6458 | 3.9651 |
| 18 | 0.6884 | 1.3304 | 1.7341 | 2.1009 | 2.5524 | 2.8784 | 3.1966 | 3.6105 | 3.9216 |
| 19 | 0.6876 | 1.3277 | 1.7291 | 2.0930 | 2.5395 | 2.8609 | 3.1737 | 3.5794 | 3.8834 |
| 20 | 0.6870 | 1.3253 | 1.7247 | 2.0860 | 2.5280 | 2.8453 | 3.1534 | 3.5518 | 3.8495 |
| 21 | 0.6864 | 1.3232 | 1.7207 | 2.0796 | 2.5176 | 2.8314 | 3.1352 | 3.5272 | 3.8193 |
| 22 | 0.6858 | 1.3212 | 1.7171 | 2.0739 | 2.5083 | 2.8188 | 3.1188 | 3.5050 | 3.7921 |
| 23 | 0.6853 | 1.3195 | 1.7139 | 2.0687 | 2.4999 | 2.8073 | 3.1040 | 3.4850 | 3.7676 |
| 24 | 0.6848 | 1.3178 | 1.7109 | 2.0639 | 2.4922 | 2.7969 | 3.0905 | 3.4668 | 3.7454 |
| 25 | 0.6844 | 1.3163 | 1.7081 | 2.0595 | 2.4851 | 2.7874 | 3.0782 | 3.4502 | 3.7251 |
| 26 | 0.6840 | 1.3150 | 1.7056 | 2.0555 | 2.4786 | 2.7787 | 3.0669 | 3.4350 | 3.7066 |
| 27 | 0.6837 | 1.3137 | 1.7033 | 2.0518 | 2.4727 | 2.7707 | 3.0565 | 3.4210 | 3.6896 |
| 28 | 0.6834 | 1.3125 | 1.7011 | 2.0484 | 2.4671 | 2.7633 | 3.0469 | 3.4082 | 3.6739 |
| 29 | 0.6830 | 1.3114 | 1.6991 | 2.0452 | 2.4620 | 2.7564 | 3.0380 | 3.3962 | 3.6594 |
| 30 | 0.6828 | 1.3104 | 1.6973 | 2.0423 | 2.4573 | 2.7500 | 3.0298 | 3.3852 | 3.6460 |
| 31 | 0.6825 | 1.3095 | 1.6955 | 2.0395 | 2.4528 | 2.7440 | 3.0221 | 3.3749 | 3.6335 |
| 32 | 0.6822 | 1.3086 | 1.6939 | 2.0369 | 2.4487 | 2.7385 | 3.0149 | 3.3653 | 3.6218 |
| 33 | 0.6820 | 1.3077 | 1.6924 | 2.0345 | 2.4448 | 2.7333 | 3.0082 | 3.3563 | 3.6109 |
| 34 | 0.6818 | 1.3070 | 1.6909 | 2.0322 | 2.4411 | 2.7284 | 3.0020 | 3.3479 | 3.6007 |
| 35 | 0.6816 | 1.3062 | 1.6896 | 2.0301 | 2.4377 | 2.7238 | 2.9960 | 3.3400 | 3.5911 |

　　　　　　　　　　　　**F 值表（右尾）**

| $df_2$ | $df_1$（分子自由度）（$\alpha=0.05$） | | | | | | | | | | | |
| --- | --- | --- | --- | --- | --- | --- | --- | --- | --- | --- | --- | --- |
| | 1 | 2 | 3 | 4 | 5 | 6 | 7 | 8 | 9 | 10 | 11 | 12 |
| 1 | 161.4476 | 199.5000 | 215.7073 | 224.5832 | 230.1619 | 233.9860 | 236.7684 | 238.8827 | 240.5433 | 241.8817 | 242.9835 | 243.9060 |
| 2 | 18.5128 | 19.0000 | 19.1643 | 19.2468 | 19.2964 | 19.3295 | 19.3532 | 19.3710 | 19.3848 | 19.3959 | 19.4050 | 19.4125 |
| 3 | 10.1280 | 9.5521 | 9.2766 | 9.1172 | 9.0135 | 8.9406 | 8.8867 | 8.8452 | 8.8123 | 8.7855 | 8.7633 | 8.7446 |
| 4 | 7.7086 | 6.9443 | 6.5914 | 6.3882 | 6.2561 | 6.1631 | 6.0942 | 6.0410 | 5.9988 | 5.9644 | 5.9358 | 5.9117 |
| 5 | 6.6079 | 5.7861 | 5.4095 | 5.1922 | 5.0503 | 4.9503 | 4.8759 | 4.8183 | 4.7725 | 4.7351 | 4.7040 | 4.6777 |
| 6 | 5.9874 | 5.1433 | 4.7571 | 4.5337 | 4.3874 | 4.2839 | 4.2067 | 4.1468 | 4.0990 | 4.0600 | 4.0274 | 3.9999 |
| 7 | 5.5914 | 4.7374 | 4.3468 | 4.1203 | 3.9715 | 3.8660 | 3.7870 | 3.7257 | 3.6767 | 3.6365 | 3.6030 | 3.5747 |
| 8 | 5.3177 | 4.4590 | 4.0662 | 3.8379 | 3.6875 | 3.5806 | 3.5005 | 3.4381 | 3.3881 | 3.3472 | 3.3130 | 3.2839 |
| 9 | 5.1174 | 4.2565 | 3.8625 | 3.6331 | 3.4817 | 3.3738 | 3.2927 | 3.2296 | 3.1789 | 3.1373 | 3.1025 | 3.0729 |
| 10 | 4.9646 | 4.1028 | 3.7083 | 3.4780 | 3.3258 | 3.2172 | 3.1355 | 3.0717 | 3.0204 | 2.9782 | 2.9430 | 2.9130 |
| 11 | 4.8443 | 3.9823 | 3.5874 | 3.3567 | 3.2039 | 3.0946 | 3.0123 | 2.9480 | 2.8962 | 2.8536 | 2.8179 | 2.7876 |
| 12 | 4.7472 | 3.8853 | 3.4903 | 3.2592 | 3.1059 | 2.9961 | 2.9134 | 2.8486 | 2.7964 | 2.7534 | 2.7173 | 2.6866 |
| 13 | 4.6672 | 3.8056 | 3.4105 | 3.1791 | 3.0254 | 2.9153 | 2.8321 | 2.7669 | 2.7144 | 2.6710 | 2.6347 | 2.6037 |
| 14 | 4.6001 | 3.7389 | 3.3439 | 3.1122 | 2.9582 | 2.8477 | 2.7642 | 2.6987 | 2.6458 | 2.6022 | 2.5655 | 2.5342 |
| 15 | 4.5431 | 3.6823 | 3.2874 | 3.0556 | 2.9013 | 2.7905 | 2.7066 | 2.6408 | 2.5876 | 2.5437 | 2.5068 | 2.4753 |
| 16 | 4.4940 | 3.6337 | 3.2389 | 3.0069 | 2.8524 | 2.7413 | 2.6572 | 2.5911 | 2.5377 | 2.4935 | 2.4564 | 2.2504 |
| 17 | 4.4513 | 3.5915 | 3.1968 | 2.9647 | 2.8100 | 2.6987 | 2.6143 | 2.5480 | 2.4943 | 2.4499 | 2.4126 | 2.2258 |
| 18 | 4.4139 | 3.5546 | 3.1599 | 2.9277 | 2.7729 | 2.6613 | 2.5767 | 2.5102 | 2.4563 | 2.4117 | 2.3742 | 2.2036 |
| 19 | 4.3807 | 3.5219 | 3.1274 | 2.8951 | 2.7401 | 2.6283 | 2.5435 | 2.4768 | 2.4227 | 2.3779 | 2.3402 | 2.1834 |
| 20 | 4.3512 | 3.4928 | 3.0984 | 2.8661 | 2.7109 | 2.5990 | 2.5140 | 2.4471 | 2.3928 | 2.3479 | 2.3100 | 2.1649 |
| 21 | 4.3248 | 3.4668 | 3.0725 | 2.8401 | 2.6848 | 2.5727 | 2.4876 | 2.4205 | 2.3660 | 2.3210 | 2.2829 | 2.2504 |
| 22 | 4.3009 | 3.4434 | 3.0491 | 2.8167 | 2.6613 | 2.5491 | 2.4638 | 2.3965 | 2.3419 | 2.2967 | 2.2585 | 2.2258 |
| 23 | 4.2793 | 3.4221 | 3.0280 | 2.7955 | 2.6400 | 2.5277 | 2.4422 | 2.3748 | 2.3201 | 2.2747 | 2.2364 | 2.2036 |
| 24 | 4.2597 | 3.4028 | 3.0088 | 2.7763 | 2.6207 | 2.5082 | 2.4226 | 2.3551 | 2.3002 | 2.2547 | 2.2163 | 2.1834 |
| 25 | 4.2417 | 3.3852 | 2.9912 | 2.7587 | 2.6030 | 2.4904 | 2.4047 | 2.3371 | 2.2821 | 2.2365 | 2.1979 | 2.1649 |
| 26 | 4.2252 | 3.3690 | 2.9752 | 2.7426 | 2.5868 | 2.4741 | 2.3883 | 2.3205 | 2.2655 | 2.2197 | 2.1811 | 2.1479 |
| 27 | 4.2100 | 3.3541 | 2.9604 | 2.7278 | 2.5719 | 2.4591 | 2.3732 | 2.3053 | 2.2501 | 2.2043 | 2.1655 | 2.1323 |
| 28 | 4.1960 | 3.3404 | 2.9467 | 2.7141 | 2.5581 | 2.4453 | 2.3593 | 2.2913 | 2.2360 | 2.1900 | 2.1512 | 2.1179 |
| 29 | 4.1830 | 3.3277 | 2.9340 | 2.7014 | 2.5454 | 2.4324 | 2.3463 | 2.2783 | 2.2229 | 2.1768 | 2.1379 | 2.1045 |
| 30 | 4.1709 | 3.3158 | 2.9223 | 2.6896 | 2.5336 | 2.4205 | 2.3343 | 2.2662 | 2.2107 | 2.1646 | 2.1256 | 2.0921 |
| 40 | 4.0847 | 3.2317 | 2.8387 | 2.6060 | 2.4495 | 2.3359 | 2.2490 | 2.1802 | 2.1240 | 2.0772 | 2.0376 | 2.0035 |
| 50 | 4.0343 | 3.1826 | 2.7900 | 2.5572 | 2.4004 | 2.2864 | 2.1992 | 2.1299 | 2.0734 | 2.0261 | 1.9861 | 1.9515 |
| 60 | 4.0012 | 3.1504 | 2.7581 | 2.5252 | 2.3683 | 2.2541 | 2.1665 | 2.0970 | 2.0401 | 1.9926 | 1.9522 | 1.9174 |
| 80 | 3.9604 | 3.1108 | 2.7188 | 2.4859 | 2.3287 | 2.2142 | 2.1263 | 2.0564 | 1.9991 | 1.9512 | 1.9105 | 1.8753 |
| 90 | 3.9469 | 3.0977 | 2.7058 | 2.4729 | 2.3157 | 2.2011 | 2.1131 | 2.0430 | 1.9856 | 1.9376 | 1.8967 | 1.8613 |
| 100 | 3.9361 | 3.0873 | 2.6955 | 2.4626 | 2.3053 | 2.1906 | 2.1025 | 2.0323 | 1.9748 | 1.9267 | 1.8857 | 1.8503 |
| 200 | 3.8884 | 3.0411 | 2.6498 | 2.4168 | 2.2592 | 2.1441 | 2.0556 | 1.9849 | 1.9269 | 1.8783 | 1.8368 | 1.8008 |
| 300 | 3.8726 | 3.0258 | 2.6347 | 2.4017 | 2.2441 | 2.1289 | 2.0402 | 1.9693 | 1.9112 | 1.8623 | 1.8206 | 1.7845 |
| 500 | 3.8601 | 3.0138 | 2.6227 | 2.3898 | 2.2320 | 2.1167 | 2.0279 | 1.9569 | 1.8986 | 1.8496 | 1.8078 | 1.7715 |
| 1000 | 3.8508 | 3.0047 | 2.6138 | 2.3808 | 2.2231 | 2.1076 | 2.0187 | 1.9476 | 1.8892 | 1.8402 | 1.7982 | 1.7618 |

续表

| $df_2$ | $df_1$（分子自由度）（$\alpha=0.05$） | | | | | | | | | | | |
|---|---|---|---|---|---|---|---|---|---|---|---|---|
| | 13 | 14 | 15 | 16 | 17 | 18 | 19 | 20 | 30 | 50 | 100 | 200 |
| 1 | 244.6898 | 245.3640 | 245.9499 | 246.4639 | 246.9184 | 247.3232 | 247.6861 | 248.0131 | 250.0951 | 251.7742 | 253.0411 | 253.6770 |
| 2 | 19.4189 | 19.4244 | 19.4291 | 19.4333 | 19.4370 | 19.4402 | 19.4431 | 19.4458 | 19.4624 | 19.4757 | 19.4857 | 19.4907 |
| 3 | 8.7287 | 8.7149 | 8.7029 | 8.6923 | 8.6829 | 8.6745 | 8.6670 | 8.6602 | 8.6166 | 8.5810 | 8.5539 | 8.5402 |
| 4 | 5.8911 | 5.8733 | 5.8578 | 5.8441 | 5.8320 | 5.8211 | 5.8114 | 5.8025 | 5.7459 | 5.6995 | 5.6641 | 5.6461 |
| 5 | 4.6552 | 4.6358 | 4.6188 | 4.6038 | 4.5904 | 4.5785 | 4.5678 | 4.5581 | 4.4957 | 4.4444 | 4.4051 | 4.3851 |
| 6 | 3.9764 | 3.9559 | 3.9381 | 3.9223 | 3.9083 | 3.8957 | 3.8844 | 3.8742 | 3.8082 | 3.7537 | 3.7117 | 3.6904 |
| 7 | 3.5503 | 3.5292 | 3.5107 | 3.4944 | 3.4799 | 3.4669 | 3.4551 | 3.4445 | 3.3758 | 3.3189 | 3.2749 | 3.2525 |
| 8 | 3.2590 | 3.2374 | 3.2184 | 3.2016 | 3.1867 | 3.1733 | 3.1613 | 3.1503 | 3.0794 | 3.0204 | 2.9747 | 2.9513 |
| 9 | 3.0475 | 3.0255 | 3.0061 | 2.9890 | 2.9737 | 2.9600 | 2.9477 | 2.9365 | 2.8637 | 2.8028 | 2.7556 | 2.7313 |
| 10 | 2.8872 | 2.8647 | 2.8450 | 2.8276 | 2.8120 | 2.7980 | 2.7854 | 2.7740 | 2.6996 | 2.6371 | 2.5884 | 2.5634 |
| 11 | 2.7614 | 2.7386 | 2.7186 | 2.7009 | 2.6851 | 2.6709 | 2.6581 | 2.6464 | 2.5705 | 2.5066 | 2.4566 | 2.4308 |
| 12 | 2.6602 | 2.6371 | 2.6169 | 2.5989 | 2.5828 | 2.5684 | 2.5554 | 2.5436 | 2.4663 | 2.4010 | 2.3498 | 2.3233 |
| 13 | 2.5769 | 2.5536 | 2.5331 | 2.5149 | 2.4987 | 2.4841 | 2.4709 | 2.4589 | 2.3803 | 2.3138 | 2.2614 | 2.2343 |
| 14 | 2.5073 | 2.4837 | 2.4630 | 2.4446 | 2.4282 | 2.4134 | 2.4000 | 2.3879 | 2.3082 | 2.2405 | 2.1870 | 2.1592 |
| 15 | 2.4481 | 2.4244 | 2.4034 | 2.3849 | 2.3683 | 2.3533 | 2.3398 | 2.3275 | 2.2468 | 2.1780 | 2.1234 | 2.0950 |
| 16 | 2.3973 | 2.3733 | 2.3522 | 2.3335 | 2.3167 | 2.3016 | 2.2880 | 2.2756 | 2.1938 | 2.1240 | 2.0685 | 2.0395 |
| 17 | 2.3531 | 2.3290 | 2.3077 | 2.2888 | 2.2719 | 2.2567 | 2.2429 | 2.2304 | 2.1477 | 2.0769 | 2.0204 | 1.9909 |
| 18 | 2.3143 | 2.2900 | 2.2686 | 2.2496 | 2.2325 | 2.2172 | 2.2033 | 2.1906 | 2.1071 | 2.0354 | 1.9780 | 1.9479 |
| 19 | 2.2800 | 2.2556 | 2.2341 | 2.2149 | 2.1977 | 2.1823 | 2.1683 | 2.1555 | 2.0712 | 1.9986 | 1.9403 | 1.9097 |
| 20 | 2.2495 | 2.2250 | 2.2033 | 2.1840 | 2.1667 | 2.1511 | 2.1370 | 2.1242 | 2.0391 | 1.9656 | 1.9066 | 1.8755 |
| 21 | 2.2222 | 2.1975 | 2.1757 | 2.1563 | 2.1389 | 2.1232 | 2.1090 | 2.0960 | 2.0102 | 1.9360 | 1.8761 | 1.8446 |
| 22 | 2.1975 | 2.1727 | 2.1508 | 2.1313 | 2.1138 | 2.0980 | 2.0837 | 2.0707 | 1.9842 | 1.9092 | 1.8486 | 1.8165 |
| 23 | 2.1752 | 2.1502 | 2.1282 | 2.1086 | 2.0910 | 2.0751 | 2.0608 | 2.0476 | 1.9605 | 1.8848 | 1.8234 | 1.7909 |
| 24 | 2.1548 | 2.1298 | 2.1077 | 2.0880 | 2.0703 | 2.0543 | 2.0399 | 2.0267 | 1.9390 | 1.8625 | 1.8005 | 1.7675 |
| 25 | 2.1362 | 2.1111 | 2.0889 | 2.0691 | 2.0513 | 2.0353 | 2.0207 | 2.0075 | 1.9192 | 1.8421 | 1.7794 | 1.7460 |
| 26 | 2.1192 | 2.0939 | 2.0716 | 2.0518 | 2.0339 | 2.0178 | 2.0032 | 1.9898 | 1.9010 | 1.8233 | 1.7599 | 1.7261 |
| 27 | 2.1035 | 2.0781 | 2.0558 | 2.0358 | 2.0179 | 2.0017 | 1.9870 | 1.9736 | 1.8842 | 1.8059 | 1.7419 | 1.7077 |
| 28 | 2.0889 | 2.0635 | 2.0411 | 2.0210 | 2.0030 | 1.9868 | 1.9720 | 1.9586 | 1.8687 | 1.7898 | 1.7251 | 1.6905 |
| 29 | 2.0755 | 2.0500 | 2.0275 | 2.0073 | 1.9893 | 1.9730 | 1.9581 | 1.9446 | 1.8543 | 1.7748 | 1.7096 | 1.6746 |
| 30 | 2.0630 | 2.0374 | 2.0148 | 1.9946 | 1.9765 | 1.9601 | 1.9452 | 1.9317 | 1.8409 | 1.7609 | 1.6950 | 1.6597 |
| 40 | 1.9738 | 1.9476 | 1.9245 | 1.9037 | 1.8851 | 1.8682 | 1.8529 | 1.8389 | 1.7444 | 1.6600 | 1.5892 | 1.5505 |
| 50 | 1.9214 | 1.8949 | 1.8714 | 1.8503 | 1.8313 | 1.8141 | 1.7985 | 1.7841 | 1.6872 | 1.5995 | 1.5249 | 1.4835 |
| 60 | 1.8870 | 1.8602 | 1.8364 | 1.8151 | 1.7959 | 1.7784 | 1.7625 | 1.7480 | 1.6491 | 1.5590 | 1.4814 | 1.4377 |
| 80 | 1.8445 | 1.8174 | 1.7932 | 1.7716 | 1.7520 | 1.7342 | 1.7180 | 1.7032 | 1.6017 | 1.5081 | 1.4259 | 1.3786 |
| 90 | 1.8305 | 1.8032 | 1.7789 | 1.7571 | 1.7375 | 1.7196 | 1.7033 | 1.6883 | 1.5859 | 1.4910 | 1.4070 | 1.3582 |
| 100 | 1.8193 | 1.7919 | 1.7675 | 1.7456 | 1.7259 | 1.7079 | 1.6915 | 1.6764 | 1.5733 | 1.4772 | 1.3917 | 1.3416 |
| 200 | 1.7694 | 1.7415 | 1.7166 | 1.6943 | 1.6741 | 1.6556 | 1.6388 | 1.6233 | 1.5164 | 1.4146 | 1.3206 | 1.2626 |
| 300 | 1.7529 | 1.7249 | 1.6998 | 1.6773 | 1.6569 | 1.6383 | 1.6213 | 1.6057 | 1.4973 | 1.3934 | 1.2958 | 1.2339 |
| 500 | 1.7398 | 1.7116 | 1.6864 | 1.6638 | 1.6432 | 1.6245 | 1.6074 | 1.5916 | 1.4821 | 1.3762 | 1.2753 | 1.2096 |
| 1000 | 1.7299 | 1.7017 | 1.6764 | 1.6536 | 1.6330 | 1.6142 | 1.5969 | 1.5811 | 1.4706 | 1.3632 | 1.2596 | 1.1903 |

续表

| $df_2$ | $df_1$（分子自由度）（$\alpha=0.01$） | | | | | | | | | | | |
|---|---|---|---|---|---|---|---|---|---|---|---|---|
| | 1 | 2 | 3 | 4 | 5 | 6 | 7 | 8 | 9 | 10 | 11 | 12 |
| 1 | 4052.1807 | 4999.5000 | 5403.3520 | 5624.5833 | 5763.6496 | 5858.9861 | 5928.3557 | 5981.0703 | 6022.4732 | 6055.8467 | 6083.3168 | 6106.3207 |
| 2 | 98.5025 | 99.0000 | 99.1662 | 99.2494 | 99.2993 | 99.3326 | 99.3564 | 99.3742 | 99.3881 | 99.3992 | 99.4083 | 99.4159 |
| 3 | 34.1162 | 30.8165 | 29.4567 | 28.7099 | 28.2371 | 27.9107 | 27.6717 | 27.4892 | 27.3452 | 27.2287 | 27.1326 | 27.0518 |
| 4 | 21.1977 | 18.0000 | 16.6944 | 15.9770 | 15.5219 | 15.2069 | 14.9758 | 14.7989 | 14.6591 | 14.5459 | 14.4523 | 14.3736 |
| 5 | 16.2582 | 13.2739 | 12.0600 | 11.3919 | 10.9670 | 10.6723 | 10.4555 | 10.2893 | 10.1578 | 10.0510 | 9.9626 | 9.8883 |
| 6 | 13.7450 | 10.9248 | 9.7795 | 9.1483 | 8.7459 | 8.4661 | 8.2600 | 8.1017 | 7.9761 | 7.8741 | 7.7896 | 7.7183 |
| 7 | 12.2464 | 9.5466 | 8.4513 | 7.8466 | 7.4604 | 7.1914 | 6.9928 | 6.8400 | 6.7188 | 6.6201 | 6.5382 | 6.4691 |
| 8 | 11.2586 | 8.6491 | 7.5910 | 7.0061 | 6.6318 | 6.3707 | 6.1776 | 6.0289 | 5.9106 | 5.8143 | 5.7343 | 5.6667 |
| 9 | 10.5614 | 8.0215 | 6.9919 | 6.4221 | 6.0569 | 5.8018 | 5.6129 | 5.4671 | 5.3511 | 5.2565 | 5.1779 | 5.1114 |
| 10 | 10.0443 | 7.5594 | 6.5523 | 5.9943 | 5.6363 | 5.3858 | 5.2001 | 5.0567 | 4.9424 | 4.8491 | 4.7715 | 4.7059 |
| 11 | 9.6460 | 7.2057 | 6.2167 | 5.6683 | 5.3160 | 5.0692 | 4.8861 | 4.7445 | 4.6315 | 4.5393 | 4.4624 | 4.3974 |
| 12 | 9.3302 | 6.9266 | 5.9525 | 5.4120 | 5.0643 | 4.8206 | 4.6395 | 4.4994 | 4.3875 | 4.2961 | 4.2198 | 4.1553 |
| 13 | 9.0738 | 6.7010 | 5.7394 | 5.2053 | 4.8616 | 4.6204 | 4.4410 | 4.3021 | 4.1911 | 4.1003 | 4.0245 | 3.9603 |
| 14 | 8.8616 | 6.5149 | 5.5639 | 5.0354 | 4.6950 | 4.4558 | 4.2779 | 4.1399 | 4.0297 | 3.9394 | 3.8640 | 3.8001 |
| 15 | 8.6831 | 6.3589 | 5.4170 | 4.8932 | 4.5556 | 4.3183 | 4.1415 | 4.0045 | 3.8948 | 3.8049 | 3.7299 | 3.6662 |
| 16 | 8.5310 | 6.2262 | 5.2922 | 4.7726 | 4.4374 | 4.2016 | 4.0259 | 3.8896 | 3.7804 | 3.6909 | 3.6162 | 3.5527 |
| 17 | 8.3997 | 6.1121 | 5.1850 | 4.6690 | 4.3359 | 4.1015 | 3.9267 | 3.7910 | 3.6822 | 3.5931 | 3.5185 | 3.4552 |
| 18 | 8.2854 | 6.0129 | 5.0919 | 4.5790 | 4.2479 | 4.0146 | 3.8406 | 3.7054 | 3.5971 | 3.5082 | 3.4338 | 3.3706 |
| 19 | 8.1849 | 5.9259 | 5.0103 | 4.5003 | 4.1708 | 3.9386 | 3.7653 | 3.6305 | 3.5225 | 3.4338 | 3.3596 | 3.2965 |
| 20 | 8.0960 | 5.8489 | 4.9382 | 4.4307 | 4.1027 | 3.8714 | 3.6987 | 3.5644 | 3.4567 | 3.3682 | 3.2941 | 3.2311 |
| 21 | 8.0166 | 5.7804 | 4.8740 | 4.3688 | 4.0421 | 3.8117 | 3.6396 | 3.5056 | 3.3981 | 3.3098 | 3.2359 | 3.1730 |
| 22 | 7.9454 | 5.7190 | 4.8166 | 4.3134 | 3.9880 | 3.7583 | 3.5867 | 3.4530 | 3.3458 | 3.2576 | 3.1837 | 3.1209 |
| 23 | 7.8811 | 5.6637 | 4.7649 | 4.2636 | 3.9392 | 3.7102 | 3.5390 | 3.4057 | 3.2986 | 3.2106 | 3.1368 | 3.0740 |
| 24 | 7.8229 | 5.6136 | 4.7181 | 4.2184 | 3.8951 | 3.6667 | 3.4959 | 3.3629 | 3.2560 | 3.1681 | 3.0944 | 3.0316 |
| 25 | 7.7698 | 5.5680 | 4.6755 | 4.1774 | 3.8550 | 3.6272 | 3.4568 | 3.3239 | 3.2172 | 3.1294 | 3.0558 | 2.9931 |
| 26 | 7.7213 | 5.5263 | 4.6366 | 4.1400 | 3.8183 | 3.5911 | 3.4210 | 3.2884 | 3.1818 | 3.0941 | 3.0205 | 2.9578 |
| 27 | 7.6767 | 5.4881 | 4.6009 | 4.1056 | 3.7848 | 3.5580 | 3.3882 | 3.2558 | 3.1494 | 3.0618 | 2.9882 | 2.9256 |
| 28 | 7.6356 | 5.4529 | 4.5681 | 4.0740 | 3.7539 | 3.5276 | 3.3581 | 3.2259 | 3.1195 | 3.0320 | 2.9585 | 2.8959 |
| 29 | 7.5977 | 5.4204 | 4.5378 | 4.0449 | 3.7254 | 3.4995 | 3.3303 | 3.1982 | 3.0920 | 3.0045 | 2.9311 | 2.8685 |
| 30 | 7.5625 | 5.3903 | 4.5097 | 4.0179 | 3.6990 | 3.4735 | 3.3045 | 3.1726 | 3.0665 | 2.9791 | 2.9057 | 2.8431 |
| 40 | 7.3141 | 5.1785 | 4.3126 | 3.8283 | 3.5138 | 3.2910 | 3.1238 | 2.9930 | 2.8876 | 2.8005 | 2.7274 | 2.6648 |
| 50 | 7.1706 | 5.0566 | 4.1993 | 3.7195 | 3.4077 | 3.1864 | 3.0202 | 2.8900 | 2.7850 | 2.6981 | 2.6250 | 2.5625 |
| 60 | 7.0771 | 4.9774 | 4.1259 | 3.6490 | 3.3389 | 3.1187 | 2.9530 | 2.8233 | 2.7185 | 2.6318 | 2.5587 | 2.4961 |
| 80 | 6.9627 | 4.8807 | 4.0363 | 3.5631 | 3.2550 | 3.0361 | 2.8713 | 2.7420 | 2.6374 | 2.5508 | 2.4777 | 2.4151 |
| 90 | 6.9251 | 4.8491 | 4.0070 | 3.5350 | 3.2276 | 3.0091 | 2.8445 | 2.7154 | 2.6109 | 2.5243 | 2.4513 | 2.3886 |
| 100 | 6.8953 | 4.8239 | 3.9837 | 3.5127 | 3.2059 | 2.9877 | 2.8233 | 2.6943 | 2.5898 | 2.5033 | 2.4302 | 2.3676 |
| 200 | 6.7633 | 4.7129 | 3.8810 | 3.4143 | 3.1100 | 2.8933 | 2.7298 | 2.6012 | 2.4971 | 2.4106 | 2.3375 | 2.2747 |
| 300 | 6.7201 | 4.6766 | 3.8475 | 3.3823 | 3.0787 | 2.8625 | 2.6993 | 2.5709 | 2.4668 | 2.3804 | 2.3073 | 2.2444 |
| 500 | 6.6858 | 4.6478 | 3.8210 | 3.3569 | 3.0540 | 2.8381 | 2.6751 | 2.5469 | 2.4429 | 2.3565 | 2.2833 | 2.2204 |
| 1000 | 6.6603 | 4.6264 | 3.8012 | 3.3380 | 3.0355 | 2.8200 | 2.6572 | 2.5290 | 2.4250 | 2.3386 | 2.2655 | 2.2025 |

续表

| $df_2$ | $df_1$(分子自由度)（$\alpha=0.01$) | | | | | | | | | | | |
|---|---|---|---|---|---|---|---|---|---|---|---|---|
| | 13 | 14 | 15 | 16 | 17 | 18 | 19 | 20 | 30 | 50 | 100 | 200 |
| 1 | 6125.8647 | 6142.6740 | 6157.2846 | 6170.1012 | 6181.4348 | 6191.5287 | 6200.5756 | 6208.7302 | 6260.6486 | 6302.5172 | 6334.1100 | 6349.9672 |
| 2 | 99.4223 | 99.4278 | 99.4325 | 99.4367 | 99.4404 | 99.4436 | 99.4465 | 99.4492 | 99.4658 | 99.4792 | 99.4892 | 99.4942 |
| 3 | 26.9831 | 26.9238 | 26.8722 | 26.8269 | 26.7867 | 26.7509 | 26.7188 | 26.6898 | 26.5045 | 26.3542 | 26.2402 | 26.1828 |
| 4 | 14.3065 | 14.2486 | 14.1982 | 14.1539 | 14.1146 | 14.0795 | 14.0480 | 14.0196 | 13.8377 | 13.6896 | 13.5770 | 13.5202 |
| 5 | 9.8248 | 9.7700 | 9.7222 | 9.6802 | 9.6429 | 9.6096 | 9.5797 | 9.5526 | 9.3793 | 9.2378 | 9.1299 | 9.0754 |
| 6 | 7.6575 | 7.6049 | 7.5590 | 7.5186 | 7.4827 | 7.4507 | 7.4219 | 7.3958 | 7.2285 | 7.0915 | 6.9867 | 6.9336 |
| 7 | 6.4100 | 6.3590 | 6.3143 | 6.2750 | 6.2401 | 6.2089 | 6.1808 | 6.1554 | 5.9920 | 5.8577 | 5.7547 | 5.7024 |
| 8 | 5.6089 | 5.5589 | 5.5151 | 5.4766 | 5.4423 | 5.4116 | 5.3840 | 5.3591 | 5.1981 | 5.0654 | 4.9633 | 4.9114 |
| 9 | 5.0545 | 5.0052 | 4.9621 | 4.9240 | 4.8902 | 4.8599 | 4.8327 | 4.8080 | 4.6486 | 4.5167 | 4.4150 | 4.3631 |
| 10 | 4.6496 | 4.6008 | 4.5581 | 4.5204 | 4.4869 | 4.4569 | 4.4299 | 4.4054 | 4.2469 | 4.1155 | 4.0137 | 3.9617 |
| 11 | 4.3416 | 4.2932 | 4.2509 | 4.2134 | 4.1801 | 4.1503 | 4.1234 | 4.0990 | 3.9411 | 3.8097 | 3.7077 | 3.6555 |
| 12 | 4.0999 | 4.0518 | 4.0096 | 3.9724 | 3.9392 | 3.9095 | 3.8827 | 3.8584 | 3.7008 | 3.5692 | 3.4668 | 3.4143 |
| 13 | 3.9052 | 3.8573 | 3.8154 | 3.7783 | 3.7452 | 3.7156 | 3.6888 | 3.6646 | 3.5070 | 3.3752 | 3.2723 | 3.2194 |
| 14 | 3.7452 | 3.6975 | 3.6557 | 3.6187 | 3.5857 | 3.5561 | 3.5294 | 3.5052 | 3.3476 | 3.2153 | 3.1118 | 3.0585 |
| 15 | 3.6115 | 3.5639 | 3.5222 | 3.4852 | 3.4523 | 3.4228 | 3.3961 | 3.3719 | 3.2141 | 3.0814 | 2.9772 | 2.9235 |
| 16 | 3.4981 | 3.4506 | 3.4089 | 3.3720 | 3.3391 | 3.3096 | 3.2829 | 3.2587 | 3.1007 | 2.9675 | 2.8627 | 2.8084 |
| 17 | 3.4007 | 3.3533 | 3.3117 | 3.2748 | 3.2419 | 3.2124 | 3.1857 | 3.1615 | 3.0032 | 2.8694 | 2.7639 | 2.7092 |
| 18 | 3.3162 | 3.2689 | 3.2273 | 3.1904 | 3.1575 | 3.1280 | 3.1013 | 3.0771 | 2.9185 | 2.7841 | 2.6779 | 2.6227 |
| 19 | 3.2422 | 3.1949 | 3.1533 | 3.1165 | 3.0836 | 3.0541 | 3.0274 | 3.0031 | 2.8442 | 2.7093 | 2.6023 | 2.5467 |
| 20 | 3.1769 | 3.1296 | 3.0880 | 3.0512 | 3.0183 | 2.9887 | 2.9620 | 2.9377 | 2.7785 | 2.6430 | 2.5353 | 2.4792 |
| 21 | 3.1187 | 3.0715 | 3.0300 | 2.9931 | 2.9602 | 2.9306 | 2.9039 | 2.8796 | 2.7200 | 2.5838 | 2.4755 | 2.4189 |
| 22 | 3.0667 | 3.0195 | 2.9779 | 2.9411 | 2.9082 | 2.8786 | 2.8518 | 2.8274 | 2.6675 | 2.5308 | 2.4217 | 2.3646 |
| 23 | 3.0199 | 2.9727 | 2.9311 | 2.8943 | 2.8613 | 2.8317 | 2.8049 | 2.7805 | 2.6202 | 2.4829 | 2.3732 | 2.3156 |
| 24 | 2.9775 | 2.9303 | 2.8887 | 2.8519 | 2.8189 | 2.7892 | 2.7624 | 2.7380 | 2.5773 | 2.4395 | 2.3291 | 2.2710 |
| 25 | 2.9389 | 2.8917 | 2.8502 | 2.8133 | 2.7803 | 2.7506 | 2.7238 | 2.6993 | 2.5383 | 2.3999 | 2.2888 | 2.2303 |
| 26 | 2.9038 | 2.8566 | 2.8150 | 2.7781 | 2.7451 | 2.7153 | 2.6885 | 2.6640 | 2.5026 | 2.3637 | 2.2519 | 2.1930 |
| 27 | 2.8715 | 2.8243 | 2.7827 | 2.7458 | 2.7127 | 2.6830 | 2.6561 | 2.6316 | 2.4699 | 2.3304 | 2.2180 | 2.1586 |
| 28 | 2.8418 | 2.7946 | 2.7530 | 2.7160 | 2.6830 | 2.6532 | 2.6263 | 2.6017 | 2.4397 | 2.2997 | 2.1867 | 2.1268 |
| 29 | 2.8144 | 2.7672 | 2.7256 | 2.6886 | 2.6555 | 2.6257 | 2.5987 | 2.5742 | 2.4118 | 2.2714 | 2.1577 | 2.0974 |
| 30 | 2.7890 | 2.7418 | 2.7002 | 2.6632 | 2.6301 | 2.6003 | 2.5732 | 2.5487 | 2.3860 | 2.2450 | 2.1307 | 2.0700 |
| 40 | 2.6107 | 2.5634 | 2.5216 | 2.4844 | 2.4511 | 2.4210 | 2.3937 | 2.3689 | 2.2034 | 2.0581 | 1.9383 | 1.8737 |
| 50 | 2.5083 | 2.4609 | 2.4190 | 2.3816 | 2.3481 | 2.3178 | 2.2903 | 2.2652 | 2.0976 | 1.9490 | 1.8248 | 1.7567 |
| 60 | 2.4419 | 2.3943 | 2.3523 | 2.3148 | 2.2811 | 2.2507 | 2.2230 | 2.1978 | 2.0285 | 1.8772 | 1.7493 | 1.6784 |
| 80 | 2.3608 | 2.3131 | 2.2709 | 2.2332 | 2.1993 | 2.1686 | 2.1408 | 2.1153 | 1.9435 | 1.7883 | 1.6548 | 1.5792 |
| 90 | 2.3342 | 2.2865 | 2.2442 | 2.2064 | 2.1725 | 2.1417 | 2.1137 | 2.0882 | 1.9155 | 1.7588 | 1.6231 | 1.5456 |
| 100 | 2.3132 | 2.2654 | 2.2230 | 2.1852 | 2.1511 | 2.1203 | 2.0923 | 2.0666 | 1.8933 | 1.7353 | 1.5977 | 1.5184 |
| 200 | 2.2201 | 2.1721 | 2.1294 | 2.0913 | 2.0569 | 2.0257 | 1.9973 | 1.9713 | 1.7941 | 1.6295 | 1.4811 | 1.3912 |
| 300 | 2.1897 | 2.1416 | 2.0988 | 2.0606 | 2.0261 | 1.9948 | 1.9662 | 1.9401 | 1.7614 | 1.5942 | 1.4410 | 1.3459 |
| 500 | 2.1656 | 2.1174 | 2.0746 | 2.0362 | 2.0016 | 1.9702 | 1.9415 | 1.9152 | 1.7353 | 1.5658 | 1.4084 | 1.3081 |
| 1000 | 2.1477 | 2.0994 | 2.0565 | 2.0180 | 1.9834 | 1.9519 | 1.9231 | 1.8967 | 1.7158 | 1.5445 | 1.3835 | 1.2784 |

附表 7　　　　　　　　　　　　　　　　新复极差检验 $SSR$ 值表

| 自由度 | 检验极差的平均个数 （M）（$\alpha=0.05$） | | | | | | | | | | | | | | | | | | |
|---|---|---|---|---|---|---|---|---|---|---|---|---|---|---|---|---|---|---|---|
| (df) | 2 | 3 | 4 | 5 | 6 | 7 | 8 | 9 | 10 | 11 | 12 | 13 | 14 | 15 | 16 | 17 | 18 | 19 | 20 |
| 3 | 4.50 | 4.52 | 4.52 | 4.52 | 4.52 | 4.52 | 4.52 | 4.52 | 4.52 | 4.52 | 4.52 | 4.52 | 4.52 | 4.52 | 4.52 | 4.52 | 4.52 | 4.52 | 4.52 |
| 4 | 3.93 | 4.01 | 4.03 | 4.03 | 4.03 | 4.03 | 4.03 | 4.03 | 4.03 | 4.03 | 4.03 | 4.03 | 4.03 | 4.03 | 4.03 | 4.03 | 4.03 | 4.03 | 4.03 |
| 5 | 3.75 | 3.80 | 3.81 | 3.81 | 3.81 | 3.64 | 3.81 | 3.81 | 3.81 | 3.81 | 3.81 | 3.81 | 3.81 | 3.81 | 3.81 | 3.81 | 3.81 | 3.81 | 3.81 |
| 6 | 3.46 | 3.59 | 3.65 | 3.68 | 3.69 | 3.70 | 3.70 | 3.70 | 3.70 | 3.70 | 3.70 | 3.70 | 3.70 | 3.70 | 3.70 | 3.70 | 3.70 | 3.70 | 3.70 |
| 7 | 3.34 | 3.48 | 3.55 | 3.59 | 3.61 | 3.62 | 3.63 | 3.63 | 3.63 | 3.63 | 3.63 | 3.63 | 3.63 | 3.63 | 3.63 | 3.63 | 3.63 | 3.63 | 3.63 |
| 8 | 3.26 | 3.40 | 3.48 | 3.52 | 3.55 | 3.57 | 3.58 | 3.58 | 3.58 | 3.58 | 3.58 | 3.58 | 3.58 | 3.58 | 3.58 | 3.58 | 3.58 | 3.58 | 3.58 |
| 9 | 3.20 | 3.34 | 3.42 | 3.47 | 3.50 | 3.52 | 3.54 | 3.54 | 3.55 | 3.55 | 3.55 | 3.55 | 3.55 | 3.55 | 3.55 | 3.55 | 3.55 | 3.55 | 3.55 |
| 10 | 3.15 | 3.29 | 3.38 | 3.43 | 3.47 | 3.49 | 3.51 | 3.52 | 3.52 | 3.53 | 3.53 | 3.53 | 3.53 | 3.53 | 3.53 | 3.53 | 3.53 | 3.53 | 3.53 |
| 11 | 3.11 | 3.26 | 3.34 | 3.40 | 3.44 | 3.46 | 3.48 | 3.49 | 3.50 | 3.51 | 3.51 | 3.51 | 3.51 | 3.51 | 3.51 | 3.51 | 3.51 | 3.51 | 3.51 |
| 12 | 3.08 | 3.23 | 3.31 | 3.37 | 3.41 | 3.44 | 3.46 | 3.47 | 3.48 | 3.49 | 3.50 | 3.50 | 3.50 | 3.50 | 3.50 | 3.50 | 3.50 | 3.50 | 3.50 |
| 13 | 3.06 | 3.20 | 3.29 | 3.35 | 3.39 | 3.42 | 3.44 | 3.46 | 3.47 | 3.48 | 3.48 | 3.49 | 3.49 | 3.49 | 3.49 | 3.49 | 3.49 | 3.49 | 3.49 |
| 14 | 3.03 | 3.18 | 3.27 | 3.33 | 3.37 | 3.44 | 3.40 | 3.43 | 3.46 | 3.47 | 3.47 | 3.48 | 3.48 | 3.48 | 3.48 | 3.48 | 3.48 | 3.48 | 3.48 |
| 15 | 3.01 | 3.16 | 3.25 | 3.31 | 3.36 | 3.39 | 3.41 | 3.43 | 3.45 | 3.46 | 3.47 | 3.47 | 3.48 | 3.48 | 3.48 | 3.48 | 3.48 | 3.48 | 3.48 |
| 16 | 3.00 | 3.14 | 3.24 | 3.30 | 3.34 | 3.38 | 3.40 | 3.42 | 3.44 | 3.45 | 3.46 | 3.47 | 3.47 | 3.47 | 3.48 | 3.48 | 3.48 | 3.48 | 3.48 |
| 17 | 2.98 | 3.13 | 3.22 | 3.29 | 3.33 | 3.37 | 3.39 | 3.41 | 3.43 | 3.44 | 3.45 | 3.46 | 3.47 | 3.47 | 3.47 | 3.47 | 3.48 | 3.48 | 3.48 |
| 18 | 2.97 | 3.12 | 3.21 | 3.27 | 3.32 | 3.36 | 3.38 | 3.40 | 3.42 | 3.44 | 3.45 | 3.45 | 3.46 | 3.47 | 3.47 | 3.47 | 3.47 | 3.47 | 3.47 |
| 19 | 2.96 | 3.11 | 3.20 | 3.26 | 3.31 | 3.35 | 3.38 | 3.40 | 3.42 | 3.43 | 3.44 | 3.45 | 3.46 | 3.46 | 3.47 | 3.47 | 3.47 | 3.47 | 3.47 |
| 20 | 2.95 | 3.10 | 3.19 | 3.26 | 3.30 | 3.34 | 3.37 | 3.39 | 3.41 | 3.43 | 3.44 | 3.44 | 3.45 | 3.46 | 3.46 | 3.47 | 3.47 | 3.47 | 3.47 |
| 21 | 2.94 | 3.09 | 3.18 | 3.25 | 3.30 | 3.33 | 3.36 | 3.39 | 3.40 | 3.42 | 3.44 | 3.44 | 3.45 | 3.46 | 3.46 | 3.47 | 3.47 | 3.47 | 3.47 |
| 22 | 2.93 | 3.08 | 3.17 | 3.24 | 3.29 | 3.33 | 3.36 | 3.38 | 3.40 | 3.41 | 3.43 | 3.44 | 3.45 | 3.45 | 3.46 | 3.46 | 3.47 | 3.47 | 3.47 |
| 23 | 2.93 | 3.07 | 3.17 | 3.23 | 3.28 | 3.32 | 3.35 | 3.37 | 3.39 | 3.41 | 3.42 | 3.43 | 3.44 | 3.45 | 3.46 | 3.46 | 3.47 | 3.47 | 3.47 |
| 24 | 2.92 | 3.07 | 3.16 | 3.23 | 3.28 | 3.32 | 3.35 | 3.37 | 3.39 | 3.41 | 3.42 | 3.43 | 3.44 | 3.45 | 3.46 | 3.46 | 3.47 | 3.47 | 3.47 |
| 25 | 2.91 | 3.06 | 3.15 | 3.22 | 3.27 | 3.31 | 3.34 | 3.37 | 3.39 | 3.40 | 3.42 | 3.43 | 3.44 | 3.45 | 3.45 | 3.46 | 3.46 | 3.47 | 3.47 |
| 26 | 2.91 | 3.05 | 3.15 | 3.22 | 3.27 | 3.31 | 3.34 | 3.36 | 3.38 | 3.40 | 3.41 | 3.43 | 3.44 | 3.45 | 3.45 | 3.46 | 3.46 | 3.47 | 3.47 |
| 27 | 2.90 | 3.05 | 3.14 | 3.21 | 3.26 | 3.30 | 3.33 | 3.36 | 3.38 | 3.40 | 3.41 | 3.42 | 3.43 | 3.44 | 3.45 | 3.46 | 3.46 | 3.47 | 3.47 |
| 28 | 2.90 | 3.04 | 3.14 | 3.21 | 3.26 | 3.30 | 3.33 | 3.36 | 3.38 | 3.39 | 3.41 | 3.43 | 3.44 | 3.45 | 3.46 | 3.46 | 3.47 | 3.47 | 3.47 |
| 29 | 2.89 | 3.04 | 3.14 | 3.20 | 3.25 | 3.29 | 3.33 | 3.35 | 3.37 | 3.39 | 3.41 | 3.42 | 3.43 | 3.44 | 3.45 | 3.46 | 3.46 | 3.47 | 3.47 |
| 30 | 2.89 | 3.04 | 3.13 | 3.20 | 3.25 | 3.29 | 3.32 | 3.35 | 3.37 | 3.39 | 3.41 | 3.42 | 3.43 | 3.44 | 3.45 | 3.45 | 3.46 | 3.47 | 3.47 |
| 31 | 2.88 | 3.03 | 3.13 | 3.20 | 3.25 | 3.29 | 3.31 | 3.37 | 3.39 | 3.40 | 3.42 | 3.43 | 3.44 | 3.45 | 3.45 | 3.46 | 3.47 | 3.47 | |
| 32 | 2.88 | 3.03 | 3.12 | 3.19 | 3.24 | 3.28 | 3.32 | 3.34 | 3.37 | 3.39 | 3.40 | 3.42 | 3.43 | 3.44 | 3.45 | 3.45 | 3.46 | 3.47 | 3.47 |
| 33 | 3.02 | 3.12 | 3.19 | 3.24 | 3.28 | 3.31 | 2.88 | 3.34 | 3.36 | 3.38 | 3.41 | 3.43 | 3.44 | 3.44 | 3.46 | 3.47 | 3.47 | | |
| 34 | 3.02 | 3.12 | 3.19 | 3.24 | 3.28 | 3.31 | 2.87 | 3.34 | 3.36 | 3.38 | 3.40 | 3.41 | 3.42 | 3.43 | 3.44 | 3.45 | 3.46 | 3.46 | 3.47 |
| 35 | 2.87 | 3.02 | 3.11 | 3.18 | 3.24 | 3.28 | 3.31 | 3.34 | 3.36 | 3.38 | 3.40 | 3.41 | 3.42 | 3.43 | 3.44 | 3.45 | 3.46 | 3.46 | 3.47 |
| 36 | 2.87 | 3.02 | 3.11 | 3.18 | 3.23 | 3.27 | 3.31 | 3.34 | 3.36 | 3.38 | 3.40 | 3.41 | 3.42 | 3.43 | 3.44 | 3.45 | 3.46 | 3.46 | 3.47 |
| 37 | 2.87 | 3.01 | 3.11 | 3.18 | 3.23 | 3.27 | 3.31 | 3.33 | 3.36 | 3.38 | 3.39 | 3.41 | 3.42 | 3.43 | 3.44 | 3.45 | 3.46 | 3.46 | 3.47 |
| 38 | 2.86 | 3.01 | 3.11 | 3.18 | 3.23 | 3.27 | 3.30 | 3.33 | 3.36 | 3.38 | 3.39 | 3.41 | 3.42 | 3.43 | 3.44 | 3.45 | 3.46 | 3.46 | 3.47 |
| 39 | 2.86 | 3.01 | 3.10 | 3.17 | 3.23 | 3.27 | 3.30 | 3.33 | 3.35 | 3.37 | 3.39 | 3.41 | 3.42 | 3.43 | 3.44 | 3.45 | 3.46 | 3.46 | 3.47 |
| 40 | 2.86 | 3.01 | 3.10 | 3.17 | 3.22 | 3.27 | 3.30 | 3.33 | 3.35 | 3.37 | 3.39 | 3.40 | 3.42 | 3.43 | 3.44 | 3.45 | 3.46 | 3.46 | 3.47 |
| 48 | 2.84 | 2.99 | 3.09 | 3.16 | 3.21 | 3.25 | 3.29 | 3.32 | 3.34 | 3.36 | 3.38 | 3.40 | 3.41 | 3.42 | 3.44 | 3.45 | 3.45 | 3.46 | 3.47 |
| 60 | 2.83 | 2.98 | 3.07 | 3.14 | 3.20 | 3.24 | 3.28 | 3.31 | 3.33 | 3.36 | 3.37 | 3.39 | 3.41 | 3.42 | 3.43 | 3.44 | 3.45 | 3.46 | 3.47 |
| 80 | 2.81 | 2.96 | 3.06 | 3.13 | 3.19 | 3.23 | 3.27 | 3.30 | 3.32 | 3.35 | 3.37 | 3.38 | 3.40 | 3.41 | 3.43 | 3.44 | 3.45 | 3.46 | 3.47 |
| 120 | 2.95 | 3.05 | 3.12 | 3.17 | 3.22 | 2.80 | 3.25 | 3.29 | 3.31 | 3.34 | 3.36 | 3.38 | 3.39 | 3.41 | 3.42 | 3.44 | 3.45 | 3.46 | 3.47 |
| 240 | 2.79 | 2.93 | 3.03 | 3.10 | 3.16 | 3.21 | 3.24 | 3.28 | 3.30 | 3.33 | 3.35 | 3.37 | 3.39 | 3.40 | 3.42 | 3.43 | 3.44 | 3.46 | 3.47 |
| $\infty$ | 2.77 | 2.92 | 3.02 | 3.09 | 3.15 | 3.19 | 3.23 | 3.27 | 3.29 | 3.32 | 3.34 | 3.36 | 3.38 | 3.40 | 3.41 | 3.43 | 3.44 | 3.45 | 3.47 |

续表

| 自由度 (df) | 检验极差的平均个数（M）（α=0.01） | | | | | | | | | | | | | | | | | | |
|---|---|---|---|---|---|---|---|---|---|---|---|---|---|---|---|---|---|---|---|
| | 2 | 3 | 4 | 5 | 6 | 7 | 8 | 9 | 10 | 11 | 12 | 13 | 14 | 15 | 16 | 17 | 18 | 19 | 20 |
| 3 | 8.26 | 8.32 | 8.32 | 8.32 | 8.32 | 8.32 | 8.32 | 8.32 | 8.32 | 8.32 | 8.32 | 8.32 | 8.32 | 8.32 | 8.32 | 8.32 | 8.32 | 8.32 | 8.32 |
| 4 | 6.51 | 6.68 | 6.74 | 6.76 | 6.76 | 6.76 | 6.76 | 6.76 | 6.76 | 6.76 | 6.76 | 6.76 | 6.76 | 6.76 | 6.76 | 6.76 | 6.76 | 6.76 | 6.76 |
| 5 | 5.89 | 5.99 | 6.04 | 6.07 | 6.07 | 5.70 | 6.07 | 6.07 | 6.07 | 6.07 | 6.07 | 6.07 | 6.07 | 6.07 | 6.07 | 6.07 | 6.07 | 6.07 | 6.07 |
| 6 | 5.24 | 5.44 | 5.55 | 5.61 | 5.66 | 5.68 | 5.69 | 5.70 | 5.70 | 5.70 | 5.70 | 5.70 | 5.70 | 5.70 | 5.70 | 5.70 | 5.70 | 5.70 | 5.70 |
| 7 | 4.95 | 5.15 | 5.26 | 5.33 | 5.38 | 5.42 | 5.44 | 5.45 | 5.46 | 5.47 | 5.47 | 5.47 | 5.47 | 5.47 | 5.47 | 5.47 | 5.47 | 5.47 | 5.47 |
| 8 | 4.75 | 4.94 | 5.06 | 5.13 | 5.19 | 5.23 | 52.56 | 5.28 | 5.29 | 5.30 | 5.31 | 5.31 | 5.32 | 5.32 | 5.32 | 5.32 | 5.32 | 5.32 | 5.32 |
| 9 | 4.60 | 4.79 | 4.91 | 4.99 | 5.04 | 5.09 | 5.12 | 5.14 | 5.16 | 5.17 | 5.19 | 5.19 | 5.20 | 5.20 | 5.21 | 5.21 | 5.21 | 5.21 | 5.21 |
| 10 | 4.48 | 4.67 | 4.79 | 4.87 | 4.93 | 4.98 | 5.01 | 5.04 | 5.06 | 5.07 | 5.09 | 5.10 | 5.11 | 5.11 | 5.12 | 5.12 | 5.12 | 5.12 | 5.12 |
| 11 | 4.39 | 4.58 | 4.70 | 4.78 | 4.84 | 4.89 | 4.92 | 4.95 | 4.98 | 4.99 | 5.01 | 5.02 | 50.31 | 50.39 | 5.05 | 5.05 | 5.05 | 5.06 | 5.06 |
| 12 | 4.32 | 4.50 | 4.62 | 4.71 | 4.77 | 4.82 | 4.85 | 4.88 | 4.91 | 4.93 | 4.94 | 4.96 | 4.97 | 4.98 | 4.99 | 4.99 | 5.00 | 5.00 | 5.01 |
| 13 | 4.26 | 4.44 | 4.56 | 4.64 | 4.71 | 4.75 | 4.79 | 4.82 | 4.85 | 4.87 | 4.89 | 4.90 | 4.92 | 4.93 | 4.94 | 4.94 | 4.95 | 4.96 | 4.96 |
| 14 | 4.21 | 4.39 | 4.51 | 4.59 | 4.65 | 4.78 | 4.70 | 4.74 | 4.80 | 4.82 | 4.84 | 4.86 | 4.87 | 4.88 | 4.89 | 4.90 | 4.91 | 4.92 | 4.92 |
| 15 | 4.17 | 4.35 | 4.46 | 4.55 | 4.61 | 4.66 | 4.70 | 4.73 | 4.76 | 4.78 | 4.80 | 4.82 | 4.83 | 4.85 | 4.86 | 4.87 | 4.87 | 4.88 | 4.89 |
| 16 | 4.13 | 4.31 | 4.43 | 4.51 | 4.57 | 4.62 | 4.66 | 4.70 | 4.72 | 4.75 | 4.77 | 4.79 | 4.80 | 4.81 | 4.83 | 4.84 | 4.84 | 4.85 | 4.86 |
| 17 | 4.10 | 4.28 | 4.39 | 4.47 | 4.54 | 4.59 | 4.63 | 4.66 | 4.69 | 4.72 | 4.74 | 4.76 | 4.77 | 4.79 | 4.80 | 4.81 | 4.82 | 4.82 | 4.83 |
| 18 | 4.07 | 4.25 | 4.36 | 4.45 | 4.51 | 4.56 | 4.60 | 4.64 | 4.66 | 4.69 | 4.71 | 4.73 | 4.75 | 4.76 | 4.77 | 4.78 | 4.79 | 4.80 | 4.81 |
| 19 | 4.05 | 4.22 | 4.34 | 4.42 | 4.48 | 4.53 | 4.58 | 4.61 | 4.64 | 4.66 | 4.69 | 4.71 | 4.72 | 4.74 | 4.75 | 4.76 | 4.77 | 4.78 | 4.79 |
| 20 | 4.02 | 4.20 | 4.31 | 4.40 | 4.46 | 4.51 | 4.55 | 4.59 | 4.62 | 4.64 | 4.66 | 4.68 | 4.70 | 4.72 | 4.73 | 4.74 | 4.75 | 4.76 | 4.77 |
| 21 | 4.00 | 4.18 | 4.29 | 4.37 | 4.44 | 4.49 | 4.53 | 4.57 | 4.60 | 4.62 | 4.65 | 4.66 | 4.68 | 4.70 | 4.71 | 4.72 | 4.73 | 4.74 | 4.75 |
| 22 | 3.99 | 4.16 | 4.27 | 4.36 | 4.42 | 4.47 | 4.51 | 4.55 | 4.58 | 4.60 | 4.63 | 4.65 | 4.66 | 4.68 | 4.69 | 4.71 | 4.72 | 4.73 | 4.74 |
| 23 | 3.97 | 4.14 | 4.25 | 4.34 | 4.40 | 4.45 | 4.50 | 4.53 | 4.56 | 4.59 | 4.61 | 4.63 | 4.65 | 4.67 | 4.68 | 4.69 | 4.70 | 4.71 | 4.72 |
| 24 | 3.96 | 4.13 | 4.24 | 4.32 | 4.39 | 4.44 | 4.48 | 4.52 | 4.55 | 4.57 | 4.60 | 4.62 | 4.63 | 4.65 | 4.67 | 4.68 | 4.69 | 4.70 | 4.71 |
| 25 | 3.94 | 4.11 | 4.22 | 4.31 | 4.37 | 4.42 | 4.47 | 4.50 | 4.53 | 4.56 | 4.58 | 4.60 | 4.62 | 4.64 | 4.65 | 4.67 | 4.68 | 4.69 | 4.70 |
| 26 | 3.93 | 4.10 | 4.21 | 4.29 | 4.36 | 4.41 | 4.45 | 4.49 | 4.52 | 4.55 | 4.57 | 4.59 | 4.61 | 4.63 | 4.64 | 4.65 | 4.67 | 4.68 | 4.69 |
| 27 | 3.92 | 4.09 | 4.20 | 4.28 | 4.35 | 4.40 | 4.44 | 4.48 | 4.51 | 4.54 | 4.56 | 4.58 | 4.60 | 4.62 | 4.63 | 4.64 | 4.66 | 4.67 | 4.68 |
| 28 | 3.91 | 4.08 | 4.19 | 4.27 | 4.33 | 4.39 | 4.43 | 4.47 | 4.50 | 4.52 | 4.55 | 4.57 | 4.59 | 4.60 | 4.62 | 4.63 | 4.65 | 4.66 | 4.67 |
| 29 | 3.90 | 4.07 | 4.18 | 4.26 | 4.32 | 4.38 | 4.42 | 4.46 | 4.49 | 4.51 | 4.54 | 4.56 | 4.58 | 4.60 | 4.61 | 4.62 | 4.64 | 4.65 | 4.66 |
| 30 | 3.89 | 4.06 | 4.17 | 4.25 | 4.31 | 4.37 | 4.41 | 4.45 | 4.48 | 4.50 | 4.53 | 4.55 | 4.57 | 4.59 | 4.60 | 4.62 | 4.63 | 4.64 | 4.65 |
| 31 | 3.88 | 4.05 | 4.16 | 4.24 | 4.31 | 4.36 | 4.40 | 4.44 | 4.47 | 4.50 | 4.52 | 4.54 | 4.56 | 4.58 | 4.59 | 4.61 | 4.62 | 4.63 | 4.64 |
| 32 | 3.87 | 4.04 | 4.15 | 4.23 | 4.30 | 4.35 | 4.39 | 4.44 | 4.46 | 4.49 | 4.51 | 4.53 | 4.55 | 4.57 | 4.59 | 4.60 | 4.61 | 4.63 | 4.64 |
| 33 | 4.03 | 4.14 | 4.22 | 4.29 | 4.34 | 4.38 | 3.87 | 4.42 | 4.45 | 4.48 | 4.50 | 4.53 | 4.55 | 4.56 | 4.58 | 4.59 | 4.61 | 4.62 | 4.63 |
| 34 | 4.02 | 4.14 | 4.22 | 4.28 | 4.33 | 4.38 | 3.86 | 4.41 | 4.44 | 4.47 | 4.50 | 4.52 | 4.54 | 4.56 | 4.57 | 4.59 | 4.60 | 4.61 | 4.62 |
| 35 | 3.85 | 4.02 | 4.13 | 4.21 | 4.27 | 4.33 | 4.37 | 4.41 | 4.44 | 4.47 | 4.49 | 4.51 | 4.53 | 4.55 | 4.57 | 4.58 | 4.59 | 4.61 | 4.62 |
| 36 | 3.85 | 4.01 | 4.12 | 4.20 | 4.27 | 4.32 | 4.36 | 4.40 | 4.43 | 4.46 | 4.48 | 4.51 | 4.53 | 4.54 | 4.56 | 4.57 | 4.59 | 4.60 | 4.61 |
| 37 | 3.84 | 4.01 | 4.12 | 4.20 | 4.26 | 4.31 | 4.36 | 4.39 | 4.43 | 4.45 | 4.48 | 4.50 | 4.52 | 4.54 | 4.55 | 4.57 | 4.58 | 4.59 | 4.61 |
| 38 | 3.84 | 4.00 | 4.11 | 4.19 | 4.25 | 4.31 | 4.35 | 4.39 | 4.42 | 4.45 | 4.47 | 4.49 | 4.51 | 4.53 | 4.55 | 4.56 | 4.58 | 4.59 | 4.60 |
| 39 | 3.83 | 3.99 | 4.10 | 4.19 | 4.25 | 4.30 | 4.34 | 4.38 | 4.41 | 4.44 | 4.47 | 4.49 | 4.51 | 4.53 | 4.54 | 4.56 | 4.57 | 4.58 | 4.60 |
| 40 | 3.83 | 3.99 | 4.10 | 4.18 | 4.24 | 4.30 | 4.34 | 4.38 | 4.41 | 4.44 | 4.46 | 4.48 | 4.50 | 4.52 | 4.54 | 4.55 | 4.57 | 4.58 | 4.59 |
| 48 | 3.79 | 3.96 | 4.06 | 4.15 | 4.21 | 4.26 | 4.30 | 4.34 | 4.37 | 4.40 | 4.43 | 4.45 | 4.47 | 4.49 | 4.51 | 4.52 | 4.54 | 4.55 | 4.56 |
| 60 | 3.76 | 3.92 | 4.03 | 4.11 | 4.17 | 4.23 | 4.27 | 4.31 | 4.34 | 4.37 | 4.39 | 4.42 | 4.44 | 4.46 | 4.47 | 4.49 | 4.50 | 4.52 | 4.53 |
| 80 | 3.73 | 3.89 | 4.00 | 4.08 | 4.14 | 4.19 | 4.24 | 4.27 | 4.31 | 4.34 | 4.36 | 4.38 | 4.41 | 4.42 | 4.44 | 4.46 | 4.47 | 4.49 | 4.50 |
| 120 | 3.86 | 3.96 | 4.04 | 4.11 | 4.16 | 3.70 | 4.20 | 4.24 | 4.27 | 4.30 | 4.33 | 4.35 | 4.37 | 4.39 | 4.41 | 4.43 | 4.44 | 4.46 | 4.47 |
| 240 | 3.67 | 3.83 | 3.93 | 4.01 | 4.07 | 4.13 | 4.17 | 4.21 | 4.24 | 4.27 | 4.29 | 4.32 | 4.34 | 4.36 | 4.38 | 4.39 | 4.41 | 4.43 | 4.44 |
| ∞ | 3.64 | 3.80 | 3.90 | 3.98 | 4.04 | 4.09 | 4.14 | 4.17 | 4.21 | 4.24 | 4.26 | 4.29 | 4.31 | 4.33 | 4.35 | 4.36 | 4.38 | 4.39 | 4.41 |

**附表 8**　　　　　　　　　　　　　　**q 值表**

（上为 $q_{0.05}$，下为 $q_{0.01}$）

| 自由度 (df) | 检验极差的平均个数（M） | | | | | | | | |
|---|---|---|---|---|---|---|---|---|---|
| | 2 | 3 | 4 | 5 | 6 | 7 | 8 | 9 | 10 |
| 3 | 4.50 | 5.91 | 6.82 | 7.50 | 8.03 | 8.48 | 8.85 | 9.17 | 9.46 |
| | 8.25 | 10.61 | 12.15 | 13.31 | 14.22 | 14.98 | 15.62 | 16.18 | 16.67 |
| 4 | 3.93 | 5.04 | 5.76 | 6.29 | 6.71 | 7.05 | 7.35 | 7.60 | 7.83 |
| | 6.51 | 8.12 | 9.17 | 9.96 | 10.58 | 11.10 | 11.54 | 11.92 | 12.26 |
| 5 | 3.64 | 4.60 | 5.22 | 5.67 | 6.03 | 6.33 | 6.58 | 6.80 | 6.99 |
| | 5.70 | 6.98 | 7.80 | 8.42 | 8.91 | 9.32 | 9.67 | 9.97 | 10.24 |
| 6 | 3.46 | 4.34 | 4.90 | 5.30 | 5.63 | 5.90 | 6.12 | 6.32 | 6.49 |
| | 5.24 | 6.33 | 7.03 | 7.56 | 7.97 | 8.32 | 8.61 | 8.87 | 9.10 |
| 7 | 3.34 | 4.16 | 4.63 | 5.06 | 5.36 | 5.61 | 5.82 | 6.00 | 6.16 |
| | 4.95 | 5.92 | 6.54 | 7.01 | 7.37 | 7.68 | 7.94 | 8.17 | 8.37 |
| 8 | 3.26 | 4.04 | 4.53 | 4.89 | 5.17 | 5.40 | 5.60 | 5.77 | 5.92 |
| | 4.75 | 5.64 | 6.20 | 6.62 | 6.96 | 7.24 | 7.47 | 7.68 | 7.86 |
| 9 | 3.20 | 3.95 | 4.41 | 4.76 | 5.02 | 5.24 | 5.43 | 5.59 | 5.74 |
| | 4.60 | 5.43 | 5.96 | 6.35 | 6.66 | 6.91 | 7.13 | 7.33 | 7.49 |
| 10 | 3.15 | 3.88 | 4.33 | 4.65 | 4.91 | 5.12 | 5.30 | 5.46 | 5.60 |
| | 4.48 | 5.27 | 5.77 | 6.14 | 6.43 | 6.67 | 6.87 | 7.05 | 7.21 |
| 12 | 3.08 | 3.77 | 4.20 | 4.51 | 4.75 | 4.95 | 5.12 | 5.27 | 5.39 |
| | 4.32 | 5.05 | 5.50 | 5.84 | 6.10 | 6.32 | 6.51 | 6.67 | 6.81 |
| 14 | 3.03 | 3.70 | 4.11 | 4.41 | 4.64 | 4.83 | 4.99 | 5.13 | 5.25 |
| | 4.21 | 4.89 | 5.32 | 5.63 | 5.88 | 6.08 | 6.26 | 6.41 | 6.54 |
| 16 | 3.00 | 3.65 | 4.05 | 4.33 | 4.56 | 4.74 | 4.90 | 5.03 | 5.15 |
| | 4.13 | 4.79 | 5.19 | 5.49 | 5.72 | 5.92 | 6.08 | 6.22 | 6.35 |
| 18 | 2.97 | 3.61 | 4.00 | 4.28 | 4.49 | 4.67 | 4.82 | 4.96 | 5.07 |
| | 4.07 | 4.70 | 5.09 | 5.38 | 5.60 | 5.79 | 5.94 | 6.08 | 6.20 |
| 20 | 2.95 | 3.58 | 3.96 | 4.23 | 4.45 | 4.62 | 4.77 | 4.90 | 5.01 |
| | 4.02 | 4.64 | 5.02 | 5.29 | 5.51 | 5.69 | 5.84 | 5.97 | 6.09 |
| 30 | 2.89 | 3.49 | 3.85 | 4.10 | 4.30 | 4.46 | 4.60 | 4.72 | 4.82 |
| | 3.89 | 4.45 | 4.80 | 5.05 | 5.24 | 5.40 | 5.54 | 5.65 | 5.76 |
| 40 | 2.86 | 3.44 | 3.79 | 4.04 | 4.23 | 4.39 | 4.52 | 4.63 | 4.73 |
| | 3.82 | 4.37 | 4.70 | 4.93 | 5.11 | 5.26 | 5.39 | 5.50 | 5.60 |
| 60 | 2.83 | 3.40 | 3.74 | 3.98 | 4.16 | 4.31 | 4.44 | 4.55 | 4.65 |
| | 3.76 | 4.28 | 4.59 | 4.82 | 4.99 | 5.13 | 5.25 | 5.36 | 5.45 |
| 120 | 2.80 | 3.36 | 3.68 | 3.92 | 4.10 | 4.24 | 4.36 | 4.47 | 4.56 |
| | 3.70 | 4.20 | 4.50 | 4.71 | 4.87 | 5.01 | 5.12 | 5.21 | 5.30 |
| ∞ | 2.77 | 3.31 | 3.63 | 3.86 | 4.03 | 4.17 | 4.29 | 4.39 | 4.47 |
| | 3.64 | 4.12 | 4.40 | 4.60 | 4.76 | 4.88 | 4.99 | 5.08 | 5.16 |

**附表 9**　　　　　　　　　　　　　　　**r 和 R 的临界值表**

| df | 变量 M 的个数 | | | | | | | |
|---|---|---|---|---|---|---|---|---|
| | 2 | | 3 | | 4 | | 5 | |
| | $\alpha=0.05$ | $\alpha=0.01$ | $\alpha=0.05$ | $\alpha=0.01$ | $\alpha=0.05$ | $\alpha=0.01$ | $\alpha=0.05$ | $\alpha=0.01$ |
| 1 | 0.997 | 1.000 | 0.990 | 1.000 | 0.990 | 1.000 | 0.990 | 1.000 |
| 2 | 0.950 | 0.990 | 0.975 | 0.995 | 0.983 | 0.997 | 0.987 | 0.998 |
| 3 | 0.878 | 0.959 | 0.930 | 0.976 | 0.950 | 0.983 | 0.961 | 0.987 |
| 4 | 0.811 | 0.917 | 0.881 | 0.949 | 0.912 | 0.962 | 0.930 | 0.970 |
| 5 | 0.755 | 0.875 | 0.860 | 0.917 | 0.874 | 0.937 | 0.898 | 0.949 |
| 6 | 0.707 | 0.834 | 0.975 | 0.886 | 0.839 | 0.911 | 0.867 | 0.927 |
| 7 | 0.666 | 0.798 | 0.758 | 0.885 | 0.807 | 0.885 | 0.838 | 0.904 |
| 8 | 0.632 | 0.765 | 0.726 | 0.827 | 0.777 | 0.860 | 0.811 | 0.882 |
| 9 | 0.602 | 0.735 | 0.697 | 0.800 | 0.750 | 0.836 | 0.786 | 0.861 |
| 10 | 0.576 | 0.708 | 0.671 | 0.776 | 0.726 | 0.814 | 0.763 | 0.840 |
| 11 | 0.553 | 0.684 | 0.648 | 0.753 | 0.703 | 0.793 | 0.741 | 0.821 |
| 12 | 0.532 | 0.661 | 0.627 | 0.732 | 0.683 | 0.773 | 0.722 | 0.802 |
| 13 | 0.514 | 0.641 | 0.608 | 0.712 | 0.664 | 0.755 | 0.703 | 0.785 |
| 14 | 0.497 | 0.623 | 0.590 | 0.694 | 0.646 | 0.737 | 0.686 | 0.768 |
| 15 | 0.482 | 0.606 | 0.574 | 0.667 | 0.630 | 0.721 | 0.670 | 0.752 |
| 16 | 0.468 | 0.590 | 0.559 | 0.662 | 0.615 | 0.705 | 0.655 | 0.738 |
| 17 | 0.456 | 0.575 | 0.545 | 0.647 | 0.601 | 0.691 | 0.641 | 0.724 |
| 18 | 0.444 | 0.561 | 0.532 | 0.633 | 0.587 | 0.678 | 0.628 | 0.710 |
| 19 | 0.433 | 0.549 | 0.520 | 0.620 | 0.575 | 0.665 | 0.615 | 0.698 |
| 20 | 0.423 | 0.537 | 0.509 | 0.608 | 0.563 | 0.562 | 0.604 | 0.685 |
| 21 | 0.413 | 0.526 | 0.498 | 0.596 | 0.522 | 0.641 | 0.592 | 0.674 |
| 22 | 0.404 | 0.515 | 0.488 | 0.585 | 0.542 | 0.630 | 0.582 | 0.663 |
| 23 | 0.396 | 0.505 | 0.479 | 0.574 | 0.532 | 0.619 | 0.572 | 0.652 |
| 24 | 0.388 | 0.496 | 0.470 | 0.565 | 0.523 | 0.609 | 0.562 | 0.642 |
| 25 | 0.381 | 0.487 | 0.462 | 0.555 | 0.514 | 0.600 | 0.553 | 0.633 |
| 26 | 0.374 | 0.479 | 0.454 | 0.546 | 0.506 | 0.590 | 0.545 | 0.624 |
| 27 | 0.367 | 0.471 | 0.446 | 0.538 | 0.498 | 0.582 | 0.536 | 0.615 |
| 28 | 0.361 | 0.463 | 0.439 | 530.000 | 0.490 | 0.573 | 0.529 | 0.606 |
| 29 | 0.355 | 0.456 | 0.432 | 0.522 | 0.482 | 0.565 | 0.521 | 0.598 |
| 30 | 0.349 | 0.449 | 0.426 | 0.514 | 0.476 | 0.558 | 0.514 | 0.591 |
| 35 | 0.325 | 0.418 | 0.397 | 0.481 | 0.445 | 0.523 | 0.482 | 0.556 |
| 40 | 0.304 | 0.393 | 0.373 | 0.454 | 0.419 | 0.494 | 0.455 | 0.526 |
| 45 | 0.288 | 0.372 | 0.353 | 0.430 | 0.397 | 0.470 | 0.432 | 0.501 |
| 50 | 0.273 | 0.354 | 0.336 | 0.410 | 0.379 | 0.449 | 0.412 | 0.479 |
| 60 | 0.250 | 0.325 | 0.308 | 0.377 | 0.348 | 0.414 | 0.380 | 0.442 |
| 80 | 0.217 | 0.283 | 0.269 | 0.330 | 0.304 | 0.362 | 0.332 | 0.389 |
| 90 | 0.205 | 0.267 | 0.254 | 0.312 | 0.288 | 0.343 | 0.315 | 0.368 |
| 100 | 0.195 | 0.254 | 0.241 | 0.297 | 0.274 | 0.327 | 0.300 | 0.351 |
| 125 | 0.174 | 0.228 | 0.216 | 0.266 | 0.246 | 0.294 | 0.269 | 0.316 |
| 150 | 0.159 | 0.208 | 0.198 | 0.244 | 0.225 | 0.270 | 0.247 | 0.290 |
| 200 | 0.138 | 0.181 | 0.172 | 0.212 | 0.196 | 0.234 | 0.215 | 0.253 |
| 300 | 0.113 | 0.148 | 0.141 | 0.174 | 0.160 | 0.192 | 0.176 | 0.208 |
| 400 | 0.098 | 0.128 | 0.122 | 0.151 | 0.139 | 0.167 | 0.153 | 0.180 |
| 500 | 0.088 | 0.115 | 0.109 | 0.135 | 0.124 | 0.150 | 0.137 | 0.162 |
| 1000 | 0.062 | 0.081 | 0.077 | 0.096 | 0.088 | 0.106 | 0.097 | 0.115 |

**附表 10**　　　　　　　　　　　符号检验用 $K$ 临界值表（双尾）

| n | $\alpha$ | | | | n | $\alpha$ | | | | n | $\alpha$ | | | | n | $\alpha$ | | | |
|---|------|------|-----|------|---|------|------|-----|------|---|------|------|-----|------|---|------|------|-----|------|
| | 0.01 | 0.05 | 0.1 | 0.25 | | 0.01 | 0.05 | 0.1 | 0.25 | | 0.01 | 0.05 | 0.1 | 0.25 | | 0.01 | 0.05 | 0.1 | 0.25 |
| 1 | | | | | 24 | 5 | 6 | 7 | 8 | 47 | 14 | 16 | 17 | 19 | 69 | 23 | 25 | 27 | 29 |
| 2 | | | | | 25 | 5 | 7 | 7 | 9 | 48 | 14 | 16 | 17 | 19 | 70 | 23 | 26 | 27 | 29 |
| 3 | | | | 0 | 26 | 6 | 7 | 7 | 9 | 49 | 15 | 17 | 18 | 19 | 71 | 24 | 26 | 28 | 30 |
| 4 | | | | 0 | 27 | 6 | 7 | 8 | 10 | 50 | 15 | 17 | 18 | 20 | 72 | 24 | 27 | 28 | 30 |
| 5 | | | 0 | 0 | 28 | 6 | 8 | 8 | 10 | 51 | 15 | 18 | 19 | 20 | 73 | 25 | 27 | 28 | 31 |
| 6 | | 0 | 0 | 1 | 29 | 7 | 8 | 9 | 10 | 52 | 16 | 18 | 19 | 21 | 74 | 25 | 28 | 29 | 31 |
| 7 | | 0 | 0 | 1 | 30 | 7 | 9 | 9 | 11 | 53 | 16 | 18 | 20 | 21 | 75 | 25 | 28 | 29 | 32 |
| 8 | 0 | 0 | 1 | 1 | 31 | 7 | 9 | 10 | 11 | 54 | 17 | 19 | 20 | 22 | 76 | 26 | 28 | 30 | 32 |
| 9 | 0 | 1 | 1 | 2 | 32 | 8 | 9 | 10 | 12 | 55 | 17 | 19 | 20 | 22 | 77 | 26 | 29 | 30 | 32 |
| 10 | 0 | 1 | 1 | 2 | 33 | 8 | 10 | 10 | 12 | 56 | 17 | 20 | 21 | 23 | 78 | 27 | 29 | 31 | 33 |
| 11 | 0 | 1 | 2 | 3 | 34 | 9 | 10 | 11 | 13 | 57 | 18 | 20 | 21 | 23 | 79 | 27 | 30 | 31 | 33 |
| 12 | 1 | 2 | 2 | 3 | 35 | 9 | 11 | 11 | 13 | 58 | 18 | 21 | 22 | 24 | 80 | 28 | 30 | 32 | 34 |
| 13 | 1 | 2 | 3 | 3 | 36 | 9 | 11 | 12 | 14 | 59 | 19 | 21 | 22 | 24 | 81 | 28 | 31 | 32 | 34 |
| 14 | 1 | 2 | 3 | 4 | 37 | 10 | 11 | 12 | 14 | 60 | 19 | 21 | 23 | 25 | 82 | 28 | 31 | 33 | 35 |
| 15 | 2 | 3 | 3 | 4 | 38 | 10 | 12 | 13 | 14 | 61 | 20 | 22 | 23 | 25 | 83 | 29 | 32 | 33 | 35 |
| 16 | 2 | 3 | 4 | 5 | 39 | 11 | 12 | 13 | 14 | 62 | 20 | 22 | 24 | 25 | 84 | 29 | 32 | 33 | 36 |
| 17 | 2 | 4 | 4 | 5 | 40 | 11 | 13 | 10 | 15 | 63 | 20 | 23 | 24 | 26 | 85 | 30 | 32 | 34 | 36 |
| 18 | 3 | 4 | 5 | 6 | 41 | 11 | 13 | 14 | 16 | 64 | 21 | 23 | 24 | 26 | 86 | 30 | 33 | 34 | 37 |
| 19 | 3 | 4 | 5 | 6 | 42 | 12 | 14 | 15 | 16 | 65 | 21 | 24 | 25 | 27 | 87 | 31 | 33 | 35 | 37 |
| 20 | 3 | 5 | 5 | 6 | 43 | 12 | 14 | 15 | 17 | 66 | 22 | 24 | 25 | 27 | 88 | 31 | 34 | 35 | 38 |
| 21 | 4 | 5 | 6 | 7 | 44 | 13 | 15 | 16 | 17 | 67 | 22 | 25 | 26 | 28 | 89 | 31 | 34 | 36 | 38 |
| 22 | 4 | 5 | 6 | 7 | 45 | 13 | 15 | 16 | 18 | 68 | 22 | 25 | 26 | 28 | 90 | 32 | 35 | 36 | 39 |
| 23 | 4 | 6 | 7 | 8 | 46 | 13 | 15 | 16 | 18 | | | | | | | | | | |

**附表 11**　　　　　　　　　　　符号秩和检验用 $T$ 临界值表

| n | 双侧 | 0.1 | 0.05 | 0.02 | 0.01 | n | 双侧 | 0.1 | 0.05 | 0.02 | 0.01 |
|---|------|-----|------|------|------|---|------|-----|------|------|------|
| | 单侧 | 0.05 | 0.025 | 0.01 | 0.005 | | 单侧 | 0.05 | 0.025 | 0.01 | 0.005 |
| 5 | | 0 | | | | | | | | | |
| 6 | | 2 | 0 | | | 16 | | 35 | 29 | 23 | 19 |
| 7 | | 3 | 2 | 0 | | 17 | | 41 | 34 | 27 | 23 |
| 8 | | 5 | 3 | 1 | 0 | 18 | | 47 | 40 | 32 | 27 |
| 9 | | 8 | 5 | 3 | 1 | 19 | | 53 | 46 | 37 | 32 |
| 10 | | 10 | 8 | 5 | 3 | 20 | | 60 | 52 | 43 | 37 |
| 11 | | 13 | 10 | 7 | 5 | 21 | | 67 | 58 | 49 | 42 |
| 12 | | 17 | 13 | 9 | 7 | 22 | | 75 | 65 | 55 | 48 |
| 13 | | 21 | 17 | 12 | 9 | 23 | | 83 | 73 | 62 | 54 |
| 14 | | 25 | 21 | 15 | 12 | 24 | | 91 | 81 | 69 | 61 |
| 15 | | 30 | 25 | 19 | 15 | 25 | | 100 | 89 | 76 | 68 |

附表 12 　　　　　　　　　**成组秩和检验 $T$ 临界值表**

| $n_1$ | $n_2-n_1$ | | | | | | | | | | | 双侧 $P$ |
|---|---|---|---|---|---|---|---|---|---|---|---|---|
| | 0 | 1 | 2 | 3 | 4 | 5 | 6 | 7 | 8 | 9 | 10 | |
| 3 | 6−15 | 7−17 | 7−20 | 8−22 | 9−24 | 9−27 | 10−29 | 10−31 | 10−34 | 12−36 | 13−3 | 0.10 |
| | 5−16 | 6−18 | 6−21 | 7−23 | 7−26 | 8−28 | 8−31 | 9−33 | 10−35 | 10−38 | 11−40 | 0.05 |
| | 5−16 | 5−19 | 6−21 | 6−24 | 6−27 | 7−29 | 7−32 | 7−35 | 8−37 | 8−40 | 9−42 | 0.02 |
| | 5−16 | 5−19 | 5−22 | 5−25 | 6−27 | 6−30 | 6−33 | 6−36 | 7−38 | 7−41 | 7−44 | 0.01 |
| 4 | 12−24 | 13−27 | 14−30 | 15−33 | 16−36 | 17−39 | 18−42 | 19−45 | 20−48 | 21−51 | 22−54 | 0.10 |
| | 11−25 | 12−28 | 12−32 | 13−35 | 14−38 | 15−41 | 16−64 | 17−47 | 17−51 | 18−54 | 19−57 | 0.05 |
| | 10−26 | 10−30 | 11−33 | 12−36 | 12−40 | 13−43 | 14−46 | 14−50 | 15−53 | 16−56 | 16−60 | 0.02 |
| | 9−27 | 10−30 | 10−34 | 11−37 | 11−41 | 12−45 | 12−48 | 13−51 | 13−55 | 14−58 | 15−61 | 0.01 |
| 5 | 19−36 | 20−40 | 22−43 | 24−46 | 25−50 | 26−54 | 27−58 | 29−61 | 30−65 | 32−68 | 33−72 | 0.10 |
| | 18−37 | 19−41 | 20−45 | 21−49 | 22−53 | 24−56 | 25−60 | 26−64 | 27−68 | 29−71 | 30−75 | 0.05 |
| | 16−39 | 17−43 | 18−47 | 19−51 | 20−55 | 21−59 | 22−63 | 23−67 | 24−71 | 25−75 | 26−79 | 0.02 |
| | 15−40 | 16−44 | 17−48 | 18−52 | 19−56 | 19−61 | 20−65 | 21−69 | 22−73 | 23−77 | 24−81 | 0.01 |
| 6 | 28−50 | 30−54 | 32−58 | 33−63 | 35−67 | 37−71 | 39−75 | 41−79 | 42−84 | 44−88 | 46−92 | 0.10 |
| | 26−52 | 28−56 | 29−61 | 31−65 | 32−70 | 34−74 | 36−78 | 37−83 | 39−87 | 41−91 | 42−96 | 0.05 |
| | 24−54 | 26−58 | 27−63 | 28−68 | 30−72 | 31−77 | 32−82 | 34−86 | 35−91 | 36−96 | 38−101 | 0.02 |
| | 23−55 | 24−60 | 25−65 | 27−69 | 28−74 | 29−79 | 30−84 | 31−89 | 32−94 | 34−98 | 35−103 | 0.01 |
| 7 | 39−66 | 41−71 | 43−76 | 46−80 | 48−85 | 50−90 | 52−95 | 54−100 | 57−104 | 59−110 | 61−114 | 0.10 |
| | 37−68 | 39−73 | 41−78 | 43−83 | 45−88 | 46−94 | 48−99 | 50−104 | 52−109 | 54−114 | 56−119 | 0.05 |
| | 34−71 | 36−76 | 38−81 | 39−87 | 41−92 | 43−97 | 44−103 | 46−108 | 48−113 | 49−119 | 51−124 | 0.02 |
| | 33−72 | 34−78 | 36−83 | 37−89 | 39−94 | 40−100 | 42−105 | 43−111 | 45−116 | 46−122 | 48−127 | 0.01 |
| 8 | 52−84 | 54−90 | 57−95 | 60−100 | 62−106 | 65−111 | 67−117 | 70−122 | 73−127 | 75−133 | 78−138 | 0.10 |
| | 49−87 | 51−93 | 54−98 | 56−104 | 58−110 | 61−115 | 63−121 | 65−127 | 68−132 | 70−138 | 72−144 | 0.05 |
| | 46−90 | 48−96 | 50−102 | 52−108 | 54−114 | 56−120 | 58−126 | 60−132 | 62−138 | 64−144 | 66−150 | 0.02 |
| | 44−92 | 46−98 | 47−105 | 49−111 | 51−117 | 53−123 | 55−129 | 57−135 | 59−141 | 61−147 | 62−154 | 0.01 |
| 9 | 66−105 | 69−111 | 72−117 | 75−123 | 78−129 | 81−135 | 84−141 | 87−147 | 90−153 | 93−159 | 96−165 | 0.10 |
| | 63−108 | 66−114 | 68−121 | 71−127 | 74−133 | 77−139 | 79−146 | 82−152 | 85−158 | 88−164 | 90−171 | 0.05 |
| | 59−112 | 62−118 | 64−125 | 66−132 | 69−138 | 71−145 | 74−151 | 76−158 | 78−164 | 81−171 | 83−178 | 0.02 |
| | 57−114 | 59−121 | 61−128 | 63−135 | 65−142 | 68−148 | 70−155 | 72−162 | 74−169 | 77−175 | 79−182 | 0.01 |
| 10 | 83−127 | 86−134 | 89−141 | 93−147 | 96−154 | 100−160 | 103−167 | 107−173 | 110−180 | 114−186 | 117−193 | 0.10 |
| | 79−131 | 82−138 | 85−145 | 88−152 | 91−159 | 94−166 | 97−173 | 101−179 | 104−186 | 107−193 | 110−200 | 0.05 |
| | 74−136 | 77−143 | 80−150 | 83−157 | 85−165 | 88−172 | 91−179 | 94−186 | 97−193 | 100−200 | 102−208 | 0.02 |
| | 71−139 | 74−146 | 76−154 | 79−161 | 81−168 | 84−176 | 87−183 | 89−191 | 92−198 | 95−205 | 97−213 | 0.01 |

附表 13　　　　　　　　　　　　Spearman 等级相关 $r_s$ 临界值表

| $n$ | 单 0.1 0.05 0.025 0.01 0.005<br>双 0.2 0.1 0.05 0.02 0.01 | $n$ | 单 0.1 0.05 0.025 0.01 0.005<br>双 0.2 0.1 0.05 0.02 0.01 | $n$ | 单 0.1 0.05 0.025 0.01 0.005<br>双 0.2 0.1 0.05 0.02 0.01 |
|---|---|---|---|---|---|
| 4 | 1.000 1.000 | 20 | 0.299 0.380 0.447 0.520 0.570 | 36 | 0.219 0.279 0.330 0.388 0.427 |
| 5 | 0.800 0.900 1.000 1.000 | 21 | 0.292 0.370 0.435 0.508 0.556 | 37 | 0.216 0.275 0.325 0.382 0.421 |
| 6 | 0.657 0.829 0.886 0.943 1.000 | 22 | 0.284 0.361 0.425 0.496 0.544 | 38 | 0.212 0.271 0.321 0.378 0.415 |
| 7 | 0.571 0.714 0.786 0.893 0.929 | 23 | 0.276 0.353 0.415 0.486 0.532 | 39 | 0.210 0.267 0.317 0.373 0.410 |
| 8 | 0.524 0.643 0.738 0.833 0.881 | 24 | 0.271 0.344 0.406 0.476 0.521 | 40 | 0.207 0.264 0.313 0.368 0.405 |
| 9 | 0.483 0.600 0.700 0.783 0.833 | 25 | 0.265 0.337 0.398 0.466 0.511 | 41 | 0.204 0.261 0.309 0.364 0.400 |
| 10 | 0.455 0.564 0.648 0.745 0.794 | 26 | 0.259 0.331 0.390 0.457 0.501 | 42 | 0.202 0.257 0.305 0.359 0.395 |
| 11 | 0.427 0.536 0.618 0.709 0.755 | 27 | 0.255 0.324 0.382 0.448 0.491 | 43 | 0.199 0.254 0.301 0.355 0.391 |
| 12 | 0.406 0.503 0.587 0.678 0.727 | 28 | 0.250 0.317 0.375 0.440 0.483 | 44 | 0.197 0.251 0.298 0.351 0.386 |
| 13 | 0.385 0.484 0.560 0.648 0.703 | 29 | 0.245 0.312 0.368 0.433 0.475 | 45 | 0.194 0.248 0.294 0.347 0.382 |
| 14 | 0.367 0.464 0.538 0.626 0.679 | 30 | 0.240 0.306 0.362 0.425 0.467 | 46 | 0.192 0.246 0.291 0.343 0.378 |
| 15 | 0.354 0.446 0.521 0.604 0.654 | 31 | 0.236 0.301 0.356 0.418 0.459 | 47 | 0.190 0.243 0.288 0.340 0.374 |
| 16 | 0.341 0.429 0.503 0.582 0.635 | 32 | 0.232 0.296 0.350 0.412 0.452 | 48 | 0.188 0.240 0.285 0.336 0.370 |
| 17 | 0.328 0.414 0.485 0.566 0.615 | 33 | 0.229 0.291 0.345 0.405 0.446 | 49 | 0.186 0.238 0.282 0.333 0.366 |
| 18 | 0.317 0.401 0.472 0.550 0.600 | 34 | 0.225 0.287 0.340 0.399 0.439 | 50 | 0.184 0.235 0.279 0.329 0.363 |
| 19 | 0.309 0.391 0.460 0.535 0.584 | 35 | 0.222 0.283 0.335 0.394 0.433 | 60 | 0.214 0.255 0.300 0.331 |

附表 14　　　　　　　　　　　　三样本秩和检验 $H$ 临界值表

| $N$ | $n_1$ | $n_2$ | $n_3$ | 单侧 0.05 | 单侧 0.01 | $N$ | $n_1$ | $n_2$ | $n_3$ | 单侧 0.05 | 单侧 0.01 |
|---|---|---|---|---|---|---|---|---|---|---|---|
| 7 | 3 | 2 | 2 | 4.71 | | 10 | 5 | 3 | 2 | 5.25 | 6.82 |
| | 3 | 3 | 1 | 5.14 | | | 5 | 4 | 1 | 4.99 | 6.95 |
| 8 | 3 | 3 | 2 | 5.36 | | 11 | 4 | 4 | 3 | 5.60 | 7.14 |
| | 4 | 2 | 2 | 5.33 | | | 5 | 3 | 3 | 5.65 | 7.08 |
| | 4 | 3 | 1 | 5.21 | | | 5 | 4 | 2 | 5.27 | 7.12 |
| | 5 | 2 | 1 | 5.00 | | | 5 | 5 | 1 | 5.13 | 7.31 |
| 9 | 3 | 3 | 3 | 5.60 | 7.20 | 12 | 4 | 4 | 4 | 5.69 | 7.65 |
| | 4 | 3 | 2 | 5.44 | 6.44 | | 5 | 4 | 3 | 5.63 | 7.44 |
| | 4 | 4 | 1 | 4.97 | 6.67 | | 5 | 5 | 2 | 5.34 | 7.27 |
| | 5 | 2 | 2 | 5.16 | 6.53 | 13 | 5 | 4 | 4 | 5.62 | 7.76 |
| | 5 | 3 | 1 | 4.96 | | | 5 | 5 | 3 | 5.71 | 7.54 |
| 10 | 4 | 3 | 3 | 5.73 | 6.75 | 14 | 5 | 5 | 4 | 5.64 | 7.79 |
| | 4 | 4 | 2 | 5.45 | 7.04 | 15 | 5 | 5 | 5 | 5.78 | 7.98 |

**附表 15**          **常用正交表**

$L_4(2^3)$

| 试验 | 列号 | | |
|---|---|---|---|
| | 1 | 2 | 3 |
| 1 | 1 | 1 | 1 |
| 2 | 1 | 2 | 2 |
| 3 | 2 | 1 | 2 |
| 4 | 2 | 2 | 1 |

任二列间交互作用出现于另一列

$L_8(2^7)$

| 试验 | 列号 | | | | | | |
|---|---|---|---|---|---|---|---|
| | 1 | 2 | 3 | 4 | 5 | 6 | 7 |
| 1 | 1 | 1 | 1 | 1 | 1 | 1 | 1 |
| 2 | 1 | 1 | 1 | 2 | 2 | 2 | 2 |
| 3 | 1 | 2 | 2 | 1 | 1 | 2 | 2 |
| 4 | 1 | 2 | 2 | 2 | 2 | 1 | 1 |
| 5 | 2 | 1 | 2 | 1 | 2 | 1 | 2 |
| 6 | 2 | 1 | 2 | 2 | 1 | 2 | 1 |
| 7 | 2 | 2 | 1 | 1 | 2 | 2 | 1 |
| 8 | 2 | 2 | 1 | 2 | 1 | 1 | 2 |

$L_8(2^7)$ 交互作用表

| 试验 | 列号 | | | | | |
|---|---|---|---|---|---|---|
| | 2 | 3 | 4 | 5 | 6 | 7 |
| 1 | 3 | 2 | 5 | 4 | 7 | 6 |
| 2 | | 1 | 6 | 7 | 4 | 5 |
| 3 | | | 7 | 6 | 5 | 4 |
| 4 | | | | 1 | 2 | 3 |
| 5 | | | | | 3 | 2 |
| 6 | | | | | | 1 |

$L_{12}(2^{11})$

| 试验 | 列号 | | | | | | | | | | |
|---|---|---|---|---|---|---|---|---|---|---|---|
| | 1 | 2 | 3 | 4 | 5 | 6 | 7 | 8 | 9 | 10 | 11 |
| 1 | 1 | 1 | 1 | 1 | 1 | 1 | 1 | 1 | 1 | 1 | 1 |
| 2 | 1 | 1 | 1 | 1 | 1 | 2 | 2 | 2 | 2 | 2 | 2 |
| 3 | 1 | 1 | 2 | 2 | 2 | 1 | 1 | 1 | 2 | 2 | 2 |
| 4 | 1 | 2 | 1 | 2 | 2 | 1 | 2 | 2 | 1 | 1 | 2 |
| 5 | 1 | 2 | 2 | 1 | 2 | 2 | 1 | 2 | 1 | 2 | 1 |
| 6 | 1 | 2 | 2 | 2 | 1 | 2 | 2 | 1 | 2 | 1 | 1 |
| 7 | 2 | 1 | 2 | 2 | 1 | 1 | 2 | 2 | 1 | 2 | 1 |
| 8 | 2 | 1 | 2 | 1 | 2 | 2 | 2 | 1 | 1 | 1 | 2 |
| 9 | 2 | 1 | 1 | 2 | 2 | 2 | 1 | 2 | 2 | 1 | 1 |
| 10 | 2 | 2 | 2 | 1 | 1 | 1 | 1 | 2 | 2 | 1 | 2 |
| 11 | 2 | 2 | 1 | 2 | 1 | 2 | 1 | 1 | 1 | 2 | 2 |
| 12 | 2 | 2 | 1 | 1 | 2 | 1 | 2 | 1 | 2 | 2 | 1 |

$L_{16}(2^{15})$

| 试验 | 列号 | | | | | | | | | | | | | | |
|---|---|---|---|---|---|---|---|---|---|---|---|---|---|---|---|
| | 1 | 2 | 3 | 4 | 5 | 6 | 7 | 8 | 9 | 10 | 11 | 12 | 13 | 14 | 15 |
| 1 | 1 | 1 | 1 | 1 | 1 | 1 | 1 | 1 | 1 | 1 | 1 | 1 | 1 | 1 | 1 |
| 2 | 1 | 1 | 1 | 1 | 1 | 1 | 1 | 2 | 2 | 2 | 2 | 2 | 2 | 2 | 2 |
| 3 | 1 | 1 | 1 | 2 | 2 | 2 | 2 | 1 | 1 | 1 | 1 | 2 | 2 | 2 | 2 |
| 4 | 1 | 1 | 1 | 2 | 2 | 2 | 2 | 2 | 2 | 2 | 2 | 1 | 1 | 1 | 1 |
| 5 | 1 | 2 | 2 | 1 | 1 | 2 | 2 | 1 | 1 | 2 | 2 | 1 | 1 | 2 | 2 |
| 6 | 1 | 2 | 2 | 1 | 1 | 2 | 2 | 2 | 2 | 1 | 1 | 2 | 2 | 1 | 1 |
| 7 | 1 | 2 | 2 | 2 | 2 | 1 | 1 | 1 | 1 | 2 | 2 | 2 | 2 | 1 | 1 |
| 8 | 1 | 2 | 2 | 2 | 2 | 1 | 1 | 2 | 2 | 1 | 1 | 1 | 1 | 2 | 2 |
| 9 | 2 | 1 | 2 | 1 | 2 | 1 | 2 | 1 | 2 | 1 | 2 | 1 | 2 | 1 | 2 |
| 10 | 2 | 1 | 2 | 1 | 2 | 1 | 2 | 2 | 1 | 2 | 1 | 2 | 1 | 2 | 1 |
| 11 | 2 | 1 | 2 | 2 | 1 | 2 | 1 | 1 | 2 | 1 | 2 | 2 | 1 | 2 | 1 |
| 12 | 2 | 1 | 2 | 2 | 1 | 2 | 1 | 2 | 1 | 2 | 1 | 1 | 2 | 1 | 2 |
| 13 | 2 | 2 | 1 | 1 | 2 | 2 | 1 | 1 | 2 | 2 | 1 | 1 | 2 | 2 | 1 |
| 14 | 2 | 2 | 1 | 1 | 2 | 2 | 1 | 2 | 1 | 1 | 2 | 2 | 1 | 1 | 2 |
| 15 | 2 | 2 | 1 | 2 | 1 | 1 | 2 | 1 | 2 | 2 | 1 | 2 | 1 | 1 | 2 |
| 16 | 2 | 2 | 1 | 2 | 1 | 1 | 2 | 2 | 1 | 1 | 2 | 1 | 2 | 2 | 1 |

$L_{16}(2^{15})$ 交互作用表

| 试验 | 列号 | | | | | | | | | | | | | |
|---|---|---|---|---|---|---|---|---|---|---|---|---|---|---|
| | 2 | 3 | 4 | 5 | 6 | 7 | 8 | 9 | 10 | 11 | 12 | 13 | 14 | 15 |
| 1 | 3 | 2 | 5 | 4 | 7 | 6 | 9 | 8 | 11 | 10 | 13 | 12 | 15 | 14 |
| 2 | | 1 | 6 | 7 | 4 | 5 | 10 | 11 | 8 | 9 | 14 | 15 | 12 | 13 |
| 3 | | | 7 | 6 | 5 | 4 | 11 | 10 | 9 | 8 | 15 | 14 | 13 | 12 |
| 4 | | | | 1 | 2 | 3 | 12 | 13 | 14 | 15 | 8 | 9 | 10 | 11 |
| 5 | | | | | 3 | 2 | 13 | 12 | 15 | 14 | 9 | 8 | 11 | 10 |
| 6 | | | | | | 1 | 14 | 15 | 12 | 13 | 10 | 11 | 8 | 9 |
| 7 | | | | | | | 15 | 14 | 13 | 12 | 11 | 10 | 9 | 8 |
| 8 | | | | | | | | 1 | 2 | 3 | 4 | 5 | 6 | 7 |
| 9 | | | | | | | | | 3 | 2 | 5 | 4 | 7 | 6 |
| 10 | | | | | | | | | | 1 | 6 | 7 | 4 | 5 |
| 11 | | | | | | | | | | | 7 | 6 | 5 | 4 |
| 12 | | | | | | | | | | | | 1 | 2 | 3 |
| 13 | | | | | | | | | | | | | 3 | 2 |
| 14 | | | | | | | | | | | | | | 1 |

$L_9(3^4)$

| 试验 | 列号 | | | |
|---|---|---|---|---|
| | 1 | 2 | 3 | 4 |
| 1 | 1 | 1 | 1 | 1 |
| 2 | 1 | 2 | 2 | 2 |
| 3 | 1 | 3 | 3 | 3 |
| 4 | 2 | 1 | 2 | 3 |
| 5 | 2 | 2 | 3 | 1 |
| 6 | 2 | 3 | 1 | 2 |
| 7 | 3 | 1 | 3 | 2 |
| 8 | 3 | 2 | 1 | 3 |
| 9 | 3 | 3 | 2 | 1 |

任意两列的交互作用出现于另外二列

$L_{18}(3^7)$

| 试验 | 列号 | | | | | | |
|---|---|---|---|---|---|---|---|
| | 1 | 2 | 3 | 4 | 5 | 6 | 7 |
| 1 | 1 | 1 | 1 | 1 | 1 | 1 | 1 |
| 2 | 1 | 2 | 2 | 2 | 2 | 2 | 2 |
| 3 | 1 | 3 | 3 | 3 | 3 | 3 | 3 |
| 4 | 2 | 1 | 1 | 2 | 2 | 3 | 3 |
| 5 | 2 | 2 | 2 | 3 | 3 | 1 | 1 |
| 6 | 2 | 3 | 3 | 1 | 1 | 2 | 2 |
| 7 | 3 | 1 | 2 | 1 | 3 | 2 | 3 |
| 8 | 3 | 2 | 3 | 2 | 1 | 3 | 1 |
| 9 | 3 | 3 | 1 | 3 | 2 | 1 | 2 |
| 10 | 1 | 1 | 3 | 3 | 2 | 2 | 1 |
| 11 | 1 | 2 | 1 | 1 | 3 | 3 | 2 |
| 12 | 1 | 3 | 2 | 2 | 1 | 1 | 3 |
| 13 | 2 | 1 | 2 | 3 | 1 | 3 | 2 |
| 14 | 2 | 2 | 3 | 1 | 2 | 1 | 3 |
| 15 | 2 | 3 | 1 | 2 | 3 | 2 | 1 |
| 16 | 3 | 1 | 3 | 2 | 3 | 1 | 2 |
| 17 | 3 | 2 | 1 | 3 | 1 | 2 | 3 |
| 18 | 3 | 3 | 2 | 1 | 2 | 3 | 1 |

## L27(3^13)

| 试验 | 1 | 2 | 3 | 4 | 5 | 6 | 7 | 8 | 9 | 10 | 11 | 12 | 13 |
|---|---|---|---|---|---|---|---|---|---|---|---|---|---|
| 1 | 1 | 1 | 1 | 1 | 1 | 1 | 1 | 1 | 1 | 1 | 1 | 1 | 1 |
| 2 | 1 | 1 | 1 | 1 | 2 | 2 | 2 | 2 | 2 | 2 | 2 | 2 | 2 |
| 3 | 1 | 1 | 1 | 1 | 3 | 3 | 3 | 3 | 3 | 3 | 3 | 3 | 3 |
| 4 | 1 | 2 | 2 | 2 | 1 | 1 | 1 | 2 | 2 | 2 | 3 | 3 | 3 |
| 5 | 1 | 2 | 2 | 2 | 2 | 2 | 2 | 3 | 3 | 3 | 1 | 1 | 1 |
| 6 | 1 | 2 | 2 | 2 | 3 | 3 | 3 | 1 | 1 | 1 | 2 | 2 | 2 |
| 7 | 1 | 3 | 3 | 3 | 1 | 1 | 1 | 3 | 3 | 3 | 2 | 2 | 2 |
| 8 | 1 | 3 | 3 | 3 | 2 | 2 | 2 | 1 | 1 | 1 | 3 | 3 | 3 |
| 9 | 1 | 3 | 3 | 3 | 3 | 3 | 3 | 2 | 2 | 2 | 1 | 1 | 1 |
| 10 | 2 | 1 | 2 | 3 | 1 | 2 | 3 | 1 | 2 | 3 | 1 | 2 | 3 |
| 11 | 2 | 1 | 2 | 3 | 2 | 3 | 1 | 2 | 3 | 1 | 2 | 3 | 1 |
| 12 | 2 | 1 | 2 | 3 | 3 | 1 | 2 | 3 | 1 | 2 | 3 | 1 | 2 |
| 13 | 2 | 2 | 3 | 1 | 1 | 2 | 3 | 2 | 3 | 1 | 3 | 1 | 2 |
| 14 | 2 | 2 | 3 | 1 | 2 | 3 | 1 | 3 | 1 | 2 | 1 | 2 | 3 |
| 15 | 2 | 2 | 3 | 1 | 3 | 1 | 2 | 1 | 2 | 3 | 2 | 3 | 1 |
| 16 | 2 | 3 | 1 | 2 | 1 | 2 | 3 | 3 | 1 | 2 | 2 | 3 | 1 |
| 17 | 2 | 3 | 1 | 2 | 2 | 3 | 1 | 1 | 2 | 3 | 3 | 1 | 2 |
| 18 | 2 | 3 | 1 | 2 | 3 | 1 | 2 | 2 | 3 | 1 | 1 | 2 | 3 |
| 19 | 3 | 1 | 3 | 2 | 1 | 3 | 2 | 1 | 3 | 2 | 1 | 3 | 2 |
| 20 | 3 | 1 | 3 | 2 | 2 | 1 | 3 | 2 | 1 | 3 | 2 | 1 | 3 |
| 21 | 3 | 1 | 3 | 2 | 3 | 2 | 1 | 3 | 2 | 1 | 3 | 2 | 1 |
| 22 | 3 | 2 | 1 | 3 | 1 | 3 | 2 | 2 | 1 | 3 | 3 | 2 | 1 |
| 23 | 3 | 2 | 1 | 3 | 2 | 1 | 3 | 3 | 2 | 1 | 1 | 3 | 2 |
| 24 | 3 | 2 | 1 | 3 | 3 | 2 | 1 | 1 | 3 | 2 | 2 | 1 | 3 |
| 25 | 3 | 3 | 2 | 1 | 1 | 3 | 2 | 3 | 2 | 1 | 2 | 1 | 3 |
| 26 | 3 | 3 | 2 | 1 | 2 | 1 | 3 | 1 | 3 | 2 | 3 | 2 | 1 |
| 27 | 3 | 3 | 2 | 1 | 3 | 2 | 1 | 2 | 1 | 3 | 1 | 3 | 2 |

## L27(3^13) 交互作用表

| 试验 | 2 | 3 | 4 | 5 | 6 | 7 | 8 | 9 | 10 | 11 | 12 | 13 |
|---|---|---|---|---|---|---|---|---|---|---|---|---|
| 1 | 3 4 | 2 4 | 2 3 | 6 7 | 5 7 | 5 6 | 9 10 | 8 10 | 8 9 | 12 13 | 11 13 | 11 12 |
| 2 | | 1 4 | 1 3 | 8 11 | 9 12 | 10 13 | 5 11 | 6 12 | 7 13 | 5 8 | 6 9 | 7 10 |
| 3 | | | 1 2 | 9 13 | 10 11 | 8 12 | 7 12 | 5 13 | 6 11 | 6 10 | 7 8 | 5 9 |
| 4 | | | | 10 12 | 8 13 | 9 11 | 6 13 | 7 11 | 5 12 | 7 9 | 5 10 | 6 8 |
| 5 | | | | | 1 7 | 1 6 | 2 11 | 3 13 | 4 12 | 2 8 | 4 10 | 3 9 |
| 6 | | | | | | 1 5 | 4 13 | 2 12 | 3 11 | 3 10 | 2 9 | 4 8 |
| 7 | | | | | | | 3 12 | 4 11 | 2 13 | 4 9 | 3 8 | 2 10 |
| 8 | | | | | | | | 1 10 | 1 9 | 2 5 | 3 7 | 4 6 |
| 9 | | | | | | | | | 1 8 | 4 7 | 2 6 | 3 5 |
| 10 | | | | | | | | | | 3 6 | 4 5 | 2 7 |
| 11 | | | | | | | | | | | 1 13 | 1 12 |
| 12 | | | | | | | | | | | | 1 11 |

## L8(4×2^4)

| 试验 | 1 | 2 | 3 | 4 | 5 |
|---|---|---|---|---|---|
| 1 | 1 | 1 | 1 | 1 | 1 |
| 2 | 1 | 2 | 2 | 2 | 2 |
| 3 | 2 | 1 | 1 | 2 | 2 |
| 4 | 2 | 2 | 2 | 1 | 1 |
| 5 | 3 | 1 | 2 | 1 | 2 |
| 6 | 3 | 2 | 1 | 2 | 1 |
| 7 | 4 | 1 | 2 | 2 | 1 |
| 8 | 4 | 2 | 1 | 1 | 2 |

## L12(3×2^4)

| 试验 | 1 | 2 | 3 | 4 | 5 |
|---|---|---|---|---|---|
| 1 | 1 | 1 | 1 | 1 | 1 |
| 2 | 1 | 1 | 1 | 2 | 2 |
| 3 | 1 | 2 | 2 | 1 | 2 |
| 4 | 1 | 2 | 2 | 2 | 1 |
| 5 | 2 | 1 | 2 | 1 | 1 |
| 6 | 2 | 1 | 2 | 2 | 1 |
| 7 | 2 | 2 | 1 | 1 | 1 |
| 8 | 2 | 2 | 1 | 1 | 2 |
| 9 | 3 | 1 | 2 | 1 | 2 |
| 10 | 3 | 1 | 1 | 2 | 2 |
| 11 | 3 | 2 | 1 | 1 | 2 |
| 12 | 3 | 2 | 2 | 2 | 1 |

## L16(4×2^13)

| 试验 | 1 | 2 | 3 | 4 | 5 | 6 | 7 | 8 | 9 | 10 | 11 | 12 | 13 |
|---|---|---|---|---|---|---|---|---|---|---|---|---|---|
| | (1,2,3) | 2 | 3 | 4 | 7 | 8 | 9 | 10 | 11 | 12 | 13 | 14 | 15) |
| 1 | 1 | 1 | 1 | 1 | 1 | 1 | 1 | 1 | 1 | 1 | 1 | 1 | 1 |
| 2 | 1 | 1 | 1 | 1 | 1 | 2 | 2 | 2 | 2 | 2 | 2 | 2 | 2 |
| 3 | 1 | 2 | 2 | 2 | 2 | 1 | 1 | 1 | 1 | 2 | 2 | 2 | 2 |
| 4 | 1 | 2 | 2 | 2 | 2 | 2 | 2 | 2 | 2 | 1 | 1 | 1 | 1 |
| 5 | 2 | 1 | 1 | 2 | 2 | 1 | 1 | 2 | 2 | 1 | 1 | 2 | 2 |
| 6 | 2 | 1 | 1 | 2 | 2 | 2 | 2 | 1 | 1 | 2 | 2 | 1 | 1 |
| 7 | 2 | 2 | 2 | 1 | 1 | 1 | 1 | 2 | 2 | 2 | 2 | 1 | 1 |
| 8 | 2 | 2 | 2 | 1 | 1 | 2 | 2 | 1 | 1 | 1 | 1 | 2 | 2 |
| 9 | 3 | 1 | 2 | 1 | 2 | 1 | 2 | 1 | 2 | 1 | 2 | 1 | 2 |
| 10 | 3 | 1 | 2 | 1 | 2 | 2 | 1 | 2 | 1 | 2 | 1 | 2 | 1 |
| 11 | 3 | 2 | 1 | 2 | 1 | 1 | 2 | 1 | 2 | 2 | 1 | 2 | 1 |
| 12 | 3 | 2 | 1 | 2 | 1 | 2 | 1 | 2 | 1 | 1 | 2 | 1 | 2 |
| 13 | 4 | 1 | 2 | 2 | 1 | 1 | 2 | 2 | 1 | 1 | 2 | 2 | 1 |
| 14 | 4 | 1 | 2 | 2 | 1 | 2 | 1 | 1 | 2 | 2 | 1 | 1 | 2 |
| 15 | 4 | 2 | 1 | 1 | 2 | 1 | 2 | 2 | 1 | 2 | 1 | 1 | 2 |
| 16 | 4 | 2 | 1 | 1 | 2 | 2 | 1 | 1 | 2 | 1 | 2 | 2 | 1 |

括号内的数字表示L16(2^15)的列号

### $L_{16}$（$4^2 \times 2^9$）

| 试验 | 列号 | | | | | | | | | | |
|---|---|---|---|---|---|---|---|---|---|---|---|
| | 1 | 2 | 3 | 4 | 5 | 6 | 7 | 8 | 9 | 10 | 11 |
| | (1,2,3 | 4,8,12 | 5 | 6 | 7 | 9 | 10 | 11 | 13 | 14 | 15) |
| 1 | 1 | 1 | 1 | 1 | 1 | 1 | 1 | 1 | 1 | 1 | 1 |
| 2 | 1 | 2 | 1 | 1 | 1 | 2 | 2 | 2 | 2 | 2 | 2 |
| 3 | 1 | 3 | 2 | 2 | 2 | 1 | 1 | 1 | 2 | 2 | 2 |
| 4 | 1 | 4 | 2 | 2 | 2 | 2 | 2 | 2 | 1 | 1 | 1 |
| 5 | 2 | 1 | 1 | 2 | 2 | 1 | 2 | 2 | 1 | 2 | 2 |
| 6 | 2 | 2 | 1 | 2 | 2 | 2 | 1 | 1 | 2 | 1 | 1 |
| 7 | 2 | 3 | 2 | 1 | 1 | 1 | 2 | 2 | 2 | 1 | 1 |
| 8 | 2 | 4 | 2 | 1 | 1 | 2 | 1 | 1 | 1 | 2 | 2 |
| 9 | 3 | 1 | 2 | 1 | 2 | 2 | 1 | 2 | 2 | 1 | 2 |
| 10 | 3 | 2 | 2 | 1 | 2 | 1 | 2 | 1 | 1 | 2 | 1 |
| 11 | 3 | 3 | 1 | 2 | 1 | 2 | 1 | 2 | 1 | 2 | 1 |
| 12 | 3 | 4 | 1 | 2 | 1 | 1 | 2 | 1 | 2 | 1 | 2 |
| 13 | 4 | 1 | 2 | 2 | 1 | 2 | 2 | 1 | 2 | 2 | 1 |
| 14 | 4 | 2 | 2 | 2 | 1 | 1 | 1 | 2 | 1 | 1 | 2 |
| 15 | 4 | 3 | 1 | 1 | 2 | 2 | 2 | 1 | 1 | 1 | 2 |
| 16 | 4 | 4 | 1 | 1 | 2 | 1 | 1 | 2 | 2 | 2 | 1 |

括号内的数字表示$L_{16}$（$2^{15}$）的列号

### $L_{16}$（$4^3 \times 2^6$）

| 试验 | 列号 | | | | | | | | |
|---|---|---|---|---|---|---|---|---|---|
| | 1 | 2 | 3 | 4 | 5 | 6 | 7 | 8 | 9 |
| | (1,2,3 | 4,8,12 | 5,10,15 | 6 | 7 | 9 | 11 | 13 | 14) |
| 1 | 1 | 1 | 1 | 1 | 1 | 1 | 1 | 1 | 1 |
| 2 | 1 | 2 | 2 | 1 | 1 | 2 | 2 | 2 | 2 |
| 3 | 1 | 3 | 3 | 2 | 2 | 1 | 1 | 1 | 2 |
| 4 | 1 | 4 | 4 | 2 | 2 | 2 | 2 | 2 | 1 |
| 5 | 2 | 1 | 2 | 2 | 2 | 1 | 2 | 2 | 1 |
| 6 | 2 | 2 | 1 | 2 | 2 | 2 | 1 | 1 | 2 |
| 7 | 2 | 3 | 4 | 1 | 1 | 1 | 2 | 2 | 2 |
| 8 | 2 | 4 | 3 | 1 | 1 | 2 | 1 | 1 | 1 |
| 9 | 3 | 1 | 3 | 1 | 2 | 2 | 2 | 2 | 2 |
| 10 | 3 | 2 | 4 | 1 | 2 | 1 | 1 | 1 | 1 |
| 11 | 3 | 3 | 1 | 2 | 1 | 2 | 2 | 2 | 1 |
| 12 | 3 | 4 | 2 | 2 | 1 | 1 | 1 | 1 | 2 |
| 13 | 4 | 1 | 4 | 2 | 1 | 2 | 1 | 1 | 2 |
| 14 | 4 | 2 | 3 | 2 | 1 | 1 | 2 | 2 | 1 |
| 15 | 4 | 3 | 2 | 1 | 2 | 2 | 1 | 1 | 1 |
| 16 | 4 | 4 | 1 | 1 | 2 | 1 | 2 | 2 | 2 |

括号内的数字表示$L_{16}$（$2^{15}$）的列号

### $L_{18}$（$2 \times 3^7$）

| 试验 | 列号 | | | | | | | |
|---|---|---|---|---|---|---|---|---|
| | 1 | 2 | 3 | 4 | 5 | 6 | 7 | 8 |
| 1 | 1 | 1 | 1 | 1 | 1 | 1 | 1 | 1 |
| 2 | 1 | 1 | 2 | 2 | 2 | 2 | 2 | 2 |
| 3 | 1 | 1 | 3 | 3 | 3 | 3 | 3 | 3 |
| 4 | 1 | 2 | 1 | 1 | 2 | 2 | 3 | 3 |
| 5 | 1 | 2 | 2 | 2 | 3 | 3 | 1 | 1 |
| 6 | 1 | 2 | 3 | 3 | 1 | 1 | 2 | 2 |
| 7 | 1 | 3 | 1 | 2 | 1 | 3 | 2 | 3 |
| 8 | 1 | 3 | 2 | 3 | 2 | 1 | 3 | 1 |
| 9 | 1 | 3 | 3 | 1 | 3 | 2 | 1 | 2 |
| 10 | 2 | 1 | 1 | 3 | 3 | 2 | 2 | 1 |
| 11 | 2 | 1 | 2 | 1 | 1 | 3 | 3 | 2 |
| 12 | 2 | 1 | 3 | 2 | 2 | 1 | 1 | 3 |
| 13 | 2 | 2 | 1 | 2 | 3 | 1 | 3 | 2 |
| 14 | 2 | 2 | 2 | 3 | 1 | 2 | 1 | 3 |
| 15 | 2 | 2 | 3 | 1 | 2 | 3 | 2 | 1 |
| 16 | 2 | 3 | 1 | 3 | 2 | 3 | 1 | 2 |
| 17 | 2 | 3 | 2 | 1 | 3 | 1 | 2 | 3 |
| 18 | 2 | 3 | 3 | 2 | 1 | 2 | 3 | 1 |

### $L_{18}$（$6 \times 3^6$）

| 试验 | 列号 | | | | | | |
|---|---|---|---|---|---|---|---|
| | 1 | 2 | 3 | 4 | 5 | 6 | 7 |
| 1 | 1 | 1 | 1 | 1 | 1 | 1 | 1 |
| 2 | 1 | 2 | 2 | 2 | 2 | 2 | 2 |
| 3 | 1 | 3 | 3 | 3 | 3 | 3 | 3 |
| 4 | 2 | 1 | 1 | 2 | 2 | 3 | 3 |
| 5 | 2 | 2 | 2 | 3 | 3 | 1 | 1 |
| 6 | 2 | 3 | 3 | 1 | 1 | 2 | 2 |
| 7 | 3 | 1 | 2 | 1 | 3 | 2 | 3 |
| 8 | 3 | 2 | 3 | 2 | 1 | 3 | 1 |
| 9 | 3 | 3 | 1 | 3 | 2 | 1 | 2 |
| 10 | 4 | 1 | 3 | 3 | 2 | 2 | 1 |
| 11 | 4 | 2 | 1 | 1 | 3 | 3 | 2 |
| 12 | 4 | 3 | 2 | 2 | 1 | 1 | 3 |
| 13 | 5 | 1 | 2 | 3 | 1 | 3 | 2 |
| 14 | 5 | 2 | 3 | 1 | 2 | 1 | 3 |
| 15 | 5 | 3 | 1 | 2 | 3 | 2 | 1 |
| 16 | 6 | 1 | 3 | 2 | 3 | 1 | 2 |
| 17 | 6 | 2 | 1 | 3 | 1 | 2 | 3 |
| 18 | 6 | 3 | 2 | 1 | 2 | 3 | 1 |

**附表 16**　　　　　　　　　　　　　　　**常用均匀表**

$U_5(5^3)$

| 试验号 | 1 | 2 | 3 |
|---|---|---|---|
| 1 | 1 | 2 | 4 |
| 2 | 2 | 4 | 3 |
| 3 | 3 | 1 | 2 |
| 4 | 4 | 3 | 1 |
| 5 | 5 | 5 | 5 |

$U_6^*(6^4)$

| 试验号 | 1 | 2 | 3 | 4 |
|---|---|---|---|---|
| 1 | 1 | 2 | 3 | 6 |
| 2 | 2 | 4 | 6 | 5 |
| 3 | 3 | 6 | 2 | 4 |
| 4 | 4 | 1 | 5 | 3 |
| 5 | 5 | 3 | 1 | 2 |
| 6 | 6 | 5 | 4 | 1 |

$U_7(7^4)$

| 试验号 | 1 | 2 | 3 | 4 |
|---|---|---|---|---|
| 1 | 1 | 2 | 3 | 6 |
| 2 | 2 | 4 | 6 | 5 |
| 3 | 3 | 6 | 2 | 4 |
| 4 | 4 | 1 | 5 | 3 |
| 5 | 5 | 3 | 1 | 2 |
| 6 | 6 | 5 | 4 | 1 |
| 7 | 7 | 7 | 7 | 7 |

$U_5(5^3)$ 的使用表

| 因素数 | 列号 | | | $D$ |
|---|---|---|---|---|
| 2 | 1 | 2 | | 0.31 |
| 3 | 1 | 2 | 3 | 0.457 |

$U_6^*(6^4)$ 的使用表

| 因素数 | 列号 | | | | $D$ |
|---|---|---|---|---|---|
| 2 | 1 | 3 | | | 0.1875 |
| 3 | 1 | 2 | 3 | | 0.2656 |
| 4 | 1 | 2 | 3 | 4 | 0.299 |

$U_7(7^4)$ 的使用表

| 因素数 | 列号 | | | | $D$ |
|---|---|---|---|---|---|
| 2 | 1 | 3 | | | 0.2398 |
| 3 | 1 | 2 | 3 | | 0.3721 |
| 4 | 1 | 2 | 3 | 4 | 0.476 |

$U_7^*(7^4)$

| 试验号 | 1 | 2 | 3 | 4 |
|---|---|---|---|---|
| 1 | 1 | 3 | 5 | 7 |
| 2 | 2 | 6 | 2 | 6 |
| 3 | 3 | 1 | 7 | 5 |
| 4 | 4 | 4 | 4 | 4 |
| 5 | 5 | 7 | 1 | 3 |
| 6 | 6 | 2 | 6 | 2 |
| 7 | 7 | 5 | 3 | 1 |

$U_8^*(8^5)$

| 试验号 | 1 | 2 | 3 | 4 | 5 |
|---|---|---|---|---|---|
| 1 | 1 | 2 | 4 | 7 | 8 |
| 2 | 2 | 4 | 8 | 5 | 7 |
| 3 | 3 | 6 | 3 | 3 | 6 |
| 4 | 4 | 8 | 7 | 1 | 5 |
| 5 | 5 | 1 | 2 | 8 | 4 |
| 6 | 6 | 3 | 6 | 6 | 3 |
| 7 | 7 | 5 | 1 | 4 | 2 |
| 8 | 8 | 7 | 5 | 2 | 1 |

$U_9(9^5)$

| 试验号 | 1 | 2 | 3 | 4 | 5 |
|---|---|---|---|---|---|
| 1 | 1 | 2 | 4 | 7 | 8 |
| 2 | 2 | 4 | 8 | 5 | 7 |
| 3 | 3 | 6 | 3 | 3 | 6 |
| 4 | 4 | 8 | 7 | 1 | 5 |
| 5 | 5 | 1 | 2 | 8 | 4 |
| 6 | 6 | 3 | 6 | 6 | 3 |
| 7 | 7 | 5 | 1 | 4 | 2 |
| 8 | 8 | 7 | 5 | 2 | 1 |
| 9 | 9 | 9 | 9 | 9 | 9 |

$U_7^*(7^4)$ 的使用表

| 因素数 | 列号 | | | $D$ |
|---|---|---|---|---|
| 2 | 1 | 3 | | 0.1582 |
| 3 | 2 | 3 | 4 | 0.2132 |

$U_8^*(8^5)$ 的使用表

| 因素数 | 列号 | | | | $D$ |
|---|---|---|---|---|---|
| 2 | 1 | 3 | | | 0.1445 |
| 3 | 1 | 3 | 4 | | 0.2000 |
| 4 | 1 | 2 | 3 | 5 | 0.2709 |

$U_9(9^5)$ 的使用表

| 因素数 | 列号 | | | | $D$ |
|---|---|---|---|---|---|
| 2 | 1 | 3 | | | 0.1944 |
| 3 | 1 | 3 | 4 | | 0.3102 |
| 4 | 1 | 2 | 3 | 5 | 0.4066 |

$U_9^*(9^4)$

| 试验号 | 1 | 2 | 3 | 4 |
|---|---|---|---|---|
| 1 | 1 | 3 | 7 | 9 |
| 2 | 2 | 6 | 4 | 8 |
| 3 | 3 | 9 | 1 | 7 |
| 4 | 4 | 2 | 8 | 6 |
| 5 | 5 | 5 | 5 | 5 |
| 6 | 6 | 8 | 2 | 4 |
| 7 | 7 | 1 | 9 | 3 |
| 8 | 8 | 4 | 6 | 2 |
| 9 | 9 | 7 | 3 | 1 |

$U_{10}^*(10^8)$

| 试验号 | 1 | 2 | 3 | 4 | 5 | 6 | 7 | 8 |
|---|---|---|---|---|---|---|---|---|
| 1 | 1 | 2 | 3 | 4 | 5 | 7 | 9 | 10 |
| 2 | 2 | 4 | 6 | 8 | 10 | 3 | 7 | 9 |
| 3 | 3 | 6 | 9 | 1 | 4 | 10 | 5 | 8 |
| 4 | 4 | 8 | 1 | 5 | 9 | 6 | 3 | 7 |
| 5 | 5 | 10 | 4 | 9 | 3 | 2 | 1 | 6 |
| 6 | 6 | 1 | 7 | 2 | 8 | 9 | 10 | 5 |
| 7 | 7 | 3 | 10 | 6 | 2 | 5 | 8 | 4 |
| 8 | 8 | 5 | 2 | 10 | 7 | 1 | 6 | 3 |
| 9 | 9 | 7 | 5 | 3 | 1 | 8 | 4 | 2 |
| 10 | 10 | 9 | 8 | 7 | 6 | 4 | 2 | 1 |

$U_9^*(9^4)$ 的使用表

| 因素数 | 列号 | | | $D$ |
|---|---|---|---|---|
| 2 | 1 | 2 | | 0.1574 |
| 3 | 2 | 3 | 4 | 0.198 |

$U_{10}^*(10^8)$ 的使用表

| 因素数 | 列号 | | | | | $D$ |
|---|---|---|---|---|---|---|
| 2 | 1 | 6 | | | | 0.1125 |
| 3 | 1 | 5 | 6 | | | 0.1681 |
| 4 | 1 | 3 | 4 | 5 | | 0.2236 |
| 5 | 1 | 3 | 4 | 5 | 7 | 0.2414 |
| 6 | 1 | 2 | 3 | 5 | 6 | 8 | 0.2994 |

$U_{11}(11^6)$

| 试验号 | 1 | 2 | 3 | 4 | 5 | 8 |
|---|---|---|---|---|---|---|
| 1 | 1 | 2 | 3 | 5 | 7 | 10 |
| 2 | 2 | 4 | 6 | 10 | 3 | 9 |
| 3 | 3 | 6 | 9 | 4 | 10 | 8 |
| 4 | 4 | 8 | 1 | 9 | 6 | 7 |
| 5 | 5 | 10 | 4 | 3 | 2 | 6 |
| 6 | 6 | 1 | 7 | 8 | 9 | 5 |
| 7 | 7 | 3 | 10 | 2 | 5 | 4 |
| 8 | 8 | 5 | 2 | 7 | 1 | 3 |
| 9 | 9 | 7 | 5 | 1 | 8 | 2 |
| 10 | 10 | 9 | 8 | 6 | 4 | 1 |
| 11 | 11 | 11 | 11 | 11 | 11 | 11 |

$U_{13}(13^8)$

| 试验号 | 1 | 2 | 3 | 4 | 5 | 6 | 7 | 8 |
|---|---|---|---|---|---|---|---|---|
| 1 | 1 | 2 | 5 | 6 | 8 | 9 | 10 | 12 |
| 2 | 2 | 4 | 10 | 12 | 3 | 5 | 7 | 11 |
| 3 | 3 | 6 | 2 | 5 | 11 | 1 | 4 | 10 |
| 4 | 4 | 8 | 7 | 11 | 6 | 10 | 1 | 9 |
| 5 | 5 | 10 | 12 | 4 | 1 | 6 | 11 | 8 |
| 6 | 6 | 12 | 4 | 10 | 9 | 2 | 8 | 7 |
| 7 | 7 | 1 | 9 | 3 | 4 | 11 | 5 | 6 |
| 8 | 8 | 3 | 1 | 9 | 12 | 7 | 2 | 5 |
| 9 | 9 | 5 | 6 | 2 | 7 | 3 | 12 | 4 |
| 10 | 10 | 7 | 11 | 8 | 2 | 12 | 9 | 3 |
| 11 | 11 | 9 | 3 | 1 | 10 | 8 | 6 | 2 |
| 12 | 12 | 11 | 8 | 7 | 5 | 4 | 3 | 1 |
| 13 | 13 | 13 | 13 | 13 | 13 | 13 | 13 | 13 |

U<sub>11</sub>（11⁶）的使用表 →

$U_{11}$（11⁶）的使用表

| 因素数 | | 列号 | | | | | D |
|---|---|---|---|---|---|---|---|
| 2 | 1 | 5 | | | | | 0.1632 |
| 3 | 1 | 4 | 5 | | | | 0.2649 |
| 4 | 1 | 3 | 4 | 5 | | | 0.3528 |
| 5 | 1 | 2 | 3 | 4 | 5 | | 0.4286 |
| 6 | 1 | 2 | 3 | 4 | 5 | 6 | 0.4942 |

$U_{13}$（13⁸）的使用表

| 因素数 | | 列号 | | | | | | D |
|---|---|---|---|---|---|---|---|---|
| 2 | 1 | 3 | | | | | | 0.1405 |
| 3 | 1 | 4 | 7 | | | | | 0.2308 |
| 4 | 1 | 4 | 5 | 7 | | | | 0.3107 |
| 5 | 1 | 4 | 5 | 6 | 7 | | | 0.3814 |
| 6 | 1 | 2 | 4 | 5 | 6 | 7 | | 0.4439 |
| 7 | 1 | 2 | 4 | 5 | 6 | 7 | 8 | 0.4992 |

$U_{12}^*$（12¹⁰）

| 试验号 | 1 | 2 | 3 | 4 | 5 | 6 | 7 | 8 | 9 | 10 |
|---|---|---|---|---|---|---|---|---|---|---|
| 1 | 1 | 2 | 3 | 4 | 5 | 6 | 8 | 9 | 10 | 12 |
| 2 | 2 | 4 | 6 | 8 | 10 | 12 | 3 | 5 | 7 | 11 |
| 3 | 3 | 6 | 9 | 12 | 2 | 5 | 11 | 1 | 4 | 10 |
| 4 | 4 | 8 | 12 | 3 | 7 | 11 | 6 | 10 | 1 | 9 |
| 5 | 5 | 10 | 2 | 7 | 12 | 4 | 1 | 6 | 11 | 8 |
| 6 | 6 | 12 | 5 | 11 | 4 | 10 | 9 | 2 | 8 | 7 |
| 7 | 7 | 1 | 8 | 2 | 9 | 3 | 4 | 11 | 5 | 6 |
| 8 | 8 | 3 | 11 | 6 | 1 | 9 | 12 | 7 | 2 | 5 |
| 9 | 9 | 5 | 1 | 10 | 6 | 2 | 7 | 3 | 12 | 4 |
| 10 | 10 | 7 | 4 | 1 | 11 | 8 | 2 | 12 | 9 | 3 |
| 11 | 11 | 9 | 7 | 5 | 3 | 1 | 10 | 8 | 6 | 2 |
| 12 | 12 | 11 | 10 | 9 | 8 | 7 | 5 | 4 | 3 | 1 |

$U_{11}^*$（11⁴）

| 试验号 | 1 | 2 | 3 | 4 |
|---|---|---|---|---|
| 1 | 1 | 5 | 7 | 11 |
| 2 | 2 | 10 | 2 | 10 |
| 3 | 3 | 3 | 9 | 9 |
| 4 | 4 | 8 | 4 | 8 |
| 5 | 5 | 1 | 11 | 7 |
| 6 | 6 | 6 | 6 | 6 |
| 7 | 7 | 11 | 1 | 5 |
| 8 | 8 | 4 | 8 | 4 |
| 9 | 9 | 9 | 3 | 3 |
| 10 | 10 | 2 | 10 | 2 |
| 11 | 11 | 7 | 5 | 1 |

$U_{12}^*$（12¹⁰）的使用表

| 因素个数 | | 列号 | | | | | D |
|---|---|---|---|---|---|---|---|
| 2 | 1 | 5 | | | | | 0.1163 |
| 3 | 1 | 6 | 9 | | | | 0.1838 |
| 4 | 1 | 6 | 7 | 9 | | | 0.2233 |
| 5 | 1 | 3 | 4 | 8 | 10 | | 0.2272 |
| 6 | 1 | 2 | 6 | 7 | 8 | 9 | 0.267 |
| 7 | 1 | 2 | 6 | 7 | 8 | 9 | 10 | 0.2768 |

$U_{11}^*$（11⁴）的使用表

| 因素数 | | 列号 | | D |
|---|---|---|---|---|
| 2 | 1 | 2 | | 0.1136 |
| 3 | 2 | 3 | 4 | 0.2307 |

**附表 17**　　　　　　　　　　　　**随机数表**

| | | | | | | | | | | | | | | | | | | | | | | | | |
|---|---|---|---|---|---|---|---|---|---|---|---|---|---|---|---|---|---|---|---|---|---|---|---|---|
| 3 | 47 | 43 | 73 | 86 | 36 | 96 | 47 | 36 | 61 | 46 | 98 | 63 | 71 | 62 | 33 | 26 | 16 | 80 | 45 | 60 | 11 | 14 | 10 | 95 |
| 97 | 74 | 24 | 67 | 62 | 42 | 81 | 14 | 57 | 20 | 42 | 53 | 32 | 37 | 32 | 27 | 7 | 36 | 7 | 51 | 24 | 51 | 79 | 89 | 73 |
| 16 | 76 | 62 | 27 | 66 | 56 | 52 | 26 | 71 | 7 | 32 | 90 | 79 | 78 | 53 | 13 | 55 | 38 | 58 | 59 | 88 | 97 | 54 | 14 | 10 |
| 12 | 56 | 85 | 99 | 26 | 96 | 96 | 68 | 27 | 31 | 5 | 3 | 72 | 93 | 15 | 57 | 12 | 10 | 14 | 21 | 88 | 26 | 49 | 81 | 76 |
| 55 | 59 | 56 | 35 | 64 | 38 | 54 | 82 | 46 | 22 | 31 | 62 | 43 | 9 | 90 | 6 | 18 | 44 | 32 | 53 | 23 | 83 | 1 | 30 | 30 |
| 16 | 22 | 77 | 94 | 39 | 49 | 54 | 43 | 54 | 82 | 17 | 37 | 93 | 23 | 78 | 87 | 35 | 20 | 96 | 43 | 84 | 26 | 34 | 91 | 64 |
| 84 | 42 | 17 | 53 | 31 | 57 | 24 | 55 | 6 | 88 | 77 | 4 | 74 | 47 | 67 | 21 | 76 | 33 | 50 | 25 | 83 | 92 | 12 | 6 | 76 |
| 63 | 1 | 63 | 78 | 59 | 16 | 95 | 55 | 67 | 19 | 98 | 15 | 50 | 71 | 75 | 12 | 86 | 73 | 58 | 7 | 44 | 39 | 52 | 38 | 79 |
| 33 | 21 | 12 | 34 | 29 | 78 | 64 | 56 | 7 | 82 | 52 | 42 | 7 | 44 | 38 | 15 | 51 | 0 | 13 | 42 | 99 | 66 | 2 | 79 | 54 |
| 57 | 60 | 86 | 32 | 44 | 99 | 47 | 27 | 96 | 54 | 49 | 17 | 46 | 9 | 62 | 90 | 52 | 84 | 77 | 27 | 8 | 2 | 73 | 43 | 28 |
| 18 | 18 | 7 | 92 | 45 | 44 | 17 | 16 | 58 | 9 | 79 | 83 | 86 | 19 | 62 | 6 | 76 | 50 | 3 | 10 | 55 | 23 | 64 | 5 | 5 |
| 26 | 62 | 38 | 97 | 75 | 84 | 16 | 7 | 44 | 99 | 83 | 11 | 46 | 32 | 24 | 20 | 14 | 85 | 88 | 45 | 10 | 93 | 72 | 88 | 71 |
| 23 | 42 | 40 | 64 | 74 | 82 | 97 | 77 | 77 | 81 | 7 | 45 | 32 | 14 | 8 | 32 | 98 | 94 | 7 | 72 | 93 | 85 | 79 | 10 | 75 |
| 52 | 36 | 28 | 19 | 95 | 50 | 92 | 26 | 11 | 97 | 0 | 56 | 76 | 31 | 38 | 80 | 22 | 2 | 53 | 53 | 86 | 60 | 42 | 4 | 53 |
| 37 | 85 | 94 | 35 | 12 | 83 | 39 | 50 | 8 | 30 | 42 | 34 | 7 | 96 | 88 | 54 | 42 | 6 | 87 | 98 | 35 | 85 | 29 | 48 | 39 |
| 70 | 29 | 17 | 12 | 13 | 43 | 33 | 20 | 38 | 26 | 13 | 89 | 51 | 3 | 74 | 17 | 76 | 37 | 13 | 4 | 7 | 74 | 21 | 19 | 30 |
| 56 | 62 | 18 | 37 | 35 | 96 | 83 | 58 | 87 | 75 | 97 | 12 | 25 | 93 | 47 | 70 | 33 | 24 | 3 | 54 | 97 | 77 | 46 | 44 | 80 |
| 99 | 49 | 57 | 22 | 77 | 88 | 42 | 95 | 45 | 72 | 16 | 64 | 36 | 16 | 0 | 4 | 43 | 18 | 66 | 79 | 94 | 77 | 24 | 21 | 90 |
| 16 | 8 | 15 | 4 | 72 | 33 | 27 | 14 | 34 | 9 | 45 | 59 | 34 | 68 | 49 | 12 | 72 | 7 | 34 | 45 | 99 | 27 | 72 | 95 | 14 |
| 31 | 16 | 93 | 32 | 43 | 50 | 27 | 89 | 87 | 19 | 20 | 15 | 37 | 0 | 49 | 52 | 85 | 66 | 60 | 44 | 38 | 68 | 88 | 11 | 80 |
| 68 | 34 | 30 | 13 | 70 | 55 | 74 | 30 | 77 | 40 | 44 | 22 | 78 | 84 | 26 | 4 | 33 | 46 | 9 | 52 | 68 | 7 | 97 | 6 | 57 |
| 74 | 57 | 25 | 65 | 76 | 59 | 29 | 97 | 68 | 60 | 71 | 91 | 38 | 67 | 54 | 13 | 58 | 18 | 24 | 76 | 15 | 54 | 55 | 95 | 52 |
| 27 | 42 | 37 | 86 | 53 | 48 | 55 | 90 | 65 | 72 | 96 | 57 | 69 | 36 | 10 | 96 | 46 | 92 | 42 | 45 | 97 | 60 | 49 | 4 | 91 |
| 0 | 39 | 68 | 29 | 61 | 66 | 37 | 32 | 20 | 30 | 77 | 84 | 57 | 3 | 29 | 10 | 45 | 65 | 4 | 26 | 11 | 4 | 96 | 67 | 24 |
| 29 | 94 | 98 | 94 | 24 | 68 | 49 | 69 | 10 | 82 | 53 | 75 | 91 | 93 | 30 | 34 | 25 | 20 | 57 | 27 | 40 | 48 | 73 | 51 | 92 |
| 16 | 90 | 82 | 66 | 59 | 83 | 62 | 64 | 11 | 12 | 67 | 19 | 0 | 71 | 74 | 60 | 47 | 21 | 29 | 68 | 2 | 2 | 37 | 3 | 31 |
| 11 | 27 | 94 | 75 | 6 | 6 | 9 | 19 | 74 | 66 | 2 | 94 | 37 | 34 | 2 | 76 | 79 | 90 | 30 | 86 | 38 | 45 | 94 | 30 | 38 |
| 35 | 24 | 10 | 16 | 20 | 33 | 32 | 51 | 26 | 38 | 79 | 78 | 45 | 4 | 91 | 16 | 92 | 53 | 56 | 16 | 2 | 75 | 50 | 95 | 98 |
| 38 | 23 | 16 | 86 | 38 | 42 | 38 | 97 | 1 | 50 | 87 | 75 | 66 | 81 | 41 | 40 | 1 | 74 | 91 | 62 | 48 | 51 | 84 | 8 | 32 |
| 31 | 96 | 25 | 91 | 47 | 96 | 44 | 33 | 49 | 13 | 34 | 86 | 82 | 53 | 91 | 0 | 52 | 43 | 48 | 85 | 27 | 55 | 26 | 89 | 62 |
| 66 | 67 | 40 | 67 | 14 | 64 | 5 | 71 | 95 | 86 | 11 | 5 | 65 | 9 | 68 | 76 | 83 | 20 | 37 | 90 | 57 | 16 | 0 | 11 | 66 |
| 14 | 90 | 84 | 45 | 11 | 75 | 73 | 88 | 5 | 90 | 52 | 27 | 41 | 14 | 86 | 22 | 98 | 12 | 22 | 8 | 7 | 52 | 74 | 95 | 80 |
| 68 | 5 | 51 | 18 | 0 | 33 | 96 | 2 | 75 | 19 | 67 | 60 | 62 | 93 | 55 | 59 | 33 | 82 | 43 | 90 | 49 | 37 | 38 | 44 | 59 |
| 20 | 46 | 78 | 73 | 90 | 97 | 51 | 40 | 14 | 2 | 4 | 2 | 33 | 31 | 8 | 39 | 54 | 16 | 49 | 36 | 47 | 95 | 93 | 13 | 30 |
| 64 | 19 | 58 | 97 | 79 | 15 | 6 | 15 | 93 | 20 | 1 | 90 | 10 | 75 | 6 | 40 | 78 | 78 | 89 | 62 | 2 | 67 | 74 | 17 | 33 |
| 5 | 26 | 93 | 70 | 60 | 22 | 35 | 85 | 15 | 13 | 92 | 3 | 51 | 59 | 77 | 59 | 56 | 78 | 6 | 83 | 52 | 91 | 5 | 70 | 74 |
| 7 | 97 | 10 | 88 | 23 | 9 | 98 | 42 | 99 | 64 | 61 | 71 | 62 | 99 | 15 | 6 | 51 | 29 | 16 | 93 | 58 | 5 | 77 | 9 | 51 |
| 63 | 71 | 86 | 85 | 85 | 54 | 87 | 66 | 47 | 54 | 73 | 32 | 8 | 11 | 12 | 44 | 95 | 92 | 63 | 16 | 29 | 56 | 24 | 29 | 48 |
| 26 | 99 | 61 | 65 | 53 | 58 | 37 | 78 | 80 | 70 | 42 | 10 | 50 | 67 | 42 | 32 | 17 | 55 | 85 | 74 | 94 | 44 | 67 | 16 | 94 |
| 14 | 65 | 52 | 68 | 75 | 87 | 59 | 36 | 22 | 41 | 26 | 78 | 63 | 6 | 55 | 13 | 8 | 27 | 1 | 50 | 15 | 29 | 39 | 39 | 43 |
| 17 | 53 | 77 | 58 | 71 | 71 | 41 | 61 | 50 | 72 | 12 | 41 | 94 | 96 | 26 | 44 | 95 | 27 | 36 | 99 | 2 | 96 | 74 | 30 | 83 |
| 90 | 26 | 59 | 21 | 19 | 23 | 52 | 23 | 33 | 12 | 96 | 93 | 2 | 18 | 39 | 7 | 2 | 18 | 36 | 7 | 25 | 99 | 32 | 70 | 23 |
| 41 | 23 | 52 | 55 | 99 | 31 | 4 | 49 | 69 | 96 | 10 | 47 | 48 | 45 | 88 | 13 | 41 | 43 | 89 | 20 | 97 | 17 | 14 | 49 | 17 |
| 80 | 20 | 50 | 81 | 69 | 31 | 99 | 73 | 68 | 68 | 35 | 81 | 33 | 3 | 76 | 24 | 30 | 12 | 48 | 60 | 18 | 99 | 10 | 72 | 34 |
| 91 | 25 | 38 | 5 | 90 | 94 | 58 | 28 | 41 | 36 | 45 | 37 | 59 | 3 | 9 | 90 | 35 | 57 | 29 | 12 | 82 | 62 | 54 | 65 | 60 |
| 34 | 50 | 57 | 74 | 37 | 98 | 80 | 33 | 0 | 91 | 9 | 77 | 93 | 19 | 82 | 74 | 94 | 80 | 4 | 4 | 45 | 7 | 31 | 66 | 49 |
| 85 | 22 | 4 | 39 | 43 | 73 | 81 | 53 | 94 | 79 | 33 | 62 | 46 | 86 | 28 | 8 | 31 | 54 | 46 | 31 | 53 | 94 | 13 | 38 | 47 |
| 9 | 79 | 13 | 77 | 48 | 73 | 82 | 97 | 22 | 21 | 5 | 3 | 27 | 24 | 83 | 72 | 89 | 44 | 5 | 60 | 35 | 80 | 39 | 94 | 88 |
| 88 | 75 | 80 | 18 | 14 | 22 | 95 | 75 | 42 | 49 | 39 | 32 | 82 | 22 | 49 | 2 | 48 | 7 | 70 | 37 | 16 | 4 | 61 | 67 | 87 |
| 90 | 96 | 23 | 70 | 0 | 39 | 0 | 3 | 6 | 90 | 55 | 85 | 78 | 38 | 36 | 94 | 37 | 30 | 69 | 32 | 90 | 89 | 0 | 76 | 33 |

# 索　引

# 参考文献

[1] 伯纳德·罗斯纳. 生物统计学基础 [M]. 北京：科学出版社，2004.

[2] 程凯凯，郝继伟. 均匀设计法优化超声提取泰山赤灵芝多糖工艺 [J]. 食品研究与开发，2014，35（11）：40-43.

[3] 陈庆富. 生物统计学 [M]. 北京：高等教育出版社，2011.

[4] 杜荣骞. 生物统计学 [M]. 3 版. 北京：高等教育出版社，2009.

[5] 杜荣骞. 生物统计学 [M]. 2 版. 北京：高等教育出版社，2003.

[6] 杜强，贾丽艳. SPSS 统计分析从入门到精通 [M]. 北京：人民邮电出版社，2019.

[7] 方开泰，马长兴. 正交与均匀试验设计 [M]. 北京：科学出版社，2001.

[8] 盖钧镒. 生物统计与田间试验 [M]. 4 版. 北京：中国中医药出版社，2013.

[9] 高祖新. 医药数理统计方法 [M]. 北京：人民卫生出版社，2007.

[10] 龚学臣. 试验统计方法及 SPSS 应用 [M]. 北京：科学出版社，2014.

[11] 国家统计局统计教育培训中心. Excel 在统计工作中的应用 [M]. 北京：中国统计出版社，2014.

[12] 郭祖超. 医用数理统计方法 [M]. 北京：人民卫生出版社，1988.

[13] 李春喜，姜丽娜等. 生物统计学 [M]. 5 版. 北京：科学出版社，2014.

[14] 李春喜，姜丽娜等. 生物统计学 [M]. 4 版. 北京：科学出版社，2008.

[15] 李洪成. SPSS 18 数据分析基础与实践 [M]. 北京：电子工业出版社，2010.

[16] 梁维君. 医药统计学 [M]. 北京：中国生物科技出版社，2006.

[17] 罗应婷，杨鲸娟. SPSS 统计分析从基础到实践 [M]. 北京：电子工业出版社，2010.

[18] 明道绪. 生物统计附试验设计 [M]. 4 版. 北京：中国农业出版社，2008.

[19] 明道绪. 兽医统计方法 [M]. 成都：成都科技大学出版社，1991.

[20] 明道绪. 田间试验与统计分析 [M]. 3 版. 北京：科学出版社，2013.

[21] 上海医科大学卫生统计学教研组. 医学统计方法 [M]. 上海：科学技术出版社，1979.

[22] 唐启义，冯明光. DPS 数据处理系统——实验设计、统计分析及模型优化 [M]. 北京：科学出版社，2006.

[23] 王钦德，杨坚. 食品试验设计与统计分析 [M]. 2 版. 北京：中国农业出版社，2010.

[24] 王维鸿. EXCEL 在统计中的应用 [M]. 北京：中国水利水电出版社，2004.

[25] 王维鸿. EXCEL 在统计中的应用 [M]. 3 版. 北京：中国水利水电出版社，2020.

[26] 魏春. EXCEL 上机练习与提高 [M]. 北京：清华大学出版社，2007.

［27］渭江，郭卓元．畜牧试验统计［M］．贵阳：贵州科技出版社，1995.

［28］文丰科技．新手互动学 EXCEL 函数与图表分析［M］．北京：机械工业出版社，2007.

［29］武新华，冯源，陈芳等．EXCEL 2007 数据图表范例应用［M］．北京：清华大学出版社，2007.

［30］吴仲贤．生物统计［M］．北京：中国农业大学出版社，1993.

［31］徐继初．生物统计及试验设计［M］．北京：中国农业出版社，1992.

［32］杨维忠，陈胜可，刘荣．SPSS 统计分析从入门到精通［M］．北京：清华大学出版社，2019.

［33］杨树勤，周有尚，倪旱雨．卫生统计学［M］．北京：人民卫生出版社，1994.

［34］杨树勤．中国医学百科全书医学统计学［M］．上海：科学技术出版社，1985.

［35］张宏．EXCEL 数据处理与分析［M］．北京：电子工业出版社，2005.

［36］张吴平，杨坚．食品试验设计与统计分析［M］．3 版．北京：中国农业出版社，2017.

［37］周仁郁．医药统计学［M］．北京：中国中医药出版社，2008.

［38］中国科学院数学研究所统计组．常用数理统计方法［M］．北京：科学出版社，1973.

［39］中国科学院数学研究所数理统计组．方差分析［M］．北京：科学出版社，1977.

［40］中国科学院数学研究所数理统计组．回归分析方法［M］．北京：科学出版社，1974.

［41］中国科学院数学研究所数理统计组．正交试验法［M］．北京：人民教育出版社，1975.